运筹学

刘舒燕 主编

人民交通出版社

内 容 提 要

运筹学是20世纪40年代以来发展起来的一门新兴学科，主要研究管理、经济等工作中存在的各种优化问题，探讨解决问题的思路、方法和途径，为决策者的正确决策提供科学依据。运筹学是高等院校管理类、经济类专业的一门重要的专业基础课。

本书系统地介绍了本学科一些主要分支的基本概念、基本理论和基本方法。内容包括线性规划、目标规划、整数规划、动态规划、图与网络分析、排队论、存贮论、非线性规划。书中每一部分都附有一定数量的思考题和练习题，以帮助读者复习和巩固所学的内容。

本书可作为高等院校管理、经济、财会等专业的本科生或研究生教材或教学参考书使用，也可供企事业单位管理人员和工程技术人员阅读和参考。

图书在版编目（CIP）数据

运筹学／刘舒燕主编. —北京：人民交通出版社，2006.12

ISBN 978-7-114-06366-4

Ⅰ. 运… Ⅱ. 刘… Ⅲ. 运筹学 Ⅳ. O22

中国版本图书馆CIP数据核字（2006）第161573号

书　　名：运筹学
著 作 者：刘舒燕
责任编辑：张　森
出版发行：人民交通出版社
地　　址：(100011) 北京市朝阳区安定门外外馆斜街3号
网　　址：http://www.ccpress.com.cn
销售电话：(010) 59757973
总 经 销：人民交通出版社发行部
经　　销：各地新华书店
印　　刷：北京鑫正大印刷有限公司
开　　本：787×1092　1/16
印　　张：25.5
字　　数：643千
版　　次：1999年10月第1版
　　　　　2008年8月第2版
印　　次：2015年8月第3次印刷　累计第8次印刷
书　　号：ISBN 978-7-114-06366-4
印　　数：14001－15000册
定　　价：33.00元

第一版前言

运筹学是20世纪40年代以来发展起来的一门新兴学科，主要研究管理、经济等工作中存在的各种优化问题，探讨解决问题的思路、方法和途径，为决策者的正确决策提供科学依据。运筹学是高等院校管理类、经济类专业的一门重要的专业基础课。

本书是作者在武汉交通科技大学管理学院多年教学实践的基础上，经集体讨论，分头编写而成的。在编写过程中，考虑到管理工程专业的特点，既注重全书内容的逻辑性和系统性，又尽可能结合实际注重应用性。对有关原理和方法，一方面给予必要的推导和论证，另一方面又尽可能通过几何图形直观形象地加以说明。从实例入手，建立模型，引进基本概念，论证基本理论，介绍基本方法，并说明其实际意义，以便读者通过对本书的学习，能正确地掌握且能灵活地运用所学到的知识。学习本书需要微积分、线性代数和概率论等基础知识。

本书可作为高等院校管理、经济、财会等专业的本科生或研究生教材或教学参考书使用，也可供企事业单位管理人员和工程技术人员阅读和参考。书中每一部分都附有一定数量的思考题和练习题，以帮助读者复习和巩固所学的内容。

全书内容包括：线性规划、整数规划、动态规划、图与网络、排队论、存贮论。

参加本书编写工作的作者及分工如下：

线性规划部分由宋宝琪编写，其中，刘舒燕编写了第二章第五节、第四章第五节的内容；整数规划、动态规划部分由刘舒燕编写；图与网络、排队论部分由云俊编写；存贮论部分由龚东彬、张爱珺编写；赵丽君编写了每部分的思考题。最后由刘舒燕统稿定稿。

由于编者水平有限，错误之处在所难免，恳请广大读者批准指正。

编　者

1999年9月

第二版前言

本书是以原《运筹学》(1999 年 10 月第 1 版)教材为基础,经重新修订后再版的。与第 1 版比较,第 2 版增加了非线性规划、目标规划的内容,每章增加了小结,修订了思考题和练习题,内容更加充实、完整,以便于教师教学和学生自学。

教师在使用此教材时,可根据专业要求及教学时数,选择教学内容。

本书由武汉理工大学管理学院教授刘舒燕主编。参加本书编写工作的作者及分工如下:线性规划部分由宋宝琪编写,其中,刘舒燕编写了第二章第五节、第四章第五节的内容。非线性规划、目标规划、整数规划、动态规划部分由刘舒燕编写;图与网络、排队论部分由云俊编写;存贮论部分由龚东彬、张爱珺编写;小结部分由涂建军、潘经强、袁迁、刘舒燕编写;赵丽君、袁迁编写了思考题。全书由刘舒燕统稿定稿。

由于编者水平有限,错误之处在所难免,敬请广大读者给予指正。

编者邮箱:ystudio@ whut. edu. cn

编　者

2008 年 5 月于武汉理工大学

目　录

第二部分　目标规划

第三部分　整数规划

第四部分　动 态 规 划

第五部分　图与网络分析

第六部分 排 队 论

第七部分 存 贮 论

第八部分 非线性规划

绪　论

一、运筹学的定义

运筹学(Operational Research)简称为OR。Operational Research原意是操作研究、作业研究、运用研究、作战研究,译作运筹学是借用了《史记》"运筹于帷幄之中,决胜于千里之外"一语中"运筹"二字。

运筹学一词在英国称为Operational Research,在美国称为Operations Research。在《大英百科全书》中,对运筹学的解释为:"运筹学是一门应用于管理有组织系统的科学","运筹学为掌握这类系统的人提供决策目标和数量分析的工具"。

1976年美国运筹学会定义"运筹学是研究用科学方法来决定资源不充分的情况下如何最好地设计人—机系统,并使之最好地运行的一门学科"。

有的学者把运筹学描述为就组织系统的各种经营作出决策的科学手段。P. M. Morse与G. E. Kimball在他们的奠基作中给运筹学下的定义是:"运筹学是在实行管理的领域,运用数学方法,对需要进行管理的问题统筹规划,作出决策的一门应用科学"。

运筹学的另一位创始人定义运筹学是:"管理系统的人为了获得关于系统运行的最优解而必须使用的一种科学方法"。它使用许多数学工具(包括概率统计、数理分析、线性代数等)和逻辑判断方法,来研究系统中人、财、物的组织管理、筹划调度等问题,以期发挥最大效益。

人们普遍认为:运筹学是近代应用数学的一个分支,主要是将生产、管理等实际中出现的一些带有普遍性的运筹问题加以提炼,然后利用数学方法进行解决。前者提供模型,后者提供理论和方法。

总之,运筹学是运用科学的数量方法(主要是数学模型)研究对资源(人力、物力、财力、时间等)进行合理筹划和运用,寻找管理及决策最优化的综合性学科。

二、运筹学的历史及发展

早期的运筹学思想来源于军事。敌我双方交战,如何以最少的人力、物力消耗,达到预定的军事目的,是任何一个国家军事指挥人员所期望达到的目标。

我国春秋时期的军事家孙武子在《孙子兵法》一书中,将度、量、数等数学概念引入军事领域,通过必要的计算,来预测战争的胜负,并指导战争中的有关行为,这些都体现出了古代军事运筹的思想。

近代最早开展运筹学研究工作的是在第一次世界大战期间,以英国生理学家希尔为首的英国国防部防空试验小组进行的高射炮系统利用研究。

第一次世界大战期间,英国人兰彻斯特为适应战争需要,创造性地运用数学方程来描述两军对战过程。

同时期的美国人爱迪生用数学中的博弈论和统计分析方法研究了商船避免德国潜艇袭击的航行策略,虽未被采用,但却对以后运筹学的发展产生了一定的影响。

当时英国人莫尔斯建立的分析美国海军横跨大西洋护航舰队损失的数学模型也是运筹学

的早期工作。

1938 年,英国空军就有了飞机定位和控制系统,并在沿海设立了雷达站,用来发现敌机,但在一次空防演习中发现,由这些雷达送来的信息常常是互相矛盾的,雷达的防空预警效果令人失望。

为了解决雷达系统与防空作战系统之间的协调问题,改进作战效能,1940 年 8 月,英国国防部门成立了由诺贝尔物理奖获得者、物理学家布莱克特为首的 11 人研究小组。这个研究小组中有数学家、物理学家、生理学家、测量员和军官,主要的研究工作就是如何有效地使用雷达控制的防空系统。人们戏称这个研究小组为布莱克特马戏团。

布莱克特小组通过多次现场实验,使雷达和高射炮的配合达到最佳状态。由于该小组卓有成效的工作,雷达的优越性才得以充分体现出来。当时德国雷达在技术性能指标上虽然优于英国,但德国人忽略了对包括雷达在内的防空系统的有关操作的研究,其防空系统的效果始终不如英国。

英国作战研究部把围绕雷达使用所进行的工作称为"Operational Research"。

从 1939 ~ 1940 年,这个小组的任务扩大到包括防卫战斗机的布置,并对未来的战斗进行预测,以供决策之用。这个小组的工作对后来的不列颠空战的胜利起了积极的作用。

第二次世界大战中,除英国外,美国、加拿大等国也成立了军事运筹学小组,以研究并解决战争中提出的运筹学课题。例如:组织适当的护航编队使运输船队损失最小;改进搜索方法,及时发现敌军潜艇;改进深水炸弹的起爆深度,提高毁伤率;合理安排飞机维修,提高飞机的利用率等。这些运筹学成果对盟军大西洋海战的胜利起了十分重要的作用,对许多战斗的胜利也起了积极的作用。

比如,1943 年 3 月,为对德国在大西洋的潜艇实现更加有效的攻击,美国海军成立了由物理学家莫尔斯领导的跨学科小组。该小组通过对潜艇的搜索研究发现,通常飞机是在潜艇上浮的时候对其实施攻击的,这时潜艇深度约为 30 英尺,而美军的深水炸弹的爆炸深度至少为 75 英尺,杀伤范围 20 英尺左右,因此这样的攻击对德国潜艇的威胁是有限的。根据这一情况,莫尔斯小组建议对深水炸弹作技术改进,使其在水深 30 英尺上下爆炸。仅此一项措施,就使得对潜艇的击沉率增加了 6 倍。同时使盟军船只的中弹率从 47% 降低到了 29%,而德国潜艇的被摧毁数增加到原来的 400%。

第二次世界大战后,英、美等国在军事运筹学的研究和应用中,从追求武器装备性能指标达到最佳设计要求,发展到计划和预测某种作战方式或战术手段可能达到的效果,解决问题的手段也日趋全面。

战争结束时,在英、美及加拿大军队中工作的运筹学工作者已超过 700 人。正是由于战争需要的促进,运筹学有了长足的发展,并且形成为一门科学。

第二次世界大战之后,运筹学的研究发生了两个比较大的变化:一是研究的重心从英国转移到了美国。到 1950 年,美国军队中从事运筹学研究的人员超过了战争时期所有国家运筹学研究人员的总数。二是研究的重心从军事部门转移到了民用企业、经济管理、大学、研究所和政府部门。

比如,美国的兰德公司、国防分析研究公司等运筹研究机构,经常为政府或军界提供政策及战略咨询。各大公司及政府部门也有相应的系统分析机构。英、法和北约各国都有自己的高级运筹研究组织。

1948 年,美国麻省理工学院率先开设了运筹学课程,许多大学群起效法,运筹学成一门学科,内容也日益丰富。

20 世纪 50 年代以后,运筹学得到了更广泛的应用,形成了比较完备的一套理论。由于其理论上的成熟,电子计算机的问世,大大促进了运筹学的发展,世界上不少国家都成立了致力于该领域及相关活动的专门学会。

1950 年,美国出版了第一份运筹学杂志。

1951 年,莫尔斯和金伯尔出版了《运筹学方法》一书。这是第一本以运筹学为名的专著,书中总结了第二次世界大战中运筹学的军事应用,并且给出了运筹学的一个著名的定义:运筹学是为执行部门对它们控制下的“业务”活动采取决策提供定量依据的科学方法。

美国于 1952 年成立了运筹学会,并出版期刊——《运筹学》,世界其他国家也先后创办了运筹学会与期刊。

1957 年,第一个全球性运筹学学术组织——国际运筹学会成立。

运筹学的真正发展是在 20 世纪 50 ~ 60 年代,其标志是相继创立了线性规划理论、非线性规划理论、网络流随机规划以及整数规划理论。其他方面,如排队论、存储论和马尔可夫决策理论也在同期得到了迅速的发展。与此同时,运筹学的应用也渗透到工业、农业、经济和社会生活的各个领域,成为管理、决策不可缺少的重要工具。运筹学作为一门独立的新兴科学,已为国际社会所公认。

20 世纪 60 年代以来,运筹学主要用于处理大型的复杂的问题,诸如军事问题、教育问题、污染问题、交通运输问题、人力资源管理问题等;还广泛应用于能源、预测、会计金融、销售、存储、计算机与信息系统、设计、城市服务系统、保健与医疗、电气、加工工业、第三产业等部门。

我国运筹学研究始于 20 世纪 50 年代末,第一个运筹学小组于 1956 年在钱学森同志的支持下成立。中国科学院力学研究所、数学研究所相继组建运筹学研究室。50 多年来,我国军事运筹学的应用已从以往武器系统论证与研制,发展到计算机作战模拟和自动化指挥系统的研制,正在不断缩小与发达军事国家的差距。

三、运筹学研究的内容及特点

1. 运筹学研究的内容

运筹学的主要分支有:规划论(包括线性规划、非线性规划、整数规划、目标规划和动态规划)、图论、决策论、对策论、排队论、存储论、可靠性理论、搜索论等。

规划论又称数学规划。数学规划可用来研究如何充分利用一切资源,包括人力、物资、设备、资金和时间,最大限度地完成各项计划任务,以获得最优的经济效益。规划论根据不同情况又可分为线性规划、非线性规划、整数规划、目标规划和动态规划。

规划论中最简单的一种问题就是线性规划。如果约束条件和目标函数都是呈线性关系的就叫线性规划。要解决线性规划问题,从理论上讲都要解线性方程组,因此解线性方程组的方法,以及关于行列式、矩阵的知识,就是线性规划中非常必要的工具。

线性规划是运筹学的一个重要分支,早在 1939 年,前苏联的康托洛维奇(H. B. Kantorovich)和美国的希奇柯克(F. L. Hitchcock)等人就在生产组织管理和制订交通运输方案方面首先研究和应用了线性规划方法。

1947 年,丹捷格(G. B. Dantzig)等人提出了求解线性规划问题的单纯形方法,为线性规划的理论与计算奠定了基础。特别是电子计算机的出现和日益完善,更使规划论得到迅速的发展,用电子计算机可处理成千上万个约束条件和变量的大规模线性规划问题,从解决技术问题的最优化，到工业、农业、商业、交通运输业以及决策分析部门都可以发挥作用。从范围来看，小到一个班组的计划安排，大至整个部门，以至国民经济计划的最优化方案分析，它都有用武之地，具有适应性强，应用面广，计算技术比较简便的特点。

非线性规划的基础性研究工作，是在1951年由库恩(H. W. Kuhn)和塔克(A. W. Tucker)等人完成的。到了20世纪70年代，数学规划无论是在理论方法上，还是在应用的深度和广度上都得到了进一步的发展。

非线性规划是线性规划的进一步发展和继续。许多实际问题，如设计问题、经济平衡问题等都属于非线性规划的范畴。非线性规划扩大了数学规划的应用范围，同时也给数学工作者提出了许多基本理论问题，使数学中的如凸分析、数值分析等也得到了发展。还有一种规划问题和时间有关，叫做“动态规划”。近年来在工程控制、技术物理和通信技术中的最佳控制问题中，已经成为经常使用的重要工具。

图论是一个古老的但又十分活跃的分支，它是网络技术的基础。图论的创始人是数学家欧拉(Euler)。1736年他发表了图论方面的第一篇论文，解决了著名的哥尼斯堡七桥难题。相隔一百年后，在1847年，基尔霍夫(Gustav Kirchhoff)第一次应用图论的原理分析电网，从而把图论引进到工程技术领域。

20世纪50年代以来，图论的理论得到了进一步发展，它将复杂庞大的工程系统和管理问题用图来描述，可以解决很多工程设计和管理决策的最优化问题。例如，完成工程任务的时间最少、距离最短、费用最省等。图论受到了数学、工程技术及经营管理等各方面越来越广泛的重视。

排队论又叫随机服务系统理论。1909年丹麦的电话工程师爱尔朗(A. K. Erlang)开始研究排队问题。1930年以后，他开始了更为一般情况的研究，取得了一些重要成果；1949年前后，开始了对机器管理、陆空交通等方面的研究；1951年以后，有关排队理论的研究工作有了新的进展，逐渐奠定了现代随机服务系统的理论基础。排队论主要研究各种系统的排队队长、排队的等待时间及所提供的服务等各种参数，以求得更好的服务。它是研究系统随机聚散现象的理论。

存储论是用来研究在什么时间，以什么数量，从什么地方供应，来补充零部件、器件、设备、资金等库存，既保证企业能有效运转，又使保持一定库存和补充采购的总费用最小。

2. 运筹学的特点

运筹学是一门年轻的新兴科学。运筹学的发展与社会科学、技术科学和军事科学的发展紧密相关，已成为工程与管理学科不可缺少的基础性学科。它的方法和实践已在科学管理、工程技术、社会经济、军事决策等方面起着重要的作用，并已产生了巨大的经济效益和社会效益。随着科学技术的迅猛发展，运筹学也以越来越快的速度渗透到信息科学、生命科学、材料科学和能源科学等前沿基础性研究中去，成为这些学科所不可缺少的研究工具。运筹学正发展成为一门集基础性、交叉性、实用性为一体的学科。

当代运筹学按其内涵可以分成三大类：

第一类是运筹学的基础理论，包括规划理论、随机运筹理论、组合及网络优化理论、决策理论，其基本架构与近代运筹学相一致。

第二类是有特定研究对象的运筹学理论与方法，包括工业运筹学、农业运筹学、交通运输运筹学、公用事业运筹学、军事运筹学，金融、市场、保险运筹学等。

第三类是运筹学同其他自然科学和人文科学的交叉。例如计算运筹学、工程技术运筹学、管理运筹学、生命科学运筹学等。

以上第二、第三类则是由近代运筹学的发展所逐步形成的，运筹学的实用性和交叉性两大特点亦源于此，在以上三大类十余种学科的基础上，可再分出若干三级学科，据此可望为新世纪运筹学的发展规划出基本方向。

运筹学是软科学中“硬度”较大的一门学科，兼有逻辑的数学和数学的逻辑的性质，是系统工程学和现代管理科学中的一种基础理论和不可缺少的方法、手段和工具。

运筹学研究具有以下基本特征：

(1)系统的整体观念：运筹学不是对各子系统的决策行为进行孤立的评价，而是从全局观点看问题，把有关子系统相互关联的决策结合起来，把相互影响和制约的各个方面作为一个统一体，从系统整体利益出发，寻求一个优化协调的方案。

它以整体最优为目标，从系统的观点出发，力图以整个系统最佳的方式来解决该系统各部门之间的利害冲突。对所研究的问题求出最优解，寻求最佳的行动方案，所以它也可看成是一门优化技术，提供的是解决各类问题的优化方法。

(2)模型方法的应用：通过建立和求解模型，使问题在量化的基础上得到合理的决策。可以说，制订决策是运筹学应用的核心，而建立模型则是运筹学方法的精髓。

在数学建模过程中，对所建立的模型求解的过程往往就是一个运筹的求解过程，因为很多模型都要求出最优或者是最佳解。而且在很大程度上讲，运筹学不仅是一种工具，更是一种方法。特别是在应用广泛的“动态规划”中，它本身就要求模型的建立与求解过程的统一，可以说动态规划过程就是一种数学建模过程。运筹学具有坚实的基础，作为一门现代应用科学，与计算机科学是不可分割的，它的多数结论都是以算法形式给出的。

(3)多学科的交叉：运筹学研究中吸收了来自不同领域的成果。运筹学按所解决问题性质的不同，可将实际系统归结为不同类型的数学模型。

运筹学既对各种经营进行创造性的科学研究，又涉及组织的实际管理问题，它具有很强的实践性，最终应能向决策者提供建设性意见，并应收到实效。

四、运筹学的工作方法

运筹学的工作方法大致可以分为6个阶段(如图0-1所示)。

(1)提出问题：首先必须弄清楚所要解决的是什么问题，明确问题的实质，找出关键问题。

(2)明确目标：明确想要达到的目标，选择最关键的目标。通常还必须弄清或预测随着事件的推移是否会使所提目标发生变化。

(3)建立模型：即用数学语言描述问题。模型的种类可分为象形模型、模拟模型和数学模型。模型一要能正确完整地描述所要研究的问题，二要尽可能地简单。

(4)模型求解：搜集与问题有关的信息和资料，确定与模型有关的各种参数，并选择恰当的方法求出最优解。

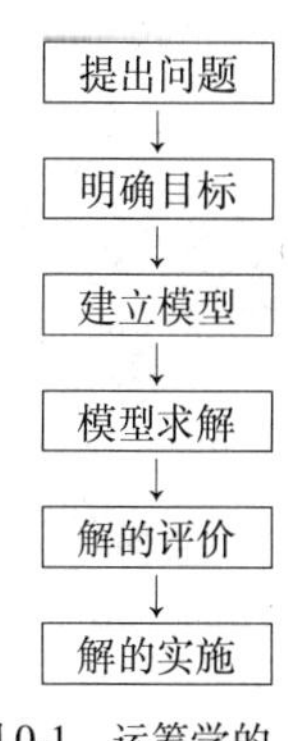

图0-1　运筹学的工作方法

(5)解的评价：求出的解是否符合要求；改变模型的参数对最优解会有什么样的影响等，都要求我们对所求出的最优解作进一步的分析和评价，并由此修正模型中的各种参数，使模型更符合实际。

(6)解的实施：决策者根据模型最优化所提供的数据、信息和方案，实施和应用模型的解。

以上6个步骤并不是截然分开的。在某种程度上,各个阶段是相互影响的,在时间上也可能是相互重叠的。比如,在建立模型阶段,常常受求解方法的限制,因此,建模的过程还要结合“模型求解”来考虑;再比如,在进行解的评价时,有时候往往又要根据情况,对所提出的问题进行修正。

因此在这6个步骤中,前两个步骤是从实际出发;第三、第四个步骤是进行理论处理;第五、第六个步骤则是又回到实际中去。这正是人们通常认识问题的一般过程:实践——理论——再实践。

第一部分　线性规划

线性规划是运筹学的一个分支,它已经有一套较为完整的原理、理论和方法,广泛应用于工农业生产、交通运输、商业、国防建设和经济管理等领域,是运筹学中应用最为广泛的一个分支,运筹学的其他许多分支也经常要用到线性规划的方法来求解。

最早研究线性规划问题的是前苏联数学家康脱洛维奇,他在1939年发表的《生产组织与计划中的数学方法》一书中,讨论了运输问题、机床负荷问题和下料等问题,但是他没有找到一个统一的求解这类问题的方法,因而在当时没有引起人们足够的重视。1947年,美国数学家丹捷格(G. B. Dantzing)提出了求解线性规划问题的单纯形法以后,线性规划才得到进一步的发展,理论上逐渐趋向于成熟,应用也越来越广泛。

线性规划所研究的问题主要有两类:一类是给定了人力、物力资源,研究如何合理地运用这些资源;另一类是研究如何统筹安排,尽量以最少的人力、物力资源来完成一定的任务。实际上,这两类问题是一个问题的两个方面,都是寻求整个问题的某个整体指标的最优化问题。

第一章　线性规划基础

第一节　线性规划问题及其数学模型

一、线性规划问题的实例

例1-1　某企业用A、B、C三种原料生产甲、乙两种产品。已知每生产一件产品甲,需用原料A、B、C分别为1、1、0kg。每生产一件产品乙,需用原料A、B、C分别为1、2、1kg。每生产一件产品甲、乙的利润分别为3、4(万元)。每个计划期内,该企业能得到原料A、B、C的供应量分别为6、8、3kg。试问,该企业应如何制订生产计划,才能使计划期内的总利润达到最大?

为了清楚起见,可将上述问题的已知条件列成表格的形式(表1-1)。

表1-1

每件产品所需原料(kg)　产品 / 原料	甲	乙	每个计划期内原料供应限量(kg)
A	1	1	6
B	1	2	8
C	0	1	3
每件产品的利润(万元)	3	4	

为了解决上述问题，首先要把该问题用数学的语言描述出来，这个过程叫做建立该问题的数学模型。至于如何求解这个数学模型，将在第二章中加以讨论。建立数学模型，可以按以下3个步骤来进行。

第一步，选取决策变量。

在上述问题中，所谓制订生产计划，就是要作出以下决策：在现有的条件下，每个计划期内，应生产产品甲、乙分别为多少件。

设每个计划期内生产产品甲、乙的件数分别为x_1、x_2。这里的x_1和x_2称为决策变量。

第二步，建立目标函数。

我们现在追求的目标是计划期内的总利润达到最大。而总利润显然是决策变量x_1和x_2的函数。

设计划期内的总利润为z，则：

$$z=3x_1+4x_2$$

称为目标函数。现在要求使目标函数取最大值。

第三步，确定约束条件。

目标函数中的决策变量x_1和x_2不能任意取值，而是要受到原料供应限量的制约。

根据所给条件，每个计划期内，原料A的用量不能超过6kg，即：

$$x_1+x_2\leqslant 6$$

同理，每个计划期内，原料B的用量不能超过8kg，即：

$$x_1+2x_2\leqslant 8$$

另外，每个计划期内，原料C的用量不能超过3kg，即：

$$x_2\leqslant 3$$

而且，显然还应该有：

$$x_1,x_2\geqslant 0$$

综合以上所述，这个问题的数学描述可归纳为：

求满足约束条件

$$\begin{cases}x_1+x_2\leqslant 6\\x_1+2x_2\leqslant 8\\x_2\leqslant 3\\x_1,x_2\geqslant 0\end{cases}$$

的x_1和x_2，使目标函数

$$z=3x_1+4x_2$$

取得最大值。

或简单地表示为：

$$\max\ z=3x_1+4x_2$$

$$\begin{cases}x_1+x_2\leqslant 6\\x_1+2x_2\leqslant 8\\x_2\leqslant 3\\x_1,x_2\geqslant 0\end{cases}$$

上式就是该问题的数学模型。

例 1-2 某药厂生产 A、B、C 三种药品。有甲、乙、丙、丁四种原料可供选择(原料供应量不限),4 种原料的成本分别为每公斤 4 元、7 元、9 元、5 元。每公斤不同的原料能提取各种药品的数量如表 1-2 所示。

表 1-2

每公斤原料提取药品的量(g) 原料 / 药品	甲	乙	丙	丁
A	2	1	3	2
B	6	6	2	5
C	3	2	2	3

该厂要求每天生产药品 A 恰好 115g,药品 B 至少 260g,药品 C 不超过 130g,试确定各种原料的每天需要量,使每天的总成本最小(要求建立该问题的数学模型)。

设该厂每天需要甲、乙、丙、丁四种原料的数量分别为 x_1、x_2、x_3、$x_4$kg,并设每天总成本为 z,现要求每天总成本 z 达到最小。而总成本 z 是 x_1、x_2、x_3、x_4 的函数:

$$z = 4x_1 + 7x_2 + 9x_3 + 5x_4$$

甲、乙、丙、丁四种原料的需要量 x_1、x_2、x_3、x_4 受 A、B、C 三种药品的产量的限制。

要求每天生产药品 A 恰好 115g,即:

$$2x_1 + x_2 + 3x_3 + 2x_4 = 115$$

要求每天生产药品 B 至少 260g,即:

$$6x_1 + 6x_2 + 2x_3 + 5x_4 \geqslant 260$$

要求每天生产药品 C 不超过 130g,即:

$$3x_1 + 2x_2 + 2x_3 + 3x_4 \leqslant 130$$

同时,还显然要求:

$$x_1, x_2, x_3, x_4 \geqslant 0$$

综合以上所述,得该问题的数学模型为:

$$\min z = 4x_1 + 7x_2 + 9x_3 + 5x_4$$

$$\begin{cases} 2x_1 + x_2 + 3x_3 + 2x_4 = 115 \\ 6x_1 + 6x_2 + 2x_3 + 5x_4 \geqslant 260 \\ 3x_1 + 2x_2 + 2x_3 + 3x_4 \leqslant 130 \\ x_1, x_2, x_3, x_4 \geqslant 0 \end{cases}$$

例 1-3 某公司有 3 个工厂 A_1、A_2、A_3 制造某种产品供应 4 个销售点 B_1、B_2、B_3、B_4。每个计划期内工厂 A_1、A_2、A_3 的供应量分别为 150 件、200 件、250 件;销售点 B_1、B_2、B_3、B_4 的需求量分别为 120 件、140 件、160 件、180 件。各工厂运送每件产品至各销售点的运价如表 1-3 所示。试制订出总运价最小的调运方案(要求建立数学模型)。

设由工厂 A_i 运往销售点 B_j 的产品的件数为 x_{ij}($i=1,2,3$;$j=1,2,3,4$),并设每个计划期内的总运价为 z。显然总运价 z 是 12 个变量 $x_{11}, x_{12}, \cdots, x_{34}$的函数,再考虑到这 12 个变量的取值要受到 3 个工厂的供应量和 4 个销售点的需求量的限制,从而可得到该问题的数学模型:

表 1-3

运价(元/件) 工厂 \ 销售点	B_1	B_2	B_3	B_4
A_1	4	6	8	10
A_2	6	4	10	4
A_3	8	2	4	6

$$\min z = 4x_{11} + 6x_{12} + 8x_{13} + 10x_{14} + 6x_{21} + 4x_{22} + 10x_{23} + 4x_{24} + 8x_{31} + 2x_{32} + 4x_{33} + 6x_{34}$$

$$\begin{cases} x_{11} + x_{12} + x_{13} + x_{14} = 150 \\ x_{21} + x_{22} + x_{23} + x_{24} = 200 \\ x_{31} + x_{32} + x_{33} + x_{34} = 250 \\ x_{11} + x_{21} + x_{31} = 120 \\ x_{12} + x_{22} + x_{32} = 140 \\ x_{13} + x_{23} + x_{33} = 160 \\ x_{14} + x_{24} + x_{34} = 180 \\ x_{ij} \geqslant 0 \quad (i = 1,2,3; j = 1,2,3,4) \end{cases}$$

二、线性规划问题的数学模型

从以上 3 个例子可以看出,线性规划问题具有以下 3 个特征。

(1)存在着决策者可以控制的一组决策变量 $x_1, x_2, \cdots, x_n$。决策变量取定一组值就代表一个具体的行动方案。

(2)决策者要追求一个目标,这个目标是决策变量 $x_1, x_2, \cdots, x_n$ 的线性函数,称为目标函数。根据各个问题的不同性质和要求,找到最优的决策变量,使目标函数取得最大值或最小值。

(3)决策变量的取值要受到某些条件的限制,这些条件称为约束条件。线性规划的约束条件可以用一组线性等式或线性不等式来表示。

一般来说,线性规划问题可以用数学语言描述为:

$$\max(\min)\ z = c_1x_1 + c_2x_2 + \cdots + c_nx_n$$

$$\begin{cases} a_{11}x_1 + a_{12}x_2 + \cdots + a_{1n}x_n * b_1 \\ a_{21}x_1 + a_{22}x_2 + \cdots + a_{2n}x_n * b_2 \\ \quad\cdots \qquad \cdots \qquad \cdots \\ a_{m1}x_1 + a_{m2}x_2 + \cdots + a_{mn}x_n * b_m \\ x_1, x_2, \cdots, x_n \geqslant 0 \end{cases}$$

上式中的“ * ”表示可取“ = ”、“ ≥ ”、“ ≤ ”中之一,

我们把这种数学描述,称为线性规划问题的数学模型。

约束条件中的

$$x_1, x_2, \cdots, x_n \geqslant 0$$

称为非负约束。

第二节　线性规划问题的图解法

将一个实际问题归结为线性规划问题的数学模型，仅仅是解决问题的第一个步骤，而我们的主要目的是求解数学模型，通过求解得到实际问题的一个最好的决策。本节介绍用图解法求解，虽然它只适用于两个变量的线性规划问题，但是由此而得出的一些重要结论对于多个变量的线性规划问题也是成立的。另外，图解法还具有直观性强，易于理解和掌握等优点。因此，我们首先介绍图解法，然后在此基础上再进一步介绍一般的解法——单纯形法。

例 1-4　解线性规划问题

$$\max z = -x_1 + x_2$$

$$\begin{cases} x_1 + x_2 \leqslant 5 \\ -2x_1 + x_2 \leqslant 2 \\ x_1 - 2x_2 \leqslant 2 \\ x_1, x_2 \geqslant 0 \end{cases}$$

解　(1)分析约束条件，作出可行域的图形。

由解析几何知，一个有两个变量的线性方程表示平面上的一条直线，一个有两个变量的线性不等式表示一个半平面。例如，$x_1 + x_2 = 5$ 表示平面上的一条直线 RQ（图 1-1）。直线 RQ 将平面划分为上半平面和下半平面两个部分。$x_1 + x_2 \geqslant 5$ 表示包括直线 RQ 在内的上半平面，$x_1 + x_2 \leqslant 5$ 表示包括直线 RQ 在内的下半平面。所以，满足不等式 $x_1 + x_2 \leqslant 5$ 的点，位于直线 RQ 上或它的下方。同理，满足 $-2x_1 + x_2 \leqslant 2$ 的点，位于直线 SR 上或它的下方；满足 $x_1 - 2x_2 \leqslant 2$ 的点，位于直线 PQ 上或它的上方；满足 $x_1 \geqslant 0$ 的点，位于纵坐标轴 Ox_2 上或它的右方；满足 $x_2 \geqslant 0$ 的点，位于横坐标轴 Ox_1 上或它的上方。同时满足所有约束条件的点，位于五边形 $OPQRS$ 的边界上及它的内部。

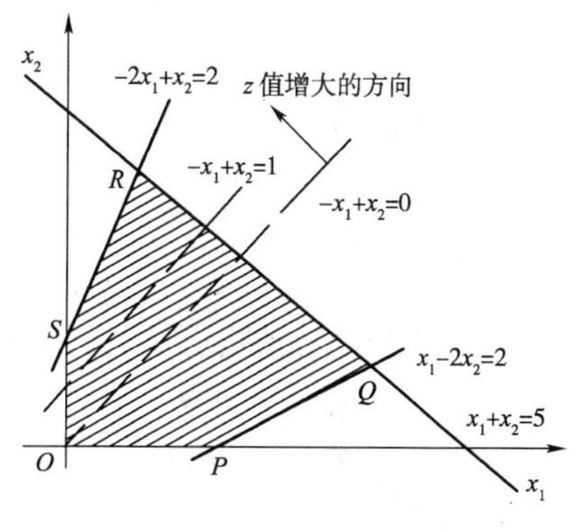

图　1-1

上述五边形 $OPQRS$ 所围成的区域，称为线性规划问题的可行域。可行域上的任意一个点，称为线性规划问题的一个可行解。本题所要求的是在可行域上找出一个可行解 (x_1, x_2)，使其对应的目标函数 $z = -x_1 + x_2$ 取得最大值。

(2)考虑目标函数，作出目标函数的等值线。

对于给定的 z，$-x_1 + x_2 = z$ 表示平面上的一条直线。由于该直线上的任意一个点对应的目标函数值都相等，因此，该直线称为目标函数的等值线。例如，给定 $z = 0$，直线 $-x_1 + x_2 = 0$ 是一条目标函数的等值线（见图 1-1 中的虚线）。如果把 z 看作参数，则 $-x_1 + x_2 = z$ 表示一族平行的目标函数的等值线。而且不难看出，随着 z 值的增大，等值线逐渐沿图中箭头方向平行移动。反之，随着 z 值的减小，等值线逐渐沿图中箭头的反方向平行移动。

(3)向 z 值增大的方向平行移动等值线。

现在我们要求使目标函数取得最大值。因此，我们一方面要使 z 的值尽可能增大，另一方面又要使等值线与可行域相交。由图 1-1 可见，点 R 就是我们要求的点。

解方程组

$$\begin{cases}-2x_1+x_2=2\\ \quad x_1+x_2=5\end{cases}$$

得点 R 的坐标 $x_1=1,x_2=4$，(1,4)称为线性规划问题的最优解。其对应的目标函数值 $z=-x_1+x_2=-1+4=3$ 就称为线性规划问题的最优值。

例 1-5 求解

$$\max z=2x_1+2x_2$$

$$\begin{cases}x_1-x_2\geqslant 1\\ x_1-2x_2\geqslant 0\\ x_1,x_2\geqslant 0\end{cases}$$

解 按例 1-4 的方法，首先由约束条件作出可行域(见图 1-2 中的阴影部分)，由图可见，可行域是一个无界的区域。

然后，把 z 看作参数，作目标函数的等值线 $2x_1+2x_2=z$(图 1-2 中的虚线)。不难发现，随着 z 值的增大，等值线逐渐沿图中箭头方向平行移动，始终与可行域相交。故目标函数无最大值，此线性规划问题无最优解。

例 1-6 求解

$$\min z=2x_1+2x_2$$

$$\begin{cases}x_1+x_2\quad\geqslant 1\\ x_1-3x_2\geqslant -3\\ x_1\qquad\leqslant 3\\ x_1,x_2\geqslant 0\end{cases}$$

解 作出可行域及目标函数的等值线 $2x_1+2x_2=z$(图 1-3)。值得注意的是：等值线恰好与可行域的一条边界 PQ 平行。

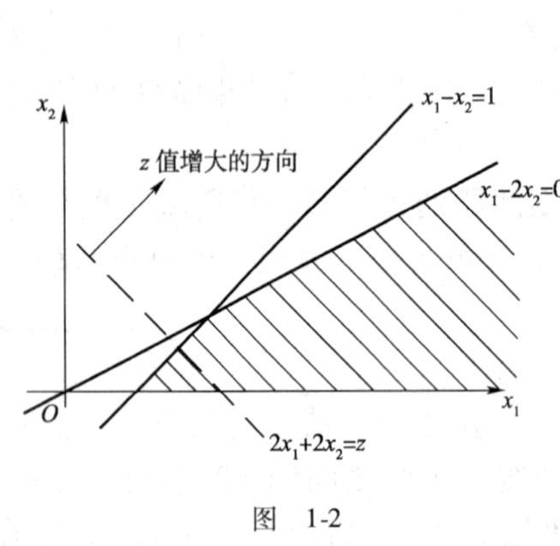

图 1-2

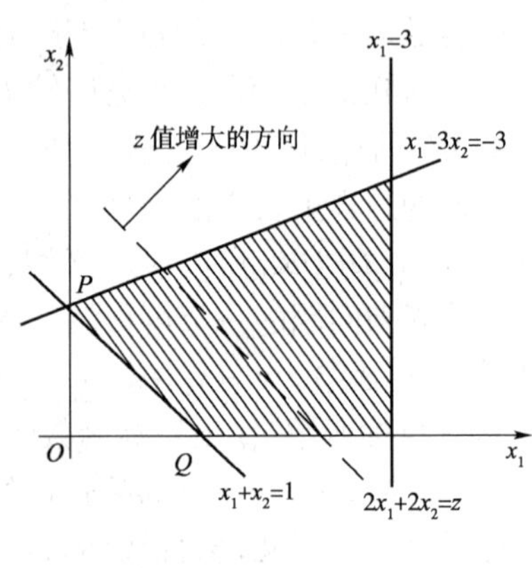

图 1-3

为了求目标函数的最小值，将等值线逐渐沿图中箭头的反方向平行移动，当其经过 PQ 时，对应的目标函数取得最小值。此时由于等值线与可行域相交于 PQ，故 PQ 上的任意一点都是最优解，故本题有无穷多个最优解。

在 PQ 上任取一点，例如 $P(0,1)$，其对应的目标函数值 $z=2x_1+2x_2=2$ 为最优值。

例 1-7 解线性规划问题

$$\max z = 5x_1 + 3x_2$$

$$\begin{cases} x_1 + x_2 \leqslant 1 \\ x_1 + 2x_2 \geqslant 4 \\ x_1, x_2 \geqslant 0 \end{cases}$$

解 由于 $x_1 + x_2 \leqslant 1$，$x_1 + 2x_2 \geqslant 4$，$x_1 \geqslant 0$，$x_2 \geqslant 0$ 这 4 个半平面没有公共部分。因此，这个线性规划问题没有可行解，也就没有可行域，当然不会有最优解（图 1-4）。

图 1-4

综合以上 4 个例子，我们可以看出，两个变量的线性规划问题具有以下两个重要的性质。

性质 1 两个变量的线性规划问题的可行域（如果存在的话）是一个凸多边形（可能有界，也可能无界）。

性质 2 如果两个变量的线性规划问题有最优解，则最优解一定可以在可行域的某一个顶点处取得。

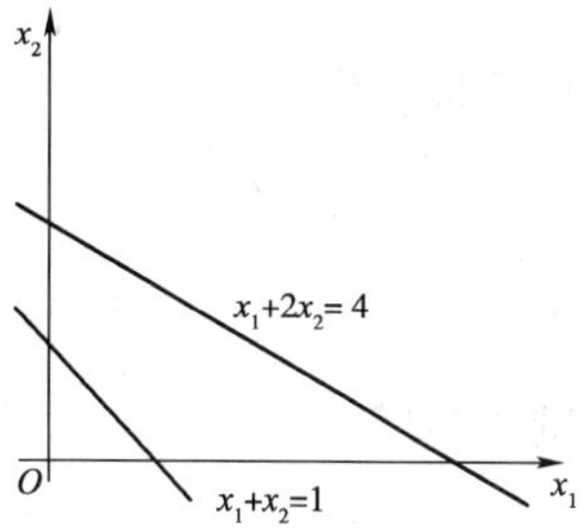

今后我们将会看到，以上两个性质对于多个变量的线性规划问题也是成立的。

第三节 线性规划问题的标准型

前面所建立的线性规划的数学模型，其形式是多种多样的。对于目标函数来说，分为求目标函数的最大值和最小值两种形式；在约束条件中，包括有等式约束和不等式约束，不等式约束又分为“≥”和“≤”两种形式。而且在实际问题中遇到的变量不一定满足非负的要求。由于上述原因，给理论探讨或研究求解方法带来困难，为了便于进行理论研究，也为了寻求一般线性规划问题的统一解法，我们需要找到一种统一的形式。

一、线性规划问题的标准型

线性规划问题的标准型规定为：

$$\max z = c_1x_1 + c_2x_2 + \cdots + c_nx_n$$

$$\begin{cases} a_{11}x_1 + a_{12}x_2 + \cdots + a_{1n}x_n = b_1 \\ a_{21}x_1 + a_{22}x_2 + \cdots + a_{2n}x_n = b_2 \\ \quad \cdots \qquad \cdots \qquad \cdots \\ a_{m1}x_1 + a_{m2}x_2 + \cdots + a_{mn}x_n = b_m \\ x_1, x_2, \cdots, x_n \geqslant 0 \end{cases} \tag{1-1}$$

或简单地写成：

$$\max z = \sum_{j=1}^{n} c_jx_j$$

$$\begin{cases} \sum_{j=1}^{n} a_{ij}x_j = b_i \quad (i = 1,2,\cdots,m) \\ x_j \geqslant 0 \quad (j = 1,2,\cdots,n) \end{cases} \tag{1-2}$$

二、线性规划问题的标准化

各种形式的线性规划问题的数学模型,都可以化为标准型。

(1)求目标函数的最小值问题可以转化为求目标函数的最大值问题。

如果给出的问题是要求

$$\min z = c_1x_1 + c_2x_2 + \cdots + c_nx_n$$

则可以转化为求

$$\max(-z) = -c_1x_1 - c_2x_2 - \cdots - c_nx_n$$

若令

$$w = -z$$

则可写成

$$\max w = -c_1x_1 - c_2x_2 - \cdots - c_nx_n$$

值得注意的是,如果原来的问题不仅要求最优解,还要求出目标函数的最小值,那么在求出 $\max w$ 的值以后,需要将所求得的 $\max w$ 反号以后,才是原问题的最小值。

(2)约束条件中的线性不等式可以转化为线性等式。

当某一个线性不等式为"≤"形式的不等式时,如某一个线性不等式为:

$$a_{i1}x_1 + a_{i2}x_2 + \cdots + a_{in}x_n \leqslant b_i$$

则可以在不等式的左端加上一个非负变量 x_{n+i},将线性不等式化为等式:

$$a_{i1}x_1 + a_{i2}x_2 + \cdots + a_{in}x_n + x_{n+i} = b_i$$

式中,$x_{n+i}(x_{n+i} \geqslant 0)$称为松弛变量。

当某一个线性不等式为"≥"形式的不等式时,如某一个线性不等式为:

$$a_{k1}x_1 + a_{k2}x_2 + \cdots + a_{kn}x_n \geqslant b_k$$

则可以在不等式的左端减去一个非负变量 x_{n+k},将线性不等式化为等式:

$$a_{k1}x_1 + a_{k2}x_2 + \cdots + a_{kn}x_n - x_{n+k} = b_k$$

式中,$x_{n+k}(x_{n+k} \geqslant 0)$称为剩余变量或松弛变量。

(3)如果某个变量 x_i 没有非负约束,即不一定满足 $x_i \geqslant 0$,则 x_i 称为自由变量。自由变量可以转化为非负约束的变量。

因为任意一个数都可以表示为两个非负数的差,所以我们总可以用两个非负变量来表示一个自由变量。设 x_i 为自由变量,则可以令

$$x_i = x'_i - x''_i$$

其中,$x'_i \geqslant 0, x''_i \geqslant 0$。

例 1-8 将线性规划问题

$$\min z = -3x_1 + x_2 + x_3$$

$$\begin{cases} x_1 - 2x_2 + x_3 \leqslant 11 \\ -4x_1 + x_2 + 2x_3 \geqslant 3 \\ 2x_1 - x_3 = -1 \\ x_1, x_2, x_3 \geqslant 0 \end{cases}$$

化为标准型。

解 首先,将求目标函数的最小值问题。

$$\min z = -3x_1 + x_2 + x_3$$

化为求目标函数的最大值问题。只要令：

$$w = -z$$

得

$$\max w = 3x_1 - x_2 - x_3$$

然后，引入松弛变量 $x_4 \geqslant 0$ 和 $x_5 \geqslant 0$，得标准型如下：

$$\max w = 3x_1 - x_2 - x_3$$

$$\begin{cases} x_1 - 2x_2 + x_3 + x_4 = 11 \\ -4x_1 + x_2 + 2x_3 - x_5 = 3 \\ 2x_1 - x_3 = -1 \\ x_1, x_2, \cdots, x_5 \geqslant 0 \end{cases}$$

例 1-9 将线性规划问题

$$\max z = 2x_1 + 3x_2 + x_3$$

$$\begin{cases} x_1 + 2x_2 + x_3 = 5 \\ 2x_1 + 3x_2 + x_3 = 6 \\ x_2 \geqslant 0, x_3 \geqslant 0 \end{cases}$$

化为标准型。

解 由于 x_1 是自由变量，为了化为标准型，可令：

$$x_1 = x'_1 - x''_1 \quad (x'_1 \geqslant 0, x''_1 \geqslant 0)$$

将上式代入原线性规划问题后，得标准型如下：

$$\max z = 2x'_1 - 2x''_1 + 3x_2 + x_3$$

$$\begin{cases} x'_1 - x''_1 + 2x_2 + x_3 = 5 \\ 2x'_1 - 2x''_1 + 3x_2 + x_3 = 6 \\ x'_1, x''_1, x_2, x_3 \geqslant 0 \end{cases}$$

为了今后进一步学习的需要，线性规划问题还可以用矩阵形式或向量形式来表示。

三、线性规划问题的矩阵形式

如果在线性规划问题(1-1)中令：

$$A = \begin{bmatrix} a_{11} & a_{12} & \cdots & a_{1n} \\ a_{21} & a_{22} & \cdots & a_{2n} \\ \cdots & \cdots & & \cdots \\ a_{m1} & a_{m2} & \cdots & a_{mn} \end{bmatrix} \quad C = (c_1, c_2, \cdots, c_n)$$

$$b = \begin{bmatrix} b_1 \\ b_2 \\ \vdots \\ b_m \end{bmatrix} \quad X = \begin{bmatrix} x_1 \\ x_2 \\ \vdots \\ x_n \end{bmatrix} \quad 0 = \begin{bmatrix} 0 \\ 0 \\ \vdots \\ 0 \end{bmatrix}$$

则线性规划问题(1-1)可表示为矩阵形式如下：

$$\max z = CX$$
$$\begin{cases} AX = b \\ X \geqslant 0 \end{cases} \tag{1-3}$$

四、线性规划问题的向量形式

如果进一步令

$$P_j = \begin{bmatrix} a_{1j} \\ a_{2j} \\ \vdots \\ a_{mj} \end{bmatrix} \qquad (j = 1, 2, \cdots, n)$$

则

$$A = (P_1, P_2, \cdots, P_n)$$

从而

$$AX = (P_1, P_2, \cdots, P_n) \begin{bmatrix} x_1 \\ x_2 \\ \vdots \\ x_n \end{bmatrix} = \sum_{j=1}^{n} P_j x_j$$

于是线性规划问题(1-1)可以表示为向量形式如下:

$$\max z = CX$$
$$\begin{cases} \sum_{j=1}^{n} P_j x_j = b \\ X \geqslant 0 \end{cases} \tag{1-4}$$

第四节　线性规划的基本概念

给出线性规划问题:

$$\max z = \sum_{j=1}^{n} c_j x_j \tag{1-5}$$

$$\begin{cases} \sum_{j=1}^{n} a_{ij} x_j = b_i & (i = 1, 2, \cdots, m) \quad (1\text{-}6) \\ x_j \geqslant 0 & (j = 1, 2, \cdots, n) \quad (1\text{-}7) \end{cases}$$

一、可行解和可行域

满足约束条件(1-6)及(1-7)的 $X = (x_1, x_2, \cdots, x_n)^{\mathrm{T}}$,称为线性规划问题的可行解。所有可行解构成的集合,称为线性规划问题的可行域。

如果上述的 $X = (x_1, x_2, \cdots, x_n)^{\mathrm{T}}$ 不存在,则线性规划问题就没有可行解。

二、最优解和最优值

使目标函数取得最大值或最小值的可行解,称为线性规划问题的最优解。最优解对应的目标函数值,称为线性规划问题的最优值。

对于其他形式的线性规划问题,都可类似地定义它们的可行解、可行域、最优解和最优值。

三、基、基变量、非基变量

设 A 是约束方程组(1-6)的系数构成的 $m \times n$ 阶矩阵。即:

$$A = \begin{bmatrix} a_{11} & a_{12} & \cdots & a_{1n} \\ a_{21} & a_{22} & \cdots & a_{2n} \\ \cdots & \cdots & & \cdots \\ a_{m1} & a_{m2} & \cdots & a_{mn} \end{bmatrix} = (P_1, P_2, \cdots, P_n)$$

$P_j(j=1,2,\cdots,n)$ 是 A 的 n 个列向量。

并设 A 的秩为 m,B 是 A 的任意一个 m 阶非奇异子矩阵(即 $|B| \neq 0$),则称 B 为线性规划问题的一个基。

显然,一个线性规划问题的基的个数不会超过 C_n^m。由线性代数知识,若 B 是线性规划问题的一个基,则 B 一定是由 m 个线性无关的列向量组成。为了确定起见,不失一般性,可设:

$$B = \begin{bmatrix} a_{11} & a_{12} & \cdots & a_{1m} \\ a_{21} & a_{22} & \cdots & a_{2m} \\ \cdots & \cdots & & \cdots \\ a_{m1} & a_{m2} & \cdots & a_{mm} \end{bmatrix} = (P_1, P_2, \cdots, P_m)$$

我们称 $P_j(j=1,2,\cdots,m)$ 为关于基 B 的基向量,与基向量 P_j 对应的变量 $x_j(j=1,2,\cdots,m)$ 称为关于基 B 的基变量,其余的变量 $x_j(j=m+1,\cdots,n)$ 称为关于基 B 的非基变量。

四、基本解、基本可行解

当基 $B=(P_1,P_2,\cdots,P_m)$ 取定以后,如果令所有关于基 B 的非基变量为零,即令:

$$x_{m+1} = x_{m+2} = \cdots = x_n = 0$$

由于 B 非奇异,所以由约束方程组(1-6)可以求出唯一的一个解:

$$X = (x_1, x_2, \cdots, x_m, 0, \cdots, 0)^{\mathrm{T}}$$

称为关于基 B 的基本解。

基本解不一定满足非负条件(1-7),即基本解不一定是可行解。满足非负条件(1-7)的基本解,称为关于基 B 的基本可行解。显然,每一个基本可行解的非零分量的个数不会超过 m,如果非零分量的个数小于 m,也就是存在着取值为零的基变量,则称该基本可行解为退化的基本可行解。

由此可见,一个线性规划问题的所有基本解分为基本可行解和不可行的基本解两类。由于基和基本解是一一对应的,所以相应地,一个线性规划问题的所有的基也分为两类:①基本可行解对应的基,称为可行基。特别地,当基本可行解是最优解时,它所对应的可行基,称为最优可行基,或最优基。②不可行的基本解对应的基,称为非可行基。

例 1-10 求线性规划问题

$$\max z = 2x_1 + 3x_2$$

$$\begin{cases} 2x_1 + x_2 + x_3 = 2 \\ x_1 + 3x_2 + x_4 = 3 \\ x_1, x_2, x_3, x_4 \geqslant 0 \end{cases}$$

的基本可行解。

解 该线性规划问题约束方程组的系数矩阵：

$$A = \begin{bmatrix} 2 & 1 & 1 & 0 \\ 1 & 3 & 0 & 1 \end{bmatrix} = (P_1, P_2, P_3, P_4)$$

A 的子矩阵

$$B_1 = (P_3, P_4) = \begin{bmatrix} 1 & 0 \\ 0 & 1 \end{bmatrix}$$

非奇异，因而 B_1 是一个基，关于基 B_1 的基变量为 x_3, x_4，非基变量为 x_1, x_2，令非基变量 $x_1 = x_2 = 0$，解约束方程组，得关于基 B_1 的基本解：

$$X^{(1)} = (0,0,2,3)^{\mathrm{T}}$$

因为 $X^{(1)}$ 满足非负条件，所以 $X^{(1)}$ 是关于基 B_1 的一个基本可行解，B_1 是一个可行基。同理，A 的子矩阵：

$$B_2 = (P_1, P_2) = \begin{bmatrix} 2 & 1 \\ 1 & 3 \end{bmatrix}$$

非奇异，因而它也是一个基，用同样的方法可求得其对应的基本可行解：

$$X^{(2)} = \left(\frac{3}{5}, \frac{4}{5}, 0, 0\right)^{\mathrm{T}}$$

B_2 也是一个可行基。

其余的基本可行解请读者自行求出。

值得注意的是，虽然 A 的非奇异子矩阵：

$$B_3 = (P_2, P_4) = \begin{bmatrix} 1 & 0 \\ 3 & 1 \end{bmatrix}$$

也是一个基，但其对应的基本解：

$$X^{(3)} = (0,2,0,-3)^{\mathrm{T}}$$

不满足非负条件，故 $X^{(3)}$ 不是基本可行解，B_3 为非可行基。

第五节 线性规划的基本定理

在本章第二节中已经指出，对于两个变量的线性规划问题，其可行域是凸多边形。并且还指出，如果两个变量的线性规划问题有最优解，则最优解一定可以在可行域的某一个顶点处取得。本节将进一步证明以上结论可以推广到多个变量的情形。

首先引入几个概念。

从直观上看，如图 1-5 所示的图形，我们称它们是凸的图形，它们的共同特征是：连接图形中任意两点的线段上所有的点都在该图形之中。而图 1-6 所示的图形，却不具有这个特征。我们就利用上述特征来定义凸集。

图 1-5　　　　图 1-6

定义 1 设 $X^{(1)}$ 和 $X^{(2)}$ 是 n 维欧氏空间中的任意两个点，我们把满足条件：

$$X=\lambda X^{(1)}+(1-\lambda)X^{(2)}\quad(0\leqslant\lambda\leqslant1)$$

的点 X 的集合，称为以 $X^{(1)}$ 和 $X^{(2)}$ 为端点的线段。$X^{(1)}$ 和 $X^{(2)}$ 称为该线段的两个端点，其余的点称为该线段的内点。

$\lambda=1$ 对应端点 $X^{(1)}$，$\lambda=0$ 对应端点 $X^{(2)}$，0 到 1 之间任意一个 λ 的值，对应一个内点。

当 $n>3$ 时，n 维空间的线段没有几何图形。当 $n=2$ 时，就表示坐标平面上的线段（图 1-7）。

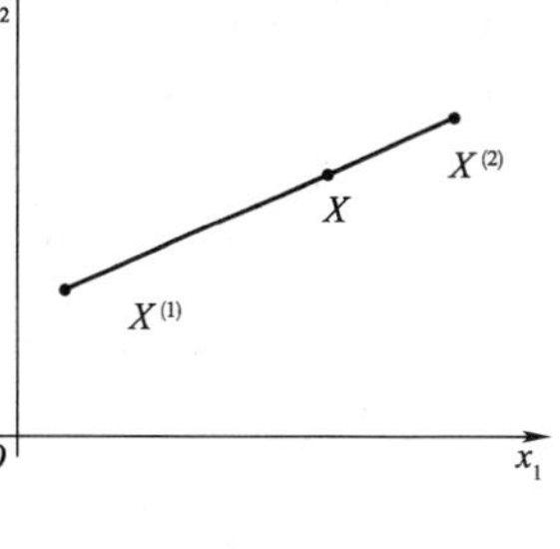

图 1-7

定义 2 设 R 是 n 维欧氏空间的一个点集，如果对于任意两点 $X^{(1)}\in R$，$X^{(2)}\in R$，均有：

$$X=\lambda X^{(1)}+(1-\lambda)X^{(2)}\in R\quad(0\leqslant\lambda\leqslant1)$$

则称 R 为凸集。

定义 3 设 R 是凸集，$X\in R$，若不存在 $X^{(1)}\in R$，$X^{(2)}\in R$（$X^{(1)}\neq X^{(2)}$），使

$$X=\lambda X^{(1)}+(1-\lambda)X^{(2)}\in R\quad(0<\lambda<1)$$

则称 X 为 R 的一个顶点（或极点）。

对于线性规划问题

$$\max z=CX$$

$$\begin{cases}AX=b\\X\geqslant0\end{cases}$$

我们可以证明以下 3 个定理。

定理 1 线性规划问题的可行域 D（如果不是空集）是凸集。

证 设 $X^{(1)}$ 和 $X^{(2)}$ 是可行域 D 中任意两个不同的点，即 $X^{(1)}\in D$，$X^{(2)}\in D$ 且 $X^{(1)}\neq X^{(2)}$，根据定义 2，只需证明

$$X=\lambda X^{(1)}+(1-\lambda)X^{(2)}\in D\quad(0\leqslant\lambda\leqslant1)$$

事实上，因为

$$X^{(1)}\in D,X^{(2)}\in D$$

所以

$$AX^{(1)}=b,AX^{(2)}=b$$

从而有

$$\begin{aligned}AX&=A[\lambda X^{(1)}+(1-\lambda)X^{(2)}]=\lambda AX^{(1)}+(1-\lambda)AX^{(2)}\\&=\lambda b+(1-\lambda)b=b\end{aligned}$$

又因为

$$X^{(1)}\geqslant0,X^{(2)}\geqslant0\quad(0\leqslant\lambda\leqslant1)$$

所以

$$X=\lambda X^{(1)}+(1-\lambda)X^{(2)}\geqslant0$$

由此可见

$$X\in D$$

引理 线性规划问题的可行解 $X=(x_1,x_2,\cdots,x_n)^{\mathrm{T}}$ 是基本可行解的充分必要条件是：X 的正分量所对应的系数列向量线性无关。

证 先证必要性：

设 X 是基本可行解，对应于基 $B=(P_1,P_2,\cdots,P_m)$。由于只有基变量才可能取正值，不妨

假设 $x_1, x_2, \cdots, x_k (k \leqslant m)$ 是 X 的正分量，其对应的系数列向量为 $P_1, P_2, \cdots, P_k$。

当 $k = m$ 时，因为 B 是非奇异矩阵，所以列向量组 $P_1, P_2, \cdots, P_k$ 线性无关。

当 $k < m$ 时，因为列向量组 $P_1, P_2, \cdots, P_m$ 线性无关，所以它的部分列向量组 $P_1, P_2, \cdots, P_k$ 也一定线性无关。

再证充分性：

设正分量 $x_1, x_2, \cdots, x_k$ 对应的系数列向量 $P_1, P_2, \cdots, P_k$ 线性无关，则必有 $k \leqslant m$。

当 $k = m$ 时，$P_1, P_2, \cdots, P_k$ 构成一个基，$X = (x_1, x_2, \cdots, x_k, 0, \cdots, 0)^{\mathrm{T}}$ 为相应的基本可行解。

当 $k < m$ 时，由线性代数知识，一定可从其余的系数列向量中找出 $m - k$ 个，使它们与 $P_1, P_2, \cdots, P_k$ 一起构成一个基，$X = (x_1, x_2, \cdots, x_k, 0, \cdots, 0)^{\mathrm{T}}$ 为相应的基本可行解。需要指出，这时的 X 是一个退化的基本可行解。

定理 2　$X = (x_1, x_2, \cdots, x_n)^{\mathrm{T}}$ 是可行域 D 的顶点的充分必要条件是：X 是线性规划问题的基本可行解。

证　必要性：用反证法。

设 $X = (x_1, x_2, \cdots, x_n)^{\mathrm{T}}$ 是可行域 D 的顶点，但不是基本可行解，则由上述引理可知，X 的正分量 $x_1, x_2, \cdots, x_k$ 所对应的系数列向量 $P_1, P_2, \cdots, P_k$ 一定线性相关，即存在一组不全为零的数 $\alpha_i (i = 1, 2, \cdots, k)$ 使得：

$$\alpha_1 P_1 + \alpha_2 P_2 + \cdots + \alpha_k P_k = 0$$

又由于 $X = (x_1, x_2, \cdots, x_k, 0, \cdots, 0)^{\mathrm{T}}$ 是可行解，所以

$$x_1 P_1 + x_2 P_2 + \cdots + x_k P_k = b$$

由以上两式可得：

$$(x_1 - \mu\alpha_1) P_1 + (x_2 - \mu\alpha_2) P_2 + \cdots + (x_k - \mu\alpha_k) P_k = b$$

$$(x_1 + \mu\alpha_1) P_1 + (x_2 + \mu\alpha_2) P_2 + \cdots + (x_k + \mu\alpha_k) P_k = b \quad (\mu > 0)$$

因为 $x_i (i = 1, 2, \cdots, k)$ 是正分量，所以只要 μ 是充分小的正数，总可使

$$x_i \pm \mu\alpha_i \geqslant 0 \qquad (i = 1, 2, \cdots, k)$$

从而

$$X^{(1)} = (x_1 - \mu\alpha_1, x_2 - \mu\alpha_2, \cdots, x_k - \mu\alpha_k, 0, \cdots, 0)^{\mathrm{T}}$$

$$X^{(2)} = (x_1 + \mu\alpha_1, x_2 + \mu\alpha_2, \cdots, x_k + \mu\alpha_k, 0, \cdots, 0)^{\mathrm{T}}$$

是可行解，即

$$X^{(1)} \in D, X^{(2)} \in D$$

由于

$$X^{(1)} + X^{(2)} = 2X$$

即

$$X = \frac{1}{2} X^{(1)} + \frac{1}{2} X^{(2)}$$

由定义 3，X 不是可行域 D 的顶点，这与假设 X 是可行域 D 的顶点相矛盾。所以 X 是基本可行解。

充分性：也用反证法。

假设 X 是基本可行解，但不是可行域 D 的顶点，则由定义 3，在可行域 D 中可以找到不同

的两个点

$$X^{(1)}=(x_1^{(1)},x_2^{(1)},\cdots,x_n^{(1)})\in R \text{ 和 } X^{(1)}=(x_1^{(2)},x_2^{(2)},\cdots,x_n^{(2)})\in R$$

使

$$X=\alpha X^{(1)}+(1-\alpha)X^{(2)}\qquad(0<\alpha<1)$$

不妨假设基本可行解 X 对应的基变量为 $x_1,x_2,\cdots,x_m$，非基变量为 $x_{m+1},\cdots,x_n$，则有：

$$x_j^{(1)}=x_j^{(2)}=0\quad(j=m+1,\cdots,n)$$

于是有

$$\sum_{i=1}^{m}x_i^{(1)}P_i=b\quad\text{和}\quad\sum_{i=1}^{m}x_i^{(2)}P_i=b$$

从而有

$$\sum_{i=1}^{m}(x_i^{(1)}-x_i^{(2)})P_i=0$$

由于 $X^{(1)},X^{(2)}$ 是不同的两个点，即 $X^{(1)}\neq X^{(2)}$，所以上式中的系数 $x_i^{(1)}-x_i^{(2)}(i=1,2,\cdots,m)$ 不全为零，故向量组是 $P_1,P_2,\cdots,P_m$ 线性相关，从而 X 不是基本可行解。这与假设 X 是基本可行解相矛盾。这就证明了 X 一定是可行域 D 的顶点。

定理3 若线性规划问题有最优解，则一定存在基本最优解（基本可行解是最优解时，称为基本最优解）。

证 设 $X=(x_1,x_2,\cdots,x_n)^{\mathrm{T}}$ 是线性规划问题的最优解，如果 X 是基本可行解，则定理显然成立。

如果 X 不是基本可行解，则可按定理 2 的证明中所采用的方法，设 X 的正分量为 $x_1,x_2,\cdots,x_k$，并构造两个新的可行解

$$X^{(1)}=(x_1-\mu\alpha_1,x_2-\mu\alpha_2,\cdots,x_k-\mu\alpha_k,0,\cdots,0)^{\mathrm{T}}$$

和

$$X^{(2)}=(x_1+\mu\alpha_1,x_2+\mu\alpha_2,\cdots,x_k+\mu\alpha_k,0,\cdots,0)^{\mathrm{T}}$$

其中 $\alpha_1,\alpha_2,\cdots,\alpha_k$ 不全为零。

但是这里的 μ 不按定理 2 的方法取值，而是取：

$$\mu=\min\left\{\frac{x_i}{|\alpha_i|}\,\middle|\,\alpha_i\neq 0,i=1,2,\cdots,k\right\}$$

以下我们首先证明 $X^{(1)},X^{(2)}$ 都是最优解。这是由于：

$$CX^{(1)}=CX+\mu C\alpha$$
$$CX^{(2)}=CX-\mu C\alpha$$
$$\alpha=(\alpha_1,\alpha_2,\cdots,\alpha_k,0,\cdots,0)^{\mathrm{T}}$$

而 X 为最优解，于是

$$\mu C\alpha=CX^{(1)}-CX\leqslant 0$$
$$\mu C\alpha=CX-CX^{(2)}\leqslant 0$$

所以

$$\mu C\alpha=0$$

从而

$$CX^{(1)}=CX^{(2)}=CX$$

即，$X^{(1)}$ 和 $X^{(2)}$ 都是最优解。

其次，从 $X^{(1)}$ 和 $X^{(2)}$ 的构造方法可以看出 $X^{(1)}$ 和 $X^{(2)}$ 中至少有一个，其正分量的个数比 X

的少,不妨假设 $X^{(1)}$ 的正分量对应的系数列向量比 X 的正分量对应的系数列向量少。如果 $X^{(1)}$ 的正分量对应的系数列向量已经线性无关,则 $X^{(1)}$ 即为基本最优解。否则,再按以上方法继续减少正分量的个数,最后总可以得到基本最优解。

定理 3 也叫做线性规划基本定理,这个定理的重要性在于:如果一个线性规划问题有最优解,则可以不必从无穷多个可行解中去寻找,只需从基本可行解中去寻找就可以了。而一个线性规划问题的基本可行解只有有限个,这样就大大缩小了寻找最优解的范围。

受定理 3 的启发,很自然地会想到求解线性规划问题的一种方法:由于线性规划问题的基本可行解只有有限个(至多不会超过 C_n^m 个),因此可以采用"枚举法"。即首先求出所有基本可行解,然后计算它们所对应的目标函数值逐个加以比较,从而可以找到最优解。当 m 和 n 不大时,即变量的个数和约束条件的个数不多时,上述方法是可以采用的。但是,当 m 和 n 很大时,上述方法就行不通了。因此,必须寻找新的求解方法,这就是下一章要讲的单纯形法。

小结

本章探讨了线性规划问题的数学模型,线性规划问题的图解法以及线性规划问题的标准型,介绍了线性规划问题的基本概念和基本定理。

通过本章的学习,应该注意理解线性规划的思想和原理,学会用线性规划数学模型描述现实中的一些基本问题,理解线性规划解的概念及性质,并且能够运用图解法解决两个变量的线性规划问题。

思考题

1. 试述线性规划数学模型的构成及其特征。

2. 用图解法求解线性规划问题时,如何判断有唯一最优解、有无穷多个最优解的情况。

3. 什么是线性规划问题的标准形式,如何将一个非标准型的线性规划问题转化为标准形式。

4. 试述线性规划问题的可行解、基本解、基本可行解、最优解的概念以及上述解之间的相互关系。

第二章 单纯形法

第一节 单纯形法的基本思想

单纯形法是用迭代法求解线性规划问题的一种方法。迭代法是一种计算方法,用这种方法可以产生一系列有次序的点,除初始点以外的每一个点,都是根据它前面的点计算出来的。单纯形法的基本思想是:从线性规划问题的标准型出发,首先求出一个基本可行解(称为初始基本可行解),然后按一定的方法迭代到另一个基本可行解,并使基本可行解所对应的目标函数值逐步增大。经过有限次迭代,当目标函数达到最大值或判定目标函数无最大值时,就停止迭代。

上述的迭代过程,可以用代数运算形式或表格形式来进行。代数运算形式比较繁琐,表格形式比较简练。但是,代数运算形式能详细地说明单纯形法的迭代过程。因此,本章首先介绍单纯形法的代数运算形式,以使初学者了解迭代的全过程,然后在此基础上进行简化,介绍单纯形法的表格形式。下面结合实例来介绍单纯形法的代数运算形式。

例 2-1 某企业用 A、B、C 三种原料生产甲、乙两种产品。已知每件产品所需原料的量、每件产品的利润,以及原料供应的限量如表 2-1 所示。

表 2-1

每件产品所需原料(单位) 产品 / 原料	甲	乙	原料供应的限量(单位)
A	1	1	6
B	1	2	8
C	0	1	3
每件产品的利润(元)	7	15	

试问,企业应如何制订生产计划,才能获得最大的利润?

解 首先建立该问题的数学模型。

设企业生产产品甲和乙的件数分别为 x_1 和 x_2,并设总利润为 z。根据题意可得:

$$\max z = 7x_1 + 15x_2$$

$$\begin{cases} x_1 + x_2 \leqslant 6 \\ x_1 + 2x_2 \leqslant 8 \\ \qquad x_2 \leqslant 3 \\ x_1, x_2 \geqslant 0 \end{cases} \tag{2-1}$$

这是一个线性规划问题的数学模型。以下用单纯形法的代数运算形式来求解这个数学模型。求解按以下步骤进行。

(1)化为标准型。

引入松弛变量 x_3, x_4, x_5,将上述问题化为标准型如下:

$$\max z = 7x_1 + 15x_2$$

$$\begin{cases} x_1 + x_2 + x_3 = 6 \\ x_1 + 2x_2 + x_4 = 8 \\ \qquad x_2 + x_5 = 3 \\ x_1, x_2, \cdots, x_5 \geqslant 0 \end{cases} \tag{2-2}$$

(2)找一个初始基本可行解 $X^{(0)}$。

上述标准型的约束方程组的系数矩阵

$$A = \begin{bmatrix} 1 & 1 & 1 & 0 & 0 \\ 1 & 2 & 0 & 1 & 0 \\ 0 & 1 & 0 & 0 & 1 \end{bmatrix}$$

含有 3 个线性无关的单位列向量

$$P_3 = \begin{bmatrix} 1 \\ 0 \\ 0 \end{bmatrix} \qquad P_4 = \begin{bmatrix} 0 \\ 1 \\ 0 \end{bmatrix} \qquad P_5 = \begin{bmatrix} 0 \\ 0 \\ 1 \end{bmatrix}$$

从而 A 的子矩阵

$$B_0=(P_3,P_4,P_5)=\begin{bmatrix}1&0&0\\0&1&0\\0&0&1\end{bmatrix}$$

非奇异,它是线性规划问题方程(2-2)的一个基。而且由于约束方程组的右端常数项均为非负,所以 B_0 显然是一个可行基,x_3,x_4,x_5 为关于可行基 B_0 的基变量,x_1,x_2 为关于可行基 B_0 的非基变量。为求初始基本可行解,只要在方程(2-2)的约束方程组中令非基变量 $x_1=x_2=0$,从而有 $x_3=6,x_4=8,x_5=3$,它们就是约束方程组的右端常数项。于是得到初始基本可行解

$$X^{(0)}=(0,0,6,8,3)^{\mathrm{T}}$$

其对应的目标函数值

$$z_0=7\times0+15\times0=0$$

这表示甲、乙两种产品均不生产,A、B、C 三种原料都没有被利用,相应的总利润为零。

(3)检验 $X^{(0)}$ 是否最优解。

由目标函数的表达式

$$z=7x_1+15x_2$$

可知,非基变量 x_1 和 x_2 的系数为正数,如果把非基变量 x_1 或 x_2 转换为基变量,而且取正值,则会使目标函数的值增大。可见,$X^{(0)}$ 不是最优解。

(4)第一次迭代。

经过每次迭代,得到一个新的基本可行解。因此,每次迭代以后,哪些变量作为基变量,哪些变量作为非基变量就要发生变化。

现在的目标函数中 x_2 的系数大于 x_1 的系数,这说明多生产一件产品乙所得到的利润比多生产一件产品甲所得到的利润要多一些。因此,可以选取 x_2 使它成为基变量,而且让它取尽可能大的值,x_1 仍作为非基变量取值为零。从原来的基变量 x_3,x_4,x_5 中选出一个作为非基变量。但是 x_2 的取值不能任意地增大,它要受到约束方程组的限制,由约束方程组(2-2)得:

$$\begin{cases}x_3=6-x_1-x_2\\x_4=8-x_1-2x_2\\x_5=3-x_2\end{cases}\tag{2-3}$$

将 $x_1=0,x_2=\theta$ 代入方程(2-3),为了让 θ 取尽可能大的值,同时又考虑到 x_3,x_4,x_5 必须取非负值,从而 θ 的值应满足:

$$\begin{cases}x_3=6-\theta\geqslant0\\x_4=8-2\theta\geqslant0\\x_5=3-\theta\geqslant0\end{cases}$$

即

$$x_2=\theta=\min\left\{\frac{6}{1},\frac{8}{2},\frac{3}{1}\right\}=3$$

相应地有

$$\begin{cases}x_3=6-3=3\\x_4=8-2\times3=2\\x_5=3-3=0\end{cases}$$

由此可见，从原来的基变量 x_3,x_4,x_5 中选出 x_5 作为非基变量，得第一次迭代后的基本可行解：

$$X^{(1)}=(0,3,3,2,0)^{\mathrm{T}}$$

其对应的目标函数值

$$z_1=7\times0+15\times3=45$$

这表示产品甲不生产，产品乙生产3件，原料 A 尚余3个单位，原料 B 尚余2个单位，原料 C 恰好用完，相应的总利润为45元，比第一个生产计划有所改进。

(5)检验 $X^{(1)}$ 是否最优解。

$X^{(1)}$ 是否最优解呢？也就是说，生产计划是否还可以改进？为了回答这个问题，我们将约束方程组(2-2)改写为用非基变量 x_1,x_5 来表示基变量 x_2,x_3,x_4 的表达式。可用高斯消去法得到：

$$\begin{cases}x_1+x_3-x_5=3\\x_1+x_4-2x_5=2\\x_2+x_5=3\end{cases}\tag{2-4}$$

移项后得

$$\begin{cases}x_3=3-x_1+x_5\\x_4=2-x_1+2x_5\\x_2=3-x_5\end{cases}\tag{2-5}$$

将方程(2-5)代入目标函数，得目标函数用非基变量 x_1,x_5 的表达式：

$$z=45+7x_1-15x_5$$

非基变量 x_1 的系数是正数，如果把非基变量 x_1 转换为基变量，而且取正值，则会使目标函数值进一步增大。由此可见，$X^{(1)}$ 不是最优解。

(6)第二次迭代。

和第一次迭代同样的道理，应选取非基变量 x_1 使它成为基变量，让它取尽可能大的值，x_5 仍作为非基变量取值为零，从基变量 x_2,x_3,x_4 中选出一个作为非基变量。x_1 的取值也按同样的方法来确定：

将 $x_1=\theta,x_5=0$ 代入方程(2-5)，并考虑到 x_2,x_3,x_4 必须取非负值，因此 θ 的值应满足：

$$\begin{cases}x_3=3-\theta\geqslant0\\x_4=2-\theta\geqslant0\\x_2=3\geqslant0\end{cases}$$

即

$$x_1=\theta=\min\left\{\frac{3}{1},\frac{2}{1}\right\}=2$$

相应地有

$$\begin{cases}x_3=3-2=1\\x_4=2-2=0\\x_2=3\end{cases}$$

可见 x_4 成为非基变量，得第二次迭代后的基本可行解：

$$X^{(2)}=(2,3,1,0,0)^{\mathrm{T}}$$

对应的目标函数值

$$z_2=45+7\times2-15\times0=45+14=59$$

这表示产品甲生产2件，产品乙生产3件，原料A余下1个单位，原料B和原料C恰好用完，相应的总利润59元，比第二个生产计划又有所改进。

(7)检验$X^{(2)}$是否最优解。

同前面检验$X^{(1)}$一样的道理，将方程(2-2)的约束方程组改写为用非基变量x_4,x_5来表示基变量x_1,x_2,x_3的表达式，可在方程(2-4)的基础上用高斯消去法得到：

$$\begin{cases}x_3 - x_4 + x_5 = 1 \\ x_1 + x_4 - 2x_5 = 2 \\ x_2 + x_5 = 3\end{cases}$$

移项后得

$$\begin{cases}x_3 = 1 + x_4 - x_5 \\ x_1 = 2 - x_4 + 2x_5 \\ x_2 = 3 - x_5\end{cases} \tag{2-6}$$

将方程(2-6)代入目标函数，得目标函数用非基变量x_4,x_5来表示的表达式：

$$z = 59 - 7x_4 - x_5$$

这时，目标函数中非基变量x_4,x_5的系数都不大于零。可见目标函数的值已经不可能再继续增大，目标函数已经取得最大值59，故$X^{(2)}$是最优解。

通过以上例题的分析，可以归纳出单纯形法的步骤：

(1)建立实际问题的线性规划数学模型。

(2)把一般的线性规划问题化为标准型。

(3)确定初始基本可行解。

(4)检验所得到的基本可行解是否最优解。

(5)迭代，求得新的基本可行解。

重复(4)和(5)，直到得到最优解，或者判定无最优解。

关于建立数学模型和化为标准型的问题，在第一章中已经讨论过，本章不再讨论。下面分别讨论：

(1)初始基本可行解的确定。

(2)最优性检验。

(3)如何进行迭代。

第二节　单纯形法的一般法则及最优性判别

在第一节中已经提到过，用单纯形法求解线性规则问题，首先要着重讨论的是如何求得一个初始基本可行解。一般情况下，并不都是能容易求得的。本章将分两种情况分别讨论。

给出线性规划问题标准型：

$$\max z = \sum_{j=1}^{n} c_j x_j$$

$$\begin{cases}\sum_{j=1}^{n} a_{ij}x_j = b_i \quad (i = 1,2,\cdots,m) \\ x_j \geqslant 0 \quad (j = 1,2,\cdots,n)\end{cases} \tag{2-7}$$

第一种情况：

设问题(2-7)的系数矩阵 A 中含有 m 个线性无关的单位列向量，且 $b_i \geqslant 0(i=1,2,\cdots,m)$。为了确定起见，不失一般性，可以假设 m 个单位列向量在 A 中的前 m 个列，构成 m 阶单位阵：

$$B_0=(P_1,P_2,\cdots,P_m)=\begin{bmatrix}1 & 0 & \cdots & 0\\0 & 1 & \cdots & 0\\\cdots & \cdots & \cdots & \\0 & 0 & \cdots & 1\end{bmatrix}$$

也就是说，问题(2-7)可表示为以下形式：

$$\max z=c_1x_1+c_2x_2+\cdots+c_nx_n$$

$$\begin{cases}x_1+a_{1,m+1}x_{m+1}+\cdots+a_{1n}x_n=b_1\\x_2+a_{2,m+1}x_{m+1}+\cdots+a_{2n}x_n=b_2\\\cdots\quad\cdots\quad\cdots\\x_m+a_{m,m+1}x_{m+1}+\cdots+a_{mn}x_n=b_m\\x_j\geqslant 0\quad(j=1,2,\cdots,n)\end{cases}\tag{2-8}$$

其中，$b_i \geqslant 0(i=1,2,\cdots,m)$。

第二种情况：

如果系数矩阵 A 中不含 m 个线性无关的单位列向量，则采用人工变量法进行处理，把它转化为第一种情况。这个内容将在本章第四节中加以讨论。

本节仅讨论第一种情况，即限于讨论问题(2-8)的求解方法。

一、初始基本可行解的确定

由于单位阵 B_0 显然是问题(2-8)的一个可行基，$x_1,x_2,\cdots,x_m$ 是关于可行基 B_0 的基变量，$x_{m+1},\cdots,x_n$ 是关于可行基 B_0 的非基变量。因此，相应地可得到一个基本可行解

$$X^{(0)}=(b_1,b_2,\cdots,b_m,0,\cdots,0)^{\mathrm{T}}$$

即为所要的初始基本可行解。

今后我们把系数矩阵 A 中含有 m 个线性无关的单位列向量，且 $b_i \geqslant 0(i=1,2,\cdots,m)$ 的标准型方程(2-8)，称为以 $x_1,x_2,\cdots,x_m$ 为基变量的规范型。由以上分析可知，只要一个线性规划问题表示为规范型，相应的基本可行解就可很容易地求得。

由于哪些变量作为基变量，哪些变量作为非基变量，并不是一成不变的。因此，规范型的形式也可以随之而发生变化。

例 2-2 给出线性规划问题

$$\max z=-x_2-3x_3+2x_5$$

$$\begin{cases}x_1+3x_2-x_3+\quad 2x_5\quad=7\\\quad -2x_2+4x_3+x_4\quad=12\\\quad -4x_2+3x_3+\quad 8x_5+x_6=10\\x_j\geqslant 0(j=1,2,\cdots,6)\end{cases}$$

系数矩阵

$$A=\begin{bmatrix}1 & 3 & -1 & 0 & 2 & 0\\0 & -2 & 4 & 1 & 0 & 0\\0 & -4 & 3 & 0 & 8 & 1\end{bmatrix}$$

含有 3 个线性无关的单位列向量

$$P_1 = \begin{bmatrix} 1 \\ 0 \\ 0 \end{bmatrix} \quad P_4 = \begin{bmatrix} 0 \\ 1 \\ 0 \end{bmatrix} \quad P_6 = \begin{bmatrix} 0 \\ 0 \\ 1 \end{bmatrix}$$

$$B_0 = (P_1, P_4, P_6) = \begin{bmatrix} 1 & 0 & 0 \\ 0 & 1 & 0 \\ 0 & 0 & 1 \end{bmatrix}$$

为初始可行基。关于基 B_0 的基变量为 x_1, x_4, x_6，非基变量为 x_2, x_3, x_5，初始基本可行解为：

$$X^{(0)} = (7,0,0,12,0,10)^{\mathrm{T}}$$

此外，有一种常见到情况，是很容易化为规范型从而求得初始基本可行解的。就是约束方程都是"≤"形式的线性规划问题：

$$\max z = c_1x_1 + c_2x_2 + \cdots + c_nx_n$$

$$\begin{cases} a_{11}x_1 + a_{12}x_2 + \cdots + a_{1n}x_n \leqslant b_1 \\ a_{21}x_1 + a_{22}x_2 + \cdots + a_{2n}x_n \leqslant b_2 \\ \quad \cdots \quad \cdots \quad \cdots \\ a_{m1}x_1 + a_{m2}x_2 + \cdots + a_{mn}x_n \leqslant b_m \\ x_j \geqslant 0 \quad (j = 1,2,\cdots,n) \end{cases}$$

而且约束方程右端常数项 $b_i \geqslant 0 (i = 1,2,\cdots,m)$。在每个约束方程左端加上一个非负的松弛变量化为标准型后可得：

$$\max z = c_1x_1 + c_2x_2 + \cdots + c_nx_n$$

$$\begin{cases} a_{11}x_1 + a_{12}x_2 + \cdots + a_{1n}x_n + x_{n+1} = b_1 \\ a_{21}x_1 + a_{22}x_2 + \cdots + a_{2n}x_n + x_{n+2} = b_2 \\ \quad \cdots \quad \cdots \quad \cdots \\ a_{m1}x_1 + a_{m2}x_2 + \cdots + a_{mn}x_n + x_{n+m} = b_m \\ x_1, x_2, \cdots, x_{n+m} \geqslant 0 \end{cases}$$

其中，$b_i \geqslant 0 (i = 1,2,\cdots,m)$。

它就是以 $x_{n+1}, x_{n+2}, \cdots, x_{n+m}$ 为基变量的范规型，相应的初始基本可行解为：

$$X^{(0)} = (0,0,\cdots,0,b_1,b_2,\cdots,b_m)^{\mathrm{T}}$$

例 2-3 给出线性规划问题

$$\max z = 2x_1 + 3x_2$$

$$\begin{cases} 2x_1 + 2x_2 \leqslant 12 \\ x_1 + 2x_2 \leqslant 8 \\ 4x_1 \leqslant 16 \\ 4x_2 \leqslant 12 \\ x_1, x_2 \geqslant 0 \end{cases}$$

引入松弛变量 x_3, x_4, x_5, x_6 化为标准型后得：

$$\max z = 2x_1 + 3x_2$$

$$
\begin{cases}
2x_1 + 2x_2 + x_3 & = 12 \\
x_1 + 2x_2 \quad + x_4 & = 8 \\
4x_1 \quad\quad + x_5 & = 16 \\
4x_2 \quad\quad + x_6 & = 12 \\
x_j \geqslant 0 \quad (j = 1, 2, \cdots, 6)
\end{cases}
$$

它就是以 x_3, x_4, x_5, x_6 为基变量的规范型。相应的初始基本可行解为：

$$X^{(0)} = (0, 0, 12, 8, 16, 12)^{\mathrm{T}}$$

二、最优性检验

确定了初始基本可行解后，就要开始进行单纯形法的迭代过程。显然，在迭代之前需要有一个判别的法则，以便在每次迭代之后检验一下所得到的基本可行解是不是最优解，从而决定迭代过程应该继续进行或者停止。

为了检验基本可行解

$$X = (b_1, b_2, \cdots, b_m, 0, \cdots, 0)^{\mathrm{T}}$$

是不是问题(2-8)的最优解，我们首先将目标函数 z 用非基变量来表示。由约束方程组(2-8)中的每个方程移项后，得到用非基变量来表示基变量的表达式：

$$
\begin{cases}
x_1 = b_1 - a_{1,m+1}x_{m+1} - \cdots - a_{1n}x_n \\
x_2 = b_2 - a_{2,m+1}x_{m+1} - \cdots - a_{2n}x_n \\
\quad \cdots \quad \cdots \quad \cdots \\
x_m = b_m - a_{m,m+1}x_{m+1} - \cdots - a_{mn}x_n
\end{cases}
\tag{2-9}
$$

即

$$x_i = b_i - \sum_{j=m+1}^{n} a_{ij}x_j \quad (i = 1, 2, \cdots, m)$$

将式(2-9)代入问题(2-8)的目标函数，得到 z 用非基变量表示的表达式：

$$
\begin{aligned}
z &= \sum_{j=1}^{n} c_j x_j = \sum_{j=1}^{m} c_j x_j + \sum_{j=m+1}^{n} c_j x_j = \sum_{i=1}^{m} c_i x_i + \sum_{j=m+1}^{n} c_j x_j \\
&= \sum_{i=1}^{m} c_i \Big(b_i - \sum_{j=m+1}^{n} a_{ij} x_j \Big) + \sum_{j=m+1}^{n} c_j x_j \\
&= \sum_{i=1}^{m} c_i b_i - \sum_{i=1}^{m} \sum_{j=m+1}^{n} c_i a_{ij} x_j + \sum_{j=m+1}^{n} c_j x_j \\
&= \sum_{i=1}^{m} c_i b_i + \sum_{j=m+1}^{n} \Big(c_j - \sum_{i=1}^{m} c_i a_{ij} \Big) x_j
\end{aligned}
$$

令

$$z_0 = \sum_{i=1}^{m} c_i b_i \tag{2-10}$$

$$\sigma_j = c_j - \sum_{i=1}^{m} c_i a_{ij} \quad (j = m+1, \cdots, n) \tag{2-11}$$

则

$$z = z_0 + \sum_{j=m+1}^{n} \sigma_j x_j \tag{2-12}$$

其中，z_0 是基本可行解 $X = (b_1, b_2, \cdots, b_m, 0, \cdots, 0)^{\mathrm{T}}$ 所对应的目标函数值；σ_j 称为非基变量 x_j 的检验数，因为基变量在式(2-12)中不出现，所以规定所有基变量的检验数为零。

1. 最优解的判别定理

若所有非基变量的检验数 $\sigma_j \leqslant 0 (j=m+1,\cdots,n)$，则基本可行解 $X=(b_1,b_2,\cdots,b_m,0,\cdots,0)^{\mathrm{T}}$ 为最优解。

证 因为 $\sigma_j \leqslant 0, x_j \geqslant 0 \quad (j=m+1,\cdots,n)$ 由式(2-12)知：

$$z = z_0 + \sum_{j=m+1}^{n} \sigma_j x_j \leqslant z_0$$

而基本可行解 X 对应的目标函数值 $z=z_0$，故基本可行解 X 为最优解。

2. 无最优解判别定理

若至少存在一个 $\sigma_k > 0 (m+1 \leqslant k \leqslant n)$，而且所有 $a_{ik} \leqslant 0 (i=1,2,\cdots,m)$，则问题(2-8)无最优解。

证 根据约束方程组(2-8)，可以构造一个新的可行解 X'，其分量为：

$$\begin{cases} x'_k = \lambda > 0 \\ x'_j = 0 \quad (m+1 \leqslant j \leqslant n, \text{且 } j \neq k) \\ x'_i = b_i - \lambda a_{ik} \quad (i=1,2,\cdots,m) \end{cases}$$

因为 $b_i \geqslant 0, \lambda > 0, a_{ik} \leqslant 0$，故 $x'_i \geqslant 0 (i=1,2,\cdots,m)$ 由此可见，对任意 $\lambda > 0$，X'都是可行解，其对应的目标函数值可由式(2-12)求得：

$$z = z_0 + \lambda \cdot \sigma_k$$

因为已知 $\sigma_k > 0$，所以当 $\lambda \to +\infty$ 时，$z \to +\infty$，目标函数无最大值，也就是说，问题(2-8)无最优解。

三、入基变量和出基变量的确定

前面已经讲过，每次迭代以后，哪些变量作为基变量，哪些变量作为非基变量，是要发生变化的。由于要求每次迭代得到的是一个基本可行解，而不是不可行的基本解。而且还要求这些基本可行解对应的目标函数值逐步增大，所以上述基变量和非基变量的变化必须按照一定的方法来进行。

如果某个非基变量在迭代以后将成为基变量，这个变量称为入基变量。如果某个基变量在迭代以后将成为非基变量，这个变量称为出基变量。

首先要确定入基变量。根据目标函数 z 用非基变量来表示的表达式(2-12)，为了使目标函数值能较快地增大，通常总是选择正的检验数中最大的一个所对应的非基变量作为入基变量。

入基变量的确定法则：

若 $\max\limits_{j} \{ \sigma_j \mid \sigma_j > 0 \} = \sigma_k$，则取 x_k 为入基变量。

然后要确定出基变量。设迭代以后得到基本可行解 $X'=(x'_1,x'_2,\cdots,x'_n)^{\mathrm{T}}$。由式(2-9)知，基本可行解 X'的 n 个分量为：

$$\begin{cases} x'_j = 0 \quad (j=m+1,\cdots,k-1,k+2,\cdots,n) \\ x'_k = \theta \geqslant 0 \quad (\theta \text{ 取尽可能大的值}) \\ x'_i = b_i - a_{ik}\theta \quad (i=1,2,\cdots,m) \end{cases}$$

为了使 $x'_1,x'_2,\cdots,x'_m$ 中有一个成为非基变量，取值为零，其余变量要求保持非负。故 θ 的取值应满足以下的法则。

出基变量的确定法则：

若

$$\theta=\min_i\left\{\frac{b_i}{a_{ik}}\middle| a_{ik}>0\right\}=\frac{b_l}{a_{lk}}\quad(1\leqslant l\leqslant m)$$

则取 x_l 为出基变量

以上法则，也称为 θ 法则。

第三节　单纯形表

单纯形表的实质就是把线性规划问题中的系数分离出来，然后利用这些系数将目标函数、约束方程组以及迭代过程用表格的形式表示出来，从而可以简化单纯形法的计算。

在本章第二节中，曾经提到，单纯形法求解线性规划问题时，首先将问题化为标准型，然后看其是不是规范型。若不是规范型，则需将其化为规范型。因此，现在就从规范型出发讨论。

给出以 $x_1,x_2,\cdots,x_m$ 为基变量的规范型：

$$\max z=c_1x_1+c_2x_2+\cdots+c_nx_n$$

$$\begin{cases}x_1 \qquad\qquad +a_{1,m+1}x_{m+1}+\cdots+a_{1n}x_n=b_1\\ \quad x_2 \qquad\quad +a_{2,m+1}x_{m+1}+\cdots+a_{2n}x_n=b_2\\ \quad\cdots \qquad\qquad \cdots \qquad \cdots\\ \qquad\qquad x_m+a_{m,m+1}x_{m+1}+\cdots+a_{mn}x_n=b_m\\ x_j\geqslant 0\quad(j=1,2,\cdots,n)\end{cases}\tag{2-13}$$

其中，$b_i\geqslant 0(i=1,2,\cdots,m)$。

从规范型出发，可立即得到初始可行基

$$B_0=(P_1,P_2,\cdots,P_m)=\begin{bmatrix}1&0&\cdots&0\\0&1&\cdots&0\\\cdots&\cdots&\cdots&\cdots\\0&0&\cdots&1\end{bmatrix}$$

及初始基本可行解：

$$X^{(0)}=(b_1,b_2,\cdots,b_m,0,\cdots,0)^{\mathrm{T}}$$

为了检验所得到的基本可行解是不是最优解，需要从式(2-11)求出所有非基变量的检验数 $\sigma_j(j=m+1,\cdots,n)$。从式(2-10)可以得到基本可行解所对应的目标函数值 z_0。

将式(2-13)的目标函数和约束方程组的系数分离出来，以及式(2-10)和式(2-11)一起写成表格的形式，如表2-2所示。

表2-2

c_j		c_1	c_2	$\cdots$	c_m	c_{m+1}	$\cdots$	c_n	b	θ
C_B	X_B	x_1	x_2	$\cdots$	x_m	x_{m+1}	$\cdots$	x_n		
c_1	x_1	1	0	$\cdots$	0	$a_{1,m+1}$	$\cdots$	a_{1n}	b_1	θ_1
c_2	x_2	0	1	$\cdots$	0	$a_{2,m+1}$	$\cdots$	a_{2n}	b_2	θ_2
$\vdots$	$\vdots$	$\vdots$	$\vdots$	$\cdots$	$\vdots$	$\vdots$	$\cdots$	$\vdots$	$\vdots$	$\vdots$
c_m	x_m	0	0	$\cdots$	1	$a_{m,m+1}$	$\cdots$	a_{mn}	b_m	θ_m
σ_j		0	0	$\cdots$	0	σ_{m+1}	$\cdots$	σ_n	z_0	

表中各部分的含义如下：

c_j 行填入式(2-13)的目标函数中变量 x_j 的系数 $c_j(j=1,2,\cdots,n)$。

X_B 列填入基变量。

C_B 列填入式(2-13)的目标函数中基变量的系数。

b 列填入基本可行解中基变量的值。

σ_j 行填入所有变量的检验数(基变量的检验数为零)，及基本可行解对应的目标函数值 z_0。

中间一块矩形区域填入约束方程组的系数矩阵。

θ 这一列数字是在确定入基变量后，按 θ 法则计算出来的 θ 值填入表格，并利用这一列值进行计算，由此确定出基变量。后面将举例来说明。

需要指出，随着迭代过程的进行，哪些变量作为基变量，哪些变量作为非基变量就会发生变化，相应的 X_B 列、C_B 列、b 列、σ_j 行以及系数矩阵都会发生变化。从而得到一系列的单纯形表，表 2-2 称为初始单纯形表。

例 2-4 用单纯形法求解

$$\max z=7x_1+15x_2$$

$$\begin{cases} x_1+x_2\leqslant 6 \\ x_1+2x_2\leqslant 8 \\ \qquad x_2\leqslant 3 \\ x_1,x_2\geqslant 0 \end{cases}$$

解 引入松弛变量 x_3,x_4,x_5 化为规范型：

$$\max z=7x_1+15x_2$$

$$\begin{cases} x_1+x_2+x_3 &&& =6 \\ x_1+2x_2 & +x_4 && =8 \\ x_2 && +x_5 & =3 \\ x_1,x_2,\cdots,x_5\geqslant 0 \end{cases}$$

建立初始单纯形表，如表 2-3 所示。

表 2-3

c_j		7	15	0	0	0	b	θ
C_B	X_B	x_1	x_2	x_3	x_4	x_5		
0	x_3	1	1	1	0	0	6	6/1
0	x_4	1	2	0	1	0	8	8/2
0	x_5	0	[1]	0	0	1	3	3/1
σ_j		7	15	0	0	0	0	

由上述初始单纯形表立即可看出初始基本可行解 $X^{(0)}=(0,0,6,8,3)^{\mathrm{T}}$ 及其对应的目标函数值 $z_0=0$。

为了检验 $X^{(0)}$ 是否最优解，从表中最后一行可得到非基变量 x_1 和 x_2 的检验数 $\sigma_1=7$ 和 $\sigma_2=15$ 均大于零，故 $X^{(0)}$ 不是最优解。

因为 $\max\{\sigma_1,\sigma_2\}=\max\{7,15\}=15$，所以取 x_2 为入基变量，并把变量 x_2 所在列称“主列”。

又因为 $\theta = \min\limits_{i}\left\{\frac{b_i}{a_{i2}}\middle| a_{i2}>0\right\} = \min\left\{\frac{6}{1},\frac{8}{2},\frac{3}{1}\right\} = 3$，所以取 x_5 为出基变量，并把变量 x_5 所在的行称为“主行”。主行和主列交叉处的数称为“主元素”，即表中带有符号“[ ]”的数。

以[1]为主元素，用高斯消去法(即初等行变换法)进行第一次迭代运算，使主列

$$\begin{bmatrix}1\\2\\1\end{bmatrix} \quad \text{变为} \quad \begin{bmatrix}0\\0\\1\end{bmatrix}$$

其他数字也作相应的变化，并重新求出检验数，得第一次迭代后的单纯形表如表 2-4 的所示。

表 2-4

c_j		7	15	0	0	0	b	θ
C_B	X_B	x_1	x_2	x_3	x_4	x_5		
0	x_3	1	0	1	0	-1	3	3/1
0	x_4	[1]	0	0	1	-2	2	2/1
15	x_2	0	1	0	0	1	3	~
σ_j		7	0	0	0	-15	45	

由表 2-4，可得：

$$X^{(1)} = (0,3,3,2,0)^{\mathrm{T}} \qquad z_1 = 45$$

由于 $\sigma_1 = 7 > 0$，故取 x_1 为入基变量。

又 $\theta = \min\left\{\frac{3}{1},\frac{2}{1},\sim\right\} = 2$，故取 x_4 为出基变量。

按第一次迭代同样方法，找到主行、主列、主元素后，进行第二次迭代，得单纯形(表 2-5)。

表 2-5

c_j		7	15	0	0	0	b	θ
C_B	X_B	x_1	x_2	x_3	x_4	x_5		
0	x_3	0	0	1	-1	1	1	
7	x_1	1	0	0	1	-2	2	
15	x_2	0	1	0	0	1	3	
σ_j		0	0	0	-7	-1	59	

由表 2-5 得：

$$X^{(2)} = (2,3,1,0,0)^{\mathrm{T}} \qquad z_2 = 59$$

这时，非基变量的检验数均不大于零，故 $X^{(2)}$ 为最优解，$z_2 = 59$ 为最优值。实际计算时，在写法上还可进一步简化。

例 2-5 求解线性规划问题

$$\max z = -x_1 + x_2 - x_3 + 3x_5$$

$$\begin{cases} x_2 + x_3 - x_4 + 2x_5 = 6 \\ x_1 + 2x_2 - 2x_4 = 5 \\ 2x_2 + x_4 + 3x_5 + x_6 = 8 \\ x_1, x_2, \cdots, x_6 \geqslant 0 \end{cases}$$

解 利用单纯形法进行迭代运算,得到单纯形表如表 2-6 所示。

表 2-6

c_j		-1	1	-1	0	3	0	b	θ
C_B	X_B	x_1	x_2	x_3	x_4	x_5	x_6		
-1	x_3	0	1	1	-1	2	0	6	6/2
-1	x_1	1	2	0	-2	0	0	5	~
0	x_6	0	2	0	1	[3]	1	8	8/3
σ_j		0	4	0	-3	5	0	-11	
-1	x_3	0	-1/3	1	-5/3	0	-2/3	2/3	~
-1	x_1	1	[2]	0	-2	0	0	5	5/2
3	x_5	0	2/3	0	1/3	1	1/3	8/3	4
σ_j		0	2/3	0	-14/3	0	-5/3	7/3	
-1	x_3	1/6	0	1	-2	0	-2/3	3/2	
1	x_2	1/2	1	0	-1	0	0	5/2	
3	x_5	-1/3	0	0	1	1	1/3	1	
σ_j		-1/3	0	0	-4	0	-5/3	4	

最优解为:

$$X^* = (0,5/2,3/2,0,1,0)^{\mathrm{T}}$$

$$\max z = 4$$

例 2-6 用单纯形法解

$$\max z = 6x_1 + 2x_2 + 10x_3 + 8x_4$$

$$\begin{cases} 5x_1 + 6x_2 - 4x_3 - 4x_4 \leqslant 20 \\ 3x_1 - 3x_2 + 2x_3 + 8x_4 \leqslant 25 \\ 4x_1 - 2x_2 + x_3 + 3x_4 \leqslant 10 \\ x_1, x_2, x_3, x_4 \geqslant 0 \end{cases}$$

解 引进松弛变量 x_5, x_6, x_7,化为规范型

$$\max z = 6x_1 + 2x_2 + 10x_3 + 8x_4$$

$$\begin{cases} 5x_1 + 6x_2 - 4x_3 - 4x_4 + x_5 = 20 \\ 3x_1 - 3x_2 + 2x_3 + 8x_4 + x_6 = 25 \\ 4x_1 - 2x_2 + x_3 + 3x_4 + x_7 = 10 \\ x_1, x_2, \cdots, x_7 \geqslant 0 \end{cases}$$

运算过程如表 2-7 的所示。

表 2-7

c_j		6	2	10	8	0	0	0	b	θ
C_B	X_B	x_1	x_2	x_3	x_4	x_5	x_6	x_7		
0	x_5	5	6	-4	-4	1	0	0	20	~
0	x_6	3	-3	2	8	0	1	0	25	25/2
0	x_7	4	-2	[1]	3	0	0	1	10	10/1
σ_j		6	2	10	8	0	0	0	0	
0	x_5	21	-2	0	8	1	0	4	60	~
0	x_6	-5	[1]	0	2	0	1	-2	5	5/1
10	x_3	4	-2	1	3	0	0	1	10	~
σ_j		-34	22	0	-22	0	0	-10	100	
0	x_5	11	0	0	12	1	2	0	70	
2	x_2	-5	1	0	2	0	1	-2	5	
10	x_3	-6	0	1	7	0	2	-3	20	
σ_j		76	0	0	-66	0	-22	34	210	

根据本章第二节中的无最优解判别定理，因为存在一个 $\sigma_7=34>0$，且所有 $a_{i7}\leqslant 0$，故本题无最优解。

前面所讲的单纯形法，都是针对求最大值问题而言的。对于求最小值问题，可以按第一章第三节中的方法转化为求最大值问题，然后再来求解。为了方便起见，我们也可以直接对最小值问题求解，只要将最优性检验和入基变量的确定法则作相应的改变就行了。现将两者的法则列表(表 2-8)。

表 2-8

法则＼问题	max	min
最优性检验	所有非基变量的检验数 $\sigma_j\leqslant 0$	所有非基变量的检验数 $\sigma_j\geqslant 0$
入基变量的确定	若 $\max\limits_j\left\{\sigma_j \mid \sigma_j>0\right\}=\sigma_k$ 则取 x_k 为入基变量	若 $\min\limits_j\left\{\sigma_j \mid \sigma_j<0\right\}=\sigma_k$ 则取 x_k 为入基变量
出基变量的确定	若 $\theta=\min\limits_i\left\{\frac{b_i}{a_{ik}} \mid a_{ik}>0\right\}=\frac{b_l}{a_{lk}}$，则取 x_l 为出基变量。(i 为所有基变量的下标)	

例 2-7 求解

$$\min z=2x_1-x_2-3x_3+\frac{5}{2}x_4-2x_5$$

$$\begin{cases}-4x_1-2x_2+13x_3-2x_4+x_5=46\\ 12x_1-x_2+x_3+2x_4\leqslant 24\\ 8x_1+x_2-x_3-x_4\leqslant 3\\ x_j\geqslant 0\quad(j=1,2,\cdots,5)\end{cases}$$

解 本题可转化为求最大值问题，只要将目标函数改为：

$$\max w=-2x_1+x_2+3x_3-\frac{5}{2}x_4+2x_5$$

其中，$w=-z$

也可以不转化为求最大值问题，直接引入松弛变量 x_6,x_7 后化为规范型。

$$\min z=2x_1-x_2-3x_3+\frac{5}{2}x_4-2x_5$$

$$\begin{cases}-4x_1-2x_2+13x_3-2x_4+x_5=46\\12x_1-x_2+x_3+2x_4+x_6=24\\8x_1+x_2-x_3-x_4+x_7=3\\x_j\geqslant 0\quad(j=1,2,\cdots,7)\end{cases}$$

求解过程如表 2-9 所示。

表 2-9

c_j		2	−1	−3	5/2	−2	0	0	b
C_B	X_B	x_1	x_2	x_3	x_4	x_5	x_6	x_7	
−2	x_5	−4	−2	13	−2	1	0	0	46
0	x_6	12	−1	1	2	0	1	0	24
0	x_7	[8]	1	−1	−1	0	0	1	3
σ_j		−6	−5	23	−3/2	0	0	0	−92
−2	x_5	0	−3/2	25/2	−5/2	1	0	1/2	95/2
0	x_6	0	−5/2	5/2	1/2	0	1	−3/2	39/2
2	x_1	1	[1/8]	−1/8	1/8	0	0	1/8	3/8
σ_j		0	$-4\frac{1}{4}$	$28\frac{1}{4}$	$-2\frac{1}{4}$	0	0	3/4	−94 1/4
−2	x_5	12	0	11	−4	1	0	2	52
0	x_6	20	0	0	[1]	0	1	1	27
−1	x_2	8	1	−1	−1	0	0	1	3
σ_j		34	2	18	$-6\frac{1}{2}$	0	0	5	−107
−2	x_5	92	0	11	0	1	4	6	160
5/2	x_4	20	0	0	1	0	1	1	27
−1	x_2	28	1	−1	0	0	1	2	30
σ_j		164	0	18	0	0	$6\frac{1}{2}$	$11\frac{1}{2}$	$-282\frac{1}{2}$

单纯形法求解最大值问题的步骤可归纳如下：

(1)将一般线性规划问题化为标准型后，进一步化为规范型。必要时，需要用人工变量法(见第二章第二节)。

(2)找出初始可行基，确定初始基本可行解，建立初始单纯形表。

(3)若所有非基变量的检验数 $\sigma_j\leqslant 0$，则已得到最优解，停止计算。否则，转到下一步。

(4)在所有正的检验数中，若有一个 σ_k 对应的系数列向量 $P_k\leqslant 0$，则此线性规划问题无最优解，停止计算。否则，转到下一步。

(5)若在所有正的检验数中，最大的一个为 σ_k 则取 x_k 为入基变量。

(6)根据 θ 法则：

若 $\theta=\min\limits_{i}\left\{\frac{b_i}{a_{ik}} \mid a_{ik}>0\right\}=\frac{b_l}{a_{lk}}$（$i$ 是基变量的下标），则取 x_l 为出基变量。

(7)进行迭代运算，求得新的单纯形表和新的基本可行解。转到第 3 步。

求解最小值问题的步骤，只要将上述步骤按表 2-8 的方法作相应的改变即可。

第四节　人工变量法

一个线性规划问题要用单纯形法来求解，首先要求化为规范型，然后才能在此基础上进行迭代。可是，在一般情况下，化为标准型以后，不一定是规范型。这时，可以人为地增加一些非负的变量，将标准型化为规范型。这样的非负变量，不同于决策变量和松驰变量，我们把它们称为人工变量。

增加了人工变量以后的线性规划问题，已经不是原来的问题了。因此，它的解不一定是我们所需要的解。人工变量法的关键就是通过一定的方法，在最终所得的最优解中，使所有的人工变量的取值为零，从而回到了原来的问题。

给出线性规划问题的标准型：

$$\max z=c_1x_1+c_2x_2+\cdots+c_nx_n$$

$$\begin{cases} a_{11}x_1+a_{12}x_2+\cdots+a_{1n}x_n=b_1 \\ a_{21}x_1+a_{22}x_2+\cdots+a_{2n}x_n=b_2 \\ \quad\cdots \qquad \cdots \qquad \cdots \\ a_{m1}x_1+a_{m2}x_2+\cdots+a_{mn}x_n=b_m \\ x_1,x_2,\cdots,x_n\geqslant 0 \end{cases} \tag{2-14}$$

系数矩阵中不含 m 个线性无关的单位列向量。因此，这个标准型不是规范型。现引入人工变量 $x_{n+1},x_{n+2},\cdots,x_{n+m}$，将它变为规范型：

$$\begin{cases} a_{11}x_1+a_{12}x_2+\cdots+a_{1n}x_n+x_{n+1} \qquad\qquad\qquad =b_1 \\ a_{21}x_1+a_{22}x_2+\cdots+a_{2n}x_n \qquad +x_{n+2} \qquad\quad =b_2 \\ \quad\cdots \qquad \cdots \qquad \cdots \\ a_{m1}x_1+a_{m2}x_2+\cdots+a_{mn}x_n \qquad\qquad\qquad +x_{n+m}=b_m \\ x_1,x_2,\cdots,x_{n+m}\geqslant 0 \end{cases}$$

它的初始基本可行解为 $(0,0,\cdots,0,b_1,b_2,\cdots,b_m)^{\mathrm{T}}$，要求经过多次迭代以后，最终使所有人工变量取值为零。为达到这个目的，下面要介绍两种方法：大 M 法和两阶段法。

一、大 M 法

所谓大 M 法，就是在约束方程中加入人工变量后，对于每一个人工变量 x_k，在目标函数中增加一项“$-M\cdot x_k$”（M 是充分大的正数），构成一个新的目标函数，只要有　个人工变量取正值，新的目标函数就不可能取得最大值。用这种方法来迫使所有人工变量的取值为零。

于是，我们构造辅助线性规划问题：

$$\max w = c_1x_1 + c_2x_2 + \cdots + c_nx_n - Mx_{n+1} \cdots - Mx_{n+m}$$

$$\begin{cases} a_{11}x_1 + a_{12}x_2 + \cdots + a_{1n}x_n + x_{n+1} = b_1 \\ a_{21}x_1 + a_{22}x_2 + \cdots + a_{2n}x_n \qquad + x_{n+2} = b_2 \\ \cdots \quad \cdots \quad \cdots \\ a_{m1}x_1 + a_{m2}x_2 + \cdots + a_{mn}x_n \qquad + x_{n+m} = b_m \\ x_1, x_2, \cdots, x_{n+m} \geqslant 0 \end{cases} \tag{2-15}$$

当辅助问题(2-15)取得最优解,且所有人工变量取值为零时,在问题(2-15)的最优解中去掉人工变量部分,余下部分就是问题(2-14)的最优解。

例 2-8 用大 M 法求解

$$\max z = 3x_1 - x_2 - x_3$$

$$\begin{cases} x_1 - 2x_2 + x_3 \leqslant 11 \\ -4x_1 + x_2 + 2x_3 \geqslant 3 \\ -2x_1 \qquad + x_3 = 1 \\ x_1, x_2, x_3 \geqslant 0 \end{cases}$$

解 引进松弛变量 x_4, x_5,化为标准型:

$$\max z = 3x_1 - x_2 - x_3$$

$$\begin{cases} x_1 - 2x_2 + x_3 + x_4 \qquad = 11 \\ -4x_1 + x_2 + 2x_3 \qquad - x_5 = 3 \\ -2x_1 \qquad + x_3 \qquad = 1 \\ x_1, x_2, \cdots, x_5 \geqslant 0 \end{cases}$$

为了化为规范型,在后面两个约束方程中分别引进人工变量 x_6 和 x_7,构造辅助问题:

$$\max w = 3x_1 - x_2 - x_3 - Mx_6 - Mx_7$$

$$\begin{cases} x_1 - 2x_2 + x_3 + x_4 \qquad = 11 \\ -4x_1 + x_2 + 2x_3 \qquad - x_5 + x_6 \qquad = 3 \\ -2x_1 \qquad + x_3 \qquad + x_7 = 1 \\ x_1, x_2, \cdots, x_7 \geqslant 0 \end{cases}$$

求解过程如表 2-10 所示。

表 2-10

c_j		3	−1	−1	0	0	−M	−M	b
C_B	X_B	x_1	x_2	x_3	x_4	x_5	x_6	x_7	
0	x_4	1	−2	1	1	0	0	0	11
−M	x_6	−4	1	2	0	−1	1	0	3
−M	x_7	−2	0	[1]	0	0	0	1	1
σ_j		3 − 6M	−1 + M	−1 + 3M	0	−M	0	0	−4M
0	x_4	3	−2	0	1	0	0	−1	10

续上表

c_j		3	-1	-1	0	0	$-M$	$-M$	b
C_B	X_B	x_1	x_2	x_3	x_4	x_5	x_6	x_7	
$-M$	x_6	0	[1]	0	0	-1	1	-2	1
-1	x_3	-2	0	1	0	0	0	1	1
σ_j		1	$-1+M$	0	0	$-M$	0	$1-3M$	$-1-M$
0	x_4	[3]	0	0	1	-2	2	-5	12
-1	x_2	0	1	0	0	-1	1	-2	1
-1	x_3	-2	0	1	0	0	0	1	1
σ_j		1	0	0	0	-1	$1-M$	$-1-M$	-2
3	x_1	1	0	0	1/3	-2/3	2/3	-5/3	4
-1	x_2	0	1	0	0	-1	1	-2	1
-1	x_3	0	0	1	2/3	-4/3	4/3	-7/3	9
σ_j		0	0	0	-1/3	-1/3	$1/3-M$	$2/3-M$	2

得辅助问题的最优解：

$$(4,1,9,0,0,0,0)^{\mathrm{T}}$$

人工变量 x_6 和 x_7 均取值为零，去掉人工变量部分，得原线性规划问题的最优解为：

$$(4,1,9,0,0)^{\mathrm{T}}$$

如果辅助问题的最优解中含有取值为正的人工变量，则原线性规划问题无可行解。

例 2-9 用大 M 法解

$$\max z=3x_1+2x_2$$

$$\begin{cases}2x_1+x_2\leqslant 2\\3x_1+4x_2\geqslant 12\\x_1,x_2\geqslant 0\end{cases}$$

解 引入松弛变量 x_3,x_4 和人工变量 x_5，得辅助问题

$$\max w=3x_1+2x_2-Mx_5$$

$$\begin{cases}2x_1+x_2+x_3=2\\3x_1+4x_2-x_4+x_5=12\\x_1,x_2,\cdots,x_5\geqslant 0\end{cases}$$

求解过程如表 2-11 所示。

表 2-11

c_j		3	2	0	0	$-M$	b
C_B	X_B	x_1	x_2	x_3	x_4	x_5	
0	x_3	2	[1]	1	0	0	2
$-M$	x_5	3	4	0	-1	1	12
σ_j		$3+3M$	$2+4M$	0	$-M$	0	$-12M$
2	x_2	2	1	1	0	0	2
$-M$	x_5	-5	0	-4	-1	1	4
σ_j		$-1-5M$	0	$-2-4M$	$-M$	0	$4-4M$

得辅助问题最优解$(0,2,0,0,4)^T$，$\max w=4-4M$。由于人工变量$x_5=4>0$，故原问题可以证明无可行解。事实上，若原问题有可行解$(x_1,x_2,x_3,x_4)^T$，则辅助问题一定有可行解$(x_1,x_2,x_3,x_4,0)^T$，对应辅助问题的目标函数值$w=3x_1+2x_2>4-4M$，这就与$\max w=4-4M$矛盾。

还有一种情况，如果要求目标函数的最小值，这时只要对每一个人工变量x_k，在新的目标函数中增加一项“$+Mx_k$”。以下举例来说明这种情况的计算方法。

例 2-10 用大 M 法解线性规划问题

$$\min z=3x_1+2x_2-x_3$$

$$\begin{cases}x_1+x_2+x_3\leqslant 6\\ x_1\qquad -x_3\geqslant 3\\ \qquad x_2-x_3\geqslant 3\\ x_1,x_2,x_3\geqslant 0\end{cases}$$

解 引进松弛变量x_4,x_5,x_6和人工变量x_7,x_8，建立辅助问题

$$\min w=3x_1+2x_2-x_3+Mx_7+Mx_8$$

$$\begin{cases}x_1+x_2+x_3+x_4=6\\ x_1-x_3-x_5+x_7=3\\ x_2-x_3-x_6+x_8=3\\ x_1,x_2,\cdots,x_8\geqslant 0\end{cases}$$

用单纯形法求解，如表 2-12 所示。

表 2-12

c_j		3	2	-1	0	0	0	M	M	b
C_B	X_B	x_1	x_2	x_3	x_4	x_5	x_6	x_7	x_8	
0	x_4	1	1	1	1	0	0	0	0	6
M	x_7	1	0	-1	0	-1	0	1	0	3
M	x_8	0	[1]	-1	0	0	-1	0	1	3
σ_j		$-M+3$	$-M+2$	$2M-1$	0	M	M	0	0	$6M$
0	x_4	1	0	2	1	0	1	0	-1	3
M	x_7	[1]	0	-1	0	-1	0	1	0	3
2	x_2	0	1	-1	0	0	-1	0	1	3
σ_j		$-M+3$	0	$M+1$	0	M	2	0	$M+2$	$3M+6$
0	x_4	0	0	3	1	1	1	-1	-1	0
3	x_1	1	0	-1	0	-1	0	1	0	3
2	x_2	0	1	-1	0	0	-1	0	1	3
σ_j		0	0	4	0	3	2	$M-3$	$M-2$	15

得原问题的最优解$(3,3,0,0,0,0)^T$，$\min z=15$。

二、两阶段法

两阶段法是分两个阶段来求解线性规划问题(2-14)的方法。第一阶段构造辅助问题，从

而求得问题(2-14)的一个基本可行解,同时将问题(2-14)化为规范型。第二阶段从求得的基本可行解出发,进行迭代运算,求得问题(2-14)的最优解。

第一阶段,构造辅助问题:

$$
\min w = x_{n+1} + x_{n+2} + \cdots + x_{n+m}
$$

$$
\begin{cases}
a_{11}x_1 + a_{12}x_2 + \cdots + a_{1n}x_n + x_{n+1} = b_1 \\
a_{21}x_1 + a_{22}x_2 + \cdots + a_{2n}x_n + x_{n+2} = b_2 \\
\quad \cdots \qquad \cdots \\
a_{m1}x_1 + a_{m2}x_2 + \cdots + a_{mn}x_n + x_{n+m} = b_m \\
x_1, x_2, \cdots, x_{n+m} \geqslant 0
\end{cases}
\tag{2-16}
$$

然后用单纯形法解辅助问题(2-16)。若得到 $\min w = 0$,则最优解中所有人工变量的取值为零,只要从最优解中去掉人工变量部分,余下部分就是问题(2-14)的一个初始基本可行解;若得到 $\min w > 0$,则最优解的人工变量中至少有一个取值大于零,这时可以证明问题(2-14)无可行解。因而反之,若问题(2-14)有可行解 $(x_1, x_2, \cdots, x_n)^{\mathrm{T}}$,则 $(x_1, x_2, \cdots, x_n, 0, \cdots, 0)^{\mathrm{T}}$ 是问题(2-16)的可行解,其对应的目标函数值 $w = 0$,这与 $\min w > 0$ 矛盾。

第二阶段,在第一阶段求得问题(2-14)的一个基本可行解以后,将第一阶段的最终单纯形表中的人工变量部分去掉,并将目标函数的系数换成问题(2-14)的目标函数的系数。然后用单纯形法继续求解。

例 2-11 用两阶段法求解

$$
\max z = 3x_1 - x_2 - x_3
$$

$$
\begin{cases}
x_1 - 2x_2 + x_3 \leqslant 11 \\
-4x_1 + x_2 + 2x_3 \geqslant 3 \\
-2x_1 + x_3 = 1 \\
x_1, x_2, x_3 \geqslant 0
\end{cases}
$$

解 引进松弛变量 x_4, x_5,化为标准型

$$
\max z = 3x_1 - x_2 - x_3
$$

$$
\begin{cases}
x_1 - 2x_2 + x_3 + x_4 = 11 \\
-4x_1 + x_2 + 2x_3 - x_5 = 3 \\
-2x_1 + x_3 = 1 \\
x_1, x_2, \cdots, x_5 \geqslant 0
\end{cases}
$$

第一阶段,引进人工变量 x_6 和 x_7,构造辅助问题。

$$
\min w = x_6 + x_7
$$

$$
\begin{cases}
x_1 - 2x_2 + x_3 + x_4 = 11 \\
-4x_1 + x_2 + 2x_3 - x_5 + x_6 = 3 \\
-2x_1 + x_3 + x_7 = 1 \\
x_1, x_2, \cdots, x_7 \geqslant 0
\end{cases}
$$

用单纯形法求解辅助问题(表 2-13)。

得到辅助问题的最优解 $(0,1,1,12,0,0,0)^{\mathrm{T}}$,且 $\min w = 0$。所以,$(0,1,1,12,0)^{\mathrm{T}}$ 是原问题的一个初始基本可行解。

表 2-13

c_j		0	0	0	0	0	1	1	b
C_B	X_B	x_1	x_2	x_3	x_4	x_5	x_6	x_7	
0	x_4	1	−2	1	1	0	0	0	11
1	x_6	−4	1	2	0	−1	1	0	3
1	x_7	−2	0	[1]	0	0	0	1	1
σ_j		6	−1	−3	0	1	0	0	4
0	x_4	3	−2	0	1	0	0	−1	10
1	x_6	0	[1]	0	0	−1	1	−2	1
0	x_3	−2	0	1	0	0	0	1	1
σ_j		0	−1	0	0	1	0	3	1
0	x_4	3	0	0	1	−2	2	−5	12
0	x_2	0	1	0	0	−1	1	−2	1
0	x_3	−2	0	1	0	0	0	1	1
σ_j		0	0	0	0	0	1	1	0

第二阶段，将表 2-13 的最终表中人工变量 x_6 和 x_7 的两列去掉，并将目标函数 x_1, x_2, x_3, x_4, x_5 的系数分别换成 3，−1，−1，0，0，得表 2-14。

表 2-14

c_j		3	−1	−1	0	0	b
C_B	X_B	x_1	x_2	x_3	x_4	x_5	
0	x_4	[3]	0	0	1	−2	12
−1	x_2	0	1	0	0	−1	1
−1	x_3	−2	0	1	0	0	1
σ_j		1	0	0	0	−1	−2
3	x_1	1	0	0	1/3	−2/3	4
−1	x_2	0	1	0	0	−1	1
−1	x_3	0	0	1	2/3	−4/3	9
σ_j		0	0	0	−1/3	−1/3	2

得原问题的最优解 $(4,1,9,0,0)^{\mathrm{T}}$，$\max z=2$。

例 2-12 用两阶段法解

$$\max z = x_1 + x_2$$

$$\begin{cases} x_1 - x_2 \geqslant 1 \\ -3x_1 + x_2 \geqslant 3 \\ x_1, x_2 \geqslant 0 \end{cases}$$

解 引入剩余变量 x_3 和 x_4，化为标准型：

$$\max z = x_1 + x_2$$

$$\begin{cases} x_1 - x_2 - x_3 = 1 \\ -3x_1 + x_2 - x_4 = 3 \\ x_1, x_2, x_3, x_4 \geqslant 0 \end{cases}$$

第一阶段，引入人工变量 x_5 和 x_6，构造辅助问题

$$\min w = x_5 + x_6$$

$$\begin{cases} x_1 - x_2 - x_3 + x_5 = 1 \\ -3x_1 + x_2 - x_4 + x_6 = 3 \\ x_1, x_2, \cdots, x_6 \geqslant 0 \end{cases}$$

求解过程见表2-15。

表2-15

c_j		0	0	0	0	1	1	b
C_B	X_B	x_1	x_2	x_3	x_4	x_5	x_6	
1	x_5	1	−1	−1	0	1	0	1
1	x_6	−3	1	0	−1	0	1	3
σ_j		2	0	1	1	0	0	

所有非基变量的检验数非负，辅助问题已得到最优解：

$$x^* = (0,0,0,0,1,3)^{\mathrm{T}}$$

但将该解代入问题原来的约束条件中检验，可知该解不满足原约束条件，说明该解不是原问题的可行解。那么，这种现象又应该如何解释，对这类线性规划问题又应如何求解呢？

第五节　线性规划解的各种情况讨论

在讨论线性规划的图解法时，我们了解到一个线性规划问题的解可能有4种情况：

有最优解
- 有可行解，且有唯一最优解（目标函数的等值线与可行域最后交于一点）；
- 有可行解，且有无穷多个最优解（目标函数的等值线与可行域最后的交点多于一点）；

无最优解
- 有可行解，但无最优解（目标函数的等值线与可行域无最后的交点）；
- 无可行解，因而无最优解（约束条件互相矛盾，无公共区域）。

那么，在用单纯形法求解线性规划问题时，应如何判断上述解的各种情况呢？

一、无可行解

可用下述方法来判断一个线性规划问题是否有可行解：

（1）在用大M法求解一个线性规划问题时，若最终表中存在非零的人工变量为基变量，则该线性规划问题无可行解。

（2）在用两阶段法求解一个线性规划问题时，若第一阶段求得 $\min w > 0$，则该线性规划问题无可行解。

例2-13　试用单纯形法求解线性规划问题

$$\max z = 3x_1 + 2x_2$$

$$\begin{cases}2x_1 + x_2 \leqslant 2 \\ 3x_1 + 4x_2 \geqslant 12 \\ x_1, x_2 \geqslant 0\end{cases}$$

解法一:用大 M 法求解(x_3 是松弛变量,x_4 是剩余变量,x_5 是人工变量),求解过程如表 2-16所示。

表 2-16

c_j		3	2	0	0	$-M$	b	θ_i
C_B	X_B	x_1	x_2	x_3	x_4	x_5		
0	x_3	2	(1)	1	0	0	2	2
$-M$	x_5	3	4	0	-1	1	12	3
σ_j		$3+3M$	$2+4M$	0	$-M$	0		
2	x_2	2	1	1	0	0	2	
$-M$	x_5	-5	0	-4	-1	1	4	
σ_j		$-1-5M$	0	$-2-4M$	$-M$	0		

由上述第二个单纯形表可知,由于 $M>0$,所以,所有的 σ_j 均小于等于 0,故已得到最终表。但是在最终表中存在非零的人工变量为基变量($x_5=4>0$),则该线性规划问题无可行解。

解法二:用两阶段法求解(x_3 是松弛变量,x_4 是剩余变量,x_5 是人工变量)

第一阶段:求解:

$$\min w = x_5$$

$$\begin{cases}2x_1 + x_2 + x_3 = 2 \\ 3x_1 + 4x_2 - x_4 + x_5 = 12 \\ x_1, x_2, \cdots, x_5 \geqslant 0\end{cases}$$

求解过程如表 2-17 所示。

表 2-17

c_j		0	0	0	0	1	b	θ_i
C_B	X_B	x_1	x_2	x_3	x_4	x_5		
0	x_3	2	(1)	1	0	0	2	2
1	x_5	3	4	0	-1	1	12	3
σ_j		-3	-4	0	1	0		
0	x_2	2	1	1	0	0	2	
1	x_5	-5	0	-4	-1	1	4	
σ_j		5	0	4	1	0	4	

由上述第二个单纯形表可知,所有的 σ_j 均大于等于 0,故已得到最终表,第一阶段的求解结束。但是由最终表可知,此时有 $\min w=4>0$,则该线性规划问题无可行解。

如果在处理实际问题时,遇到无可行解的情况,说明在建立数学模型时,列出了矛盾方程,这时,应重新全面考虑各方面的限制条件,重新构造数学模型。

二、有可行解,但无最优解

可根据无最优解的判别定理来判断一个线性规划问题有可行解,而无最优解。

无最优解判别定理：

若在单纯形表的检验数行中存在 $\sigma_k>0,(m+1\leqslant k\leqslant n)$，而该检验数所对应的系数列向量 P_k 中所有的元素均小于等于 0，即 $a_{ik}\leqslant 0(i=1,2,\cdots,m)$，则该线性规划问题无最优解。

例 2-14 试用单纯形法求解线性规划问题

$$\max z=2x_1+3x_2$$

$$\begin{cases} x_1-x_2\leqslant 2 \\ -3x_1+x_2\leqslant 4 \\ x_1,x_2\geqslant 0 \end{cases}$$

解 加入松弛变量 x_3、x_4 后，用单纯形法求解，求解过程如表 2-18 所示。

表 2-18

c_j		2	3	0	0	b	θ_i
C_B	X_B	x_1	x_2	x_3	x_4		
0	x_3	1	−1	1	0	2	~
0	x_4	−3	(1)	0	1	4	4
σ_j		2	3	0	0	0	
0	x_3	−2	0	1	1	6	
3	x_2	−3	1	0	1	4	
σ_j		11	0	0	−3	12	

由上表可知：存在 $\sigma_1=11>0$（此时，x_1 应为入基变量），而该检验数所对应的系数列向量 P_1 中所有的元素均小于等于 0，即 $a_{11}=-2<0,a_{21}=-3<0$（因而找不到出基变量），则该线性规划问题无最优解（或者说，此时 $z\to+\infty$）。

如果在处理实际问题时，遇到有可行解而无最优解的情况，说明在建立数学模型时，漏掉了某个（些）约束条件，没能准确地将实际问题用数学模型表达出来，这时，也应重新全面考虑各方面的限制条件，重新构造数学模型。

三、退化解

所谓退化解，是指在基本可行解中非零基变量的个数小于 m 个，或者说在基本可行解中存在着取值为零的基变量。

产生退化的原因是在确定出基变量时，有两个或两个以上的 θ 值相同，这时就将同时有两个或两个以上的出基变量，使得在下一步的迭代中，出现了基变量取值为零的情况，即出现退化。

当发生退化时，一般不会影响问题的求解。如果继续迭代下去的话，可能会产生以下结果：

（1）退化是暂时的，最终得到非退化最优解（见例 2-15）。

（2）最后得到退化最优解（见例 2-18）。

（3）产生循环，无法求出最优解。循环现象，在实际应用中尚未遇到，但从理论上讲，这种情况是可能出现的（见例 2-16）。

例 2-15 在迭代的中间过程中出现退化，但最终得到非退化最优解的例子

$$\max z=2x_1+x_2$$

$$\begin{cases}4x_1+3x_2\leqslant 12\\4x_1+x_2\leqslant 8\\4x_1-x_2\leqslant 8\\x_1,x_2\geqslant 0\end{cases}$$

解 加入松弛变量 x_3、x_4、x_5 后，用单纯形法求解，求解过程如表 2-19 所示。

表 2-19

c_j		2	1	0	0	0	b	θ_i
C_B	X_B	x_1	x_2	x_3	x_4	x_5		
0	x_3	4	3	1	0	0	12	3
0	x_4	(4)	1	0	1	0	8	2
0	x_5	4	-1	0	0	1	8	2
σ_j		2	1	0	0	0	0	
0	x_3	0	(2)	1	-1	0	4	2
2	x_1	1	1/4	0	1/4	0	2	8
0	x_5	0	-2	0	-1	1	0	—
σ_j		0	1/2	0	-1/2	0	4	
1	x_2	0	1	1/2	-1/2	0	2	
2	x_1	1	0	-1/8	3/8	0	3/2	
0	x_5	0	0	1	-2	1	4	
σ_j		0	0	-1/4	-1/4	0	5	

例 2-16 产生循环的例子（由 E. M. L. Beale 给出）

$$\max z=\frac{3}{4}x_1-20x_2+\frac{1}{2}x_3-6x_4$$

$$\begin{cases}\frac{1}{4}x_1-8x_2-x_3+9x_4+x_5=0\\\frac{1}{2}x_1-12x_2-\frac{1}{2}x_3+3x_4+x_6=0\\x_3+x_7=1\\x_j\geqslant 0\quad(j=1,2,\cdots,7)\end{cases}$$

解 求解的初始表如表 2-20 所示。

表 2-20

c_j		3/4	-20	1/2	-6	0	0	0	b
C_B	X_B	x_1	x_2	x_3	x_4	x_5	x_6	x_7	
0	x_5	[1/4]	-8	-1	9	1	0	0	0
0	x_6	1/2	-12	-1/2	3	0	1	0	0
0	x_7	0	0	1	0	0	0	1	1
σ_j		3/4	-20	1/2	-6	0	0	0	0

$\sigma_j=3/4>0$，$\sigma_2=1/2>0$，因为 $\sigma_1>\sigma_3$，所以取 x_1 为入基变量。又根据 θ 法则：

$$\theta=\min\left\{\frac{0}{1/4},\frac{0}{1/2}\right\}=0$$

这时，可取 x_5 或 x_6 为出基变量，如果规定总是取下标小的变量为出基变量，则取 x_5 为出基变量，迭代后得表 2-21。

表 2-21

c_j		3/4	-20	1/2	-6	0	0	0	b
C_B	X_B	x_1	x_2	x_3	x_4	x_5	x_6	x_7	
3/4	x_1	1	-32	-4	36	4	0	0	0
0	x_6	0	[4]	3/2	-15	-2	1	0	0
0	x_7	0	0	1	0	0	0	1	1
σ_j		0	4	7/2	-33	-3	0	0	0
3/4	x_1	1	0	[8]	-84	-12	8	0	0
-20	x_2	0	1	3/8	-15/4	-1/2	1/4	0	0
0	x_7	0	0	1	0	0	0	1	1
σ_j		0	0	2	-18	-1	-1	0	0
1/2	x_3	1/8	0	1	-21/2	-3/2	1	0	0
-20	x_2	-3/64	1	0	[3/16]	1/16	-1/8	0	0
0	x_7	-1/8	0	0	21/2	3/2	-1	1	1
σ_j		-1/4	0	0	3	2	-3	0	0
1/2	x_3	-5/2	56	1	0	[2]	-6	0	0
-6	x_4	-1/4	16/3	0	1	1/3	-2/3	0	0
0	x_7	5/2	-56	0	0	-2	6	1	1
σ_j		1/2	-16	0	0	1	-1	0	0
0	x_5	-5/4	28	1/2	0	1	-3	0	0
-6	x_4	1/6	-4	-1/6	1	0	[1/3]	0	0
0	x_7	0	0	1	0	0	0	1	1
σ_j		7/4	-44	-1/2	0	0	2	0	0
0	x_5	1/4	-8	-1	9	1	0	0	0
0	x_6	1/2	-12	-1/2	3	0	1	0	0
0	x_7	0	0	1	0	0	0	1	1
σ_j		3/4	-20	1/2	-6	0	0	0	0 0

表 2-20 和表 2-21 的最终表完全相同，若继续按以上方法迭代下去，则出现循环，迭代过程永无止境。

为了避免出现循环现象。曾有过好几种方法，如摄动法（1952 年）和字典序法（1954 年），但规则都比较复杂。R. G. Bland 于 1976 年提出了较为简单的确定入基变量和出基变量的法则：

（1）若 $\min\limits_{j}\{\sigma_j \mid \sigma_j > 0\} = \sigma_k$，则取 x_k 为入基变量。

（2）若 $\min\limits_{s}\left\{\dfrac{b_s}{a_{sk}} \,\middle|\, a_{sk} > 0\right\} = \dfrac{b_l}{a_{lk}}$，则取 x_l 为出基变量。

以上法则，称为 Bland 法则。现采用 Bland 法则来求解例 13。

迭代过程的开始阶段，即从表 2-20 至表 2-21 的第 4 个表都满足 Bland 法则，而从表 2-21

的第 4 个表继续进行迭代时,不能取 x_5 为入基变量,据 Bland 法则应取 x_1 为入基变量。于是接下去的迭代过程为(表 2-22)。

表 2-22

c_j		3/4	−20	1/2	−6	0	0	0	b
C_B	X_B	x_1	x_2	x_3	x_4	x_5	x_6	x_7	
1/2	x_3	−5/2	56	1	0	2	−6	0	0
−6	x_4	−1/4	16/3	0	1	1/3	−2/3	0	0
0	x_7	[5/2]	−56	0	0	−2	6	1	1
σ_j		1/2	−16	0	0	1	−1	0	0
1/2	x_3	0	0	1	0	0	0	1	1
−6	x_4	0	−4/5	0	1	[2/15]	−1/15	1/10	1/10
3/4	x_1	1	−112/5	0	0	−4/5	12/5	2/5	2/5
σ_j		0	−8	0	0	7/5	−11/5	−1/5	1/5
1/2	x_3	0	0	1	0	0	0	1	1
0	x_5	0	−6	0	15/2	1	−1/2	3/4	3/4
3/4	x_1	1	−88/5	0	6	0	2	1	1
σ_j		0	−34/5	0	−21/2	0	−3/2	−5/4	5/4

这样就避免了出现循环,从表 2-22 的最终表可得到例 16 的最优解$(1,0,1,0,3/4,0,0)^T$相应的最优值 $\max z=5/4$。

四、有无穷多个最优解

若在最终表中,存在某个非基变量的检验数为零,且该问题的最优解是非退化解,则该问题存在无穷多个最优解,即最优解不唯一。

例 2-17 有无穷多个最优解的例子

$$\max z=4x_1+14x_2$$

$$\begin{cases}2x_1+7x_2\leqslant 21\\7x_1+2x_2\leqslant 21\\x_1,x_2\geqslant 0\end{cases}$$

解 加入松弛变量 x_3,x_4 后,用单纯形法求解,求解过程如表 2-23 所示。

表 2-23

c_j		4	14	0	0	b	θ
C_B	X_B	x_1	x_2	x_3	x_4		
0	x_3	2	(7)	1	0	21	3
0	x_4	7	2	0	1	21	21/2
σ_j		4	14	0	0	0	
14	x_2	2/7	1	1/7	0	3	21/2
0	x_4	(45/7)	0	−2/7	1	15	7/3
σ_j		0	0	−2	0	42	
14	x_2	0	1	7/45	−2/45	7/3	
4	x_1	1	0	−2/45	7/45	7/3	
σ_j		0	0	−2	0	42	

由上述迭代过程可知,第二个表中已经得到最优解:

$$X^{(1)}=(0,3,0,15)^{\mathrm{T}}, Z^{(1)}=42$$

但是,从第二个单纯形表中可以看到,非基变量 x_1 的检验数为零,且此时的最优解为非退化解,这说明该问题存在多个最优解。以 x_1 为入基变量,x_4 为出基变量,经进一步迭代,又得到一个新的最优解:

$$X^{(2)}=(7/3,7/3,0,0)^{\mathrm{T}}, Z^{(2)}=Z^{(1)}=42$$

由线性规划解的性质可知,如果一个线性规划问题在两个以上的点上达到最优的话,则在这两个点的凸组合上也一定达到最优,故该问题有无穷多个最优解。

例 2-18 最终得到退化最优解的例子

$$\max z=x_1+x_2$$

$$\begin{cases} x_1+x_2\leqslant 6 \\ x_1+2x_2\leqslant 6 \\ x_2\leqslant 3 \\ x_1,x_2\geqslant 0 \end{cases}$$

解 加入松弛变量 x_3、x_4、x_5 后,用单纯形法求解,求解过程如表 2-24 所示。

表 2-24

c_j		1	1	0	0	0	b	θ_i
C_B	X_B	x_1	x_2	x_3	x_4	x_5		
0	x_3	(1)	1	1	0	0	6	6
0	x_4	1	2	0	1	0	6	6
0	x_5	0	1	0	0	1	3	—
σ_j		1	1	0	0	0	0	
1	x_1	1	1	1	0	0	6	6
0	x_4	0	(1)	-1	1	0	0	0
0	x_5	0	1	0	0	1	3	3
σ_j		0	0	-1	0	0	6	
1	x_1	1	0	2	-1	0	6	
1	x_2	0	1	-1	1	0	0	
0	x_5	0	0	1	-1	1	3	
σ_j		0	0	-1	0	0	6	

该问题在第二个单纯形表中得到退化最优解。且从第二个单纯形表中还可以看出,存在非基变量 x_2 的检验数为零的情况,但是,由于此时的最优解是退化解,经又一次迭代后,没有求出新的最优解。

小结

本章主要介绍了求解线性规划的单纯形法。首先,具体介绍了单纯形法的基本思想,单纯形法的求解步骤;然后,介绍了单纯形法的一般法则及最优性判别准则,以及用单纯形表求解线性规划问题的过程,并进一步介绍了求解线性规划的大 M 法和两阶段法;最后,讨论了线性规划问题解的各种情况。

通过本章的学习，理解单纯形法的求解思想，学会运用单纯形法求解各种线性规划问题，包括人工变量的应用及处理，掌握对线性规划问题解的各种情况的判别。

思考题

1. 试述单纯形法的计算步骤，如何在单纯形表上去判别问题是否具有唯一最优解、无穷多最优解、无界解或无可行解？

2. 如何确定初始基本可行解，如何确定入基变量和出基变量以及如何进行最优性检验？

3. 如果线性规划的标准型变换为求目标函数的最小化 min z，则用单纯形法计算时如何判别问题已得到最优解。

4. 在确定初始可行基时，什么情况下要在约束条件中添增人工变量。在目标函数中人工变量前的系数为$(-M)$的经济意义是什么。

5. 什么是单纯形法计算的两阶段法？为什么要将计算分两个阶段进行？以及如何根据第一阶段的计算结果来判定第二阶段的计算是否需继续进行？

6. 简述退化的含义及处理的 Bland 法则。

第三章　改进单纯形法

回顾一下单纯形法的计算过程，从初始单纯形表经过多次迭代，最后得到最终表。每经过一次迭代都要计算一个单纯形表，计算量是很大的。可是我们用单纯形法求解的最终目的是求得问题的最优解。而在迭代过程中出现的一系列单纯形表中的某些数据的计算实际上是多余的。在利用计算机进行计算时，为了节省计算机的存贮量和计算量，需要对单纯形法进行改进，来达到减少存贮量和计算量的目的。此外，改进单纯形法的每次迭代，可直接从原始数据出发，这样可以减少计算的积累误差。改进单纯形法还能加深对单纯形法的理解以及便于对偶理论的研究。

第一节　矩阵形式的单纯形法

从线性规划问题的标准型出发，即考虑线性规划问题

$$\max z = CX$$

$$\begin{cases} AX = b \\ X \geqslant 0 \end{cases} \tag{3-1}$$

其中

$$C = (c_1, c_2, \cdots, c_n)$$

$$A = \begin{bmatrix} a_{11} & a_{12} & \cdots & a_{1n} \\ a_{21} & a_{22} & \cdots & a_{2n} \\ \cdots & \cdots & \cdots & \cdots \\ a_{m1} & a_{m2} & \cdots & a_{mn} \end{bmatrix} = (P_1, P_2, \cdots, P_n)$$

$$P_j = \begin{bmatrix} a_{1j} \\ a_{2j} \\ \vdots \\ a_{mj} \end{bmatrix} \qquad (j=1,2,\cdots,n)$$

$$X = \begin{bmatrix} x_1 \\ x_2 \\ \vdots \\ x_n \end{bmatrix} \qquad b = \begin{bmatrix} b_1 \\ b_2 \\ \vdots \\ b_m \end{bmatrix} \qquad 0 = \begin{bmatrix} 0 \\ 0 \\ \vdots \\ 0 \end{bmatrix}$$

对任意一个可行基 B,为了确定起见,不妨假设 $B=(P_1,P_2,\cdots,P_m)$,相应地,将 A、X、C 用分块矩阵表示为:

$$A=(B,N) \qquad N=(P_{m+1},\cdots,P_n)$$

$$C=(C_B,C_N) \qquad C_B=(c_1,c_2,\cdots,c_m) \qquad C_N=(c_{m+1},\cdots,c_n)$$

$$X = \begin{bmatrix} X_B \\ X_N \end{bmatrix} \qquad X_B = \begin{bmatrix} x_1 \\ x_2 \\ \vdots \\ x_m \end{bmatrix} \qquad X_N = \begin{bmatrix} x_{m+1} \\ \vdots \\ x_n \end{bmatrix}$$

这时,问题(3-1)可表示为:

$$\max z = (C_B,C_N)\begin{bmatrix} X_B \\ X_N \end{bmatrix}$$

$$\begin{cases} (B,N)\begin{bmatrix} X_B \\ X_N \end{bmatrix} = b \\ X_B \geqslant 0, X_N \geqslant 0 \end{cases}$$

即

$$\max z = C_B X_B + C_N X_N$$

$$\begin{cases} BX_B + NX_N = b \\ X_B \geqslant 0, X_N \geqslant 0 \end{cases} \tag{3-2}$$

上述约束方程两端左乘 B^{-1},得:

$$X_B = B^{-1}b - B^{-1}NX_N \tag{3-3}$$

将式(3-3)代入式(3-2)的目标函数,得到目标函数 z 用非基变量的表达式:

$$\begin{aligned} z &= C_B B^{-1}b - C_B B^{-1}NX_N + C_N X_N \\ &= C_B B^{-1}b + (C_N - C_B B^{-1}N)X_N \end{aligned} \tag{3-4}$$

由式(3-3),当 $X_N=0$ 时,$X_B=B^{-1}b$。得关于可行基 B 的基本可行解:

$$X = \begin{bmatrix} X_B \\ 0 \end{bmatrix} = \begin{bmatrix} B^{-1}b \\ 0 \end{bmatrix} \tag{3-5}$$

由式(3-4)得基本可行解 X 对应的目标函数值:

$$z = C_B B^{-1}b \tag{3-6}$$

及非基变量的检验数向量:

$$\sigma_N = C_N - C_B B^{-1}N \tag{3-7}$$

由式(3-7)可检验基本可行解 X 是不是最优解,以及当 X 不是最优解时确定入基变量 x_k。

然后,求出主列 $B^{-1}P_k$,并按 θ 法则确定出基变量,继续进行迭代。

由以上讨论可见,在用单纯形法求解线性规划问题(3-1)时,有很多数据的计算是多余的,实际上需要计算的数据仅仅是:

(1)由式(3-5)知,为了求得关于可行基 B 的基本可行解 X,需要计算 $B^{-1}b$。

(2)为了检验上述基本可行解 X 是不是最优解,需要计算检验数向量:

$$\sigma_N = C_N - C_B B^{-1} N$$

(3)若上述基本可行解 X 不是最优解,则当非基变量 x_j 的检验数 $\sigma_j > 0$ 且对应列向量 $B^{-1}P_j \leqslant 0$,停止计算该问题,无最优解。否则当 $G_k = \max\{\sigma_j \mid \sigma_j > 0\} = G_k$,取 x_k 为入基变量。这时,为了确定出基变量,需要计算主列 $B^{-1}P_k$。

容易看出,B、N、b、C_N、C_B、P_k 均是原始数据。因此,计算上述数据的关键就是要求出可行基 B 的逆矩阵 B^{-1}。

第二节　改进单纯形法

第一步,确定初始可行基 B,并求出 B 的逆矩阵 B^{-1}。通常取单位矩阵 I 为初始可行基,这时 $B = B^{-1} = I$。

第二步,求出 $X_B = B^{-1}b = B^{-1}\begin{bmatrix} b_1 \\ b_2 \\ \vdots \\ b_m \end{bmatrix} = \begin{bmatrix} b'_1 \\ b'_2 \\ \vdots \\ b'_m \end{bmatrix}$

得到关于 B 的基本可行解

$$X = \begin{bmatrix} X_B \\ X_N \end{bmatrix} = \begin{bmatrix} B^{-1}b \\ 0 \end{bmatrix}$$

第三步,求出 $\sigma_N = C_N - C_B B^{-1} N$。若 $\sigma_N \leqslant 0$,则停止计算,上述基本可行解 X 为最优解。否则转到第四步。

第四步,若存在非基变量 x_j 的检验数 $\sigma_j > 0$,且 $B^{-1}P_j \leqslant 0$,则停止计算,问题(3-1)无最优解。否则,若:

$$\sigma_k = \max\{\sigma_j \mid \sigma_j > 0\}$$

则取 x_k 为入基变量。

第五步,求出主列

$$B^{-1}P_k = B^{-1}\begin{bmatrix} a_{1k} \\ a_{2k} \\ \vdots \\ a_{mk} \end{bmatrix} = \begin{bmatrix} a'_{1k} \\ a'_{2k} \\ \vdots \\ a'_{mk} \end{bmatrix}$$

第六步,按 θ 法则求出

$$\theta = \min_{i}\left\{ \frac{b'_i}{a_{ik}'} \middle| a'_{ik} > 0 \right\} = \frac{b'_l}{a_{lk'}} \quad (i \text{ 为基变量的下标})$$

这时,取 x_l 为出基变量。从而可以得到新的可行基 $\overline{B}$,再返回到第一步。

例 3-1　用改进单纯形法求解

$$\max z = 2x_1 + x_2$$

$$\begin{cases} x_1 + x_2 \leqslant 5 \\ -x_1 + x_2 \leqslant 0 \\ 6x_1 + 2x_2 \leqslant 21 \\ x_1, x_2 \geqslant 0 \end{cases}$$

解 引入松弛变量 x_3, x_4, x_5 化为标准型：

$$\max z = 2x_1 + x_2$$

$$\begin{cases} x_1 + x_2 + x_3 = 5 \\ -x_1 + x_2 + x_4 = 0 \\ 6x_1 + 2x_2 + x_5 = 21 \\ x_1, x_2, \cdots, x_5 \geqslant 0 \end{cases}$$

原始数据为：

$$C = (2,1,0,0,0)$$

$$A = \begin{bmatrix} 1 & 1 & 1 & 0 & 0 \\ -1 & 1 & 0 & 1 & 0 \\ 6 & 2 & 0 & 0 & 1 \end{bmatrix} = (P_1, P_2, P_3, P_4, P_5), b = \begin{bmatrix} 5 \\ 0 \\ 21 \end{bmatrix}$$

$$P_1 = \begin{bmatrix} 1 \\ -1 \\ 6 \end{bmatrix}, P_2 = \begin{bmatrix} 1 \\ 1 \\ 2 \end{bmatrix}, P_3 = \begin{bmatrix} 1 \\ 0 \\ 0 \end{bmatrix}, P_4 = \begin{bmatrix} 0 \\ 1 \\ 0 \end{bmatrix}, P_5 = \begin{bmatrix} 0 \\ 0 \\ 1 \end{bmatrix}$$

选取初始可行基为：

$$B_0 = (P_3, P_4, P_5) = \begin{bmatrix} 1 & 0 & 0 \\ 0 & 1 & 0 \\ 0 & 0 & 1 \end{bmatrix}$$

第一次迭代

$$B_0^{-1} = \begin{bmatrix} 1 & 0 & 0 \\ 0 & 1 & 0 \\ 0 & 0 & 1 \end{bmatrix}$$

$$X_{B_0} = B_0^{-1} b_0 = \begin{bmatrix} 1 & 0 & 0 \\ 0 & 1 & 0 \\ 0 & 0 & 1 \end{bmatrix} \begin{bmatrix} 5 \\ 0 \\ 21 \end{bmatrix} = \begin{bmatrix} 5 \\ 0 \\ 21 \end{bmatrix}$$

得初始基本可行解

$$X^{(0)} = (0,0,5,0,21)^{\mathrm{T}}$$

检验数向量

$$\begin{aligned} \sigma_{N_0} &= C_{N_0} - C_{B_0} B_0^{-1} N_0 \\ &= (2,1) - (0,0,0) \begin{bmatrix} 1 & 0 & 0 \\ 0 & 1 & 0 \\ 0 & 0 & 1 \end{bmatrix} \begin{bmatrix} 1 & 1 \\ -1 & 1 \\ 6 & 2 \end{bmatrix} \\ &= (2,1) - (0,0) = (2,1) \end{aligned}$$

$\max(\sigma_1, \sigma_2) = \max(2,1) = 2$，故取 x_1 为入基变量，主列：

$$B_0^{-1}P_1=\begin{bmatrix}1&0&0\\0&1&0\\0&0&0\end{bmatrix}\begin{bmatrix}1\\-1\\6\end{bmatrix}=\begin{bmatrix}1\\-1\\6\end{bmatrix}$$

$\theta=\min\left\{\frac{5}{1},\sim,\frac{21}{6}\right\}=\frac{21}{6}$,故取 x_5 为出基变量,从而得到新的可行基:

$$B_1=(P_3,P_4,P_1)=\begin{bmatrix}1&0&1\\0&1&-1\\0&0&6\end{bmatrix}$$

第二次迭代

$$B_1^{-1}=\begin{bmatrix}1&0&1\\0&1&-1\\0&0&6\end{bmatrix}^{-1}=\begin{bmatrix}1&0&-1/6\\0&1&1/6\\0&0&1/6\end{bmatrix}$$

$$X_{B_1}=B_1^{-1}b=\begin{bmatrix}1&0&-1/6\\0&1&1/6\\0&0&1/6\end{bmatrix}\begin{bmatrix}5\\0\\21\end{bmatrix}=\begin{bmatrix}3/2\\7/2\\7/2\end{bmatrix}$$

得到关于基 B_1 的基本可行解

$$X^{(1)}=(7/2,0,3/2,7/2,0)^{\mathrm{T}}$$

检验数向量

$$\begin{aligned}\sigma_{N_1}&=C_{N_1}-C_{B_1}B_1^{-1}N_1\\&=(1,0)-(0,0,2)\begin{bmatrix}1&0&-1/6\\0&1&1/6\\0&0&1/6\end{bmatrix}\begin{bmatrix}1&0\\1&0\\2&1\end{bmatrix}\\&=(1,0)-(0,0,1/3)\begin{bmatrix}1&0\\1&0\\2&1\end{bmatrix}\\&=(1,0)-(2/3,1/3)=(1/3,-1/3)\end{aligned}$$

$\sigma_2=1/3>0$,故取 x_2 为入基变量。主列为:

$$B_1^{-1}P_2=\begin{bmatrix}1&0&-1/6\\0&1&1/6\\0&0&1/6\end{bmatrix}\begin{bmatrix}1\\1\\2\end{bmatrix}=\begin{bmatrix}2/3\\4/3\\1/3\end{bmatrix}$$

$\theta=\min\left\{\frac{3/2}{2/3},\frac{7/2}{4/3},\frac{7/2}{1/3}\right\}=\frac{3/2}{1/3}=\frac{9}{4}$,故取 x_3 为出基变量。得到新的可行基:

$$B_2=(P_2,P_4,P_1)=\begin{bmatrix}1&0&1\\1&1&-1\\2&0&6\end{bmatrix}$$

第三次迭代

按线性代数知识,可求得 B_2 的逆矩阵

$$B_2^{-1}=\begin{bmatrix}1&0&1\\1&1&-1\\2&0&6\end{bmatrix}^{-1}=\begin{bmatrix}3/2&0&-1/4\\-2&-1&1/2\\-1/2&0&1/4\end{bmatrix}$$

$$X_{B_2}=B_2^{-1}\cdot b\begin{bmatrix}3/2 & 0 & -1/4\\ -2 & 1 & 1/2\\ -1/2 & 0 & 1/4\end{bmatrix}\begin{bmatrix}5\\0\\21\end{bmatrix}=\begin{bmatrix}9/4\\1/2\\11/4\end{bmatrix}$$

得关于可行基 B_2 的基本可行解

$$X^{(2)}=(11/4,9/4,0,1/2,0)^{\mathrm{T}}$$

检验数向量

$$\sigma_{N_2}=C_{N_2}-C_{B_2}B_2^{-1}N_2$$

$$=(0,0)-(1,0,2)\begin{bmatrix}3/2 & 0 & -1/4\\ -2 & 1 & 1/2\\ -1/2 & 0 & 1/4\end{bmatrix}\begin{bmatrix}1 & 0\\0 & 0\\0 & 1\end{bmatrix}$$

$$=(0,0)-(1/2,1/4)\begin{bmatrix}1 & 0\\0 & 0\\0 & 1\end{bmatrix}$$

$$=(0,0)-(1/2,1/4)=(-1/2,-1/4)$$

这时,所有非基变量的检验数均不大于零,故 B_2 为最优基,$X^{(2)}$ 为最优解。

最优解 $X^{(2)}$ 对应的目标函数值,即最优值

$$Z=C_{B_2}B_2^{-1}b=(1,0,2)\begin{bmatrix}3/2 & 0 & -1/4\\ -2 & 1 & 1/2\\ -1/2 & 0 & 1/4\end{bmatrix}\begin{bmatrix}5\\0\\21\end{bmatrix}$$

$$=(1/2,0,1/4)\begin{bmatrix}5\\0\\21\end{bmatrix}=31/4$$

上述例题的单纯形表也加以列出,以便学习改进单纯形法时进行比较(表 3-1)。

表 3-1

C_j		2	1	0	0	0	b
C_B	X_B	x_1	x_2	x_3	x_4	x_5	
0	x_3	1	1	1	0	0	5
0	x_4	-1	1	0	1	0	0
0	x_5	[6]	2	0	0	1	21
σ_j		2	1	0	0	0	0
0	x_3	0	[2/3]	1	0	-1/6	3/2
0	x_4	0	4/3	0	1	1/6	7/2
2	x_1	1	1/3	0	0	1/6	7/2
σ_j		0	1/3	0	0	-1/3	7
1	x_2	0	1	3/2	0	-1/4	9/4
0	x_4	0	0	-2	1	1/2	1/2
2	x_1	1	0	-1/2	0	1/4	11/4
σ_j		0	0	-1/2	0	-1/4	31/4

在本章第一节中提到过，改进单纯形法的每次迭代运算的关键是求出可行基 B 的逆矩阵 B^{-1}。一般来说，求逆矩阵的计算量是比较大的，尤其是当矩阵的阶数较高时更是如此。但是，如果利用相邻两次迭代的可行基的逆矩阵之间的关系，则可简化运算过程，减少计算量。

设某一次迭代前的可行基为 B，迭代后的可行基为 $\overline{B}$。它们的逆矩阵分别为 B^{-1} 及 $\overline{B}^{-1}$。并假设

$$B=(P_{i_1},\cdots,P_{i_{r-1}},P_{i_r},P_{i_{r+1}},\cdots,P_{i_m})$$

迭代时，入基变量为 x_k，出基变量为 x_{i_r}，则

$$\overline{B}=(P_{i_1},\cdots,P_{i_{r-1}},P_k,P_{i_{r+1}},\cdots,P_{i_m})$$

主列为

$$B^{-1}P_k=\begin{bmatrix} a_{1k} \\ a_{2k} \\ \vdots \\ a_{mk} \end{bmatrix}$$

由于 $B^{-1}B=I$（m 阶单位矩阵），因此

$$\begin{aligned} B^{-1}B &= B^{-1}(P_{i_1},\cdots,P_{i_{r-1}},P_{i_r},P_{i_{r+1}},\cdots,P_{i_m}) \\ &= (B^{-1}P_{i_1},\cdots,B^{-1}P_{i_{r-1}},B^{-1}P_{i_r},B^{-1}P_{i_{r+1}},\cdots,B^{-1}P_{i_m})=I \end{aligned}$$

另一方面

$$\begin{aligned} B^{-1}\overline{B} &= B^{-1}(P_{i_1},\cdots,P_{i_{r-1}},P_k,P_{i_{r+1}},\cdots,P_{i_m}) \\ &= (B^{-1}P_{i_1},\cdots,B^{-1}P_{i_{r-1}},B^{-1}P_k,B^{-1}P_{i_{r+1}},\cdots,B^{-1}P_{i_m}) \end{aligned}$$

由此可见，$B^{-1}\overline{B}$ 的第 r 列为主列 $B^{-1}P_k$ 外，其余各列均与 m 阶单位矩阵 I 相同，即：

$$B^{-1}\overline{B}=\begin{bmatrix} 1 & & 0 & a'_{1k} & & 0 & \\ & \ddots & & \vdots & & & \\ & & 1 & a'_{r-1,k} & & & \\ & & & a'_{rk} & & & \\ & & & a'_{r+1,k} & 1 & & \\ & & & \vdots & & \ddots & \\ 0 & & & a'_{mk} & 0 & & 1 \end{bmatrix} \quad \text{（第 } r \text{ 列）} \tag{3-8}$$

这种特殊形式矩阵的逆矩阵是不难求得的，可以验证，它的逆矩阵为：

$$E_{rk}=(B^{-1}\overline{B})^{-1}=\begin{bmatrix} 1 & & 0 & -a'_{1k}/a'_{rk} & & 0 & \\ & \ddots & & \vdots & & & \\ & & 1 & -a'_{r-1,k}/a'_{rk} & & & \\ & & & 1/a'_{rk} & & & \\ & & & -a'_{r+1,k}/a'_{rk} & 1 & & \\ & & & \vdots & & \ddots & \\ 0 & & & -a'_{mk}/a'_{rk} & 0 & & 1 \end{bmatrix} \quad \text{（第 } r \text{ 列）} \tag{3-9}$$

由式(3-9)可知,为了求 $B^{-1}\overline{B}$ 的逆矩阵 E_{rk},只要将 $B^{-1}\overline{B}$ 的第 r 列第 r 行元素 a'_{rk} 改为其倒数 $1/a'_{rk}$,第 r 列的其他元素均乘以 $-1/a'_{rk}$,就得到 E_{rk}。

由式(3-9)可得:

$$E_{rk}=(B^{-1}\overline{B})^{-1}=\overline{B}^{-1}B$$

两端右乘 B^{-1},得:

$$\overline{B}^{-1}=E_{rk}B^{-1} \tag{3-10}$$

也就是说,新基 $\overline{B}$ 的逆矩阵,可以由原基 B 的逆矩阵左乘 E_{rk} 而得到。

同时,新基 $\overline{B}$ 对应的

$$X_{\overline{B}}=\overline{B}^{-1}b=E_{rk}B^{-1}b=E_{rk}X_B \tag{3-11}$$

即 $X_{\overline{B}}$ 可由 X_B 左乘 E_{rk} 而得到。

例 3-2 用改进单纯形法求解

$$\max z=3x_1+x_2+3x_3$$

$$\begin{cases}2x_1+x_2+x_3+x_4 & =2\\ x_1+2x_2+3x_3+x_5 & =5\\ 2x_1+2x_2+x_3+x_6 & =6\\ x_j\geqslant 0\quad(j=1,2,\cdots,6)\end{cases}$$

解 $C=(3,1,3,0,0,0)$

$$A=\begin{bmatrix}2&1&1&1&0&0\\1&2&3&0&1&0\\2&2&1&0&0&1\end{bmatrix}=(P_1,P_2,P_3,P_4,P_5,P_6),b=\begin{bmatrix}2\\5\\6\end{bmatrix}$$

$$P_1=\begin{bmatrix}2\\1\\2\end{bmatrix},P_2=\begin{bmatrix}1\\2\\2\end{bmatrix},P_3=\begin{bmatrix}1\\3\\1\end{bmatrix},P_4=\begin{bmatrix}1\\0\\0\end{bmatrix},P_5=\begin{bmatrix}0\\1\\0\end{bmatrix},P_6=\begin{bmatrix}0\\0\\1\end{bmatrix}$$

取初始基

$$B_0=(P_4,P_5,P_6)=\begin{bmatrix}1&0&0\\0&1&0\\0&0&1\end{bmatrix}$$

第一次迭代

$$B_0^{-1}=\begin{bmatrix}1&0&0\\0&1&0\\0&0&1\end{bmatrix}^{-1}=\begin{bmatrix}1&0&0\\0&1&0\\0&0&1\end{bmatrix}$$

$$X_{B_0}=B_0^{-1}b=\begin{bmatrix}1&0&0\\0&1&0\\0&0&1\end{bmatrix}\begin{bmatrix}2\\5\\6\end{bmatrix}=\begin{bmatrix}2\\5\\6\end{bmatrix}$$

$$X^{(0)}=(0,0,0,2,5,6)^{\mathrm{T}}$$

$$\sigma_{N_0}=C_{N_0}-C_{B_0}B_0^{-1}N_0$$

$$=(3,1,3)-(0,0,0)\begin{bmatrix}1&0&0\\0&1&0\\0&0&1\end{bmatrix}\begin{bmatrix}2&1&1\\1&2&3\\2&2&1\end{bmatrix}=(3,1,3)$$

取 x_1 为入基变量，$k=1$。主列

$$B_0^{-1}P_1=\begin{bmatrix}1&0&0\\0&1&0\\0&0&1\end{bmatrix}\begin{bmatrix}2\\1\\2\end{bmatrix}=\begin{bmatrix}2\\1\\2\end{bmatrix}$$

$$\theta=\min\left\{\frac{2}{2},\frac{5}{1},\frac{6}{2}\right\}=\frac{2}{2}=1$$

取 x_4 为出基变量，P_4 在 B_0 的第 1 列，$r=1$。

得新基

$$B_1=(P_1,P_5,P_6)=\begin{bmatrix}2&0&0\\1&1&0\\2&0&1\end{bmatrix}$$

第二次迭代

$$B_1^{-1}=\begin{bmatrix}1/2&0&0\\-1/2&1&0\\-1&0&1\end{bmatrix}$$

$$X_{B_1}=B_1^{-1}b\begin{bmatrix}1/2&0&0\\-1/2&1&0\\-1&0&1\end{bmatrix}\begin{bmatrix}2\\5\\6\end{bmatrix}=\begin{bmatrix}1\\4\\4\end{bmatrix}$$

$$X^{(1)}=(1,0,0,0,4,4)^{\mathrm{T}}$$

$$\begin{aligned}\sigma_{N_1}&=C_{N_1}-C_{B_1}B_1^{-1}N_1\\&=(1,3,0)-(3,0,0)\begin{bmatrix}1/2&0&0\\-1/2&1&0\\-1&0&1\end{bmatrix}\begin{bmatrix}1&1&1\\2&3&0\\2&1&0\end{bmatrix}\\&=(1,3,0)-(3/2,0,0)\begin{bmatrix}1&1&1\\2&3&0\\2&1&0\end{bmatrix}\\&=(1,3,0)-(3/2,3/2,3/2)=(-1/2,3/2,-3/2)\end{aligned}$$

取 x_3 为入基变量，$k=3$。主列

$$B_1^{-1}P_3=\begin{bmatrix}1/2&0&0\\-1/2&1&0\\-1&0&1\end{bmatrix}\begin{bmatrix}1\\3\\1\end{bmatrix}=\begin{bmatrix}1/2\\5/2\\0\end{bmatrix}$$

$$\theta=\min\left\{\frac{1}{1/2},\frac{4}{5/2},\sim\right\}=\frac{4}{5/2}=\frac{8}{5}$$

取 x_5 为出基变量，P_5 在 B_1 的第 2 列，$r=2$。

得新基

$$B_2=(P_1,P_3,P_6)=\begin{bmatrix}2&1&0\\1&3&0\\2&1&1\end{bmatrix}$$

第三次迭代

$$B_1^{-1}B_2=\begin{bmatrix}1/2&0&0\\-1/2&1&0\\-1&0&1\end{bmatrix}\begin{bmatrix}2&1&0\\1&3&0\\2&1&1\end{bmatrix}=\begin{bmatrix}1&1/2&0\\0&5/2&0\\0&0&1\end{bmatrix}$$

$$E_{23}=[B_1^{-1}B_2]^{-1}=\begin{bmatrix}1&-1/5&0\\0&2/5&0\\0&0&1\end{bmatrix}$$

$$B_2^{-1}=E_{23}B_1^{-1}=\begin{bmatrix}1&-1/5&0\\0&2/5&0\\0&0&1\end{bmatrix}\begin{bmatrix}1/2&0&0\\-1/2&1&0\\-1&0&1\end{bmatrix}=\begin{bmatrix}3/5&-1/5&0\\-1/5&2/5&0\\-1&0&1\end{bmatrix}$$

$$X_{B_2}=B_2^{-1}b=\begin{bmatrix}3/5&-1/5&0\\-1/5&2/5&0\\-1&0&1\end{bmatrix}\begin{bmatrix}2\\5\\0\end{bmatrix}=\begin{bmatrix}1/5\\8/5\\4\end{bmatrix}$$

$$X^{(2)}=(1/5,0,8/5,0,0,4)^{\mathrm{T}}$$

$$\sigma_{N_2}=C_{N_2}-C_{B_2}B_2^{-1}N_2$$

$$=(1,0,0)-(3,3,0)\begin{bmatrix}3/5&-1/5&0\\-1/5&2/5&0\\-1&0&1\end{bmatrix}\begin{bmatrix}1&1&0\\2&0&1\\2&0&0\end{bmatrix}$$

$$=(1,0,0)-(6/5,3/5,0)\begin{bmatrix}1&1&0\\2&0&1\\2&0&0\end{bmatrix}$$

$$=(1,0,0)-(12/5,6/5,3/5)=(-7/5,-6/5,-3/5)$$

所有非基变量的检验数均不大于零,故 $X^{(2)}$ 为最优解。

小结

在前一章的基础上,本章主要介绍了单纯形法的矩阵表达形式及改进单纯形法。通过本章的学习,应学会如何运用单纯形法矩阵的形式来求解线性规划问题,理解其对后续学习对偶理论及灵敏度分析的作用。

思考题

1. 简述改进单纯形法的计算步骤,说明它在哪些方面对单纯形法计算作了改进。

2. 已知单纯形表某一步迭代的基为 B,对应的基变量为$(x_1,\cdots,x_{l-1},x_l,x_{l+1},\cdots,x_m)$,经迭代后其基为 B_1 对应的基变量为$(x_1,\cdots,x_{l-1},x_k,x_{l+1},\cdots,x_m)$,试写出 B_1^{-1} 同 B^{-1}之间的关系式。

第四章　对偶理论

对偶理论是线性规划的重要理论。它的基本思想是：每一个线性规划问题都有一个与其相对应的另一个线性规划问题，两者互为对偶问题。互为对偶的两个问题，不仅在形式上有着密切的关系，而且在性质上有着深刻的内在关系，对偶理论就是研究这种关系的理论。

第一节　对偶问题的提出

例 4-1　某工厂利用甲、乙、丙三种原料生产 A、B 两种产品。3 种原料拥有量分别为 150、240、300 个单位。生产单位产品 A、B 需要消耗各种原料的数量及单位产品 A、B 所能得到的利润如表 4-1 所示。

表 4-1

产品 单位产品消耗原料(单位) 原料	A	B	原料拥有量(单位)
甲	1	1	150
乙	2	3	240
丙	3	2	300
单位产品的利润(万元)	2.4	1.8	

试问，该厂应如何安排生产计划，使工厂获得的总利润最大。

根据题意，设安排生产产品 A、B 的数量分别为 x_1，x_2 个单位，总利润为 z。该问题的线性规划数学模型为：

$$\max z = 2.4x_1 + 1.8x_2$$

$$\begin{cases} x_1 + x_2 \leqslant 150 \\ 2x_1 + 3x_2 \leqslant 240 \\ 3x_1 + 2x_2 \leqslant 300 \\ x_1, x_2 \geqslant 0 \end{cases} \tag{4-1}$$

现在我们从另一个角度来考虑上述问题。如果另一个工厂想从该厂购买这批原料。试问，该厂应如何确定甲、乙、丙三种原料的单位价格，才能使该厂愿意停止生产产品，而将原料出售？

若原料的价格太高，则买方不愿接受，他们会考虑通过其他途径去购买；反之，若原料的价格太低，则卖方不愿接受，他们宁可按原计划利用这批原料生产产品而得到利润。

假设甲、乙、丙三种原料的单位价格分别为 y_1、y_2、y_3(万元)。首先，因为生产单位产品 A 需要甲、乙、丙三种原料的数量分别为 1、2、3 个单位，获得利润 2.4 万元。因此，生产单位产品 A 的这些原料的出售价格不能少于 2.4 万元，该厂才愿意出售，即：

$$y_1 + 2y_2 + 3y_3 \geqslant 2.4$$

同理，生产单位产品 B 的这些原料的出售价格不能少于 1.8 万元，即：

$$y_1 + 3y_2 + 2y_3 \geqslant 1.8$$

此外,y_1 和 y_2 当然还要满足非负条件,即:

$$y_1, y_2 \geqslant 0$$

其次,这批原料总的售价为:

$$w = 150y_1 + 240y_2 + 300y_3$$

为了使买方愿意接受,应使总的售价 w 尽可能地小。

综上所述,得到该问题的线性规划的数学模型为:

$$\min w = 150y_1 + 240y_2 + 300y_3$$

$$\begin{cases} y_1 + 2y_2 + 3y_3 \geqslant 2.4 \\ y_1 + 3y_2 + 2y_3 \geqslant 1.8 \\ y_1, y_2, y_3 \geqslant 0 \end{cases} \tag{4-2}$$

线性规划问题(4-1)和(4-2)是对同一个具体问题,从两个不同的角度提出来的,它们之间一定有着密切的关系。

比较问题(4-1)和(4-2),把它们之间的关系列成表 4-2。

表 4-2

问　题　(4-1)	问　题　(4-2)
求目标函数的最大值	求目标函数的最小值
约束方程中的不等号为"≤"	约束方程中的不等号为"≥"
目标函数中第 j 个变量的系数	第 j 个约束方程的右端常数项
第 i 个约束方程的右端常数项	目标函数中第 i 个变量的系数
系数矩阵 A	系数矩阵 A^T

第二节　对偶问题的概念

在本章第一节中,通过一个具体问题引出线性规划问题(4-1)和(4-2),并讨论了它们之间的关系。这一节将要讨论一般的情况。

一、对称形式的对偶问题

设给出线性规划问题

$$\max z = c_1x_1 + c_2x_2 + \cdots + c_nx_n$$

$$\text{(I)} \quad \begin{cases} a_{11}x_1 + a_{12}x_2 + \cdots + a_{1n}x_n \leqslant b_1 \\ a_{21}x_1 + a_{22}x_2 + \cdots + a_{2n}x_n \leqslant b_2 \\ \cdots\cdots\cdots\cdots\cdots\cdots \\ a_{m1}x_1 + a_{m2}x_2 + \cdots + a_{mn}x_n \leqslant b_m \\ x_j \geqslant 0 \quad (j = 1, 2, \cdots, n) \end{cases} \tag{4-3}$$

以及线性规划问题

$$\min w = b_1y_1 + b_2y_2 + \cdots + b_my_m$$

$$
(\text{II})\qquad \begin{cases} a_{11}y_1+a_{21}y_2+\cdots+a_{m1}y_m\geqslant c_1 \\ a_{12}y_1+a_{22}y_2+\cdots+a_{m2}y_m\geqslant c_2 \\ \cdots\cdots\cdots\cdots\cdots\cdots\cdots\cdots \\ a_{1n}y_1+a_{2n}y_2+\cdots+a_{mn}y_m\geqslant c_n \\ y_i\geqslant 0 \quad (i=1,2,\cdots,n) \end{cases} \tag{4-4}
$$

式(4-3)和式(4-4)给出的两个线性规划问题(I)和(II),叫做两个互为对偶的问题。若把其中一个叫做原问题,则另一个就叫做对偶问题。反之,若把其中一个叫做对偶问题,则另一个就叫做原问题。

两个互为对偶的问题可以用矩阵的形式来表示:

令

$$
A=\begin{bmatrix} a_{11} & a_{12}\cdots & a_{1n} \\ a_{21} & a_{22}\cdots & a_{2n} \\ \cdots\cdots\cdots\cdots & & \\ a_{m1} & a_{m2}\cdots & a_{mn} \end{bmatrix}
$$

$$
X=\begin{bmatrix} x_1 \\ x_2 \\ \vdots \\ x_n \end{bmatrix} \quad b=\begin{bmatrix} b_1 \\ b_2 \\ \vdots \\ b_m \end{bmatrix} \quad 0=\begin{bmatrix} 0 \\ 0 \\ \vdots \\ 0 \end{bmatrix}
$$

$$
C=(c_1,c_2,\cdots,c_n) \qquad Y=(y_1,y_2,\cdots,y_m)
$$

(I)和(II)的矩阵形式分别为:

$$
(\text{I})\qquad \max z=CX \quad \begin{cases} AX\leqslant b \\ X\geqslant 0 \end{cases} \tag{4-5}
$$

及

$$
(\text{II})\qquad \min w=Yb \quad \begin{cases} AY\geqslant C \\ Y\geqslant 0 \end{cases} \tag{4-6}
$$

我们可以利用对偶表格来表示(I)和(II)的关系(表 4-3)。

表 4-3

I 的变量 / II 的变量	x_1	x_2	⋯	x_n	b_i	
y_1	a_{11}	a_{12}	⋯	a_{1n}	≤	b_1
y_2	a_{21}	a_{22}	⋯	a_{2n}		b_2
⋮	⋯	⋯	⋯	⋮		⋮
y_m	a_{m1}	a_{m2}	⋯	a_{mn}		b_m
c_j	≤				max / min	
	c_1	c_2	⋯	c_n		

在对偶表格中,按行看是问题(I),按列看是问题(II)。

显然,在两个互为对偶的问题中,任意给出一个以后,就可以求出另一个来。

例 4-2 求下列线性规划问题的对偶问题

$$\max z = x_1 - 2x_2 - 4x_3 + 2x_4$$

$$\begin{cases} x_1 + 2x_2 - 2x_3 \leqslant 4 \\ x_2 - x_4 \leqslant 8 \\ 2x_1 + x_2 - 8x_3 + x_4 \geqslant 12 \\ x_j \geqslant 0 \quad (j = 1,2,3,4) \end{cases}$$

解 首先,将上述问题改写成(Ⅰ)的形式,得:

$$\max z = x_1 - 2x_2 - 4x_3 + 2x_4$$

$$\begin{cases} x_1 + 2x_2 - 2x_3 \leqslant 4 \\ x_2 - x_4 \leqslant 8 \\ -2x_1 - x_2 + 8x_3 - x_4 \leqslant -12 \\ x_j \geqslant 0 \quad (j = 1,2,3,4) \end{cases}$$

写出对偶表格(表 4-4)。

表 4-4

Ⅰ的变量 / Ⅱ的变量	x_1	x_2	x_3	x_4	b_i	
y_1	1	2	−2	0	≤	4
y_2	0	1	0	−1	≤	8
y_3	−2	−1	8	−1	≤	−12
c_j	≤				max / min	
	1	−2	−4	2		

按列看,可得到对偶问题(Ⅱ)为:

$$\min w = 4y_1 + 8y_2 - 12y_3$$

$$\begin{cases} y_1 - 2y_3 \geqslant 1 \\ 2y_1 + y_2 - y_3 \geqslant -2 \\ -2y_1 + 8y_3 \geqslant -4 \\ y_2 \quad y_3 \geqslant 2 \\ y_1, y_2, y_3 \geqslant 0 \end{cases}$$

也可不用对偶表格,按表 4-2 的方法,直接写出对偶问题。

互为对偶的问题(Ⅰ)和问题(Ⅱ)都不是标准型,但是它们具有对称的形式。所谓"对称"是指:问题(Ⅰ)和问题(Ⅱ)的所有变量均满足非负条件,所有约束方程均为不等式,而且求目标函数最大值的问题,不等式均为"≤"的形式;求目标函数最小值问题,不等式均为"≥"的形式。由于这种对称性,问题(Ⅰ)和问题(Ⅱ)叫做两个对称形式的对偶问题。

二、非对称形式的对偶问题

给出标准型的线性规划问题:

$$\max z = CX$$

$$\begin{cases} AX = b \\ X \geqslant 0 \end{cases} \tag{4-7}$$

我们总可以将(4-7)化为(I)的形式,然后按对称形式写出其对偶问题。

因为(4-7)中的约束方程组:

$$AX=b$$

等价于

$$\begin{cases}AX\leqslant b\\ AX\geqslant b\end{cases}$$

即

$$\begin{cases}AX\leqslant b\\ -AX\leqslant -b\end{cases}$$

或写成

$$\begin{bmatrix}A\\ -A\end{bmatrix}X\leqslant\begin{bmatrix}b\\ -b\end{bmatrix}$$

从而可将(4-7)写成(I)的形式如下:

$$\max z=CX$$

$$\begin{cases}\begin{bmatrix}A\\ -A\end{bmatrix}X\leqslant\begin{bmatrix}b\\ -b\end{bmatrix}\\ X\geqslant 0\end{cases}$$

这个形式的线性规划问题有 n 个变量和 $2m$ 个约束方程,因此它的对偶问题有 n 个约束方程和 $2m$ 个变量

$$Y=(Y_1,Y_2)$$

其中

$$Y_1=(y_1,y_2,\cdots,y_m)$$
$$Y_2=(y_1,y_2,\cdots,y_m)$$

按对称形式,(4-7)的对偶问题为:

$$\min w=(Y_1,Y_2)\begin{bmatrix}b\\ -b\end{bmatrix}$$

$$\begin{cases}(Y_1,Y_2)\begin{bmatrix}A\\ -A\end{bmatrix}\geqslant C\\ Y_1\geqslant 0,Y_2\geqslant 0\end{cases}$$

即

$$\min w=(Y_1-Y_2)b$$

$$\begin{cases}(Y_1-Y_2)A\geqslant C\\ Y_1\geqslant 0,Y_2\geqslant 0\end{cases}$$

若令

$$Y=Y_1-Y_2$$

则得

$$\min w=Yb$$

$$YA\geqslant C \tag{4-8}$$

这就是说,(4-7)的对偶问题为(4-8)。反之,可以证明,(4-8)的对偶问题为(4-7)。所以

我们把以下两个线性规划问题

(Ⅰ′)
$$\max z = CX$$
$$\begin{cases} AX = b \\ X \geqslant 0 \end{cases}$$

和

(Ⅱ′)
$$\min w = Yb$$
$$Yb \geqslant C$$

叫做两个非对称形式的对偶问题。

值得注意的一点是,(Ⅱ′)中已没有 $Y\geqslant 0$ 的要求,Y 的分量 $y_1, y_2, \cdots, y_m$ 为自由变量。

例 4-3 设原问题为:

$$\max z = x_1 + 2x_2 + x_3$$
$$\begin{cases} 2x_1 + x_2 = 8 \\ -x_1 + 2x_2 + 3x_3 = 6 \\ x_1, x_2, x_3 \geqslant 0 \end{cases}$$

写出其对偶问题

解 化为对称形式:

$$\max z = x_1 + 2x_2 + x_3$$
$$\begin{cases} 2x_1 + x_2 \leqslant 8 \\ -2x_1 - x_2 \leqslant -8 \\ -x_1 + 2x_2 + 3x_3 \leqslant 6 \\ x_1 - 2x_2 - 3x_3 \leqslant -6 \\ x_1, x_2, x_3 \geqslant 0 \end{cases}$$

写出其对偶问题:

$$\min w = 8u_1 - 8u_2 + 6u_3 - 6u_4$$
$$\begin{cases} 2u_1 - 2u_2 - u_3 + u_4 \geqslant 1 \\ u_1 - u_2 + 2u_3 - 2u_4 \geqslant 2 \\ 3u_3 - 3u_4 \geqslant 1 \\ u_1, u_2, u_3, u_4 \geqslant 0 \end{cases}$$

令

$$y_1 = u_1 - u_2, y_2 = u_3 - u_4$$

则上述对偶问题化简为:

$$\min w = 8y_1 + 6y_2$$
$$\begin{cases} 2y_1 - y_2 \geqslant 1 \\ y_1 + 2y_2 \geqslant 2 \\ 3y_2 \geqslant 1 \\ y_1, y_2 \text{ 为自由变量} \end{cases}$$

除了对称形式的对偶问题和非对称形式的对偶问题两种情况以外,还有将这两种情况综合起来的混合形式的对偶问题。

三、混合形式的对偶问题

一般情况下,线性规划问题的所有变量中可能出现某些变量是"≤0"的,某些变量是"≥0"的,某些变量是自由变量。在所有约束方程中,可能出现某些约束方程是"≥"的约束,某些约束方程是"≤"的约束,某些约束方程是"="的约束。不论属于哪种情况,我们总可以化为对称形式来处理。

首先,举一个例子来说明,然后再加以归纳。

例 4-4 设原问题为:

$$\max z = x_1 + 2x_2 + x_3$$

$$\begin{cases} x_1 + 2x_2 - x_3 \leqslant 2 \\ x_1 - x_2 + x_3 = 1 \\ 2x_1 + x_2 + x_3 \geqslant 2 \\ x_1 \geqslant 0, x_2 \leqslant 0, x_3 \text{ 是自由变量} \end{cases}$$

求其对偶问题。

解 首先,化为对称形式:

$$x_1 - x_2 + x_3 = 1$$

等价于

$$\begin{cases} x_1 - x_2 + x_3 \geqslant 1 \\ x_1 - x_2 + x_3 \leqslant 1 \end{cases}$$

即

$$\begin{cases} -x_1 + x_2 - x_3 \leqslant -1 \\ x_1 - x_2 + x_3 \leqslant 1 \end{cases}$$

又

$$2x_1 + x_2 + x_3 \geqslant 2$$

等价于

$$-2x_1 - x_2 - x_3 \leqslant -2$$

对于 $x_2 \leqslant 0$,可作变量代换,令:

$$x'_2 = -x_2$$

代入原问题,就可得到 $x'_2 \geqslant 0$。

对于自由变量 x_3,可令:

$$x_3 = x_3' - x_3''$$

其中 $x'_3 \geqslant 0, x''_3 \geqslant 0$。

原问题化为对称形式如下:

$$\max z = x_1 - 2x'_2 + x'_3 - x''_3$$

$$\begin{cases} x_1 - 2x'_2 - x'_3 + x''_3 \leqslant 2 \\ -x_1 - x'_2 - x'_3 + x''_3 \leqslant -1 \\ x_1 + x'_2 + x'_3 - x''_3 \leqslant 1 \\ -2x_1 + x'_2 - x'_3 + x''_3 \leqslant -2 \\ x_1, x'_2, x'_3, x''_3 \geqslant 0 \end{cases}$$

它的对偶问题为:

$$\min w = 2u_1 - u_2 + u_3 - 2u_4$$

$$\begin{cases} u_1 - u_2 + u_3 - 2u_4 \geqslant 1 \\ -2u_1 - u_2 + u_3 + u_4 \geqslant -2 \\ -u_1 - u_2 + u_3 - u_4 \geqslant 1 \\ u_1 + u_2 - u_3 + u_4 \geqslant -1 \\ u_1, u_2, u_3, u_4 \geqslant 0 \end{cases}$$

再将它化简,令:

$$y_1 = u_1, y_2 = -u_2 + u_3, y_3 = -u_4$$

并将后两个约束方程合并为一个,得到对偶问题:

$$\min w = 2y_1 + y_2 + 2y_3$$

$$\begin{cases} y_1 + y_2 + 2y_3 \geqslant 1 \\ 2y_1 - y_2 + y_3 \leqslant 2 \\ -y_1 + y_2 + y_3 = 1 \\ y_1 \geqslant 0, y_2 \text{ 自由变量}, y_3 \leqslant 0 \end{cases}$$

总之,我们可以把原问题和对偶问题之间的关系总结为:

(1)若原问题(对偶问题)是求目标函数的最大值,则对偶问题(原问题)是求目标函数的最小值。

(2)原问题的变量的个数等于对偶问题的约束条件的个数;原问题的约束条件的个数等于对偶问题的变量的个数。

(3)原问题的目标函数中第 j 个变量的系数等于对偶问题的第 j 个约束条件的右端常数项;原问题的第 i 个约束条件的右端常数项等于对偶问题的目标函数中第 i 个变量的系数。

(4)原问题的系数矩阵和对偶问题的系数矩阵互为转置矩阵。

(5)若原问题的第 j 个变量是自由变量,则对偶问题的第 j 个约束条件是等式约束;反之,若原问题的第 i 个约束条件是等式约束,则对偶问题的第 i 个变量是自由变量。

(6)在原问题和对偶问题中,一个是求目标函数的最大值,另一个是求目标函数的最小值。若最大值问题的第 j 个变量非负(非正),则最小值问题的第 j 个约束条件是"≥"("≤")的约束;若最大值问题的第 i 个约束条件是"≤"("≥")的约束,则最小值问题的第 i 个变量非负(非正)。将以上结论,列成表格(表 4-5)。

表 4-5

原问题(对偶问题),求目标函数的最大值	对偶问题(原问题),求目标函数的最小值
变量的个数 n	约束条件的个数 n
约束条件的个数 m	变量的个数 m
目标函数中第 j 个变量的系数	第 j 个约束条件的右端常数项
第 i 个约束条件的右端常数项	目标函数中第 i 个变量的系数
系数矩阵 A	系数矩阵 A^{T}
第 j 个变量 $\begin{cases} \geqslant 0 \\ \text{自由变量} \\ \leqslant 0 \end{cases}$	第 j 个约束条件 $\begin{cases} \geqslant \\ = \\ \leqslant \end{cases}$
第 i 个约束条件 $\begin{cases} \leqslant \\ = \\ \geqslant \end{cases}$	第 i 个变量 $\begin{cases} \geqslant 0 \\ \text{自由变量} \\ \leqslant 0 \end{cases}$

例 4-5 求下列线性规划问题的对偶问题

$$\max z = 2x_1 + x_2 + 4x_3$$

$$\begin{cases} 2x_1 + 3x_2 + x_3 \geqslant 1 \\ 3x_1 - x_2 + x_3 \leqslant 4 \\ x_1 + x_3 = 3 \\ x_1 \geqslant 0, x_2 \leqslant 0, x_3 \text{ 是自由变量} \end{cases}$$

解 利用以上表格,上述问题的对偶问题为:

$$\min w = y_1 + 4y_2 + 3y_3$$

$$\begin{cases} 2y_1 + 3y_2 + y_3 \geqslant 2 \\ 3y_1 - y_2 \leqslant 1 \\ y_1 + y_2 + y_3 = 4 \\ y_1 \leqslant 0, y_2 \geqslant 0, y_3 \text{ 是自由变量} \end{cases}$$

第三节 对偶问题的性质

本节要介绍几个定理,这些定理将揭示出互为对偶的两个问题之间的重要关系。由于任何形式的对偶问题总可以化为对称形式的对偶问题,所以我们限于讨论对称形式的对偶问题。在本节中,我们假设原问题为:

$$\max z = CX$$

$$\begin{cases} AX \leqslant b \\ X \geqslant 0 \end{cases}$$

对偶问题为:

$$\min w = Yb$$

$$\begin{cases} YA \geqslant C \\ Y \geqslant 0 \end{cases}$$

定理 1 若 $\overline{X}$ 是原问题的任意一个可行解,$\overline{Y}$ 是对偶问题的任意一个可行解,则一定有

$$C\overline{X} \leqslant \overline{Y}b$$

成立。

证 因为 $\overline{X}$ 是原问题的可行解,所以:

$$A\overline{X} \leqslant b, \overline{X} \geqslant 0$$

同理,因为 $\overline{Y}$ 是对偶问题的可行解,所以:

$$\overline{Y}A \geqslant C, \overline{Y} \geqslant 0$$

在不等式 $A\overline{X} \leqslant b$ 的两端左乘 $\overline{Y}$,得:

$$\overline{Y}A\overline{X} \leqslant \overline{Y}b$$

同理,在不等式 $\overline{Y}A \geqslant C$ 的两端右乘 $\overline{X}$,得:

$$\overline{Y}A\overline{X} \geqslant C\overline{X}$$

因此有

$$C\overline{X} \leqslant \overline{Y}A\overline{X} \leqslant \overline{Y}b$$

成立。即

$$C\bar{X} \leqslant \bar{Y}b$$

成立。

定理 1 称为弱对偶定理。从弱对偶定理,可推出下述重要结果。

推论 1 原问题的任意一个可行解对应的目标函数值是对偶问题最优目标函数值的一个下界。即:

$$\min w \geqslant C\bar{X}$$

其中,$\bar{X}$ 是原问题的任意一个可行解。

推论 2 对偶问题的任意一个可行解对应的目标函数值是原问题最优目标函数值的一个上界。即:

$$\max z \leqslant \bar{Y}b$$

其中,$\bar{Y}$ 是对偶问题的任意一个可行解。

推论 3 若原问题有可行解,但其目标函数值无界,则对偶问题无可行解。

推论 4 若对偶问题有可行解,但其目标函数值无界,则原问题无可行解。

推论 5 若原问题有可行解,而对偶问题无可行解,则原问题的目标函数值无界。

推论 6 若对偶问题有可行解,而原问题无可行解,则对偶问题的目标函数值无界。

例 4-6 给出原问题

$$\max z = x_1 + 2x_2 + 3x_3 + 4x_4$$

$$\begin{cases} x_1 + 2x_2 + 2x_3 + 3x_4 \leqslant 20 \\ 2x_1 + x_2 + 3x_3 + 2x_4 \leqslant 20 \\ x_1, x_2, x_3, x_4 \geqslant 0 \end{cases}$$

和对偶问题

$$\min w = 20y_1 + 20y_2$$

$$\begin{cases} y_1 + 2y_2 \geqslant 1 \\ 2y_1 + y_2 \geqslant 2 \\ 2y_1 + 3y_2 \geqslant 3 \\ 3y_1 + 2y_2 \geqslant 4 \\ y_1, y_2 \geqslant 0 \end{cases}$$

以及原问题的一个可行解

$$\bar{X} = (1,1,1,1)^{\mathrm{T}}$$

和对偶问题的一个可行解

$$\bar{Y} = (1,1)$$

则有

$$C\bar{X} = 10$$

和

$$\bar{Y}b = 40$$

显然有

$$C\bar{X} \leqslant \bar{Y}b$$

成立。

再由推论 1 和推论 2 知:

$$\min w \geqslant 10$$

$$\max z \leqslant 40$$

例 4-7 设原问题为:

$$\max z = x_1 + x_2$$

$$\begin{cases} -x_1 + x_2 + x_3 \leqslant 2 \\ -2x_1 + x_2 - x_3 \leqslant 1 \\ x_1, x_2, x_3 \geqslant 0 \end{cases}$$

则可得对偶问题为:

$$\min w = 2y_1 + y_2$$

$$\begin{cases} -y_1 - 2y_2 \geqslant 1 \\ y_1 + y_2 \geqslant 1 \\ y_1 - y_2 \geqslant 0 \\ y_1, y_2 \geqslant 0 \end{cases}$$

显然,容易验证

$$\overline{X} = (0,0,0)^{\mathrm{T}}$$

是原问题的一个可行解,因而原问题有可行解。但是对偶问题的一个约束条件为 $-y_1 - 2y_2 \geqslant 1$ 与 $y_1, y_2 \geqslant 0$ 相矛盾的,即对偶问题无可行解。据推论 5 知,原问题的目标函数值无界。用单纯形法求解原问题,也可以得到同样的结果。

定理 2 若 $\hat{X}$ 和 $\hat{Y}$ 分别是原问题和对偶问题的一个可行解,且两者对应的目标函数值相等,即:

$$C\hat{X} = \hat{Y}b$$

则 $\hat{X}$ 和 $\hat{Y}$ 分别是原问题和对偶问题的最优解。

证 设 $\overline{X}$ 和 $\overline{Y}$ 分别是原问题和对偶问题的任意一个可行解,则由定理 1 知:

$$C\overline{X} \leqslant \overline{Y}b$$

又已知

$$C\hat{X} = \hat{Y}b$$

所以

$$C\hat{X} \geqslant C\overline{X}$$

由此可见,$\hat{X}$ 是原问题的最优解。

同理可证,$\hat{Y}$ 是对偶问题的最优解。

例如,在例 4-6 中:

$$\hat{X} = (0,0,4,4)^{\mathrm{T}}$$

是原问题的一个可行解。

$$\hat{Y} = (1,2,0.2)$$

是对偶问题的一个可行解。它们对应的目标函数值分别为:

$$C\hat{X} = 28$$

和

$$\hat{Y}b = 28$$

定理 2 称为最优性准则定理,据定理 2 可知,$\hat{X}$ 和 $\hat{Y}$ 分别是原问题和对偶问题的一个最优解。

定理 3 若原问题和对偶问题中有一个有最优解，则另一个也有最优解，且最优目标函数值相等。

证 设已知原问题有最优解 $\hat{X}$，它对应的最优基为 B。引入松弛变量 X_s，将原问题化为标准型

$$\max z = (C,0)\begin{bmatrix} X \\ X_s \end{bmatrix}$$

$$\begin{cases} (A,I)\begin{bmatrix} X \\ X_s \end{bmatrix} = b \\ X \geqslant 0, X_s \geqslant 0 \end{cases}$$

因为 $\hat{X}$ 是最优解，所以对应于 $\hat{X}$ 的所有检验数一定不大于零，即：

$$(C,0) - C_B B^{-1}(A,I) \leqslant 0$$

等价于

$$\begin{cases} C - C_B B^{-1} A \leqslant 0 \\ \quad - C_B B^{-1} \leqslant 0 \end{cases}$$

或

$$\begin{cases} C_B B^{-1} A \geqslant C \\ C_B B^{-1} \geqslant 0 \end{cases} \tag{4-9}$$

若令

$$\hat{Y} = C_B B^{-1} \tag{4-10}$$

则由式(4-9)得：

$$\begin{cases} \hat{Y}A \geqslant C \\ \hat{Y} \geqslant 0 \end{cases} \tag{4-11}$$

式(4-11)说明 $\hat{Y} = C_B B^{-1}$ 是对偶问题的可行解，它对应的目标函数值为：

$$\hat{Y}b = C_B B^{-1} b \tag{4-12}$$

再由式(3-6)知，原问题的最优解 $\hat{X}$ 对应的目标函数值为：

$$C\hat{X} = C_B B^{-1} b \tag{4-13}$$

因而有

$$C\hat{X} = \hat{Y}b$$

由定理 2 知，$\hat{Y}$ 是对偶问题的最优解。由式(4-12)和式(4-13)知，$\hat{X}$ 和 $\hat{Y}$ 所对应的最优目标函数值相等，都等于 $C_B B^{-1} b$。

若已知对偶问题有最优解，则可用同样的方法可以证明原问题有最优解。

定理 3 称为强对偶定理。由定理 3 的证明过程，可得以下推论：

推论 1 若原问题有最优解 X，对应最优基 B，则 $C_B B^{-1}$ 是对偶问题的最优解，且两者的最优值相等。

推论 2 原问题的最优表中，松弛变量的检验数 $-C_B B^{-1}$ 的反号数 $C_B B^{-1}$，是对偶问题的最优解。

例 4-8 给出原问题

$$\max z = x_1 + 4x_2 + 3x_3 + 3x_4 + 4x_5 + x_6$$

$$
\begin{cases}
2x_2+2x_3+3x_4+4x_5+x_6 \leqslant 2 \\
3x_1+4x_2+x_3+2x_5+2x_6 \leqslant 2 \\
x_j \geqslant 0 \quad (j=1,2,\cdots,6)
\end{cases}
$$

和对偶问题

$$
\min w = 2y_1+2y_2
$$

$$
\begin{cases}
3y_2 \geqslant 1 \\
2y_1+4y_2 \geqslant 4 \\
2y_1+y_2 \geqslant 3 \\
3y_1 \geqslant 3 \\
4y_1+2y_2 \geqslant 4 \\
y_1+2y_2 \geqslant 1 \\
y_1, y_2 \geqslant 0
\end{cases}
$$

对偶问题的约束条件较多,用单纯形法求解较为困难。推论 2 告诉我们,在这种情况下可以不去求解对偶问题而去求解原问题。

引入松弛变量 x_7 和 x_8,将原问题化为标准型。

$$
\max z = x_1+4x_2+3x_3+3x_4+4x_5+x_6
$$

$$
\begin{cases}
2x_2+2x_3+3x_4+4x_5+x_6+x_7=2 \\
3x_1+4x_2+x_3+2x_5+2x_6+x_8=2 \\
x_j \geqslant 0 \quad (j=1,2,\cdots,8)
\end{cases}
$$

用单纯形法求解,如表 4-6 所示。

表 4-6

c_j		1	4	3	3	4	1	0	0	b
C_B	X_B	x_1	x_2	x_3	x_4	x_5	x_6	x_7	x_8	
0	x_7	0	2	2	3	4	1	1	0	2
0	x_8	3	[4]	1	0	2	2	0	1	2
σ_j		1	4	3	3	4	1	0	0	0
0	x_7	−3/2	0	3/2	[3]	3	0	1	−1/2	1
4	x_2	3/4	1	1/4	0	1/2	1/2	0	1/4	1/2
σ_j		−2	0	2	3	2	−1	0	−1	2
3	x_4	−1/2	0	[1/2]	1	1	0	1/3	−1/6	1/3
4	x_2	3/4	1	1/4	0	1/2	1/2	0	1/4	1/2
σ_j		−1/2	0	1/2	0	−1	−1	−1	−1/2	3
3	x_3	−1	0	1	2	2	0	2/3	−1/3	2/3
4	x_2	1	1	0	−1/2	0	1/2	−1/6	1/3	1/3
σ_j		0	0	0	−1	−2	−1	−4/3	−1/3	10/3

在最优表中,松弛变量 x_7 和 x_8 的检验数分别为 −4/3 和 −1/3,因而对偶问题的最优解为:

$$
y_1=4/3, y_2=1/3
$$

定理 4　若 $\hat{X}$ 和 $\hat{Y}$ 分别是原问题和对偶问题的可行解，则 $\hat{X}$ 和 $\hat{Y}$ 分别是原问题和对偶问题的最优解的充要条件是：

$$(\hat{Y}A - C)\hat{X} = 0 \tag{4-14}$$

及

$$\hat{Y}(b - A\hat{X}) = 0 \tag{4-15}$$

证　引入松弛变量 X_s，将原问题化为标准型：

$$\max z = CX$$

$$\begin{cases} AX + X_s = b \\ X \geqslant 0, X_s \geqslant 0 \end{cases}$$

同理，引入松弛变量 Y_s，将对偶问题化为标准型：

$$\min w = Yb$$

$$\begin{cases} YA - Y_s = C \\ Y \geqslant 0, Y_s \geqslant 0 \end{cases}$$

因为 $\hat{X}$ 和 $\hat{Y}$ 分别是原问题和对偶问题的可行解，所以有：

$$\begin{cases} A\hat{X} + X_s = b \\ \hat{X} \geqslant 0, X_s \geqslant 0 \end{cases} \tag{4-16}$$

和

$$\begin{cases} \hat{Y}A - Y_s = C \\ \hat{Y} \geqslant 0, Y_s \geqslant 0 \end{cases} \tag{4-17}$$

式(4-16)的第一式两端左乘 $\hat{Y}$，得：

$$\hat{Y}A\hat{X} + Y\hat{X}_s = \hat{Y}b \tag{4-18}$$

式(4-17)的第一式两端右乘 $\hat{X}$，得：

$$\hat{Y}A\hat{X} - Y_s\hat{X} = C\hat{X} \tag{4-19}$$

式(4-18)和式(4-19)两式相减，得：

$$\hat{Y}X_s + Y_s\hat{X} = \hat{Y}b - C\hat{X} \tag{4-20}$$

先证必要性：

若 $\hat{X}$ 和 $\hat{Y}$ 分别是原问题和对偶问题的最优解，则由定理 2 知：

$$CX = Yb$$

将上式代入式(4-20)，得：

$$\hat{Y}X_s + Y_s\hat{X} = 0$$

从而一定有：

$$\begin{cases} \hat{Y}X_s = 0 \\ Y_s\hat{X} = 0 \end{cases} \tag{4-21}$$

由式(4-16)和式(4-17)的第一式，可以得到：

$$\begin{cases} X_s = b - A\hat{X} \\ Y_s = \hat{Y}A - C \end{cases} \tag{4-22}$$

将上式中的 X_s 和 Y_s 代入式(4-21)，就有：

$$\begin{cases} (\hat{Y}A - C)\hat{X} = 0 \\ \hat{Y}(b - A\hat{X}) = 0 \end{cases}$$

这就证明了必要性。

再证充分性：

若式(4-14)及式(4-15)成立，即有：

$$\begin{cases}(\hat{Y}A-C)\hat{X}=0\\\hat{Y}(b-A\hat{X})=0\end{cases}$$

或

$$\begin{cases}Y_s\hat{X}=0\\\hat{Y}X_s=0\end{cases}$$

将上式代入式(4-18)和式(4-19)后得到：

$$\hat{Y}b=C\hat{X}$$

再由定理2知，$\hat{X}$ 和 $\hat{Y}$ 分别是原问题和对偶问题的最优解。

下面将要对定理4的充要条件作进一步的解释。

首先，充要条件

$$\begin{cases}(\hat{Y}A-C)\hat{X}=0\\\hat{Y}(b-A\hat{X})=0\end{cases}$$

与

$$\begin{cases}Y_s\hat{X}=0\\\hat{Y}X_s=0\end{cases}$$

是等价的。

假设

$$\hat{X}=\begin{bmatrix}x_1\\x_2\\\vdots\\x_n\end{bmatrix}\qquad X_s=\begin{bmatrix}x_{n+1}\\\vdots\\x_{n+m}\end{bmatrix}$$

$$\hat{Y}=(y_1,y_2,\cdots,y_m)$$
$$Y_s=(y_{m+1},\cdots,y_{m+n})$$

则充要条件可表示为：

$$\begin{cases}y_{m+1}x_1+y_{m+2}x_2+\cdots+y_{m+n}x_n=0\\y_1x_{n+1}+y_2x_{n+2}+\cdots+y_mx_{n+m}=0\end{cases}$$

上式可解释为：

x_j 和 y_{m+j} 中，至少有一个为零($j=1,2,\cdots,n$)。

y_i 和 x_{n+i} 中，至少有一个为零($i=1,2,\cdots,m$)。

定理4称为松紧定理。

例4-9 已知原问题

$$\max z=x_1+2x_2+3x_3+4x_4$$

$$\begin{cases}x_1+2x_2+2x_3+3x_4\leqslant 20\\2x_1+x_2+3x_3+2x_4\leqslant 20\\x_j\geqslant 0\quad(j=1,2,3,4)\end{cases}$$

和对偶问题

$$\min w = 20y_1 + 20y_2$$

$$\begin{cases} y_1 + 2y_2 \geqslant 1 \\ 2y_1 + y_2 \geqslant 2 \\ 2y_1 + 3y_2 \geqslant 3 \\ 3y_1 + 2y_2 \geqslant 4 \\ y_1, y_2 \geqslant 0 \end{cases}$$

引入松弛变量,将原问题和对偶问题化为标准型

$$\max z = x_1 + 2x_2 + 3x_3 + 4x_4$$

$$\begin{cases} x_1 + 2x_2 + 2x_3 + 3x_4 + x_5 = 20 \\ 2x_1 + x_2 + 3x_3 + 2x_4 + x_6 = 20 \\ x_j \geqslant 0 \quad (j = 1, 2, \cdots, 6) \end{cases}$$

和

$$\min w = 20y_1 + 20y_2$$

$$\begin{cases} y_1 + 2y_2 - y_3 = 1 \\ 2y_1 + y_2 - y_4 = 2 \\ 2y_1 + 3y_2 - y_5 = 3 \\ 3y_1 + 2y_2 - y_6 = 4 \\ y_i \geqslant 0 \quad (i = 1, 2, \cdots, 6) \end{cases}$$

利用定理 4 的充要条件,可由原问题的最优解求出对偶问题的最优解。或者相反,由对偶问题的最优解求出原问题的最优解。

假设已知对偶问题的最优解

$$\begin{cases} y_1 = 1.2 \\ y_2 = 0.2 \end{cases}$$

最优值 $\min w = 28$。

这时,可用如下的方法求出原问题的最优解:

(1) $y_1 = 1.2 > 0$,而 y_1 与 x_5 中至少有一个零,故 $x_5 = 0$。

(2)同理,因为 $y_2 = 0.2 > 0$,所以 $x_6 = 0$。

(3)对偶问题的第一个约束条件在取最优值时:

$$y_1 + 2y_2 = 1.2 + 2 \times 0.2 = 1.6 > 1$$

这就表示该约束条件的松弛变量:

$$y_3 = 1.6 - 1 = 0.6 > 0$$

根据定理的充要条件,y_3 与 x_1 中至少有一个零,因此 $x_1 = 0$。

(4)同理,第 2 个约束条件在取得优值时:

$$2y_1 + y_2 = 2 \times 1.2 + 0.2 = 2.4 + 0.2 = 2.6 > 2$$

这就表示:

$$y_4 = 2.6 - 2 - 0.6 > 0$$

根据充要条件,y_4 与 x_2 中至少有一个为零,因此 $x_2 = 0$。

(5)同样方法对第 3 个约束条件:

$$2y_1+3y_2=2\times1.2+3\times0.2=2.4+0.6=3$$

这就表示

$$y_3=3-3=0$$

根据定理的充要条件，y_5 与 x_3 中至少有一个为零，因此 $x_3>0$ 或 $x_3=0$。

(6)对第 4 个约束条件的分析，得到的结论是 $x_4>0$ 或 $x_4=0$

上述(5)和(6)的讨论，对于确定原问题的最优解没有任何帮助。但是从(1)到(4)的讨论，说明在原问题取得最优解时

$$x_5=0,x_6=0,x_1=0,x_2=0$$

代入原问题的约束方程组，得方程组

$$\begin{cases}2x_3+3x_4=20\\3x_3+2x_4=20\end{cases}$$

解此方程组，求得原问题的最优解为：

$$x_1=0,x_2=0,x_3=4,x_4=4,x_5=0,x_6=0$$

第四节　对偶单纯形法

对偶单纯形法并不是求解对偶问题的单纯形法，而是应用对偶原理来求解原问题的一种方法。在具体求解过程中，对偶单纯形法并不是构造一个对偶问题的单纯形表，而是在原问题的单纯形表上进行对偶处理。

在介绍对偶单纯形法之前，我们首先利用对偶理论重新回顾一下单纯形法的基本思想，给单纯形法一种新的解释，并在此基础上提出一种新的求解线性规划问题的方法——对偶单纯形法。

给出两个非对称形式的对偶问题。设原问题为：

$$\max z=CX$$

$$\begin{cases}AX=b\\X\geqslant0\end{cases}$$

对偶问题为：

$$\min w=Yb$$

$$YA\geqslant C$$

现在要讨论原问题的求解。

回顾一下单纯形法，它是首先找到一个初始可行基 B_0，经过若干次迭代，最后得到可行基 B，使该可行基 B 对应的所有检验数 $C-C_BB^{-1}A\leqslant0$，这时：

$$X=\begin{bmatrix}B^{-1}b\\0\end{bmatrix}$$

就是最优解，B 就是最优基。

在求解线性规划问题时，有时会遇到以下情况：我们可以找到一个基 B，虽然满足所有检验数 $C-C_BB^{-1}A\leqslant0$，却不满足 $B^{-1}b\geqslant0$。因此，B 不是可行基，当然也不会是最优基。然而，这时如果令：

$$Y=C_BB^{-1}$$

则由 $C - C_B B^{-1} A \leqslant 0$,可得到 $C - YA \leqslant 0$,即:

$$YA \geqslant C$$

上式说明,$Y = C_B B^{-1}$是对偶问题的可行解。因此,我们把满足:

$$C - C_B B^{-1} A \leqslant 0$$

的基 B,称为对偶可行基,并把:

$$Y = C_B B^{-1}$$

称为对偶可行解。

定理 设 X 是原问题的对应于基 B 的一个基本解,令 $Y = C_B B^{-1}$。若 X 和 Y 分别是原问题和对偶问题的可行解,则 X 和 Y 一定分别是原问题和对偶问题的最优解。

证 因为 $Y = C_B B^{-1}$是对偶问题的可行解,所以 B 为对偶可行基。根据对偶可行基的定义,B 满足:

$$C - C_B B^{-1} A \leqslant 0。$$

上式说明,原问题的对应于基 B 的一个基本解 X 是原问题的最优解。又:

$$Yb = C_B B^{-1} b = C_B X_B = CX$$

由本章第三节的定理 2 知,

$$Y = C_B B^{-1}$$

是对偶问题的最优解。

根据以上定理,我们可以把单纯形法的迭代过程叙述为:从一个基出发,迭代到另一个基,在迭代过程中,始终保持基的可行性,并使对应于基 B 的:

$$Y = C_B B^{-1}$$

成为对偶问题的可行解。这时:

$$X = \begin{bmatrix} B^{-1} b \\ 0 \end{bmatrix}$$

就是原问题的最优解。

对偶单纯形法从另一个角度来考虑问题,它的迭代过程是:从一个对偶可行基出发,迭代到另一个对偶可行基,在迭代过程中,始终保持基的对偶可行性,并使对应于基 B 的基本解:

$$X = \begin{bmatrix} B^{-1} b \\ 0 \end{bmatrix}$$

成为原问题的基本可行解,这时,X 就是原问题的最优解。

根据以上讨论可以看出,使用对偶单纯形法求解线性规划问题是有一定的条件的,其条件是:

(1)单纯形表的 b 列中至少有一个负的分量。

(2)单纯形表的检验数行的全部元素不大于零。

如果满足上述两个条件,则可考虑使用对偶单纯形法。

用对偶单纯形法求解原问题

$$\max z = CX$$

$$\begin{cases} AX - b \\ X \geqslant 0 \end{cases}$$

的步骤如下:

(1)建立初始单纯形表(对应初始基 B_0),检查检验数行和 b 列。若检验数行的全部元素不大于零(B_0 为对偶可行基),且 b 列的全部元素不小于零(B_0 又是可行基),则已经求得原问题的最优解,停止计算。否则,若检验数行的全部元素不大于零,而 b 列中至少有一个元素小于零(B_0 不是可行基),则转入下一步。

(2)如果我们已经求得了一个对偶可行基 B。为了叙述方便,不失一般性,不妨假设对应于 B 的单纯形表如表 4-7 所示。

表 4-7

c_j		c_1	c_2	$\cdots$	c_k	$\cdots$	c_m	c_{m+1}	$\cdots$	c_l	$\cdots$	c_n	b
C_B	X_B	x_1	x_2	$\cdots$	x_k	$\cdots$	x_m	x_{m+1}	$\cdots$	x_l	$\cdots$	x_n	
c_1	x_1	1	0	$\cdots$	0	$\cdots$	0	$a_{1,m+1}$	$\cdots$	a_{1l}	$\cdots$	a_{1n}	b_1
c_2	x_2	0	1	$\cdots$	0	$\cdots$	0	$a_{2,m+1}$	$\cdots$	a_{2l}	$\cdots$	a_{2n}	b_2
$\vdots$	$\vdots$	$\cdots$		$\cdots$		$\cdots$		$\cdots$		$\cdots$		$\cdots$	$\vdots$
c_k	x_k	0	0	$\cdots$	1	$\cdots$	0	$a_{k,m+1}$	$\cdots$	a_{kl}	$\cdots$	a_{kn}	b_k
$\vdots$	$\vdots$	$\cdots$		$\cdots$		$\cdots$		$\cdots$		$\cdots$		$\cdots$	$\vdots$
c_m	x_m	0	0	$\cdots$	0	$\cdots$	1	$a_{m,m+1}$	$\cdots$	a_{ml}	$\cdots$	a_{mn}	b_m
σ_j		0	0	$\cdots$	0	$\cdots$	0	σ_{m+1}	$\cdots$	σ_l	$\cdots$	σ_n	

相应的规范型为:

$$\max z = \sum_{j=1}^{n} c_j x_j$$

$$\begin{cases} x_i + \sum\limits_{j=m+1}^{n} a_{ij}x_j = b_i \quad (i = 1,2,\cdots,m) \\ x_j \geqslant 0 \quad (j = 1,2,\cdots,n) \end{cases} \tag{4-23}$$

$b_1,b_2,\cdots,b_m$ 中至少有一个元素小于零。这时,若:

$$\min\left\{b_i \middle| b_i < 0\right\} = b_k \quad (1 \leqslant k \leqslant m)$$

且 $a_{kj} \geqslant 0(j = m+1,\cdots,n)$,则原问题无可行解。否则,如果至少存在一个 $a_{kj} < 0(m+1 \leqslant j \leqslant n)$,则取 x_k 为出基变量。转下一步。

(3)根据对偶单纯形法的 θ 法则,若:

$$\theta = \min\left\{\frac{\sigma_j}{a_{kj}} \middle| j = m+1,\cdots,n; a_{kj} < 0\right\} = \frac{\sigma_l}{a_{kl}}$$

则取 x_l 为入基变量。

(4)以 x_k 对应的行为主行,x_l 对应的列为主列,a_{kl}为主元素进行迭代运算。迭代运算的结果使主元素 a_{kl}变成 1,把主列变成单位列向量,并求得新的对偶可行基。转到(2)。

重复以上步骤,直到求得最优解或判定无最优解。

这里需要进一步的讨论的是,为什么要根据 θ 法则来确定入基变量。

当选定 x_k 为出基变量时,选取入基变量的要求是迭代后的基仍为对偶可行基,即迭代后的所有检验数不大于零。为此,我们需要将目标函数用迭代后的非基变量来表示。

由式(2-10),式(2-11)及式(2-12)知,在迭代前目标函数用非基变量 $x_{m+1},\cdots,x_n$ 的表示式为:

$$z = \sum_{i=1}^{m} c_i b_i + \sum_{j=m+1}^{n} \sigma_j x_j \tag{4-24}$$

从式(4-23)中的约束方程

$$x_k + \sum_{j=m+1}^{n} a_{kj}x_j = b_k$$

解出 x_l

$$x_l = \frac{b_k}{a_{kl}} - \frac{x_k}{a_{kl}} - \sum_{\substack{j=m+1 \\ j\neq l}}^{n} \frac{a_{kj}}{a_{kl}}x_j \tag{4-25}$$

将式(4-25)代入式(4-24),得:

$$\begin{aligned} z &= \sum_{i=1}^{m} c_i b_i + \sum_{\substack{j=m+1 \\ j\neq l}}^{n} \sigma_j x_j + \sigma_l\left(\frac{b_k}{a_{kl}} - \frac{x_k}{a_{kl}} - \sum_{\substack{j=m+1 \\ j\neq l}}^{n} \frac{a_{kj}}{a_{kl}}x_j\right) \\ &= \left(\sum_{i=1}^{m} c_i b_i + \sigma_l \frac{b_k}{a_{kl}}\right) + \sum_{\substack{j=m+1 \\ j\neq l}}^{n} \left(\sigma_j - \sigma_l \frac{a_{kj}}{a_{kl}}\right)x_j + \left(-\frac{\sigma_l}{a_{kl}}\right)x_k \end{aligned} \tag{4-26}$$

式(4-26)中变量前的系数就是迭代后的非基变量的检验数。为使迭代后的基仍保持其对偶可行性,只要满足:

$$\begin{cases} -\dfrac{\sigma_l}{a_{kl}} \leqslant 0 & (4\text{-}27) \\ \sigma_j - \sigma_l \dfrac{a_{kj}}{a_{kl}} \leqslant 0 \quad (j = m+1, \cdots, n; j \neq l) & (4\text{-}28) \end{cases}$$

由式(4-27)可以看到,因为 $\sigma_l \leqslant 0$,故必须有 $a_{kl} < 0$。

由式(4-28)知,若 $a_{kj} \geqslant 0$,则:

$$\sigma_1 \frac{a_{kj}}{a_{kl}} \geqslant 0$$

式(4-28)总是成立的。若 $a_{kj} < 0$,这时要使式(4-28)满足,必须有:

$$\frac{\sigma_l}{a_{kl}} \leqslant \frac{\sigma_j}{a_{kj}} \quad (j = m+1, \cdots, n)$$

因此,我们选取入基变量 x_l 必须满足:

$$\frac{\sigma_l}{a_{kl}} = \min\left\{\frac{\sigma_j}{a_{kj}} \,\middle|\, j = m+1, \cdots, n; a_{kj} < 0\right\}$$

这就是对偶单纯形法中确定入基变量的 θ 法则。

例 4-10 求解线性规划问题

$$\max z = -3x_1 - 4x_2$$

$$\begin{cases} x_1 + 2x_2 \geqslant 5 \\ 3x_1 + x_2 \geqslant 6 \\ x_1 + x_2 \geqslant 4 \\ x_1, x_2 \geqslant 0 \end{cases}$$

解 引入松弛变量,化为标准型

$$\max z = -3x_1 - 4x_2$$

$$\begin{cases} x_1 + 2x_2 - x_3 = 5 \\ 3x_1 + x_2 - x_4 = 6 \\ x_1 + x_2 - x_5 = 4 \\ x_j \geqslant 0 \quad (j = 1, 2, \cdots, 5) \end{cases}$$

如果用单纯形法求解，就要增加 3 个人工变量，这种解法较为麻烦。现将约束方程组改写为：

$$\begin{cases} -x_1 - 2x_2 + x_3 = -5 \\ -3x_1 - x_2 + x_4 = -6 \\ -x_1 - x_2 + x_5 = -4 \\ x_j \geqslant 0 \quad (j = 1, 2, \cdots, 5) \end{cases}$$

建立初始单纯形表，表 4-8 所示。

表 4-8

c_j		-3	-4	0	0	0	b
C_B	X_B	x_1	x_2	x_3	x_4	x_5	
0	x_3	-1	-2	1	0	0	-5
0	x_4	[-3]	-1	0	1	0	-6
0	x_5	-1	-1	0	0	1	-4
σ_j		-3	-4	0	0	0	

b 列含有小于零的元素，故 $B_1 = (P_3, P_4, P_5)$ 不是可行基，但所有检验数都不大于零，所以 B_1 是对偶可行基。

因为

$$\min\{-5, -6, -4\} = -6$$

故取 x_4 为出基变量。

由于

$$\theta = \min\left\{\frac{-3}{-3}, \frac{-4}{-1}\right\} = \frac{-3}{-3} = 1$$

故取 x_1 为入基变量。

进行迭代运算，得表 4-9。

表 4-9

c_j		-3	-4	0	0	0	b
C_B	X_B	x_1	x_2	x_3	x_4	x_5	
0	x_3	0	[-5/3]	1	-1/3	0	-3
-3	x_1	1	1/3	0	-1/3	0	2
0	x_5	0	-2/3	0	-1/3	1	-2
σ_j		0	-3	0	-1	0	

同理，因为

$$\min\{-3, -2\} = -3$$

取 x_3 为出基变量。

因为

$$\theta = \min\left\{\frac{-3}{-5/3}, \frac{-1}{-1/3}\right\} = \frac{-3}{-5/3} = \frac{9}{5}$$

故取 x_2 为入基变量。

进行迭代运算，得（表 4-10）：

表 4-10

c_j		-3	-4	0	0	0	b
C_B	X_B	x_1	x_2	x_3	x_4	x_5	
-4	x_2	0	1	-3/5	1/5	0	9/5
-3	x_1	1	0	1/5	-2/5	0	7/5
0	x_5	0	0	-2/5	[-1/5]	1	-4/5
σ_j		0	0	-9/5	-2/5	0	

显然,应取 x_5 为出基变量。

因为

$$\theta=\min\left\{\frac{-9/5}{-2/5},\frac{-2/5}{-1/5}\right\}=\frac{-2/5}{-1/5}=2$$

故取 x_4 为入基变量。

进行迭代运算,得(表 4-11):

表 4-11

c_j		-3	-4	0	0	0	b
C_B	X_B	x_1	x_2	x_3	x_4	x_5	
-4	x_2	0	1	-1	0	1	1
-3	x_1	1	0	1	0	-2	3
0	x_4	0	0	2	1	-5	4
σ_j		0	0	-1	0	-2	

这时,b 列的取值已全部非负,故已得到最优解

$$X=(3,1,0,4,0)^{\mathrm{T}}$$

例 4-11 用对偶单纯形法求解

$$\min z=3x_1+4x_2+5x_3$$

$$\begin{cases}x_1+2x_2+3x_3\geqslant 5\\2x_1+2x_2+x_3\geqslant 6\\x_1,x_2,x_3\geqslant 0\end{cases}$$

解 引入松弛变量,并将约束方程改写为:

$$\begin{cases}-x_1-2x_2-3x_3+x_4=-5\\-2x_1-2x_2-x_3+x_5=-6\\x_1,x_2,\cdots,x_5\geqslant 0\end{cases}$$

用对偶单纯形法求解(表 4-12)

表 4-12

c_j		3	4	5	0	0	b
C_B	X_B	x_1	x_2	x_3	x_4	x_5	
0	x_4	-1	-2	-3	1	0	-5
0	x_5	[-2]	-2	-1	0	1	-6
σ_j		3	4	5	0	0	

续上表

c_j		3	4	5	0	0	b
C_B	X_B	x_1	x_2	x_3	x_4	x_5	
0	x_4	0	[−1]	−5/2	1	−1/2	−2
3	x_1	1	1	1/2	0	−1/2	3
σ_j		0	1	7/2	0	3/2	
4	x_2	0	1	5/2	−1	1/2	2
3	x_1	1	0	−2	1	−1	1
σ_j		0	0	1	1	1	11

最优解

$$X = (1,2,0,0,0)^{\mathrm{T}}$$

最优值

$$z = 11$$

这里需要补充指出的一点是，对于求目标函数最小值的问题，确定入基变量的 θ 法则如下：

若

$$\theta = \min\left\{ \frac{\sigma_j}{-a_{kj}} \middle| j = m+1, \cdots, n; a_{kj} < 0 \right\} = \frac{\sigma_l}{-a_{kl}}$$

则取 x_l 为入基变量。

第五节　影子价格及其应用

由前面的讨论我们知道，对任何一个线性规划问题，都有一个与之相对应的对偶问题，我们称之为互为对偶的线性规划问题：

原问题(a)	对偶问题(b)
$\max z = CX$	$\min w = Yb$
$\begin{cases} AX \leqslant b \\ X \geqslant 0 \end{cases}$	$\begin{cases} YA \geqslant C \\ Y \geqslant 0 \end{cases}$

在实际问题中，线性规划问题总是与经济活动相联系的，因此，一个线性规划问题及其与之相对应的对偶问题都有着一定的经济意义。如果概括起来讲的话，可以这样来理解其经济意义。

若原问题是求解如何最优配置（利用或使用）资源的问题，则其对偶问题就是求解如何恰当地估计资源价值的问题。前者为资源的最优使用，后者为资源的恰当估价；前者为配置问题，后者为价格问题。对偶问题的最优解（即：资源的最优价格），在经济上就被称为“影子价格”（Shadow Price）。

那么，什么是影子价格？怎样计算影子价格？应该如何理解影子价格，并应用影子价格来指导经济工作呢？

一、影子价格的定义

影子价格在国内外的文献中，又被称为计算价格、预测价格、最优计划价格等。

本世纪30年代末,数学已广泛应用于研究经济学,当时,荷兰经济学家詹恩·丁伯根和前苏联数学家、经济学家康列·维·康特罗维奇,就分别提出了影子价格理论。丁伯根认为:影子价格是反映资源得到合理配置的"预测价格"。康特罗维奇则研究一种使生产单位的直接物质利益与以国民经济系统最优计划所表示的全局利益完全吻合的价格,即最优计划价格。

关于影子价格的定义,不同领域的研究者从不同的角度提出过定义:

数学家认为:影子价格是指某种产品或资源增加一个单位所带来的总收益。或者说,是总收益率对某种产品产量或资源量的一阶偏导数。

经济学家则从经济上指出:经济学中的拉格朗日乘数即为影子价格。

按照影子价格的数学定义,我们来看应该怎样计算影子价格。

若 B 为原问题(a)的最优基矩阵,C_B 为此时基变量的价值系数向量,X^* 和 Y^* 分别是它们的最优解,z^* 和 w^* 分别是它们的最优值。

则
$$z^* = w^* = C_B B^{-1} b = Y^* b$$

因此
$$\frac{\partial z^*}{\partial \mathrm{b}} = C_B B^{-1} = Y^*$$

或者说
$$z^* = y_1{}^* b_1 + y_2^* b_2 + \cdots + y_{\mathrm{i}}^* b_{\mathrm{i}} + \cdots + y_n^* b_n$$

则
$$\frac{\partial z_i^*}{\partial b_i} = y_{\mathrm{i}}^*$$

这说明,如果原问题(a)的约束条件的右端常数项 b 中的某一分量 b_i 增加一个单位,目标函数最优值 z^* 的改变量将是 y_i^*。也就是说,对偶问题(b)最优解中的第 i 个分量 y_i^* 就是原问题(a)第 i 个约束的影子价格。由此可知,线性规划约束条件的右端常数项的单位改变量所引起的最优值的改变量,就是该约束条件的影子价格。

由影子价格的定义,我们还可以进一步了解到:

(1)影子价格是针对线性规划的某一具体的约束条件而言的。

(2)对偶问题的对偶变量就是原问题第 i 个约束的影子价格。

(3)在用单纯形法求解线性规划问题时,由于最终表的检验数反号后就是对偶问题的最优解,所以从其最终表的检验数行就可以得到该问题约束条件的影子价格。

下面举例来说明上述关于影子价格的分析。

例 4-12 用第二章的例 2-1 来说明对影子价格的分析。

$$\max z = 7x_1 + 15x_2$$
$$\begin{cases} x_1 + x_2 \leqslant 6 \\ x_1 + 2x_2 \leqslant 8 \\ x_2 \leqslant 3 \\ x_1, x_2 \geqslant 0 \end{cases}$$

解 我们在例 2-4 中曾用单纯形法求得该问题的最优解及最优值如下:

$$X^* = (2,3)^{\mathrm{T}} \quad z^* = 59$$

从最终表(表 2-5)的检验数行可以得出其对偶问题的最优解及最优值如下:

$$Y^* = (0,7,1) \qquad w^* - 59$$

这说明,最佳生产方案是:生产甲种产品 2 件,乙种产品 3 件,可得最大利润,总利润达 59 元。

从前面的分析中知道,对偶问题的最优解就是3种原料(资源)的影子价格,即:

原料 A 的影子价格为:$y_1^* = 0$

原料 B 的影子价格为:$y_2^* = 7$

原料 C 的影子价格为:$y_3^* = 1$

原料 A 的影子价格为零,说明增加这种原料不会增加总的利润。如何来理解这一点呢?

可以把求解该问题的初始单纯形表(表2-3)中的常数 $b_1 = 6$ 改为 $b_1 = 7$,则其最终表变为表4-13。

表4-13

c_j		7	15	0	0	0	b	θ_i
C_B	X_B	x_1	x_2	x_3	x_4	x_5		
0	x_3	0	0	1	-1	1	2	
7	x_1	(1)	0	0	1	-2	2	
15	x_2	0	1	0	0	1	3	
σ_j		0	0	0	-7	-1	59	

由表4-13可知,当原料 A 增加一个单位的时候,最优解及最优值均不改变。

如果原料 B 增加一个单位,从8变为9,即该问题的初始单纯形表(表2-3)中的常数 $b_2 = 8$ 改为 $b'_2 = 9$,则其最终表变为表4-14。

表4-14

c_j		7	15	0	0	0	b	θ_i
C_B	X_B	x_1	x_2	x_3	x_4	x_5		
0	x_3	0	0	1	-1	1	0	
7	x_1	(1)	0	0	1	-2	3	
15	x_2	0	1	0	0	1	3	
σ_j		0	0	0	-7	-1	66	

由表4-14可知,当原料 B 增加一个单位的时候,最优解变为 $X^* = (3,3)^T$,最优值变为 $z^* = 66$,即甲、乙两种产品各生产3件,总利润将由原来的59元增加到66元,也就是增量为7元。

如果原料 C 增加一个单位,从3变为4,即该问题的初始单纯形表(表2-3)中的常数 $b_3 = 3$ 改为 $b_3 = 4$,则其最终表变为表4-15。

表4-15

c_j		7	15	0	0	0	b	θ_i
C_B	X_B	x_1	x_2	x_3	x_4	x_5		
0	x_3	0	0	1	-1	1	2	
7	x_1	(1)	0	0	1	-2	0	
15	x_2	0	1	0	0	1	4	
σ_j		0	0	0	-7	-1	60	

由表4-15可知,当原料 C 增加一个单位的时候,最优解变为 $X^* = (0,4)^T$,最优值变为 $z^* = 60$,即不生产产品甲,生产产品乙4件,总利润将由原来的59元增加到60元,也就是增量为1元。

例 4-13　用图解法进一步了解影子价格的含义及其几何性质。

解　用图解法求解例 4-12,如图 4-1 所示:

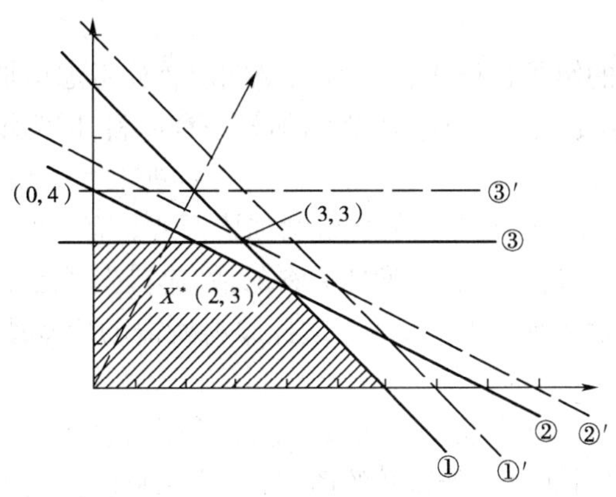

图　4-1

可得出例 2-1 的最优解为 $X^* = (2,3)^T$,最优值为 $z^* = 59$。

下面我们讨论在其他条件不变的情况下,各资源约束分别增加一个单位时,最优解及最优值所发生的变化:

原料 A 增加一个单位时,代表该约束的直线由①移至①′,可行域变了,但是最优解保持不变,其最优值也不变。即原料 A 增加一个单位,所引起的目标函数最优值的变化量是零。

原料 B 增加一个单位时,代表该约束的直线由②移至②′,可行域变了,最优解由$(2,3)^T$相应地变为$(3,3)^T$,目标函数值为

$$z = 7 \times 3 + 15 \times 3 = 66$$

比原来增加了 $66 - 59 = 7$ 个单位。即原料 B 增加一个单位,所引起的目标函数最优值的变化量是 7。

原料 C 增加一个单位时,代表该约束的直线由③移至③′,可行域变了,相应地最优解由$(2,3)^T$ 变为$(0,4)^T$,目标函数值为:

$$z = 7 \times 0 + 15 \times 4 = 60$$

比原来增加了 $60 - 59 = 1$ 个单位。即原料 C 增加一个单位,所引起的目标函数最优值的变化量是 1。

这说明,3 种原料的影子价格分别为 0,7,1,这和我们前面用单纯形法讨论得到的结论是一致的。

由上述讨论可知,影子价格是在其他条件不变的情况下,单位资源的变化所引起的目标函数最优值的变化。实际上,有了影子价格的理论,就没有必要进行上述计算了。

二、影子价格的应用

影子价格说明了不同资源对总的经济效益产生的影响。因此,一般来说,影子价格对企业的经营管理就能够提供一些有价值的信息。由于影子价格是指资源增加时对最优收益发生的影响,所以有人把它称为资源的边际产出或者资源的机会成本,它表示资源在最优产品组合时,所具有的“潜在价值”或“贡献”。那么,如何利用资源的影子价格,使这种潜在的价值发挥效用呢?

一般来讲,影子价格可以有以下几方面的应用:

(1)由影子价格可以了解到,若要增加资源以增加收益的话,应首先增加那种资源最为有利:

如例 2-1 中 3 种原料的影子价格为(0,7,1),说明应首先考虑增加第二种原料,因为,相比之下,增加它所增加的收益最大。而不会考虑增加第一种原料,因为增加第一种原料不会带来收益的增加。

(2)由影子价格可以了解到,花多大的代价增加资源才是有利的:

如在例 2-1 中,我们刚才讨论了若要增加原料的话,应首先考虑增加第二种原料,但是,花多大的代价增加它才是合算的呢?显然,增加该种原料所需的成本或代价不应超过增加该种原料所带来的收益,即:

$$\text{单位资源代价} \leqslant \text{资源的影子价格}$$

对例 2-1 来说,如果要增加第二种原料的话,其单位原料所支付的代价(费用、成本)应不超过 7 元,否则,就是不合算的。

(3)由影子价格还可以帮助管理人员制定新产品的价格,或判断某种新产品是否值得投产:

如在例 2-1 中,除了产品甲、乙外,该企业还考虑生产一种新产品丙,单位产品丙所需 3 种原料分别为$(2,1,1)^{\mathrm{T}}$,那么,应该如何给产品丙定价呢?根据 3 种原料的影子价格,产品丙的单位利润应大于:

$$(0,7,1)\begin{bmatrix}2\\1\\1\end{bmatrix}=8$$

由此,再考虑成本因素,就可以制定出产品丙的单位价格。

(4)由影子价格可以了解到,在现有情况下,或产品价格发生变动的时候,各种资源的稀缺程度:

如在例 2-1 中,3 种原料的影子价格分别为(0,7,1),说明保证原料 B 的供应最为重要,因为,它的供应量的多少对总利润的影响最大,其次是原料 C。

如果产品的价格发生变动,由 $C_B=(0,7,15)$ 变为 $C'_B=(0,5,18)$,则从表 2-5 可知,3 种原料的影子价格将从(0,7,1)变为:

$$(0,5,18)\begin{bmatrix}1 & -1 & 1\\0 & 1 & -2\\0 & 0 & 1\end{bmatrix}=(0,5,8)$$

这说明,如果第一种产品降低价格,第二种产品增加价格的话,原料 C 将显得更为"宝贵"了。

(5)由影子价格可以了解到,产品的加工工艺改变后,对资源节约的收益:

如在例 2-1 中,由于工艺过程的改进,使第二种原料能节约 2%,则带来的经济收益将是 $7\times 8\times 2\%=1.12$。

以上所有的讨论都是在原来的最优基不变的前提下进行的。如果原来的最优基发生了变化,就要用灵敏度分析的方法来讨论了。正由于影子价格在经济管理中对管理者能提供大量有用的信息,所以影子价格理论正日益受到管理人员的重视。

影子价格虽然被定义为"价格",但由于它是针对约束条件而言的,所以对它可以有更为广义的理解,下面举例说明。

例 4-14 某公司有甲、乙两个工厂,生产 A、B 两种产品,这两种产品都销往南、北两个地区去出售。有关两个市场的销售情况如表4-16所示。

表4-16

有关销售情况		出售到南方		出售到北方	
		产品A	产品B	产品A	产品B
最大销售量(件)		9000	12000	7500	6000
销售价格(元/件)		12	17	13	18
销售费用(元/件)		4	5	3	4
运输费用(元/件)	工厂甲生产	1	1	2	2
	工厂乙生产	2	2	1	2

产品A、B分别由甲、乙两个工厂的加工车间和装配车间来完成,有关这两个工厂各车间的生产情况如表4-17所示。

表4-17

有关生产情况		工厂甲		工厂乙	
		产品A	产品B	产品A	产品B
生产成本(元/件)		5	6	4	5
加工工时(小时/件)	加工车间	1.5	2	1	2
	装配车间	3	2	2.5	1.5
工时定额(小时)	加工车间	12000	16000	8000	22000
	装配车间	共30000		共40000	

公司要求:

(1)制定使总利润最大的生产和销售计划。

(2)公司希望采取一些措施来进一步提高经济效益,为此,需要弄清楚以下几个问题:

①若要增加利润,首先应该扩大销售量,还是应该增加工时定额?

②若要扩大销售量,应首先考虑扩大南方市场还是北方市场?

③是扩大产品A的销售量,还是扩大产品B的销售量?

④若要增加工时定额,应首先增加哪个工厂哪个车间的工时定额?

解

(1)求使总利润最大的生产和销售计划:

①决策变量:

设: x_1=产品A(销往南方,工厂甲生产)的件数

x_2=产品A(销往南方,工厂乙生产)的件数

x_3=产品A(销往北方,工厂甲生产)的件数

x_4=产品A(销往北方,工厂乙生产)的件数

x_5=产品B(销往南方,工厂甲生产)的件数

x_6=产品B(销往南方,工厂乙生产)的件数

x_7=产品B(销往北方,工厂甲生产)的件数

x_8=产品B(销往北方,工厂乙生产)的件数

②目标函数:

$$\max z = 2x_1 + 2x_2 + 3x_3 + 5x_4 + 5x_5 + 5x_6 + 6x_7 + 7x_8$$

③约束条件：

$$
\begin{cases}
\text{销售量约束}\begin{cases}
x_1+x_2\leqslant 9000 & (\text{销售到南方的产品}A)\\
x_3+x_2\leqslant 7500 & (\text{销售到北方的产品}A)\\
x_5+x_6\leqslant 12000 & (\text{销售到南方的产品}B)\\
x_7+x_8\leqslant 6000 & (\text{销售到北方的产品}B)
\end{cases}\\
\text{工厂甲工时约束}\begin{cases}
1.5(x_1+x_3)\leqslant 12000 & (\text{加工车间产品}A)\\
2(x_5+x_7)\leqslant 16000 & (\text{加工车间产品}B)\\
3(x_1+x_3)+2(x_5+x_7)\leqslant 30000 & (\text{装配车间})
\end{cases}\\
\text{工厂乙工时约束}\begin{cases}
x_2+x_4\leqslant 8000 & (\text{加工车间产品}A)\\
2(x_6+x_8)\leqslant 22000 & (\text{加工车间产品}B)\\
2.5(x_2+x_4)+1.5(x_6+x_8)\leqslant 4000 & (\text{装配车间})
\end{cases}\\
\text{非负约束}\quad x_j\geqslant 0\quad (j=1,2,\cdots,8)
\end{cases}
$$

用单纯形法可求得该问题的最优解如下：

$$x_1=5333,x_2=500,x_3=0,x_4=7500,$$
$$x_5=7000,x_6=5000,x_7=0,x_8=6000$$

最优值为： $z^*=145666.67$（元）

对偶问题的最优解（各约束条件的影子价格）如下：

$$y_1=0,y_2=4,y_3=3.667,y_4=6.667,y_5=0$$
$$y_6=0,y_7=0.667,y_8=1,y_9=0.667,y_{10}=0$$

（2）由上述计算结果，回答所提问题：

①影子价格 $y_4=6.667$ 最大，对应的是销售量约束，故若要增加利润，首先应该扩大销售量。

② y_4 对应的是第四个销售量约束，即出售到北方的产品 B，故若要扩大销售量，应首先考虑扩大北方市场的销售量。

③且应该扩大产品 B 的销售量，其次是扩大南方市场产品 B 的销售量（由 $y_3=3.667$ 可知）。

④若要增加工时定额，则从工时约束的影子价格可知，影子价格较大的是 $y_8=1$，它对应的是工厂乙，生产产品 A 的加工车间，故应首先增加工厂乙加工车间生产产品 A 的工时定额，其次是增加工厂甲装配车间或工厂乙加工车间生产产品 B 的工时定额。

小结

本章主要介绍了对偶理论及其应用，并且介绍了求解线性规划问题的对偶单纯形法；阐述了对偶问题的经济意义，介绍了影子价格理论及其应用。

通过本章的学习，应该理解对偶问题的概念，理解对偶问题的性质，掌握如何运用对偶单纯形法求解线性规划问题，注意区分单纯形法和对偶单纯形之间的异同点，要正确理解和运用影子价格理论。

思考题

1. 试从经济上解释对偶问题及对偶变量的含义。

2. 根据原问题同对偶问题之间的对应关系，分别找出两个问题变量之间、解以及检验数之间的对应关系。

3. 什么是资源的影子价格，同相应的市场价格之间有何区别，以及研究影子价格的意义。

4. 试述对偶单纯形法的计算步骤，它的优点及应用上的局限性。

第五章 灵敏度分析

第一节 问题的提出

前面我们讨论的线性规划问题

$$\max z = CX$$

$$\begin{cases} AX = b \\ X \geqslant 0 \end{cases} \tag{5-1}$$

的求解方法，都是在假定 A、b、C 是已知的条件下，求线性规划问题的最优解。可是，在应用线性规划的方法解决实际问题时，根据实际问题建立起来的数学模型，A、b、C 中的某些系数常不可能是非常准确或者一成不变的。有些系数是用统计、预测或凭经验估计而得到的；有些系数原来可能是准确的，但是由于某种原因，随着时间的推移而发生变化，如市场上原料或产品价格的变化，工艺的改进，企业人力和物力的变化，设备的更新等。因此，在实际应用中，仅仅求出线性规划问题的最优解，有时就不能完全满足我们的要求，还需要进一步解决以下 3 个问题：

(1) 当一个或几个系数发生变化时，原来求得的最优解有什么样的变化？

(2) 当系数在一个什么样的范围内变化时，原来求得的最优解或最优基不变？

(3) 当系数的变化已经引起最优解变化时，如何用最简单的方法求得新的最优解？

实际上假定我们已经求得问题(5-1)的最优解，最优基为 B。那么我们可以来分析一下最终单纯形表上的系数和原始数据之间的关系：

(1) 基本可行解

$$X = \begin{bmatrix} B^{-1}b \\ 0 \end{bmatrix}$$

与 C 无关。

(2) 检验数向量

$$\sigma_N = C_N - C_B B^{-1} N$$

与 b 无关。

(3) 最终表中的系数列向量是矩阵 $B^{-1}A$ 的列向量，与 b 和 C 均无关。

(4) X 对应的目标函数值

$$z = C_B B^{-1} b$$

与 b、C、A 均有关。

由此可知，当某些系数发生变化时，并不一定要重新计算整个过程，而可以从原最终单纯形表出发，作适当的修改和运算以后，即可求得新的最优解。

本章将分别讨论以下 3 种情况：

(1) C 中系数的变化。

(2) b 中的系数的变化。

(3) A 中系数的变化。

下面我们结合一个具体的例子来说明如何进行灵敏度分析。

例 5-1 某厂计划生产 A、B、C 三种产品，这 3 种产品的单位产品的利润，生产单位产品所需要的甲、乙两种资源的量以及甲、乙两种资源的限量如表 5-1 所示。

表 5-1

单位产品消耗资源量 产品 / 资源	A	B	C	资源限量(单位)
甲	1/3	1/3	1/3	1
乙	1/3	4/3	7/3	3
单位产品的利润(千元)	2	3	1	

试确定总利润最大的生产计划。

解 设计划生产 A、B、C 三种产品的产量分别为 x_1、x_2、x_3 个单位，总利润为 z，则可得到该问题的线性规划数学模型如下：

$$\max z = 2x_1 + 3x_2 + x_3$$

$$\begin{cases} \dfrac{1}{3}x_1 + \dfrac{1}{3}x_2 + \dfrac{1}{3}x_3 \leqslant 1 \\ \dfrac{1}{3}x_1 + \dfrac{4}{3}x_2 + \dfrac{7}{3}x_3 \leqslant 3 \\ x_1, x_2, x_3 \geqslant 0 \end{cases}$$

引入松弛变量 x_4 和 x_5，用单纯形法求解，得以下单纯形表(表 5-2)。

表 5-2

c_j		2	3	1	0	0	b
C_B	X_B	x_1	x_2	x_3	x_4	x_5	
0	x_4	1/3	1/3	1/3	1	0	1
0	x_5	1/3	[4/3]	7/3	0	1	3
σ_j		2	3	1	0	0	0
0	x_4	[1/4]	0	-1/4	1	-1/4	1/4
3	x_2	1/4	1	7/4	0	3/4	9/4
σ_j		5/4	0	-17/4	0	-9/4	27/4
2	x_1	1	0	-1	4	-1	1
3	x_2	0	1	2	-1	1	2
σ_j		0	0	-3	-5	-1	8

最后，得最优解 $X^* = (1,2,0)^{\mathrm{T}}$，最优值为 8。也就是说，使总利润最大的生产计划是生产一个单位的产品 A，生产两个单位的产品 B，不生产产品 C，资源甲和乙恰好用完，总利润为 8(千元)。

下面我们将进一步讨论当客观情况发生变化，而引起上述线性规划问题中的某些系数发生变化时，应如何作出相应的决策。

第二节　价值系数的灵敏度分析

目标函数中变量的系数的改变，反映在上述例题中，也就是单位产品利润的改变。设目标函数中某一个变量 x_k 的系数，由原来的 c_k 变为 $c'_k = c_k + \Delta c_k$（Δc_k 可以是正的，也可以是负的），其余的系数保持不变。现在分析由这一变化产生的影响。

由于变量 x_k 在最优解中可能是基变量或非基变量，因此分两种情况来讨论。

一、x_k 为非基变量

这时 c_k 的变化，只影响变量 x_k 的检验数，而不影响其他变量的检验数。x_k 的检验数由原来的：

$$\sigma_k = c_k - C_B B^{-1} P_K$$

变为

$$\sigma'_K = c'_K - C_B B^{-1} P_K = c_K + \Delta c_k - C_B B^{-1} P_K = \sigma_K + \Delta c_K$$

故只要

$$\sigma'_K = \sigma_K + \Delta c_K \leqslant 0 \tag{5-2}$$

或

$$\Delta c_k \leqslant -\sigma_K \tag{5-3}$$

原最优解

$$X^* = \begin{bmatrix} B^{-1}b \\ 0 \end{bmatrix}$$

和最优值

$$z = C_B B^{-1} b$$

保持不变。

例 5-2　在例 5-1 中的最优解是生产一个单位的产品 A，两个单位的产品 B，产品 C 不生产。该厂的决策者希望知道当单位产品 C 的利润增加多少时将会生产产品 C?

解　由式(5-3)知，当单位产品 C 的利润的增量：

$$\Delta c_3 \leqslant -\sigma_3 = -(-3) = 3$$

时，最优解保持不变。即，当单位产品 C 的利润从 1 千元增加到 4 千元以上时，原来的最优解就要发生变化。

现假设单位产品 C 的利润 $c'_3 = 5$，这时由式(5-2)知：

$$\sigma'_3 = \sigma_3 + \Delta c_3 = -3 + 4 = 1 > 0,$$

最优解就要发生变化。

为了求得新的最优解，只要将原来最终表中的 $c_3 = 1$ 改为 $c'_3 = 5$，相应的 $\sigma_3 = -3$ 改为 $\sigma'_3 = 1$，继续进行迭代，即可求得新的最优解（表 5-3）。

表 5-3

c_j		2	3	5	0	0	b
C_B	X_B	x_1	x_2	x_3	x_4	x_5	
2	x_1	1	0	−1	4	−1	1
3	x_2	0	1	[2]	−1	1	2
σ_j		0	0	1	−5	−1	8

续上表

c_j		2	3	5	0	0	b
C_B	X_B	x_1	x_2	x_3	x_4	x_5	
2	x_1	1	1/2	0	7/2	−1/2	2
5	x_3	0	1/2	1	−1/2	1/2	1
σ_j		0	−1/2	0	−9/2	−3/2	9

此时,应生产两个单位的产品 A,一个单位的产品 B,不生产产品 C,最大总利润为9000元。

二、x_k 为基变量

这时,c_k 的变化将会引起 C_B 的变化,当 c_k 变为 c'_k 时,C_B 变为 C'_B,从而引起所有非基变量的检验数的变化。即:

$$\sigma_N = C_N - C_B B^{-1} N$$

变为

$$\sigma'_N = C_N - C'_B B^{-1} N$$

如果

$$\sigma'_N = C_N - C'_B B^{-1} N \leqslant 0 \tag{5-4}$$

则最优解保持不变。否则,将原最终表中的 c_k 改为 c'_K,σ_N 改为 σ'_N,然后继续用单纯形法进行迭代,求得新的最优解。

例 5-3 在例 5-1 中,若单位产品 A 的利润发生变化,即 c_1 发生变化。试问,c_1 在什么范围内变化时,原来的最优解保持不变?

解 设 c_1 变为 c'_1。则 $C_B=(2,3)$变为 $C'_B=(c'_1,3)$,σ_N 变为:

$$\begin{aligned}\sigma'_N &= C_N - C'_B B^{-1} N = (1,0,0) - (c'_1,3)\begin{bmatrix}4 & -1\\ -1 & 1\end{bmatrix}\begin{bmatrix}1/3 & 1 & 0\\ 7/3 & 0 & 1\end{bmatrix}\\ &= (1,0,0) - (4c'_1-3,\ -c'_1+3)\begin{bmatrix}1/3 & 1 & 0\\ 7/3 & 0 & 1\end{bmatrix}\\ &= (1,0,0) - (-c'_1+6, 4c'_1-3,\ -c'_1+3)\\ &= (c'_1-5,\ -4c'_1+3, c'_1-3)\end{aligned}$$

由式(5-4)知,若要使原来的最优解保持不变,只要 $\sigma'_N \leqslant 0$,即要求:

$$\begin{cases} c'_1 - 5 \leqslant 0 \\ -4c'_1 + 3 \leqslant 0 \\ c'_1 - 3 \leqslant 0 \end{cases}$$

解以上不等式组,得:

$$\frac{3}{4} \leqslant c'_1 \leqslant 3$$

如果 c'_1 在上述范围内变化,原来的最优解不会改变。否则,如果 c'_1 的变化超出了这个范围,最优解就要发生变化。

例如,当 $c'_1=4$ 时,最优解就会改变。为了求得新的最优解,只要在例 1 的最终表的基础上,将原来的 $c_1=2$ 改为 $c'_1=4$,并修改相应的检验数,然后用单纯形法继续迭代,得表 5-4。

表 5-4

c_j		4	3	1	0	0	b
C_B	X_B	x_1	x_2	x_3	x_4	x_5	
4	x_1	1	0	-1	4	-1	1
3	x_2	0	1	2	-1	[1]	2
σ_j		0	0	-1	-13	1	10
4	x_1	1	1	1	3	0	3
0	x_5	0	1	2	-1	1	2
σ_j		0	-1	-3	-12	0	12

得最优解 $x_1=3,x_2=0,x_3=0,x_4=0,x_5=2$。对应的目标函数值为 $z=12$。即,生产 3 个单位的产品 A,均不生产产品 B 和 C,资源乙还余两个单位。最大利润为 12(千元)。

第三节 常数项的灵敏度分析

约束方程右端常数项的改变,反映在例 5-1 中,就是资源限量的改变。设 b 变为 $b'=b+\Delta b$,其他系数不变。由于 b 的改变不会影响检验数向量

$$\sigma_N=C_N-C_BB^{-1}N$$

但是会影响最优解中基变量的取值,从而可能会影响原最优解的可行性。因此,下面分两种情况来讨论。

(1)若 $B^{-1}b'\geqslant 0$,则 b 的改变不影响原最优解的可行性,因而 B 仍为最优基,新的最优解为:

$$X^*=\begin{bmatrix}B^{-1}b'\\0\end{bmatrix} \tag{5-5}$$

相应的最优值为:

$$z=C_BB^{-1}b' \tag{5-6}$$

$$\begin{aligned}\Delta z&=C_BB^{-1}b'-C_BB^{-1}b=C_BB^{-1}(b'-b)\\&=C_BB^{-1}\Delta b\end{aligned} \tag{5-7}$$

例 5-4 在例 5-1 中,如果资源甲的限量由原来的 1 变为 2,试问:

①资源甲的限量改变以后,最优基是否改变?最优解是否改变?

②资源甲的限量在什么范围内变化,可以保持原来的最优基不变?

解 ①根据题意

$$b=\begin{bmatrix}1\\3\end{bmatrix}\qquad b'=\begin{bmatrix}2\\3\end{bmatrix}$$

$$B^{-1}b'=\begin{bmatrix}4&-1\\-1&1\end{bmatrix}\begin{bmatrix}2\\3\end{bmatrix}=\begin{bmatrix}5\\1\end{bmatrix}$$

由于 b 的变化不影响检验数,且 $B^{-1}b'\geqslant 0$,因此最优基不变,仍为:

$$B=\begin{bmatrix}1/3&1/3\\1/3&4/3\end{bmatrix}$$

而最优解为：

$$X^* = \begin{bmatrix} B^{-1}b' \\ 0 \end{bmatrix} = (5,1,0,0,0)^{\mathrm{T}}$$

最优值为：

$$z = C_B B^{-1} b' = 13$$

即，生产 5 个单位产品 A，生产 1 个单位产品 B，不生产产品 C，资源甲和乙恰好用完。相应的利润为 13（千元）。

②设

$$b' = \begin{bmatrix} b_1 \\ 3 \end{bmatrix}$$

要使最优基不变，只要

$$B^{-1}b' \geqslant 0$$

即

$$\begin{bmatrix} 4 & -1 \\ -1 & 1 \end{bmatrix} \begin{bmatrix} b_1 \\ 3 \end{bmatrix} = \begin{bmatrix} 4b_1 & -3 \\ -b_1 & +3 \end{bmatrix} \geqslant 0$$

或

$$\begin{cases} 4b_1 & -3 \geqslant 0 \\ -b_1 & +3 \geqslant 0 \end{cases}$$

解上述不等式组，得：

$$\frac{3}{4} \leqslant b_1 \leqslant 3$$

即当资源甲的限量 b_1 在上述范围内变化时，原来的最优基不会改变。

（2）若 $B^{-1}b' \geqslant 0$ 不满足，则 b 的改变影响了原最优解的可行性。这时，可用 $B^{-1}b'$ 替换原最终表的 b 列，再用对偶单纯形法继续求解。

例 5-5　在例 5-1 中，资源甲的限量由原来的 1 变为 5，试求新的最优解。

解　由于

$$b' = \begin{bmatrix} 5 \\ 3 \end{bmatrix}$$

因此

$$B^{-1}b' = \begin{bmatrix} 4 & -1 \\ -1 & 1 \end{bmatrix} \begin{bmatrix} 5 \\ 3 \end{bmatrix} = \begin{bmatrix} 17 \\ -2 \end{bmatrix}$$

由此可见，$B^{-1}b' \geqslant 0$ 不满足。为了求得新的最优解，只要将原最终表的 b 列改为：

$$\begin{bmatrix} 17 \\ -2 \end{bmatrix}$$

并用对偶单纯形法继续迭代，即可得到新的最优解：

$$X^* = (1,0,0,2,0)^{\mathrm{T}}$$

最优值

$$z = 18\text{（千元）}$$

具体计算过程，如表 5-5 所示。

表 5-5

c_j		2	3	1	0	0	b
C_B	X_B	x_1	x_2	x_3	x_4	x_5	
2	x_1	1	0	-1	4	-1	17
3	x_2	0	1	2	[-1]	1	-2
σ_j		0	0	-3	-5	-1	
2	x_1	1	4	7	0	3	9
0	x_4	0	-1	-2	1	-1	2
σ_j		0	-5	-13	0	-6	18

第四节　系数矩阵的灵敏度分析

约束方程中系数 a_{ij}的变化，反映在例 5-1 中，就是生产产品所消耗的资源量的变化。设第 i 个约束方程中变量 x_j 的系数 a_{ij}变为：

$$a'_{ij}=a_{ij}+\Delta a_{ij}$$

相应地，系数矩阵 A 中的第 j 列 P_j 变为 P'_j。

分两种情况来讨论。

一、x_j 为非基变量

这时，a_{ij}的变化，只影响变量 x_j 的检验数以及最终表的第 j 列。变量 x_j 的检验数变为

$$\sigma'_j=c_j-C_BB^{-1}P'_j$$

(1)若 $\sigma'_j\leqslant 0$，则最优解不变。

(2)若 $\sigma'_j>0$，则用 $B^{-1}P'_j$ 替换原最终表中的第 j 列 $B^{-1}P_j$，σ_j 改为 σ'_j，再用单纯形法继续迭代求解。

例 5-6　在例 5-1 中，由于技术革新，使单位产品 C 对资源乙的消耗量有所减少，试确定在保持最优解不变的条件下，该消耗量的允许变化范围。

解　单位产品 C 对资源乙的原消耗量为 $a_{23}=\dfrac{7}{3}$，假设改变后的消耗量为：

$$a'_{23}=a_{23}+\Delta a_{23}=\frac{7}{3}+\Delta a_{23}$$

由于在原最优解中，x_3 为非基变量，因此，a_{23}的改变只影响 x_3 的检验数

$$\sigma'_3=c_3-C_BB^{-1}P'_3=1-(2,3)\begin{bmatrix}4 & -1\\ -1 & 1\end{bmatrix}\begin{bmatrix}1/3\\ 7/3+\Delta a_{23}\end{bmatrix}$$

$$=1-(5,1)\begin{bmatrix}1/3\\ 7/3+\Delta a_{23}\end{bmatrix}=-3-\Delta a_{23}$$

若要保持原最优解不变，则要求

$$\sigma'_3=-3-\Delta a_{23}\leqslant 0$$

即

$$\Delta a_{23}\geqslant -3$$

事实上，由于单位产品 C 对资源乙的消耗量只有 7/3，不可能减少 3 个单位。因此，我们可以肯定，任意减少单位产品 C 对资源乙的消耗量，不会影响原来的最优解。

二、x_j 为基变量

这时，当 a_{ij}变为 a'_{ij}，P_j 变为 P'_j 时，就会影响最优基 B，从而可能影响所有非基变量的检验数，影响最优解中基变量的取值 $B^{-1}b$ 以及最终表的每一列。因此，情况比较复杂，应根据各种具体情况来处理，现举例说明之。

例 5-7　在例 5-1 中，设单位产品 B 对资源乙的消耗量 $a_{22}=4/3$ 变为 $a'_{22}=2$，试问，原最优解是否会改变？

解　当 $a_{22}=4/3$ 变为 $a'_{22}=2$ 时，

$$P_2=\begin{bmatrix}1/3\\4/3\end{bmatrix}\text{变为 } P'_2=\begin{bmatrix}1/3\\2\end{bmatrix}$$

由于在原最优解中，x_2 为基变量。因此，a_{22}的变化会影响整个最终单纯形表，情况很复杂，可采用以下的方法来处理。

首先，将原最终表的第 2 列单位向量

$$B^{-1}P_2=\begin{bmatrix}4&-1\\-1&1\end{bmatrix}\begin{bmatrix}1/3\\4/3\end{bmatrix}=\begin{bmatrix}0\\1\end{bmatrix}$$

改为

$$B^{-1}P'_2=\begin{bmatrix}4&-1\\-1&1\end{bmatrix}\begin{bmatrix}1/3\\2\end{bmatrix}=\begin{bmatrix}-2/3\\5/3\end{bmatrix}$$

得到表 5-6。

表 5-6

c_j		2	3	1	0	0	b
C_B	X_B	x_1	x_2	x_3	x_4	x_5	
2	x_1	1	-2/3	-1	4	-1	1
3	x_2	0	5/3	2	-1	1	2

上述表格中所代表的约束方程组已经不是规范型，不能成为单纯形表。需要利用初等行变换将表 5-6 中的第 2 列

$$B^{-1}P'_2=\begin{bmatrix}-2/3\\5/3\end{bmatrix}$$

变为单位向量，上述表格就化为规范型，并求出新的检验数，得到表 5-7。

表 5-7

c_j		2	3	1	0	0	b
C_B	X_B	x_1	x_2	x_3	x_4	x_5	
2	x_1	1	0	-1/5	18/5	-3/5	9/5
3	x_2	0	1	6/5	-3/5	3/5	6/5
σ_j		0	0	-11/5	-27/5	-3/5	36/5

得新的最优解：

$$X^*=(9/5,6/5,0,0,0)^{\mathrm{T}}$$

最优值

$$z=36/5$$

即，生产产品 A $\frac{9}{5}$个单位，产品 B $\frac{6}{5}$个单位，产品 C 不生产，资源甲和乙恰好用完，最大利润为 36/5（千元）。

一般来说，初等行变换以后，可能出现以下 4 种情形：

（1）检验数满足最优解条件，且 b 列的元素均为非负，则已得到新的最优解。例 5-7 就属于这种情形。

（2）检验数满足最优解条件，但 b 列的元素中有负数，则用对偶单纯形法继续迭代。

（3）检验数不满足最优解条件，b 列的元素均为非负，则用单纯形法继续迭代。

（4）检验数不满足最优解条件，b 列的元素中有负数，则用人工变量法求解。

第五节　增加变量或增加约束的灵敏度分析

一、增加变量

增加一个新变量，反映在例 5-1 中，就是增加一种新产品：

设原有变量 $x_1,x_2,\cdots,x_n$，现增加一个新变量 x_{n+1}。同其他变量一样，x_{n+1} 也满足非负条件，即 $x_{n+1}\geqslant 0$。变量 x_{n+1} 对应的系数列向量为 P_{n+1}，目标函数中变量 x_{n+1} 的系数为 c_{n+1}，并假设原最优基为 B，最优解为：

$$X^*=\begin{bmatrix} B^{-1}b \\ 0 \end{bmatrix}$$

由于原来的所有系数都没有改变，所以增加一个新变量 x_{n+1} 以后，只要在原最优解 X^* 中增加一个取值为零的分量 x_{n+1}，也就是把 x_{n+1} 作为非基变量来处理。这样得到的一个基本解 $\overline{X}^*$ 一定是可行解，但这时变量 x_{n+1} 的检验数

$$\sigma_{n+1}=c_{n+1}-C_B B^{-1}P_{n+1}$$

不一定满足最优解的条件，因而 $\overline{X}^*$ 不一定是最优解。以下分两种情况来讨论：

（1）若变量 x_{n+1} 的检验数 σ_{n+1} 满足最优解的条件，则原最优基 B 不变，$\overline{X}^*$ 就是新的最优解。

（2）若变量 x_{n+1} 的检验数 σ_{n+1} 不满足最优解的条件，则 $\overline{X}^*$ 已经不是最优解了。这时只要把列向量 $B^{-1}P_{n+1}$ 加到原最终表中，并以 x_{n+1} 作为入基变量继续求解。

例 5-8　在例 5-1 中，除原有产品 A、B、C 外增加新产品 D。单位产品 D 需要消耗资源甲和乙的量分别为 1/2 和 1/2 个单位，单位产品 D 的利润为 4（千元）。应如何调整生产计划，使总的利润最大。

解　设单位产品 D 的产量为 x_6，相应地

$$c_6=4$$

$$P_6=\begin{bmatrix} 1/2 \\ 1/2 \end{bmatrix}$$

$$\sigma_6=c_6-C_B B^{-1}P_6=4-(2,3)\begin{bmatrix} 4 & -1 \\ -1 & 1 \end{bmatrix}\begin{bmatrix} 1/2 \\ 1/2 \end{bmatrix}=1>0$$

因为 x_6 的检验数 $\sigma_6>0$，所以原最优解不再是最优的了。这时，可用

$$B^{-1}P_6=\begin{bmatrix}4 & -1\\ -1 & 1\end{bmatrix}\begin{bmatrix}1/2\\ 1/2\end{bmatrix}=\begin{bmatrix}3/2\\ 0\end{bmatrix}$$

加到原来的最终表中，并以 x_6 为入基变量继续迭代(表 5-8)。

表 5-8

c_j		2	3	1	0	0	4	b
C_B	X_B	x_1	x_2	x_3	x_4	x_5	x_6	
2	x_1	1	0	-1	4	-1	[3/2]	1
3	x_2	0	1	2	-1	1	0	2
σ_j		0	0	-3	-5	-1	1	8
4	x_6	2/3	0	-2/3	8/3	-2/3	1	2/3
3	x_2	0	1	2	-1	1	0	2
σ_j		-2/3	0	-7/3	-23/3	-1/3	0	26/3

新的最优解

$$x_1=0,x_2=2,x_3=x_4=x_5=0,x_6=\frac{2}{3}$$

最优值

$$z=\frac{26}{3}$$

即，生产产品 B 2 个单位，产品 D $\frac{2}{3}$个单位，产品 A 和 C 均不生产。资源甲和乙恰好用完。最大总利润为$\frac{26}{3}$(千元)。

二、增加约束

增加一个新约束，反映在例 5-1 中，就是增加一种资源。

一般情况下，增加一个新约束时，首先要考虑原最优解是否满足该新约束。如果原最优解满足新的约束条件，则原最优解显然不会改变；反之，如果原最优解不满足新的约束条件，则原最优解不再是最优的了。这时为了求得新的最优解，可采取以下步骤：

(1)在原最终表上增加一行，该行对应增加的新约束。

(2)在原最终表上增加一个单位列向量，该列向量对应新约束的松弛变量或人工变量。

(3)在原最终表上增加一行以后，所有列向量的维数均增加 1。因此，原来的单位列向量可能不是单位向量了，需要通过初等行变换化为单位向量。

(4)求出检验数。

(5)通过以上步骤，可能出现本章第四节中所讲的 4 种情况，可按不同情况分别进行处理。

例 5-9 在例 5-1 中，增加资源丙，其总量为 3 个单位。单位产品 A、B、C 需要资源丙的量分别为 1、2、1 个单位。这时，应如何调整生产计划，使总利润达到最大？

解 增加新约束

$$x_1+2x_2+x_3\leqslant 3$$

原最优解

$$x_1=1,x_2=2,x_3=0$$

不满足以上新约束,因此需要重新再求最优解。

将新约束加到原来的最终表上,并取新约束的松弛变量为 x_6,得到表 5-9。

表 5-9

c_j		2	3	1	0	0	0	b
C_B	X_B	x_1	x_2	x_3	x_4	x_5	x_6	
2	x_1	1	0	-1	4	-1	0	1
3	x_2	0	1	2	-1	1	0	2
0	x_6	1	2	1	0	0	1	3

然后,利用初等行变换,将第 1 列和第 2 列化为单位列向量,并求出新的检验数,如表 5-10 所示。

表 5-10

c_j		2	3	1	0	0	0	b
C_B	X_B	x_1	x_2	x_3	x_4	x_5	x_6	
2	x_1	1	0	-1	4	-1	0	1
3	x_2	0	1	2	-1	1	0	2
0	x_6	0	0	-2	-2	[-1]	1	-2
σ_j		0	0	-3	-5	-1	0	

由表 5-10 可知,所有检验数不大于零,满足最优解的条件,但是 b 列出现负数,因此需要用对偶单纯形法进行迭代(表 5-11)。

表 5-11

c_j		2	3	1	0	0	0	b
C_B	X_B	x_1	x_2	x_3	x_4	x_5	x_6	
2	x_1	1	0	1	6	0	-1	3
3	x_2	0	1	0	-3	0	1	0
0	x_6	0	0	2	2	1	-1	2
σ_j		0	0	-1	-3	0	-1	6

得新的最优解

$$X^*=(3,0,0,0,2,0)^{\mathrm{T}}$$

最优值

$$z=6$$

即,生产产品 A 3 个单位,产品 B 和 C 均不生产。资源乙还剩余 2 个单位,资源甲和丙恰好用完。

小结

本章探讨了在线性规划模型中系数发生变化时对最优解的影响,即线性规划问题的灵敏度分析。具体包括:线性规划模型价值系数的灵敏度分析、常数项的灵敏度分析、约束方程中系数矩阵的灵敏度分析、增加变量和增加约束的灵敏度分析。

通过本章的学习,要着重掌握各种系数变化后,最优解的变化及求解方法。

思考题

1. 试述为什么在实际应用中，仅求出线性规划问题的最优解是不够的，还需要进行灵敏度分析？

2. 试述目标函数中系数的变化对检验数、最优解及最优值的影响。

3. 在什么情况下常数项 b 的改变将影响原最优解的可行性，试述怎样快速求解出变化后的线性规划问题。

4. 试分情况讨论约束方程中系数的改变对检验数的影响。

5. 增加新的约束条件以后，原最优解一定会改变吗？为什么？若改变，应怎样求得新的最优解。

第六章 运输问题

任何线性规划问题都可用单纯形法求解，但是，在实际问题中，常会遇到某些特殊结构的线性规划问题，可找到比较简单的求解方法。本章介绍的运输问题，就是这样一种线性规划问题。

第一节 运输问题的数学模型

运输问题的一般提法是：设某种物资有 m 个产地 $A_1,A_2,\cdots,A_m$，产量分别是 $a_1,a_2,\cdots,a_m$；有 n 个销地 $B_1,B_2,\cdots,B_n$，销量分别是 $b_1,b_2,\cdots,b_n$。从第 i 个产地 A_i 向第 j 个销地 B_j 运输每单位物资的运价为 c_{ij}，见表 6-1 和表 6-2。问如何调运这些物资才使总运价达到最小？

产销平衡表　　表 6-1

产地＼销地	B_1	B_2	…	B_n	产量
A_1	x_{11}	x_{12}	…	x_{1n}	a_1
A_2	x_{21}	x_{22}	…	x_{2n}	a_2
⋮	…	…	…	…	⋮
A_m	x_{m1}	x_{m2}	…	x_{mn}	a_m
销量	b_1	b_2	…	b_n	

单位运价表　　表 6-2

产地＼销地	B_1	B_2	…	B_n
A_1	c_{11}	c_{12}	…	c_{1n}
A_2	c_{21}	c_{22}	…	c_{2n}
⋮	…	…	…	…
A_m	c_{m1}	c_{m2}	…	c_{mn}

表中的 $x_{ij}(i=1,2,\cdots,m;j=1,2,\cdots,n)$ 表示由产地 A_i 向销地 B_j 运输物资的数量（即运

量）。在产销平衡表6-1中，去掉最后一行和最后一列余下的部分，称为一个调运方案，或简称为一个方案。或者将上述两个表格合在一起，称为运输表（表6-3）。

运 输 表

表6-3

产地＼销地	B_1	B_2	…	B_n	产 量
A_1	c_{11} x_{11}	c_{12} x_{12}	…	c_{1n} x_{1n}	a_1
A_2	c_{21} x_{21}	c_{22} x_{22}	…	c_{2n} x_{2n}	a_2
⋮	⋮	⋮	⋮	⋮	⋮
A_m	c_{m1} x_{m1}	c_{m2} x_{m2}	…	c_{mn} x_{mn}	a_m
销量	b_1	b_2	…	b_n	$\sum_{i=1}^{n} a_i = \sum_{j=1}^{n} b_j$

下面分两种情况来讨论：

（1）$\sum_{i=1}^{n} a_i = \sum_{j=1}^{n} b_j$。即总产量等于总销量，这样的运输问题称为产销平衡的运输问题。

（2）$\sum_{i=1}^{n} a_i \neq \sum_{j=1}^{n} b_j$。即总产量不等于总销量，这样的运输问题称为产销不平衡的运输问题。

产销不平衡的运输问题可以转化为产销平衡的运输问题。因此，我们重点讨论产销平衡的运输问题及其求解方法。然后在此基础上讨论产销不平衡的运输问题应该如何转化为产销平衡的运输问题。

由于从产地 A_i 运出的物资的总量应该等于 A_i 的产量 a_i，因此，x_{ij}应该满足：

$$\sum_{j=1}^{n} x_{ij} = a_i (i = 1,2,\cdots,m)$$

同理，运到销地 B_j 的物资总量应该等于 B_j 的销量 b_j，所以，x_{ij}还应该满足：

$$\sum_{i=1}^{m} x_{ij} = b_j (j = 1,2,\cdots,n)$$

设总运价为 z，则

$$z = \sum_{i=1}^{m} \sum_{j=1}^{n} c_{ij}x_{ij}$$

于是，得到运输问题的数学模型为：

$$\min z = \sum_{i=1}^{m} \sum_{j=1}^{n} c_{ij}x_{ij}$$

$$\begin{cases} \sum_{j=1}^{n} x_{ij} = a_i \quad (i = 1,2,\cdots,m) \\ \sum_{i=1}^{m} x_{ij} = b_j \quad (j = 1,2,\cdots,n) \\ x_{ij} \geqslant 0 \quad (i = 1,2,\cdots,m; j = 1,2,\cdots,n) \end{cases} \tag{6-1}$$

其中 a_i 和 b_j 满足

$$\sum_{i=1}^{m} a_i = \sum_{j=1}^{n} b_j \tag{6-2}$$

称为产销平衡条件。

由此可见,运输问题显然是一个线性规划问题,因此可以用单纯形法来求解。但是,运输问题的变量和约束条件一般来说是比较多的,而且用单纯形法求解时,为了将它化为规范型,还需要对每个约束条件加上一个人工变量,给计算带来困难。例如,当 $m=3,n=4$ 时,变量就有 19 个。以下我们利用运输问题的特殊结构,寻求简单的求解方法——表上作业法。

第二节　运输问题的模型特征

为了说明运输问题是一种具有特殊结构的线性规划问题,我们首先来讨论约束方程组的系数矩阵 A 和增广矩阵 $\overline{A}$ 的结构。

将变量 x_{ij} 对应的系数矩阵 A 的列向量 P_{ij} 按两个下标的字典序排列后得:

$$A=\begin{bmatrix}
P_{11} & P_{12} & \cdots & P_{1n} & P_{21} & P_{22} & \cdots & P_{2n} & \cdots & P_{m1} & P_{m2} & \cdots & P_{mn} \\
1 & 1 & \cdots & 1 & & & & & & & & & \\
 & & & & 1 & 1 & \cdots & 1 & & & & & \\
 & & & & & & & & \ddots & & & & \\
 & & & & & & & & & 1 & 1 & \cdots & 1 \\
1 & & & & 1 & & & & & 1 & & & \\
 & 1 & & & & 1 & & & & & 1 & & \\
 & & \ddots & & & & \ddots & & \cdots & & & \ddots & \\
 & & & 1 & & & & 1 & & & & & 1
\end{bmatrix}$$

矩阵 A 的列向量

$$P_{ij}=\begin{bmatrix} 0 \\ \vdots \\ 1 \\ \vdots \\ 0 \\ \vdots \\ 1 \\ \vdots \\ 0 \end{bmatrix}\begin{matrix} \\ \\ \leftarrow 第\ i\ 行 \\ \\ \\ \\ \leftarrow 第\ m+j\ 行 \\ \\ \\ \end{matrix}$$

即，P_{ij}的第 i 个分量和第 $m+j$ 个分量为1，其余的分量均为零。

增广矩阵为：

$$\overline{A}=\begin{bmatrix} & a_1 \\ & a_2 \\ & \vdots \\ A & a_m \\ & b_1 \\ & b_2 \\ & \vdots \\ & b_n \end{bmatrix}$$

定理1 约束方程组的系数矩阵 A 和增广矩阵 $\overline{A}$ 的秩相等，且等于 $m+n-1$。

证 首先证明 $\overline{A}$ 的秩≤$m+n-1$。事实上，$\overline{A}$ 的前 m 行的和等于后 n 行的和，所以 $\overline{A}$ 的 $m+n$行是线性相关的，从而 $\overline{A}$ 的秩≤$m+n-1$。

其次可证 $\overline{A}$ 中存在一个 $m+n-1$ 阶非奇异的子矩阵。事实上，由 $P_{1n},P_{2n},\cdots,P_{mn},P_{11}$，$P_{12},P_{1,n-1}$等 $m+n-1$ 个列向量所组成的矩阵去掉最后一行后，得 $\overline{A}$ 的 $m+n-1$ 阶子矩阵是非奇异的。这是因为它的行列式等于1。

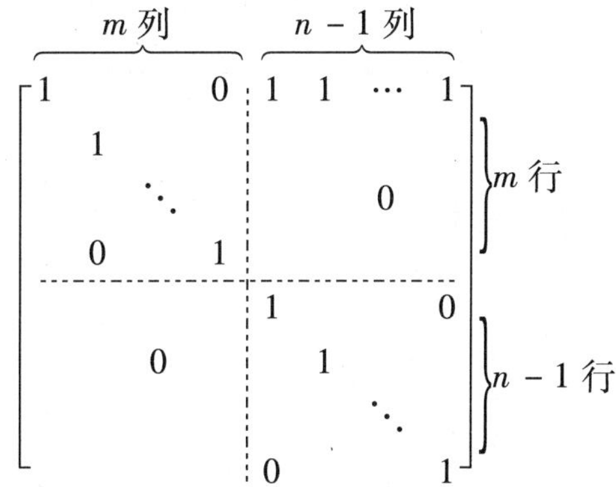

由此可见，$\overline{A}$ 的秩等于 $m+n-1$。由于上述矩阵也是 A 的子矩阵，故 A 的秩也等于 $m+n-1$。这就证明了上述定理。

由定理1知，$m+n$ 个约束方程中只有 $m+n-1$ 个是独立的。由此可以得到

推论 运输问题(6-1)的任意一个基本可行解中有 $m+n-1$ 个分量为基变量，有 $mn-(m+n-1)$个分量为非基变量。

哪些变量可以作为一组基变量呢？为了回答这个问题，我们需要引入闭回路的概念。

定义 凡是能排列成

$$x_{i_1j_1},x_{i_1j_2},x_{i_2j_2},x_{i_2j_3},\cdots,x_{i_sj_s},x_{i_sj_1}$$

或

$$x_{i_1j_1},x_{i_2j_1},x_{i_2j_2},x_{i_3j_2},\cdots,x_{i_sj_s},x_{i_1j_s}$$

形式的变量的集合，称为一个闭回路。集合中的每个变量称为这个闭回路的顶点。

其中，$i_1,i_2,\cdots,i_s$ 互不相同，$j_1,j_2,\cdots,j_s$ 互不相同。

例如，变量的集合$\{x_{12},x_{14},x_{24},x_{22}\}$是一个闭回路。若把这个闭回路的各个顶点标注在表中相应的位置上，且用线段把相邻两个顶点以及首尾两个顶点连接起来(称这些线段为这个

闭回路的边),则上述闭回路具有以下表中的形状(表 6-4)。

表 6-4

产地＼销地	B_1	B_2	B_3	B_4
A_1		x_{12}		x_{14}
A_2		x_{22}		x_{24}
A_3				

由于变量集合$\{x_{12},x_{14},x_{24},x_{22}\}$是$\{x_{12},x_{14},x_{24},x_{22},x_{11}\}$的子集,我们就说集合$\{x_{12},x_{14},x_{24},x_{22},x_{11}\}$含有闭回路。又如变量集合$\{x_{21},x_{23},x_{13},x_{14},x_{34},x_{31}\}$和$\{x_{11},x_{12},x_{32},x_{34},x_{24},x_{21}\}$也分别是闭回路(表 6-5、表 6-6)。

表 6-5

产地＼销地	B_1	B_2	B_3	B_4
A_1			x_{13}	x_{14}
A_2	x_{21}		x_{23}	
A_3	x_{31}			x_{34}

表 6-6

产地＼销地	B_1	B_2	B_3	B_4
A_1	x_{11}	x_{12}		
A_2	x_{21}			x_{24}
A_3		x_{32}		x_{34}

由此可见,闭回路特征是:

(1)每一个顶点都是转角点。

(2)每一条边都是水平的或垂直的。

(3)每一行(或列)若有闭回路的顶点,则必有两个顶点。

定理 2 运输问题(6-1)的一个可行解是基本可行解的充分必要条件是该可行解的正分量的集合不含闭回路。

下面举例说明。

设 $m=3,n=4$,则 $m+n-1=6$。已知某一个可行解 X 的 6 个正分量为 $x_{11},x_{12},x_{23},x_{24},x_{32},x_{34}$。这 6 个正分量的集合不含闭回路(表 6-7)。

表 6-7

产地＼销地	B_1	B_2	B_3	B_4
A_1	x_{11}	x_{12}		
A_2			x_{23}	x_{24}
A_3		x_{32}		x_{34}

由定理 2 知,可行解 X 是基本可行解。再由定理 1 的推论知,这 6 个正分量为基变量。

掌握了运输问题的特征以后，回到本章第一节最后提出的问题——求解运输问题的表上作业法。

表上作业法求解运输问题的步骤：

(1)确定一个初始基本可行解。在运输问题中，通常把初始基本可行解称为初始调运方案，或简称初始方案。

(2)检验方案是否为最优方案。

(3)若不是最优方案，则进行迭代，求得一个改进的方案。在运输问题的表上作业法中，通常把迭代称为调整。

(4)重复步骤(2)和(3)，直到得到最优方案。

运输问题求解步骤的框图如图 6-1 所示。

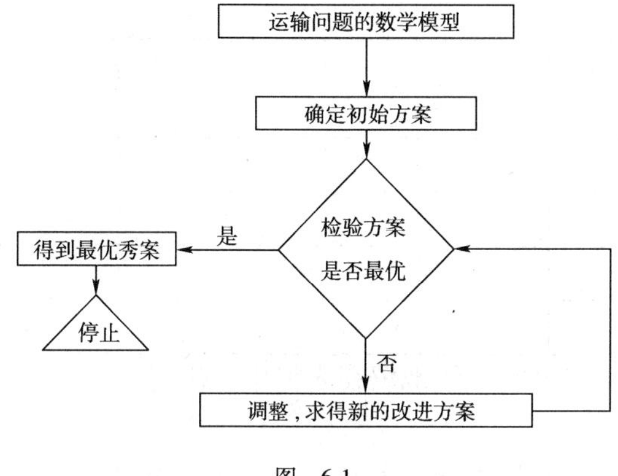

图 6-1

第三节　运输问题的表上作业法

一、找初始调运方案

1. 西北角法(左上角法)

例 6-1　给出运输表(表 6-8)，试用西北角法求初始方案。

表 6-8

产地＼销地	B_1	B_2	B_3	B_4	产　量
A_1	2 x_{11}	9 x_{12}	10 x_{13}	7 x_{14}	9
A_2	1 x_{21}	3 x_{22}	4 x_{23}	2 x_{24}	5
A_3	8 x_{31}	4 x_{32}	2 x_{33}	5 x_{34}	7
销量	3	8	4	6	21

解 因为

$$\sum_{i=1}^{3} a_i = \sum_{j=1}^{4} b_j = 21$$

所以这是一个产销平衡的运输问题。

从表 6-8 的左上角的变量 x_{11} 处开始分配运量，并使 x_{11} 取尽可能大的值。现在产地 A_1 的产量为 9，销地 B_1 的销量为 3，故取：

$$x_{11} = \min\{9,3\} = 3$$

从而一定有

$$x_{21} = x_{31} = 0$$

至此，我们已经在方案的 12 个变量中确定了 3 个变量的值。

求初始方案时，通常总是先画好一张表格（表 6-9）。

表 6-9

销地 产地	B_1	B_2	B_3	B_4	产　量
A_1	③				9
A_2					5
A_3					7
销量	3	8	4	6	21

然后把相继求出的变量的值，陆续地填在表格中。现将

$$x_{11} = 3, x_{21} = x_{31} = 0$$

填在表格中，规定在数字"3"的外面画一个圈，数字"0"省略不填。这时，划去表 6-9 中的第 1 列，表示 B_1 的销量已经满足，不需要任何产地再运去物资了，如表 6-9 所示。

划去第 1 列后，表中余下部分的左上角的变量是 x_{12}。同理，为使 x_{12} 取尽可能大的值，应取：

$$x_{12} = \min\{9-3,8\} = 6$$

从而有

$$x_{13} = x_{14} = 0$$

然后将

$$x_{12} = 6, x_{13} = x_{14} = 0$$

填在表 6-9 中，并在数字"6"的外面画一个圈，数学"0"省略不写。这时，划去表 6-9 的第 1 行，表示 A_1 的产量已经运完，不需要再向任何销地运送物资了，如表 6-10 所示。

表 6-10

销地 产地	B_1	B_2	B_3	B_4	产　量
A_1	③	⑥			9
A_2					5
A_3					7
销量	3	8	4	6	21

同理，表 6-10 中的余下部分的左上角的变量是 x_{22}，应取

$$x_{22} = \min\{8-6,5\} = 2, x_{32} = 0$$

按以上同样的方法填入表 6-10 中，并划去第 2 列，得到表 6-11。

表 6-11

销地 产地	B_1	B_2	B_3	B_4	产　量
A_1	③	⑥			9
A_2		②			5
A_3					7
销量	3	8	4	6	21

按以上方法继续进行下去,最后可得到初始方案如表 6-12 所示。

表 6-12

销地 产地	B_1	B_2	B_3	B_4	产　量
A_1	③	⑥			9
A_2		②	③		5
A_3			①	⑥	7
销量	3	8	4	6	21

这里的 $m=3, n=4, m+n-1=6$。而初始方案中有 6 个正分量,而且这 6 个正分量的集合不含闭回路。根据本章第二节的定理 2,该初始方案是运输问题的一个基本可行解。

对应于该初始方案的运价

$$z = \sum_{i=1}^{3}\sum_{j=1}^{4} c_{ij}x_{ij} = 2\times3+9\times6+3\times2+4\times3+2\times1+5\times6 = 110$$

在第二章第五节中讲到过,当基本可行解的正分量的个数小于 m 时,就称为退化的基本可行解。而初始方案就是一个基本可行解,因此初始方案也可能是退化的。请看下面的例题。

例 6-2　给出运输表(表 6-13)。

表 6-13

销地 产地	B_1	B_2	B_3	B_4	产　量
A_1	7	8	1	4	3
A_2	2	6	5	3	5
A_3	1	4	2	7	8
销　量	2	1	7	6	16

试用西北角法求初始方案。

解　与例 6-1 的方法相同,首先取左上角的变量

$$x_{11} = \min\{2,3\} = 2$$

从而

$$x_{21} = x_{31} = 0$$

划去表中的第一列(表6-14)。

表6-14

产地＼销地	B_1	B_2	B_3	B_4	产 量
A_1	②	①			3
A_2		⓪	⑤		5
A_3			②	⑥	8
销量	2	1	7	6	16

然后令

$$x_{12}=\min\{3-2,1\}=1$$

这时,出现一个特殊的情况:A_1 的产量恰好运完,同时,B_1 的销量也恰好满足。反映在表6-14中,就是 x_{12}所在的列上应有 $x_{22}=x_{32}=0$,而 x_{12}所在行上也应有 $x_{13}=x_{14}=0$。也就是说,要同时划去表中的第1行和第2列。但是,为了保证最后得到画圈的数的个数为 $m+n-1=3+4-1=6$,我们规定,在这种情况下只划去一行或一列。例如,划去第1行(表6-14)。

然后决定 x_{22}的值

$$x_{22}=\min\{1-1,5\}=0$$

并在这个数字"0"的外面画一个圈。

重复以上的方法,可得

$$x_{23}=5,x_{33}=2,x_{34}=6$$

并在这些数字的外面分别画圈。最后得到初始方案(表6-14)。

同例6-1一样可以说明,该初始方案是一个基本可行解,不过它是一个退化的基本可行解。

西北角法求初始方案的一般步骤:

(1)先决定左上角变量的值,令这个变量取尽可能大的值,将这个数字填在左上角这个格子上,并在其外面画一个圈。今后,把这种格子叫做基格。

(2)在基格所在的行或列上,应该填数字"0"的格子上省略不填,并把这种格子叫做空格。若遇到基格所在的行和列上同时出现上述情况时,则在行上取了空格以后,在列上既不填数字"0",也不作为空格;在列上取了空格以后,在行上既不填数字"0",也不作为空格。

(3)在既不是基格,又不是空格的部分,重复上述步骤。若遇到左上角的变量取值为零,则应写上零,并在其外面画一圈,作为基格。

从例6-1和例6-2可以看到,用西北角法求得的初始方案都恰好是基本可行解。以下我们将证明并不是偶然的。

定理3 用西北角法求得的初始方案一定是一个基本可行解,且基格对应基变量,空格对应非基变量。

证 首先,初始方案显然满足所有的约束条件,所以是一个可行解。

其次,可以证明基格的个数一定是 $m+n-1$。因为在方案的格子上,每填上一个基格,就划去这个基格所在的行或列,方案的行数与列数之和就减少1,于是有表6-15。

表 6-15

基格的个数	行数与列数之和	基格的个数	行数与列数之和
0	$m+n$	⋮	⋮
1	$m+n-1$	$m+n-3$	3
2	$m+n-2$	$m+n-2$	2

在填了 $m+n-2$ 个基格之后,行数与列数之和为 2,即只剩下一行和一列,也就是只剩下一个格子。这时显然还能再填一个基格,故一共填了 $m+n-1$ 个基格。

最后,要证明这 $m+n-1$ 个基格所对应的变量的集合不包含闭回路。反之,如果这个变量的集合含有闭回路,如图 6-2 所示。

不妨假设填基格 y_1 时划去的是行,那么基格 y_2 比基格 y_1 先填,并且填 y_2 时划去的是列。由此,基格 y_3 比基格 y_2 先填,且填基格 y_3 时划去的是行。而这又说明了基格 y_4 比基格 y_3 先填,并且填基格 y_4 时划去的是列。这样的话,基格 y_1 就根本不能填了,因而得出矛盾。因此,这个变量的集合一定不含闭回路,由本章第二节的定理 2 知,初始方案是一个基本可行解,从而 $m+n-1$ 个基格对应基变量,其余的空格对应非基变量。

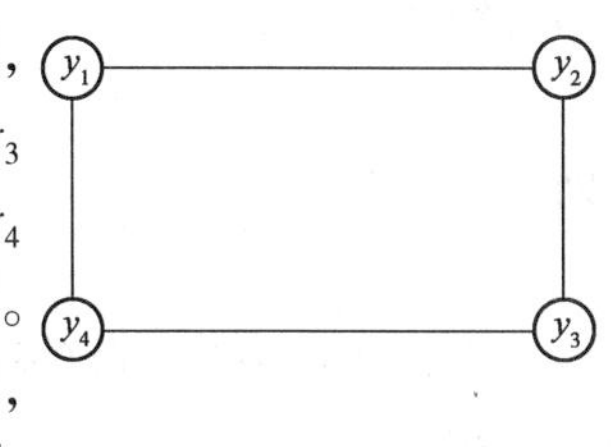

图 6-2

用西北角法求初始方案是极为方便的。但是,这样求得的方案是否比较接近于最优方案,那就不一定了。因此,有时在进一步求最优方案时会增加迭代的次数,增加计算量。是否有较好的方法呢?我们知道,用西北角法求初始方案时,完全没有考虑到运价 c_{ij} 的值。如果有一种方法能结合考虑到运价 c_{ij} 的值,就可能求得较好的初始方案,从而可以减少求最优方案时的迭代次数。这就是下面要讲的"最小元素法"。

2. 最小元素法

最小元素法的基本思想是优先满足运价最小的。仍以例 6-1 为例。

现在不用西北角法那样从左上角变量 x_{11} 开始,而是从所有的运价 c_{ij} 中最小的地方开始(若有几个地方同时达到最小,则可任取一个)。在例 1 中,运价 $c_{21}=1$ 最小,故先决定 x_{21} 的值,和西北角法一样,给 x_{21} 以尽可能大的值,即令:

$$x_{21}=\min\{3,5\}=3, x_{11}=x_{31}=0$$

在 x_{21} 相应的格子中填上 3,并在其外面画圈,作为基格,x_{11} 和 x_{31} 处作为空格,然后划去表中的第 1 列(表 6-16)。

表 6-16

销地 产地	B_1	B_2	B_3	B_4	产　量
A_1	2	9 ⑤	10	7 ④	9
A_2	1 ③	3	4	2 ②	5
A_3	8	4 ③	2 ④	5	7
销量	3	8	4	6	21

接着，在表中划去第 1 列以后的余下部分找出最小运价，这时 $c_{24}=c_{33}=2$ 都是最小的，可任取其中之一。例如取 c_{33}，就令：

$$x_{33}=\min\{4,7\}=4, x_{13}=x_{23}=0$$

在 x_{33} 相应的格子中填上 4，并在其外面画圈，作为基格，x_{13} 和 x_{23} 处作为空格，然后划去表中第 3 列（表 6-16）。

用同样的方法可得

$$x_{24}=2$$

划去第 2 行。

$$x_{32}=3$$

划去第 3 行。

$$x_{14}=4$$

划去第 4 列。

$$x_{12}=5$$

得到初始方案（表 6-16）。

相应的运价为：

$$z=1\times3+9\times5+4\times3+2\times4+7\times4+2\times2=100$$

而西北角法求得的初始方案，相应的运价 $z=110$。

在用最小元素法时，也会遇到例 6-2 中用西北角法所出现的一个特殊情况，即某一个产地的产量恰好运完，同时某一个销地的销量恰好满足的情况。为了保证最后得到基格的个数为 $m+n-1$，用同样的方法，只划去表中的某一行或某一列。

最后还要指出，本节的定理，不仅适用于西北角法，对于最小元素法也是适用的。

二、方案的检验和调整

用单纯形法解线性规划问题时，在迭代过程中每次求得一个基本可行解以后，都要检验它是不是最优解。如果不是最优解，就要继续进行迭代，直到求得最优解或者判定无最优解。对于运输问题来说，按单纯形法来求检验数并进行迭代是非常困难的。表上作业法是用以下两种方法来处理这个问题的：闭回路法和位势法。

1. 闭回路法

在单纯形法中，为了检验一个基本可行解是不是最优解，需要求出所有非基变量的检验数。在运输问题中，每个空格对应一个非基变量。因此，我们需要求出每个空格的检验数。

例如，在本章第三节中用最小元素法求得的初始方案如下（表 6-17）。

表 6-17

销地 / 产地	B_1	B_2	B_3	B_4	产　量
A_1	2	9 ⑤	10	7 ④	9
A_2	1 ③	3	4	2 ②	5

续上表

销地 产地	B_1	B_2	B_3	B_4	产　量
A_3	8	4 ③	2 ④	5	7
销量	3	8	4	6	21

以空格 x_{11} 为例，这个空格表示 A_1 没有物资调运给 B_1，为了检验 A_1 调运物资给 B_1 是否有利，可以试探性地令 A_1 调运 1 个单位的物资给 B_1，即令 x_{11} 从零增加到 1。这时，为了保持产销平衡，必须对方案作相应的变动。为此，从空格 x_{11} 处出发作一条闭回路，使其顶点除空格 x_{11} 以外其余顶点都是基格，如表 6-18 中用虚线画出的闭回路。

表 6-18

销地 产地	B_1	B_2	B_3	B_4	产　量
A_1	2	9 ⑤	10	7 ④	9
A_2	1 ③	3	4	2 ②	5
A_3	8	4 ③	2 ④	5	7
销量	3	8	4	6	21

如果 x_{11} 从零增加到 1，为了保持产销平衡，相应地必须有 x_{14} 从 4 减少到 3，x_{24} 从 2 增加到 3，x_{21} 从 3 减少到 2。经过这样的变动以后，运价的变化是：x_{11} 处增加 2，x_{14} 处减少 7，x_{24} 处增加 2，x_{21} 处减少 1。

$$2-7+2-1=-4$$

上式说明变动后的总运价减少 4。也就是说，作 A_1 调运物资给 B_1 的变动是有利可图的。现将“ 4”这个数字填在空格 x_{11} 的位置（不画圈），并把“-4”这个数称为空格 x_{11} 的检验数，记作 λ_{11}（表 6-19）。

表 6-19

销地 产地	B_1	B_2	B_3	B_4	产　量
A_1	-4		3		9
A_2		-1	2		5
A_3	7			3	7
销量	3	8	4	6	21

同理，在空格 x_{13} 处出发作一条闭回路，使其顶点除空格 x_{13} 外，其余顶点都是基格，如表 6-18 中用实线画出的闭回路。然后令 x_{13} 从零增加到 1，运价增加 10；x_{33} 从 4 减少到 3，运价减少 2；x_{32} 从 3 增加到 4，运价增加 4；x_{12} 从 5 减少到 4，运价减少 9。

$$10-2+4-9=3$$

上式说明变动后的总运价增加3。也就是说，作 A_1 调运物资给 B_3 的变动是不利的。将“3”这个数字填在空格 x_{13} 的位置(不画圈)，并把“3”这个数称为空格 x_{13} 的检验数，记作 λ_{13}。

按同样的方法可得

空格 x_{22} 的检验数

$$\lambda_{22}=3-9+7-2=-1$$

空格 x_{23} 的检验数

$$\lambda_{23}=4-2+4-9+7-2=2$$

空格 x_{31} 的检验数

$$\lambda_{31}=8-4+9-7+2-1=7$$

空格 x_{34} 的检验数

$$\lambda_{34}=5-7+9-4=3$$

如表6-19所示。表6-19称为检验数表。

如果某一个调运方案的所有空格的检验数都不小于零，则该调运方案是最优方案。因为在这种情况下，方案的任何变动都不会使总的运价减少。但是表6-19中有负的检验数，说明该调运方案不是最优方案，进一步调整，还可以使总的运价减少。

调整的方法：从检验数为负值的空格出发(当出现两个或两个以上的检验数为负值时，取绝对值最大的)。在上述例题中，空格 x_{11} 的检验数为 -4，空格 x_{22} 的检验数为 -1。所以应该从空格 x_{11} 出发，作一条以空格 x_{11} 为顶点，其他的顶点都是基格的闭回路(表6-18)，在这条闭回路上，对运量作尽可能大的调整。从表6-18可以看到，调整前 $x_{14}=4, x_{21}=3$，所以应该取调整量

$$\theta=\min\{4,3\}=3$$

调整后

$$x_{11}=\theta=3$$

相应地有

$$x_{14}=4-3=1, x_{24}=2+3=5, x_{21}=3-3=0$$

使 x_{11} 成为基格，而 x_{21} 成为空格，从而得到一个新的改进的调运方案(表6-20)。

表6-20

销地 / 产地	B_1	B_2	B_3	B_4	产　量
A_1	2 ③	9 ⑤	10	7 ①	9
A_2	1	3	4	2 ⑤	5
A_3	8	4 ③	2 ④	5	7
销量	3	8	4	6	21

该调运方案的总运价为88。这个方案是否还需要进一步调整呢？为此，要对该方案求出所有空格的检验数。计算检验数的方法与前面相同，这里从略。计算结果见检验数表（表6-21）。

表6-21

销地 / 产地	B_1	B_2	B_3	B_4	产　量
A_1			3		9
A_2	4	-1	2		5
A_3	11			3	7
销量	3	8	4	6	21

由检验数表（表6-21）可以看到，空格 x_{22} 的检验数 $\lambda_{22}=-1<0$，故表6-20中的调运方案仍然不是最优的，还需要进一步地调整。

按前面同样的方法，从空格 x_{22} 出发作一条闭回路，见表6-20中的闭回路。在此闭回路上进行调整，取调整量

$$\theta=\min\{5,5\}=5$$

调整后

$$x_{22}=\theta=5$$

相应地有

$$x_{12}=0,x_{14}=6,x_{24}=0$$

现在出现 $x_{12}=x_{24}=0$，不能把 x_{12} 和 x_{24} 都作为空格。为了使基格始终保持 $m+n-1=4+3-1=6$ 个，我们可以在 x_{12} 和 x_{24} 中任取一个作为基格，另一个作为空格。作为基格的就填上"0"，并在其外面画圈，得新方案（表6-22）。

表6-22

销地 / 产地	B_1	B_2	B_3	B_4	产　量
A_1	③	⓪		⑥	9
A_2		⑤			5
A_3		③	④		7
销量	3	8	4	6	21

对应的总运价为83。为了检验上述方案，求出该方案的检验数表（表6-23）。

表 6-23

产地 \ 销地	B_1	B_2	B_3	B_4	产　量
A_1			3		9
A_2	5		3	1	5
A_3	11			3	7
销量	3	8	4	6	21

由表 6-23 可见,所有检验数均为非负,故表 6-22 的方案为最优方案。

在以上求解过程中,有一点需要指出:在求每个空格的检验数时,需要作出一条以该空格为顶点,其余是基格为顶点的闭回路。那么这样的闭回路在一般情况下是否一定存在呢?如果存在的话,是否唯一呢?下面的定理回答了这个问题。

定理 4　若变量组

$$x_{i_1j_1}, x_{i_2j_2}, \cdots, x_{i_sj_s} \quad (s = m + n - 1)$$

对应 $m + n - 1$ 个基格。变量 x_{ij} 对应空格,则在变量组

$$x_{ij}, x_{i_1j_1}, x_{i_2j_2}, \cdots, x_{i_sj_s}$$

中含有唯一的一条闭回路。

也就是说,以任意一个空格为顶点,其余是基格为顶点的闭回路是存在的,而且是唯一的。

证明从略。

上述闭回路法求检验数,它要求对每一个空格寻找一条闭回路,然后利用这条闭回路求出该空格的检验数,计算较为复杂。特别是当 m 和 n 较大时,计算的量就更大了。下面将要介绍一种较简单的方法——位势法。

2. 位势法

设某一个调运方案的基格为:

$$x_{i_1j_1}, x_{i_2j_2}, \cdots, x_{i_sj_s} \quad (s = m + n - 1)$$

基格对应的运价为:

$$c_{i_1j_1}, c_{i_2j_2}, \cdots, c_{i_sj_s}$$

引入 $m + n$ 个未知数

$$u_1, u_2, \cdots, u_m, v_1, v_2, \cdots, v_n$$

并建立方程组

$$\begin{cases} u_{i_1} + v_{j_1} = c_{i_1j_1} \\ u_{i_2} + v_{j_2} = c_{i_2j_2} \\ \cdots \quad \cdots \quad \cdots \\ u_{i_s} + v_{j_s} = c_{i_sj_s} \end{cases}$$

该方程组有 $m + n$ 个未知数,$m + n - 1$ 个方程,它有无穷多组解,任意一组解

$$u_1, u_2, \cdots, u_m, v_1, v_2, \cdots, v_n$$

称为位势。$u_i(i=1,2,\cdots,m)$称为第 i 行的位势,$v_j(j=1,2,\cdots,n)$称为第 j 列的位势。

例如,在表 6-16 中可以看到,该方案的基格为:

$$x_{12}, x_{14}, x_{21}, x_{24}, x_{32}, x_{33}$$

于是得到方程组

$$\begin{cases} u_1 + v_2 = c_{12} = 9 \\ u_1 + v_4 = c_{14} = 7 \\ u_2 + v_1 = c_{21} = 1 \\ u_2 + v_4 = c_{24} = 2 \\ u_3 + v_2 = c_{32} = 4 \\ u_3 + v_3 = c_{33} = 2 \end{cases}$$

它有无穷多组解。我们只要任意求出一组解,可以在所有 u_i 和 v_j 中任意取定一个值。例如,取 $u_1=0$,则从方程组可求得 $u_2=-5, u_3=-5, v_1=6, v_2=9, v_3=7, v_4=7$。

实际计算时,可以不必列出上述方程组,而在表上进行。只要将表 6-16 右边的一列和下面的一行分别改为第 i 列的位势 u_i 和第 j 行的位势 v_j,即可得到表 6-24。表中第 i 行的位势以及第 j 列的位势之和恰好等于第 i 行第 j 列的运价 c_{ij}。即:

$$u_i + v_j = c_{ij} \tag{6-3}$$

表 6-24

销地 产地	B_1	B_2	B_3	B_4	u_i
A_1	2	9 ⑤	10	7 ④	$u_1=0$
A_2	1 ③	3	4	2 ②	$u_2=-5$
A_3	8	4 ③	2 ④	5	$u_3=-5$
v_j	$v_1=6$	$v_2=9$	$v_3=7$	$v_4=7$	

求出位势后,可进一步求出各个空格的检验数。例如求空格 x_{11} 的检验数 λ_{11},由闭回路法:

$$\begin{aligned} \lambda_{11} &= c_{11} - c_{14} + c_{24} - c_{21} \\ &= c_{11} - (u_1 + v_4) + (u_2 + v_4) - (u_2 + v_1) \\ &= c_{11} - (u_1 + v_1) = 2 - (0 + 6) = -4 \end{aligned}$$

一般地,任意一个空格 x_{ij}的检验数

$$\lambda_{ij} = c_{ij} - (u_i + v_j) \tag{6-4}$$

其中,c_{ij}是空格 x_{ij}对应的运价,u_i是第 i 行的位势,v_j 是第 j 列的位势。

利用式(6-4),可容易地将表 6-24 中所有空格的检验数求出,其结果如表 6-25。

表 6-25

产地 \ 销地	B_1	B_2	B_3	B_4	u_i
A_1	2 -4	9	10 3	7	0
A_2	1	3 -1	4 2	2	-5
A_3	8 7	4	2	5 3	-5
v_j	6	9	7	7	

计算结果与表 6-19 相同。

第四节　产销不平衡的运输问题

前面我们讨论的运输问题,都是产销平衡的问题,即满足

$$\sum_{i=1}^{m} a_i = \sum_{j=1}^{n} b_j$$

在实际问题中,产销往往是不平衡的,遇到这种情况,我们可以经过简单的处理,使其转化为产销平衡问题,然后再按前面的方法来求解。故本节着重于讨论不平衡转化为平衡的方法。下面分两种情况来讨论:产量大于销量的情况以及销量大于产量的情况。

1. 产量大于销量

$$\sum_{i=1}^{m} a_i > \sum_{j=1}^{n} b_j$$

其数学模型为:

$$\min z = \sum_{i=1}^{m} \sum_{j=1}^{n} c_{ij} x_{ij}$$

$$\begin{cases} \sum\limits_{j=1}^{n} x_{ij} \leqslant a_i & (i = 1,2,\cdots,m) \\ \sum\limits_{i=1}^{m} x_{ij} = b_j & (j = 1,2,\cdots,n) \\ x_{ij} \geqslant 0 & (i = 1,2,\cdots,m; j = 1,2,\cdots,n) \end{cases}$$

这时,可增加一个假想的销地 B_{n+1},其销量为:

$$b_{n+1} = \sum_{i=1}^{m} a_i - \sum_{j=1}^{n} b_j$$

由于假想的销地 B_{n+1} 实际上并不存在,因而由某个产地 A_i 运往这个假想销地 B_{n+1} 的物资数量 $x_{i,n+1}$,实际上就意味着将这些物资在原产地就地贮存,其相应的运价 $c_{i,n+1} = 0(i = 1,2,\cdots,m)$,由此,上述不平衡问题就可以转化为产销平衡的问题,其数学模型为:

$$\min z = \sum_{i=1}^{m}\sum_{j=1}^{n+1} c_{ij}x_{ij}$$

$$\begin{cases}\sum_{j=1}^{n+1} x_{ij} = a_i \quad (i = 1,2,\cdots,m) \\ \sum_{i=1}^{m} x_{ij} = b_j \quad (j = 1,2,\cdots,n+1) \\ x_{ij} \geqslant 0 \quad (i = 1,2,\cdots,m; j = 1,2,\cdots,n+1)\end{cases}$$

该问题的运输表如表 6-26 所示。

表 6-26

销地 / 产地	B_1	B_2	…	B_n	B_{n+1}	产　量
A_1	c_{11} x_{11}	c_{22} x_{12}	…	c_{1n} x_{1n}	0 $x_{1,n+1}$	a_1
A_2	c_{21} x_{21}	c_{22} x_{22}	…	c_{2n} x_{2n}	0 $x_{2,n+1}$	a_2
⋮	⋮	⋮	…	⋮	⋮	⋮
A_m	c_{m1} x_{m1}	c_{m2} x_{m2}	…	c_{mn} x_{mn}	0 $x_{m,n+1}$	a_m
销量	b_1	b_2	…	b_n	b_{n+1}	$\sum_{i=1}^{m} a_i = \sum_{j=1}^{n+1} b_j$

例 6-3　已知某运输问题的运输表见表 6-27，试确定最优的调运方案。

表 6-27

销地 / 产地	B_1	B_2	B_3	B_4	产　量
A_1	3 x_{11}	12 x_{12}	3 x_{13}	4 x_{14}	8
A_2	11 x_{21}	2 x_{22}	5 x_{23}	9 x_{24}	5
A_3	6 x_{31}	7 x_{32}	1 x_{33}	5 x_{34}	9
销量	4	3	5	6	22 / 18

解　产量为 22，销量为 18，是一个产销不平衡的运输问题。

由于产量大于销量，因此需要增加一个假想销地 B_5，其销量为：

$$b_5 = 22 - 18 = 4$$

从而转化为一个产销平衡的问题，其运输表见表 6-28；

表 6-28

产地 \ 销地	B_1	B_2	B_3	B_4	B_5	产 量
A_1	3 x_{11}	12 x_{12}	3 x_{13}	4 x_{14}	0 x_{15}	8
A_2	11 x_{21}	2 x_{22}	5 x_{23}	9 x_{24}	0 x_{25}	5
A_3	6 x_{31}	7 x_{32}	1 x_{33}	5 x_{34}	0 x_{35}	9
销量	4	3	5	6	4	22 \ 22

然后按产销平衡问题的求解方法求出最优方案。

2. 销量大于产量

$$\sum_{j=1}^{n} b_j > \sum_{i=1}^{m} a_i$$

其数学模型为：

$$\min z = \sum_{i=1}^{m} \sum_{j=1}^{n} c_{ij} x_{ij}$$

$$\begin{cases} \sum_{j=1}^{n} x_{ij} = a_i \quad (i = 1,2,\cdots,m) \\ \sum_{i=1}^{m} x_{ij} \leqslant b_j \quad (j = 1,2,\cdots,n) \\ x_{ij} \geqslant 0 \quad (i = 1,2,\cdots,m;j = 1,2,\cdots,n) \end{cases}$$

这时，可增加一个假想的产地 A_{m+1}，其产量为：

$$a_{m+1} = \sum_{j=1}^{n} b_j - \sum_{i=1}^{m} a_i$$

由于假想的产地 A_{m+1} 实际上并不存在，其产量 a_{m+1} 当然也是不存在的。因此由假想产地 A_{m+1} 运往某个销地 B_j 的物资数量 $x_{m+1,j}$，实际上就意味着销地 B_j 缺少这些物资供应的量，其相应的运价 $c_{m+1,j}=0(j=1,2,\cdots,n)$。上述不平衡问题就转化为平衡的问题，它的数学模型为：

$$\min z = \sum_{i=1}^{m+1} \sum_{j=1}^{n} c_{ij} x_{ij}$$

$$\begin{cases} \sum_{j=1}^{n} x_{ij} = a_i \quad (i = 1,2,\cdots,m,m+1) \\ \sum_{i=1}^{m+1} x_{ij} = b_j \quad (j = 1,2,\cdots,n) \\ x_{ij} \geqslant 0 \quad (i = 1,2,\cdots,m,m+1;j = 1,2,\cdots,n) \end{cases}$$

其运输表如下（表 6-29）。

表 6-29

销地 / 产地	B_1	B_2	…	B_n	产　量
A_1	c_{11} x_{11}	c_{12} x_{12}	…	c_{1n} x_{1n}	a_1
A_2	c_{21} x_{21}	c_{22} x_{22}	…	c_{2n} x_{2n}	a_2
⋮	⋮	⋮	…	⋮	⋮
A_m	c_{m1} x_{m1}	c_{m2} x_{m2}	…	c_{mn} x_{mn}	a_m
A_{m+1}	0 $x_{m+1,1}$	0 $x_{m+1,2}$	…	0 $x_{m+1,n}$	a_{m+1}
销量	b_1	b_2	…	b_n	$\sum_{i=1}^{m+1} a_i = \sum_{j=1}^{n} b_j$

例 6-4　已知某运输问题的运输表见表 6-30。

表 6-30

销地 / 产地	B_1	B_2	B_3	产　量
A_1	8 x_{11}	7 x_{12}	4 x_{13}	15
A_2	3 x_{21}	5 x_{22}	9 x_{23}	25
销量	20	10	20	40 / 50

试确定最优调运方案。

解　产量为 40,销量为 50,故销量大于产量,需要增加一个假想的产地 A_3,其产量为

$$a_3 = 50 - 40 = 10$$

从而转化为产销平衡的问题,其运输表如表 6-31 所示。

表 6-31

销地 / 产地	B_1	B_2	B_3	产　量
A_1	8 x_{11}	7 x_{12}	4 x_{13}	15
A_2	3 x_{21}	5 x_{22}	9 x_{23}	25
A_3	0 x_{31}	0 x_{32}	0 x_{33}	10
销量	20	10	20	50 / 50

然后按产销平衡问题的求解方法求出最优方案。

小结

本章主要探讨了线性规划问题中的一种特殊结构问题——运输问题的求解方法。首先，具体介绍了运输问题的数学模型、模型特征；然后，介绍了运输问题的求解方法——表上作业法，主要介绍了用西北角法和最小元素法求解运输问题初始方案的过程，接着介绍了运输问题初始方案的检验和调整的方法，即闭合回路法和位势法；最后，介绍了运输问题中产销不平衡情况下的数学模型及求解。

通过本章的学习，要着重理解运输问题的原理和思想，学会用表上作业法求解运输问题的最优解，理解运输问题运输表中检验数的含义。

思考题

1. 试说明运输问题中非基变量检验数的经济含义。
2. 最小元素法的基本思想、基本步骤和最优方案的判别准则。
3. 试说明如何用表上作业法求解最大值运输问题。

第七章　线性规划在交通运输部门的应用

第一节　多种物资的混合运输问题

在第六章中讨论的运输问题，是单一品种的物资运输问题。在实际问题中，需要运输的物资往往是多种多样的。如果各种物资的单位运价各不相同，那么就要区别各种情况分别求解。如果各种物资，仅仅是种类或质量不同，而这些不同种类或不同质量的物资的单位运价可以看作是相同的，那么只要经过适当的处理以后，就可以用单一品种物资的运输问题的求解方法来求解。

例 7-1　已知 A 和 B 为两个产地，产地 A 生产甲种煤和乙种煤的产量分别为 40 万 t 和 60 万 t。产地 B 生产甲种煤和乙种煤的产量分别为 20 万 t 和 30 万 t。C 和 D 为两个销地，销地 C 的甲种煤和乙种煤的销量均为 10 万 t，甲种煤或乙种煤的销量为 30 万 t。销地 D 的甲种煤和乙种煤的销量分别为 30 万 t 和 10 万 t，甲种煤或乙种煤的销量为 60 万 t（表 7-1）。

表 7-1

产地 \ 煤种 \ 销地		C			D			产量（万 t）
		甲	乙	甲或乙	甲	乙	甲或乙	
A	甲							40
	乙							60
B	甲							20
	乙							30
销量（万 t）		10	10	30	30	10	60	150

每万吨煤的运价如表 7-2 所示。

表 7-2

产地＼销地	C	D
A	10 万元	14 万元
B	16 万元	12 万元

试求最优调运方案,使总的运价最小。

解 上述问题不是单一品种的物资运输。其中涉及到甲和乙两种煤,而且消费者对一部分需求可以用甲或乙两种煤互相代替,情况较为复杂。但是只要采取适当的方法进行处理,就可转化为单一品种的物资运输问题。

将产地 A 作为 A_1 和 A_2 两个产地来处理,它们分别生产甲种煤和乙种煤;产地 B 作为 B_1 和 B_2 两个产地来处理,它们分别生产甲种煤和乙种煤。

同理,将销地作为 C_1,C_2,C_3 三个销地来处理,它们分别需要甲种煤、乙种煤、甲种或乙种煤。将销地 D 作为 D_1,D_2,D_3 三个销地来处理,它们分别需要甲种煤、乙种煤、甲种煤或乙种煤。

某些销地只需要某一个特定品种的煤,而不需要其他品种的煤,这时我们可以把相应的运价用充分大的正数 M 来表示。此外,我们假设甲和乙两种煤的单位运价是相等的。这样处理以后可以得到运价表如表 7-3 所示。

表 7-3

产地＼销地	C_1	C_2	C_3	D_1	D_2	D_3
A_1	10	M	10	14	M	14
A_2	M	10	10	M	14	14
B_1	16	M	16	12	M	12
B_2	M	16	16	M	12	12

接下去就可以用第六章的表上作业法求解。得到最优调运方案(表 7-4)。

表 7-4

产地＼销地	C_1	C_2	C_3	D_1	D_2	D_3	产量
A_1	10			10		20	40
A_2		10	30			20	60
B_1				20			20
B_2					10	20	30
产销	10	10	30	30	10	60	150

表 7-4 表示,产地 A 调运给销地 C 甲种煤 10 万 t 和乙种煤 40 万 t;调运给销地 D 甲种煤

30 万 t 和乙种煤 20 万 t。产地 B 调运给销地 D 甲种煤 20 万 t 和乙种煤 30 万 t。

第二节　大型船舶的合理配载问题

例 7-2　某货轮有 3 个舱口，它们的载容量和载质量如表 7-5 所示。

待运货物的品种、数量、体积、质量及运费见表 7-6。

表 7-5

舱号	载容量(m^3)	载质量(t)	舱号	载容量(m^3)	载质量(t)
1	3600	2800	3	3000	2400
2	4200	3200			

表 7-6

货 物 种 类	数量(件)	体积(m^3/件)	质量(t/件)	运费(元/件)
1	500	8	6	1500
2	1000	4	3	800
3	600	5	4	900

为了保证航行的安全，要求各舱基本上按照确定的载质量装货，2 号舱对 1 号舱的载质量的比值和 2 号舱对 3 号舱的载质量的比值，允许在 10% 的范围内变动，3 号舱对 1 号舱的载质量的比值，允许在 5% 的范围内变动。试问，应如何合理配载，才能使总的运费收入达到最大？

解　设 x_{ij} 为第 i 种货物装在第 j 号舱的件数 $(i,j=1,2,3)$，z 为总运费收入，求 $x_{ij}(i,j=1,2,3)$，使

$$z=1500(x_{11}+x_{12}+x_{13})+800(x_{21}+x_{22}+x_{23})+900(x_{31}+x_{32}+x_{33})$$

取得最大值。

各舱载质量的约束

$$6x_{11}+3x_{21}+4x_{31}\leqslant 2800$$
$$6x_{12}+3x_{22}+4x_{32}\leqslant 3200$$
$$6x_{13}+3x_{23}+4x_{33}\leqslant 2400$$

各舱载容量的约束

$$8x_{11}+4x_{21}+5x_{31}\leqslant 3600$$
$$8x_{12}+4x_{22}+5x_{32}\leqslant 4200$$
$$8x_{13}+4x_{23}+5x_{33}\leqslant 3000$$

货物数量的约束

$$x_{11}+x_{12}+x_{13}\leqslant 500$$
$$x_{21}+x_{22}+x_{23}\leqslant 1000$$
$$x_{31}+x_{32}+x_{33}\leqslant 600$$

各舱载质量的比值

$$\frac{1\text{ 号舱的载质量}}{2\text{ 号舱的载质量}}=\frac{2800}{3200}=\frac{7}{8}$$

$$\frac{3\text{ 号舱的载质量}}{2\text{ 号舱的载质量}}=\frac{2400}{3200}=\frac{3}{4}$$

$$\frac{1\text{ 号舱的载质量}}{3\text{ 号舱的载质量}}=\frac{2800}{2400}=\frac{7}{6}$$

平衡条件的约束

$$\frac{7}{8}(1-0.10)\leqslant\frac{6x_{11}+3x_{21}+4x_{31}}{6x_{12}+3x_{22}+4x_{32}}\leqslant\frac{7}{8}(1+0.10)$$

$$\frac{3}{4}(1-0.10)\leqslant\frac{6x_{13}+3x_{23}+4x_{33}}{6x_{12}+3x_{22}+4x_{32}}\leqslant\frac{3}{4}(1+0.10)$$

$$\frac{7}{6}(1-0.05)\leqslant\frac{6x_{11}+3x_{21}+4x_{31}}{6x_{13}+3x_{23}+4x_{33}}\leqslant\frac{7}{6}(1+0.05)$$

综合以上讨论,得到该问题的数学模型如下:

$$\max z=1500(x_{11}+x_{12}+x_{13})+800(x_{21}+x_{22}+x_{23})+900(x_{31}+x_{32}+x_{33})$$

$$\begin{cases}6x_{11}+3x_{21}+4x_{31}\leqslant 2800\\ 6x_{12}+3x_{22}+4x_{32}\leqslant 3200\\ 6x_{13}+3x_{23}+4x_{33}\leqslant 2400\\ 8x_{11}+4x_{21}+5x_{31}\leqslant 3600\\ 8x_{12}+4x_{22}+5x_{32}\leqslant 4200\\ 8x_{13}+4x_{23}+5x_{33}\leqslant 3000\\ x_{11}+x_{12}+x_{13}\leqslant 500\\ x_{21}+x_{22}+x_{23}\leqslant 1000\\ x_{31}+x_{32}+x_{33}\leqslant 600\\ \frac{7}{8}(1-0.10)\leqslant\frac{6x_{11}+3x_{21}+4x_{31}}{6x_{12}+3x_{22}+4x_{32}}\leqslant\frac{7}{8}(1+0.10)\\ \frac{3}{4}(1-0.10)\leqslant\frac{6x_{13}+3x_{23}+4x_{33}}{6x_{12}+3x_{22}+4x_{32}}\leqslant\frac{3}{4}(1+0.10)\\ \frac{7}{6}(1-0.05)\leqslant\frac{6x_{11}+3x_{21}+4x_{31}}{6x_{13}+3x_{23}+4x_{33}}\leqslant\frac{7}{6}(1+0.05)\\ x_{ij}\geqslant 0\quad(i,j=1,2,3)\end{cases}$$

第三节 合理组织船舶的运行问题

例 7-3 某航运局现有船只的种类和数量如表 7-7 所示。

在计划期内各条航线上总的货运量如表 7-8 所示。

表 7-7

船只种类	船只数
拖轮	30
A 型驳船	34
B 型驳船	52

表 7-8

航线号	计划期内总的货运量(千 t)
1	200
2	400

假设船舶在各条航线上采用表 7-9 所示的编队形式。

表 7-9

航线号	船队类型	编队形式		
		拖轮(只)	*A* 型驳船(只)	*B* 型驳船(只)
1	1	1	2	
	2	1		4
2	3	2	2	4
	4	1		4

在计划期内各种船队的货运量及货运成本如表 7-10 所示。

表 7-10

船队类型	计划期内货运量(千 t)	计划期内货运成本(千元/队)
1	25	36
2	20	36
3	40	72
4	20	27

问应如何编队,才能在完成运输任务的条件下,使总的货运成本最小。

解 设 x_j 为第 j 号类型船队的队数($j=1,2,3,4$),z 为总的货运成本。

本题要求出 $x_j(j=1,2,3,4)$,使

$$z=36x_1+36x_2+72x_3+27x_4$$

取最小值。

船只数的约束

$$\begin{cases} x_1+x_2+2x_3+x_4\leqslant 30 \\ 2x_1+2x_3\leqslant 34 \\ 4x_2+4x_3+4x_4\leqslant 52 \end{cases}$$

总的货运量的约束

$$\begin{cases} 25x_1+20x_2=200 \\ 40x_3+20x_4=400 \end{cases}$$

综合以上讨论,可得到该问题的数学模型如下:

$$\min z = 36x_1 + 36x_2 + 72x_3 + 27x_4$$

$$\begin{cases} x_1 + x_2 + 2x_3 + x_4 \leqslant 30 \\ 2x_1 + 2x_3 \leqslant 34 \\ 4x_2 + 4x_3 + 4x_4 \leqslant 52 \\ 25x_1 + 20x_2 = 200 \\ 40x_3 + 20x_4 = 400 \\ x_j \geqslant 0 \quad (j = 1,2,3,4) \end{cases}$$

上述线性规划数学模型,可用单纯形法求得其最优解。

$$x_1 = 8, x_2 = 0, x_3 = 7, x_4 = 6$$

最优值

$$\min z = 36 \times 8 + 72 \times 7 + 27 \times 6 = 954$$

即采用第1,第2,第3,第4号类型的船队的队数分别为8,0,7,6。总的货运成本为954(千元)。

第四节　运输生产的合理布局问题

运输生产的合理布局,是国民经济发展中的一个重要问题。第六章中所讨论的运输问题,就是在一定的运输生产布局下来寻求最优运输方案。如果运输生产的布局本身就不合理,那么即使求得了最优的运输方案,所花费的运输费用仍然会很多。只有使运输生产的布局合理,才是解决合理运输的根本途径。

例7-4　某县根据农业发展规划,需要建设一个化肥厂。厂址可以在 A_1, A_2, A_3, A_4 这4个地点中选择。由于各地点的具体条件不同,建厂以后的产量以及建厂的费用也不同。W_i 表示在 A_i 建厂后的产量,a_i 表示在 A_i 建厂的费用($i = 1,2,3,4$)。建厂后生产的化肥供应 B_1, B_2, B_3, B_4, B_5 这五个地点;b_j 表示 B_j 的需求量($j = 1,2,3,4,5$)。c_{ij}表示从 A_i 到 B_j 每吨化肥的运费。试问,在满足各个供应点的情况下,应如何选择厂址,使建厂费及运费的总和为最小(要求建立该问题的数学模型)。

解　将上述条件列于表7-11中。

表7-11

运费 \ 供应点 / 厂址	B_1	B_2	B_3	B_4	B_5	产量	建厂费
A_1	c_{11}	c_{12}	c_{13}	c_{14}	c_{15}	W_1	a_1
A_2	c_{21}	c_{22}	c_{23}	c_{24}	c_{25}	W_2	a_2
A_3	c_{31}	c_{32}	c_{33}	c_{34}	c_{35}	W_3	a_3
A_4	c_{41}	c_{42}	c_{43}	c_{44}	c_{45}	W_4	a_4
需求量	b_1	b_2	b_3	b_4	b_5		

设 x_{ij}表示由 A_i 供应 B_j 化肥的数量,并设

$$R_i = \begin{cases} 0 & (\text{不在} A_i \text{建厂}) \\ 1 & (\text{在} A_i \text{建厂}) \end{cases} \quad (i = 1,2,3,4)$$

为满足各供应点的需要，必须成立以下不等式：

$$x_{11}+x_{21}+x_{31}+x_{41}\geqslant b_1$$
$$x_{12}+x_{22}+x_{32}+x_{42}\geqslant b_2$$
$$x_{13}+x_{23}+x_{33}+x_{43}\geqslant b_3$$
$$x_{14}+x_{24}+x_{34}+x_{44}\geqslant b_4$$
$$x_{15}+x_{25}+x_{35}+x_{45}\geqslant b_5$$

供应量不能超过产量，即：

$$x_{11}+x_{12}+x_{13}+x_{14}+x_{15}\leqslant W_1R_1$$
$$x_{21}+x_{22}+x_{23}+x_{24}+x_{25}\leqslant W_2R_2$$
$$x_{31}+x_{32}+x_{33}+x_{34}+x_{35}\leqslant W_3R_3$$
$$x_{41}+x_{42}+x_{43}+x_{44}+x_{45}\leqslant W_4R_4$$

建厂费用为：

$$a_1R_1+a_2R_2+a_3R_3+a_4R_4=\sum_{i=1}^{4}a_iR_i$$

总运费为：

$$\sum_{i=1}^{4}\sum_{j=1}^{5}c_{ij}x_{ij}$$

因此，该问题的数学模型为：

$$\min z=\sum_{i=1}^{4}a_iR_i+\sum_{i=1}^{4}\sum_{j=1}^{5}c_{ij}x_{ij}$$

$$\begin{cases}x_{11}+x_{21}+x_{31}+x_{41}\geqslant b_1\\x_{12}+x_{22}+x_{32}+x_{42}\geqslant b_2\\x_{13}+x_{23}+x_{33}+x_{43}\geqslant b_3\\x_{14}+x_{24}+x_{34}+x_{44}\geqslant b_4\\x_{15}+x_{25}+x_{35}+x_{45}\geqslant b_5\\x_{11}+x_{12}+x_{13}+x_{14}+x_{15}\leqslant W_1R_1\\x_{21}+x_{22}+x_{23}+x_{24}+x_{25}\leqslant W_2R_2\\x_{31}+x_{32}+x_{33}+x_{34}+x_{35}\leqslant W_3R_3\\x_{41}+x_{42}+x_{43}+x_{44}+x_{45}\leqslant W_4R_4\\x_{ij}\geqslant 0\quad(i=1,2,3,4;j=1,2,3,4,5)\\R_i=0\text{ 或 }1\quad(i=1,2,3,4)\end{cases}$$

需要指出，这个例子和以前所讲的线性规划有一个重要的区别，就是变量 $R_i(i=1,2,3,4)$ 取值为 0 或 1，称为 0 - 1 变量，它们求解方法将在第九章整数规划中加以讨论。

小结

本章是在前面章节的理论基础上，进一步探讨了线性规划模型在交通运输部门中的应用。运用案例详细介绍了多种物资的混合运输问题、大型船舶的合理配载问题、合理组织船舶的运行问题、运输生产的合理布局问题的求解模型和求解过程。

思考题

1. 试比较单纯形法,改进单纯形法,对偶单纯形法,在解题思想,解题步骤上的异同,以及各种方法的适用条件。

2. 试比较运输问题的表上作业法与单纯形法的相同点与不同点。

3. 简述应用线性规划方法解决实际问题的基本思路。

4. 简述线性规划方法应用的适应性及局限性。

5. 大 M 法和两阶段法的要点是什么? 两者的异同?

6. 松弛变量、剩余变量与人工变量的区别。

7. 简述用表上作业法求解运输问题的基本思路。

8. 一般线性规划问题应具备什么特征,才可以转化为运输问题用表上作业法求解?

9. 用表上作业法求解运输问题时,如何判断何时有唯一最优调运方案? 何时有无穷多个最优调运方案? 运输问题是否存在无可行方案以及无最优方案的情况?

习 题 一

1. 某厂生产甲、乙两种产品。已知生产每单位甲种产品需要技工 2 人,特种材料 7kg,资金 1600 元,可以满足 400 人的需要;生产每单位乙种产品需要技工 5 人,特种材料 6kg,资金 500 元,可以满足 900 人的需要。该厂现有技工 20 人,特种材料 42kg,资金 8000 元,应该怎样安排生产,才能满足更多人的需要(要求建立该问题的数学模型)?

2. 某食品加工厂采用甲、乙两种原料制作食品,要求每一批食品含营养素 A 不少于 12 个单位,含营养素 B 不少于 36 个单位,含营养素 C 恰好 24 个单位。而甲种原料每公斤 5 元,含营养素 A、B、C 分别为 2、2、2 个单位;乙种原料每公斤 4 元,含营养素 A、B、C 分别为 1、9、3 个单位。两种原料应如何配料,才能保证食品中各种营养素的含量,而且花钱最少(建立该问题的数学模型)?

3. 由 3 个仓库分别向 3 个地点运送物资,已知各个仓库的供应量,各个地点的需求量,以及各个仓库到各个地点每单位物资的运费如题表 1-1 所示。

题表 1-1

每吨物资运费(百元) 地点 / 仓库	B_1	B_2	B_3	供应量(t)
A_1	4	8	8	56
A_2	16	24	16	82
A_3	8	16	24	77
需求量(t)	72	102	41	215

应如何合理地组织运输,使总的运价最小(建立这个问题的数学模型)?

4. 某种钢材每根长度为 3795mm,要将其截成 423mm、1053mm、503mm 三种长度的材料各 90 根,应如何合理安排,才能使消耗的钢材的根数最少(建立数学模型)?

5. 用图解法解下列线性规划问题:

(1) $\max z=3x_1+2x_2$

$$\begin{cases}4x_1+2x_2\leqslant 8\\2x_1+4x_2\leqslant 8\\x_1,x_2\geqslant 0\end{cases}$$

(2) $\max z=2x_1+x_2$

$$\begin{cases}4x_1+2x_2\leqslant 8\\2x_1+4x_2\leqslant 8\\x_1,x_2\geqslant 0\end{cases}$$

(3) $\min z=3x_1+2x_2$

$$\begin{cases}x_1\leqslant 3\\x_2\leqslant 4\\x_1+x_2\leqslant 5\\x_1+5x_2\geqslant 5\\5x_1+2x_2\geqslant 10\\x_1,x_2\geqslant 0\end{cases}$$

(4) $\max z=x_1+x_2$

$$\begin{cases}x_1+2x_2\geqslant 2\\x_1-x_2\geqslant -1\\x_1,x_2\geqslant 0\end{cases}$$

(5) $\min z=3x_1-2x_2$

$$\begin{cases}x_1+x_2\leqslant 1\\2x_1+3x_2\geqslant 6\\x_1,x_2\geqslant 0\end{cases}$$

(6) $\max z=x_1+2x_2$

$$\begin{cases}x_1+2x_2\leqslant 6\\3x_1+2x_2\leqslant 12\\x_2\leqslant 12\\x_1,x_2\geqslant 0\end{cases}$$

6. 将下列线性规划问题化为标准型：

(1) $\max z=2x_1+3x_2$

$$\begin{cases}x_1+x_2\leqslant 3\\2x_1-x_2\geqslant 2\\x_1\geqslant 0\end{cases}$$

(2) $\min z=-3x_1+4x_2-2x_3+5x_4$

$$\begin{cases}4x_1-x_2+2x_3-x_4=-2\\x_1+x_2+2x_3-x_4\leqslant 14\\-2x_1+3x_2-x_3+2x_4\geqslant 2\\x_1,x_2,x_3\geqslant 0\end{cases}$$

7. 找出下列线性规划问题的所有基本解，并指出哪些是基本可行解。

(1)
$$\max z=2x_1+3x_2+4x_3+7x_4$$
$$\begin{cases}2x_1+3x_2-x_3-4x_4=8\\x_1-2x_2+6x_3-7x_4=-3\\x_1,x_2,x_3,x_4\geqslant 0\end{cases}$$

(2)
$$\min z=5x_1-2x_2+3x_3-6x_4$$
$$\begin{cases}x_1+2x_2+3x_3+4x_4=7\\2x_1+x_2+x_3+2x_4=3\\x_1,x_2,x_3,x_4\geqslant 0\end{cases}$$

8. 用单纯形法求解下列线性规划问题

(1)
$$\max z=10x_1+5x_2$$
$$\begin{cases}4x_1+5x_2\leqslant 100\\5x_1+2x_2\leqslant 80\\x_1,x_2\geqslant 0\end{cases}$$

(2)
$$\max z=x_1+2x_2+3x_3+4x_4$$
$$\begin{cases}x_1+2x_2+2x_3+3x_4\leqslant 20\\2x_1+x_2+3x_3+2x_4\leqslant 20\\x_1,x_2,x_3,x_4\geqslant 0\end{cases}$$

(3)
$$\max z=2x_1+5x_2$$
$$\begin{cases}x_1\leqslant 4\\2x_2\leqslant 12\\3x_1+2x_2\leqslant 18\\x_1,x_2\geqslant 0\end{cases}$$

(4)
$$\min z=-6x_1+3x_2-3x_3$$
$$\begin{cases}2x_1+x_2\leqslant 8\\-4x_1-2x_2+3x_3\leqslant 14\\x_1-2x_2+x_3\leqslant 18\\x_1,x_2,x_3\geqslant 0\end{cases}$$

(5)
$$\max z=x_1+2x_2$$
$$\begin{cases}-2x_1+x_2+x_3\leqslant 2\\-x_1+x_2-x_3\leqslant 1\\x_1,x_2,x_3\geqslant 0\end{cases}$$

9. 用大 M 法解下列线性规划问题：

(1)
$$\max z=5x_1+3x_2+2x_3+4x_4$$
$$\begin{cases}5x_1+x_2+x_3+8x_4=10\\2x_1+4x_2+3x_3+2x_4=10\\x_1,x_2,x_3,x_4\geqslant 0\end{cases}$$

(2) $\max z = 10x_1 + 15x_2 + 12x_3$

$$\begin{cases} 5x_1 + 3x_2 + x_3 \leqslant 9 \\ -5x_1 + 6x_2 + 15x_3 \leqslant 15 \\ 2x_1 + x_2 + x_3 \geqslant 5 \\ x_1, x_2, x_3 \geqslant 0 \end{cases}$$

(3) $\max z = 3x_1 + 2x_2 + 3x_3$

$$\begin{cases} 2x_1 + x_2 + x_3 \leqslant 2 \\ 3x_1 + 4x_2 + 2x_3 \geqslant 8 \\ x_1, x_2, x_3 \geqslant 0 \end{cases}$$

10. 用两阶段法求解：

(1) $\max z = 3x_1 - x_2$

$$\begin{cases} 2x_1 + x_2 \geqslant 2 \\ x_1 + 3x_2 \leqslant 3 \\ x_2 \leqslant 4 \\ x_1, x_2 \geqslant 0 \end{cases}$$

(2) $\min z = 5x_1 + 21x_3$

$$\begin{cases} x_1 - x_2 + 6x_3 \geqslant 2 \\ x_1 + x_2 + 2x_3 \geqslant 1 \\ x_1, x_2, x_3 \geqslant 0 \end{cases}$$

(3) $\min z = 10x_1 + 15x_2 + 12x_3$

$$\begin{cases} 5x_1 + 3x_2 + x_3 \leqslant 9 \\ -5x_1 + 6x_2 + 15x_3 \leqslant 15 \\ 2x_1 + x_2 + x_3 \geqslant 5 \\ x_1, x_2, x_3 \geqslant 0 \end{cases}$$

(4) $\max z = x_1 + 5x_2 + 3x_3$

$$\begin{cases} x_1 + 2x_2 + x_3 = 3 \\ 2x_1 - x_2 = 4 \\ x_1, x_2, x_3 \geqslant 0 \end{cases}$$

11. 用改进单纯形法求解下列线性规划问题：

(1) $\max z = 4x_1 + 3x_2 + 6x_3$

$$\begin{cases} 3x_1 + x_2 + 3x_3 \leqslant 30 \\ 2x_1 + 2x_2 + 3x_3 \leqslant 40 \\ x_j \geqslant 0 \quad (j = 1, 2, 3) \end{cases}$$

(2) $\max z = 5x_1 + 8x_2 + 7x_3 + 4x_4 + 6x_5$

$$\begin{cases} 2x_1 + 3x_2 + 3x_3 + 2x_4 + 2x_5 \leqslant 20 \\ 3x_1 + 5x_2 + 4x_3 + 2x_4 + 4x_5 \leqslant 30 \\ x_j \geqslant 0 \quad (j = 1, 2, \cdots, 5) \end{cases}$$

(3) $\max z = 2x_1 + 4x_2 + 3x_3$

$$\begin{cases} 3x_1 + 4x_2 + 2x_3 \leqslant 60 \\ 2x_1 + x_2 + 2x_3 \leqslant 40 \\ x_1 + 3x_2 + 2x_3 \leqslant 80 \\ x_j \geqslant 0 \quad (j = 1,2,3) \end{cases}$$

(4) $\min z = 40x_1 + 36x_2$

$$\begin{cases} x_1 \leqslant 8 \\ x_2 \leqslant 10 \\ 5x_1 + 3x_2 \geqslant 45 \\ x_1, x_2 \geqslant 0 \end{cases}$$

12. 应用改进单纯形法原理证明线性规划问题：

$$\max z = 3x_1 + 4x_2 + x_3 + 2x_4$$

$$\begin{cases} 2x_1 + 3x_2 + x_3 + 2x_4 \leqslant 20 \\ 3x_1 + 2x_2 + 2x_3 + x_4 \leqslant 20 \\ x_j \geqslant 0 \quad (j = 1,2,3,4) \end{cases}$$

存在一个以 x_1 和 x_2 为基变量的最优解。

13. 写出下列问题的对偶问题：

(1) $\max z = 3x_1 + 2x_2$

$$\begin{cases} -x_1 + 2x_2 \leqslant 4 \\ 3x_1 + 2x_2 \leqslant 14 \\ x_1 - x_2 \leqslant 3 \\ x_1, x_2 \geqslant 0 \end{cases}$$

(2) $\max z = x_1 + 2x_2 + x_3$

$$\begin{cases} x_1 + x_2 - x_3 \leqslant 2 \\ x_1 - x_2 + x_3 = 1 \\ 2x_1 + x_2 + x_3 \geqslant 2 \\ x_1 \geqslant 0, x_2 \leqslant 0, x_3 \text{ 是自由变量} \end{cases}$$

(3) $\min z = 2x_1 + 2x_2 + 4x_3$

$$\begin{cases} 2x_1 + 3x_2 + 5x_3 \geqslant 2 \\ 3x_1 + x_2 + 7x_3 \leqslant 3 \\ x_1 + 4x_2 + 6x_3 \leqslant 5 \\ x_1, x_2, x_3 \geqslant 0 \end{cases}$$

(4) $\max z = 2x_1 + x_2 + 3x_3 + x_4$

$$\begin{cases} x_1 + x_2 + x_3 + x_4 \leqslant 5 \\ 2x_1 - x_2 + 3x_3 = -4 \\ x_1 - x_3 + x_4 \geqslant 1 \\ x_1, x_3 \geqslant 0, x_2, x_4 \text{ 是自由变量} \end{cases}$$

(5) $$\min z = 3x_1 + 2x_2 - 3x_3 + 4x_4$$
$$\begin{cases} x_1 - 2x_2 + 3x_3 + 4x_4 \leqslant 3 \\ x_2 + 3x_3 + 4x_4 \geqslant -5 \\ 2x_1 - 3x_2 - 7x_3 - 4x_4 = 2 \\ x_1 \geqslant 0, x_4 \leqslant 0, x_2, x_3 \text{ 是自由变量} \end{cases}$$

(6) $$\max z = 3x_1 - 2x_2 - x_3$$
$$\begin{cases} x_1 + 2x_2 - 5x_3 = 2 \\ 3x_1 - x_2 + x_3 \geqslant -5 \\ 2x_1 - 2x_2 + 3x_3 \leqslant 8 \\ x_1, x_2 \geqslant 0, x_3 \text{ 是自由变量} \end{cases}$$

14. 已知线性规划问题：

$$\max z = x_1 + x_2$$
$$\begin{cases} -x_1 + x_2 + x_3 \leqslant 2 \\ -2x_1 + x_2 - x_3 \leqslant 1 \\ x_1, x_2, x_3 \geqslant 0 \end{cases}$$

试应用对偶理论证明上述线性规划问题无最优解。

15. 已知线性规划问题

$$\max z = 3x_1 + 2x_2$$
$$\begin{cases} -x_1 + 2x_2 \leqslant 4 \\ 3x_1 + 2x_2 \leqslant 14 \\ x_1 - x_2 \leqslant 3 \\ x_1, x_2 \geqslant 0 \end{cases}$$

要求:(1)写出它的对偶问题;

(2)应用对偶理论证明原问题和对偶问题都存在最优解。

16. 已知线性规划问题：

$$\max z = 4x_1 + 3x_2 + 2x_3$$
$$\begin{cases} x_1 + 2x_2 + x_3 \leqslant 10 \\ 2x_1 + 3x_2 + 3x_3 \leqslant 10 \\ x_1, x_2, x_3 \geqslant 0 \end{cases}$$

应用对偶理论证明该问题最优解的目标函数值不大于25。

17. 已知线性规划问题：

$$\min z = 8x_1 + 6x_2 + 3x_3 + 6x_4$$
$$\begin{cases} x_1 + 2x_2 + x_4 \geqslant 3 \\ 3x_1 + x_2 + x_3 + x_4 \geqslant 6 \\ x_3 + x_4 \geqslant 2 \\ x_1 + x_3 \geqslant 2 \\ x_j \geqslant 0 \quad (j = 1, 2, 3, 4) \end{cases}$$

(1)写出其对偶问题;

(2)已知原问题的最优解为：

$$X=(1,1,2,0)^{T}$$

试根据对偶理论，求出对偶问题的最优解。

18. 试用对偶单纯形法求解下列线性规划问题

(1)
$$\min z=x_1+x_2$$
$$\begin{cases}2x_1+x_2\geqslant 4\\ x_1+7x_2\geqslant 7\\ x_1,x_2\geqslant 0\end{cases}$$

(2)
$$\max z=-3x_1-4x_2$$
$$\begin{cases}x_1+2x_2\geqslant 5\\ 3x_1+x_2\geqslant 6\\ x_1+x_2\geqslant 4\\ x_1,x_2\geqslant 0\end{cases}$$

(3)
$$\min z=x_1+3x_2$$
$$\begin{cases}2x_1+x_2\geqslant 3\\ 3x_1+2x_2\geqslant 4\\ x_1+2x_2\geqslant 1\\ x_1,x_2\geqslant 0\end{cases}$$

19. 给出线性规划问题：

$$\min z=3x_1+2x_2$$
$$\begin{cases}x_1+x_2\leqslant 7\\ x_1-x_2\leqslant 4\\ x_1+3x_2\geqslant 6\\ 2x_1+x_2\geqslant 4\\ x_1,x_2\geqslant 0\end{cases}$$

首先求出它的最优解，然后分别讨论下列各种情况下最优解的变化：

(1)约束方程右端常数项 $b_4=4$ 变为 $b'_4=6$。

(2)约束方程右端常数项 $b_4=4$ 变为 $b'_4=10$。

(3)目标函数中变量 x_1 的系数 $c_1=3$ 变为 $c'_1=1$。

20. 给出线性规划问题：

$$\min z=4x_1+3x_2+8x_3$$
$$\begin{cases}x_1+x_3\geqslant 2\\ x_2+2x_3\geqslant 5\\ x_j\geqslant 0\quad (j=1,2,3)\end{cases}$$

首先求出它的最优解，然后分别讨论下列各种情况：

(1)目标函数中变量 x_1 的系数 c_1 的变化范围，使最优解保持不变。

(2)当约束方程右端常数项 $b=(2,5)^{\mathrm{T}}$ 变为 $b'=(1,3)^{\mathrm{T}}$ 时，讨论最优解的变化。

(3)当约束方程右端常数项 $b=(2,5)^{\mathrm{T}}$ 变为 $b'=(2,1)^{\mathrm{T}}$ 时，讨论最优解的变化。

(4)增加约束条件 $x_1-x_3\geqslant 3$ 时，讨论最优解的变化。

21. 用单纯形法求解下列线性规划问题

$$\max z=-5x_1+5x_2+13x_3$$

$$\begin{cases}-x_1+x_2+3x_3\leqslant 20\\12x_1+4x_2+10x_3\leqslant 90\\x_1,x_2,x_3\geqslant 0\end{cases}$$

然后分别分析在下列各种条件下，最优解有什么变化？

(1)约束方程右端常数项 $b_1=20$ 变为 $b'_1=15$。

(2)约束方程的右端常数项 $b_2=90$ 变为 $b'_2=70$。

(3)目标函数中变量 x_3 的系数 $c_3=13$ 变为 $c'_3=8$。

(4)系数列向量 $P_1=(-1,12)^{\mathrm{T}}$ 变为 $P'_1=(0,5)^{\mathrm{T}}$。

(5)增加一个约束方程 $2x_1+3x_2+5x_3\leqslant 50$。

22. 某厂生产甲、乙、丙三种产品，分别要经过 A、B、C 三种设备加工。已知生产每件产品所需的设备台时，设备的加工能力以及每件产品的利润如题表 1-2 所示。

题表 1-2

每件产品需设备台时 \ 产品 设备	甲	乙	丙	设备能力(台时)
A	1	1	1	100
B	10	4	5	600
C	2	2	6	300
每件产品利润(元)	10	6	4	

(1)求利润最大的生产计划。

(2)产品丙每件利润增加到多大时才值得安排生产？如产品丙每件利润增加到 $\frac{50}{6}$ 元，最优的生产计划有何变化？

(3)产品甲的利润在什么范围内变化时，原最优生产计划保持不变？

(4)如有一种新产品，加工一件需设备 A、B、C 的台时分别为 1、4、3 小时，每件利润为 8 元，是否值得安排生产？

(5)如果合同规定产品丙至少生产 10 件，试确定最优生产计划？

23. 用表上作业法求下列运输问题的最优解：

(1)其产品的产地、销地、产销量及运价如题表 1-3 所示。

题表 1-3

单位运价 销地 / 产地	B_1	B_2	B_3	B_4	产　量
A_1	3	11	3	10	7
A_2	1	9	2	8	4
A_3	7	4	10	5	9
销量	3	6	5	6	

（2）其产品的产地、销地、产销量及运价如题表 1-4 所示。

题表 1-4

单位运价 销地 / 产地	B_1	B_2	B_3	产　量
A_1	2	17	20	13
A_2	1	3	5	5
A_3	4	10	12	5
销量	4	8	11	

（3）其产地、销地、产销量及运价如题表 1-5 所示。

题表 1-5

单位运价 销地 / 产地	B_1	B_2	B_3	B_4	产　量
A_1	15	4	14	8	12
A_2	16	7	6	5	5
A_3	30	20	3	10	5
销量	6	5	4	7	

（4）其产地、销地、产销量及运价如题表 1-6 所示。

题表 1-6

单位运价 销地 / 产地	B_1	B_2	B_3	B_4	产　量
A_1	3	7	6	4	5
A_2	2	4	3	2	2
A_3	4	3	8	5	3
销　量	3	3	2	2	

(5)其产地、销地、产销量及运价如题表1-7所示。

题表1-7

单位运价 销地 / 产地	B_1	B_2	B_3	B_4	产　量
A_1	2	11	3	4	70
A_2	10	3	5	9	50
A_3	7	8	1	2	70
销量	20	30	40	60	

(6)其产地、销地、产销量及运价如题表1-8所示。

题表1-8

单位运价 销地 / 产地	B_1	B_2	B_3	B_4	B_5	产　量
A_1	8	6	3	7	5	20
A_2	5	M	8	4	7	30
A_3	6	3	9	6	8	30
销量	25	25	20	10	20	

其中 M 是充分大的正数。

第二部分　目标规划

第八章　目标规划

线性规划是求解在一组线性约束条件下，使一个目标函数达到极大值或极小值的问题。但是，在实际工作中，人们追求的目标往往不只一个，并且这些目标的重要性各不相同，有些目标之间本质上又经常是不可比较和相互矛盾的，并且有些是定性的目标。比如，既要求产量最高，又要求成本最低，就是两个互相矛盾的目标。那么，应该如何求解这一类的问题呢？目标规划（Goal Programming 简记为 GP）正是为了解决这类问题而产生的。

目标规划是规划论的一个分支，是 20 世纪 60 年代发展起来的。目标规划通常包括线性目标规划、非线性目标规划、整数线性目标规划、整数非线性目标规划等，其应用非常广泛。本章我们主要讨论线性目标规划。

第一节　目标规划的基本概念

一、问题的提出

例 8-1　某工厂生产两种产品 A、B，每件产品对原材料的需要量及单件产品的利润如表 8-1 所示，试求获利最大的生产方案。

表 8-1

资源 \ 产品	A	B	资源拥有量
材料甲（kg）	2	3	120
材料乙（kg）	2	1	80
材料丙（kg）	0	1	30
单件利润（元）	60	70	

解　设两种产品的产量分别为 x_1、x_2，总利润为 z，则该问题的数学模型为：

$$\max z = 60x_1 + 70x_2$$

$$\begin{cases} 2x_1 + 3x_2 \leqslant 120 \\ 2x_1 + x_2 \leqslant 80 \\ x_2 \leqslant 30 \\ x_1, x_2 \geqslant 0 \end{cases}$$

用图解法或单纯形法很容易求出该问题的最优解及最优值为：

$$X^* = (30,20)^T, z^* = 3200(\text{元})$$

上述问题由于只考虑了利润要求，所以使得问题显得比较简单。但是在实际工作中，决策者往往要考虑很多因素，比如：

(1)根据市场信息，产品 A 的销量将有下降的趋势，因此要求产品 A 的产量不超过产品 B。

(2)尽可能使总利润达到3000 元。

(3)尽可能充分利用30kg 的原料丙，且不允许超过。

如果将上述目标都考虑进去的话，该问题就变成了一个线性目标规划问题了，因为它包含了多个目标要求。

例 8-2 某工厂因生产需要，要采购某种原料。市场上该种原料有甲、乙两个等级，单价分别为 2 元和 1 元。两种原料的采购总费用不得超过 200 元，采购总量不得少于 50kg，其中甲等原料不得少于 25kg。应如何制订采购方案，才能既达到上述要求，又花钱最少，且采购量最多?

解 设甲、乙两种原料的采购量分别为 x_1, x_2，总采购费为 z_1，采购总量为 z_2，则该问题的数学模型为：

$$\min z_1 = 2x_1 + x_2$$

$$\max z_2 = x_1 + x_2$$

$$\begin{cases} 2x_1 + x_2 \leqslant 200 \\ x_1 + x_2 \geqslant 50 \\ x_1 \geqslant 25 \\ x_1, x_2 \geqslant 0 \end{cases}$$

显然，这也是一个线性目标规划问题，且两个目标是相互矛盾的。

例 8-3 某公司对某投资项目提出了 3 个可供选择的投资方案，每个方案或被选中，或不被选中，不允许选取其中的一部分，且由于经费限制，不允许 3 个方案都选取。根据预测，这些方案实施后，能够增加该公司的市场占有份额并增加利润。投资总额为 13 单位，分两年投资。第一年预算总费用为 7 单位，第二年为 6 单位。对每一个投资方案，其预期利润、市场占有份额以及计划费用如表 8-2 所示。

表 8-2

投资方案	预期利润(单位)	市场占有份额(单位)	第一年费用(单位)	第二年费用(单位)
A	7	4	6	4
B	3	2	1	2
C	7	2	4	2

应如何选择投资方案，才能够既不超过每年的预算总费用，又使得增加的市场占有份额最大，且投资总利润最大?

解 给 3 个方案编号为 1、2、3，市场占有总额为 z_1，投资总利润为 z_2，且设

$$x_j = \begin{cases} 1 & \text{若选中第 } j \text{ 个方案} \\ 0 & \text{若没选中第 } j \text{ 个方案} \end{cases} \quad (j = 1,2,3)$$

则该问题的数学模型为：

$$\max z_1 = 4x_1 + 2x_2 + 2x_3$$

$$\max z_2 = 7x_1 + 3x_2 + 7x_3$$

$$\begin{cases} 6x_1 + x_2 + 4x_3 \leqslant 7 \\ 4x_1 + 2x_2 + 2x_3 \leqslant 6 \\ x_1, x_2, x_3 = 0 \text{ 或 } 1 \end{cases}$$

由于该问题的决策变量是 0 – 1 变量，且有多个目标函数，故该问题是 0 – 1(整数)目标规划问题。

例 8-4 某工厂生产 A、B 两种产品，需要两种不同的原材料，每吨产品 A 对两种原材料的需要量分别为 8 和 7 单位，每吨产品 B 对两种原材料的需要量分别为 3 和 6 单位，每周可提供的两种原材料的总量分别为 1200 单位和 2000 单位。另外，生产 A 产品 x_1 吨消耗 $(x_1-2)^2$ 万元，生产 B 产品 x_2 吨消耗 $(x_2-3)^2$ 万元。工厂要求制定每周的生产计划，使生产两种产品的总消耗量尽可能地少，且使产品总量为最大。

解 设 A、B 两种产品的生产量分别为 x_1、x_2，总消耗量为 z_1，产品总量为 z_2，则该问题的数学模型为：

$$\min z_1 = (x_1-2)^2 + (x_2-3)^2$$

$$\max z_2 = x_1 + x_2$$

$$\begin{cases} 8x_1 + 3x_2 \leqslant 1200 \\ 7x_1 + 6x_2 \leqslant 2000 \\ x_1, x_2 \geqslant 0 \end{cases}$$

由于该问题有多个目标函数，且有一个是非线性目标函数，故该问题是一个非线性目标规划问题。

由上述几个例题可以看出，目标规划问题是管理工作、经济工作中常见的一类规划问题。那么，应该如何求解这类问题呢？1961 年，美国学者查恩斯(A. Charnes)和库伯(W. W. Cooper)首次在《管理模型及线性规划的工业应用》一书中提出了目标规划的概念，当时是作为求解一个没有可行解的线性规划问题的一种方法而引入的。1965 年，尤吉·艾吉里(Yuji. Ijiri)在处理多目标问题中各类不同目标之间的相互关系的问题时，引入了赋予各个目标一个优先因子及加权系数等概念，并进一步完善了目标规划的数学模型，而求解目标规划问题的方法则是由杰斯基莱恩(U. Jaashelaineu)和桑·李(Sang. Lee)提出并加以改进的。

二、目标规划的数学模型

1. 决策变量和偏差变量

(1)决策变量：又称控制变量，用 $X=(x_1, x_2, \cdots x_n)^{\mathrm{T}}$ 表示，其含义与线性规划中决策变量的含义相同，是需要做出选择或决定的量。

(2)偏差变量：用 d_k^+ 和 d_k^- $(k=1,2,\cdots,K)$ 表示，其含义是偏离或不满足目标要求的量。

d_k^+ 为正偏差变量：它表示实际决策值超过第 k 个目标值的数量，类似于线性规划中的剩余变量。

d_k^- 为负偏差变量：它表示实际决策值不足第 k 个目标值的数量，类似于线性规划中的松弛变量。

说明：

①在目标规划模型中，偏差变量是成对出现的，且一般来说，有几个目标要求，就有几对偏差变量。

②由于实际决策值不可能既超过目标值又不足目标值,所以在最终结果中必有:

$$d_k^+ \times d_k^- = 0 \quad (k = 1, 2, \cdots, K)$$

即成对的正负偏差变量 d_k^+ 和 d_k^- $(k = 1, 2, \cdots, K)$ 中必有一个为零。

2. 绝对约束和目标约束

(1)绝对约束:又称硬约束,是指必须严格满足的约束,不允许有任何偏差。在目标规划模型中,一般来讲,没有作为目标要求提出来的约束,都是绝对约束,都是必须满足的约束。

(2)目标约束:又称软约束,是目标规划中特有的一种约束。其特点是把目标要求作为约束条件来看待,把要达到的目标值作为该目标约束的右端常数,在追求此目标值时,允许有一定的偏差,要么是正偏差(超过目标值),要么是负偏差(不足目标值)。

3. 目标函数

目标函数是目标规划要求达到的目标,但与线性规划的目标函数不同,其特点是:目标函数用各项目标要求的偏差变量来描述,寻求尽可能满足各项目标要求的满意解。其表现形式为:

(1)目标函数由不同目标要求的偏差变量组成。

(2)求各个目标要求偏差变量和的极小值。

(3)由于有多个目标要求,所以用不同的优先因子 $P_k(k = 1, 2, \cdots, K)$ 来代表重要程度不同的目标的优先等级,即:

$$P_1 \gg P_2 \gg \cdots \gg P_k \quad (k = 1, 2, \cdots, K)$$

上式中,“≫”表示“优于”的意思,它表明 P_1 级目标绝对优于 P_2 级,P_2 级目标绝对优于 P_3 级……,等等。凡要求第一位达到的目标,就赋予优先因子 P_1,凡要求第二位达到的目标,就赋予优先因子 P_2……,如此等等。不过,在目标规划中,绝对约束(硬约束)总是要优于其他目标约束,因为它是必须满足的约束,不允许有任何的偏差,而目标约束则是软约束,是有一定的弹性的。

如果在同一级目标要求中,又有主次、轻重、缓急之分,则在该等级目标中,再采用权系数 W_j 加以区别,即:给它们一个权系数 W_j,越重要的目标,其权系数的值也就越大。

故目标规划中目标函数的一般形式为:

$$\min z = \sum_{l=1}^{L} P_l \left[\sum_{k=1}^{K} (W_{lk}^+ d_k^+ + W_{lk}^- d_k^-) \right]$$

说明:

具体到实际问题时,并不是每个目标函数都同时要求正、负偏差变量的极小值。那么,什么时候要求正偏差变量的极小值?什么时候要求负偏差变量的极小值?什么时候同时要求正、负偏差变量的极小值呢?

一般来说:

①若目标要求准确完成,既不超过,也不亏欠,则在目标函数中就同时要求正、负偏差变量都取极小值,即:$\min z = \sum P_1(d_k^+ + d_k^-)$。

②若目标要求允许超额,但不能亏欠,则在目标函数中就要求负偏差变量取极小值,即:$\min z = \sum P_1 d_k^-$。

③若目标不允许超额,但可以亏欠,则在目标函数中就要求正偏差变量取极小值,即:$\min z = \sum P_1 d_k^+$。

④目标规划目标函数中优先等级以及权系数的确定,常带有模糊性,一般采用专家评判的方法来确定。

4. 变量要求

目标规划要求所有的变量均为非负变量,包括决策变量和正、负偏差变量,即:

$$x_j \geqslant 0 \quad j=(1,2,\cdots,n)$$
$$d_k^+, d_k^- \geqslant 0 \quad (k=1,2,\cdots,K)$$

因此,对于有 n 个决策变量,m 个一般约束,K 个目标约束,目标函数中有 L 个优先因子的目标规划问题,其数学模型的一般表达式为:

$$\min z = \sum_{l=1}^{L} P_l \left[\sum_{k=1}^{K} (W_{lk}^+ d_k^+ + W_{lk}^- d_k^-) \right]$$

$$\begin{cases} \sum_{j=1}^{n} a_{ij}x_j \leqslant (=, \geqslant b_i) & (i=1,2,\cdots,m) \\ \sum_{j=1}^{n} c_{kj}x_j + d_k^- - d_k^+ = g_k & (k-1,2,\cdots,K) \\ x_j \geqslant 0 & (j=1,2,\cdots,n) \\ d_k^-, d_k^+ \geqslant 0 & (k=1,2,\cdots,K) \end{cases}$$

我们再来考虑前面讨论过的几个例题,建立其目标规划的数学模型如下:

例 8-5　建立例 8-1 的目标规划模型

设两种产品的产量分别为 x_1、x_2,总的目标偏差量为 z,d_k^+ 和 d_k^- $(k=1,2,3)$ 分别为正负偏差变量。

题目提出的目标要求为:

P_1 级目标:产品 A 的产量不超过产品 B(即超过的部分要尽可能地小);

P_2 级目标:尽可能使总利润达到 3000 元(即达不到的部分要尽可能地小);

P_3 级目标:尽可能充分利用 30kg 的原料丙,且不允许超过(即要求准确达到,既不能超过,又不能剩余)。

则该问题的目标规划模型为:

$$\min z = P_1 d_1^+ + P_2 d_2^- + P_3 (d_3^- + d_3^+)$$

$$\begin{cases} x_1 - x_2 + d_1^- - d_1^+ = 0 & (1) \\ 60x_1 + 70x_2 + d_2^- - d_2^+ = 3000 & (2) \\ x_2 + d_3^- - d_3^+ = 30 & (3) \\ 2x_1 + 3x_2 \leqslant 120 & (4) \\ 2x_1 + x_2 \leqslant 80 & (5) \\ x_1, x_2, d_k^1, d_k^+ \geqslant 0 \quad (k = 1,2,3) \end{cases}$$

该问题的前 3 个约束是目标约束(软约束),是可能达得到,也可能达不到的约束;后两个约束是绝对约束(硬约束),是必须达到的约束。

例 8-6　建立例 8-2 的目标规划模型

设两种原料的采购量分别为 x_1、x_2,总的目标偏差量为 z,d_k^+ 和 d_k^- $(k=1,2,3)$ 分别为正负偏差变量。

题目提出的目标要求为:

P_1 级目标:采购费用不超过 200 元;

P_2 级目标:采购量尽可能达到 100kg。

则该问题的目标规划模型为：

$$\min z = P_1 d_1^+ + P_2 d_2^-$$

$$\begin{cases} x_1 \geqslant 50 \\ 2x_1 + x_2 + d_1^- - d_1^+ = 200 \\ x_1 + x_2 + d_2^- - d_2^+ = 100 \\ x_1, x_2, d_k^-, d_k^+ \geqslant 0 \quad (k = 1,2) \end{cases}$$

例 8-7 对于例 2-1 我们已经很熟悉了，它是一个线性规划问题。设甲、乙两种产品的产量分别为 x_1、x_2，总利润为 W，则该问题的数学模型为：

$$\max W = 7x_1 + 15x_2$$

$$\begin{cases} x_1 + x_2 \leqslant 6 \\ x_1 + 2x_2 \leqslant 8 \\ x_2 \leqslant 3 \\ x_1, x_2 \geqslant 0 \end{cases}$$

若从以下几个方面重新考虑上述问题：

(1)要求甲产品每天的生产量不少于 2 个单位，乙产品每天的生产量不少于 3 个单位，其权系数以两种产品的单位利润而定。

(2)尽可能达到计划利润指标 60 元。

则应如何建立该问题的数学模型?

解 显然，这是一个目标规划问题。设两种产品的产量分别为 x_1、x_2，总的目标偏差量为 z，d_k^+ 和 d_k^- $(k=1,2,3)$分别为正负偏差变量。则该问题的目标规划模型为：

$$\min z = P_1(7d_1^- + 15d_2^-) + P_2 d_3^-$$

$$\begin{cases} x_1 + d_1^- - d_1^+ = 2 & (1) \\ x_2 + d_2^- - d_2^+ = 3 & (2) \\ 7x_1 + 15x_2 + d_3^- - d_3^+ = 60 & (3) \\ x_1 + x_2 \leqslant 6 & (4) \\ x_1 + 2x_2 \leqslant 8 & (5) \\ x_2 \leqslant 3 & (6) \\ x_1, x_2, d_k^-, d_k^+ \geqslant \quad (k = 1,2,3) \end{cases}$$

上述模型中，前 3 个约束为目标约束，后 3 个约束为绝对约束。

例 8-8 某一投资者有资金 50000 元，欲进行投资，并希望使投资的年息最大。为此，他考虑了以下几个投资项目：

(1)至少投资 20000 元购买利息为 6% 的政府公债。

(2)至少用 5000 元，至多用 15000 元购买利息为 5% 的信用卡。

(3)最多用 10000 元购买随时可兑换现款的股票，股票平均利息为 8%。

(4)希望至少用 10000 元购买某企业债券，利息为 7%。

试建立该问题的数学模型。

解 设：x_1 为购买政府公债的投资数；x_2 为购买信用卡的投资数；

x_3 为购买股票的投资数；　　x_4 为购买企业债券的投资数；

(1)将该问题作为线性规划问题来考虑,用 z 表示总的利息收入,则可得该问题的线性规划模型如下:

$$\max z = 0.06x_1 + 0.05x_2 + 0.08x_3 + 0.07x_4$$

$$\begin{cases} x_1 + x_2 + x_3 + x_4 \leqslant 50000 & (1) \\ x_1 \geqslant 20000 & (2) \\ x_2 \geqslant 5000 & (3) \\ x_2 \leqslant 15000 & (4) \\ x_3 \leqslant 10000 & (5) \\ x_4 \geqslant 30000 & (6) \\ x_1, x_2, x_3, x_4 \geqslant 0 \end{cases}$$

显然,该问题无解。因为检查约束条件(1)、(2)、(3)、(6)可知,该问题不可行,即无可行解,因而无最优解,说明该投资者没有足够的钱来满足他的所有投资愿望。

既然无法在现有的资金条件下得到使所有愿望都满足的最优解,那么投资者自然希望知道,应该怎样做,才能够比较接近自己的愿望,即怎样才能够找到一个较为满意的解。

(2)将该问题作为目标规划问题来考虑,用 z 表示决策变量与各目标之间的偏差总量,并按如下顺序考虑各目标要求:

P_1 级目标:投资总额不超过 50000 元;

P_2 级目标:至少投资 20000 元购买利息为 6% 的政府公债;至少用 5000 元,至多用 15000 元购买利息为 5% 的信用卡;且投资者认为购买信用卡比购买公债重要 2 倍;

P_3 级目标:尽可能用 10000 元购买利息为 7% 的某企业债券;

P_4 级目标:尽可能用 10000 元购买随时可兑换现款的股票,股票平均利息为 8%;且希望每年的利息总收入尽可能达到 4000 元。

则建立该问题的目标规划模型如下:

$$\min z = P_1 d_1^+ + P_2(d_2^- + 2d_3^- + 2d_4^+) + P_3 d_6^- + P_4(d_5^- + d_7^-)$$

$$\begin{cases} x_1 + x_2 + x_3 + x_4 + d_1^- - d_1^+ = 50000 & (1) \\ x_1 + d_2^- - d_2^+ = 20000 & (2) \\ x_2 + d_3^- - d_3^+ = 5000 & (3) \\ x_2 + d_4^- - d_4^+ = 15000 & (4) \\ x_3 + d_5^- - d_5^+ = 10000 & (5) \\ x_4 + d_6^- - d_6^+ = 30000 & (6) \\ 0.06x_1 + 0.05x_2 + 0.08x_3 + 0.07x_4 + d_7^- - d_7^+ = 4000 & (7) \\ x_1, x_2, x_3, x_4, d_k^-, d_k^+ \geqslant 0 \quad (k = 1, 2, \cdots, 7) \end{cases}$$

求解上述问题,可得满意解为:

$$x_1^* = 20000, x_2^* = 5000, x_3^* = 0, x_4^* = 25000$$

$$d_1^+ = 0, d_2^- = 0, d_3^- = 0, d_4^+ = 0, d_5^- = 10000, d_6^- = 5000, d_7^- = 800$$

$$\text{年利息总收入} = 0.06 \times 20000 + 0.05 \times 5000 + 0.07 \times 25000 = 3200(\text{元})$$

即:P_1、P_2 级目标完全实现,而 P_3、P_4 级目标由于受资金的限制,不能够实现。

因此,我们得到了一个有意义的解,这个解能够较好地满足投资者的目标。虽然有部分目标未能实现,但在实际的决策问题中,某些目标不可能完全实现是很自然的事情。

三、目标规划的模型特点

由以上的讨论可知,目标规划的数学模型有以下特点:

1. 目标规划的灵活性

线性规划模型由于只考虑满足一组绝对约束条件下的单一目标要求,而现实问题往往要处理多种目标,所以,在许多实际应用问题中,线性规划模型就显得无能为力。而目标规划则比线性规划有更大的灵活性,目标规划能够统筹兼顾地处理多种目标之间的关系;还可以根据实际需要,对各种约束条件按轻重缓急来考虑;甚至在线性规划模型不能求解的情况下,目标规划模型往往能够求出较为切合实际的解。

2. 目标约束的"软"性

线性规划只有绝对约束,这些绝对约束构成线性规划问题的可行域。线性规划求解的前提,是要有一个满足所有约束条件的可行解域,而在实际问题中,可能存在相互矛盾的约束条件或相互矛盾的目标要求,对于这种情况,线性规划往往无法求出问题的解。而目标规划除了绝对约束外,还有目标约束,这是目标规划所特有的一种约束。表面上看起来,约束增多了,但实际上,这些约束是一种"软"约束,允许有一定的偏差。正是这种"软"的特性,才使得目标规划的求解成为可能,甚至可以求解目标之间相互矛盾、约束之间相互矛盾的目标规划问题。

3. 目标规划的可行解空间

若目标规划问题没有绝对约束,只有目标约束,且在不考虑任何级别的目标之前,目标规划的可行解空间一般是由第一象限中所有的点组成的,即满足 $x_j \geqslant 0(j=1,2,\cdots,n)$ 的点。这一点是与线性规划不同的,在线性规划中,可行解要满足所有的约束条件。

4. 目标规划的满意解

线性规划求得的是满足所有约束条件的最优解;而目标规划由于有多个目标,所以最终所求得的只能是尽可能满足各级目标的满意解,而且,目标规划问题一般不可能是无界的,在这一点上,两者是有区别的。

虽然目标规划求出的是一个满意的解,但这并不影响目标规划的应用。这是因为,决策者所制订的各项目标,并不一定能够完整、全面地考虑到所有的资源情况、市场情况以及其他各种因素的影响,制订的各项目标往往是一种理想化的情况。所以,重要的不是这些目标是否能够完全实现,而是通过对各种可能出现的约束情况进行讨论、计算,分析各级目标实现的可能性以及目标实现的程度,从而为正确的决策提供有利的依据。从这个意义上来说,可以认为,目标规划更能够确切地描述和解决经营管理中的许多实际问题,如经济计划、市场管理、生产管理、财务分析等。

四、目标规划的建模步骤

线性规划问题的建模步骤与方法同样适用于目标规划问题。只不过在建立目标规划问题的数学模型时,还要注意以下几个问题:

(1)根据问题所提出的各项目标与要求,列出目标等级,并赋予相应的优先因子,对同一优先因子级中的各偏差变量,又可根据要求赋予不同的权系数。

(2)要注意区别绝对约束与目标约束。

五、目标规划的基本作用

(1)在规定的条件下,能够判断目前投入的资源能否实现所规定的目标。

(2)在规定的条件下,能够判断各项既定目标实现的程度。

(3)可以对各种资源的投入情况、约束条件、既定目标、目标优先等级及权系数等进行组合、变换,进行模拟分析,以选择最佳的决策方案。

(4)决策者往往希望知道对资源的各种不同投入所发生的产出情况,因此,目标规划也很适合于投入产出分析、灵敏度分析。

总之,目标规划比线性规划有更大的灵活性,有许多优越性是线性规划所不能比拟的,可广泛用于各类经济活动的分析与决策。

第二节　目标规划的图解法

从上一节的讨论中我们知道,目标规划是解决多目标规划问题的。目标规划不仅存在多个目标,而且这些目标之间往往又是相互矛盾、相互冲突的,那么如何才能找到一个能使所有目标都比较满意的解呢?

查恩斯(A. Charnes)和库伯(W. W. Cooper)在提出目标规划概念的同时,还分析了线性规划不能解决多目标问题的原因,是由于人们的目标(计划)要求与现实资源条件之间存在着一定的偏差,所以就很难完全实现所有的目标。因此,他们创造性地引入了"目标偏差"的概念,求目标规划解的问题,就变成了求一个与所有的目标要求的偏差最小的解的问题。以后的科学家也正是在此基础上,进一步建立目标规划的数学模型,并提出目标规划的求解思路和求解方法的。

目标规划与线性规划一样,存在着图解法和单纯形法。图解法简单、直观,易于理解,但只能够求解两个变量的目标规划问题,更一般的目标规划问题的求解,还必须依靠单纯形法。

下面我们讨论目标规划的图解法。

一、图解法的步骤

(1)令模型中所有偏差变量的值为零,在直角平面坐标系中,画出所有约束直线(包括绝对约束与目标约束)。

(2)在目标约束直线上标出各目标约束正、负偏差变量增加的方向,用通过垂直于各目标约束的箭线来表示。

(3)若存在绝对约束,则首先找出所有绝对约束的公共区域,称为可行域。然后在可行域内逐次从 P_1 级目标开始,到 P_2 级目标,…,一直到 P_l 级目标,找满意的解空间,即找出尽可能满足各目标约束的满意解;

若不存在绝对约束,则直接从 P_1 级目标开始,到 P_2 级目标,…,一直到 P_l 级目标,找满意的解空间,即找出尽可能满足各目标约束的满意解。

(4)在满意解空间中,分析各级目标实现的程度以及某些目标未能完全实现的原因。

二、解法举例

例 8-9　用图解法求解例 8-5。

解 例 8-5 的目标规划模型为：

$$\min z = P_1 d_1^+ + P_2 d_2^- + P_3 (d_3^- + d_3^+)$$

$$\begin{cases} x_1 - x_2 + d_1^- - d_1^+ = 0 & (1) \\ 60x_1 + 70x_2 + d_2^- - d_2^+ = 3000 & (2) \\ x_2 + d_3^- - d_3^+ = 30 & (3) \\ 2x_1 + 3x_2 \leqslant 120 & (4) \\ 2x_1 + x_2 \leqslant 80 & (5) \\ x_1, x_2, d_k^1, d_k^+ \geqslant 0 \quad (k = 1,2,3) \end{cases}$$

(1)令模型中所有偏差变量的值为零，在直角平面坐标系中，画出所有约束直线，如图 8-1 所示。

(2)在约束直线上标出各约束条件正、负偏差变量增加的方向。此时，不需要标出所有的偏差变量的方向，只需标出目标函数中要求求极小的偏差变量的方向，并用通过垂直于各约束直线的箭头线来表示，如图 8-1 所示。

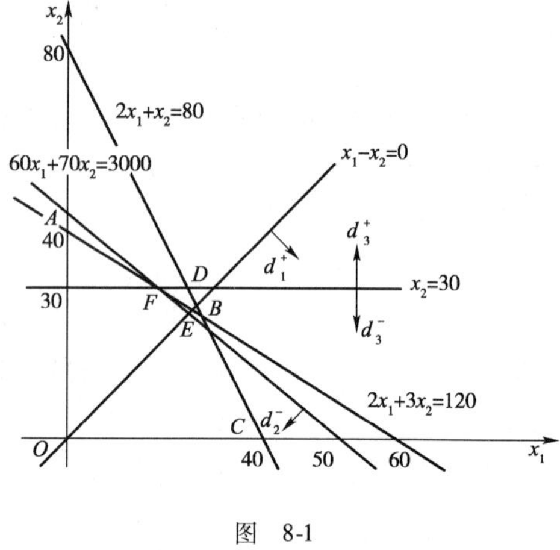

图 8-1

(3)由于该问题存在绝对约束，故首先找出所有绝对约束的公共区域，此公共区域为问题的可行域，如图 8-1 中的多边形 *OABC* 以内及其边界上。

然后在可行域内，逐次从 P_1 级目标开始，一直到 P_3 级目标，寻找使各级目标满意的解空间：

①P_1 级目标是要求实现 $\min d_1^+$，在多边形可行域 *OABC* 内，满足 P_1 级目标的满意解空间为区域 ΔOAD 内及其边界上。

②P_2 级目标是要求实现 $\min d_2^-$，在满足 P_1 级目标的满意解空间 ΔOAD 内及其边界上，考虑满足 P_2 级目标的满意解空间。由于此时要求 d_2^- 达到最小，故同时满足 P_1 级目标和 P_2 级目标的满意解空间为区域 ΔDEF 内及其边界上。

③P_3 级目标是要求实现 $\min(d_3^- + d_3^+)$，由于此时要求 d_3^+ 和 d_2^- 同时达到最小，故在满足 P_1 级目标和 P_2 级目标的满意解空间 ΔDEF 内及其边界上，考虑满足 P_3 级目标的满意解空间为点 *F*。

故满足所有约束条件(绝对约束和目标约束)的满意解为点 *F*(15,30)，该问题有唯一的满意解。

(4)分析各级目标实现的程度及其未能完全实现的原因。

①在点 *F*(15,30)，产品 *A* 生产 15 件，产品 *B* 生产 30 件，产品 *A* 的产量没有超过产品 *B*，满足 P_1 级目标；

②在点 *F*(15,30)，利润值为：$60 \times 15 + 70 \times 30 = 3000$(元)，满足 P_2 级目标；

③在点 *F*(15,30)，原料丙的利用量：$1 \times 30 = 30$(kg)，满足 P_3 级目标。

在点 *F*(15,30)，其目标约束中偏差变量的值为：

$$d_1^+ = 0, d_1^- = 15, d_2^+ = d_2^- = 0, d_3^+ = d_3^- = 0$$

故三级目标要求均完全实现。

例 8-10 用图解法求解例 8-6。

解 例 8-6 的目标规划模型为：

$$\min z = P_1 d_1^+ + P_2 d_2^-$$

$$\begin{cases} x_1 \geqslant 50 & (1) \\ 2x_1 + x_2 + d_1^- - d_1^+ = 200 & (2) \\ x_1 + x_2 + d_2^- - d_2^+ = 100 & (3) \\ x_1, x_2, d_k^-, d_k^+ \geqslant 0 \quad (k = 1,2) \end{cases}$$

(1)令模型中所有偏差变量的值为零，在直角平面坐标系中，画出所有约束直线，如图 8-2 所示。

(2)在约束直线上标出各约束条件正、负偏差变量增加的方向，仍然是只标出目标函数中要求求极小的偏差变量 d_1^+ 和 d_2^- 的方向，用通过垂直于约束(2)和约束(3)的箭头线来表示，如图 8-2 所示。

(3)绝对约束 $x_1 \geqslant 50$ 将问题的可行域限制在 $x_1 \geqslant 50$ 及 $x_2 = 0$ 所形成右半平面上，如图 8-2 中所示。

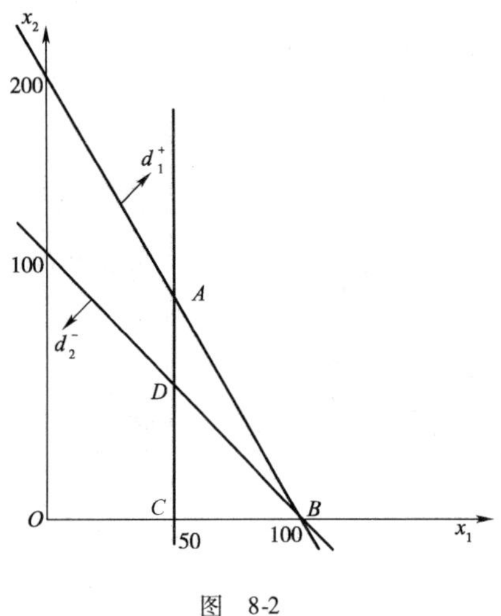

图 8-2

在可行域内，逐次从 P_1 级目标开始，一直到 P_2 级目标，寻找满意解空间：

①P_1 级目标是要求实现 $\min d_1^+$，在可行域内，满足 P_1 级目标的满意解空间为区域 ΔABC 内及其边界上。

②P_2 级目标是要求实现 $\min d_2^-$，在满足 P_1 级目标的满意解空间 ΔABC 内及其边界上，考虑满足 P_2 级目标的满意解空间。由于要求 d_2^- 达到最小，故同时满足 P_1 级目标和 P_2 级目标的满意解空间为 ΔABD 内及其边界上，即该问题有多个满意解。

(4)分析各级目标实现的程度及其未能完全实现的原因。

在两级目标都实现的满意解空间中，我们选择解空间的 3 个顶点来进行比较、分析：

①点 $A(50,100)$，即购进原料甲 50kg，原料乙 100kg，所花费用 200 元，购进原料总量 150kg。其目标约束中偏差变量的值为：

$$d_1^+ = d_1^- = 0, d_2^+ = 0, d_2^- = 50$$

②点 $B(100,0)$，即购进原料甲 100kg，不购进原料乙，所花费用 200 元，购进原料总量 100kg。其目标约束中偏差变量的值为：

$$d_1^+ = d_1^- = 0, d_2^+ - d_2^- = 0$$

③点 $D(50,50)$，即购进原料甲 50kg，原料乙 50kg，所花费用 150 元，购进原料总量 100kg。其目标约束中偏差变量的值为：

$$d_1^+ = 0, d_1^- = 0, d_2^+ = d_2^- = 0$$

B 点和 D 点两个方案中，显然应选择点 D，因为两个方案的采购总量均为 100kg，但方案 D 所花的费用小于方案 B。那么在方案 A 和方案 D 中，又应该如何选择呢？可以计算单位采购量所需费用来进行比较，方案 A 的单位采购量所需费用是 1.33(元/kg)，方案 D 的单位采购量所需费用是 1.50(元/kg)，根据花钱最少，采购量最多的原则，可知此时应该选择方案 A 为最佳采购方案。

例 8-11　已知某厂生产产品 A、B，单位产品所需加工工时均为 1，每天可利用工时为 50，产品的单位利润分别为 2 元、3 元，现提出如下要求：

(1)为满足市场需求，产品 A 的产量每天至少 30 件，产品 B 的产量每天至少 15 件，以两种产品的单位利润为权系数。

(2)充分利用每天的加工工时，且不允许加班。

(3)每天的总利润争取达到 180 元。

试根据上述条件，建立目标规划模型，并用图解法求解。

解　(1)设两种产品的日产量分别为 x_1、x_2，目标函数值为 z，由题目所给条件建立该问题的目标规划模型如下：

$$\min z = P_1(2d_1^- + 3d_2^-) + P_2(d_3^- + d_3^+) + P_4 d_4^-$$

$$\begin{cases} x_1 + d_1^- - d_1^+ = 30 & (1) \\ x_2 + d_2^- - d_2^+ = 15 & (2) \\ x_1 + x_2 + d_3^- - d_3^+ = 50 & (3) \\ 2x_1 + 3x_2 + d_4^- - d_4^+ = 180 & (4) \\ x_1, x_2, d_k^-, d_k^+ \geqslant 0 \quad (k = 1,2,3,4) \end{cases}$$

(2)用图解法求解如下：

①令模型中所有偏差变量的值为零，在直角平面坐标系中，画出所有约束直线，如图 8-3 所示。

②在约束直线上标出各约束条件正、负偏差变量增加的方向，而且只标出目标函数中要求求极小的偏差变量的方向，用通过垂直于各约束的箭头线来表示，如图 8-3 所示。

③逐次从 P_1 级目标开始，一直到 P_3 级目标，寻找满意解空间。

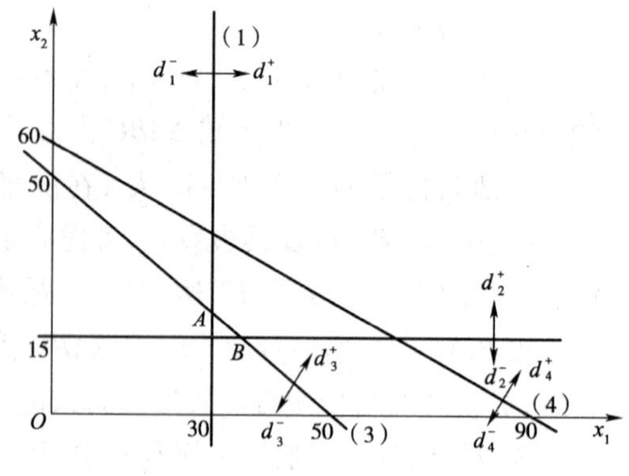

图　8-3

a. P_1 级目标是要求实现 $\min(2d_1^- + 3d_2^-)$，在这一级目标中，又分为两个子目标，首先考虑 d_2^- 尽可能地小，因为其权系数大于 d_1^-，故满足 P_1 级目标的满意解空间为 $x_2 \geqslant 15$ 和 $x_1 \geqslant 30$ 所交的公共区域内及其边界上。

b. P_2 级目标是要求实现 $\min(d_3^- + d_3^+)$，在满足 P_1 级目标的满意解空间内及其边界上，考虑满足 P_2 级目标的满意解空间。由于要求 d_3^- 和 d_3^+ 同时达到最小，故同时满足 P_1 级目标和 P_2 级目标的满意解空间为线段 AB 上的点。

c. P_3 级目标是要求实现 $\min d_4^-$，在满足 P_1、P_2 两级目标的前提下，再来考虑满足 P_3 级目标的满意解空间，从图上可以看出，显然最接近 P_3 级目标的满意解是点 A，即该问题的满意解是 $x_1^* = 30, x_2^* = 20$。

④分析各级目标实现的程度及其未能完全实现的原因。

由满意解可知，P_1、P_2 级目标能完全实现，P_3 级目标未能实现，因为 $d_4^- = 60 > 0$。未能完全满足各级目标的原因是资源(工时)不足。

第三节　目标规划的单纯形法

与线性规划相比，目标规划的数学模型结构与线性规划的数学模型结构没有本质的区别，所以只需要结合目标规划本身的特点，对单纯形法稍加处理，就可以用单纯形法求解目标规划问题了。

一、目标规划的单纯形法

1. 基本思想

如果我们把目标规划中的正、负偏差变量作为线性规划中的松弛变量和剩余变量来看的话，目标规划与线性规划在求解时的最大差异就在于，目标规划存在多个具有不同优先等级的目标，那么在用单纯形法求解时应该如何考虑这种多目标性呢？

2. 最优性检验

用单纯形法求解线性规划时，由于线性规划问题只有一个目标，所以在单纯形表中是用一行检验数来反映目标是否达到最优的。用单纯形法求解目标规划时，必须考虑目标规划的多目标性。不过，目标规划虽然有若干个目标要求，但这些目标要求分为不同的等级，并且上一等级的目标要求绝对优于次一等级的目标要求。因此，在用单纯形法求解目标规划问题时，就不再是用一行检验数来检验是否达到了最优，而是用若干行检验数来反映目标是否最优，即形成一个目标函数的检验数矩阵。

若目标规划问题有 K 级目标，则应该有 K 行检验数。进行最优性检验时，分优先级进行，从 P_1 级目标开始，一直到 $P_k(k=1,2,\cdots,K)$ 级目标结束。但要注意是：目标规划的目标函数总是求极小值，所以当检验数 $c_j-z_j\geqslant 0$ 时为最优。

在检验 P_k 级目标时，可能会有如下 3 种情况：

(1)若检验数矩阵的 P_k 行系数均不小于 0，则 P_k 级目标已经满足，应转入对 P_{k+1} 级目标的检验。若 $k=K$，则计算结束。

(2)若检验数矩阵的 P_k 行中有小于 0 的元素，但其所在列的前 $k-1$ 行优先级目标的检验数中有等于 0 的，也有大于 0 的，即整个检验数列实际上已经不小于 0(因为 $P_{k-1}\gg P_k$)，则 P_k 级目标已经满足，再转入对第 P_{k+1} 级目标的检验。

(3)若检验数矩阵的 P_k 行中有小于 0 的元素，且它所在列的前 $k-1$ 行优先级目标的检验数全为零，即整个检验数列确实小于 0，则应以该检验数(若有多个元素小于 0，则取最小的元素或绝对值最大的元素)所对应的变量为入基变量，继续进行基变换。

二、算法举例

例 8-12　用单纯形法求解下面的目标规划问题

$$\min z=P_1d_1^+ + P_2(d_2^- + d_2^+) + P_3d_3^-$$

$$\begin{cases} 2x_1 + x_2 \leqslant 11 \\ x_1 - x_2 + d_1^- - d_1^+ = 0 \\ x_1 + 2x_2 + d_2^- - d_2^+ = 10 \\ 8x_1 + 10x_2 + d_3^- - d_3^+ = 56 \\ x_1, x_2, d_k^-, d_k^+ \geqslant 0 \quad (k=1,2,3) \end{cases}$$

解 与传统的单纯形法一样，首先要把所有的约束化成等式。在第一个约束中加入松弛变量 x_3，以松弛变量 x_3、偏差变量 d_k^- $(k=1,2,3)$ 为初始基变量，用单纯形法求解，如表 8-3 所示。

表 8-3

c_j		0	0	0	0	P_1	P_2	P_2	P_3	0	b	θ
C_B	X_B	x_1	x_2	x_3	d_1^-	d_1^+	d_2^-	d_2^+	d_3^-	d_3^+		
0	x_3	2	1	1	0	0	0	0	0	0	11	11
0	d_1^-	1	−1	0	1	−1	0	0	0	0	0	—
P_2	d_2^-	1	(2)	0	0	0	1	−1	0	0	10	5
P_3	d_3^-	8	10	0	0	0	0	0	1	−1	56	56/10
c_j-z_j		0	0	0	0	1	0	0	0	0	P_1	
		−1	−2	0	0	0	0	2	0	0	P_2	
		−8	−10	0	0	0	0	0	0	1	P_3	
0	x_3	3/2	0	1	0	0	−1/2	1/2	0	0	6	4
0	d_1^-	3/2	0	0	1	−1	1/2	−1/2	0	0	5	10/3
0	x_2	1/2	1	0	0	0	1/2	−1/2	0	0	5	10
P_3	d_3^-	(3)	0	0	0	0	−5	5	1	−1	6	2
c_j-z_j		0	0	0	0	1	0	0	0	0	P_1	
		0	0	0	0	0	1	1	0	0	P_2	
		−3	0	0	0	0	5	−5	0	1	P_3	
0	x_3	0	0	1	0	0	2	−2	−1/2	1/2	3	
0	d_1^-	0	0	0	1	−1	3	−3	−1/2	1/2	2	
0	x_2	0	1	0	0	0	4/3	−4/3	−1/6	1/6	4	
P_3	x_1	1	0	0	0	0	−5/3	5/3	1/3	−1/3	2	
c_j-z_j		0	0	0	0	1	0	0	0	0	P_1	
		0	0	0	0	0	1	1	0	0	P_2	
		0	0	0	0	0	0	0	1	0	P_3	

在初始表的检验数矩阵中，第一行检验数表示 P_1 级目标的优化情况，而第一行中的元素均已不小于 0，说明第一级目标已经达到最优，接下来要检验 P_2 级目标。

在初始表的第二行检验数中，存在两个小于 0 的元素，且这两个元素上一行的检验数均等于零，说明这两列检验数确实小于 0。取 $\min\{-1,-2\}=-2$ 对应的变量 x_2 为入基变量，并按照 θ 规则确定变量 d_2^- 为出基变量，继续迭代，得到第二个单纯形表。

在第二个单纯形表的检验数矩阵中，前两行的检验数均已不小于0，表示 P_1 级目标和 P_2 级目标均已达到最优。在第三行检验数中，虽然有两个元素小于0，但是其中(－5)所在列的前两行优先级目标的检验数均已不小于0，即整个检验数列实际上已经不小于0(因为 $P_1 \gg P_2 \gg P_3$)。而(－3)所在列的前两行优先级目标的检验数均等于零，说明这一列检验数确实小于0，故以该检验数对应的变量 x_1 为入基变量，并按照 θ 规则确定变量 d_3^- 为出基变量，继续迭代，得到第三个单纯形表(最终表)。

在最终表中，检验数矩阵中所有各行的检验数均满足最优性条件，所以得到了该问题的满意解。由于最终表中所有的检验数 $c_j - z_j$ 均不小于0，所以实际上求出的是一个最优解。

从最终表的检验数矩阵中可以看到，存在非基变量 d_3^+ 的检验数为零，且该满意解是非退化解，故该问题存在无穷多个满意解。以 d_3^+ 为入基变量，d_1^- 为出基变量，继续迭代，又可以得到另一个满意解 $(10/3, 10/3)^T$，这两个满意解的凸组合上的点都是满意解。求解过程如表8-4所示。

表8-4

0	x_3	0	0	1	-1	1	-1	1	0	0	1
0	d_3^+	0	0	0	2	-2	6	-6	-1	1	4
0	x_2	0	1	0	-1/3	1/3	1/3	-1/3	0	010/3	
P_3	x_1	1	0	0	2/3	-2/3	1/3	-1/3	0	0	10/3
		0	0	0	0	1	0	0	0	0	P_1
$c_j - z_j$		0	0	0	0	0	1	1	0	0	P_2
		0	0	0	0	0	0	0	1	0	P_3

例8-13 用单纯形法求解下面的目标规划问题

$$\min z = P_1(d_1^- + d_2^+) + P_2 d_3^-$$

$$\begin{cases} x_1 + d_1^- - d_1^+ = 10 \\ 2x_1 + x_2 + d_2^- - d_2^+ = 40 \\ 3x_1 + 2x_2 + d_3^- - d_3^+ = 100 \\ x_1, x_2, d_k^-, d_k^+ \geqslant 0 \quad (k = 1,2,3) \end{cases}$$

解 以偏差变量 $d_k^-(k=1,2,3)$ 为初始基变量，用单纯形法求解如表8-5所示。

在初始表的检验数矩阵中，第一行检验数表示 P_1 级目标的优化情况，且第一行中变量 x_1 的检验数小于0，说明第一级目标就没有达到最优。以该检验数对应的变量 x_1 为入基变量，并按照 θ 规则确定变量 d_1^- 为出基变量，继续迭代，得到第二个单纯形表。

在第二个单纯形表的检验数矩阵中，第一行的检验数均已不小于0，表示 P_1 级目标已达到最优。在第二行检验数中，有两个元素小于0，且这两个元素上一行的检验数均等于零，说明这两列检验数确实小于0。取 $\min\{-2, -3\} = -3$ 对应的变量 d_1^+ 为入基变量，并按照 θ 规则确定变量 d_2^- 为出基变量，继续迭代，得到第三个单纯形表。

表 8-5

c_j		0	0	P_1	0	0	P_1	P_2	0	b	θ
C_B	X_B	x_1	x_2	d_1^-	d_1^+	d_2^-	d_2^+	d_3^-	d_3^+		
P_1	d_1^-	(1)	0	1	-1	0	0	0	0	10	10
0	d_2^-	2	1	0	0	1	-1	0	0	40	20
P_2	d_3^-	3	2	0	0	0	0	1	-1	100	100/3
$c_j - z_j$		-1	0	0	1	0	1	0	0	P_1	
		-3	-2	0	0	0	0	0	1	P_2	
0	x_1	1	0	1	-1	0	0	0	0	10	—
0	d_2^-	0	1	-2	(2)	1	-1	0	0	20	10
P_2	d_3^-	0	2	-3	3	0	0	1	-1	70	70/3
$c_j - z_j$		0	0	1	0	0	1	0	0	P_1	
		0	-2	3	-3	0	0	0	1	P_2	
0	x_1	1	1/2	0	0	1/2	-1/2	0	0	20	40
0	d_1^+	0	(1/2)	-1	1	1/2	-1/2	0	0	10	20
P_2	d_3^-	0	1/2	0	0	-3/2	3/2	1	-1	40	80
$c_j - z_j$		0	0	1	0	0	1	0	0	P_1	
		0	-1/2	0	0	3/2	-3/2	0	1	P_2	
0	x_1	1	0	1	-1	0	0	0	0	10	
0	x_2	0	1	-2	2	1	-1	0	0	20	
P_2	d_3^-	0	0	1	-1	-2	2	1	-1	30	
$c_j - z_j$		0	0	1	0	0	1	0	0	P_1	
		0	0	-1	1	2	-2	0	1	P_2	

在第三个单纯形表的检验数矩阵中，第一行的检验数仍满足不小于 0，表示 P_1 级目标已达到最优。在第二行检验数中，虽然有两个元素小于 0，但是其中($-3/2$)所在列的前一行优先级目标的检验数均已不小于 0，即整个检验数列实际上已经不小于 0(因为 $P_1 \gg P_2 \gg P_3$)。而($-1/2$)所在列的前一行优先级目标的检验数均等于零，说明这一列检验数确实小于 0，故以该检验数对应的变量 x_2 为入基变量，并按照 θ 规则确定变量 d_1^+ 为出基变量，继续迭代，得到第四个单纯形表(最终表)。

在最终表中，虽然检验数满足最优性条件，得到了满意解，但是从检验数矩阵中我们可以看到，只有第一行的检验数不小于 0，而第二行检验数中仍存在着小于 0 的检验数，说明我们得到的仅仅只是该问题的满意解，而不是最优解。级目标并没有得到满足。

第四节　目标规划的对偶单纯形法

在线性规划理论中，对偶问题和对偶理论、对偶单纯形法有着极为重要的地位，同样，目标规划也存在对偶问题和对偶单纯形法。目标规划的对偶单纯形法不仅是一种求解目标规划的方法，而且在参数目标规划和进行目标规划的灵敏度分析中起着重要的作用。

与线性规划问题一样，在目标规划单纯形法的迭代过程中如果出现最优性条件满足，而可行性条件不满足的情况，就可以采用目标规划的对偶单纯形法求解。这里所讲的最优性条件是指：目标规划单纯形法迭代表中，每一个非基变量的各级目标的非零检验数中，有最高级别的那个检验数都是正数。这里所讲的可行性条件与线性规划完全一样，即在解这一列中不出现负数。

目标规划对偶单纯形法的计算步骤如下。

一、计算步骤

（1）检查目标规划单纯形表，如果检验数满足最优性条件，当前解满足可行性条件，则已得到问题的满意解；如果检验数满足最优性条件，但当前解不满足可行性条件，则可以采用对偶单纯形法。

（2）根据可行性条件，确定出基变量。选择出基变量的原则与线性规划单纯形法是一样的，即选择为负值的变量为出基变量。如果有两个以上的变量为负值，则选择值最小的或绝对值最大的变量为出基变量，从而确定主元行。

（3）根据最优性条件，确定入基变量。在这里，入基变量的选择比线性规划的对偶单纯形法要麻烦一些。因为这时不再是从一行检验数中进行选择，而是从若干行检验数中选择，而且还要结合目标要求的优先级别来考虑入基变量，选择入基变量的规则如下：

①确定了出基变量以后，在主元行中找出所有可能入基的变量（即主元行中为负值的元素对应的变量）。

②检查每一个可能入基变量的检验数，选择它们当中最高级别非零检验数对应的优先级别中具有最低优先级别的检验数所对应的变量为入基变量，从而确定主元列。

（4）根据主元行和主元列，确定主元素并进行迭代，得到新的单纯形表。

以上步骤如此反复，当同时满足最优性条件和可行性条件时，就得到了问题的满意解。

二、算法举例

下面结合例题来讨论目标规划问题的对偶单纯形法。

例 8-14　假设某目标规划问题的单纯形表如表 8-6 所示。

表 8-6

c_j		0	0	0	$2P_1$	0	$3P_1$	P_2	0	0	P_3	b
C_B	X_B	x_1	x_2	d_1^-	d_1^+	d_2^-	d_2^+	d_3^-	d_3^+	d_4^-	d_4^+	
0	x_2	0	1	0	−1	(−1)	1	0	0	0	0	−2
0	x_1	1	0	0	0	1	−1	0	0	0	0	12
P_2	d_3^-	0	0	−3	3	−2	2	1	−1	0	0	2
0	d_4^-	0	0	−1	1	0	0	0	0	1	−1	2
c_j-z_j		0	0	0	2	0	3	0	0	0	0	P_1
		0	0	3	−3	2	−2	0	1	0	0	P_2
		0	0	0	0	0	0	0	0	0	1	P_3

由于在 b 列存在负值（$x_2=-2$），所以该单纯形表对应的解不可行。又由于检验数满足最

优性条件,所以可以用对偶单纯形法继续求解。

首先选择 x_2 为出基变量,则第一行为主元行。再来寻找入基变量:按照对偶单纯形法的求解规则,用检验数行比上主元行中为负值的元素,并选择其中比值最小的元素对应的变量为入基变量。主元行中为负值的元素有两个,分别对应变量 d_1^+ 和 d_2^-。变量 d_1^+ 的最高级别非零检验数对应的优先级别是 P_1 级,而变量 d_2^- 的最高级别非零检验数对应的优先级别是 P_2 级,故选择这两个变量中最高级别非零检验数对应的优先级别中级别较低的变量 d_2^- 为入基变量。

以 x_2 为出基变量,d_2^- 为入基变量,用对偶单纯形法继续求解,求解过程如表 8-7 所示。

表 8-7

c_j		0	0	0	$2P_1$	0	$3P_1$	P_2	0	0	P_3	b
C_B	X_B	x_1	x_2	d_1^-	d_1^+	d_2^-	d_2^+	d_3^-	d_3^+	d_4^-	d_4^+	
0	d_2^-	0	-1	0	1	1	-1	0	0	0	0	2
0	x_1	1	1	0	-1	0	0	0	0	0	0	10
P_2	d_3^-	0	-2	-3	5	0	0	1	-1	0	0	6
0	d_4^-	0	0	-1	1	0	0	0	0	1	-1	2
$c_j - z_j$		0	0	0	2	0	3	0	0	0	0	P_1
		0	2	3	-5	0	0	0	1	0	0	P_2
		0	0	0	0	0	0	0	0	0	1	P_3

从表 8-7 可以看出,已经得到了满意解。

在用对偶单纯形法迭代的过程中,可能会遇到这样的情况,即在可能入基的变量中,有两个或两个以上变量的检验数对应的优先级别是一样的,那么该如何确定入基变量呢?我们仍然结合例题来讨论。

例 8-15 假设某目标规划问题的单纯形表如表 8-8 所示。

表 8-8

c_j		0	0	P_1	$3P_2$	P_2	P_3	b
C_B	X_B	x_1	x_2	d_1^-	d_1^+	d_2^-	d_2^+	
$3P_2$	d_1^+	-1	[-2]	-1	1	0	0	-4
P_2	d_2^-	0	1	1	0	1	0	0
P_3	d_2^+	1	-1	0	0	0	1	1
$c_j - z_j$		0	0	1	0	0	0	P_1
		3	5	2	0	0	0	P_2
		-1	1	0	0	0	0	P_3

由于在 b 列中存在负值($d_1^+ = -4$),所以该单纯形表对应的解不可行。又由于检验数满足最优性条件,所以可以用对偶单纯形法继续求解。

首先选择 d_1^+ 为出基变量,则第一行为主元行。再来寻找入基变量:按照对偶单纯形法的求解规则,在主元行中找出所有可能入基的变量,即主元行中为负值的元素对应的变量,分别对应变量 x_1、x_2 和 d_2^-。

检查这 3 个可能入基变量的检验数,变量 d_1^- 的最高级别非零检验数对应的优先级别是 P_1 级,而变量 x_1 和 x_2 的最高级别非零检验数对应的优先级别是 P_2 级,故应该在 x_1 和 x_2 这两个变量中再做选择。

由于 $\min\{-3/-1,5/-2\}=5/2$

故应选择变量 x_2 为入基变量，从而第二列为主元列，-2 为主元素。

以 x_2 为出基变量，d_1^+ 为入基变量，用对偶单纯形法继续求解，求解过程如表 8-9 所示。

在表 8-9 的第一个单纯形表中，得到的解仍然不满足可行性，故仍需继续迭代。此时，以 d_2^- 为出基变量，可能的入基变量有 x_1 和 d_1^-，由于变量 d_1^- 的最高级别非零检验数对应的优先级别是 P_1 级，而变量 x_1 的最高级别非零检验数对应的优先级别是 P_2 级，故选择这两个变量中最高级别非零检验数对应的优先级别中级别较低的变量 x_1 为入基变量，从而第一列为主元列，-1/2 为主元素。

在表 8-9 的第二个单纯形表中，得到的解仍然不满足可行性，故仍需继续迭代。此时，以 d_2^+ 为出基变量，可能的入基变量只有 d_1^-，故选择变量 d_1^- 为入基变量，从而第三列为主元列，-1 为主元素。

表 8-9

c_j		0	0	P_1	$3P_2$	P_2	P_3	b
C_B	X_B	x_1	x_2	d_1^-	d_1^+	d_2^-	d_2^+	
0	x_2	1/2	1	1/2	-1/2	0	0	2
P_2	d_2^-	[-1/2]	0	-1/2	1/2	1	0	-2
P_3	d_2^+	3/2	0	1/2	-1/2	0	1	3
c_j-z_j		0	0	1	0	0	0	P_1
		1/2	0	1/2	5/2	0	0	P_2
		3/2	0	-1/2	1/2	0	0	P_3
0	x_2	0	1	0	0	1	0	0
0	x_1	1	0	1	-1	-2	0	4
P_3	d_2^+	0	0	[-1]	1	3	1	-3
c_j-z_j		0	0	1	0	0	0	P_1
		0	0	0	3	1	0	P_2
		0	0	1	-1	-3	0	P_3
0	x_2	0	1	0	0	1	0	0
0	x_1	1	0	0	0	1	1	1
P_1	d_1^-	0	0	1	-1	-3	-1	3
c_j-z_j		0	0	0	1	3	1	P_1
		0	0	0	3	1	0	P_2
		0	0	0	0	0	1	P_3

又经过一次迭代，在表 8-9 的第三个单纯形表中，最优性条件和可行性条件都得到了满足，从而得到了该问题的满意解。

说明：

在前面两节中，我们讨论了目标规划的两种求解方法：单纯形法和对偶单纯形法，其他的求解方法还有多阶段目标规划方法、顺序目标规划方法、目标规划改进单纯形法等。这些方法都能够很好地求出目标规划问题的解，且有着各自的特点和适用范围。这些方法不仅为我们提供了求解目标规划的方法，而且能使我们更深刻地理解目标规划的特点，便于我们根据问题，灵活应用。

第五节　目标规划的灵敏度分析

在本章的第一节中，我们曾经指出过目标规划的几个基本作用，其中的第三个作用是：通过目标规划可以对资源的各种投入情况、约束条件、既定目标、目标优先等级及权系数等进行组合、变换，以及模拟分析，以选择最佳的决策方案。这个作用是目标规划的最主要的作用，即目标规划的灵敏度分析。从某种意义上来说，目标规划的灵敏度分析比线性规划的灵敏度分析更为重要，因为目标规划本身所解决的各类问题，更切合实际，更有意义，对工作更有指导作用和实际价值。

一、分析内容

目标规划的灵敏度分析与线性规划类似，研究的主要内容包括：

(1)约束条件(包括绝对约束和目标约束)右端常数发生变化时对原来满意解的影响。

(2)目标函数中各偏差变量的优先等级或权系数发生变化时对原来满意解的影响。

(3)约束条件中变量的系数发生变化时对原来满意解的影响。

(4)增加新的变量(或目标)时对原来满意解的影响。

(5)增加新的约束(或目标)时对原来满意解的影响。

以上各种的变化，可能会产生以下结果：

(1)满意解保持不变，即满意解所对应的基矩阵及基变量相应的取值都保持不变。

(2)满意解对应的基矩阵不变，但基变量的取值发生变化。

(3)满意解对应的基矩阵和基变量都发生变化。

根据线性规划的有关理论，我们知道：

(1)约束条件(绝对约束和目标约束)右端常数的变化，只影响原问题的可行性。

(2)目标函数中偏差变量优先等级及权系数的变化，只影响原问题的最优性。

(3)约束条件中非基变量系数的变化，只影响原问题的最优性。

在以下的讨论中，我们以线性规划的灵敏度分析理论为基础，进一步将线性规划的灵敏度分析方法推广到目标规划中，进行目标规划的灵敏度分析。

为便于讨论，我们引进有关的符号，它与线性规划灵敏度分析的有关符号极为相似。

将目标规划的标准型记为：

$$\min z = C_B X_B + C_N X_N$$

$$\begin{cases} BX_B + NX_N = b \\ X_B, X_N \geqslant 0 \end{cases}$$

式中：X_B——基变量；

X_N——非基变量；

B——基矩阵；

N——非基矩阵；

b——常数项；

C_B——基变量的价值系数；

C_N——非基变量的价值系数。

下面举例说明。

二、分析举例

例 8-16 某厂生产 A、B 两种产品，单位产品需要加工工时分别为 1、2，单位利润分别为 2、1（百元），现提出如下目标：

（1）每天的加工工时不超过 8 小时。

（2）争取使每天生产产品 A 和产品 B 的利润不低于 1000 元。

（3）每天生产的产品 A 和产品 B 的总产量至少为 6 个单位。

试建立该问题的目标规划模型，并用单纯形法求出满意解。

解 设 x_1、x_2 分别为产品 A 和产品 B 的日产量，z 为总的偏差量，则该问题的数学模型如下：

$$\min z = P_1 d_1^+ + P_2 d_2^- + P_3 d_3^-$$

$$\begin{cases} x_1 + 2x_2 + d_1^- - d_1^+ = 8 & (1) \\ 2x_1 + x_2 + d_2^- - d_2^+ = 10 & (2) \\ x_1 + x_2 + d_3^- - d_3^+ = 6 & (3) \\ x_1, x_2, d_k^-, d_k^+ \geqslant 0 \quad (k = 1,2,3) \end{cases}$$

用单纯形法求解如表 8-10 所示。

表 8-10

c_j		0	0	0	P_1	P_2	0	P_3	0	b	θ
C_B	X_B	x_1	x_2	d_1^-	d_1^+	d_2^-	d_2^+	d_3^-	d_3^+		
0	d_1^-	1	2	1	−1	0	0	0	0	8	8
P_2	d_2^-	[2]	1	0	0	1	−1	0	0	10	5
P_3	d_3^-	1	1	0	0	0	0	1	−1	6	6
$c_j - z_j$		0	0	0	1	0	0	0	0	P_1	
		−2	−1	0	0	0	1	0	0	P_2	
		−1	−1	0	0	0	0	0	1	P_3	
0	d_1^-	0	3/2	1	−1	−1/2	1/2	0	0	3	2
0	x_1	1	1/2	0	0	1/2	−1/2	0	0	5	10
P_3	d_3^-	0	[1/2]	0	0	−1/2	1/2	1	−1	1	2
$c_j - z_j$		0	0	0	1	0	0	0	0	P_1	
		0	0	0	0	1	0	0	0	P_2	
		0	−1/2	0	0	1/2	−1/2	0	1	P_3	
0	d_1^-	0	0	1	−1	1	−1	−3	3	0	
0	x_1	1	0	0	0	1	−1	−1	1	4	
0	x_2	0	1	0	0	−1	1	2	−2	2	
$c_j - z_j$		0	0	0	1	0	0	0	0	P_1	
		0	0	0	0	1	0	0	0	P_2	
		0	0	0	0	0	0	1	0	P_3	

经过迭代，得到满意解（方案 1）为 $X^* = (4,2)^{\mathrm{T}}$，总利润为 1000 元。且有：$d_1^+ = d_2^- = d_3^- = 0$，即各级目标均完全实现。又由 $d_1^- = 0$ 可知，8 个工时全部用完。

1. 约束条件右端常数的变化

例 8-17　根据市场情况，管理者需要了解以下情况：

(1)若要求每天的生产总利润比现在提高 20%，原来的满意解有什么变化？

(2)若要求每天生产的产品 A 和产品 B 的总产量至少为 8 个单位，原来的满意解有什么变化？

解　(1)由表 8-10 可知，满意解对应的基矩阵的逆矩阵为：

$$B^{-1}=\begin{bmatrix}1 & 1 & -3\\0 & 1 & -1\\0 & -1 & 2\end{bmatrix}$$

由于

$$b=\begin{bmatrix}8\\10\\6\end{bmatrix}\rightarrow b'=\begin{bmatrix}8\\12\\6\end{bmatrix}$$

则

$$B^{-1}b\rightarrow B^{-1}b'=\begin{bmatrix}1 & 1 & -3\\0 & 1 & -1\\0 & -1 & 2\end{bmatrix}\begin{bmatrix}8\\12\\6\end{bmatrix}=\begin{bmatrix}2\\6\\0\end{bmatrix}$$

可知，解的可行性不变，从而基矩阵不变。但满意解(方案 2)变为 $X^*=(6,0)^{\mathrm{T}}$，总利润为：$2\times6+1\times0=1200$ 元。

又由于此时 $d_1^-=2$，可知，有两个加工工时的剩余，即只需要 6 个加工工时就可以达到目标要求了，且总利润比原来还高出 200 元。显然，若不强调两种产品都必须生产的话，方案 2 优于方案 1。

(2)由于

$$b=\begin{bmatrix}8\\10\\6\end{bmatrix}\rightarrow b'=\begin{bmatrix}8\\10\\8\end{bmatrix}$$

则

$$B^{-1}b\rightarrow B^{-1}b'=\begin{bmatrix}1 & 1 & -3\\0 & 1 & -1\\0 & -1 & 2\end{bmatrix}\begin{bmatrix}8\\10\\8\end{bmatrix}=\begin{bmatrix}-6\\2\\6\end{bmatrix}$$

可知，原来的满意解不再可行，将表 8-10 最终表中的常数列改为 $B^{-1}b'$，用对偶单纯形法继续迭代，如表 8-11 所示。

经过迭代，得到新的满意解(方案 3)为 $X^*=(8,0)^{\mathrm{T}}$，总利润为 1600 元。同时，由 $d_2^+=6$ 可知，超额完成了利润指标要求。

由于 $d_1^+=d_2^-=d_3^-=0$，故各级目标均完全实现。

将方案 3 与方案 1 相比可知，同样是用了 8 个工时，采用不同的生产方案，就会得到不同的利润。同样，若不强调两种产品都必须生产的话，方案 3 优于方案 1。

2. 目标函数中优先等级或权系数的变化

例 8-18　如果在例 8-16 中，管理者将目标要求改为：

表 8-11

c_j		0	0	0	P_1	P_2	0	P_3	0	b	θ
C_B	X_B	x_1	x_2	d_1^-	d_1^+	d_2^-	d_2^+	d_3^-	d_3^+		
0	d_1^-	0	0	1	−1	1	−1	[−3]	3	−6	
0	x_1	1	0	0	0	1	−1	−1	1	2	
0	x_2	0	1	0	0	−1	1	2	−2	6	
c_j-z_j		0	0	0	1	0	0	0	0	P_1	
		0	0	0	0	1	0	0	0	P_2	
		0	0	0	0	0	0	1	0	P_3	
P_3	d_3^-	0	0	−1/3	1/3	−1/3	[1/3]	1	−1	2	6
0	x_1	1	0	−1/3	1/3	2/3	−2/3	0	0	4	—
0	x_2	0	1	2/3	−2/3	−1/3	1/3	0	0	2	6
c_j-z_j		0	0	0	1	0	0	0	0	P_1	
		0	0	0	0	1	0	0	0	P_2	
		0	0	1/3	−1/3	1/3	−1/3	0	1	P_3	
0	d_2^+	0	0	−1	1	−1	1	3	−3	6	
0	x_1	1	0	−1	1	0	0	2	−2	8	
0	x_2	0	1	1	−1	0	0	−1	1	0	
c_j-z_j		0	0	0	1	0	0	0	0	P_1	
		0	0	0	0	1	0	0	0	P_2	
		0	0	0	0	0	0	1	0	P_3	

既要充分利用每天的 8 小时工时，又不能超出。那么，原来的满意解有什么变化?

解　这时，目标函数变为：

$$\min z = P_1(d_1^- + d_1^+) + P_2 d_2^- + P_3 d_3^-$$

由于基变量的优先级别发生了变化，所以会影响所有变量的检验数，此时要重新计算新的检验数。由表 8-10 可知：

$$C_B = (0,0,0) \rightarrow C'_B = (P_1,0,0)$$

则

$$\sigma'_N = C_N - C_B B^{-1} N$$

$$= (P_1,P_2,0,P_3,0) - (P_1,0,0)\begin{bmatrix} 1 & 1 & -3 \\ 0 & 1 & -1 \\ 0 & -1 & 2 \end{bmatrix}\begin{bmatrix} -1 & 0 & 0 & 0 & 0 \\ 0 & 1 & -1 & 0 & 0 \\ 0 & 0 & 0 & 1 & -1 \end{bmatrix}$$

$$= (P_1,P_2,0,P_3,0) - (-P_1,P_1,-P_1,-3P_1,3P_1)$$

$$= (2P_1,-P_1+P_2,P_1,3P_1+P_3,-3P_1)$$

由于存在为负值的检验数，所以原来的解发生变化。将表 8-10 最终表中的检验数改为新的检验数，用单纯形法继续迭代，如表 8-12 所示。

表 8-12

c_j		0	0	P_1	P_1	P_2	0	P_3	0	b	θ
C_B	X_B	x_1	x_2	d_1^-	d_1^+	d_2^-	d_2^+	d_3^-	d_3^+		
0	d_1^-	0	0	1	-1	1	-1	-3	[3]	0	0
0	x_1	1	0	0	0	1	-1	-1	1	4	4
0	x_2	0	1	0	0	-1	1	2	-2	2	—
$c_j - z_j$		0	0	0	2	-1	1	3	-3	P_1	
		0	0	0	0	1	0	0	0	P_2	
		0	0	0	0	0	0	1	0	P_3	
0	d_3^+	0	0	1/3	-1/3	1/3	-1/3	-1	1	0	
0	x_1	1	0	-1/3	1/3	2/3	-2/3	0	0	4	
0	x_2	0	1	2/3	-2/3	-1/3	1/3	1	0	2	
$c_j - z_j$		0	0	1	1	0	0	0	0	P_1	
		0	0	0	0	1	0	0	0	P_2	
		0	0	0	0	0	0	1	0	P_3	

经过迭代，基变量变了，但满意解没有变，仍然为 $X^* = (4,2)^T$，总利润为 1000 元。

且由于：$d_1^- = d_1^+ = d_2^- = d_3^- = 0$，故三级目标均得到了实现。

3. 增加新的约束（或目标）时的变化

例 8-19　在例 8-16 中，管理者根据市场情况，重新调整生产方案，要求产品 A 的产量不超过产品 B 的产量，且作为第四级目标要求。那么原来的满意解会发生什么样的变化？

解　这相当于在原来的模型中增加了新的目标约束：

$$x_1 - x_2 + d_4^- - d_4^+ = 0$$

且目标函数变为：

$$\min z = P_1 d_1^+ + P_2 d_2^- + P_3 d_3^- + P_4 d_4^+$$

则原来的模型变为：

$$\begin{cases} x_1 + 2x_2 + d_1^- - d_1^+ = 8 & (1) \\ 2x_1 + x_2 + d_2^- - d_2^+ = 10 & (2) \\ x_1 + x_2 + d_3^- - d_3^+ = 6 & (3) \\ x_1 - x_2 + d_4^- - d_4^+ = 0 & (4) \\ x_1, x_2, d_k^-, d_k^+ \geqslant 0 \quad (k = 1,2,3,4) \end{cases}$$

这时，原来模型中的目标函数与系数矩阵同时发生了变化，将新的约束加在表 8-10 的最终表中，并将基矩阵变换成单位矩阵，这时 b 列中出现负值，故用对偶单纯形法继续迭代，如表 8-13 所示。

表 8-13

c_j		0	0	0	P_1	P_2	0	P_3	0	0	P_4	b	θ
C_B	X_B	x_1	x_2	d_1^-	d_1^+	d_2^-	d_2^+	d_3^-	d_3^+	d_4^-	d_4^+		
0	d_1^-	0	0	1	−1	1	−1	−3	3	0	0	0	
0	x_1	1	0	0	0	1	−1	−1	1	0	0	4	
0	x_2	0	1	0	0	−1	1	2	−2	0	0	2	
0	d_4^-	1	−1	0	0	0	0	0	0	1	−1	0	
0	d_1^-	0	0	1	−1	1	−1	−3	3	0	0	0	
0	x_1	1	0	0	0	1	−1	−1	1	0	0	4	
0	x_2	0	1	0	0	−1	1	2	−2	0	0	2	
0	d_4^-	0	0	0	0	−2	2	3	−3	1	[−1]	−2	
$c_j - z_j$		0	0	0	1	0	0	0	0	0	0	P_1	
		0	0	0	0	1	0	0	0	0	0	P_2	
		0	0	0	0	0	0	1	0	0	0	P_3	
		0	0	0	0	0	0	0	0	0	1	P_4	
0	d_1^-	0	0	1	−1	1	−1	−3	[3]	0	0	0	0
0	x_1	1	0	0	0	1	−1	−1	1	0	0	4	4
0	x_2	0	1	0	0	−1	1	2	−2	0	0	2	—
P_4	d_4^+	0	0	0	0	2	−2	−3	3	−1	1	2	2/3
$c_j - z_j$		0	0	0	1	0	0	0	0	0	0	P_1	
		0	0	0	0	1	0	0	0	0	0	P_2	
		0	0	0	0	0	0	1	0	0	0	P_3	
		0	0	0	0	−2	2	3	−3	1	0	P_4	
0	d_3^+	0	0	1/3	−1/3	1/3	−1/3	−1	1	0	0	0	
0	x_1	1	0	−1/3	1/3	2/3	−2/3	0	0	0	0	4	
0	x_2	0	1	2/3	−2/3	−1/3	1/3	0	0	0	0	2	
P_4	d_4^+	0	0	−1	1	1	−1	0	0	−1	1	2	
$c_j - z_j$		0	0	0	1	0	0	0	0	0	0	P_1	
		0	0	0	0	1	0	0	0	0	0	P_2	
		0	0	0	0	0	0	1	0	0	0	P_3	
		0	0	1	−1	−1	1	0	0	1	0	P_4	

经过迭代,得到新的满意解为 $X^*=(4,2)^{\mathrm{T}}$,总利润为1000元。且由于 $d_1^+=d_2^-=d_3^-=0$,$d_4^+=2$,故 P_1、P_2、P_3 三级目标得到了实现,但 P_4 级目标没有实现。

4. 增加新的变量(或目标)时的变化

例 8-20 在例8-16中,根据市场调查,工厂的管理者决定生产一种新产品 C,单位产品 C 所需加工工时为1,单位利润为200元,要求每天生产这3种产品的总利润不低于1400元。此时,应如何修改原来的生产计划,使之满足工厂提出的目标要求?

解 这个题目由于系数改变的较多,故使得问题变得稍微有点复杂。

(1)增加新的产品 C,相当于在原来的模型中增加了一个新的变量,记为 x_3。

(2)要求生产产品的总利润为1400元,故常数 b 也发生了变化。

则原来的模型变为:

$$\min z=P_1d_1^+ + P_2d_2^- + P_3d_3^-$$

$$\begin{cases} x_1+2x_2+d_1^- - d_1^+ = 8 & (1)\\ 2x_1+x_2+d_2^- - d_2^+ = 14 & (2)\\ x_1+x_2+d_3^- - d_3^+ = 6 & (3)\\ x_1,x_2,d_k^-,d_k^+\geqslant 0 \quad (k=1,2,3) \end{cases}$$

首先考虑增加新的产品 C,其系数列向量为:

$$P_{x_3}=\begin{bmatrix}1\\2\\0\end{bmatrix}$$

由于

$$B^{-1}P_{x_3}=\begin{bmatrix}1 & 1 & -3\\0 & 1 & -1\\0 & -1 & 2\end{bmatrix}\begin{bmatrix}1\\2\\0\end{bmatrix}=\begin{bmatrix}3\\2\\-2\end{bmatrix}$$

则在表8-10的最终表中增加新的一列 $B^{-1}P_{x_3}$。又由于,

$$b=\begin{bmatrix}8\\10\\6\end{bmatrix}\rightarrow b'=\begin{bmatrix}8\\14\\6\end{bmatrix}$$

则

$$B^{-1}b\rightarrow B^{-1}b'=\begin{bmatrix}1 & 1 & -3\\0 & 1 & -1\\0 & -1 & 2\end{bmatrix}\begin{bmatrix}8\\14\\6\end{bmatrix}=\begin{bmatrix}4\\8\\-2\end{bmatrix}$$

将上述变化反映在表8-10中,用对偶单纯形法继续迭代,计算过程如表8-14所示。

经过迭代,得到新的满意解为 $X^*=(6,0,1)^{\mathrm{T}}$,总利润为1400元,且有 $d_1^+=d_2^-=d_3^-=0$,故三级目标均得到了实现。

以上我们是通过一个简单的例子,来说明目标规划灵敏度分析的原理、方法的。在实际的应用中,可以借助于计算机来完成上述计算。

由上述的讨论,我们可以看到,在实际的管理工作中,利用目标规划对资源的各种投入情况、约束条件、既定目标、目标优先等级及权系数等进行灵敏度分析,比线性规划方法更为方便、灵活。

表 8-14

c_j		0	0	0	P_1	P_2	0	P_3	0	0	b	θ
C_B	X_B	x_1	x_2	d_1^-	d_1^+	d_2^-	d_2^+	d_3^-	d_3^+	x_3		
0	d_1^-	0	0	1	−1	1	−1	−3	3	3	4	
0	x_1	1	0	0	0	1	−1	−1	1	2	8	
0	x_2	0	1	0	0	[−1]	1	2	−2	−2	−2	
$c_j - z_j$		0	0	0	1	0	0	0	0	0	P_1	
		0	0	0	0	1	0	0	0	0	P_2	
		0	0	0	0	0	0	1	0	0	P_3	
0	d_1^-	0	0	1	−1	0	0	−1	1	1	2	2/1
0	x_1	1	1	0	0	0	0	1	−1	0	6	—
P_2	d_2^-	0	−1	0	0	1	−1	−2	2	[2]	2	2/2
$c_j - z_j$		0	0	0	1	0	0	0	0	0	P_1	
		0	1	0	0	0	1	2	−2	−2	P_2	
		0	0	0	0	0	0	1	0	0	P_3	
0	d_1^-	0	3/2	1	−1	−1/2	1/2	0	0	0	1	
0	x_1	1	1	0	0	0	0	1	−1	0	6	
0	x_3	0	−1/2	0	0	1/2	−1/2	−1	1	1	1	
$c_j - z_j$		0	0	0	1	0	0	0	0	0	P_1	
		0	0	0	0	1	0	0	0	0	P_2	
		0	0	0	0	0	0	1	0	0	P_3	

小结

本章主要介绍了解决目标规划问题的思想和方法。首先，介绍了目标规划的基本概念，如目标规划的数学模型、模型特征、建模步骤等；然后，介绍了目标规划问题的图解法以及求解目标规划问题的单纯形法；最后，介绍了目标规划的对偶问题以及目标规划的灵敏度分析。

通过本章的学习，要掌握针对具体的情况，灵活运用各种方法来求解目标规划问题，注意比较与线性规划问题的异同。

思考题

1. 试述目标规划的数学模型与一般线性规划数学模型的相同点和异同点。
2. 试述目标规划的图解法与一般线性规划图解法的相同点和异同点。
3. 试述目标规划的单纯形法与一般线性规划单纯形法的相同点和异同点。
4. 通过实例解释下列概念：

(1)正偏差变量和负偏差变量;
(2)绝对约束和目标约束;
(3)优先因子和权系数。

5. 判断下列说法是否正确,并说明为什么:
(1)正偏差变量应取正值,负偏差变量应取负值;
(2)在目标规划模型中,应同时包含绝对约束和目标约束;
(3)线性规划是目标规划的一种特殊形式;
(4)线性规划是目标规划的一种扩展;
(5)目标规划不可能出现无界解的情况;
(6)当建立一个目标约束时,必须同时引入正、负偏差变量。

6. 为什么目标规划的目标约束中要加入偏差变量?

7. 正偏差变量与负偏差变量之间有什么区别? 为什么要求 $d_k^+ \times d_k^- = 0$?

8. 分析目标规划问题的多重解有什么实际意义?

9. 如何确定目标的优先等级?

10. 目标规划是否会无可行解? 是否会有无界解? 为什么?

11. 试举例说明目标规划的应用范围。

习 题 二

1. 考虑两条交通干线十字路口的红绿灯信号问题。红灯亮时,交通就要受阻,并发现,南北方向上的延误时间等于南北方向上红灯信号时间的3.5倍;而东西方向上的延误时间等于东西方向上红灯信号时间的2倍。交通工程师认为,在这两个方向上的绿灯时间必须绝对地大于10s。另外,他们希望南北方向和东西方向上的红灯时间之和小于30s。因此,问题就是怎样分配这两个方向上的红灯时间,使得交通干线受阻碍的延误时间最小(为简化问题,省略了黄灯)。提出的目标优先等级是:
(1)两个方向上的绿灯时间都必须大于10s,交通干线受阻碍的时间最小;
(2)两个方向上的红灯时间总和不超过30s;
(3)南北方向上的红灯时间尽可能最少。
试建立该问题的目标规划模型。

2. 某公司生产 A、B 两种产品,单位产品加工时数分别为3h和2h,每周生产时间共有120h,但是可以加班。单位产品的利润分别为10元和8元,若利用加班时间生产,则这两种产品的单位利润都要减少1元。公司提出如下目标要求:
(1)尽可能充分利用现有工时;
(2)每周的加班工时不超过40h;
(3)使总利润尽可能达到900元。
试建立该问题的目标规划模型。

3. 某工厂生产 A、B 两种产品,单位产品加工时数分别为2h和1h,每天可利用的加工台时数共有40h,单位产品的利润分别为3元和2元。工厂提出如下目标要求:
(1)每天生产产品 A 至少10件,且不超过每天现有的加工台时数;
(2)每天的总利润争取达到100元。
试建立该问题的目标规划模型。

4. 某投资公司有一笔资金，计划向交通、电力、石油等行业投资，这些投资有一定的风险性，其收益与投资额有关。经分析研究，各行业的各投资方案的风险因子及预期可能增加的收入如题表 2-1 所示。

题表 2-1

行　业	投资方案	风险因子	预期增加收入(%)
交通	1	0.2	0.5
	2	0.2	0.5
	3	0.3	0.3
	4	0.3	0.4
电力	5	0.4	0.6
	6	0.2	0.4
	7	0.5	0.6
石油	8	0.7	0.5
	9	0.6	0.1
	10	0.4	0.6
	11	0.1	0.3

公司提出以下要求：用于交通行业的投资额不超过总资金的 35%；用于电力行业的投资额不超过总资金的 15%；用于石油行业的投资额不超过总资金的 50%。其目标首先要考虑总风险不超过 0.2；其次考虑预期总收入至少增加 0.55%；然后再考虑各项投资总和不超过总资金额。应如何确定不同行业的各投资方案的投资比例，才能够达到上述要求？试建立该问题的目标规划模型。

5. 用图解法求解下列目标规划问题：

(1)
$$\min z = P_1(2d_1^+ + 3d_2^+) + P_2 d_3^- + P_3 d_4^+$$
$$\begin{cases} x_1 + x_2 + d_1^- - d_1^+ = 10 \\ x_1 + d_2^- - d_2^+ = 4 \\ 5x_1 + 3x_2 + d_3^- - d_3^+ = 56 \\ x_1 + x_2 + d_4^- - d_4^+ = 12 \\ x_1, x_2, d_k^-, d_k^+ \geqslant 0 \quad (k = 1,2,3,4) \end{cases}$$

(2)
$$\min z = P_1 d_1^+ + P_2 d_3^+ + P_3 d_2^+$$
$$\begin{cases} -x_1 + 2x_2 + d_1^- - d_1^+ = 4 \\ x_1 - 2x_2 + d_2^- - d_2^+ = 4 \\ x_1 + 2x_2 + d_3^- - d_3^+ = 8 \\ x_1, x_2, d_k^-, d_k^+ \geqslant 0 \quad (k = 1,2,3) \end{cases}$$

(3)
$$\min z = P_1 d_1^+ + P_2 d_2^- + P_3(d_3^- + d_3^+)$$
$$\begin{cases} 5x_2 + d_1^- - d_1^+ = 15 \\ x_1 + x_2 + d_2^- - d_2^+ = 5 \\ 6x_1 + 2x_2 + d_3^- - d_3^+ = 24 \\ x_1, x_2, d_k^-, d_k^+ \geqslant 0 \quad (k = 1,2,3) \end{cases}$$

(4)
$$\min z = P_1(d_1^- + d_2^+)$$
$$\begin{cases} x_1 + x_2 \leqslant 4 \\ 2x_1 + 4x_2 \leqslant 12 \\ x_1 \leqslant 3 \\ 3x_1 + 2x_2 + d_1^- - d_1^+ = 12 \\ 2x_1 + 3x_2 + d_2^- - d_2^+ = 12 \\ x_1, x_2, d_k^-, d_k^+ \geqslant 0 \quad (k = 1,2) \end{cases}$$

(5)
$$\min z = P_1(d_1^- + d_1^+) + P_2(d_2^- + d_2^+)$$
$$\begin{cases} x_1 + x_2 \leqslant 4 \\ x_1 + 2x_2 \leqslant 6 \\ 2x_1 + 3x_2 + d_1^- - d_1^+ = 18 \\ 3x_1 + 2x_2 + d_2^- - d_2^+ = 18 \\ x_1, x_2, d_k^-, d_k^+ \geqslant 0 \quad (k = 1,2) \end{cases}$$

(6)
$$\min z = P_1(d_1^- + d_1^+) + P_2 d_2^-$$
$$\begin{cases} x_1 + x_2 + d_1^- - d_1^+ = 10 \\ 3x_1 + 4x_2 + d_2^- - d_2^+ = 50 \\ 8x_1 + 10x_2 + d_3^- - d_3^+ = 300 \\ x_1, x_2, d_k^-, d_k^+ \geqslant 0 \quad (k = 1,2,3) \end{cases}$$

6. 用单纯形法求解下列目标规划问题:

(1)
$$\min z = P_1 d_1^- + P_2(d_2^- + d_2^+) + P_3 d_3^-$$
$$\begin{cases} x_1 + d_1^- - d_1^+ = 10 \\ 2x_1 + x_2 + d_2^- - d_2^+ = 40 \\ 3x_1 + 2x_2 + d_3^- - d_3^+ = 100 \\ x_1, x_2, d_k^-, d_k^+ \geqslant 0 \quad (k = 1,2,3) \end{cases}$$

(2)
$$\min z = P_1(d_1^+ + d_2^+) + P_2 d_3^- + P_3 d_4^+ + P_4(2d_1^- + 3d_2^-)$$
$$\begin{cases} x_1 + d_1^- - d_1^+ = 30 \\ x_2 + d_2^- - d_2^+ = 15 \\ 8x_1 + 12x_2 + d_3^- - d_3^+ = 1000 \\ x_1 + 2x_2 + d_4^- - d_4^+ = 40 \\ x_1, x_2, d_k^-, d_k^+ \geqslant 0 \quad (k = 1,2,3,4) \end{cases}$$

(3)
$$\min z = P_1(d_1^+ + d_2^+) + P_2 d_3^-$$
$$\begin{cases} x_1 + x_2 + d_1^- - d_1^+ = 1 \\ 2x_1 + 2x_2 + d_2^- - d_2^+ = 4 \\ 6x_1 - 4x_2 + d_3^- - d_3^+ = 50 \\ x_1, x_2, d_k^-, d_k^+ \geqslant 0 \quad (k = 1,2,3) \end{cases}$$

(4)
$$\min z = P_1 d_1^- + P_2 d_2^+ + P_3(d_3^- + d_3^+)$$
$$\begin{cases} 3x_1 + x_2 + x_3 + d_1^- - d_1^+ = 60 \\ x_1 - x_2 + 2x_3 + d_2^- - d_2^+ = 10 \\ x_1 + x_2 - x_3 + d_3^- - d_3^+ = 20 \\ x_1, x_2, x_3, d_k^-, d_k^+ \geqslant 0 \quad (k = 1,2,3) \end{cases}$$

7. 已知目标规划问题的约束条件如下：
$$\begin{cases} x_1 \leqslant 6 \\ 2x_1 - x_2 + d_1^- - d_1^+ = 2 \\ 2x_1 - 3x_2 + d_2^- - d_2^+ = 6 \\ x_1, x_2, d_k^-, d_k^+ \geqslant 0 \quad (k = 1,2) \end{cases}$$

求在下述各目标函数下的满意解：

(1) $\min z = P_1(d_1^- + d_1^+ + d_2^- + d_2^+)$

(2) $\min z = P_1(d_1^- + d_1^+) + P_2(d_2^- + d_2^+)$

(3) $\min z = P_1(d_1^- + d_1^+) + P_2 d_2^+$

(4) $\min z = P_1 d_1^- + P_2 d_2^+$

8. 给定目标规划问题：
$$\min z = P_1 d_1^- + P_2 d_2^+ + P_3 d_3^-$$
$$\begin{cases} -5x_1 + 5x_2 + 4x_3 + d_1^- - d_1^+ = 100 \\ -x_1 + x_2 + 3x_3 + d_2^- - d_2^+ = 20 \\ 12x_1 + 4x_2 + 10x_3 + d_3^- - d_3^+ = 90 \\ x_1, x_2, d_k^-, d_k^+ \geqslant 0 \quad (k = 1,2,3) \end{cases}$$

(1) 求该目标规划问题的满意解。

(2) 若第三个约束的右端为95，满意解有何变化？

(3) 若目标函数变为 $\min z = P_1(d_1^- + d_2^+) + P_3 d_3^-$，满意解有何变化？

(4) 若第二个约束的右端为45，满意解有何变化？

9. 考虑目标规划问题：
$$\min z = P_1(d_1^+ + d_2^+) + P_2(d_3^- + 2d_4^-) + P_3 d_1^-$$
$$\begin{cases} x_1 + d_1^- - d_1^+ = 20 \\ x_2 + d_2^- - d_2^+ = 35 \\ -5x_1 + 3x_2 + d_3^- - d_3^+ = 220 \\ x_1 - x_2 + d_4^- - d_4^+ = 60 \\ x_1, x_2, d_k^-, d_k^+ \geqslant 0 \quad (k = 1,2,3,4) \end{cases}$$

(1) 求该目标规划问题的满意解。

(2) 若第二个约束的右端为75，满意解有何变化？

(3) 若增加一个新的约束 $-4x_1 + x_2 + d_5^- - d_5^+ = 8$，要求尽可能达到目标值，并作为第一优先级考虑，满意解有何变化？

(4) 若增加新的变量 x_3，其系数列向量为 $(0,1,1,-1)^{\mathrm{T}}$，满意解有何变化？

10．有一产销不平衡的运输问题如题表 2-2 所示（c_{ij}为单位运价，单位：千元）：

题表 2-2

产地＼销地	B_1	B_2	B_3	供应量（万 t）
A_1	c_{11}	c_{21}	c_{31}	5
A_2	c_{12}	c_{22}	c_{32}	8
A_3	c_{13}	c_{23}	c_{33}	7
需求量（万 t）	8	6	10	20 ＼ 24

要求制订运输方案，使其满足以下指标：

（1）保证满足重点客户 B_3 的需求量；

（2）总运费不超过预算指标 660000 元；

（3）至少满足客户 B_1、B_2、B_3 需求量的 80%；

（4）由 A_3 至 B_1 的运输量按照合同规定应不少于 1 万 t；

（5）A_1 至 B_3 的道路危险，要尽量减少由 A_1 至 B_3 的供应量。

试建立该问题的目标规划模型。

11．某运输问题有关资料如题表2-3所示（单位：千元），

题表 2-3

产地＼销地	B_1	B_2	B_3	B_4	供应量（万 t）
A_1	3	6	5	2	12
A_2	2	4	4	1	10
A_3	4	3	6	3	10
需求量（万 t）	6	8	6	10	32 ＼ 30

要求制订运输方案，使其满足以下指标：

（1）产地 A_1 因受到库存限制，应尽量将产品全部调出；

（2）由于合同规定，B_4 的需求最好由 A_3 供应；

（3）满足各销地的需求量；

（4）调运总运费要尽可能地少。

试建立该问题的目标规划模型。

第三部分　整数规划

第九章　整数规划

整数规划是规划论中较新的一个分支，它是研究决策变量只能取整数这一类规划问题的。

在许多实际的规划问题中，决策变量仅在取整数值时才有意义。例如，要求的解是工人的人数、机器的台数、下料的根数，货物运输中的集装箱箱数、装货车皮数等。对于这种要求，可以在原来的规划问题中用增加变量"取整"的约束条件来反映。

在一个规划问题中，如果要求全部决策变量都为整数，则称为纯整数规划；如果仅要求部分决策变量为整数，其他决策变量可以为非整数，则称为混合整数规划。一般来说，整数规划是一个非线性规划问题。如果问题的约束条件和目标函数都是线性函数时，就称此问题是整数线性规划，这是本章的研究对象，简称整数规划。本章将首先介绍整数规划的特点及其两种求解方法，然后再研究两类特殊的整数规划问题。

第一节　整数规划的特点

先看一个例子：

例 9-1　现有甲、乙两种装运货物的货箱需要托运。这两种货箱的体积、质量、运输利润及托运限制如表 9-1 所示。

表 9-1

集装箱	体积(m^3)	质量(t)	利润(百元/箱)
甲	2	4	3
乙	3	2	2
托运限制	14	18	

问：两种货箱各托运多少件，可使获得的利润为最大？

若以 x_1, x_2 分别表示两种货箱的托运箱数，以 z 表示每次托运货箱所获得的利润，则该问题的数学模型为：

$$\max z = 3x_1 + 2x_2$$
$$\begin{cases} 2x_1 + 3x_2 \leqslant 14 \\ 4x_1 + 2x_2 \leqslant 18 \\ x_1, x_2 \geqslant 0 \\ x_1, x_2 \text{ 为整数} \end{cases} \tag{9-1}$$

由于托运箱数不能为分数，所以，除体积、质量、非负等限制外，加上了整数限制。因此，上述模型是一个整数线性规划问题。若不考虑整数约束，可得与该整数规划相对应的线性规划模型。

$$\max z = 3x_1 + 2x_2$$

$$\begin{cases} 2x_1 + 3x_2 \leqslant 14 & ① \\ 4x_1 + 2x_2 \leqslant 18 & ② \\ x_1, x_2 \geqslant 0 \end{cases} \tag{9-2}$$

整数线性规划与一般线性规划比较,具有下述特点:

(1)可行域为整数点集。整数规划的可行域仅是线性规划可行域中的整数点集,相邻整数点之间的区域不是可行域。这个特点不难从图9-1中看出。图9-1中标有"×"的点都是可行的整数解。

整数规划的这个特点告诉我们:

①如果与整数规划相对应的线性规划的可行域是有界凸集的话,则整数规划的可行解的个数是有限的。

②在整数解标有"×"的相邻点之间都不存在可行解。因此,不考虑这些区域,对求整数解没有影响。

③如果与整数规划相对应的线性规划无可行域的话,则整数规划也无可行域。

(2)目标函数值的优劣。整数规划的最优值不优于与之相对应的线性规划的最优值。即对于极大化问题,与整数规划相对应的线性规划的目标函数值,是该整数规划目标函数值的上界;而对于极小化问题,线性规划的目标函数值则是整数规划目标函数值的下界。

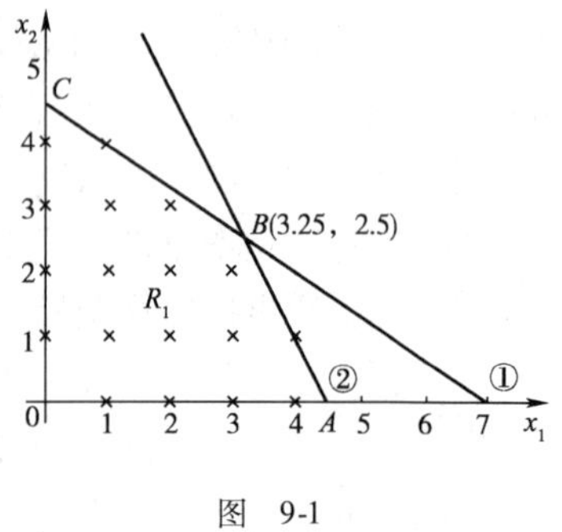

图 9-1

这个特点也不难从图9-1中看出。在用图解法求整数最优解时,等值线从非整数最优解 B 点向可行域内移动,这时 z 值改变、劣化。

(3)用枚举法、舍入取整法求解一般不可行。

①由整数规划的第一个特点可知,整数规划若有可行解的话,一般其个数是有限的。那么,当变量个数较少,且 x_j 的上限值不大时,不妨用枚举法一一列出有限个"×"点,代入目标函数后比较得出最优解。但当变量个数较多,且 x_j 的上限又很大时,用这种方法就不那么有效了。

②那么,用舍入取整的办法是否可行呢?

以例9-1为例,不考虑整数限制,解式(9-2)可得最优解为:

$$X^* = (3.25, 2.5)^{\mathrm{T}}$$

如果用"舍入取整"的"舍入"方法可求得:

$$X^{(1)} = (3, 3)^{\mathrm{T}}$$

但这个解已超出可行域的范围(不是可行解)。若用"取整"的方法,则得

$$X^{(2)} = (3, 2)^{\mathrm{T}}$$

这个解又离能够取得的最优整数解相差甚远。因此,"舍入取整"一般也不可行。

如何求得整数规划的最优解呢?这里我们介绍两种方法——分枝定界法和割平面法。

第二节　分枝定界法

分枝定界法是戴金(R. J. Dakin)在1960年提出的,是求解整数规划的常用算法,既可用来求解纯整数规划问题,又可用来求解混合整数规划问题。

一、基本思想

先求出相应的线性规划最优解，若此最优解不符合整数条件，则将原问题分枝为若干个子问题，继续求解，直到求出最优整数解。分枝定界法的分枝原则是利用上节所述整数规划的第一个特点，即相邻整数点之间无可行域，因而可以按相邻整数为边缘进行分枝。分枝定界法的算法依据在于上节所述的第二个特点。

二、解题步骤

下面以例9-1为例，说明分枝定界法的解题步骤。为了局限讨论范围，突出基本的求解方法，以下仅讨论分枝定界图解法。

步骤1 先不考虑变量的整数约束，记式(9-2)的线性规划问题为LP(1)，求出它的最优解为：

$$x_1 = 3.25, x_2 = 2.5$$

目标函数最优值为 $z_1 = 14.75$（图9-1）。图中区域 R_1 为可行域，最优解为点 $B(3.25, 2.5)$。$z_1 = 14.75$ 是整数规划问题(9-1)的上界，整数最优解应在可行域的整数点上。

步骤2 分枝过程。在非整数最优解中，任意选一个取分数值的变量，例如，选 x_1 进行分枝，构造两个新的约束条件：

$$x_1 \leqslant [3.25] \tag{9-3}$$

$$x_1 \geqslant [3.25] + 1 \tag{9-4}$$

其中，[3.25]表示不超过3.25的最大整数值。

将式(9-3)加到LP(1)中，构成线性规划问题LP(2)；将式(9-4)加到LP(1)中，构成线性规划问题LP(3)。

这时，LP(1)的可行域 R_1 去掉了不含整数解的 $3 < x_1 < 4$ 部分，并分成了 R_2 和 R_3 两个部分，分别代表LP(2)和LP(3)的可行域（图9-2）。

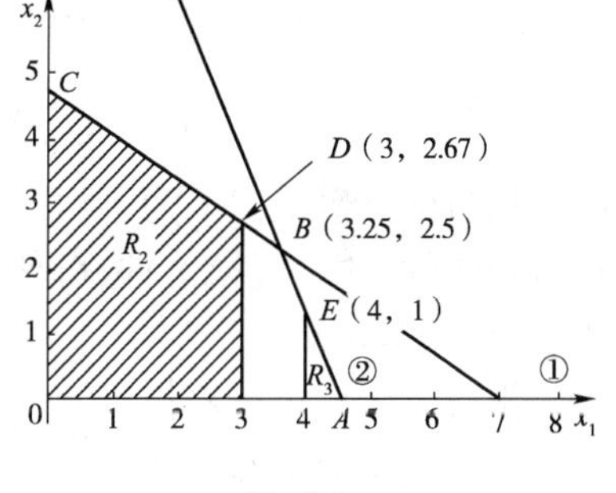

图 9-2

步骤3 求解分枝问题，求解LP(2)，得最优解为：

$$x_1 = 3, x_2 = 2.67$$

见图9-2中的点 $D(3, 2.67)$。相应的目标函数最优值为：

$$z_2 = 14.33$$

求解LP(3)，得最优解为：

$$x_1 = 4, x_2 = 1$$

见图9-2中的点 $E(4, 1)$。相应的目标函数最优值为：

$$z_3 = 14$$

分枝情况如图9-3所示。

步骤4 检查分枝问题。这时虽已求出LP(3)的解为整数解，但因

$$z_2 = 14.33 > z_3 = 14$$

所以，仍需对LP(2)继续进行分枝。

在LP(2)的解中，取 x_2 进行分枝（x_1 已是整数），构造两个新的约束条件：

$$x_2 \leqslant [2.67] \tag{9-5}$$

$$x_2 \geqslant [2.67] + 1 \tag{9-6}$$

将式(9-5)加到 LP(2)中,构成线性规则问题 LP(4);将式(9-6)加到 LP(2)中,构成线性规划问题 LP(5)。

这时,LP(2)的可行域 R_2 去掉了不含整数解的 $2<x_2<3$ 部分,并分成了 R_4 和 R_5 两个部分,分别代表 LP(4)和 LP(5)的可行域(图 9-4)。

求解 LP(4),得最优解为:

$$x_1 = 3, x_2 = 2$$

见图 9-4 中的点 $F(3,2)$。相应的目标函数最优值为:

$$z_4 = 13$$

求解 LP(5),得最优解为:

$$x_1 = 2.5, x_2 = 3$$

见图 9-4 中的点 $G(2.5,3)$。相应的目标函数最优值为:

$$z_5 = 13.5$$

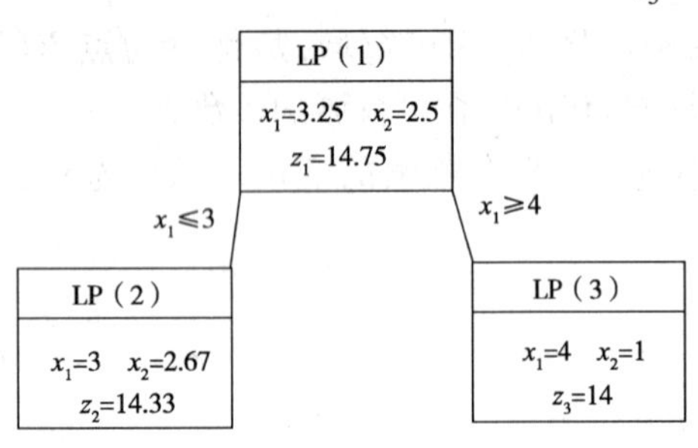

图 9-3

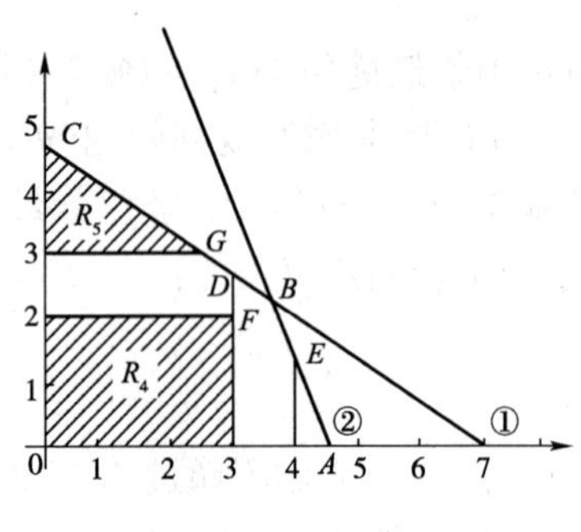

图 9-4

整个问题求解的分枝情况如图 9-5 所示。

由求解过程知,整数规划式(9-1)的最优解为:

$$x_1 = 4, x_2 = 1$$

相应的目标函数最优值为 $z=14$。即每天托运甲种货箱 4 件,乙种货箱 1 件,可使日收益最大,总收益值为 1400 元。

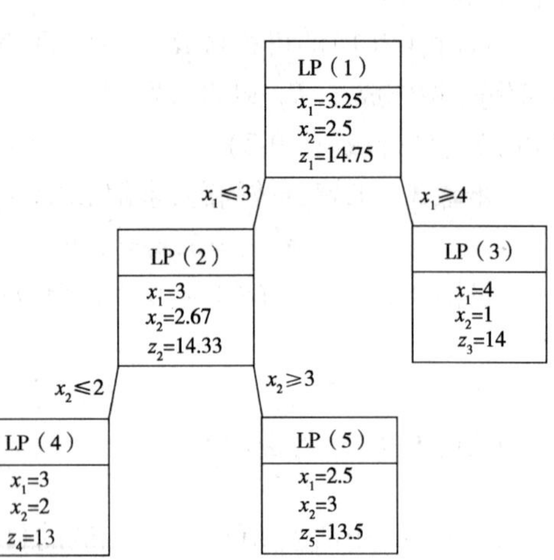

图 9-5

由上述例子可以看出,用分枝定界法解整数规划问题可按以下步骤进行:

第一步,不考虑整数约束,把原问题作为一般线性规划问题求解。

(1)若相应的线性规划问题无可行解,则整数规划无可行解。

(2)若求得的线性规划问题的解为整数解,则这个解就是整数规划的最优解。

(3)若求得的线性规划问题的解为非整数解,则转入第二步。

第二步,将整数规划问题分解为子问题,即进行“分枝”。在求出的非整数解中,任选一个分量,称为分枝变量,假定它是 x_j,其值等于 b_j。用下述方法构造两个子问题:在上面的线性规划问题中分别增加以下两个约束之一:

(1)$x_j \leqslant [b_j]$

(2) $x_j \geqslant [b_j]+1$

其中,$[b_j]$的数值为不大于 b_j 的最大整数。

第三步,求解分枝问题。

(1)若为两个变量的问题,则可用图解法求解。

(2)若变量个数大于2,则可用单纯形法求解。

第四步,检查分枝问题。

(1)如果在上一步骤中,仍未求出整数解,则按分枝问题目标函数值的优劣顺序继续分枝,直到求出整数解。

(2)如果在上一步骤中,求出了整数解,则可以此整数解的目标函数值为界,判定其他分枝问题是否需要继续分枝和确定哪个整数解为最优整数解。

三、算法讨论

(1)在分枝过程中,检查计算终止的标志。

①在计算过程中,若已得到了一个整数解 X^0,其相应的目标函数值为 z^0,且其他分枝所得的目标函数值 $z<z^0$,即可停止计算。因为进一步的分枝所得的最优值只能比 z 更差。

②相应的线性规划问题不可行(常常是由于可行域为空集),则停止计算。

(2)分枝变量的选取。在解题步骤中仅仅指出,可以从取分数值的变量中任意选取一个作为分枝变量,这就带有很大的随意性。分枝变量的不同选取方式可能会使整个问题的求解在繁简程度上有很大差异。那么究竟怎样恰当地选取分枝变量呢? 一般可从以下两个方面考虑:

①选取相应的线性规划解中具有较大分数值的变量作为分枝变量。

②对要求“取整”的变量按其重要程度(例如该变量在整数规划模型中代表比较重要的决策;该变量在目标函数中的利润系数远远大于其他变量的利润系数等)排定优先顺序,按优先顺序的先后选择分枝变量。

(3)若有若干个待求解的分枝,选择哪一个继续分枝比较适当呢?

一般来说,对于极大化问题,具有较大目标函数值的线性规划可行域内包含着比较好的整数解,因此,一般选取目标函数值较大的分枝继续分枝求解。

(4)如何用分枝定界法求解混合整数规划问题?

用分枝定界法求解混合整数规划的步骤同上。例如,在例 9-1 中,若只要求 x_1 为整数,则在进行第一次分枝后,求出的 LP(2)的解(见图 9-2 中的点 $D(3,2.67)$)就是问题的最优解。

(5)分枝定界法的优缺点。其求解过程可用一种树形图来形象地表达(图 9-5)。与原问题相对应的线性规划问题的最优解为树根,其目标函数值 z_1 为上界,按决策变量整数值分枝,探索到 z 值最优的整数解为止。它不需要考察所有的可行解,而仅考虑其中的一部分就够了,因此,比枚举法有效。缺点是分枝越多,要求解的子问题越多,且子问题的约束条件也不断增多,计算量很大。对于多变量的大型整数规划问题,求解过程显得繁琐和费时。

(6)以上我们讨论的是分枝定界图解法,这种方法只能求解两个变量的整数规划问题,那么,当变量个数多于两个的时候,应该如何求解呢? 这时,就要用单纯形法及其灵敏度分析方法来求解了。

下面我们仍以例 9-1 为例,说明分枝定界的单纯形解法。

例 9-2　用单纯形法求解例 9-1。

(1)去掉整数约束,记相应的线性规划问题为 LP(1),并用单纯形法求解,求解过程如表 9-2所示。

$$
\max z = 3x_1 + 2x_2
$$

$$
\text{LP}(1)\quad \begin{cases} 2x_1 + 3x_2 \leqslant 14 \\ 4x_1 + 2x_2 \leqslant 18 \\ x_1, x_2 \geqslant 0 \end{cases}
$$

表 9-2

c_j		3	2	0	0	b	θ_i
C_B	X_B	x_1	x_2	x_3	x_4		
0	x_3	2	3	1	0	14	7
0	x_4	[4]	2	0	1	18	9/2
σ_j		3	2	0	0	0	
0	x_3	0	[2]	1	- 1/2	5	5/2
3	x_1	1	1/2	0	1/4	9/2	9
σ_j		0	1/2	0	- 3/4	27/2	
2	x_2	0	1	1/2	- 1/4	5/2	
3	x_1	1	0	- 1/4	3/8	13/4	
σ_j		0	0	- 1/4	- 5/8	59/4	

得 LP(1)的最优解为:$X^{(1)} = (13/4, 5/2)^{\mathrm{T}}$,最优值为 $Z^{(1)} = 59/4$。

(2) 取 $X^{(1)} = (13/4, 5/2)^{\mathrm{T}}$ 中值较大的分量 $x_1 = 13/4$ 为分枝变量,增加约束 $x_1 \leqslant [13/4] = 3$,构成线性规划问题 LP(2)。

$$
\max z = 3x_1 + 2x_2
$$

$$
\text{LP}(2)\quad \begin{cases} 2x_1 + 3x_2 \leqslant 14 \\ 4x_1 + 2x_2 \leqslant 18 \\ x_1 \qquad\quad \leqslant 3 \\ x_1, x_2 \geqslant 0 \end{cases}
$$

将新的约束化为等式,加在表 9-2 的最终表中,并用对偶单纯形法继续求解,求解过程如表 9-3 所示。

表 9-3

c_j		3	2	0	0	0	b
C_D	X_D	x_1	x_2	x_3	x_4	x_5	
2	x_2	0	1	1/2	1/4	0	5/2
3	x_1	1	0	- 1/4	3/8	0	13/4
0	x_5	1	0	0	0	1	3

续上表

c_j		3	2	0	0	0	b
C_D	X_D	x_1	x_2	x_3	x_4	x_5	
2	x_2	0	1	1/2	-1/4	0	5/2
3	x_1	1	0	-1/4	3/8	0	13/4
0	x_5	0	0	1/4	[-3/8]	1	-1/4
σ_j		0	0	-1/4	-5/8	0	
2	x_2	0	1	1/3	0	-2/3	8/3
3	x_1	1	0	0	0	1	3
0	x_4	0	0	-2/3	1	-8/3	2/3
σ_j		0	0	-2/3	0	-5/3	43/3

得 LP(2)的最优解为：$X^{(2)}=(3,8/3)^{\mathrm{T}}$，最优值为 $z^{(2)}=43/3$。

(3)取 $X^{(1)}=(13/4,5/2)^{\mathrm{T}}$ 中值较大的分量 $x_1=13/4$ 为分枝变量，增加约束 $x_1\geqslant[13/4]+1=4$，构成线性规划问题 LP(3)，

$$\max z=3x_1+2x_2$$

$$\text{LP}(3)\begin{cases}2x_1+3x_2\leqslant 14\\4x_1+2x_2\leqslant 18\\x_1\geqslant 4\\x_1,x_2\geqslant 0\end{cases}$$

将新的约束化为等式，加在表 9-2 的最终表中，并用对偶单纯形法继续求解，求解过程如表 9-4 所示。

表 9-4

c_j		3	2	0	0	0	b
C_D	X_D	x_1	x_2	x_3	x_4	x_5	
2	x_2	0	1	1/2	-1/4	0	5/2
3	x_1	1	0	-1/4	3/8	0	13/4
0	x_5	-1	0	0	0	1	-4
2	x_2	0	1	1/2	-1/4	0	5/2
3	x_1	1	0	-1/4	3/8	0	13/4
0	x_5	0	0	[-1/4]	3/8	1	-3/4
σ_j		0	0	-1/4	-5/8	0	
2	x_2	0	1	0	1/2	2	1
3	x_1	1	0	0	0	1	4
0	x_3	0	0	1	-3/2	-4	3
σ_j		0	0	0	-1	-1	14

得 LP(3)的最优解为：$X^{(3)}=(4,1)^{\mathrm{T}}$，最优值为 $z^{(3)}=14$。

虽然此时已求得了一个整数解，但由于 $z^{(2)}>z^{(3)}$。所以还应继续分枝。

(4)取 $X^{(2)}=(3,8/3)^{\mathrm{T}}$ 中为分数的分量 $x_2=8/3$ 为分枝变量，增加约束 $x_2\leqslant[8/3]=2$，构成线性规划问题 LP(4)，

$$\max z = 3x_1 + 2x_2$$

$$\text{LP}(4)\begin{cases}2x_1 + 3x_2 \leqslant 14\\4x_1 + 2x_2 \leqslant 18\\x_1 \leqslant 3\\x_2 \leqslant 2\\x_1, x_2 \geqslant 0\end{cases}$$

将新的约束化为等式,加入表 9-3 的最终表中,并用对偶单纯形法继续求解,求解过程如表 9-5 所示。

表 9-5

c_j		3	2	0	0	0	0	b
C_D	X_D	x_1	x_2	x_3	x_4	x_5	x_6	
2	x_2	0	1	1/3	0	−2/3	0	8/3
3	x_1	1	0	0	0	1	0	3
0	x_4	0	0	−2/3	1	−8/3	0	2/3
0	x_6	0	1	0	0	0	1	2
2	x_2	0	1	1/3	0	−2/3	0	8/3
3	x_1	1	0	0	0	1	0	3
0	x_4	0	0	−2/3	1	−8/3	0	2/3
0	x_6	0	0	[−1/3]	0	2/3	1	−2/3
σ_j		0	0	−2/3	0	−5/3	0	
2	x_2	0	1	0	0	0	1	2
3	x_1	1	0	0	0	1	0	3
0	x_4	0	0	0	1	−4	−2	2
0	x_3	0	0	1	0	−2	−3	2
σ_j		0	0	0	0	−3	−2	13

得 LP(4)的最优解为:$X^{(4)} = (3,2)^{\mathrm{T}}$,最优值为 $Z^{(4)} = 13$。

(5)取 $X^{(2)} = (3,8/3)^{\mathrm{T}}$ 中为分数的分量 $x_2 = 8/3$ 为分枝变量,增加约束 $x_2 \geqslant [8/3] + 1 = 3$,构成线性规划问题 LP(5),

$$\max z = 3x_1 + 2x_2$$

$$\text{LP}(5)\begin{cases}2x_1 + 3x_2 \leqslant 14\\4x_1 + 2x_2 \leqslant 18\\x_1 \leqslant 3\\x_2 \geqslant 3\\x_1, x_2 \geqslant 0\end{cases}$$

将新的约束化为等式,加入表 9-3 的最终表中,并用对偶单纯形法继续求解,求解过程如表 9-6 所示。

表 9-6

c_j		3	2	0	0	0	0	b
C_D	X_D	x_1	x_2	x_3	x_4	x_5	x_6	
2	x_2	0	1	1/3	0	-2/3	0	8/3
3	x_1	1	0	0	0	1	0	3
0	x_4	0	0	-2/3	1	-8/3	0	2/3
0	x_6	0	-1	0	0	0	1	-3
2	x_2	0	1	1/3	0	-2/3	0	8/3
3	x_1	1	0	0	0	1	0	3
0	x_4	0	0	-2/3	1	-8/3	0	2/3
0	x_6	0	0	1/3	0	[-2/3]	1	1/3
σ_j		0	0	-2/3	0	-5/3	0	
2	x_2	0	1	0	0	0	-1	3
3	x_1	1	0	1/2	0	0	3/2	5/2
0	x_4	0	0	2	1	0	4	2
0	x_3	0	0	-1/2	0	1	-3/2	1/2
σ_j		0	0	-3/2	0	0	-5/2	27/2

得 LP(5)的最优解为:$X^{(5)}=(5/2,3)^{\mathrm{T}}$,最优值为 $z^{(5)}=27/2$。

整个分枝过程见图 9-5 所示。

由求解过程可知,用分枝定界单纯形法求得的例 9-1 的最优解与用图解法求得的最优解相同,其最优解为:$X^{*}=(4,1)^{\mathrm{T}}, z^{*}=14$。

第三节　割平面法

割平面法是 1958 年由美国学者高莫利(R. E. Gomory)提出的,是历史上解整数规划的第一个方法。

一、基本思想

先不考虑变量的取整约束,求解相应的线性规划问题,然后不断地增加适当的线性约束(在几何上叫割平面),将原可行域割掉不含整数可行解的部分,最终得到一个具有整数坐标的极点的可行域,而该极点恰好是原整数规划问题的最优解。

二、解题步骤

下面以通过一个例子来说明割平面法的解题步骤。

例 9-3　求解整数规划问题

$$\max z = 4x_1 + 3x_2$$

$$\begin{cases} 4x_1 + 5x_2 \leqslant 20 & ① \\ 2x_1 + x_2 \leqslant 6 & ② \\ x_1, x_2 \geqslant 0 \text{ 且为整数} \end{cases} \tag{9-7}$$

步骤 1 将原问题的数学模型标准化，于是可以写成

$$\max z = 4x_1 + 3x_2$$

$$\begin{cases} 4x_1 + 5x_2 + x_3 \quad = 20 & ① \\ 2x_1 + \ x_2 + \quad x_4 = 6 & ② \\ x_1, x_2, x_3, x_4 \geqslant 0 \text{ 且为整数} \end{cases} \tag{9-7'}$$

步骤 2 不考虑变量的取整约束，求解相应的线性规则问题。

解出线性规划的最优解为：

$$x_1 = \frac{5}{3}, x_2 = \frac{8}{3}$$

相应的目标函数最优值为 $z = \frac{44}{3}$（表 9-7）：

步骤 3 寻求附加约束（割平面方程）。

在求出的非整数最优解中，任意选择一个取分数值的变量，比如 x_2，来引出附加约束。根据表 9-7 的最终表，可以写出用非基变量表示基变量 x_2 的表达式如下：

表 9-7

c_j		4	3	0	0	b	θ_i
C_B	X_B	x_1	x_2	x_3	x_4		
0	x_3	4	5	1	0	20	20/4
0	x_4	[2]	1	0	1	6	6/2
	σ_j	4	3	0	0	0	
0	x_3	0	[3]	1	−2	8	8/3
4	x_1	1	1/2	0	1/2	3	6
	σ_j	0	1	0	−2	12	
3	x_2	0	1	1/3	−2/3	8/3	
4	x_1	1	0	−1/6	5/6	5/3	
	σ_j	0	0	−1/3	−4/3		

$$x_2 + \frac{1}{3}x_3 - \frac{2}{3}x_4 = \frac{8}{3} \tag{9-8}$$

将式(9-8)中所有变量的系数及右端常数均写成整数与非负真分数之和的形式，即：

$$(1 + 0)x_2 + \left(0 + \frac{1}{3}\right)x_3 + \left(-1 + \frac{1}{3}\right)x_4 = 2 + \frac{2}{3}$$

将上式中的整数及带有整数系数的变量移到方程的左边，分数及带有分数系数的变量移到方程的右边，得：

$$x_2 - x_4 - 2 = \frac{2}{3} - \frac{1}{3}x_3 - \frac{1}{3}x_4 \tag{9-9}$$

由于原问题的数学模型已“标准化”，因此，在整数最优解中，x_3、x_4 也必然取整数值（包括零）。这样以来，式(9-9)左端必为整数。因此，其右端也必为整数。又因 $0 < \frac{2}{3} < 1$，且 x_3、$x_4 \geqslant 0$，所以一定有

$$\frac{2}{3} - \frac{1}{3}x_3 - \frac{1}{3}x_4 \leqslant 0$$

整理后得：

$$x_3 + x_4 \geqslant 2 \tag{9-10}$$

这就是所要构造的附加约束。当该约束取等式时就称为"切割平面"。

步骤 4 将割平面方程加到式(9-7′)中求解。

将式(9-10)加到式(9-7′)后得新的整数规划问题如下：

$$\max z = 4x_1 + 3x_2$$

$$\begin{cases} 4x_1 + 5x_2 + x_3 = 20 & ① \\ 2x_1 + x_2 + x_4 = 6 & ② \\ x_3 + x_4 \geqslant 2 & ③ \\ x_1, x_2, x_3, x_4 \geqslant 0 \text{ 且为整数} \end{cases} \tag{9-11}$$

在式(9-11)中的第三个约束中减去非负的剩余变量 x_5，在表 9-7 的基础上用对偶单纯形法求解与问题(9-11)相应的线性规划。具体计算过程如表 9-8 所示。

由表 9-8 得最优解为

$$x_1 = x_2 = x_3 = 2$$

相应的目标函数最优值为 $z = 14$。因为最优解已经是整数解，所以也就是原整数规则问题的最优解。

表 9-8

c_j		4	3	0	0	0	b
C_B	X_B	x_1	x_2	x_3	x_4	x_5	
3	x_2	0	1	1/3	−2/3	0	8/3
4	x_1	1	0	−1/6	5/6	0	5/3
0	x_5	0	0	1	1	−1	2
3	x_2	0	1	1/3	−2/3	0	8/3
4	x_1	1	0	−1/6	5/6	0	5/3
0	x_5	0	0	−1	−1	1	−2
		0	0	−1/3	−4/3	0	
3	x_2	0	1	0	−1	1/3	2
4	x_1	1	0	0	1	−1/6	2
0	x_3	0	0	1	1	1	2
	σ_j	0	0	0	−1	−1/3	14

由上述例子可以看出，用割平面法求解整数规划问题可按以下步骤进行：

第一步，将原问题的数学模型标准化，即：

(1)将所有的不等式约束全部转化成等式约束，以便于利用单纯形表进行计算。

(2)将整数规划中所有的非整数系数全部转换成整数，以便于构造"割平面方程"。

第二步，不考虑变量的取整约束，求解相应的线性规划问题。如果该问题没有可行解或已是整数最优解，则停止计算。否则转下步。

第三步，构造割平面方程。

(1)令 x_i 是相应的线性规划最优解中为分数值的一个基变量，从求解线性规划问题的单纯形法最终表中，写出用非基变量表示的基变量 x_i 的表达式：

$$x_i + \sum_k a_{ik} x_k = b_i \tag{9-12}$$

(2)将 a_{ik} 和 b_i 分解为整数部分 N 与非负真分数部分 f 之和,即:

$$a_{ik} = N_{ik} + f_{ik}, b_i = N_i + f_i \tag{9-13}$$

并将式(9-13)代入式(9-12)然后将整数部分置于方程左边,将分数部分置于方程右边,即:

$$x_i + \sum_k N_{ik}x_k - N_i = f_i - \sum_k f_{ik}x_k$$

(3)得割平面方程

$$f_i - \sum_k f_{ik}x_k \leqslant 0 \tag{9-14}$$

第四步,将割平面方程标准化加到与原问题对应的线性规划问题中求解,若所得最优解仍为非整数解,则转到第三步继续进行,直到找到最优整数解为止。

三、算法讨论

1. 切割方程的几何意义

以例 9-3 的求解来看切割方程的几何意义:

由式(9-7′)的两个约束有:

$$\begin{cases} x_3 = 20 - 4x_1 - 5x_2 \\ x_4 = 6 - 2x_1 - x_2 \end{cases}$$

将上述表达式代入附加约束(9-10),得:

$$(20 - 4x_1 - 5x_2) + (6 - 2x_1 - x_2) \geqslant 2$$

整理后得:

$$x_1 + x_2 \leqslant 4$$

由图 9-6 可以看出切割平面的作用。式(9-7)所对应的线性规划的可行域为 $ABCO$,"切割平面" $x_1 + x_2 = 4$ 把其中不含整数点的区域 BCD"割"去了,从而缩小了可行域。最优解为点 D(2,2)刚好是缩小以后的可行域 $ADCO$ 的一个极点。

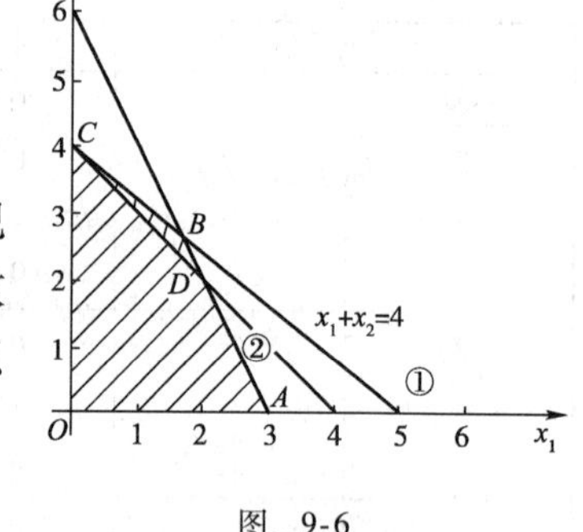

图 9-6

2. 割平面法的关键

其关键在于寻求切割方程,即"增加什么样的约束"。切割方程不是唯一的,而且也不一定一次就能将整数最优解切割到极点,可能要经过多次切割才能达到目的,对大型问题收敛较慢。但若和其他方法(如分枝定界法)配合使用,也是有效的。

第四节 0-1 规 划

在实际的规划问题中,常可以遇到这样的问题:一个决策只用来指明一项可能的行动。究竟是要采用($x_j = 1$)呢,还是采用($x_j = 0$)呢?这里的决策变量仅取 0 或 1 两个值,即二元整数决策变量。例如,所涉及的决策可能是要不要从事一个特定的研究与发展项目;要不要使用一处特定场地来建一家新工厂;要不要把某一加工件分派给一台特定的机器去加工等。由于这类问题中的决策变量 x_j 仅限于取 0 或 1 两个值,所以称这类问题为 0-1 整数规划问题,或简称 0-1 规划问题,它是整数规划的一个重要分支。

一、问题的提出

例 9-4 某海港为提高该港口的货物吞吐能力,提出了 3 个投资方案,每个方案所需资金及年利润如表 9-9 所示，问在总投资额不超过 22 万元的情况下，应如何选择投资方案，才能使年利润达到最大？

表 9-9

投资方案	投资费用(万元)	年利润(万元)	投资方案	投资费用(万元)	年利润(万元)
1	10	20	3	12	15
2	20	30			

若以 $x_j(j=1,2,3)$ 表示第 j 个投资方案的话，则：

$$x_j = \begin{cases} 1 & \text{选中第 } j \text{ 个方案} \\ 0 & \text{不选第 } j \text{ 个方案} \end{cases} \quad (j=1,2,3)$$

若记总利润为 z，则上述问题的数学模型为：

$$\max z = 20x_1 + 30x_2 + 15x_3$$

$$\begin{cases} 10x_1 + 20x_2 + 12x_3 \leqslant 22 \\ x_j = 0 \text{ 或 } 1 \quad (j=1,2,3) \end{cases}$$

这就是一个 0-1 整数规划问题。

解题分析：

(1)仅从目标函数看，为使总利润最大，应取 $x_1=x_2=x_3=1$，此时

$$z = 20 + 30 + 15 = 65(\text{万元})$$

但从约束方程来看，这个决策不可行。因为

$$\text{总投资费用} = 10 + 20 + 12 = 42 > 22(\text{万元})$$

如果 3 个方案都不取，即 $x_1=x_2=x_3=0$，虽满足约束条件，但利润 $z=0$，显然也不是最好决策。

(2)如何找出最佳投资方案呢？由于每个投资方案都有可能入选和不入选，即 x_j 的取值有 0 或 1 两种情况。现在有 3 个方案，这样的 0、1 组合就共有 $2^3=8$ 种，即共有 8 种可选择的投资方案，将每种选择列出，并代入约束方程检验是否可行，然后再比较目标函数值的大小，从而求得最优解(满足所有约束并使目标函数值为最优的变量组合称为最优解)。这样的方法就是完全枚举法(显枚举法)或穷举法。如果变量个数为 n，就需要检查 2^n 个所有可能的变量组合。对变量个数及约束条件较少的小型问题，这种方法是可行的、有效的，但当变量个数 n 相当大时，利用完全枚举法几乎是不可能的。因此，人们设计出了一种只需检查一部分可能的变量组合，就可以达到最优解的方法——隐枚举法(部分枚举法)。

二、问题的解法——隐枚举法

隐枚举法的解题步骤为：

第一步，将目标函数的系数按递增(若是求 max)或递减(若是求 min)排列。

第二步，参照目标函数的排列，列出问题所有可能取到的点，并检查是否可行(是否满足所有约束)，若可行，则算出相应的目标函数值。

第三步，比较可行解的目标函数值，找出最优解和最优值。

下面以例 9-4 为例说明隐枚举法的解题步骤；

解 (1)因目标函数是求 max，则将目标函数的系数按递增重新排列如下：

$$\max z = 15x_3 + 20x_1 + 30x_2$$

(2)参照目标函数系数的排列，依顺序 x_2、x_1、x_3 依次列出所有可能取到的点，并检查可行性，算出相应的目标函数值。求解过程如表 9-10 所示。

表 9-10

点	约束条件	z 值
(0,0,0)	✓	0
(0,1,0)	✓	30
(1,0,0) (0,0,1)	不查，因 $z<30$	
(1,1,0)	×	
(0,1,1)	×	
(1,0,1)	✓	35
(1,1,1)	×	

(3)在可行解中比较，点(1,0,1)的目标函数值最大，故最优解

$$X^* = (1,0,1)$$

相应的目标函数最优值为 $z=35$(万元)。即选择第 1 和第 3 个方案，可获最大利润，年总利润为 35 万元。

例 9-5 求解 0-1 规划

$$\max z = 3x_1 - 2x_2 + 5x_3$$

$$\begin{cases} x_1 + 2x_2 - x_3 \leqslant 2 & ① \\ x_1 + 4x_2 + x_3 \leqslant 4 & ② \\ x_1 + x_2 \leqslant 3 & ③ \\ 4x_2 + x_3 \leqslant 6 & ④ \\ x_j = 0 \text{ 或 } 1 \quad (j = 1,2,3) \end{cases}$$

解 (1)按递增重新排列目标函数

$$\max z = -2x_2 + 3x_1 + 5x_3$$

(2)列点并检查可行性(表 9-11)

表 9-11

点	①	②	③	④	z 值
(0,0,1)	✓	✓	✓	✓	5
(1,0,0) (0,1,0)	不查，因 $z<5$				
(1,0,1)	✓	✓	✓	✓	8
(0,1,1) (1,1,0) (1,1,1)	不查，因 $z<8$				

(3)比较得：

最优解 $X^* = (1,0,1)^{\mathrm{T}}$

最优值 $z^* = 8$

(4)若将例 9-5 的目标函数改为：

$$\min z = 3x_1 - 2x_2 + 5x_3$$

其余不变。则按系数递减重新排列目标函数，并求解如表 9-12 所示。

表 9-12

点	①	②	③	④	z 值
(0,0,0)	✓	✓	✓	✓	0
(0,1,0)	✓	✓	✓	✓	-2
(1,0,0) …	不查，因 $z > -2$				

$$\min z = 5x_3 + 3x_1 - 2x_2$$

故

最优解 $X^* = (0,1,0)^{\mathrm{T}}$

最优值 $z^* = -2$

三、算法讨论

除了用隐枚举法求解 0-1 规划外，还可用分枝定界法求解，后者比前者的计算量稍大，但能提供更多的可行解供决策时参考，不少运筹学教科书上都介绍有 0-1 规划的分枝定界法，这里不再详述。

无论是隐枚举法还是分枝定界法，虽然都比完全枚举法有效，但当决策变量及约束条件增多时，这两种方法的优势也逐渐失去，而使解题难度倍增。关于大型 0-1 规划问题的改进算法目前正在研究，并且已经提出了一些方案，但在这方面仍然是值得探讨的一个活跃领域。

第五节　指派问题

在生产管理上，管理者总希望能够将人员分配得最佳，以发挥其最大的工作效率，就是所谓指派问题。

指派问题的特点是：把 n 项工作指派给 n 个人去做时，每个人仅能接受一项任务，而且一项任务也只能由一个人去做。指派问题也是整数规划的一个分支。

首先让我们来看指派问题的数学模型。

一、问题的提出

例 9-6　有一份资料需译成英、日、俄 3 种文字，现有 A、B、C 三人，每人需完成其中的一种工作。因各人对不同文字的熟悉程度不一样，所需工作时间也不同(表 9-13)。问应指派哪一个人去完成哪一项工作才能使花费的总时间最短？

表 9-13

工作 人员	译　英	译　日	译　俄
A	2	15	13
B	10	4	14
C	9	14	16

为解决这个问题,我们引入变量 x_{ij},且令

$$x_{ij}=\begin{cases}1 & \text{当指派第 } i \text{ 个人完成第 } j \text{ 项工作时} \\ 0 & \text{当不派第 } i \text{ 个人完成第 } j \text{ 项工作时}\end{cases}$$

记所需总时间为 z。称表 9-13 所给的时间表为价值系数表。由价值系数表中的数据构成的矩阵,称为价值系数矩阵。

由于每个人必须完成一项工作,且仅完成一项工作;而且,每项工作必须由一人完成,且仅能由一人完成,由此可得出该问题的数学模型如下:

$$\min z = 2x_{11}+15x_{12}+13x_{13}+10x_{21}+4x_{22}+14x_{23}+9x_{31}+14x_{32}+16x_{33}$$

$$\begin{cases}x_{11}+x_{12}+x_{13}=1 \\ x_{21}+x_{22}+x_{23}=1 \\ x_{31}+x_{32}+x_{33}=1 \\ x_{11}+x_{21}+x_{31}=1 \\ x_{12}+x_{22}+x_{32}=1 \\ x_{13}+x_{23}+x_{33}=1 \\ x_{ij}=0 \text{ 或 } 1 \quad (i,j=1,2,3)\end{cases} \tag{9-15}$$

这个模型就是指派问题的数学模型。

现假定有 n 项不同的工作要做,恰好有 n 个人(或设备)可以分别完成其中的每一项工作,第 i 个人完成第 j 项工作的价值系数矩阵的元素为 c_{ij}。仿照式(9-15),我们可以写出一般指派问题的数学模型如下:

$$\min z = \sum_{i=1}^{n}\sum_{j=1}^{n}c_{ij}x_{ij}$$

$$\begin{cases}\sum_{i=1}^{n}x_{ij}=1 \quad (j=1,2,\cdots,n) \\ \sum_{j=1}^{n}x_{ij}=1 \quad (i=1,2,\cdots,n) \\ x_{ij}=0 \text{ 或 } 1 \quad (i,j=1,2,\cdots,n)\end{cases} \tag{9-16}$$

(1)上面引入的变量是 0-1 变量,因此指派问题也是 0-1 规划问题。

(2)如果在第六章的运输问题的模型中,令 $m=n$,且 $a_i=b_j=1$(对所有的 i 和 j),就得出了式(9-16),这说明指派问题又是运输问题的一种特殊情形。

(3)虽然可以用隐枚举法或表上作业法求解指派问题,但其效果都不很好。目前求解指派问题的比较有效的算法,是匈牙利数学家柯尼格(Konig)提出的方法,因此,被称为"匈牙利法"。

二、匈牙利法的基本思想

1. 基本思路

匈牙利法的基本思路是:修改系数矩阵的行或列,使得在每一行(或列)中至少有一个为零的元素,直到在不同行不同列中至少有一个零元素,从而得到与这些零元素相对应的最优分配方案。

2. 理论依据

匈牙利法的理论依据是指派问题最优解的性质:

如果从系数矩阵$[c_{ij}]$的第 i 行中各元素减去 a 或从第 j 列中各元素加上 b,得到新矩阵$[b_{ij}]$,那么,以$[b_{ij}]$为系数矩阵的指派问题的最优解$[x_{ij}]$和原问题的最优解相同。

要证明这个性质,只要证明新目标函数和原目标函数两者相差一个常数即可。

事实上,新的目标函数为:

$$\begin{aligned} z' &= \sum_{i=1}^{n}\sum_{j=1}^{n} b_{ij}x_{ij} = \sum_{i=1}^{n}\sum_{j=1}^{n} c_{ij}x_{ij} - a\sum_{j=1}^{n} x_{ij} + b\sum_{i=1}^{n} x_{ij} \\ &= \sum_{i=1}^{n}\sum_{j=1}^{n} c_{ij}x_{ij} - a + b \end{aligned}$$

这里利用了约束条件 $\sum_{i=1}^{n} x_{ij} = 1, \sum_{j=1}^{n} x_{ij} = 1$,上式表明,新目标函数等于原目标函数加上或减去一常数,显见两者的最优解是相等的。

3. 匈牙利法的要求

(1)系数矩阵$[c_{ij}]$必须为方阵。

(2)系数矩阵$[c_{ij}]$中的元素 $c_{ij} \geqslant 0(i,j=1,2,\cdots,n)$。

(3)目标函数是求极小值:$\min z = \sum_{i=1}^{n}\sum_{j=1}^{n} c_{ij}x_{ij}$。

满足上述 3 个条件的指派问题称为标准指派问题,可直接利用匈牙利法求解。

三、解题步骤

下面结合例题介绍指派问题的匈牙利法。

例 9-7 求系数矩阵如表 9-14 所示的指派问题的最小解。

表 9-14

人员 \ 任务	*A*	*B*	*C*	*D*	*E*
甲	12	7	9	7	9
乙	8	9	6	6	6
丙	7	17	12	14	12
丁	15	14	6	6	10
戊	4	10	7	10	6

解 第一步,使系数矩阵的每一行每一列都至少有一个零元素。具体做法:

(1)从矩阵的每行元素减去该行的最小元素。

(2)对得到的矩阵中没有零元素的列再减去该列的最小元素。

$$\begin{bmatrix} 12 & 7 & 9 & 7 & 9 \\ 8 & 9 & 6 & 6 & 6 \\ 7 & 17 & 12 & 14 & 12 \\ 15 & 14 & 6 & 6 & 10 \\ 4 & 10 & 7 & 10 & 6 \end{bmatrix}\begin{matrix} -7 \\ -6 \\ -7 \\ -6 \\ -4 \end{matrix} \xrightarrow{\text{第一步}} \begin{bmatrix} 5 & 0 & 2 & 0 & 2 \\ 2 & 3 & 0 & 0 & 0 \\ 0 & 10 & 5 & 7 & 5 \\ 9 & 8 & 0 & 0 & 4 \\ 0 & 6 & 3 & 6 & 2 \end{bmatrix}$$

第二步,试求最优解。具体做法:

由有零元素最少的行(或列)开始,圈出一个零元素,用◎表示,然后划去同行同列的其他零元素,用Ø表示。这时:

(1)若得到了不同行不同列的 n 个◎,则得到了最优解 $[x_{ij}]$:解中相应于◎的位置 $x_{ij}=1$,其余的位置 $x_{ij}=0$。

(2)若圈出的零元素不够 n 个(即没有 n 个◎),则转入第三步。

$$\begin{bmatrix}5&0&2&0&2\\2&3&0&0&0\\0&10&5&7&5\\9&8&0&0&4\\0&6&3&6&2\end{bmatrix}\xrightarrow{\text{第二步}}\begin{bmatrix}5&◎&2&Ø&2\\2&3&0&◎&0\\◎&10&5&7&5\\9&8&◎&Ø&4\\Ø&6&3&6&2\end{bmatrix}\begin{matrix}\\\\✓\\\\✓\end{matrix}$$

第三步,作能覆盖所有零元素的最少数的直线集合。具体做法:

(1)对没有◎的行打✓。

(2)对打✓行上所有0元素所在的列打✓。

(3)再对打✓列上有◎的行打✓。

(4)重复(2)、(3),直到得不出新的打✓行、列为止。

(5)对没打✓的行画横线,对打✓的列画纵线(这就是能够覆盖所有零元素的最少数的直线集合,且直线的个数等于◎的个数)。

$$\xrightarrow{\text{第三步}}\begin{bmatrix}5&◎&2&Ø&2\\2&3&0&◎&Ø\\◎&10&5&7&5\\9&8&◎&Ø&4\\Ø&6&3&6&2\end{bmatrix}$$

第四步,变换矩阵增加零元素。具体做法:

(1)从没被直线覆盖的所有元素中找出最小元素。

(2)对没画直线的行减去这个最小元素。

(3)对画直线的列加上这个最小元素。然后,重复第二步。

$$\xrightarrow{\text{第四步}}\begin{bmatrix}5&◎&2&Ø&2\\2&3&Ø&◎&Ø\\◎&10&5&7&5\\9&8&◎&Ø&4\\Ø&6&3&6&2\end{bmatrix}\begin{matrix}\\\\✓\ -2\\\\✓\ -2\end{matrix}\xrightarrow{\text{第二步}}\begin{bmatrix}7&◎&2&Ø&2\\4&3&Ø&◎&Ø\\◎&8&3&5&3\\11&8&◎&Ø&4\\0&4&1&4&◎\end{bmatrix}$$
(第一列下方:✓ +2)

因为已有 n 个(5个)不同行不同列的零元素◎,所以解题过程完成。最优解矩阵是

$$\begin{bmatrix} 0 & 1 & 0 & 0 & 0 \\ 0 & 0 & 0 & 1 & 0 \\ 1 & 0 & 0 & 0 & 0 \\ 0 & 0 & 1 & 0 & 0 \\ 0 & 0 & 0 & 0 & 1 \end{bmatrix}$$

它的具体意义是:如按下述方式指派任务

甲 B; 乙 D; 丙 A; 丁 C; 戊 E 则用的总时间最小。这里

$$\min z = c_{12} + c_{24} + c_{31} + c_{43} + c_{55} = 7 + 6 + 7 + 6 + 6 = 32$$

注:(1)根据最优解的性质,目标函数的最小值 $\min z$ 等于解题过程中各行各列所减去或加上的所有数的代数和,请读者用本例验证。

(2)指派问题的最优解常常不是唯一的。

$$\begin{bmatrix} 0 & 1 & 0 & 0 & 0 \\ 0 & 0 & 1 & 0 & 0 \\ 1 & 0 & 0 & 0 & 0 \\ 0 & 0 & 0 & 1 & 0 \\ 0 & 0 & 0 & 0 & 1 \end{bmatrix}$$

也是例 9-7 的最优解。

四、算法讨论

匈牙利法只适用于目标函数为极小和系数矩阵为方阵且系数矩阵中元素均为非负的情况,当指派问题不满足上述 3 个条件时,就应先化成标准的指派问题,然后再用匈牙利法求解。

(1)目标函数要求为求极大值的问题。目标函数为:

$$\max z = \sum_{i=1}^{n} \sum_{j=1}^{n} c_{ij} x_{ij}$$

时,记 $M = \max\limits_{1 \leqslant i,j \leqslant n} \{c_{ij}\}$

$$b_{ij} = M - c_{ij} \qquad (i,j = 1,2\cdots,n)$$

作一新矩阵$[b_{ij}]$。由最优解的性质知,以$[c_{ij}]$为系数矩阵的指派问题与以$[b_{ij}]$为系数矩阵的指派问题同时达到最优,且有相同的最优解。经过上述转换,即可将极大化问题变为极小化问题。事实上:

$$\sum_{i=1}^{n} \sum_{j=1}^{n} b_{ij} x_{ij} = \sum_{i=1}^{n} \sum_{j=1}^{n} (M - c_{ij}) x_{ij} = \sum_{i=1}^{n} \sum_{j=1}^{n} M x_{ij} - \sum_{i=1}^{n} \sum_{j=1}^{n} c_{ij} x_{ij}$$

$$= nM - \sum_{i=1}^{n} \sum_{j=1}^{n} c_{ij} x_{ij}$$

由上式知,当 $\sum\limits_{i=1}^{n} \sum\limits_{j=1}^{n} c_{ij} x_{ij}$ 达到最大时,也就是 $\sum\limits_{i=1}^{n} \sum\limits_{j=1}^{n} b_{ij} x_{ij}$ 达到最小,两者的最优值相差一个常数 nM。

(2)系数矩阵中存在负元素。若系数矩阵$[c_{ij}]$的第 i 行(或第 j 列)存在负元素,则第 i 行(或第 j 列)每个元素都减去该行的最小元素,即可使系数矩阵中的 c_{ij} 满足非负条件,然后用匈牙利法求解。

例 9-8 求系数矩阵$[c_{ij}]$如下所示的指派问题的最小解。

$$
[c_{ij}]=\begin{bmatrix} -3 & 4 & 5 & 2 & -1 \\ 4 & 7 & 2 & 1 & 4 \\ 5 & 4 & 3 & 2 & 2 \\ -5 & 4 & 7 & 2 & 5 \\ 8 & -2 & -3 & 4 & 5 \end{bmatrix}
$$

解

$$
\rightarrow\begin{bmatrix} -3 & 4 & 5 & 2 & -1 \\ 4 & 7 & 2 & 1 & 4 \\ 5 & 4 & 3 & 2 & 2 \\ -5 & 4 & 7 & 2 & 5 \\ 8 & -2 & -3 & 4 & 5 \end{bmatrix}\begin{matrix} +3 \\ -1 \\ -2 \\ +5 \\ +3 \end{matrix}\rightarrow\begin{bmatrix} 0 & 7 & 8 & 5 & 2 \\ 3 & 6 & 1 & 0 & 3 \\ 3 & 2 & 1 & 0 & 0 \\ 0 & 9 & 12 & 7 & 10 \\ 11 & 1 & 0 & 7 & 8 \end{bmatrix}
$$

$$
\rightarrow\begin{bmatrix} \textcircled{0} & 6 & 8 & 5 & 2 \\ 3 & 5 & 1 & \textcircled{0} & 3 \\ 3 & 1 & 1 & \not{0} & \textcircled{0} \\ \not{0} & 8 & 12 & 7 & 10 \\ 11 & \textcircled{0} & \not{0} & 7 & 8 \end{bmatrix}\begin{matrix} \\ \checkmark\ -2 \\ \\ \checkmark\ -2 \\ \\ \end{matrix}\rightarrow\begin{bmatrix} \textcircled{0} & 4 & 6 & 3 & \not{0} \\ 5 & 5 & 1 & \textcircled{0} & 3 \\ 5 & 1 & 1 & \not{0} & \textcircled{0} \\ \not{0} & 6 & 10 & 5 & 8 \\ 13 & \textcircled{0} & \not{0} & 7 & 8 \end{bmatrix}\begin{matrix} \checkmark\ -1 \\ \checkmark\ -1 \\ \checkmark\ -1 \\ \checkmark\ -1 \\ \\ \end{matrix}
$$

$$
\begin{matrix} \checkmark & & & & \\ +2 & & & & \end{matrix}\qquad\qquad\begin{matrix} \checkmark & & & \checkmark & \checkmark \\ +1 & & & +1 & +1 \end{matrix}
$$

$$
\rightarrow\begin{bmatrix} \not{0} & 3 & 5 & 3 & \textcircled{0} \\ 5 & 4 & \textcircled{0} & \not{0} & 3 \\ 5 & \not{0} & \not{0} & \textcircled{0} & \not{0} \\ \textcircled{0} & 5 & 9 & 5 & 8 \\ 14 & \textcircled{0} & \not{0} & 8 & 9 \end{bmatrix}
$$

最优解

$$
[x_{ij}]=\begin{bmatrix} 0 & 0 & 0 & 0 & 1 \\ 0 & 0 & 1 & 0 & 0 \\ 0 & 0 & 0 & 1 & 0 \\ 1 & 0 & 0 & 0 & 0 \\ 0 & 1 & 0 & 0 & 0 \end{bmatrix}
$$

最优值为：

$$
\min z=(-1)+2+2+(-5)+(-2)=-4
$$

(3)系数矩阵不是方阵。

若记人员(或设备)数为 m,任务(或加工件)数为 n,所谓系数矩阵不是方阵,即 $m\neq n$。此时,需分情况讨论:

1)当 $m<n$ 时:

①$m<n$,且 n 项任务又都必须完成时:此时,必有某个(些)人完成一项以上的任务,这类问题可按例 9-9 的方法处理。

例 9-9 如表 9-15 所示，有 3 人分配去完成 4 项任务，且 4 项任务都必须完成，试求使完成任务的总时间为最少的分配方案。

表 9-15

工作 人员	A	B	C	D
甲	16	10	12	15
乙	11	12	10	18
丙	8	17	13	16

解

$$
\begin{array}{c}
\begin{array}{cc}
 & \begin{array}{cccccc} \mathrm{A} & \mathrm{B} & \mathrm{C} & \mathrm{D} & \mathrm{E} & \mathrm{F} \end{array} \\
\begin{array}{c} \text{甲} \\ \text{甲} \\ \text{乙} \\ \text{乙} \\ \text{丙} \\ \text{丙} \end{array} &
\begin{bmatrix}
16 & 10 & 12 & 15 & 0 & 0 \\
16 & 10 & 12 & 15 & 0 & 0 \\
11 & 12 & 10 & 18 & 0 & 0 \\
11 & 12 & 10 & 18 & 0 & 0 \\
8 & 17 & 3 & 16 & 0 & 0 \\
8 & 17 & 13 & 16 & 0 & 0
\end{bmatrix}
\end{array}
\rightarrow
\begin{bmatrix}
8 & \textcircled{0} & 2 & \not{0} & \not{0} & \not{0} \\
8 & \not{0} & 2 & \textcircled{0} & \not{0} & \not{0} \\
3 & 2 & \textcircled{0} & 3 & \not{0} & \not{0} \\
3 & 2 & \not{0} & 3 & \textcircled{0} & \not{0} \\
\textcircled{0} & 7 & 3 & 1 & \not{0} & \not{0} \\
\not{0} & 7 & 3 & 1 & \not{0} & \textcircled{0}
\end{bmatrix} \\
-8 \quad -10 \quad -10 \quad -15
\end{array}
$$

其中 E、F 为虚拟任务。最优分配方案为：

$$
\begin{bmatrix}
0 & 1 & 0 & 0 & 0 & 0 \\
0 & 0 & 0 & 1 & 0 & 0 \\
0 & 0 & 1 & 0 & 0 & 0 \\
0 & 0 & 0 & 0 & 1 & 0 \\
1 & 0 & 0 & 0 & 0 & 0 \\
0 & 0 & 0 & 0 & 0 & 1
\end{bmatrix}
$$

即甲完成工作 B、D；乙完成工作 C；丙完成工作 A，可使完成任务所需时间为最少，此时

$$\min z = 10 + 15 + 10 + 8 = 43$$

②若 $m < n$，但每人只能完成一项任务时：

此时，一定有某个（些）任务没有人去完成，这类问题可按例 9-10 的方法处理。

例 9-10 某设备公司有 3 台设备，可租给 A、B、C、D、E 五项工程使用，各设备用于各项工程创造的利润如表 9-16 所示。问将哪一台设备租给哪一项工程，才能使创造的总利润为最大。

表 9-16

工程 设备	A	B	C	D	E
M_1	4	10	8	5	3
M_2	9	8	0	2	6
M_3	12	3	7	4	9

解 ①先把极大化问题变为极小化问题，记

$$M = 12$$

$$b_{ij} = M - c_{ij} = 12 - c_{ij}$$

作一新矩阵：

$$[b_{ij}] = \begin{bmatrix} 8 & 2 & 4 & 7 & 9 \\ 3 & 4 & 12 & 10 & 6 \\ 0 & 9 & 5 & 8 & 3 \end{bmatrix}$$

②因设备台数比工程数少两个，故增加两台虚拟设备 M_4、M_5，并把价值系数矩阵写为：

$$\begin{bmatrix} 8 & 2 & 4 & 7 & 9 \\ 3 & 4 & 12 & 10 & 6 \\ 0 & 9 & 5 & 8 & 3 \\ 0 & 0 & 0 & 0 & 0 \\ 0 & 0 & 0 & 0 & 0 \end{bmatrix}$$

③用匈牙利法求解

$$\begin{bmatrix} 8 & 2 & 4 & 7 & 9 \\ 3 & 4 & 12 & 10 & 6 \\ 0 & 9 & 5 & 8 & 3 \\ 0 & 0 & 0 & 0 & 0 \\ 0 & 0 & 0 & 0 & 0 \end{bmatrix}\begin{matrix} -2 \\ -3 \\ \\ \\ \\ \end{matrix} \rightarrow \begin{bmatrix} 6 & \textcircled{0} & 2 & 5 & 7 \\ \textcircled{0} & 1 & 9 & 7 & 3 \\ 0 & 9 & 5 & 8 & 3 \\ 0 & 0 & \textcircled{0} & 0 & 0 \\ 0 & 0 & 0 & \textcircled{0} & 0 \end{bmatrix}\begin{matrix} \\ \checkmark\ -1 \\ \checkmark\ -1 \\ \\ \\ \end{matrix}$$

$$\begin{matrix} \checkmark \\ +1 \end{matrix}$$

$$\rightarrow \begin{bmatrix} 7 & \textcircled{0} & 2 & 5 & 7 \\ \textcircled{0} & 0 & 8 & 6 & 2 \\ 0 & 8 & 4 & 7 & 2 \\ 1 & 0 & 0 & \textcircled{0} & 0 \\ 1 & 0 & 0 & \textcircled{0} & 0 \end{bmatrix}\begin{matrix} \checkmark\ -2 \\ \checkmark\ -2 \\ \checkmark\ -2 \\ \\ \\ \end{matrix} \rightarrow \begin{bmatrix} 7 & 0 & \textcircled{0} & 3 & 5 \\ 0 & \textcircled{0} & 6 & 4 & 0 \\ \textcircled{0} & 8 & 2 & 5 & 0 \\ 3 & 2 & 0 & \textcircled{0} & 0 \\ 3 & 2 & 0 & 0 & \textcircled{0} \end{bmatrix}$$

$$\begin{matrix} +2 & +2 \end{matrix}$$

故将设备 M_1 分给工程 C，M_2 分给工程 B，M_3 分给工程 A，工程 D 没有分到设备。这时，可创最高利润，利润值为：

$$\max z = 8 + 8 + 12 = 28$$

2）当 $m > n$ 时，可参照 $m < n$ 的情况处理，一般是增加虚拟工作，使系数矩阵为方阵，然后用匈牙利法求解。

小结

本章主要介绍了求解整数规划问题的思想和方法。首先，介绍了整数规划的特点；然后介绍了求解整数规划的分枝定界法和割平面法；最后，介绍了 0－1 规划问题的隐枚举法、指派问题的匈牙利法和非标准指派问题的求解。

通过本章的学习，要掌握针对具体问题的情况，灵活运用各种方法来求解整数规划问题。

思考题

1. 试述整数规划与一般线性规划的异同。

2. 为什么用枚举法,舍入取整法求解整数规划问题一般不可行?试举例说明。

3. 试述分枝定界法的基本思想及基本步骤。若有多个待求解的分枝时,应选择哪个分枝继续分解比较适当?并说明该方法的优缺点。

4. 试述割平面法的基本思想和解题步骤,如何寻求切割方程?

5. 试述隐枚举法的解题步骤,并说明这种方法的优缺点。

6. 试述匈牙利法的基本思路、理论依据及解题步骤。

习　题　三

1. 对下列整数规划问题,用分枝定界法(图解法)求解,并回答是否可用先解相应的线性规划然后凑整的方法得到最优解?

(1) $\max z = 3x_1 + 2x_2$

$$\begin{cases} 2x_1 + 3x_2 \leqslant 14.5 \\ 4x_1 + x_2 \leqslant 16.5 \\ x_1, x_2 \geqslant 0 \text{ 且为整数} \end{cases}$$

(2) $\max z = 3x_1 + 2x_2$

$$\begin{cases} 2x_1 + 3x_2 \leqslant 14 \\ 2x_1 + x_2 \leqslant 5 \\ x_1, x_2 \geqslant 0 \text{ 且为整数} \end{cases}$$

2. 某海运公司承担由天津运 750 辆汽车到大连的任务,现有甲、乙两类船可选用(船的有关情况如题表 3-1 所示)。目前仅有汽油 5.5t,船员 90 名,问应选用这两种船各几艘来运送这批汽车,才能使公司的收益最大?试用分枝定界法和割平面法解。

题表 3-1

船的种类	甲	乙	船的种类	甲	乙
每船可装载汽车数(辆)	200	100	每船所需船员人数(人)	25	10
每船耗用汽油(t)	1.2	0.7	每船每次收益(元)	2000	1000

3. 已知整数规划问题:

$$\max z = 7x_1 + 9x_2$$

$$\begin{cases} -x_1 + 3x_2 \leqslant 6 \\ 7x_1 + x_2 \leqslant 35 \\ x_1, x_2 \geqslant 0 \text{ 且为整数} \end{cases}$$

相应的线性规划问题用单纯形法求解得下列最终题表 3-2:

题表 3-2

c_j		7	9	0	0	b
C_B	X_B	x_1	x_2	x_3	x_4	
9	x_2	0	1	7/22	1/22	7/2
7	x_1	1	0	−1/22	3/22	9/2
	σ_j	0	0	−28/11	−15/11	63

若用分枝定界法求解原整数规划,试写出第一次分枝后的两个相应的线性规划问题模型。

4. 若用割平面法解第3题,试根据最优单纯形表写出一个附加约束条件。

5. 求解下列整数规划问题:

(1) $\max z = 5x_1 + 8x_2$

$$\begin{cases} x_1 + x_2 \leqslant 6 \\ 5x_1 + 9x_2 \leqslant 45 \\ x_1, x_2 \geqslant 0 \text{ 且为整数} \end{cases}$$

(2) $\max z = 3x_2$

$$\begin{cases} 3x_1 + 2x_2 \leqslant 7 \\ x_1 - x_2 \geqslant -2 \\ x_1, x_2 \geqslant 0 \text{ 且为整数} \end{cases}$$

6. 某公司用限额为150万元的资金,拟购进一批运输货车。经调查待选的货车有甲、乙丙3种类型,其价格分别为6、7、5.0、3.5万元。估计年运输净利润分别为4.2、3.0、2.3万元。现该公司仅有30名驾驶员能开这几类货车,而维修保养能力不允许购买超过40台丙类货车。据估算,甲、乙两类货车的维修工作量相当丙类货车维修工作量的5/3和4/3倍,在上述条件下,为使年运输净利润达最大,问应购买各类货车各多少台?

7. 解0-1规划

(1) $\max z = 4x_1 + 3x_2 + 2x_3$

$$\begin{cases} 2x_1 - 5x_2 + 3x_3 \leqslant 4 \\ 4x_1 + x_2 + 3x_3 \geqslant 3 \\ x_2 + x_3 \geqslant 1 \\ x_1, x_2, x_3 = 0 \text{ 或 } 1 \end{cases}$$

(2) $\max z = 2x_1 + 5x_2 + 3x_3 + 4x_4$

$$\begin{cases} -4x_1 + x_2 + x_3 + x_4 \geqslant 0 \\ -2x_1 + 4x_2 + 2x_3 + 4x_4 \geqslant 4 \\ x_1 + x_2 - x_3 + x_4 \geqslant 1 \\ x_1, x_2, x_3, x_4 = 0 \text{ 或 } 1 \end{cases}$$

8. 题表3-3给出了4个小组各自完成各项不同工作的时间,试确定最优分派方案:

题表3-3

工作 小组	甲	乙	丙	丁
A	19	10	16	20
B	14	12	9	16
C	12	15	11	13
D	18	10	14	17

9. 假定在第8题中取消工作丁,试重新确定最优分派方案。

10. 题表3-4给出了使用各台设备完成不同工作的生产效益(单位:万元),试确定最优分配方案:

题表 3-4

小组 \ 工作	甲	乙	丙	丁
A	25	29	31	42
B	22	19	35	18
C	39	38	26	20
D	34	27	28	40
E	24	42	36	23

第四部分　动 态 规 划

第十章　动 态 规 划

第一节　动态规划的研究对象

在前面几章,我们讨论的问题和时间的推移没有关系,它们没有明显的阶段性,或者说,是不包含时间因素的决策问题,这一类问题称为“静态”规划问题。在社会经济、经营管理和工程技术领域内的许多问题中,时间经常是需要考虑的一个重要因素,这就要求我们研究系统动态过程的模型化和最优化。

动态系统的特征是:包含有随时间变化的因素和变量,整个过程可以分为若干个相互联系的阶段,而且每个阶段都要做出决策。一个阶段的决策除影响该阶段本身的效果之外,还常常影响到下一阶段的起始状态,从而也就影响到整个过程以后的进程。因此,在寻求动态系统最优化时,就不能只从这一阶段本身考虑进行决策,而需要从系统所经过的整个期间的总效应出发,进行动态决策,找到不同阶段的最优决策以及整个过程的最优策略。

1951 年,美国著名数学家贝尔曼(R. Bellman)根据动态系统多阶段决策问题的特性,提出了解决这类问题的“最优性原理”,创建了解决最优化问题的一种新的方法——动态规划方法。1957 年,贝尔曼发表了名为《动态规划(Dynamic Programming)》的专著,该书的出版对运筹学、管理科学和控制理论等领域的研究开发工作起了很大的影响作用。

下面一些问题都可用动态规划方法求解:

(1)资源分配问题。某公司拟对所属企业进行资源分配,因不同的企业得到不同的资源数后所得的收益不同,就需要制定出使总收益为最大的资源分配计划。

(2)机器负荷分配。某种机器,可以在高、低两种负荷下进行生产,高负荷下生产的产量高,但每生产一个阶段后机器的完好率低;低负荷下生产情况则相反。生产部门需要根据情况,分配各阶段中机器的使用,使整个计划期内的总产量最大。

(3)生产与存贮。企业在生产过程中,由于需求是随时间变化的,因此企业为了获得全年最佳经济效益,就要在整个生产过程中逐月、逐季或逐年地根据库存和需求决定生产计划。

(4)设备更新。如船舶、汽车,刚买来时故障少,耗油低,出勤时间长,经济效益高。随着使用年限的增加,设备零件开始陈旧、老化,故障多,耗油高,维修费增加,经济效益降低。因此,需科学地决定设备的使用年限,使总的效益最佳。

(5)最短路径。如图 10-1 所示的交通网络,连接节点的线段上的数字表示两地距离,求 s 到 t 的距离最短的路线。

另外，还有背包问题、排序问题、可靠性问题、货郎担问题，以及最优控制问题等，都可用动态规划方法求解。

下面，先通过对多阶段决策过程例子的分析，介绍动态规划的基本概念，引出动态规划的基本思想；然后再比较详细地阐述动态规划的基本方法；最后，通过例子说明如何用动态规划方法来解决实际问题。

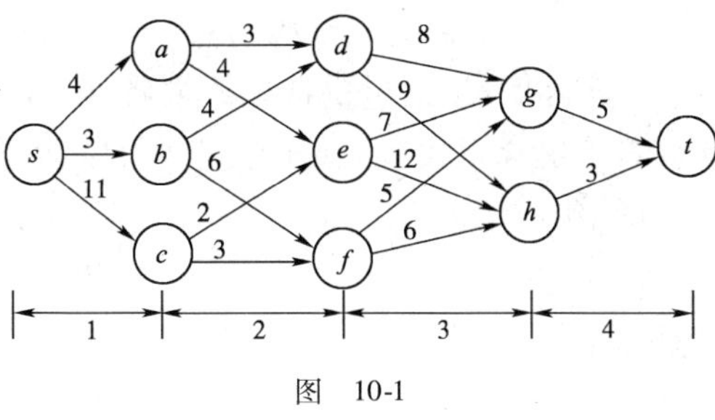

图　10-1

第二节　动态规划的基本概念

为便于以后的讨论，我们首先介绍动态规划的基本概念。

1. 阶段和阶段变量

在多阶段决策过程中，为了表示决策和过程的发展顺序而引入阶段的概念，一个阶段就是需要作出一个决策的子问题。通常阶段是按照决策进行的时间或空间上的先后顺序划分的，用阶段变量 k 表示。

如图 10-1 的最短路问题就可分为 4 个阶段，$k=1,2,3,4$。

2. 状态和状态变量

状态表示某一阶段初所处的位置或状况。通常一个阶段包含若干个状态。在图 10-1 的最短路问题中，可把某阶段所包含支路的始点(它同时也是前一阶段支路的终点)看成该阶段的一个状态。这样一来，在图 10-1 中，第一阶段有一个状态就是点 s；第二阶段有三个状态就是点 a,b,c；第三阶段有三个状态就是点 d,e,f……

描述状态的变量称为状态变量。常用 s_k 表示第 k 阶段的某一状态。所有状态变量组成的集合，称为状态变量集合。常用 S_k 表示第 k 阶段的状态变量集合。如图 10-1 的第三阶段的状态变量集合就可记为：

$$S_3 = \{d,e,f\}$$

3. 决策和决策变量

决策就是某阶段状态给定以后，从该状态演变到下一阶段某状态的选择。描述决策的变量，称为决策变量。常用 $x_k(s_k)$ 表示第 k 阶段当状态处于 s_k 时的决策变量。在实际问题中，决策变量的取值往往限制在某一范围内，此范围称为允许决策集合，通常用 $D_k(s_k)$ 表示第 k 阶段的允许决策集合。显然有：

$$x_k(s_k) \in D_k(s_k)$$

图 10-1 中，第二阶段的状态变量集合是 $S_2=\{a,b,c\}$，若从点 a 出发，其允许决策集合是 $D_2(a)=\{d,e\}$，若选取的点为 d，则 $x_2(a)=d$。

4. 策略和最优策略

由第 1 阶段开始到最后一个阶段终点为止的过程，称为问题的全过程。由每阶段的决策 $x_k(s_k)(k=1,2,\cdots,n)$ 组成的决策函数序列，称为全过程策略，简称策略，记为 $P_{1,n}$，即：

$$P_{1,n}(s_1) = \{x_1(s_1),x_2(s_2),\cdots,x_n(s_n)\}$$

由过程的第 k 阶段开始到终点为止的过程，称为原过程的后部子过程(或称为 k 子过程)。其决策函数序列称为 k 子过程策略，简称子策略，记为 $P_{k,n}$，即：

$$P_{k,n}(s_k) = \{x_k(s_k), x_{k+1}(s_{k+1}), \cdots, x_n(s_n)\}$$

在实际问题中，可供选择的策略有一定的范围，此范围称为允许策略集合，用 P 表示。从允许策略集合中找出达到最优效果的策略称为最优策略。

图 10-1 中

$$P_{1,4} = \{s, a, d, g, t\}$$

就是一个策略，而

$$P_{3,4} = \{d, g, t\}$$

则是上面策略的一个子策略。

5. 状态转移方程

在多阶段决策过程中，第 k 阶段到第 $k+1$ 阶段的演变规律，称为状态转移方程。当给定了第 k 阶段的状态变量 s_k 和决策变量 x_k 时，根据状态转移方程，第 $k+1$ 阶段的状态 s_{k+1} 的值也会随之而确定。也就是说，s_{k+1} 将依某种函数关系与 $(s_k, x_k(s_k))$ 相对应，这种对应关系常记为

$$s_{k+1} = T_k(s_k, x_k(s_k))$$

在实际问题中，状态转移方程可能是一个明确的关系表达式，也可能不是。图 10-1 的状态的转移，则是通过网络图的形式给出的。

6. 指标函数和最优指标函数

在多阶段决策过程最优化问题中，用来衡量所实现过程的优劣的数量指标，称为指标函数。它是一个定义在全过程和所有后部子过程上的确定的数量函数，常用 $V_{k,n}$ 表示，即：

$$V_{k,n} = V_{k,n}(s_k, s_{k+1}, \cdots, s_n) \qquad (k = 1, 2, \cdots, n)$$

指标函数 $V_{k,n}$ 的最优值，称为相应的最优指标函数，记为 $f_k(s_k)$。

在不同的问题中，指标的含义也不同，可能是距离、利润、成本、产品的产量或资源的消耗量等。

图 10-1 的最短路问题中，指标函数 $V_{k,n}$ 就表示在第 k 阶段由点 s_k 至终点 t 的距离。某一阶段的指标，就是这个阶段中某一支路的距离，常用 $d_k(s_k, x_k)$ 表示在第 k 阶段由点 s_k 到点 $x_k(s_k)$ 的距离。如 $d_4(g,t)=5$，就表示在第 4 阶段中由点 g 到点 t 的距离为 5，而 $f_k(s_k)$ 则表示从第 k 段由点 s_k 到终点 t 的最短距离。如 $f_3(\mathrm{e})$ 就表示从第 3 阶段中的点 e 到终点 t 的最短距离。

第三节　动态规划的基本方法

一、动态规划方法的基本原理

下面，我们用图 10-1 所示的最短路问题的求解，说明动态规划方法的基本原理。

对图 10-1 的最短路问题，很容易想到用枚举法求解。即列举出所有可能的路线，并算出相应的距离，然后互相比较，找出距离最短者，也就得出了最短路线。

由乘法原理，如果完成一件事可以分为 n 个阶段，完成第 k 阶段的任务有 m_k 种方法，$k=1 \sim n$，则完成该件事总共有

$$m_1 \times m_2 \times \cdots \times m_k \times \cdots \times m_n$$

种方法。

在图 10-1 的最短路问题中，从 s 到 t 的路程可分为 4 个阶段，第一阶段的走法有 3 种，第二阶段和第三阶段的走法各有 2 种，第四阶段的走法有 1 种。因此，根据乘法原理，从 s 到 t 共有

$$3 \times 2 \times 2 \times 1$$

12 条可能的路线。对这 12 条路线一一计算出距离并进行比较，可知最短路线是 $s \to b \to f \to h \to t$，最短距离是 18。

显然，这种方法是相当繁琐的。如果阶段数很多，且各阶段不同的选择也很多时，这种解法的计算工作量是相当庞大的。但若用动态规划的方法求解，就能大大地减少计算工作量。

动态规划方法求解的基本思想是：把一个比较复杂的问题分解为一系列同一类型的较容易求解的子问题。先按照整体最优的思想逆序地求出各个可能状态的最优决策，然后再顺序地求出整个问题的最优策略。

图 10-1 的最短路问题可以作为一个 4 段决策过程：第一段决定由 s 到 a 还是到 b、c；第二段决定由 a 或 b、c 到 d 还是到 e、f；第三段决定由 d 或 e、f 到 g 还是到 h；第四段是由 g 或 h 到 t。

按照动态规划的基本思想，我们应首先从终点 t 开始，逐段向始点方向寻找最优决策。

当 $k=4$ 时，$f_4(g)$ 表示在第 4 段由 g 至 t 的最短距离，故 $f_4(g)=5$。同理，$f_4(h)=3$。

当 $k=3$ 时，若从 d 出发，则有两个选择，一是至 g，一是至 h，则：

$$f_3(d) = \min\begin{Bmatrix} d_3(d,g) + f_4(g) \\ d_3(d,h) + f_4(h) \end{Bmatrix} = \min\begin{Bmatrix} 8+5 \\ 9+3 \end{Bmatrix} = 12$$

这说明，由 d 到终点 t 的最短距离为 12，其最短路线是 $d \to h \to t$，而相应的决策变量是 $x_3(d)=h$。

若从 e 出发，也有两个选择，一是至 g，一是至 h，则：

$$f_3(e) = \min\begin{Bmatrix} d_3(e,g) + f_4(g) \\ d_3(e,h) + f_4(h) \end{Bmatrix} = \min\begin{Bmatrix} 7+5 \\ 12+3 \end{Bmatrix} = 12$$

这说明，由 e 到终点 t 的最短距离也为 12，其最短路线是 $e \to g \to t$，而相应的决策变量是 $x_3(e)=g$。

同理，若从 f 出发，则：

$$f_3(f) = \min\begin{Bmatrix} d_3(f,g) + f_4(g) \\ d_3(f,h) + f_4(h) \end{Bmatrix} = \min\begin{Bmatrix} 5+5 \\ 6+3 \end{Bmatrix} = 9$$

这说明，由 f 至终点 t 的最短距离是 9，其最短路线是 $f \to h \to t$，而相应的决策变量是 $x_3(f)=h$。

当 $k=2$ 时，分别以 a,b,c 为出发点来计算。

若从 a 出发，则：

$$f_2(a) = \min\begin{Bmatrix} d_2(a,d) + f_3(d) \\ d_2(a,e) + f_3(e) \end{Bmatrix} = \min\begin{Bmatrix} 3+12 \\ 4+12 \end{Bmatrix} = 15$$

其最短路线为 $a \to d \to h \to t$，$x_2(a)=d$。

若从 b 出发，则：

$$f_2(b) = \min\begin{Bmatrix} d_2(b,d) + f_3(d) \\ d_2(b,f) + f_3(f) \end{Bmatrix} = \min\begin{Bmatrix} 4+12 \\ 6+9 \end{Bmatrix} = 15$$

其最短路线为 $b \to f \to h \to t, x_2(b) = f$。

若从 c 出发,则:

$$f_2(c) = \min\begin{Bmatrix} d_2(c,e) + f_3(e) \\ d_2(c,f) + f_3(f) \end{Bmatrix} = \min\begin{Bmatrix} 2+12 \\ 3+9 \end{Bmatrix} = 12$$

其最短路线为 $c \to f \to h \to t, x_2(c) = f$。

当 $k=1$ 时,出发点只有一个点 s,则:

$$f_1(s) = \min\begin{Bmatrix} d_1(s,a) + f_2(a) \\ d_1(s,b) + f_2(b) \\ d_1(s,c) + f_2(c) \end{Bmatrix} = \min\begin{Bmatrix} 4+15 \\ 3+15 \\ 11+12 \end{Bmatrix} = 18$$

且 $x_1(s) = b$。

由此可得最短路线是 $s \to b \to f \to h \to t$,相应的最短距离是 18。

再按计算的顺序反推之,可得决策函数序列 $\{x_k\}$,即由 $x_1(s) = b, x_2(b) = f, x_3(f) = h, x_4(h) = t$ 组成了一个最优策略。

二、动态规划的基本方程

从上面的计算过程中,我们可以看出,在求解的各个阶段,我们利用了 k 阶段与 $k+1$ 阶段之间的如下关系:

$$\begin{cases} f_k(s_k) = \min\limits_{x_k(s_k)} [d_k(s_k, x_k(s_k)) + f_{k+1}(s_{k+1})] \quad (k = 1,2,3,4) \\ f_5(s_5) = 0 \end{cases}$$

这种递推关系称为动态规划的函数基本方程。其一般形式为:

$$\begin{cases} f_k(s_k) = \operatorname*{opt}\limits_{x_k \in D_k(s_k)} [V_k(s_k, x_k(s_k)) + f_{k+1}(s_{k+1})] \quad (k = 1,2,\cdots,n) \\ f_{n+1}(s_{n+1}) = 0 \end{cases} \tag{10-1}$$

式(10-1)中的“opt”是最优化的意思,视具体的问题可能是求“max”,也可能是求“min”。

这个函数基本方程,是根据下述动态规划的最优化原理推导得来的。

动态规划最优化原理:“作为整个过程的最优策略具有这样的性质:即无论过去的状态和决策如何,对前面的决策所形成的状态而言,余下的诸决策必须构成最优策略。”

利用这个原理,在求解多阶段决策问题时,就可将整个求解过程看成是一个连续的递推过程,由后向前逐步计算。在求解时,各状态前面的状态和决策,对其后面的子问题来说,只不过相当于初始条件而已,并不影响后面过程的最优策略。而全过程的最优策略,是由各后部子过程所对应的最优子策略按其过程发展的逆序嵌套而成的。

三、动态规划的解题步骤

1. 划分阶段

这是应用动态规划方法求解多阶段决策过程的第一步。一个阶段表示需要作出一次决策的子问题,每个阶段的问题应具有同一模式,可根据问题的性质,按照时间、空间、变量等进行划分。

2. 确定状态变量及其取值范围

多阶段决策过程的进展,是用状态变量来描述的,因而,状态变量的选取很重要。一般地,将累计的量或随递推过程变化的量作为状态变量。具体地说,状态变量必须满足以下 3 个特性:

(1)代表性:能够反映过程的演变特征。

(2)可知性:能够通过某种方式,直接或间接地确定出来。

(3)无后效性:所谓无后效性,是指某阶段的状态,只对该阶段该状态以后过程的演变起作用,而不受以前各阶段状态的影响。这就是说,过程的过去历史只能通过当前的状态去影响它的未来的发展,当前的状态就是未来过程的初始状态。因此,如果所选的变量不具备无后效性,就不能用来作为状态变量来构造动态规划的模型。

图 10-2 中,节点 G 的最优指标不仅依赖于节点 F 的最优指标,而且依赖于节点 E 的最优指标。同样,节点 F 的最优指标依赖于节点 C、D、E 的最优指标,这说明图 10-2 所划分的“阶段”不能作为阶段,现有状态也不能作为状态变量,因为它不符合无后效性这一条件。

当增加一些虚节点后变为图 10-3,按照重新划分的阶段,状态变量已符合无后效性,就可用动态规划的方法求解了。因此,对于每一个多阶段决策问题,必须根据问题的具体情况,设法正确地划分阶段,确定状态变量,使之满足无后效性。否则,就不能采用动态规划的方法求解。

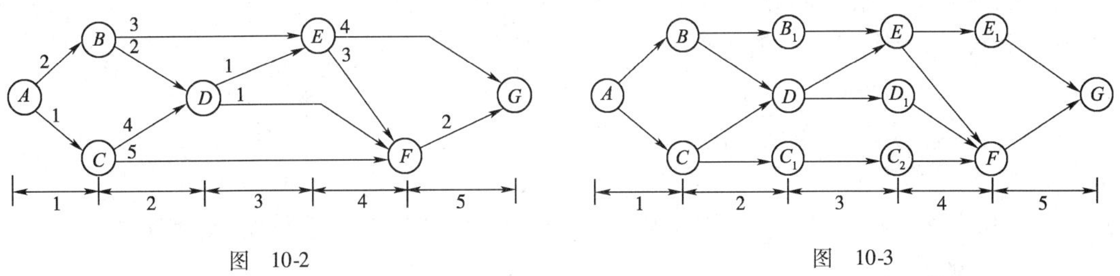

图 10-2　　　　图 10-3

要正确地定义状态变量,就必须对问题具有深入的观察和理解,可以从下面两个方面来考虑:

(1)把阶段连系在一起的因素是什么?

(2)需要用什么信息来进行当前的决策,而不用检查以前阶段所作决策的可行性。

3. 确定决策变量及其取值范围

决策是决策者给予系统的一种信息,通过它来控制过程的演变。选取什么样的决策,常常是由系统最优化的目标来决定的。一般地,将问题中需要作出决定或选择的量作为决策变量。

4. 建立状态转移方程

根据阶段的划分和阶段间演变的规律,写出状态转移方程

$$s_{k+1} = T_k(s_k, x_k(s_k))$$

的具体形式。

5. 确定指标函数

根据题意,列出指标函数 $V_{k,n}$ 的关系表达式,且要具有以下 3 个性质:

(1)$V_{k,n}$ 是定义在全过程和所有后部子过程上的数量函数。

(2)$V_{k,n}$ 要满足递推关系,即:

$$V_{k,n}(s_k, x_k, s_{k+1}, \cdots, s_{n+1}, x_{n+1})$$
$$\psi[s_k, x_k, V_{k+1,n}(s_{k+1}, \cdots, s_{n+1}, x_{n+1})]$$

(3)$\psi[s_k, x_k, V_{k+1,n}]$ 对其变元 $V_{k+1,n}$ 来说要严格单调。

常见的指标函数是取各段指标和的形式,即:

$$V_{k,n} = \sum_{j=k}^{n} v_j(s_j, x_j)$$

有时,也会遇到取各段指标积的形式,即:

$$V_{k,n} = \prod_{j=k}^{n} v_j(s_j, x_j), v_j(s_j, x_j) \neq 0$$

这时,只要对指标函数取对数,即可化为指标和的形式。

6. 建立动态规划基本方程

即写出式(10-1)的具体形式。然后从 $k=n$ 开始,逐段向前推移,一直到求出 $f_1(s_1)$ 时,就得到了整个过程的最优解,包括最优策略和相应的最优指标函数值。

四、最短路问题的标号法

图 10-1 的最短路问题的计算过程,也可借助图形的“标号法”简明地表示出来。

如图 10-4 所示,每个节点处上方的方格内的数,表示该点到终点 t 的最短距离,直线连接的点表示该点到终点 t 的最短路线。图 10-4 中双线表示的是由始点 s 到终点 t 的最短路线。

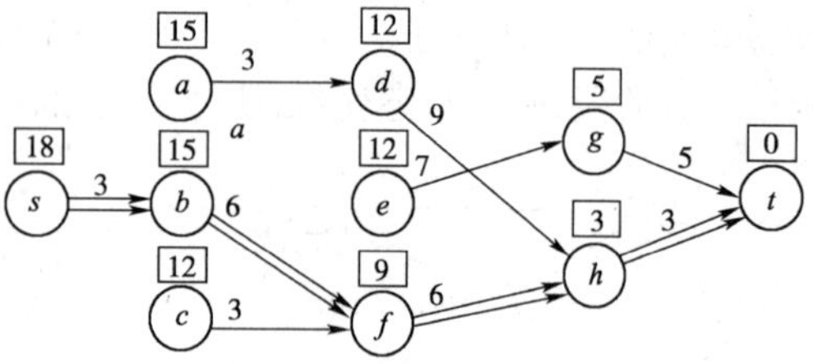

标号法的具体步骤是:

(1)给终点标号 0,即在点 t 上方的方格内写上 0。

图 10-4

(2)再标离终点最近的一段(即第四段),g,h 到 t 分别只有一条路线,则将距离数字分别写在该点上方的方格内。

(3)在标下一段(即第三段)时,正要标号的某点到该段已标号的各点的各段长,分别加上已标号点的数字而取其中最小者,就是某点到终点 t 的最短距离。将距离数字填入某点上方方格内,并且直线连接起来表示某点到终点 t 的最短路线。这样,将其余一些支路舍去了。这些被舍去的支路,在再下一段(即第 2 段)计算时就不起作用了。

例如,在第三段时,正要标号的点为 d,则从 d 到 t 的最短距离,应为 d 到 g 和 d 到 h 的距离,分别加上 g 和 h 点处上方方格内的数字而取其最小者,即:

$$\min = \begin{Bmatrix} 8+5 \\ 9+3 \end{Bmatrix} = 12$$

将数字 12 填入 d 上方的方格内,并用直线将 d 与 h 连接起来,它就表示由 d 到终点 t 的最短路线为 $d \to h \to t$,其最短距离为 12。

(4)继续按逆推过程一直计算到起点(初始点),该点标的数即为起点(s)到终点(t)的最短距离。

上述这种方法是从后向前进行标号的。如果规定从 s 点出发到 t 点为顺行方向,从 t 点出发到 s 点为逆行方向,则又称这种以 s 为始端,以 t 为终端的右行解法为逆序解法。

由于这个线路网络问题的两端都是固定的,且线路上的数字为两点间的距离,则从总体看,以 s 点为始端、t 点为终端所得的最短路线,应与以 t 点为始端、s 点为终端的最短路线相同。因而,标号也可以从前向后标。读者可试作一下,这种以 t 为始端、以 s 为终端的左行解法称为顺序解法。

在此我们把段次可以颠倒过来求最优解的多阶段决策过程称为可逆过程。

由此可见,顺序解法和逆序解法只表示行进方向的不同或始端与终端的颠倒,并不影响对最优策略的求得。但用动态规划方法求最优策略时,都是在行进方向规定后,从最后一段向前逆推计算,逐段找出最优途径。

很多实际问题都可归结为最短路问题,如运输部门希望选择一条费用最低的路线;旅行者希望走一条从出发地至目的地的距离最短路线等。

五、动态规划的方法讨论

动态规划自从20世纪50年代问世以来,仅30多年的时间,已经在工程技术、经济管理、工业生产、军事以及自动控制等领域得到了广泛的发展和应用。

动态规划方法的优点主要表现在:第一,它不需要对系统的状态转移方程、阶段指标函数等的解析性质作任何假定,因此,对于一些经典方法(如微分法、变分法)所不能解决的最优化问题,它常常能够提供一种可行的解法。第二,在动态规划中,它的约束条件(允许状态集合和允许决策集合)的存在,不仅不会造成求解的困难,反而会因它们的存在减少了可选择状态和决策的数目,而对问题的求解更为有利。第三,动态规划的方法不仅可以求出整个问题的最优策略和最优目标函数值,而且还求出了决策过程中各个中间状态的最优策略和最优目标函数值。这就是说,动态规划方法求出的不是一个最优策略,而是一族最优策略,这对许多实际问题是很有用的,有利于分析所得的结果。第四,动态规划所提供的求解多阶段决策问题的思想方法,对于处理一些大而繁琐的问题也具有重要的意义。

但是,动态规划的方法也存在一些弱点:首先,动态规划虽然有一定的建模要求和解题步骤,但在一个具体问题中,如何划分阶段、识别状态、确定决策等,以及如何得到具体的状态转移方程,在很大程度上依赖于分析者的经验、洞察力和判断能力。其次,在利用"最优性原理"得出函数基本方程后,没有统一的处理方法,必须根据问题的各种性质,并结合一定的技巧来处理。另外,当问题中的变量个数(维数)太大时,由于计算机存贮器容量和计算速度的限制,而无法解决。这就是所谓"维数障碍"。这一点也使动态规划的应用受到了限制。

总之,由于动态规划跨越了数学规划的各个领域,一些线性规划、非线性规划、整数规划的问题都可以用其求解,因此,它的应用的广泛性是勿庸置疑的。另一方面,由于动态规划仅仅是向人们提供了一种解决问题的手段,因此,如何更为有效地利用动态规划方法,还需经过不断的实践,并在应用中作进一步的探讨与研究。

小结

本章介绍了动态规划的基本概念、基本原理、基本方程及解题步骤。

通过本章的学习,应该正确理解动态规划的基本概念和基本原理,特别掌握最优化原理和优化定理,学会运用动态规划方法来建立多阶段优化问题的数学模型及求解。

思考题

1. 动态系统有什么特征?动态规划方法可以用于哪些领域?

2. 试举例说明阶段和阶段变量、状态和状态变量、决策和决策变量、策略和最优策略、状态转移方程、指标函数和最优指标函数的概念。

3. 试述动态规划方法的基本思想和解题步骤。

4. 试述动态规划方法的基本方程和最优化原理以及它们之间的关系。

5. 动态规划中状态变量必须满足哪些特征?

6. 动态规划的优点有哪些?又有哪些局限性?

7. 什么是动态规划算法中"维数障碍"?

第十一章　动态规划的应用

动态规划的应用很广。就动态规划本来的含义而论,它是为解决与时间推移有直接关系的问题而产生的一种规划方法。实际上,对于一些与时间无关的静态规划中的优化问题,也可以人为地引入阶段的概念,使之成为一个多阶段决策问题。对于一个实际问题,要成功地运用动态规划的方法,关键在于:要弄清如何划分阶段,如何识别状态,如何确定决策变量和指标函数,以及如何使这种划分、识别和确定满足无后效性。最后,还取决于正确列出函数基本方程,特别是正确找出其中的状态转移方程。在完成了动态规划的建模步骤后,虽无统一的求解方法,但一般常用的具体的求解形式有:

(1)标号法。当已有网络图或问题较容易绘成网络图时采用标号法求解。这种方法简单、直观、容易理解,但有一定的局限性。

(2)公式法。即用函数基本方程计算。这种方法是严格按照动态规划的数学模型来求解的,但计算步骤繁琐,数学公式符号抽象,容易出错。

(3)表格法。通过表格形式完成具体计算过程。表格法和标号法都是根据动态规划原理演化而来的。表格法除计算简捷明快,容易理解外,还有一个优点,就是适用性较广,一般可以用动态规划求解的问题,都可以用表格形式求解。

下面,我们通过一些典型的应用问题,介绍动态规划构造模型的步骤和基本的解题方法。

第一节　资源分配问题

所谓资源分配问题,是指将供应量有限的一种或若干种资源(如原材料、资金、机器设备、劳力、食品等),分配给若干用户,而使目标函数最优。

设有某种原料,总量为 M,拟用来进行 n 种生产活动。若分配数量为 x_i 的原料用于第 i 种生产活动,其收益为 $g_i(x_i)$,问应如何分配,才能使 n 种生产活动的总收益最大?

该问题可写成静态规划问题:

$$\max\left[g_1(x_1)+g_2(x_2)+\cdots+g_n(x_n)\right]$$

$$\begin{cases}x_1+x_2+\cdots+x_n=M\\x_i\geqslant 0\quad(i=1,2,\cdots n)\end{cases}$$

当 $g_i(x_i)$ 都是线性函数时,它是一个线性规划问题;当 x_i 取0或1时,它是一个0－1型整数规划问题。

在用动态规划方法求解此类问题时,一般地,将 n 种活动作为一个互相衔接的整体,由于要确定分给每种活动的资源数,因此,通常以把资源分配给一个或几个使用者的过程作为一个阶段,每个阶段都要确定分配给一种活动的资源量,并要先对 n 种活动指定分配的阶段序号。

在资源分配问题中,由于将阶段联系在一起的是所有生产活动都在争取的资源,因此,状态变量就要按照资源的分配来确定。故把第 k 阶段的状态变量 s_k 定义为第 k 阶段初所拥有的资源量,即将要在第 k 种活动到第 n 种活动间分配的资源量。这样,我们在确定第 k 阶段的资源分配时就无须考虑以前的资源分配情况。

决策变量 x_k 就定义为对第 k 种活动的资源投放量,即对第 k 种活动的资源分配量。

关于状态变量 s_k 的约束条件是

$$0 \leqslant s_k \leqslant M$$

关于决策变量 x_k 的约束条件是

$$0 \leqslant x_k \leqslant s_k$$

此时,状态转移方程是

$$s_{k+1} = s_k - x_k$$

即第 $k+1$ 阶段初的资源拥有量等于第 k 阶段的资源拥有量与投放量之差。显然,它满足无后效性。

阶段指标函数应为对第 k 种活动投放资源 x_k 时的收益,即:

$$v_k(s_k, x_k) = g_k(x_k)$$

目标函数即为对 n 种活动投放资源后的总收益。若用 $f_k(s_k)$ 表示在第 k 阶段拥有资源 s_k 时,按最优分配方案获得的总收益,则动态规划基本方程是:

$$\begin{cases} f_k(s_k) = \max\limits_{0 \leqslant x_k \leqslant s_k} [g_k(x_k) + f_{k+1}(s_{k+1})] & (k = 1,2\cdots,n) \\ f_{n+1}(s_{n+1}) = 0 \end{cases}$$

例 11-1 船舶总公司拟将 5 万元资金投放到下属 A、B、C 三个船厂,各船厂在获得资金后的收益如表 11-1 所示。试用动态规划方法求使总收益最大的投资分配方案。

表 11-1

收益 投资额 船厂	0	1	2	3	4	5
A	0	3	5	7	8	9
B	0	4	6	8	9	9
C	0	1	3	7	9	10

解 第一步,划分阶段。

A、B、C 三个船厂分别编号为 1,2,3,对 A、B、C 三个船厂分配资金分别形成 1,2,3 三个阶段,即该问题可作为三段决策过程。$k=1,2,3$。$k=1$ 时,将资金分给 1,2,3 三个工厂;$k=2$ 时,将资金分给 2,3 两个工厂;$k=3$ 时,将资金分给 3 个工厂。

第二步,确定状态变量

状态变量 s_k 为第 k 阶段初拥有的资金数。显然

$$\begin{cases} S_1 = \{5\} \\ S_k = \{0,1,2,3,4,5\} & (k = 2,3) \end{cases}$$

第三步,确定决策变量。

决策变量 x_k 为第 k 阶段分配给第 k 个船厂的资金数。显然

$$D_k(s_k) = \{0,1,2,3,4,5\} \qquad (k = 1,2,3)$$

第四步,状态转移方程

$$s_{k+1} = s_k - x_k \qquad (k = 1,2,3)$$

第五步,指标函数。

阶段指标函数 $g_k(s_k)$ 如表 11-1 所示。

第六步，函数基本方程

$$\begin{cases} f_k(s_k) = \max\limits_{x_k \in D_k(s_k)} [g_k(x_k) + f_{k+1}(s_{k+1})] \quad (k = 1,2,3) \\ f_4(s_4) = 0 \end{cases}$$

下面求解，从最后一个阶段开始向前逆推计算。

$k=3$ 时，考虑将资金分给船厂 C，这时 $0 \leqslant s_3 \leqslant 5, 0 \leqslant x_3 \leqslant s_3$

$$f_3(s_3) = \max_{x_3}[g_3(x_3) + f_4(s_4)] = \max_{x_3}[g_3(x_3)]$$

这表明，当资金只分配到船厂 C 时，最好的分配方案是把全部资金都放到船厂 C 去。因此，可得到的最大收益如表 11-2 所示。

表 11-2

阶　段	s_3	$f_3(s_3)$	x_3
$k=3$	0	0	0
	1	1	1
	2	3	2
	3	7	3
	4	9	4
	5	10	5

$k=2$ 时，

考虑将资金分给船厂 B、C，这时 $s_3 = s_2 - x_2, 0 \leqslant s_2 \leqslant 5, 0 \leqslant x_2 \leqslant s_2$

$$f_2(s_2) = \max_{x_2}[g_2(x_2) + f_3(s_3)] = \max_{x_2}[g_2(x_2) + f_3(s_2 - x_2)]$$

若 $s_2 = 0$，则

$$f_2(0) = \max_{x_2=0}[g_2(x_2) + f_3(s_2 - x_2)] = g_2(0) + 0 = 0 \quad x_2^*(0) = 0$$

若 $s_2 = 1$，则

$$f_2(1) = \max_{x_2=0,1}[g_2(x_2) + f_3(s_2 - x_2)] = \max\begin{bmatrix} g_2(0) + f_3(1) \\ g_2(1) + f_3(0) \end{bmatrix} = \max\begin{bmatrix} 0+1 \\ 4+0 \end{bmatrix} = 4$$

$$x_2^*(1) = 1$$

若 $s_2 = 2$，则

$$f_2(2) = \max_{x_2=0,1,2}[g_2(x_2) + f_3(s_2 - x_2)]$$

$$= \max\begin{bmatrix} g_2(0) + f_3(2) \\ g_2(1) + f_3(1) \\ g_2(2) + f_3(0) \end{bmatrix} = \max\begin{bmatrix} 0+3 \\ 4+1 \\ 6+0 \end{bmatrix} = 6$$

$$x_2^*(2) = 2$$

若 $s_2 = 3$，则

$$f_2(3) = \max_{x_2=0,1,2,3}[g_2(x_2) + f_3(s_2 - x_2)]$$

$$= \max\begin{bmatrix} g_2(0) + f_3(3) \\ g_2(1) + f_3(2) \\ g_2(2) + f_3(1) \\ g_2(3) + f_3(0) \end{bmatrix} = \max\begin{bmatrix} 0+7 \\ 4+3 \\ 6+1 \\ 8+0 \end{bmatrix} = 8$$

$$x_2^*(3)=3$$

若 $s_2=4$,则

$$f_2(4)=\max_{x_2=0,1,2,3,4}[g_2(x_2)+f_3(s_2-x_2)]$$

$$=\max\begin{bmatrix}g_2(0)+f_3(4)\\g_2(1)+f_3(3)\\g_2(2)+f_3(2)\\g_2(3)+f_3(1)\\g_2(4)+f_3(0)\end{bmatrix}=\max\begin{bmatrix}0+9\\4+7\\6+3\\8+1\\9+0\end{bmatrix}=11$$

$$x_2^*(4)=1$$

若 $s_2=5$,则

$$f_2(5)=\max_{x_2=0,1,2,3,4,5}[g_2(x_2)+f_3(s_2-x_2)]$$

$$=\max\begin{bmatrix}g_2(0)+f_3(5)\\g_2(1)+f_3(4)\\g_2(2)+f_3(3)\\g_2(3)+f_3(2)\\g_2(4)+f_3(1)\\g_2(5)+f_3(0)\end{bmatrix}=\max\begin{bmatrix}0+10\\4+9\\6+7\\8+3\\9+1\\9+0\end{bmatrix}=13$$

$$x_2^*(5)=1\text{ 或 }2$$

将上面的计算结果汇总于表 11-3。

表 11-3

阶段	x_2 \ s_2	$g_2(x_2)+f_3(s_2-x_2)$						$f_2(s_2)$	x_2^*
		0	1	2	3	4	5		
$k=2$	0	0						0	0
	1	0+1	4+0					4	1
	2	0+3	4+1	6+0				6	2
	3	0+7	4+3	6+1	8+0			8	3
	4	0+9	4+7	6+3	8+1	9+0		11	1
	5	0+10	4+9	6+7	8+3	9+1	9+0	13	1,2

$k=1$ 时,考虑将资金分给船厂 A、B、C,这时

$$s_2=s_1-x_1,s_1=5$$

$$f_1(s_1)=\max_{x_1}[g_1(x_1)+f_2(s_2)]$$

则

$$f_1(5)=\max_{x_1=0,1,2,3,4,5}[g_1(x_1)+f_2(5-x_1)]$$

$$
= \max \begin{bmatrix} g_1(0)+f_2(5) \\ g_1(1)+f_2(4) \\ g_1(2)+f_2(3) \\ g_1(3)+f_2(2) \\ g_1(4)+f_2(1) \\ g_1(5)+f_2(0) \end{bmatrix} = \max \begin{bmatrix} 0+13 \\ 3+11 \\ 5+8 \\ 7+6 \\ 8+4 \\ 9+0 \end{bmatrix} = 14
$$

$$
x_1^*(5)=1
$$

将上面的计算结果汇总于表 11-4。

表 11-4

阶段	x_1 \ s_1	$g_1(x_1)+f_2(5-x_1)$						$f_1(s_1)$	x_1^*
		0	1	2	3	4	5		
$k=1$	5	0+13	3+11	5+8	7+6	8+4	9+0	14	1

由上述计算结果可知：

最大收益是

$$
f_1(5) = 14(\text{万元})
$$

最优策略（对船厂 A、B、C 的资金分配序列）是

$$
x_1^*(5) = 1, x_2^*(4) = 1, x_3^*(3) = 3
$$

即最优分配方案是：分给船厂 A 1 万元，分给船厂 B 1 万元，分给船厂 C 3 万元，可得收益最大。最大收益是 14 万元。

讨论：

(1)为了解题的方便，上面求解时首先将问题进行了离散化，即将投资数 5 万元以 1 万元为单位进行了分割。当然，也可以以千元为单位进行分割，但计算量就要大得多。显然，分割越细，解的精度越高，占用计算机的容量也越大。因此，在进行分割时，应全面权衡，选取较为适当的分割单位。

(2)若问题本身就是离散型的，例如，分配的是几台设备，几辆汽车等，那么就不存在离散化的问题了。

(3)在例 11-1 中，若投资总额变少，则只需重新计算表 11-4，前几个计算表可以继续使用，即可求得新的最优解。这是用动态规划方法求解时的优点，而若用其他方法求解，则必须从头开始重新算起。

例 11-1 的第一阶段的计算也可以如表 11-5 所示。

表 11-5

阶段	x_1 \ s_1	$g_1(x_1)+f_2(x_2)$						$f_1(s_1)$	x_1^*
		0	1	2	3	4	5		
$k=1$	0	0						0	0
	1	0+4	3+0					4	0
	2	0+6	3+4	5+0				7	1
	3	0+8	3+6	5+4	7+0			9	1,2
	4	0+11	3+8	5+6	7+4	8+0		11	0,1,2,3
	5	0+13	3+11	5+8	7+6	8+4	9+0	14	1

由表 11-5 可知，若总投资额为 3 万元（即 $s_1=3$）时，最优值是 $f_1(3)=9$，最优策略为：

①$x_1^*=1, s_2=2 \Rightarrow x_2^*=2, s_3=0 \Rightarrow x_3^*=0$

②$x_1^*=2, s_2=1 \Rightarrow x_2^*=1, s_3=0 \Rightarrow x_3^*=0$

即有两个最优分配方案。

(4) 以上我们讨论的是一维资源分配问题，以及多维资源分配问题，即有多种资源，可用于几种生产，每种生产得到不同资源的不同数量所创的利润也不同，应如何分配，使所创总利润为最大。多维资源分配问题在许多运筹学书中都有介绍，此处从略。

第二节　机器负荷分配问题

设有某种机器，可以在高、低两种不同的负荷下进行生产，产量函数分别为 $P_1=cu_1, P_2=du_2(c,d>0, c>d)$ 机器的年折损完好率分别为 a 和 $b(0<a<b<1)$。假定，开始生产时，完好的机器数量为 M，要求制定一个 n 年生产计划，在每年开始时，决定如何重新分配完好的机器在两种不同负荷下生产的数量，使在 n 年内产品的总产量达到最高。这就是机器负荷分配问题，也可以看作是带回收的资源分配问题。

这里，很自然地可以将问题划分为 n 个阶段，每一年为一个阶段，$k=1,2,\cdots,n$。

状态变量 s_k 选为第 k 阶段初拥有的完好机器数，显然

$$0 \leqslant s_k \leqslant M, s_1 = M$$

决策变量 x_k 选为第 k 阶段安排在高负荷下生产的机器数，则第 k 阶段在低负荷下生产的机器数为

$$s_k - x_k$$

决策变量的约束条件是：

$$0 \leqslant x_k \leqslant s_k$$

由于在高负荷下生产的机器年折损完好率是 ax_k，在低负荷下生产的机器年折损完好率是 $b(s_k-x_k)$，因此，状态转移方程是：

$$s_{k+1} = ax_k + b(s_k - x_k) \qquad (k = 1,2,\cdots,n)$$

阶段指标函数即为阶段产量

$$v_k(s_k,x_k) - cx_k + d(s_k - x_k) \qquad (k = 1,2,\cdots,n)$$

若用 $f_k(s_k)$ 表示由 s_k 出发采用最优分配方案到结束时，这段期间的产品产量，则有：

$$\begin{cases} f_k(s_k) = \max\limits_{0 \leqslant x_k \leqslant s_k} \{cx_k + d(s_k - x_k) + f_{k+1}[ax_k + b(s_k - x_k)]\} \\ \qquad\qquad (k = 1,2\cdots,n) \\ f_{n+1}(s_{n+1}) = 0 \end{cases}$$

例 11-2　某港口有某种装卸设备 125 台，据估计，这种设备 5 年后将被其他新设备所代替，此设备如在高负荷下工作，年损坏率为 1/2，年利润为 10 万元；如在低负荷下工作，年损坏率为 1/5，年利润为 6 万元。问应如何安排这些装卸设备的生产负荷，才能使 5 年内获得最大的利润？

解　第一步，划分阶段。每一年为一个阶段，5 年分为 5 个阶段，$k=1,2,3,4,5$。

第二步，确定状态变量。状态变量 s_k 为第 k 年年初拥有的完好设备数，且

$$s_1 = 125$$

$$0 \leqslant s_k \leqslant 125 \qquad (k = 2,3,4,5)$$

第三步,确定决策变量。决策变量 x_k 为第 k 阶段安排在高负荷下工作的设备数,且

$$0 \leqslant x_k \leqslant s_k$$

则第 k 阶段安排在低负荷下工作的设备台数为:

$$s_k - x_k$$

第四步,状态转移方程。由于在两种负荷下工作的设备损坏率分别为 1/2 和 1/5,则第 $\kappa+1$年年初拥有的完好设备数为:

$$s_{k+1} = \left(1 - \frac{1}{2}\right)x_k + \left(1 - \frac{1}{5}\right)(s_k - x_k) = \frac{4}{5}s_k - \frac{3}{10}x_k$$

这就是状态转移方程。

第五步,指标函数。第 k 阶段的指标函数为第 k 年可得的利润:

$$v_k(s_k, x_k) = 10x_k + 6(s_k - x_k) = 4x_k + 6s_k$$

第六步,函数基本方程

$$\begin{cases} f_k(s_k) = \max\limits_{x_k}[v_k(s_k, x_k) + f_{k+1}(s_{k+1})] \\ \qquad\quad = \max\limits_{0 \leqslant x_k \leqslant s_k}\left[4x_k + 6s_k + f_{k+1}\left(\frac{4}{5}s_k - \frac{3}{10}x_k\right)\right] \quad (k = 1,2\cdots,5) \\ f_6(s_6) = 0 \end{cases}$$

下面求解,从最后一个阶段开始向前逆推计算。

$k=5$ 时

$$f_5(s_5) = \max_{0 \leqslant x_5 \leqslant s_5}(4x_5 + 6s_5)$$

因 f_5 是线性单调增函数,故得最优解 $x_5{}^* = s_5$,相应的有 $f_5(s_5) = 10s_5$。

$k=4$ 时

$$f_4(s_4) = \max_{0 \leqslant x_4 \leqslant s_4}[4x_4 + 6s_4 + f_5(s_5)] = \max_{0 \leqslant x_4 \leqslant s_4}(4x_4 + 6s_4 + 10s_5)$$

$$= \max_{0 \leqslant x_4 \leqslant s_4}\left[4x_4 + 6s_4 + 10\left(\frac{4}{5}s_4 - \frac{3}{10}x_4\right)\right] = \max_{0 \leqslant x_4 \leqslant s_4}(14s_4 + x_4)$$

因 f_4 是 x_4 的线性单调增函数,故得最优解 $x_4{}^* = s_4$,相应的有 $f_4(s_4) = 15s_4$。

$k=3$ 时

$$f_3(s_3) = \max_{0 \leqslant x_3 \leqslant s_3}[4x_3 + 6s_3 + f_4(s_4)]$$

$$= \max_{0 \leqslant x_3 \leqslant s_3}\left[4x_3 + 6s_3 + 15\left(\frac{4}{5}s_3 - \frac{3}{10}x_3\right)\right]$$

$$= \max_{0 \leqslant x_3 \leqslant s_3}\left(18s_3 - \frac{1}{2}x_3\right)$$

因 f_3 是 x_3 的线性单调下降函数,故得最优解 $x_3{}^* = 0$,相应的有 $f_3(s_3) = 18s_3$。

$k=2$ 时

$$f_2(s_2) = \max_{0 \leqslant x_2 \leqslant s_2}[4x_2 + 6s_2 + f_3(s_3)]$$

$$= \max_{0 \leqslant x_2 \leqslant s_2}\left[4x_2 + 6s_2 + 18\left(\frac{4}{5}s_2 - \frac{3}{10}x_2\right)\right]$$

$$= \max_{0 \leqslant x_2 \leqslant s_2}\left(20\frac{2}{5}s_2 - \frac{7}{5}x_2\right)$$

因f_2是x_2的线性单调下降函数,故得最优解$x_2^*=0$,相应的有$f_2(s_2)=20\frac{2}{5}s_2$。

$k=1$时,有$x_1^*=0$,$f_1(s_1)=22\frac{8}{25}s_1$。

将$s_1=125$代入得:

$$f_1(s_1)=2790$$

由上述计算结果知最大利润是:

$$f_1(125)=2790(\text{万元})$$

最优策略(每年安排在高负荷下生产的设备数)是:$x_1^*=0,x_2^*=0,x_3^*=0,x_4^*=s_4,x_5^*=s_5$。

在得到整个问题的最优指标函数值和最优策略后,还需反过来确定每年年初的状态,即从始端向终端计算出每年年初完好的机器数。已知$s_1=125$台,于是可得:

$$s_2=\frac{4}{5}s_1-\frac{3}{10}x_1=\frac{4}{5}s_1=100(\text{台})$$

$$s_3=\frac{4}{5}s_2-\frac{3}{10}x_2=\frac{4}{5}s_2=80(\text{台})$$

$$s_4=\frac{4}{5}s_3-\frac{3}{10}x_3=\frac{4}{5}s_3=64(\text{台})$$

$$s_5=\frac{4}{5}s_4-\frac{3}{10}x_4=\frac{5}{10}s_4=32(\text{台})$$

$$s_6=\frac{4}{5}s_5-\frac{3}{10}x_5=\frac{5}{10}s_5=16(\text{台})$$

所以最优安排如表11-6所示。

表11-6

年度	年初完好设备数	高负荷工作设备数	低负荷工作设备数
1	$s_1=125$	$x_1=0$	$s_1-x_1=125$
2	$s_2=100$	$x_2=0$	$s_2-x_2=100$
3	$s_3=80$	$x_3=0$	$s_3-x_3=80$
4	$s_4=64$	$x_4=64$	$s_4-x_4=0$
5	$s_5=32$	$x_5=32$	$s_5-x_5=0$

讨论:

(1)从以上的计算过程可看出,上述问题虽是用逆序法求解的,但用顺序法同样可以求解,这说明上述决策过程是可逆过程。读者不妨一试。

(2)上述问题是在初始状态给定的情况下($s_1=125$)求解的,由求解过程知,即使初始状态不确定,借助于函数基本方程和状态转移方程,同样可以求得最优策略。

(3)另外,上面讨论的问题,只给定了始端状态,对终端没有任何限制,如果终端也附加上一定的约束条件,显然计算结果是有差别的。比如说,由于资金不足或其他某种原因,在第五年结束时,现有设备不能全部更新,要求完好的设备台数为$s_6=30$台(在例11-2中,$s_6=16$台),问应如何安排生产,才能在满足这一终端要求的情况使利润最高?

由

$$s_{k+1}=\frac{4}{5}s_k-\frac{3}{10}x_k$$

应有

$$s_6 = \frac{4}{5}s_5 - \frac{3}{10}x_5 = 30$$

即

$$x_5 = \frac{8}{3}s_5 - 100$$

显而易见，由于固定了终端的状态 s_6，第五年的决策变量 x_5 的允许决策集合 $D_5(s_5)$ 也有了约束，上式说明 $D_5(s_5)$ 已退化为一个节点，也就是说，第五年投入工作的设备数只能由式 $x_5 = \frac{8}{3}s_5 - 100$ 作出一种决策。故

$$f_5(s_5) = \max_{x_5}(4x_5 + 6s_5)$$

$$= \max_{x_5}\left(\frac{32}{3}s_5 - 400 + 6s_5\right) = 16.67s_5 - 400$$

利用递推公式可以求出 $k=4$ 时，有

$$f_4(s_4) = \max_{0 \leqslant x_4 \leqslant s_4}[4x_4 + 6s_4 + f_5(s_5)]$$

$$= \max_{0 \leqslant x_4 \leqslant s_4}\left[4x_4 + 6s_4 + 16.67\left(\frac{4}{5}s_4 - \frac{3}{10}x_4\right) - 400\right]$$

$$= \max_{0 \leqslant x_4 \leqslant s_4}(19.34s_4 - x_4 - 400)$$

显然有最大解 $x_4^* = 0$，相应的有

$$f_4(s_4) = 19.34s_4 - 400$$

依此类推，可得

$$x_3^* = 0$$

相应的有

$$f_3(s_3) = 21.47s_3 - 400$$

$$x_2^* = 0$$

相应的有

$$f_2(s_2) = 23.18s_2 - 400$$

$$x_1^* = 0$$

相应的有

$$f_1(s_1) = 24.54s_1 - 400$$

将 $s_1 = 125$ 代入上式有 $f_1(s_1) = 2667.5$（万元）。

由此可见，为了使终端（即第五年年末）完好的设备数为 30 台，其最优策略应改变为：在前四年中，应把全部完好的设备投入低负荷下工作，而在第五年，只能将部分完好的设备投入高负荷下工作。那么，第五年年初应安排多少台设备在高负荷下工作呢？由 $s_1 = 125$，有：

$$s_2 = \frac{4}{5}s_1 - \frac{3}{10}x_1 = \frac{4}{5}s_1 = 100 \text{ 台}$$

$$s_3 = \frac{4}{5}s_2 - \frac{3}{10}x_2 = \frac{4}{5}s_2 = 80 \text{ 台}$$

$$s_4 = \frac{4}{5}s_3 - \frac{3}{10}x_3 = \frac{4}{5}s_3 = 64 \text{ 台}$$

$$s_5 = \frac{4}{5}s_4 - \frac{3}{10}x_4 = \frac{4}{5}s_4 = 51 \text{ 台}$$

将 $s_5=51$ 代入 $x_5^*=\frac{8}{3}s_5-100$ 中，则有 $x_5^*=36$ 台，即在第五年度，只能有 36 台设备投入高负荷下工作，从而在五年里所得的最高利润为 $f_1(s_1)=2667.5$（万元）。由此可见，由于附加了终端约束，不仅使最优策略改变，其利润也比终端自由时要低一些。

第三节 载货问题

考虑有 n 种货物需要装船（车）。第 i 种货物每件的重量为 w_i，每装运一件所得收益为 v_i $(i=1,2\cdots,n)$。船（车）的最大载重量为 W，现要确定在不超过船（车）的最大载重能力的条件下，使所装载的货物创收益最大，这就是所谓载货问题。

若设 x_i 是第 i 种货物的装载件数，z 为总收益，则

$$\max z = \sum_{i=1}^{n} v_i x_i$$

$$\begin{cases} \sum_{i=1}^{n} v_i x_i \leqslant W \\ x_i \geqslant 0 \text{ 且为整数} \qquad (i=1,2,\cdots,n) \end{cases}$$

如果是散货，则 x_i 不限于取整数。

在实际工作中，解决这类问题常用的方法是：按各种货物所创的收益和重量之比的大小来排列优先装载的次序，逐步将货船（车）尽量地填满。这种方法常常能够很快地找到最优解，但这种方法并不科学，因此也有失效的时候（例 11-4）。求解这类问题，可以用整数规划方法，也可以用动态规划方法。

例 11-3 今有3种货物需要装船，各种货物的重量与运输利润关系如表 11-7 所示。船的最大装载能力为 $W=6$(t)，问应如何装载才能使总利润最大？

表 11-7

货物种类(i)	货物重量(W_i)(t)	利润(V_i)(千元)
1	2	8
2	3	13
3	4	18

解 第一步，划分阶段。每装一种货物为一个阶段，$k=1,2,3$。

第二步，确定状态变量。状态变量 s_k 为可用于装载第 k 种至第 n 种货物的装载量。且

$$\begin{cases} s_1 = 6 \\ s_k = \{0,1,2,3,4,5,6\} \quad (k=2,3) \end{cases}$$

第三步，确定决策变量。决策变量 x_k 为第 k 种货物的装载件数。且：

$$x_k \in D_k(s_k) = \left\{0,1,\cdots,\left[\frac{s_k}{w_k}\right]\right\} \quad (k=1,2,3)$$

其中，$[s_k/w_k]$ 为不大于 s_k/w_k 的最大整数。

第四步，状态转移方程

$$s_{k+1} = s_k - w_k x_k$$

即第 $k+1$ 阶段船的可装载量等于第 k 阶段船的可装载量与装载量之差。

第五步，指标函数。阶段指标即为第 k 阶段装载 x_k 件货物时所创的利润 $v_k x_k$。

第六步，函数基本方程。

$$\begin{cases} f_k(s_k) = \max\limits_{\substack{x_k \in D_k(s_k) \\ s_k = \{0,1\cdots\cdots,6\}}} [v_k x_k + f_{k+1}(s_k - w_k x_k)] \quad (k = 1,2,3) \\ f_4(s_4) = 0 \end{cases}$$

下面求解,从最后一个阶段开始向前逆推计算。

$k=3$ 时

$$w_3 = 4, v_3 = 18$$

$$s_3 = \{0,1,\cdots,6\}$$

$$x_3\left\{0,1,\cdots,\left[\frac{s_2}{4}\right]\right\} = \{0,1\}$$

$$f_3(s_3) = \max_{\substack{x_3 = \{0,1\} \\ s_3 = \{0,1,\cdots,6\}}} (18x_3)$$

计算结果见表 11-8。

表 11-8

阶　段	s_3 \ x_3	$18x_3$		f_3	x_3^*	s_4
		0	1			
$k=3$	0	0		0	0	0
	1	0		0	0	1
	2	0		0	0	2
	3	0		0	0	3
	4	0	18	18	1	0
	5	0	18	18	1	1
	6	0	18	18	1	2

$k=2$ 时

$$w_2 = 3, v_2 = 13$$

$$s_2 = \{0,1,2,3,4,5,6\}$$

$$x_2 = \left\{0,1,\cdots,\left[\frac{s_2}{3}\right]\right\} = \{0,1,2\}$$

$$s_3 = s_2 - 3x_2$$

$$f_2(s_2) = \max_{\substack{x_2 = \{0,1,2\} \\ s_2 = \{0,1,2\cdots,6\}}} [13x_2 + f_3(s_2 - 3x_2)]$$

计算结果见表 11-9。

表 11-9

阶　段	s_2 \ x_2	$13x_2 + f_3(s_2 - 3x_2)$			f_2	x_2^*	s_3
		0	1	2			
$k=2$	0	0+0			0	0	0
	1	0+0			0	0	1
	2	0+0			0	0	2
	3	0+0	13+0		13	1	0
	4	0+18	13+0		18	0	4
	5	0+18	13+0		18	0	5
	6	0+18	13+0	26+0	26	2	0

$k=1$ 时

$$w_1 = 2, v_1 = 8$$

$$s_1 = \{6\}$$

$$x_1 = \{0,1,\cdots,[s_1/2]\} = \{0,1,2,3\}$$

$$S_2 = s_1 - 2x_1$$

$$f_1(s_1) = \max_{\substack{x_1=\{0,1,2,3\}\\ s_1=\{6\}}} [8x_2 + f_2(s_1 - 2x_1)]$$

计算结果见表 11-10。

表 11-10

阶段	x_1 \ s_1	$8x_2+f_2(s_1-2x_1)$				f_1	$x_1{}^*$	s_2
		0	1	2	3			
1	6	0 + 26	8 + 18	16 + 0	24 + 0	26	0,1	6,4

至此,得到的最大利润 $f_1(s_1)=26$,从而有两个最优方案:

(1) $x_1{}^*=0, x_2{}^*=2, x_3{}^*=0$

(2) $x_1{}^*=1, x_2{}^*=0, x_3{}^*=1$

即第二种货物装 2 件或者第一种和第三种货物各装 1 件,可获利润为最大,其值为 26000 元。

讨论:

(1)著名的背包问题(Knapsack Problems),即为载货问题的特例。只要在例 11-3 中加上限制条件 x_j 为 0 或 1,解法同例 11-3。

(2)在例 11-3 中,若船的吨位不是 6,比如是 5 或 4,那么,只需修改表 11-10,前几个计算表可以继续使用。即可求得新的最优解,参见例 11-1 的算法讨论。

(3)考虑下面的例题(载货问题):

例 10-4

$$\max z = 17x_1 + 72x_2 + 35x_3$$

$$\begin{cases} 10x_1 + 41x_2 + 20x_3 \leqslant 50 \\ x_j \geqslant 0 \text{ 且为整数} \quad (j=1,2,3) \end{cases}$$

请用以下两种方法求解,并进行比较:

(1)按货物价值与重量之比的大小排列优先装载的次序来进行规划。

(2)按动态规划方法进行规划。

解 (1)按照题目要求,用第一种方法求解:

因 $\max\limits_{j=1,2,3}\left\{\dfrac{v_j}{w_j}\right\} = \max\left\{\dfrac{17}{10},\dfrac{72}{41},\dfrac{35}{20}\right\} = \dfrac{72}{41}$,所以应首先装载第二种货物,考虑到最大装载能力为 50。故最优方案为(0,1,0),即装一件第二种货物,相应的最大利润为 72。

(2)用动态规划方法求解:

模型同例 11-3,仍然从最后一个阶段向前逆推计算。

$k=3$ 时

$$w_3 = 20, v_3 = 35$$

$$s_3 = \{0,10,20,\cdots,50\}$$

$$x_3 = \left\{0,1,\cdots,\left[\frac{s_3}{20}\right]\right\} = \{0,1,2\}$$

$$s_4 = s_3 - 20x_3$$

$$f_3(s_3) = \max_{\substack{x_3=\{0,1,2\} \\ s_3\{0,10,\cdots,50\}}} (35x_3)$$

计算结果如表 11-11 所示。

表 11-11

阶段	x_3 / s_3	$35x_3$			f_3	x_3^*	s_4
		0	1	2			
$k=3$	0	0			0	0	0
	10	0			0	0	10
	20	0	35		35	1	0
	30	0	35		35	1	10
	40	0	35	70	70	2	0
	50	0	35	70	70	2	10

$k=2$ 时

$$w_2 = 41, v_2 = 72$$

$$s_2 = \{0,10,20,\cdots,50\}$$

$$x_2 = \left\{0,1,\cdots,\left[\frac{s_2}{41}\right]\right\} = \{0,1\}$$

$$s_3 = s_2 - 41x_2$$

$$f_2(s_2) = \max_{\substack{x_2=\{0,1\} \\ s_2=\{0,10,\cdots,50\}}} [72x_2 + f_3(s_2 - 41x_2)]$$

计算结果如表 11-12 所示。

表 11-12

阶段	x_2 / s_2	$72x_2+f_3(s_2-41x_2)$		f_2	x_2^*	s_3
		0	2			
$k=2$	0	0+0		0	0	0
	10	0+0		0	0	10
	20	0+35		35	0	20
	30	0+35		35	0	30
	40	0+70		70	0	40
	50	0+70	72+0	72	1	9

$k=1$ 时

$$w_1 = 10, v_1 = 17$$

$$s_1 = 50$$

$$x_1 = \left\{0,1,\cdots,\left[\frac{s_1}{10}\right]\right\} = \{0,1,2,3,4,5\}$$

$$s_2 = s_1 - 10x_1$$

$$f_1(s_1) = \max_{\substack{x_1=\{0,1,\cdots,5\} \\ s_1=\{50\}}} [17x_1 + f_2(s_1 - 10x_1)]$$

计算结果如表 11-13 所示。

表 11-13

阶 段	x_1 \ s_1	$17x_1+f_2(s_1-10x_1)$ 0	1	2	3	4	5	f_1	x_1^*	s_2
$k=1$	50	0+72	17+70	34+35	51+35	68+0	85+0	87	1	40

至此,得到最大利润为 87。

最优分配方案为(1,0,2)。即第一种货物装载 1 件,且第三种货物装载 2 件,可获得最大利润,利润值为 87。

比较两种方法所得的结果可知,用动态规划方法求出的结果是正确的。

第四节 生产与存贮问题

如果已知某企业所生产产品的生产费用、存贮费用和市场的需要量,在其生产能力和存贮能力许可的前提下,正确确定各个时期的生产量,使既完成交货计划,又使总支出最少,这就是生产与存贮问题。

例 11-5 某船厂根据合同,从当年起连续 4 年年末要为客户提供规格型号相同的大型客货船,每年的交船数及生产每艘船的生产费用如表 11-14 所示。

表 11-14

年度(k)	每艘船的生产费用(c_k)(百万元)	每年需交付的船数(d_k)(艘)
1	6.0	1
2	6.0	3
3	6.3	2
4	6.5	2

该厂的生产能力为每年 6 艘船。在进行生产的年度,船厂还要支出经常费 60 万元。若造出的船当年不交货,则每艘船每积压一年造成的积压损失费为 40 万元。假定开始时及第四年年末交货后均无积压船只,问船厂应如何安排这 4 年的生产计划,使所花的总费用为最低?

解 第一步,划分阶段。

每一年度为一个阶段,4 年分为 4 个阶段,$k=1,2,3,4$。

第二步,确定状态变量。

状态变量 s_k 为第 k 阶段初贮存(积压)的船数。且 s_k 必须满足以下条件:

(1)不能超过本年度及以后各年度交船数的总和:

$$0 \leqslant s_k \leqslant \sum_{i=k}^{4} d_i$$

(2)为保证按时交船,每年年初的存船数加上本年度的最大可能生产量不应小于本年度的交船数:

$$s_k + 6 \geqslant d_k$$

(3)此外,还有

$s_1 = s_5 = 0$。

第三步,确定决策变量。

决策变量 x_k 为第 k 阶段生产的船数。且 x_k 必须满足以下条件：

(1)不能超过每年的库存能力：

$$x_k + s_k - d_k \leqslant \text{最大库存量}$$

(2)某年所拥有的存船数,不应超过本年度及以后各年交船数的总和：

$$x_k + s_k \leqslant \sum_{i=k}^{4} d_i$$

(3)某年所拥有的存船数,不应少于本年度的交船数：

$$x_k + s_k \geqslant d_k$$

第四步,状态转移方程。

$$s_{k+1} = s_k + x_k - d_k \qquad (k = 1,2,3,4)$$

即第 k 年的存船数加上第 k 年生产的船只数,再减去第 k 年交付的船数,就等于第 $k+1$ 年初的存船数。

第五步,指标函数。

第 k 阶段的指标函数 v_k 就是第 k 年度的生产成本(包括生产费用与存贮费用两部分)。

$$v_k(s_k,x_k) = \begin{cases} 0.6 + c_k x_k + 0.4s_k & \text{若 } x_k > 0 \\ 0.4s_k & \text{若 } x_k = 0 \end{cases} \qquad (k = 1,2,3,4)$$

第六步,函数基本方程。

$$\begin{cases} f_k(s_k) = \min\limits_{0\leqslant x_k\leqslant 6}\left[v_k(s_k,x_k) + f_{k+1}(s_{k+1})\right] \qquad (k = 1,2,3,4) \\ f_5(s_5) = 0 \end{cases}$$

下面求解,从最后一个阶段开始向前逆推计算。

$k=4$ 时,$d_4=2$,故

$$s_4 = \{0,1,2\}$$

$$x_4 = \{2,1,0\}$$

$$v_4 = \begin{cases} 0.6 + 6.5x_4 + 0.4s_4 & \text{若 } x_4 > 0 \\ 0.4s_4 & \text{若 } x_4 = 0 \end{cases}$$

计算结果如表 11-15 所示。

表 11-15

阶段 k	期初存船(s_4)	可能的生产量(x_4)	本期费用(v_4)	期末存船(s_5)	以后各期费用$f_5(s_5)$	总费用 $v_4+f_3=f_4$
4	0	2	13.6	0	0	13.6
	1	1	7.5	0	0	7.5
	2	0	0.8	0	0	0.8

$k=3$ 时,$d_3=2$,故

$$s_3 = \{0,1,2,3,4\}$$

$$v_3 = \begin{cases} 0.6 + 6.3x_3 + 0.4s_3 & \text{若 } x_3 > 0 \\ 0.4s_3 & \text{若 } x_3 = 0 \end{cases}$$

计算结果如表 11-16 所示。

表 11-16

阶段(k)	期初存船(s_3)	可能的生产量(x_3)	本期费用(v_3)	期末存船(s_4)	以后各期费用$f_4(s_4)$	总费用(v_3+f_4)
3	0	2	13.2	0	13.6	26.8
		3	19.5	1	7.5	27.0
		4	25.8	2	0.8	26.6*
	1	1	7.3	0	13.6	20.9
		2	13.6	1	7.5	21.1
		3	19.9	2	0.8	20.7*
	2	0	0.8	0	13.6	14.4*
		1	7.7	1	7.5	15.2
		2	14.0	2	0.8	14.8
	3	0	1.2	1	7.5	8.7*
		1	8.1	2	0.8	8.9
	4	0	1.6	2	0.8	2.4*

$k=2$ 时,$d_2=3$,故

$$s_2 = \{0,1,2,3,4,5\}$$

$$v_2 = \begin{cases} 0.6+6.0x_2+0.4s_2 & 若\ x_2>0 \\ 0.4s_2 & 若\ x_2=0 \end{cases}$$

计算结果如表 11-17 所示。

表 11-17

阶段(k)	期初存船(s_2)	可能的生产量(x_2)	本期费用(v_2)	期末存船(s_3)	以后各期费用$f_3(s_3)$	总费用(v_2+f_3)
2	0	3	18.6	0	26.6	45.2
		4	24.6	1	20.7	45.3
		5	30.6	2	14.4	45.0*
		6	36.6	3	8.7	45.3
	1	2	13.0	0	26.6	39.6
		3	19.0	1	20.7	39.7
		4	25.0	2	14.4	39.4*
		5	31.0	3	8.7	39.7
		6	37.0	4	2.4	39.4*
	2	1	7.4	0	26.6	34.0
		2	13.4	1	20.7	34.1
		3	19.4	2	14.4	33.8*
		4	25.4	3	8.7	34.1
		5	31.4	4	2.4	33.8*

续上表

阶段(k)	期初存船(s_2)	可能的生产量(x_2)	本期费用(v_3)	期末存船(s_3)	以后各期费用$f_3(s_3)$	总费用(v_2+f_3)
2	3	0	1.2	0	26.6	27.8*
		1	7.8	1	20.7	28.5
		2	13.8	2	14.4	28.2
		3	19.8	3	8.7	28.5
		4	25.8	4	2.4	28.2
	4	0	1.6	1	20.7	22.3*
		1	8.2	2	14.4	22.6
		2	14.2	3	8.7	22.9
		3	20.2	4	2.4	22.6
	5	0	2.0	2	14.4	16.4*
		1	8.6	3	8.7	17.3
		2	14.6	4	2.4	17.0

$k=1$ 时,$d_1=1$,故

$$s_1=0, x_1=\{1,2,3,4,5,6\}$$
$$v_1=0.6+6.0x_1$$

计算结果如表 11-18 所示。

表 11-18

阶段(k)	期初存船(s_1)	可能的生产量(x_1)	本期费用(v_1)	期末存船(s_2)	以后各期费用$f_2(s_2)$	总费用(v_2+f_2)
1	0	1	6.6	0	45.0	51.6*
		2	12.6	1	39.4	52.0
		3	18.6	2	33.8	52.4
		4	24.6	3	27.8	52.4
		5	30.6	4	22.3	52.9
		6	36.6	5	16.4	53.0

以上各计算表中的最佳生产量用 * 符号注明,它表明在该阶段中各种可能的期初存船数及从该阶段到最后阶段的最佳生产量及其最低总成本费用。

由表 11-17 知,第一年的最佳生产量为 $x_1{}^*=1$,最低生产费用为 $f_1(s_1)=51.6$(百万元)。

为求各个年度的最佳生产量,再依各个年度的计算表反推之,可得该问题的最佳策略为

$$x_1{}^*=1, x_2{}^*=5, x_3{}^*=0, x_4^*=2$$

即第一年生产 1 艘船,第二年生产 5 艘船,第三年不生产,第四年生产 2 艘船,这样可使总费用为最低,最低费用为 5160 万元。

上述结果可归纳为表 11-19。

表 11-19

年度(k)	期初存船(s_k)	期末存船(s_{k+1})	最佳生产量(x_k)	该期费用(v_k)	总费用 (v_k+f_{k+1})
1	0	0	1	6.6	51.6
2	0	2	5	30.6	45.0
3	2	0	0	0.8	14.4
4	0	0	2	13.6	13.6

讨论：

以上我们讨论的问题只有最大生产能力及市场需求量限制，没有存贮能力的限制，若最大存贮能力为 M，则状态变量 s_k 及决策变量 x_k 还应满足以下条件：

(1)状态变量 $s_k \leqslant M$，即第 k 阶段初的存货不应超过最大存贮能力。

(2)且 $s_k+x_k-d_k \leqslant M$。

小结

本章通过几个典型的实例讲解了动态规划的一般建模方法。划分阶段可以通过时间、空间和变量特征来确定。公式法是最基本的求解方法，在此基础上衍生出的求解方法有表格法和标号法。

通过本章的学习，应该学会运用动态规划的方法来求解实际问题。

思考题

1. 试述成功运用动态规划方法的关键因素。
2. 试说明阶段变量和状态变量的特征及区别。
3. 比较求解资源分配问题的静态规划方法和动态规划方法，说明动态规划方法的优点。
4. 比较载货问题的常用方法和动态规划方法。
5. 动态系统有什么特征？有哪些问题可以用动态规划方法求解？
6. 何谓阶段和阶段变量，状态和状态变量，策略和最优策略，状态转移方程，指标函数和最优指标函数，并请举例说明。
7. 试述动态规划最优化原理及与动态规划基本方程之间的关系。
8. 试述动态规划方法的基本思想和解题步骤。

习 题 四

1. 某公司有 5 台设备，将有选择地分配给 3 个工厂，所得的收益如题表 4-1 所示，问公司应如何分配可使总收益最大？

题表 4-1

工厂＼设备	0	1	2	3	4	5
1	0	3	7	9	12	13
2	0	5	10	11	11	11
3	0	4	6	11	12	12

2. 今拟将5名推销员安排到A、B、C三个地区中去，已知对各地分配推销员后的经济效益如题表4-2所示。试用动态规划方法求推销员的最优配置计划。又当推销员为4人时的情况是什么？

题表4-2

人员 地区	0	1	2	3	4	5
A	38	56	83	100	82	75
B	40	58	82	89	100	100
C	60	78	109	125	125	120

3. 今有一辆载货量为15t的载货车，现有4种需要运输的货物，均可用此载货车装运。若已知这4种货物每一种的质量和运输利润如题表4-3所示。在载货量许可的条件下，每车装载每一种货物的件数不限，问应如何搭配这4种货物，才能使每车装载货物的利润最大？

题表4-3

货　物	质量(t)	利润(千元)	货　物	质量(t)	利润(千元)
1	2	3	3	4	5
2	3	4	4	5	6

4. (背包问题)某人出去旅游，可带10kg行李，已知他想带的5件行李的质量及在旅行中的效益如题表4-4所示，为使该人所带的行李在旅行中有最大效益，问应带哪几件行李？

题表4-4

行　李	*A*	*B*	*C*	*D*	*E*
质量(kg)	3	2	4	4	2
效益	4	2	4	5	1

5. 在线路网络题图4-1中，从A至E有一批货物需要调运，图上所标数字即为各节点间的运输距离，为使总运费最少，必须找出一条自A至E的总里程最短的路线。

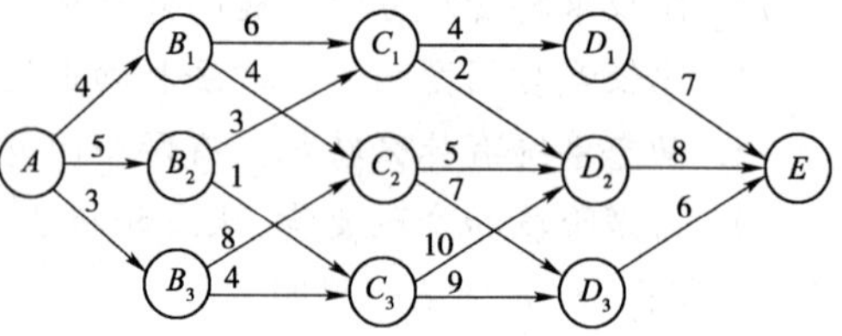

题图 4-1

6. 设某工厂自国外进口一部精密机器，由机器制造厂至出口港有3个港口可供选择，而进口港又有3个可供选择，进口后可经两个城市到达目的地，其间的边界成本如题图4-2所示数字，试求运费最低廉的路线。

7. 计算从A到B、C和D的最短路线，已知各段路线的长度如题图4-3所示。

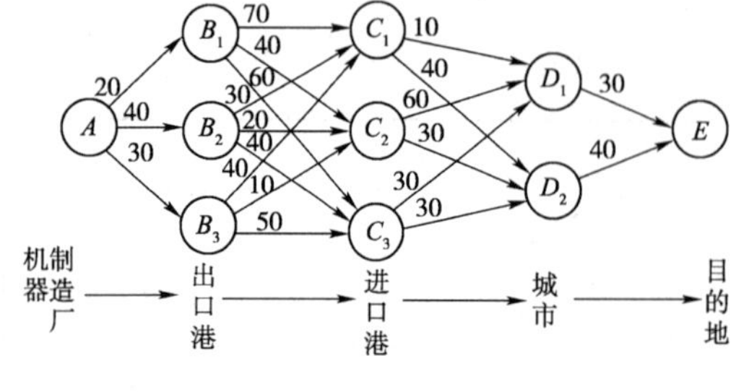

题图 4-2

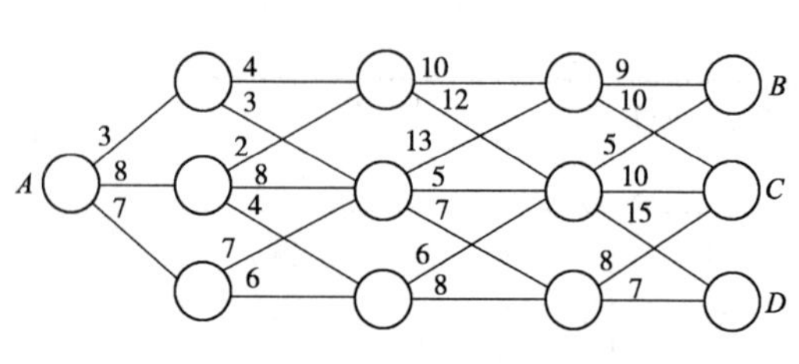

题图 4-3

8. 某厂有100台同样的机器,4年后这种机器将被其他新机器取代,现有两种生产任务,据以往经验知道:用于第一种生产任务的机器中,1年后将有1/3的机器损坏报废,每台机器的年收益为9万元;用于第二种生产任务的机器中,1年后将有1/10的机器损坏报废,每台机器的年收益为6万元。问应怎样安排生产任务,才能使这些机器在4年中获得最大收益?

9. 某厂生产一种产品,该产品在未来4个月的销售量估计如题表4-5所示。

题表4-5

月　份	1	2	3	4
销量（万件）	3	4	3	5

若该项产品的装配费为3万元/批,每件成本为1元,存贮费为每月0.7元/件。假定一月初存货为1万件,五月初存货为0,且每月的产量不限,试求该厂4个月内的最优生产计划。

10. 某公司对产品制定一项4个月的生产计划,假定每个月的需求量为2,3,1,4,该项产品每一月生产 x_k 单位的生产费用 $c(x_k)$ 如题表4-6所示。

题表4-6

x_k	1	2	3	4	5	6
$c(x_k)$	5	8	10	11	12	13

若该项产品每件1个月的存贮费为0.5元,公司一个月最多能生产6件,假定一月初及五月初的库存均为0,问该公司每个月应生产多少,才能使总成本最低?

11. 某工厂根据国家的需要,其交货任务如题表4-7所示。表中数字为月底交货量。该厂的生产能力为每月400件。

题表4-7

月　份	1	2	3	4	5	6
货物量（百件）	1	2	5	3	2	1

该厂的存货能力为300件。已知每百件货物的生产费为10000元,在进行生产的月份,工厂要支出经费4000元,仓库保管费为每百件货物每月1000元。假定开始时及六月底交货后无存货。试问应在每个月各生产多少件物品,才能既满足交货任务又使总费用最小?

第五部分　图与网络分析

图论是近30年来发展十分迅速,应用比较广泛的一个新兴的数学分支。心理学、化学、电工学、运输规划、管理学、销售学以及教育学等各个不同领域内的许多问题都可以描述为图论问题。因此,图论的意义不仅在于其本身,而且图论还是其他学科的公共基础,由此可以取得其他领域的许多成果,使其为各门学科共同享用,并能使这些成果得到扩充和展开。

图论这个领域已形成了两个本质上不同的发展方向,即图论的代数方面和图论的最优化方面,后者由于计算机的问世和线性规划技巧的发展而得到很大的发展,本书将专门论述图论的一些最优化问题。

第十二章　图的基本概念

第一节　图、连通图、赋权图

一、图

"图"在数学中有不同的涵义。在图论中所论述的图与人们通常所熟悉的几何图形(如三角形、圆、椭圆及函数和关系图形等)是有根本区别的。

例如(哥尼斯堡七桥问题),18世纪在东普鲁士的哥尼斯堡城,有两个小岛和七座桥,如图12-1所示。问题是:允许以任何地点开始,以任何地点为终点,人们能否步行穿过所有的七座桥而不在任何一座桥上穿越两次?哥尼斯堡人写信给著名的瑞士数学家L·欧拉(L. Euler),向他请教这个问题。欧拉在1736年证明,这样的走法是不可能的,并把这个问题提升到一般的理论即"一笔画"问题。

将此问题描述为图论问题:用点A、B、C、D分别表示两岸及两个孤岛,而桥用二点间的连结线(称为边)表示,即图12-1可用图论中的图(图12-2)表示,则原问题变为:能否从A、B、C、D中任一点出发,以任何点为终点,并通过每条边一次且仅一次,这样的路径是否存在?

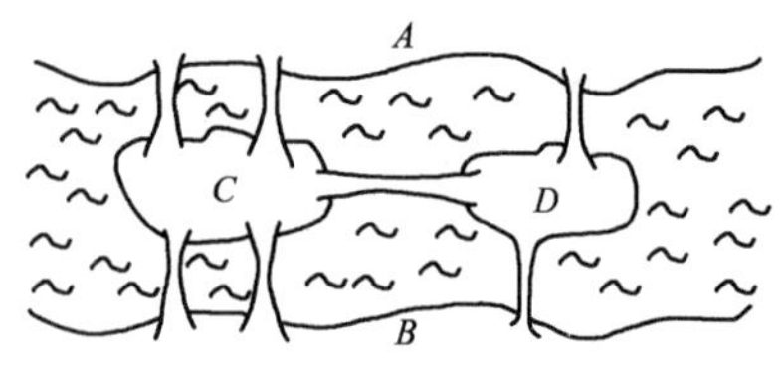

图　12-1

由此看到,这里所研究的图与我们以前所研究的几何图形是不同的。研究欧氏几何图形时,讨论的是长度、角度,体积等性质。而在七桥问题中,对桥的准确位置、长度、陆地面积的大小都无需考虑。作图时,我们所要考虑的是:有几块陆地,哪两块陆地之间有桥,有几座桥。所以点A、B、C、D的位置可以是任意的,连线的形状和长度也是任意的。图12-3与图12-2表示的是同一个图,尽管看起来形状好像不同,但它们所具有的点及点之间的关系是相同的，故在图论中它们被视为同一个图。

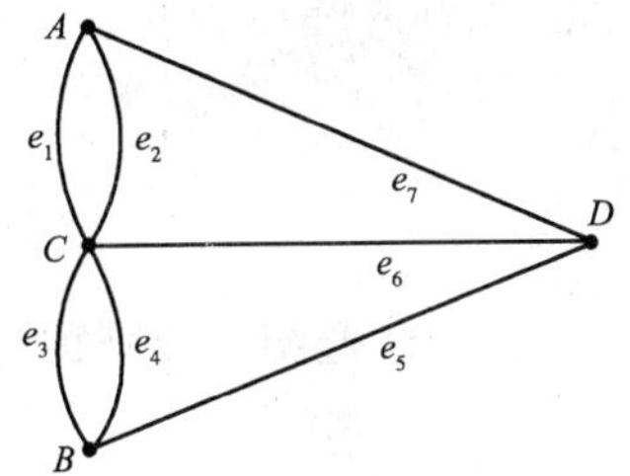

图 12-2

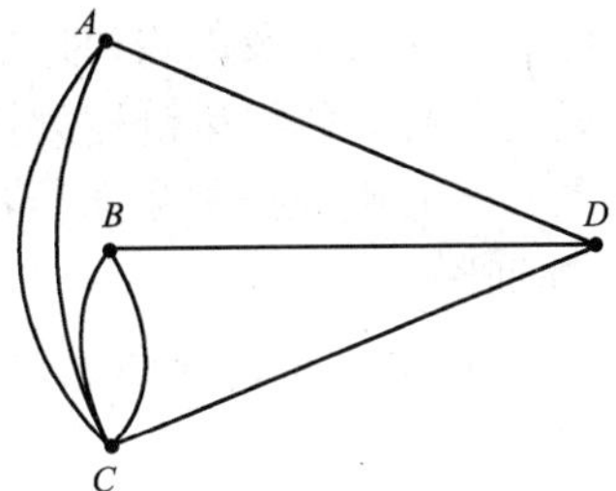

图 12-3

图的定义为：对于点集 V（非空），边集 E，如果任一边 $e \in E$ 对应两个点 $u, v \in V$，则 V 和 E 的和集称为图，记作 $G=(V,E)$。

V 中的点称为图 G 的顶点；边 e 对应的两个点 u,v 称为 e 的端点，边 e 记作 $[u,v]$ 或 $[v,u]$；e 或 $[u,v]$ 称为 u（或 v）的关联边；有公共边的两个端点称为相邻的两点。

有公共点的边称为相邻的边。

若边 e 的两个端点为同一点时，则边 e 称为环。

例 12-1 在图 12-4 中

$$V=\{A,B,C,D\}$$

$$E=\{e_1,e_2,e_3,e_4,e_5,e_6\}$$

$$[B,D]=e_3, e_6 \text{ 是环 } e_6=[D,D]$$

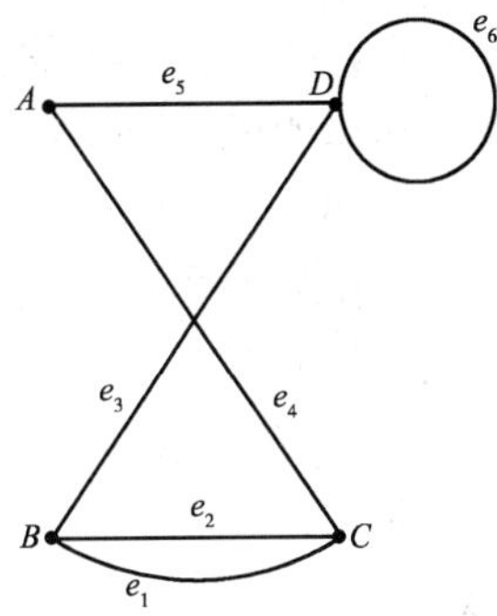

图 12-4

当我们利用图来解决实际问题时，通常用点表示具体的抽象的事物，而用边表示事物之间的某种联系。

多重边：若两个点之间多于一条边，则这些边称为多重边。如图 12-2 中 e_1,e_2,e_3,e_4 均称为多重边。

多重图：含有多重边的图称为多重图。

简单图：无环无多重边的图称为简单图。

图的阶：图中顶点的个数叫做图的阶。

顶点 v 的次：以 v 为端点的边的条数称为点 v 的次（或度），记为：$\deg(v)$ 或 $\mathrm{d}(v)$

偶点：次为偶数的点。

奇点：次为奇数的点。

孤立点：次为零的点。

悬挂点：次为 1 的点。

悬挂边：与悬挂点关联的边。

二、连通图

1. 链

定义 1：图 G 的一个有限的非空序列 $\mu=\{v_0,e_1,v_1,\cdots,e_k,v_k$，它的项交替地为顶点和边，使得对 $1 \leqslant i \leqslant k$，$e_i$ 的端点是 v_{i-1} 和 v_i，则称 μ 为 v_0 到 v_k 的链。

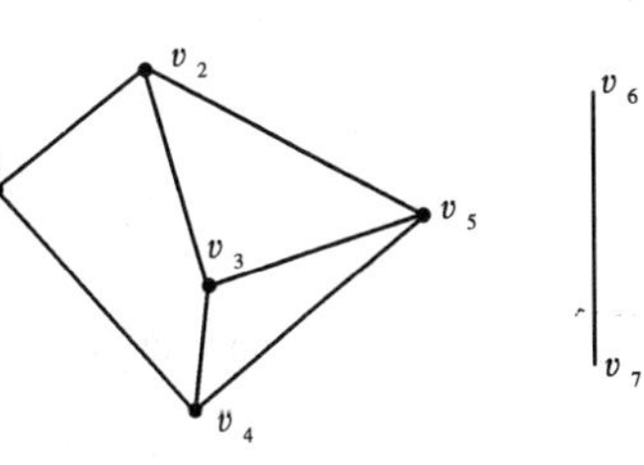

图 12-5

例如，图 12-5 中 $\mu=\{v_1(v_1,v_2),v_2(v_2,v_3),v_3\}$ 是 v_1 到 v_3 的链，整数 k 称为链的长。在简单图中，链可简单地由其顶点

表示。

若链 μ 中没有重复的边(即边互不相同)则称链 μ 为简单链(或称为迹)。

顶点也不相同的简单链称为初等链或称为通路。

如果 $v_0 = v_k$ 则该链称为圈(或闭链)。

2. 连通图

定义2:若图 G 中任何两点之间至少有一条链连接,则图 G 称为连通图。否则称为不连通图。

图12-2是连通的,图12-5是不连通的。

三、赋权图

在实际问题中,常常遇到每条边对应一个数量指标的情况。例如,若用边表示线路(电线、公路、铁路、管道等),则当进行优化的时候往往要考虑它们的长度,或在其上的运输价格等。这时我们就在其边上给出相应的数量指标,称为"权"。

1. 赋权图的定义

设图 $G=(V,E)$,对 G 中的每一条边 $[v_i,v_j]$,相应地有一个数 w_{ij},称为边 $[v_i,v_j]$ 上的权,图 G 连同它边上的权称为赋权图。

这里所说的"权",是指与边有关的数量指标,根据实际问题的需要,可以赋于它不同的含义。例如,表示距离、时间、费用等。

赋权图在图论的理论和应用方面有着重要地位,赋权图中的边不仅表示图中各点之间的一般关联关系,而且同时表示出各点之间的数量关系。所以赋权图被广泛用于各领域的最优化问题。

2. 图 G 的权

定义:图 G 的每一条边 $[v_i,v_j]$ 指定有一个权 w_{ij},则图 G 的权为各条边权的总和,记作 $W(G)$。

$$W(G) = \sum_{[V_i,V_j] \in G} w_{ij}$$

第二节 一笔画问题

一、概念

图12-6a)是一个多重图。如果能按下面步骤画出:其曲线没有任何中断,并且各边没有重复,也就是说,如果多重图有一条包括所有顶点而各边只在其上出现一次的通道则称这个多重图是可一笔画的(或称是可游历的)。这样的一条通道必定是一条迹(因为没有边会被使用两次),因而可称为可游历迹。

很明显,可一笔画的一定是有限的和连通的。图12-6b)标出了图12-6a)中多重图的一个可一笔画的迹。为了指示画的方向,图解中各表示走向的边没有接触到它实际穿过的顶点。由此可知哥尼斯堡七桥问题所要求的行走是否可能就看图12-2是否可一笔画。

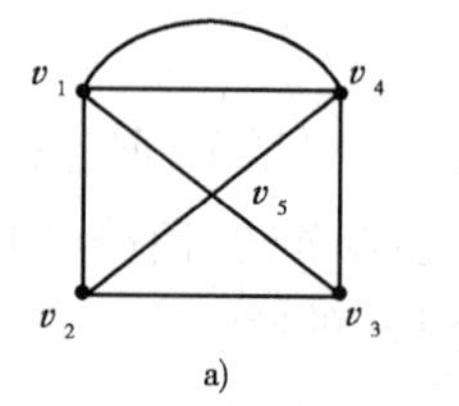

a)

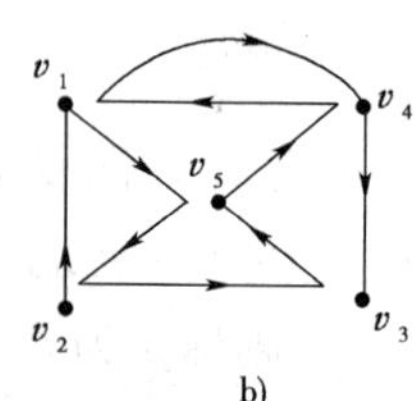

b)

图 12-6

我们现在来说明欧拉是怎样证明图12-2中的多重

图是不可游历的，从而证明哥尼斯堡人所要求的行走是不可能的。首先回忆，一个顶点是偶的或是奇的，是根据它的次是偶数还是奇数来确定的。假设一个多重图是可一笔画的，若一笔画的迹不以顶点 p 为起点或终点，那么我们可以断定，p 是一个偶点。这是因为任何时候一条可一笔画的迹顺着一条边进入顶点 p 的话，必定顺着先前没有经过的边离开 p。这样，在迹中与 p 关联的边一定成对地出现，故而 p 是一个偶点。因此，如果一个顶点 q 是奇的，那么一笔画的迹必然以 q 为起点或终点。从而，有多于两个奇顶点的多重图不可能是一笔画的。注意，与哥尼斯堡七桥问题对应的多重图 12-2 有 4 个奇点。这样，步行通过哥尼斯堡七桥，而使每座桥只通过一次是不可能的。

欧拉实际上还证明了上述命题的逆命题，这个逆命题包含在下面的定理和推论中。

(1)欧拉链：一连通图 G，若存在一条链，这条链过 G 的每边一次且仅一次，则此链称为欧拉链。

(2)欧拉圈：一连通图 G，若存在一个圈，这个圈过 G 的每边一次且仅一次，则此圈称为欧拉圈。或者说，如果一个图 G 上存在一条闭的可游历迹，则此迹称为欧拉迹。

(3)欧拉图：若一个图 G 含有欧拉图，则此图称为欧拉图。

定理 1 一个有限连通图是欧拉图当且仅当它的每一个顶点都是偶点。

证明 必要性：

假设图 G 是一个欧拉图，μ 是一个欧拉圈。对于 G 的任意顶点 v，圈 μ 进入和离开 v 的次数相同，而没有任何边被重复，因此 v 是偶点。

充分性：

相反地，假设 G 的每一个顶点有偶数度。我们构造一个欧拉迹，方法是在任何一条边 e 开始一条迹 μ_1 用逐次增加一条边的方法来延长 μ_1。如果 μ_1 在任何一步都不是闭的，比方说 μ_1 在 μ 开始但是在 $v \neq u$ 结束，则在 μ_1 中与 v 关联的边出现奇数条；因此我们可以用和 v 关联的另一条边来延长 μ_1。这样我们可以继续去延长 μ_1，直到 μ_1 回到它的初始顶点 u，即直到 μ_1 是闭合的。如果 μ_1 包含了 G 的所有边，则 μ_1 是我们找的欧拉迹。

假设 μ_1 不包含 G 的所有边。考虑从 G 中删除 μ_1 的所有边得到的图 H。H 可以不是连通的，但是 H 的每一个顶点有偶数度，这是因为在 μ_1 中，和任何顶点关联的边数是偶数。由于 G 是连通的，所以存在 H 的一条边 e'，它在 μ_1 中有一个端点 μ'。我们利用 e'，从 μ' 点开始，在 H 中构造一条迹 μ_2。因为 H 中所有的顶点是偶数度的，就可以在 H 中继续延长 μ_2，直到 μ_2 返回 μ'，如图 12-7 所画的。我们可以容易地把 μ_1 和 μ_2 放在一起，在 G 中形成一个更大的闭合的迹。

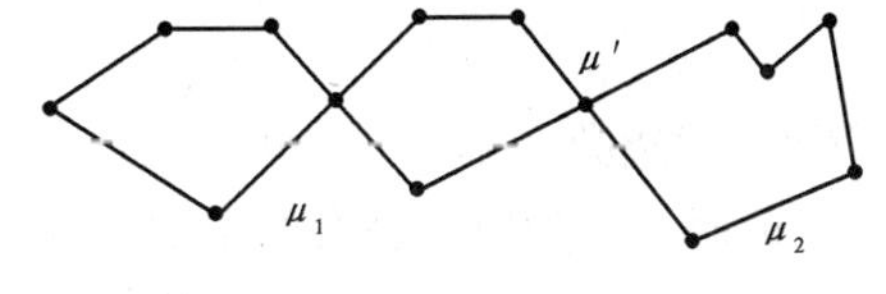

图 12-7

继续这个过程，直到 G 的所有边都被用到。最后得一个欧拉迹，所以 G 是欧拉图。

推论 有两个奇顶点的任何有限连通图都是可游历的。一条可游历迹可以从任何一个奇顶点开始，而在另一个奇顶点终止。

1857 年，英国数学家 W・R・哈密顿(W. R. Hamilton)首先提出了一个与上述问题密切相关的问题。即一个图是否有一条闭通道，使它通过每个顶点恰巧一次，这样一条通道必定是一个圈，因而被称作哈密顿圈。有哈密顿圈的图称为哈密顿图。

例 12-2 图 12-8a)是一个哈密顿图，图上数字表示一条哈密顿圈(起点用数字 1 标，以下相邻用 2,3,…,1)，显然此哈密顿图不是欧拉图。

图 12-8b)是一个欧拉图,但不是一个哈密顿图。

此例说明一个欧拉图不一定是哈密顿图,一个哈密顿图也不一定是欧拉图。(存在既是欧拉图又是哈密顿图的图)。

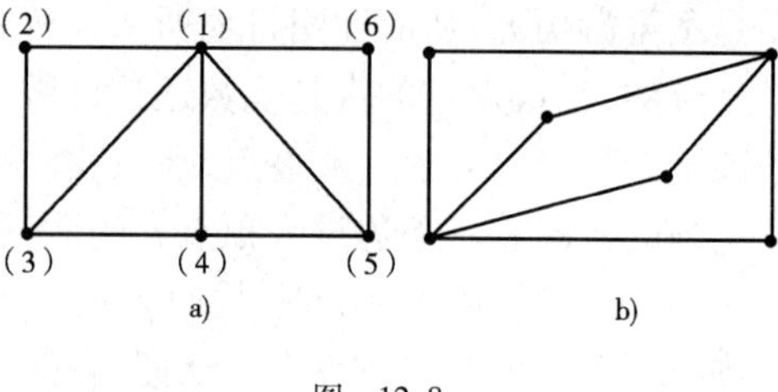

图 12-8

这里特别指出,判断一个图是否为欧拉图的准则,即顶点均为偶点。但没有一个简单的准则能告诉我们,一个图是否是哈密顿图。我们注意到,与这个问题有密切联系的问题是“巡回售货员问题”,即找出一条包含所有顶点的闭通道,使它为最短,而这里的最短是对赋了长度的边而言的(换句话说,我们把顶点看作是城市,把边的长度看作是城市之间道路的长度)。

二、中国邮递员问题

邮递员在沿邮路出发前,必须先从邮局取走他所分送的信件,然后沿着邮路的每一个街道段分送信件,最后又返回邮局退回未能送出的信件。为了节省体力,每一位邮递员都愿以尽可能少的行程完成他的路线。这个问题是我国的数学家管梅谷在 1962 年首先提出来的,在国际上称为中国邮递员问题。我们将这样的邮递员问题抽象为图的语言(即用图论的语言复述),即:

构造一个连通图 $G=(V,E)$,图中的每一条边代表邮递员路线中的每一条街,而每一个顶点则代表两条街之间的交叉点。每一条边 e_i 上赋于一个非负的权(距离)$w(e_i)$,这样就得到一个赋权图。问题是:要求一个圈,过每边至少一次,并使圈的总权最小。

显然,若能找到一个圈,每边都走过并不重复,则一定是最短路线。换句话说,如果一个图是欧拉图,则它的一个欧拉圈的总长即为所求的最短邮路长。

若构造的图不是欧拉图,则邮路中的某些边必须重复,这时问题是哪些街道上重复最好?为了解决这个问题,我们首先考虑图的一些性质:

1. 性质

定理 2 图 G 中,所有顶点次的和等于边数的两倍。即

$$\sum_{v\in V} d(v)=2q$$

式中,q 为边数。

证明 因为每一边有两个端点,则这一条边对两个端点计算次数时都分别用了一次,也就是说每一边计算次数时用了两遍,于是 G 中全部顶点次数的和,就是边数的两倍。

定理 3 任何一个图 G 中,奇点的个数必为偶数。

证明 G 中的顶点 v 可分为两种,即奇点和偶点。我们将 V 分为两个集合;

V_1:次数为奇数即奇点的集合。

V_2:次数为偶数即偶点的集合。由定理 2:

$$\sum_{v\in V_1} d(v)+\sum_{v\in V_2} d(v)=\sum_{v\in V} d(v)=2q$$

式中,q 为边数。

而

$$\sum_{v\in V_1} d(v)=2q-\sum_{v\in V_2} d(v)$$

为偶数。

所以 V_1 中点的次之和为偶数。

设 V_1 中点有 r 个，各点的次数分别为 $2k_1+1, 2k_2+1, \cdots, 2k_r+1$，

所以：

$$(2k_1+1)+(2k_2+1)+\cdots+(2k_r+1)$$
$$=2(k_1+k_2+\cdots+k_r)+\underbrace{(1+1+\cdots+1)}_{r\text{个}}=\text{偶数}$$

即 r 为偶数

2. 邮递员问题的求解方法——奇偶点图上作业法

若图中无奇点，这时的图为欧拉图，所以从邮局出发一定能找到一个可游历迹最后回到邮局。这条迹就是最短邮路线。

若图中有奇点，这时图中不能找到能一笔画的圈，所以邮路中有些边必须重复，应重复哪些边才能回到出发点，又使总的邮路长最短？此种情况的求解方法可以从一个例题的求解过程来讲解。

例 12-3 图 12-9 中的街道图（有 4 个奇点，v_2、v_4、v_6、v_8），求从任一点（邮局）出发经过每边至少一次，回到出发点的最短路线。

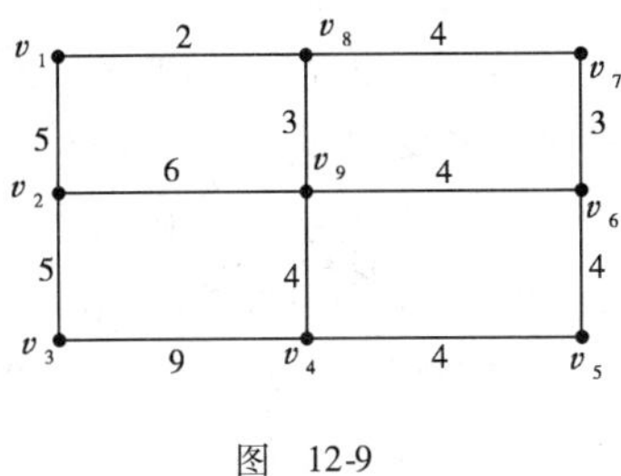

图 12-9

解 因为图中有 4 个奇点，所以要能一笔画一个圈必须在图上添加重复边，使图不含奇点。我们把使图不含奇点而增加的重复边，称为可行方案。显然不同的添加方法，得到不同的可行方案，则对应的欧拉圈的总权也不同，我们称使总权最小的可行方案为最优方案。

(1)第一个可行方案的确定。

因为奇点的个数为偶数，所以可将奇点配对。又因为图是连通的，故每一对奇点之间必有一条链，我们把这条链的所有边作为重复边加到图中去（易见新图中必无奇点，这就给出了第一方案）。

我们将 v_2 与 v_4、v_6 与 v_8 配成对（通常是就近配对，这里是为了说明调整的方法）。

连接 v_2 和 v_4 的链有几条，任取一条 $v_2 \to v_3 \to v_4$ 把边 $[v_2, v_3]$，$[v_3, v_4]$ 作为重复边加到图中去，同样地取 v_6 与 v_8 之间的一条链 $v_6 \to v_7 \to v_8$ 把边 $[v_6, v_7]$，$[v_7, v_8]$ 加到图中去，重复边上的权与原来边上的权相等，于是得到新图（图 12-10），新图中无奇点，故它是欧拉图，对应于这个可行方案，重复边总权为：

$$5+9+3+4=21$$

(2)调整可行方案，使重复边总长度下降。

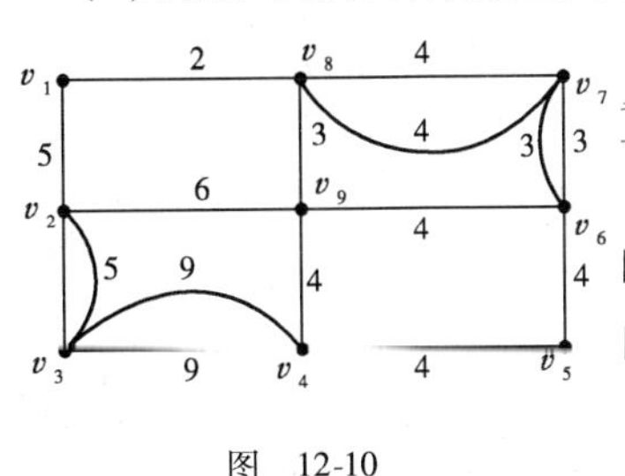

图 12-10

①去掉边上的偶数条重复边，使图的每一边上最多有一条重复边。

一般情况下，若边 $[v_i, v_j]$ 上有两条或两条以上的重复边时，从中去掉偶数条，图仍无奇点，这样就得到一个总长度较小的可行方案。

②使图中每个圈上的重复边的总权不大于该圈总权的一半。任取一个圈，当圈上重复边的总权大于圈的总权的 1/2

时，则去掉该圈上所有重复边，在没有重复边的边上添加一条重复边，图仍无奇点。

在图 12-10 中，圈$\{v_2,v_3,v_4,v_9,v_2\}$的总长为 24，但圈上重复边总权为 14，大于该圈总长度的一半，因此，可以作一次调整，以$[v_2,v_9]$，$[v_9,v_4]$上的重复边代替$[v_2,v_3]$，$[v_3,v_4]$上的重复边，使图中重复边的总长度下降为 17，如图 12-11 所示。

再检查圈$\{v_1,v_2,v_9,v_6,v_7,v_8,v_1\}$中总权为 24，重复边总权为 13，大于该圈总长度的一半，因此再作一次调整，以$[v_9,v_6]$，$[v_1,v_8]$，$[v_1,v_2]$上的重复边代替$[v_2,v_9]$，$[v_8,v_7]$，$[v_6,v_7]$上的重复边，使图中重复边的总权下降为 15，如图 12-12 所示。

图 12-11　　　　图 12-12

(3)判断最优方案的标准。

从(2)的分析可知，一个最优方案一定是满足①和②的可行方案，反之，一个可行方案若满足①和②，则这个可行方案一定是最优方案。根据这样的判断标准，对给定的可行方案，检查它是否满足条件①和②。若满足，所得方案即为最优方案，若不满足，则对方案进行调整，直至条件①和②均得到满足时为止。

检查图 12-12，条件①和②均满足。于是得最优方案。图 12-12 中的任一个欧拉圈就是邮递员的最优邮递路线。

值得注意的是，方法的主要困难在于检查条件②，它要求检查每一个圈。当图中点、边数较多时，圈的个数将会很多。如“日”字形图就有三个圈，而“田”字形的图形就有 13 个圈。关于中国邮递员问题，还有其他的算法，读者有兴趣可参阅其他资料，我们就不介绍它了。

第三节　子 图 和 树

一、子图

1. 定义

给出图 $G=(V,E)$ 及 $G'=(V',E')$，若 $V'\subseteq VE'\subseteq E$，即 V'、E'分别为 V、E 的子集，则 G'称为 G 的子图。显然 G 一定是 G 的子图。

2. 两种重要的子图

(1)若 $V'=V,E'\subset E(E'\neq E)$，则 G'称为 G 的部分图。

(1)若 $V'\subset V,E'\subset E$ 且 $V'\neq V,E'\neq E$ 则，G'称为 G 的真子图。

二、树

1. 定义

无圈的连通图称为树。记作 T；一个没有圈的图称为森林，森林的每一个连通分图是树；没有边而仅由一个孤立的顶点组成的树称作退化树；树中度数为 1 的结点称为树叶；度数大于

1 的结点称为分枝点或内点;树中的边称为树枝。

2. 树的性质

性质 1 树中任意二点之间,有且仅有一条链。

证明 因为树是连通的,所以任意两点之间存在链连接。

又如果两点之间有两条不同的链,则必有圈,与树的定义相矛盾,故在树中的任意两点之间,有且仅有一条链。

性质 2 若树中去掉任意一条边,则树成为不连通图。

证明 因为在树中的任一条边都是连接其两个端点的唯一的一条链(由性质 1)。所以去掉这条边后,原来的树就成为了不连通的图。

性质 3 在树中,不相邻的两个点之间添上一长边(称为连枝),就得到一个圈。

证明 设 u,v 是树 T 中任意两个不相邻的顶点,由性质 1 知,v,u 之间存在唯一的一条链 $\mu=\{u,\cdots,v\}$。如果添上以 u,v 为端点的一条边 $e=[u,v]=[v,u]$ 则 $\{u,\cdots v,u\}$ 便是一个圈,如图 12-13 所示。

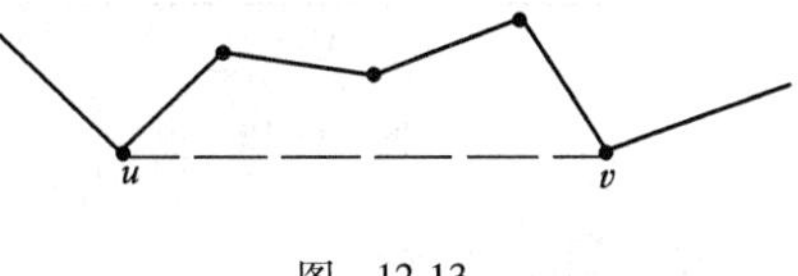

图 12-13

性质 4 设 T 为 p 个顶点的一棵树,则 T 的边数为 $p-1$ 条。

证明 对顶点数施行归纳法。当 $p=2$ 时,定理显然成立。设 $p=k$ 时定理为真。现证 $p=k+1$ 时定理成立。因为 T 无圈,当我们把 T 中的一条边去掉,再把该边的两端点重合在一起时,T 的边数和顶点数均减少 1。得到的新图是 k 个顶点的树,根据归纳法假设,应有 $k-1$ 条边,于是 T 的边数为 k。定理得证。

三、图的部分树

1. 定义

若图 $G=(V,E)$ 的部分图 $G'=(V',E')$ 是树,则 G' 称为 G 的部分树。

部分树的用途很广,因为它是包含图 G 的所有顶点,边数最少的连通图。

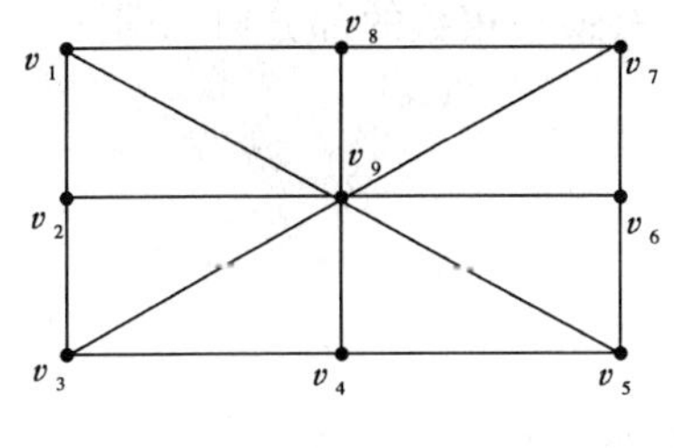

图 12-14

例 11-4 一个通信线路图 12-14,其中 $v_1,v_2,v_3,\cdots,v_9$ 是 9 个城市,这些顶点的连线表示线路能在这里相接,如果要在它们之间架设电话线网,如何使任何两个城市都可以彼此通话(允许通过其他城市),并且电话线的根数最少?

我们可以把将架设的电话线网用图来表示。为了使任何两个城市都可以通话,这样的图必须是连通的。其次图中有圈的话,从圈上任意去掉一条边,余下的仍是连通图,这样可以省去一条电话线。因此,满足要求的电话线网的图必定是不含圈的连通图,即是一个树。而由条件知,只能在图 12-14 中的边上接线。也就是说我们应求图 12-14 的一个部分树。

2. 找连通图 G 的部分树的方法

(1)避圈法:先去掉图 G 的所有边,只留下点,每次任意放回一条边,使其与已放回的边不构成圈;反复进行,直到不能进行为止。

例 12-5 上例中 9 个城市,即先标出 9 个点,首先放回图 12-14 中的一条边 $[v_1,v_2]$,然后放回 $[v_1,v_8]$,再放回 $[v_1,v_9]$,(这时再不能放回 $[v_8,v_9]$),否则就构成圈。再依次放回 $[v_8,v_7]$,$[v_7,v_6]$,$[v_6,v_5]$,$[v_4,v_5]$,$[v_3,v_4]$ 没有构成圈,如图 12-15 所示,即为所求的图 12-14 的一个部分树。

(2)破圈法:在 G 中任取一个圈,去掉圈上任意一条边反复进行,直到没有圈。

例 12-6 图 12-14 中,首先找一个圈 $\{v_1, v_2, v_9, v_1\}$ 去掉一条边 $[v_1, v_9]$,然后找圈 $\{v_1, v_2, v_9, v_8, v_1\}$ 去掉边 $[v_1, v_8]$ 再找圈……依次去掉边 $[v_8, v_7]$,$[v_7, v_6]$,$[v_9, v_6]$,$[v_4, v_5]$ $[v_3, v_4]$,$[v_3, v_9]$。图 12-16 即为所求的部分树。

显然,图的部分树不是唯一的。

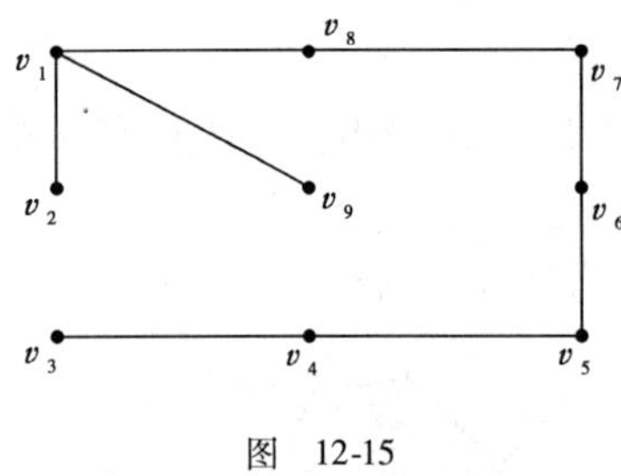

图 12-15

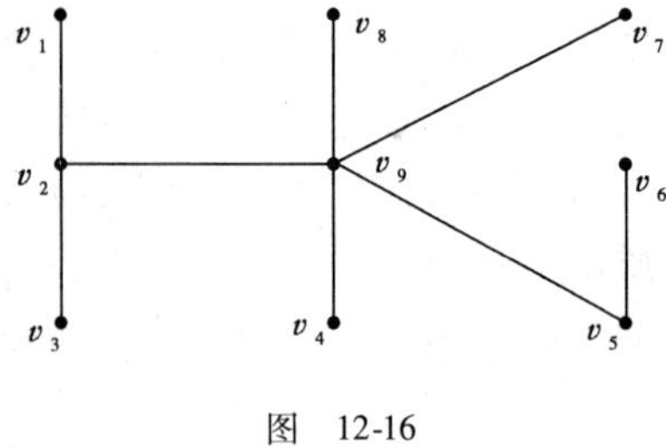

图 12-16

四、最小部分树

在实际问题中,往往不仅要考虑边数最少的连通图,而对于赋权图,我们还希望所求的部分树的总权为最小,如上例中图 12-14 的每条边上都给出了一个权(电线的长度),如图 12-17 所示,则问题是不仅要求电话线的根数最少,而且还要求电话线的总长度为最短。

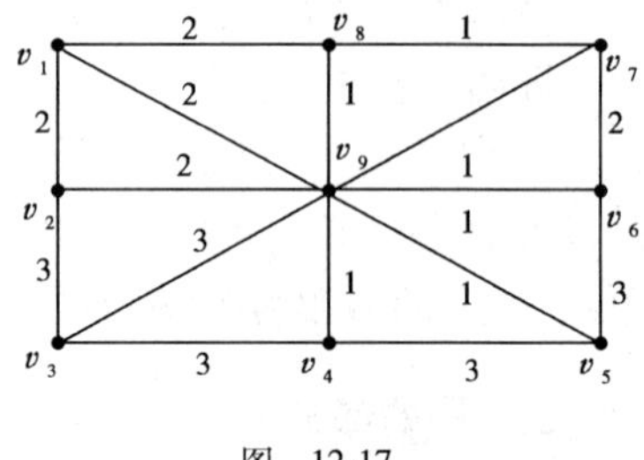

图 12-17

1. 最小部分树的定义

设有一赋权连通图 G,其一个部分树 T 的权为树的各条边的权之和,即

$$W(T) = \sum_{[v_i, v_j] \in T} w_{ij}$$

一赋权连通图 G 的最小部分树(又称最小树)为图 G 中具有最小权数的部分树。即图 G 有部分树 T^*:

$$W(T^*) = \sum_{[v_i, v_j \in T]} w_{ij}$$

取得最小值。

2. 最小树定义

若 T^* 是图 G 的一棵树,则它是最小树,当且仅当对 T^* 外的每一条边 $[v_i, v_j]$ 有

$$w_{ij} \geqslant \max\{w_{i1_1}, w_{i_1 i_2}, \cdots, w_{i_{k-1}j}\}$$

其中,$\{w_{i1_1}, w_{i_1 i_2}, \cdots, w_{i_{k-1}j}\}$ 是树 T^* 内连接 v_i 和 v_j 的唯一的链。

由树的性质 3,对于最小树 T^* 外的任一边 $[v_i, v_j]$,加入 T^* 内唯一的一个圈,显然,最小树定理中的条件就是说 $[v_i, v_j]$ 是相应的圈上的一条权最大的边。

3. 找赋权图 G 的最小树的方法

(1)破圈法。在图 G 中任取一个圈,去掉圈上权最大的一条边,反复进行,直到没有圈。

(2)避圈法。先去掉 G 的所有边,只留下点,每次放回一条权最小的边,使与已放回的边不构成圈,反复进行,直到不能进行为止。

例 12-7 求图 12-17 的最小树。

解 方法1(破圈法):

依次去掉的边:$[v_1,v_8]$,$[v_1,v_2]$,$[v_3,v_9]$,$[v_3,v_4]$,$[v_4,v_5]$,$[v_5,v_6]$,$[v_6,v_7]$,$[v_7,v_8]$,得到图12-18,总权为12。

方法2(避圈法):

按避圈法的算法逐步选边,选边的先后次序为$[v_7,v_8]$,$[v_7,v_9]$,$[v_6,v_9]$,$[v_5,v_9]$,$[v_4,v_9]$,$[v_1,v_8]$$[v_2,v_9]$,$[v_3,v_4]$,得到图12-19,总权为12。

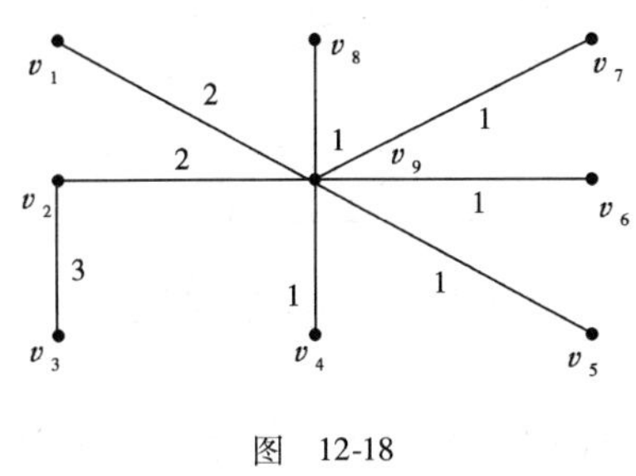

图 12-18

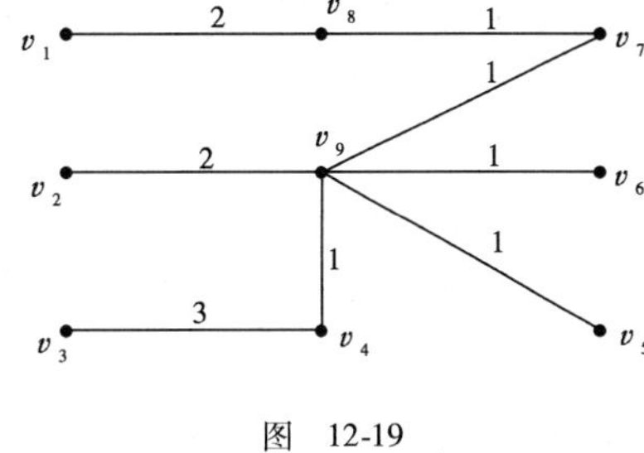

图 12-19

小结

本章首先介绍了图的基本概念、基本性质和基本定理;然后介绍了树的概念及应用;最后介绍了一笔画问题及中国邮递员问题的求解方法。

通过本章的学习,要理解图的基本概念,掌握图的基本应用和基本算法,能将实际问题用图来进描述并且用相应的算法来解决一些优化问题。

第十三章 网 络 分 析

第一节 有 向 图

前面介绍的图及赋权图中,涉及到的边都是无方向性的,即有$[u,v]=[v,u]$,这种图称为无向图及赋权无向图。但在图论的应用中,经常遇到的情况是,不仅需要画出描述问题的图,而且需要指出图中每一边的方向,这是因为,一方面,在有些问题中,一对顶点之间的关系不是对称的,例如,城市道路系统中的单行道、电流有方向等;另一方面,有些关系仅用边是反映不出来的,例如,一项工程中各工序之间的先后关系,竞赛中的胜负关系等。

我们将点与点之间有方向的边称为弧,在图上用箭头标明方向。

有向图定义:一个非空点集V,弧集A,任意一弧$a\in A$,对应一个有序偶对,即弧$a=(u,v)$。u称为弧a的始点,v称为弧a的终点,$u,v\in V$,则V,A的和集称为有向图,记作$D=(V,A)$。

作图时,对有向图$D(V,A)$的每一条弧(u,v),从始点到终点作一条有方向的线,方向从u指向v,那么有向图的每一第弧都有确定的方向。因此,有向图就是每条边都有一定方向的图。

基础图:如从一个有向图D中去掉弧的方向,得到一个无向图,这个无向图称为D的基础图,记为$C(D)$。

显然,弧$(u,v)\neq(v,u)$

环:若弧(u_i,v_j)和始点u_j和终点v_j相同,即$u_i=v_j$,则此弧称为环。

如图 13-1 是一个有向图，其中，

$$V=\{v_1,v_2,v_3,v_4,v_5\}$$

$$\begin{aligned}A&=\{(v_1,v_2),(v_1,v_3),(v_3,v_2),(v_3,v_4),(v_4,v_4),(v_3,v_5),(v_5,v_1)\}\\&=D(V,A)\end{aligned}$$

(v_4,v_4)是一个环。

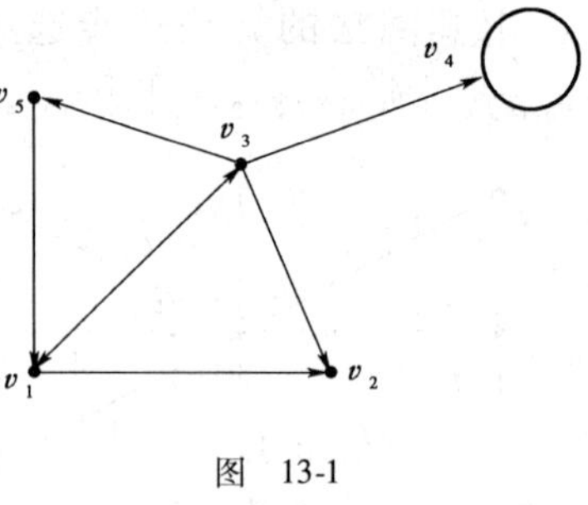

图 13-1

链：给出 D 中点弧的交替序列$\{v_{i_1},a_{i_1},v_{i_2},a_{i_2},\cdots,a_{i_{k-1}},v_{i_k}\}$，如果它对应其基础图 $G(D)$ 中的一条链，则这个点弧交替序列就称作 D 的一条链。

路：若$\{v_{i_1},a_{i_1},v_{i_2},a_{i_2},\cdots,a_{i_{k-1}},v_{i_k}\}$是一条链并且对 $t=1,2,\cdots,k-1$，均有 $a_{i_t}=(v_{i_t},v_{i_{t+1}})$，则称此链为从 v_{i_1}到 v_{i_k}的路。

回路：$v_{i_1}=v_{i_k}$的路称为回路。即始点与终点相同的路称为回路。

例 13-1 在图 13-1 中，$\{v_1(v_1,v_2)v_2(v_3,v_2)v_3\}$是 v_1 到 v_3 的一条链而不是路，$\{v_1(v_1,v_3)v_3(v_3,v_4)v_4\}$是从 v_1 到 v_4 的一条路。

$\{v_1(v_1,v_3)v_3(v_3,v_5)v_5(v_5,v_1)v_1\}$是一条回路。

赋权有向图。若有向图 $D=(V,A)$的每一条弧(v_i,v_j)对应一个数 w_{ij}(称为权)，则 D 称为赋权有向图。

第二节　图的矩阵表示

当我们研究图的若干种性质，并将这些性质统一考虑时，通常采用矩阵来做到，另一方面，当我们研究图论的一些优化算法时，这些算法在计算机上去实现，也需要利用矩阵来做到。因此，首先要考虑如何用矩阵来描述图。

一、边矩阵

一个图 G 的所有边(弧)可以用 $n\times 2$(n 为边数)的整数矩阵 B 来表示，这里 B 的每一行表示 G 的一条边(弧)。若是有向图则为弧矩阵。

例 13-2 图 13-2 的弧矩阵 B

$$B=\begin{bmatrix}1&3\\4&3\\4&1\\2&1\\2&4\\2&3\end{bmatrix}$$

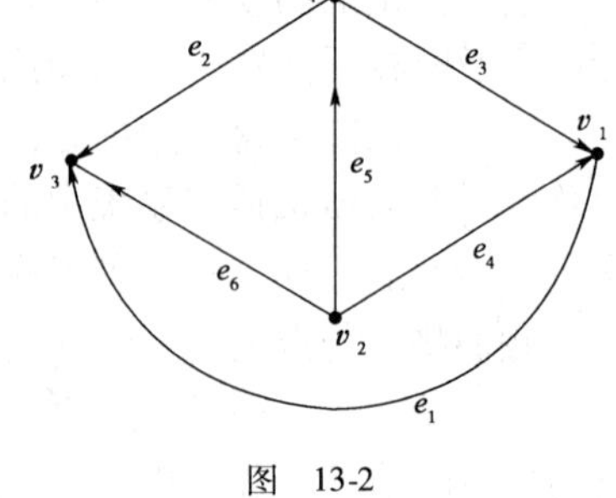

图 13-2

B 的第 i 行为弧 e_i，第 1 列数字为该弧的始点，第 2 列数字为该弧的终点。如果是无向图，B 就为边矩阵。

二、邻接矩阵

这是图的最基本的矩阵表示，用来表示各顶点之间的连通状态。邻接矩阵 A 的元素 a_{ij}可定义如下：

(1)若是有向图 D

$$a_{ij}=\begin{cases}1 & (v_i,v_j)\text{是 }D\text{ 的一条弧}\\0 & (v_i,v_j)\text{不是 }D\text{ 的一条弧}\end{cases}$$

因此,图 13-2 的邻接矩阵 A 为:

$$A=[a_{ij}]=\begin{matrix} & v_1 & v_2 & v_3 & v_4\\ v_1 & 0 & 0 & 1 & 0\\ v_2 & 1 & 0 & 1 & 1\\ v_3 & 0 & 0 & 0 & 0\\ v_4 & 1 & 0 & 1 & 0\end{matrix}$$

(2)若是无向图 G

$$a_{ij}=\begin{cases}1 & [v_i,v_j]\text{是图 }G\text{ 的一条边即 }v_i,v_j\text{ 相邻}\\0 & [v_i,v_j]\text{不是图 }G\text{ 的一条边}\end{cases}$$

这时,$a_{ij}=a_{ji}$因此 A 是一个对称矩阵。

注意,用 a_{ij}表示边$\{v_i,v_j\}$的条数,便可定义多重图的邻接矩阵。

(3)赋权有向图 D

$$a_{ij}=\begin{cases}w_{ij} & (v_i,v_j)\in D\text{ 且}(v_i,v_j)\text{的权为 }w_{ij}\\\infty & (v_i,v_j)\notin D\end{cases}$$

(4)赋权无向图 G

$$a_{ij}=\begin{cases}w_{ij}[v_i,v_j]\in G\text{ 且}[v_i,v_j]\text{上的权为 }w_{ij}\\\infty\ [v_i,v_j]\notin G\end{cases}$$

这时 $a_{ij}=a_{ji}$,A 是一个对称阵。

三、关联矩阵

关联矩阵,也称连接矩阵(Connection Matrix),是根据顶点数和边数来定义的矩阵,它用来描述顶点和边的连接状态。关联矩阵的元素 s_{ij}可定义如下:

(1)有向图 D

$$s_{ij}=\begin{cases}1 & \text{弧 }e_j\text{ 的矢量从 }v_i\text{ 处流出时}\\-1 & \text{弧 }e_j\text{ 的矢量向 }v_i\text{ 流入时}\\0 & \text{上述两种情况以外时}\end{cases}$$

图 13-2 的关联矩阵 S 为:

$$S=[s_{ij}]=\begin{bmatrix} & e_1 & e_2 & e_3 & e_4 & e_5 & e_6\\ v_1 & 1 & 0 & -1 & -1 & 0 & 0\\ v_2 & 0 & 0 & 0 & 1 & 1 & 1\\ v_3 & -1 & -1 & 0 & 0 & 0 & -1\\ v_4 & 0 & 1 & 1 & 0 & -1 & 0\end{bmatrix}$$

(2)无向图 G

$$s_{ij}\begin{cases}1 & \text{图 }G\text{ 的顶点 }v_i\text{ 和边 }e_j\text{ 关联时}\\0 & \text{否则}\end{cases}$$

例如,将图 13-2 的箭头去掉,其基础图的关联矩阵 S 如下:

$$S=[s_{ij}]=\begin{matrix} & \begin{matrix} e_1 & e_2 & e_3 & e_4 & e_5 & e_6 \end{matrix} \\ \begin{matrix} v_1 \\ v_2 \\ v_3 \\ v_4 \end{matrix} & \begin{bmatrix} 1 & 0 & 1 & 1 & 0 & 0 \\ 0 & 0 & 0 & 1 & 1 & 1 \\ 1 & 1 & 0 & 0 & 0 & 1 \\ 0 & 1 & 1 & 0 & 1 & 0 \end{bmatrix} \end{matrix}$$

虽然图的弧(边)矩阵 B 是最简洁的图表,但图的邻接矩阵和关联矩阵在连通性判定问题和一些优化问题的计算中是非常有用的。一般情况下一个图可由它的邻接矩阵和关联矩阵来完全决定。

第三节　最短路问题

许多优化问题都可描绘成图论中的最短路径问题。

所谓最短路问题就是寻找赋权图中两点间的最短路。或者说寻找连接这两点的边的总长度为最小的通路。

设 v_s 和 v_t 是网络 N 中的起点和终点,网络中 (v_i,v_j) 的权力 w_{ij},要找从 v_s 到 v_t 的通路 μ,使全长为最短,即:

$$\min l(\mu)=\sum_{[v_i,v_j]\in\mu} w_{ij}$$

这样的问题称做最短路问题。

一、引例

例 13-3　从油田铺设管道,把原油运到原油加工厂,要求管道必须沿图 13-3 中所给定的道路铺设。设图中的 v_1 点为油田,v_8 为原油加工厂,每条道路旁的数字表示这条道路的长度,求使管道总长最短的铺设方案。

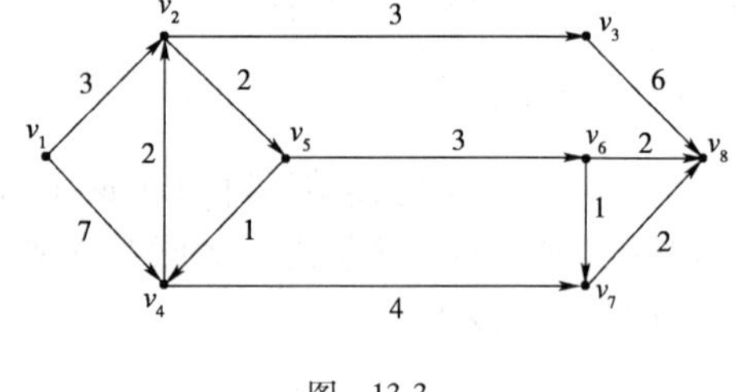

图　13-3

易见,满足条件的铺设方案是很多的。例如,沿 $\{v_1,v_2,v_3,v_8\}$ 或沿 $\{v_1,v_4,v_7,v_8\}$ 等。不同的方案,管道长是不同的。例如,按第一方案铺设,管道长为 $3+3+6=12$,按第二方案铺设为 $7+4+2=13$,等等。

用图的语言来描述,一个方案对应着一条从 v_1 到 v_8 的路,我们定义一条路的长是这条路上各条弧的长之和。那么上述问题显然是要求一条从 v_1 到 v_8 的路,使路的长度最小。

最短路问题可应用于解决实际生产中的许多问题,如各种管道的铺设、线路安排、厂区布局、设备更新等。

二、最短路算法

情况 1:对于所有 $w_{ij}\geqslant 0$

狄克斯特拉(Dijkstra)算法又称标号法,是由 E. W. Dijkstra 于 1959 年首先提出的,其基本的思路如下:

从 v_1 开始，给每一个顶点标注一个数称为标号。

标号分为 T 标号和 P 标号两种。

T 标号 $T(v_j)$：表示从始点 v_1 到 v_j 这一点的最短路权的上界，即最短路长不会超过此数，称为临时标号。

P 标号 $P(v_j)$：表示从始点 v_1 到 v_j 这一点的最短路权，称为固定标号。

凡已得到 P 标号的点，则说明已求出 v_1 到这点的最短路；凡是没有得到 P 标号的点标上 T 标号。

计算的每一步都是将某一点的 T 标号改变为 P 标号，直到求出终点的 P 标号为止。

显然，若 $v_1v_2\cdots v_n$ 是从 v_1 到 v_n 的最短路径，则 $v_1v_2\cdots v_{n-1}$ 也必然是从 v_1 到 v_{n-1} 的最短路径。根据这个原理，其计算步骤为：

开始时，给 v_1 标上 P 标号 $P(v_1)=0$，

其余各点标上 T 标号 $T(v_j)=+\infty$。

第一步，设 v_j 是刚得到 P 标号的点，考虑所有以 v_i 为始点的弧的终点 v_j，即 $(v_i,v_j)\in A$，（具有 P 标号的 v_j 不考虑），且 v_j 的标号是 T 标号，则修改 v_j 的 T 标号，使得：

$$T_{新}(v_j)=\min\{T_{旧}(v_j),P(v_i)+w_{ij}\}$$

第二步，若 D 中没有 T 标号的点，则算法停止，即已求出从始点到达各点的最短路权。否则：

$$T(v_{j0})=\min_{v_j是T标号的点}\{T_{新}(v_j)\}$$

则把点 v_{j0} 的 T 标号修改为 P 标号，转入第一步。其流程如图 13-4（求 v_1 到 v_n 的最短路）：

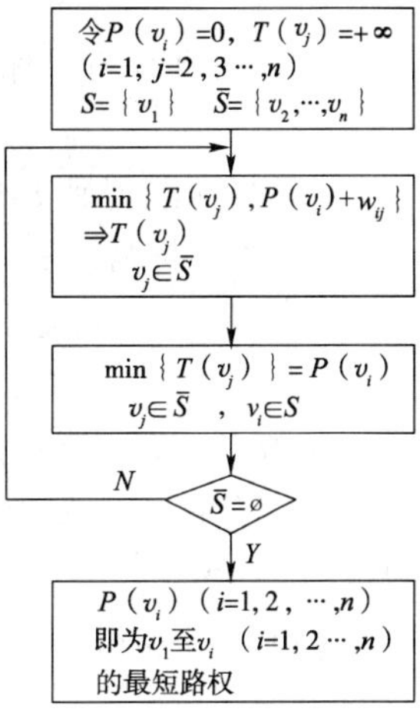

令 $P(v_i)=0$, $T(v_j)=+\infty$ $(i=1;\ j=2,3\cdots,n)$ $S=\{v_1\}$ $\bar{S}=\{v_2,\cdots,v_n\}$

$\min\{T(v_j),P(v_i)+w_{ij}\}$ $\Rightarrow T(v_j)$ $v_j\in\bar{S}$

$\min\{T(v_j)\}=P(v_i)$ $v_j\in\bar{S}$, $v_i\in S$

N

$\bar{S}=\varnothing$

Y

$P(v_i)$ $(i=1,2,\cdots,n)$ 即为 v_1 至 v_i $(i=1,2\cdots,n)$ 的最短路权

图 13-4

例 13-4 用 Dijkstra 算法求图 13-3 从 v_1 到达 v_8 的最短路。

首先列出表 13-1 的第一行。即标出所有的点，然后将初始步骤的 P 及 T 标号填入第 2 行，即 v_1 点为 P 标号，$P(v_1)=0$，其余的点为 T 标号 $T=+\infty$。

表 13-1

v_1	v_2	v_3	v_4	v_5	v_6	v_7	v_8
$P=0$	$T=+\infty$	$T=+\infty$	$T=+\infty$	$T=+\infty$	$T=+\infty$	$T=+\infty$	$T=+\infty$
	$P=T=3$	$T=+\infty$	$T=7$	$T=+\infty$	$T=+\infty$	$T=+\infty$	$T=+\infty$
		$T=6$	$T=7$	$P=T=5$	$T=+\infty$	$T=+\infty$	$T=+\infty$
		$P=T=6$	$T=6$		$T=8$	$T=+\infty$	$T=12$
			$P=T=6$		$T=8$	$T=+\infty$	$T=12$
					$P=T=8$	$T=10$	$T=12$
						$P=T=9$	$T=10$
							$P=T=10$

（1）从具有 P 标号的点 v_1 开始，弧 (v_1,v_2)，$(v_1,v_4)\in A$，修改 $T(v_2)$，$T(v_4)$

$$T_{新}(v_2)=\min\{T_{旧}(v_2)\}$$

$$P(v_1)+w_{12}=\min\{+\infty,0+3\}=3$$

$$T_{新}(v_4)=\min\{T_{旧}(v_4)\}$$

$$P(v_1)+w_{14}=\min\{+\infty,0+7\}=7$$

在所有的 T 标号中，$T(v_2)=3$ 最小，所以将其改为 P 标号，即 $P(v_2)=3$。将新的 T 标号填入表的第 3 行，并在其上指出新的 P 标号即在新得到 P 标号点的左边加上"$P=$"。

(2)再从刚得到 P 标号的点 v_2 出发，弧 (v_2,v_3)，$(v_2,v_5)\in A$，v_3，v_5 都是 T 标号的点，所以修改 v_3，v_5 的 T 标号。

$$T_{新}(v_3)=\min\{T_{旧}(v_3),P(v_2)+w_{23}\}$$
$$=\min\{+\infty,3+3\}=6$$
$$T_{新}(v_5)=\min\{T_{旧}(v_5),P(v_2)+w_{25}\}$$
$$=\min\{+\infty,3+2\}=5$$

将新的 T 标号填入表的第 4 行，并指出新的 P 标号。

因为在所有的 T 标号中，$T(v_5)=5$ 最小，即：

$$T(v_5)=\min\{T(v_j)\}=5=P(v_5)$$

(3)再从刚得到 P 标号的点 v_5 出发，弧 (v_5,v_6)，$(v_5,v_4)\in A$，v_6，v_4 是具有 T 标号的点，修改 v_6，v_4 的 T 标号。

$$T_{新}(v_6)=\min\{T_{旧}(v_6),P(v_5)+w_{56}\}=\min\{+\infty,5+3\}=8$$
$$T_{新}(v_4)=\min\{T_{旧}(v_4),P(v_5)+w_{54}\}=\min\{7,5+1\}=6$$

因为 $T(v_4)=T(v_3)=\min\{T(v_j)\}$

所以任取一个作为 P 标号，取 v_3，即 $P(v_3)=6$，这时将新的 T 标号及新的 P 标号填入表的第 5 行。

(4)从刚得到 P 标号的点 v_3 出发，弧 $(v_3,v_8)\in A$ 且 v_8 是 T 标号的点，则修改 v_8 的 T 标号。

$$T_{新}(v_8)=\min\{T_{旧}(v_8),P(v_3)+w_{38}\}=\min\{+\infty,6+6\}=12$$
$$T(v_4)=\min\{T(v_j)\}=6=P(v_4)$$

将新的 T 标号，及刚确定的 P 标号填入表的第 6 行。

(5)从刚得到 P 标号的 v_4 出发：弧 (v_4,v_2)，$(v_4,v_7)\in A$，因为 v_2 有 P 标号，所以不考虑，v_7 是 T 标号，故修改 v_7 的 T 标号：

$$T_{新}(v_7)=\min\{T_{旧}(v_7),P(v_4)+w_{47}\}=\min\{+\infty,6+4\}=10$$
$$T(v_6)=\min\{T(v_j)\}=8=P(v_6)$$

将新的 T 标号及刚确定的 P 标号填入表的第 7 行。

(6)从刚得 P 标号的点 v_6 出发：弧 (v_6,v_7)，$(v_6,v_8)\in A$，且 v_7，v_8 都是 T 标号的点，修改 v_7，v_8 的 T 标号。

$$T_{新}(v_7)=\min\{T_{旧}(v_7),P(v_6)+w_{67}\}=\min\{10,8+1\}=9$$
$$T_{新}(v_8)=\min\{T_{旧}(v_8),P(v_6)+w_{68}\}=\min\{12,8+2\}=10$$

与 $T(v_7)=\min\{T(v_j)\}=9=P(v_7)$

将新得到的 T 标号有刚确定的 P 标号填入表的第 8 行。

(7)从刚得到 P 标号的点 v_7 出发：弧 $(v_7,v_8)\in A$，且 v_8 是 T 标号的点，修改 v_8 的 T 标号。

$$T_{新}(v_8)=\min\{T_{旧}(v_8),P(v_7)+w_{78}\}=\min\{10,9+2\}=10$$

再无其他的 T 标号，所以 $T(v_8)=P(v_8)=10$，故 v_1 到 v_8 的最短路权为 10。

由此看到，此方法不仅求出了从 v_1 到 v_8 的最短路长，同时也求出了从 v_1 到任一点的最短路长。

将从 v_1 到达任一点的最短路权标在图上，即可求出从 v_1 到达任一点的最短路线。本例中 v_1 到 v_8 的最短路线是：

$$v_1 \to v_2 \to v_5 \to v_6 \to v_8$$

值得注意的是，Dijkstra 算法只适用于所有 $w_{ij} \geqslant 0$ 的情况，若存在某个 $w_{ij} < 0$ 时，算法失效。下面的例 13-5 就说明了这一点。

例 13-5 图 13-5 如仍用 Dijkstra 算法计算从 v_1 到 v_2 的最短路权。其过程如表 13-2，结果是 v_1 到达 v_2 的最短路线是 $v_1 \to v_2$，权为 1。但我们从图上能清楚的看到 v_1 到达 v_2 的最短路线应是 $v_1 \to v_3 \to v_2$，其权为 -1。

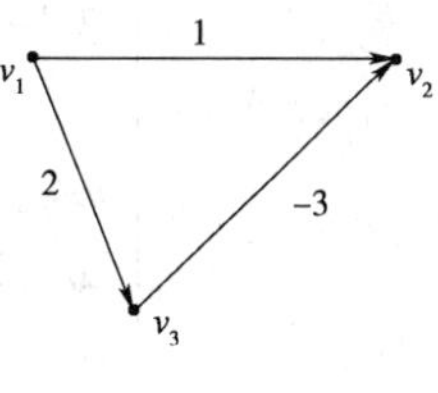

图 13-5

表 13-2

v_1	v_2	v_3
$P=0$	$T=+\infty$	$T=+\infty$
	$P=T=1$	$T=2$
		$T=2$

情况 2：当存在 $w_{ij} < 0$ 时的求最短路的方法。

此算法的基本思路如下：（求 v_1 到 v_j 的最短路，$j=1,2,\cdots,n$）：

首先，求 v_1 经过一步到达 v_j 的最短路权，再求 v_1 经过两步到达 v_j 的最短路权。

⋮

求 v_1 经过 k 步到达 v_j 的最短路权。

观察逐步增加步数后，路长能否缩短。直到不能缩短为止。即得到的是 v_1 到 v_j 的最短路长。

显然，从 v_1 到 v_j 的最短路线，若是先从 v_1 沿着一条路到某一点 v_j，再沿 (v_i, v_j) 到 v_j，则从 v_1 到 v_j 的这条路必然是从 v_1 到 v_i 的最短路。我们用 l_i 表示从 v_1 到达 v_i 的最短路权，所以 l_j 必须满足如下方程：

$$l_j = \min_i \{ l_i + w_{ij} \}$$

为了求得这个方程的解 $l_1, l_2, \cdots, l_n$，可用如下递推公式：

$$l_j^{(1)} = w_{ij} \qquad (j=1,2,\cdots,n) \tag{13-1}$$

即为 v_1 经 1 步到达 v_j 的最短路长。

$$l_j^{(t)} = \min_i \{ l_i^{(t-1)} + w_{ij} \} \qquad (t=2,3,\cdots) \tag{13-2}$$

即 v_1 经过 t 步到达 v_j 的最短路长 $l_j^{(t)}$ 等于 v_1 经过 $t-1$ 步到达 v_i 加上 w_{ij}取最小者。

当进行到某一步，例如第 k 步，即 $t=k$ 时，对所有的点均有：

$$l_j^{(k-1)} = l_j^{(k)} \qquad (j=1,2,\cdots,n)$$

这时再增加步数已不起作用，无法再缩短路长则：

$$l_j = l_j^{(k-1)} = l_j^k$$

即为所求。

例 13-6 求图 13-6 所示的网络，从 v_1 到任一点 v_j 的最短路长，$j=1,2,\cdots,6$。

解 图 13-6 的邻接矩阵

$$
\begin{array}{r}
v_1 \\ v_2 \\ v_3 \\ A = v_4 \\ v_5 \\ v_6 \\ \\
\end{array}
\begin{bmatrix}
v_1 & v_2 & v_3 & v_4 & v_5 & v_6 \\
0 & -2 & 3 & 5 & +\infty & +\infty \\
3 & 0 & \infty & \infty & \infty & 2 \\
\infty & \infty & 0 & -5 & 1 & \infty \\
\infty & \infty & \infty & 0 & -1 & \infty \\
\infty & \infty & \infty & 2 & 0 & 2 \\
\infty & -1 & \infty & \infty & \infty & 0
\end{bmatrix}
$$

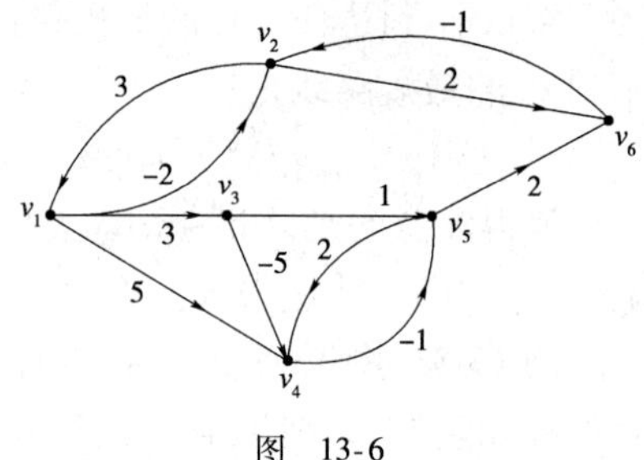

图 13-6

用公式(13-1)及式(13-2)求解此例,其计算过程如表 13-3 所示。

表 13-3

v_i \ v_j	v_1	v_2	v_3	v_4	v_5	v_6	$l_j^{(1)}$	$l_j^{(2)}$	$l_j^{(3)}$	$l_j^{(4)}$	$l_j^{(5)}$
v_1	0	−2	3	5	+∞	+∞	0	0	0	0	0
v_2	3	0	+∞	+∞	+∞	2	−2	−2	−2	−2	−2
v_3	+∞	+∞	0	−5	1	+∞	3	3	3	3	3
v_4	+∞	+∞	+∞	0	−1	+∞	5	−2	−2	−2	−2
v_5	+∞	+∞	+∞	2	0	2	+∞	4	−3	−3	−3
v_6	+∞	−1	+∞	+∞	+∞	0	+∞	0	0	−1	−1

其中,$l_j^{(1)}$ 列正是邻接矩阵的第一行,即 w_{ij},$(j=1,2,\cdots,6)$

$l_j^{(2)}$ 列的第 1 个元素:

$$
l_1^{(2)} = \min_i \{ l_i^{(1)} + w_{i1} \} = \min \begin{Bmatrix} l_1^{(1)} + w_{11} \\ l_2^{(1)} + w_{21} \\ \cdots\cdots \\ l_6^{(1)} + w_{61} \end{Bmatrix} = 0
$$

$l_j^{(2)}$ 的第 2 个元素,$j=2$,

$$
l_2^{(2)} = \min_i \{ l_i^{(1)} + w_{i2} \} = \min \begin{Bmatrix} l_1^{(1)} + w_{12} \\ l_2^{(1)} + w_{22} \\ \cdots\cdots \\ l_6^{(1)} + w_{62} \end{Bmatrix} = \min \begin{Bmatrix} 0-2 \\ -2+0 \\ 3+\infty \\ 5+\infty \\ +\infty \ +\infty \\ +\infty \ + -1 \end{Bmatrix} = -2
$$

依次类推:

$l_j^{(2)}$ 是 $l_j^{(1)}$ 列与 A 阵的第 j 列对应元素相加取最小者。$j=1,2,\cdots,6$,将 $l_j^{(2)}$ 填入 $l_j^{(2)}$ 列的第 j 个元素。

同理,$l_j^{(3)}$ 是 $l_j^{(2)}$ 列与 A 阵的第 j 列对应元素相加取最小者,填入 $l_j^{(3)}$ 列的第 j 个元素中,$j=1,2,\cdots,6$。

$l_j^{(4)}$ 是 $l_j^{(3)}$ 列与 A 阵的第 j 列对应元素相加取最小者,填入 $l_j^{(4)}$ 列的第 j 个元素中,$j=1,2,\cdots,6$。

可见进行到第 5 步时,对 $j=1,2,\cdots,6$,均有:

$$
l_j^{(5)} = l_j^{(4)}
$$

于是表的最后一列数 0, −2,3, −2,3,0 就分别是从 v_1 到 $v_1,v_2,v_3,\cdots,v_6$ 的最短路权。即:

$$l_j^{(5)}=l_j^{(4)}=l_i \quad (j=1,2,\cdots,6)$$

(1)递推公式中的 $l_j^{(t)}$ 实际上是从 v_1 到 v_j 至多含有 $t-1$ 个中间点的最短路权。

(2)为了加快收敛速度,可将刚得到的新数据 $l_j^{(t)}$ 立即使用,即用下述递推公式:

$$l_j^{(1)}=w_{1j} \qquad (j=1,2,\cdots,p;p\text{ 为顶点的个数})$$

$$l_j^{(t)}=\min\{\min_{i<j}(l_i^{(t)}+w_{ij}),\{\min_{i\geqslant j}(l_j^{(t-1)}+w_{ij})\}$$

$$(t=1,2,\cdots)$$

(3)此算法不适用于含负回路的图,即若有 p 个顶点,当 D 中不含负回路时,这种算法最多经过 $p-1$ 次迭代必定收敛,若经过 $p-1$ 次迭代,仍有某个 j,使得:

$$l_j^{(p)}\neq l_j^{(p-1)}$$

则说明图中有负回路。

所谓负回路,即为总权小于零的回路。

例 13-7 图 13-7 中有一条闭回路 $\{v_2,v_3,v_4,v_2\}$,其总权为: −2 + −2 +3 = −1 所以此回路是一条负回路。

$v_1\to v_4$ 的最短路为 $-\infty$。

目前我们只介绍了从某一点到其他点的最短路权的解法,求具体的最短路线的方法是:

在求得最短路权 l_j 以后,采用“反向追踪”的方法,求最短路线。

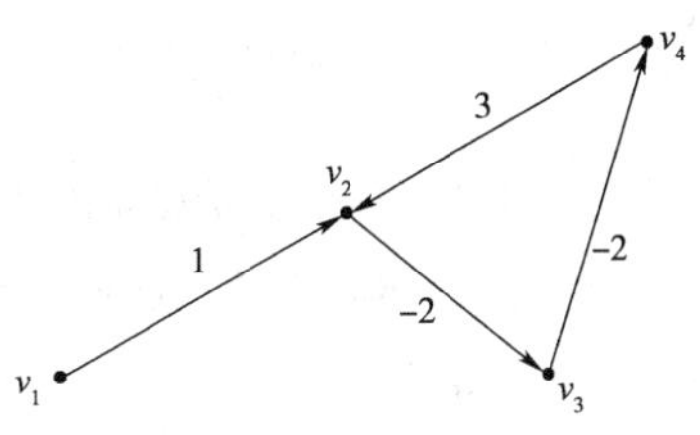

图 13-7

例如,已知 v_1 到 v_j 的最短路权 l_j,求从 v_1 到 v_j 的最短路线。

解 在第 j 列(A 阵的第 j 列)找一点 v_k,使得 $l_k+w_{kj}=l_j$,记下弧(v_k,v_j),再考虑 l_k。

在第 k 列,寻求一点 v_i,使得,$l_i+w_{ik}=l_k$ 记下弧(v_i,v_k),如此下去,直至达到 v_1 时为止,于是从 v_1 到 v_j 的最短路为 $\{v_1,\cdots,v_iv_k,v_j\}$。

如例 13-6 中已求出 v_1 到 v_5 的最短路权为 −3,求 v_1 到 v_5 的最短路线:

首先,因 $l_5=-3$,故在第 5 列 w_{i5} 找与 l_i 之和为 l_5 的元,找到 $w_{45}+l_4=l_5$,则记下弧(v_4,v_5),又因 $l_4=-2$,所以在第 4 列(w_{i4})找与 l_i 之和为 l_4 的元,由于 $w_{34}+l_3=l_4$,则记下弧(v_3,v_4)又因 $l_3=3$,所以在第 3 列(w_{i3})找与 l_i 之和为 l_3 的元,由于 $w_{13}+l_1-l_3$,则记下弧(v_1,v_3),由于已追到了 v_1 点,故求得从 v_1 到 v_5 的最短路线为

$$v_1\to v_3\to v_4\to v_5$$

三、应用

例 13-8 某企业使用一台设备,每年年初决定是购置一台新设备,或是继续使用旧设备。若购置新设备,就要支付一定的购置费用,若继续使用旧设备,则需要支付一定的维修费用,问:如何制定一个 5 年之内的设备更新计划,使得总的支付费用最少(设备更新问题)?

估计今后 5 年内该种设备在各年年初的价格如表 13-4 所示。

表 13-4

年度(年)	1	2	3	4	5
购置费(万元)	11	11	12	12	13

另外,已知使用不同时间(年)的设备所需的维修费用如表 13-5 所示。

表 13-5

一台设备使用年数(年)	0~1	1~2	2~3	3~4	4~5
每年维修费用(万元)	5	6	8	11	18

(此问题就是求在 5 年内,哪些年初购置新设备,使 5 年内的总费用最小。)

解 (1)分析:

可行的购置方案(即更新计划)是很多的,例如:

①每年购置一台新的,则对应的费用:

$$11+11+12+12+13(\text{购置费})+5+5+5+5(\text{维修费})=84(\text{万元})$$

②第一年购置一直用到第 5 年底,则费用:

$$11(\text{购置费})+5+6+8+11+18(\text{维修费})=59(\text{万元})$$

显然不同的方案对应不同的费用。

我们的目的是要制定这样的一个设备更新计划,使得总的支付费用最少。

采用的方法是将此问题用一个赋权有向图来描述,然后求这个赋权有向图的最短路。

(2)求解步骤:

①将此问题用赋权有向图来表示:

点 v_j:表示第 i 年初购进一台新设备。加设一点 v_6,可理解为第 5 年年底所以有 6 个点,即 $i=1,2,\cdots,6$。

弧(v_i,v_j):表示第 i 年初购置一台新设备后,接着在第 j 年初购置一台新设备,(或者说,第 i 年初购置了一台新设备后,一直使用到第 $j-1$ 年底。)

为了给出各种可能的方案,从 v_i 到 $v_{i-1},\cdots,v_6$ 各画一条弧。

权 w_{ij}:即弧(v_i,v_j)上的数量指标。它表示从第 i 年初购置新设备一直用到第 $j-1$ 年底,所花去的总费用(包括购置费和维修费。)

可按已知资料计算出来:

$$w_{12}=11+5=16$$

$$w_{13}=11+5+6=22$$

$$w_{14}=11+5+6+8=30$$

$$w_{15}=11+5+6+8+11=41$$

$$w_{16}=11+5+6+8+11+18=59$$

$$w_{23}=11+5=16$$

$$w_{24}=11+5+6=22$$

$$w_{25}=11+5+6+8=30$$

$$w_{26}=11+5+6+8+11=41$$

$$w_{34}=12+5=17$$

$$w_{35}=12+5+6=23$$

$$w_{36}=12+5+6+8=31$$

$$w_{45}=12+5=17$$

$$w_{46}=17+6=23$$

$$w_{56}=13+5=18$$

画出赋权有向图(因为年份是从第1年开始到第5年底,所以为了方便,可将6个点依次排列在一条直线上)。

②用Dijkstra方法求图13-8从v_1到v_6的最短路线。此最短路线就对应着最优方案,即费用最少的设备更新计划。得到从v_1到v_6的最短路权为53。同时,也求出了从v_1到任一点的最短路权(标在图上),即可求出从v_1到v_6的最短路线:

$$v_1 \rightarrow v_4 \rightarrow v_6$$

和

$$v_1 \rightarrow v_3 \rightarrow v_6$$

即有两个最优方案:

一个方案是:在第1年和第3年初购置一台新设备。

另一方案是:在第1年和第4年初购置一台新设备。

五年总的支付费用为53元。

注意,本节我们仅讨论了赋权有向图求最短路的方法,对于无向图我们可以将每一边看成有两个相反方向的弧,即图13-9a)与图13-9b)等价。由此可知,当无向图的边的权为负数时,最短路权为$-\infty$。

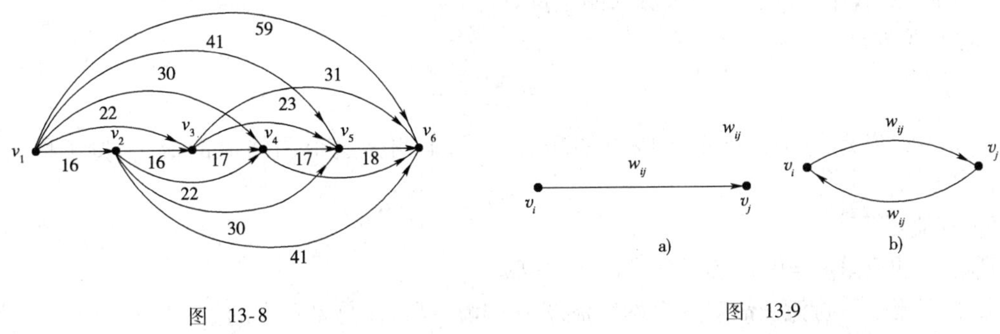

图 13-8

图 13-9

第四节 最大流问题

一、网络流图

1. 定义

若有向图$D=(V,A)$满足下列条件:

(1)在V中指定了一个点称为源或发点,记为v_s。

(2)在V中指定了一个点称为沟或收点,记为v_t。

(3)其余的点称为中间点。每一条弧都有一个非负数,叫做该边的容量弧(v_i,v_j)上的容量用c_{ij}表示。

则图D称为网络流图。

例13-9 图13-10便是一个网络流图。

2. 网络流图的实际意义

网络流图中的始点v_s可看成是某物资的产地,而收点v_t可看作是该物资的销地,中间点v_2,v_3,v_4,v_5可以看作是中转站,弧(v_i,v_j)是运输交通通道,(或是铁路,或是水运等),容量c_{ij}表示该通道的运输能力。

3. 流量

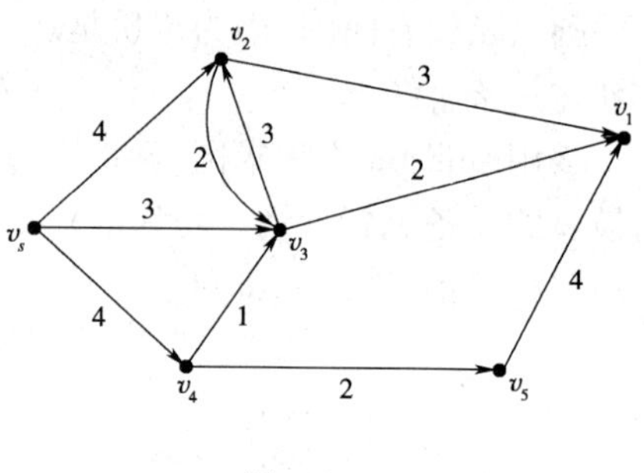

图 13-10

对于网络流图 D，每一条弧(v_i, v_j)上都给定一个非负数f_{ij}，则f_{ij}称为弧(v_i, v_j)上的流量。

流量的实际意义：

如果说c_{ij}表示弧(v_i, v_j)上每单位时间内的最大运输能力(量)，则说f_{ij}表示弧(v_i, v_j)上每单位时间内的实际运输能力(量)。

网络流图 D 上的每一条弧的流量f_{ij}的集合称为 D 上的流，记作$f=\{f_{ij}\}$。

4. 可行流

网络流图 D 上的流$f=\{f_{ij}\}$，满足下列条件：

(1)对任一条边(v_i, v_j)有$f_{ij} \leqslant c_{ij}$。

(2)除发点 v_s 和收点 v_t 以外的所有点(即中间点)恒有：

$$\sum_j f_{ij} = \sum_k f_{ki}$$

即对于中间点 v_i，流出的总量等于流入的总量。

(3)对于发点 v_s 和收点 v_t 有：

$$\sum_i f_{si} = \sum_j f_{jt} = w$$

上式表示发点的净流出量 = 收点的净流入量，w 叫做这个网络流的流量，则 f 称为可行流。

5. 零流

所有弧的流量$f_{ij}=0$ 的流称为零流，记为f_0。

显然零流是可行流。故对一个网络流图 D 的流，可行流总是存在的。

6. 饱和弧与非饱和弧

$f_{ij}=c_{ij}$的弧(v_i, v_j)称为饱和弧。

$f_{ij}<c_{ij}$的弧(v_i, v_j)称为非饱和弧。

7. 最大流

网络流图 D 上的流量最大的可行流，称为该网络流图 D 上的最大流。

二、最大流问题

所谓最大流问题，就是在一个网络流图 D 中从发点 v_s 到收点 v_t 找出一个具有最大流量的可行流(即为寻找最大流的问题)。

1. 实例

有一旅行代办人，须为某一天由芝加哥机场至伊斯坦布尔的 10 名游客的飞行作出安排。在那一天，芝加哥—伊斯坦布尔直达航线有 7 个座席，芝加哥—巴黎航线有 5 个座席，而相衔接的巴黎—伊斯坦布尔航线有 4 个座席。代办人应怎样安排？

旅行代办人问题可以描述为最大流问题。构造一个网络流图，其中，每条弧表示一条航线，共有 3 条弧：(v_1, v_2)、(v_1, v_3)、(v_2, v_3)。v_1 为芝加哥，v_2 为巴黎，v_3 为伊斯坦布尔。对每一条弧指定一个容量，这个容量等于对应航线上的有效座席数，即分别为 7,5,4。如果这个网络容许 10 个或 10 个以上单位的流从 v_1(发点)到 v_3(收点)，而不超过任一条弧的容量。即找到的最大流的流量为 10 或 10 以上，则旅行代办人在选定的日期内可将全部旅客送走。

2. 最大流问题的数学提法

以图 13-11 为例，中间点守恒关系：

$$f_{12}=f_{23}$$

即中间点的流入应等于流出量。

流量：

$$f_{12}+f_{13}=f_{23}+f_{13}=w$$

即发点的净流出量应等于收点的净流入量。且

$$0\leqslant f_{12}\leqslant 5,0\leqslant f_{23}\leqslant 4\quad 0\leqslant f_{13}\leqslant 7$$

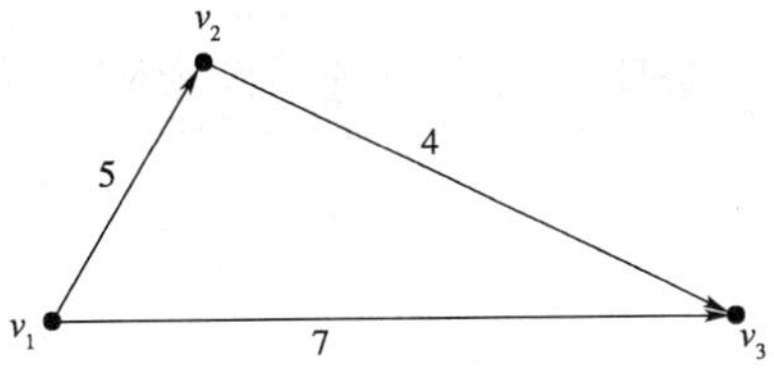

图 13-11

在满足上面条件下求 w 的最大值，即求：

$$\max\ w$$

如果将 f_{ij} 看作决策变量，w 也为变量，则最大流问题就是一个线性规划问题。

$$\max\ w$$

$$\begin{cases}f_{12}=f_{23}\\ f_{12}=f_{23}=w-f_{13}\\ 0\leqslant f_{12}\leqslant 5\\ 0\leqslant f_{21}\leqslant 4\\ 0\leqslant f_{13}\leqslant 7\end{cases}$$

但对于一个复杂的网络流的最大流问题，用图论的方法比用线性规划的方法求解更为简明有效。下面引进一些必要的概念。

三、截集、截量

定义 给出网络流图 D，若其点集 V 分为两个集合 $V_1\subset V,\overline{V}_1\subset V$，并且 $v_s\in\overline{V}_1,v_t\in\overline{V}_1$，$V_1\cap\overline{V}_1=\varnothing$，则把所有始点在 V_1 中，终点在 $\overline{V}_1$，中的 D 的弧构成的集合 $(V_1,\overline{V}_1)$，称为分离 v_s 和 v_t 的截集，记作 $(V_1,\overline{V}_1)$。

把从 V_1 到 $\overline{V}_1$ 的边的容量的和叫做这个截集的容量（或者称为截量）记为 $c(V_1,\overline{V}_1)$。

$$c(V_1,\overline{V}_1)=\sum_{\substack{i\in V_1\\ j\in \overline{V}_1}}c_{ij}$$

例 图 13-12 中，虚线表示一个截割（虚线左下方的点为 V_1 中的点，右上方的点为 $\overline{V}_1$ 中的点），即其中：

$$V_1=\{v_1,v_3,v_4,v_5\}\qquad \overline{V}_1=\{v_2,v_6\}$$

所以截集

$$(V_1,\overline{V}_1)=\{(v_1,v_2),(v_3,v_2),(v_3,v_6),(v_5,v_6)\}$$

即虚线与网络流图相交的从 V_1 到 $\overline{V}_1$ 方向的弧。

截量 $c(V_1,\overline{V}_1)=c_{12}+c_{32}+c_{36}+c_{56}$

$=4+3+2+4=13$

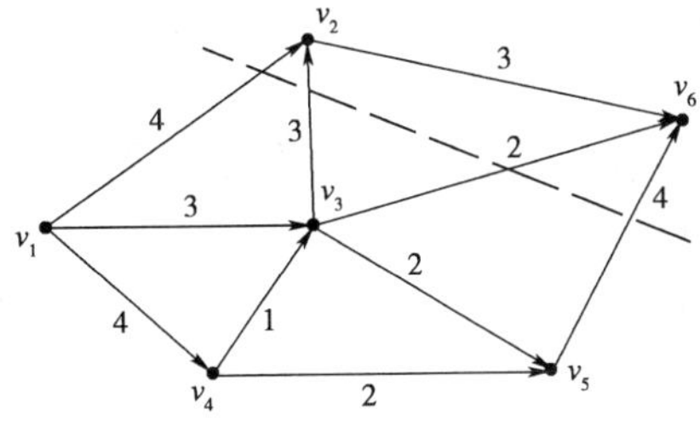

图 13-12

显然不同的截集有不同的截量。值得注意的是一个网络流图有多个截集，截集的个数为 2^n。其中 n 为中间点的个数。

定理 对于已知的网络流图，从发点 v_s 到收点 v_t 的流量 w 的最大值小于或等于任何一个

截集的容量。即：

$$\max w \leqslant \min c(V_1, \overline{V}_1)$$

证明 当 v_i 点既不是发点 v_s，也不是收点 v_t 的任一点时，恒有

$$\sum_{j \in V} [f_{ij} - f_{ji}] = 0 (\text{中间点平衡}) \tag{13-1'}$$

但 $v_i = v_s$ 时，有

$$\sum_{j \in V} f_{sj} = w \tag{13-2'}$$

从式(13-1)、式(13-2)得：

$$\sum_{\substack{i \in V_1 \\ j \in V}} [f_{ij} - f_{ji}] = w$$

因为

$$V = V_1 \cup \overline{V}_1$$

所以

$$\sum_{\substack{i \in V_1 \\ j \in V}} [f_{ij} - f_{ji}] = \sum_{\substack{i \in V_1 \\ j \in \overline{V}_1}} [f_{ij} - f_{ji}] + \sum_{\substack{i \in V_1 \\ j \in V_1}} [f_{ij} - f_{ji}] = w$$

然而

$$\sum_{\substack{i \in V_1 \\ j \in V_1}} f_{ij} = \sum_{\substack{i \in V_1 \\ j \in V_1}} f_{ji}$$

上等式是因为两个下标求和都是对 V_1 的全体进行的，即：

$$\sum_{\substack{i \in V_1 \\ j \in V_1}} [f_{ij} - f_{ji}] = 0$$

故有

$$\sum_{\substack{i \in V_1 \\ j \in \overline{V}_1}} [f_{ij} - f_{ji}] = w$$

但

$$0 \leqslant f_{ij} \leqslant c_{ij}$$

所以

$$f_{ij} - f_{ji} \leqslant f_{ij} \leqslant c_{ij}$$

故

$$w = \sum_{\substack{i \in V_1 \\ j \in \overline{V}_1}} [f_{ij} - f_{ji}] \leqslant \sum_{\substack{i \in V_1 \\ j \in \overline{V}_1}} c_{ij} = c(V_1, \overline{V}_1)$$

因为截集 $(V_1, \overline{V}_1)$ 是任意的，即流量 w 小于任一截集的容量。所以流量 w 小于或等于截集的容量的最小值，即：

$$\max_f w \leqslant \min_f c(V_1, \overline{V}_1)$$

四、增广链

前面介绍的链是一个点弧交替序列，对弧的方向没有限制。现在研究链的目的，是希望在从 v_s 到 v_t 的链上调整其流量，得到增大流量的可行流，故要考虑链中弧的方向。

例 13-10 图 13-12 中的一条链

$\{v_1, (v_1, v_2), v_2, (v_3, v_2), v_3, (v_3, v_5), v_5, (v_5, v_6), v_6\}$ 是从发点 v_1 到收点 v_6 的一条链，其

中，弧的方向一致，我们规定：

前向弧：弧的方向与链$v_s \to v_t$的方向一致，则称此弧为前向弧

后向弧：弧的方向与链 $v_s \to v_t$ 的方向不一致，称此弧为后向弧。

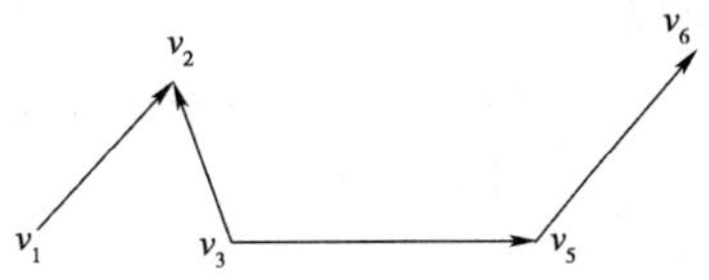

图 13-13

上例中，(v_3, v_2)是后向弧，因为它的方向与链（图 13-13）$v_1 \to v_6$ 的方向相反。而弧(v_1, v_2)、(v_3, v_5)、(v_5, v_6)都为前向弧。

由此看出，要增加某条链上的流量，则必须减少逆流。

注意，前向弧、后向弧都是针对某个链而言的。

定义 给出网络流图 D 上的可行流 f，以及从 v_s 到 v_t 的一条链 μ，若 μ 的每一条前向弧是非饱和弧，即：

$$0 \leqslant f_{ij} \leqslant c_{ij} \qquad (v_i, v_j)\text{为前向弧}$$

若 μ 的每一条后向弧是非零流弧，即：

$$0 < f_{ij} \leqslant c_{ij} \qquad (v_i, v_j)\text{为后向弧}$$

则 μ 称为关于 f 的一条增广链。

所谓增广链就是可以增大流量的链。

五、最大流量与最小截量定理

最小截量：具有最小容量的截集的容量。

定理 在一个给定的网络流上，其最大流量值等于最小截集的容量，即流的最大值等于截量的最小值。即：

$$\max w = \min c(V_1, \overline{V}_1)$$

证明 前面定理已经证明了 $\max w \leqslant \min c(V_1, \overline{V}_1)$ 这里只需证明对于某一截集$(V_1, \overline{V}_1)$不等是不允许的。

设 f 是最大流，我们定义一截集如下：

(1) $v_s \in V_1$

(2)若 $v_i \in V_1$，且以 v_i 为始点的弧$(v_i < v_j)$上的流量f_{ij}, c_{ij}，则 $v_j \in V_1$

若 $v_i \in V_1$，且以 v_i 为终点的逆弧(v_j, v_i)上的流量，$f_{ij} > 0$，则 $v_j \in V_1$

其余的点属于 $\overline{V}_1$，显然，收点 $v_t \in \overline{V}_1$，否则，按子集 V_1 的定义存在一条从 v_s 到 v_t 的增广链 μ

令

$$\delta_{ij} = \begin{cases} c_{ij} - f_{ij} & \text{当}(v_i, v_j)\text{为前向弧} \\ f_{ij} & \text{当}(v_j, v_i)\text{为后向弧} \end{cases}$$

$$\delta = \min\{\delta_{ij}\}$$

则在此链上，每条前向弧的流可以提高一增量 δ，而相应的后向弧的流可以减少 δ，使得这个网络流图的流量增加，且乃是可行流，这与 f 是最大流的假设矛盾，因而 $v_t \in \overline{V}_1$，即 V_1 和 $\overline{V}_1$ 组成一个截集$(V_1, \overline{V}_1)$。

按 V_1 的定义知：

若 $v_i \in V_1, v_j \in \overline{V}_1$，当$(v_i, v_j)$是前向弧，即属于$(V_i, \overline{V}_1)$，则 $f_{ij} = c_{ij}$；

当(v_j,v_i)为后向弧,则$f_{ji}=0$

所以

$$w=\sum_{\substack{v_i\in V_1\\ v_j\in \overline{V}_1}}[f_{ij}-f_{ji}]=\sum_{\substack{v_i\in V_1\\ v_j\in \overline{V}_1}}c_{ij}=c(V_1,\overline{V}_1)$$

即

$$\max_f w=\min_f c(V_1,\overline{V}_1)$$

六、求网络流图上的最大流方法

定理 可行流f^*是最大流的充分必要条件是不存在关于可行流f^*的增广链。

证明 必要性:

若f^*是最大流,要证明不存在关于f^*的增广链(反证法)。

假设存在关于f^*的增广链μ,则在此链中可对其前向弧的流量增加一增量δ,后向弧上的流减少δ,则得到的新流f^{**}的流量为:

$$w(f^{**})=w(f^*)+\delta$$

这与f^*是最大流相矛盾。故若f^*是最大流,则不存在关于f^*的增广链。

充分性:

若不存在关于f^*的增广链,则可以找到一个最小截集$(V_1^*,\overline{V}_1^*)$,使得

$$w(f^*)=c(V_1^*,\overline{V}_1^*)$$

其最小截集的构造同最大流量最小截量定理中一样,故f^*是最大流。

由此看到,寻找最大流的方法就是寻找增广链,使网络流的流量得到增加,直到最大为止。

对于简单的网络流图可以很容易地看到所有的增广链。如果是这样,即可逐个调整其增广链,直到没有增广链为止。

但是销微复杂一点的网络流图,并不是一眼就能看出其增广链的,所以关键问题就是如何寻找增广链。

通常,将流量直接标在网络流图上,即在弧上标容量的位置改为标上数对(c_{ij},f_{ij})。

求网络流图最大流的标号法。从一可行流出发(若网络流图中没有给定f,则可以设f是零流),用给顶点标号的方法来构造V_1^*,在标号过程中,有标号的顶点表示是V_1^*中的点,没有标号的点表示不是V_1^*中的点,一旦v_t有了标号,就表明找到了一条增广链,对此增广链进行调整,再重新标号。如果标号过程进行不下去,而v_t尚未标号,则说明不存在增广链,于是得到最大流,而且也同时得到一个最小截集。其过程分为A,B两步。

(1)标号过程。在这个过程中网络流图中的点分为两个部分,即标了号的点和未标号的点,标了号的点又分为已检查过的点和未检查过的点。即:

$$\text{顶点}\begin{cases}\text{标号点}\begin{cases}\text{已检查点}\\ \text{未检查点}\end{cases}\\ \text{未标号点}\end{cases}$$

标号点的标号包括两部分:

①第一标号:表明它的标号是从哪一点得来的(以便找出增广链)。

②第二标号:是为确定增广链的调整量δ用的。在图上的标号将这两部分用一个括号括在一起,即(第一标号,第二标号)。

第一步，给发点 v_s，以标号$(0, +\infty)$，这时 v_s 是标了号而未检查的点。其余的点都是未标号点。

第二步，选择一个已给标号而未检查的顶点 v_i 的所有未给标号的邻接点 v_j，按以下规则处理：

①若弧$(v_i, v_j) \in A$，v_j 未标号，且 $0 \leqslant f_{ij} \leqslant c_{ij}$时，令

$$\delta_j = \min\{c_{ij} - f_{ij}, \delta\}$$

则 v_j 给以标号$(+v_j, \delta_j)$。

②若弧$(v_j, v_i) \in A$，v_j 未标号，且 $f_{ij} > 0$ 时，令

$$\delta_j = \min\{f_{ij}, \delta\}$$

则 v_j 给以标号$(-v_i, \delta_i)$。这时 v_j 成为标了号而未检查的点，于是 v_i 成为已检查过的点。

第三步，重复第二步直到收点 v_t 被标号或不再有顶点可以给标号为止。

若 v_t 点给了标号，说明存在一条增广链，故转向增广过程 B。

若 v_t 点不能获得标号，而且不存在其他可标号的顶点时，算法结束，所得的流便是最大流。同时也求出了一个最小截集$(V_1^*, \overline{V}_1^*)$。其中 V_1^* 中的点为标了号的点，$\overline{V}_1^*$ 中点为未标号的点。

(2)增广过程(或称调整过程)。

第一步，首先按 v_t 及其他点的第 1 个标号，利用反向追踪的办法找出增广链 μ。

如设 v_t 的第 1 个标号为 v_k(或 $-v_k$)则弧(v_k, v_t)(或弧(v_t, v_k))是 μ 上的弧，接下来检查 v_k 的第一个标号，若为 v_i(或 $-v_i$)，则找出(v_i, v_k)(或(v_k, v_i))，再检查 v_i 的第一个标号，依此下去，直到 v_s 为止。这时被找出的弧就构成了增广链 μ。

第二步，调整增广链 μ 上的流量。令调整量：

$$\delta = \delta_t$$

令

$$f_{ij}' = \begin{cases} f_{ij} + \delta & (v_i, v_j)\text{是}\mu\text{上的前向弧} \\ f_{ij} - \delta & (v_i, v_j)\text{是}\mu\text{上的后向弧} \\ f_{ij}(v_i, v_j) \notin \mu \end{cases}$$

得到一新的流$\{f_{ij}'\}$

第三步，去掉所有标号，对新的可行流 $f' = \{f_{ij}'\}$ 重新进入标号过程 A。

例 13-11 用标号法求图 13-14 所示的网络流图的最大流，弧旁数字是(c_{ij}, f_{ij})。

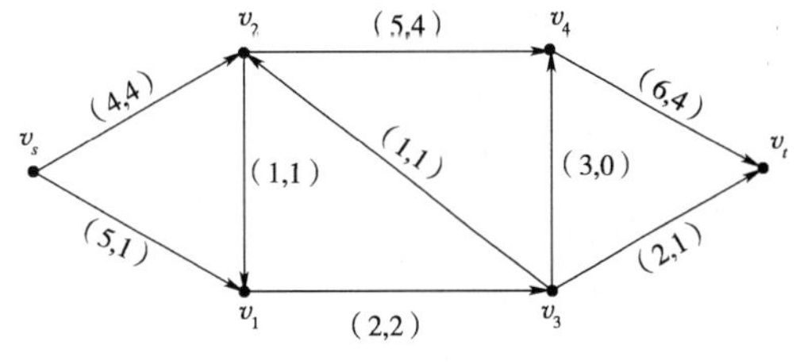

图 13-14

解 (1)标号过程：

①首先给 v_s 标上号$(0, +\infty)$。

②检查 v_s：在弧(v_s, v_2)上 $f_{s2} = c_{s2} = 4$，不满足标号条件；弧(v_s, v_1)上，$f_{s1} < c_{s1}$，则 v_1 的标号为(v_s, δ_1)，其中

$$\min\{\delta_s, (c_{s1} - f_{s1})\} = \min\{+\infty, 5 - 1\} = 4$$

③检查 v_1：在弧(v_1, v_3)上，$f_{13} = 2 = c_{13}$，不满足标号条件；在弧(v_2, v_1)上，$f_{21} = 1 > 0$，则给 v_2 标上号为$(-v_1, \delta_2)$，其中

$$\delta_2 = \min\{\delta_1, f_{21}\} = \min\{4, 1\} = 1$$

④检查 v_2：在弧(v_2, v_4)上，$f_{24} = 4$，$c_{24} = 5$，$f_{24} < c_{24}$，则给 v_4 标号(v_2, δ_4)，其中

$$\delta_4 = \min\{\delta_2, c_{24} - f_{24}\} = \min\{1, 1\} = 1$$

在弧(v_3,v_2)上,$f_{32}=1>0$,给v_3标号$(-v_2,\delta_3)$,其中

$$\delta_3=\min\{\delta_2,f_{32}\}=\min\{1,1\}=1$$

⑤在v_3,v_4中任选一个进行检查,如选v_3。在弧(v_3,v_t)上,$f_{3t}=1,c_{3t}=2,f_{3t}<c_{3t}$,则给$v_t$标号为$(v_3,\delta_t)$,其中

$$\begin{aligned}\delta_3&=\min\{\delta_3,c_{34}-f_{3t}\}\\&=\min\{1,1\}=1\end{aligned}$$

因为v_t有了标号,故转入调整过程。

(2)调整过程。

按点的第一个标号找增广链,并在图中用双箭头描出。

因为v_t的第一个标号为v_3,则弧(v_3,v_t)用双箭头表示;再看v_3的第一标号为$-v_2$则弧(v_3,v_2)用双箭头表示;v_2的第一标号为$-v_1$,则弧(v_2,v_1)用双箭头表示;v_1的第一个标号为v_s,则弧(v_s,v_1)用双箭头表示。故图13-15中双箭头所示的链即为所求出的增广链μ。

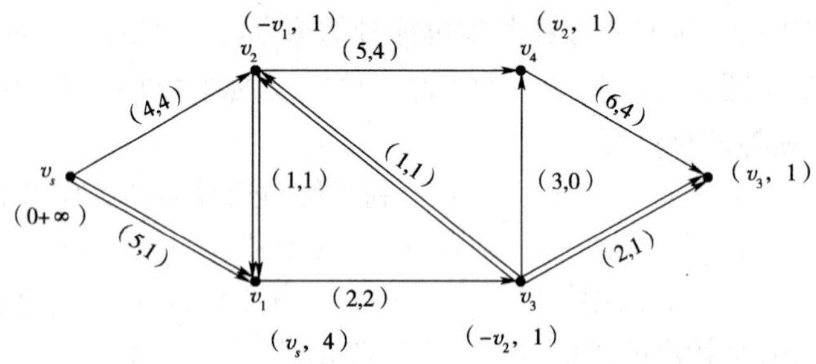

图 13-15

易见μ的前向弧集μ^+和后向弧集μ^-为:

$$\mu^+=\{(v_s,v_1),(v_3,v_t)\}$$

$$\mu^-=\{(v_2,v_1),(v_3,v_2)\}$$

按调整量$\theta=\delta_t=1$在μ上调整f。

$$\begin{aligned}\mu^+\text{上}:f_{s1}+\theta&=1+1=2\\f_{32}+\theta&=1+1=2\\\mu^-\text{上}:f_{21}-\theta&=1-1=0\\f_{32}-\theta&=1-1=0\end{aligned}$$

其余的f_{ij}不变。

调整后得到如图13-16所示的可行流;对这个可行流进入标号过程,继续寻找在此新流下的增广链。

(3)标号过程:

开始给v_s标号$(0,+\infty)$

检查v_s,弧(v_s,v_1)上,$f_{s1}=2,c_{s1}=5,f_{s1}<v_{s1}$,则给$v_1$标号为$(v_s,\delta_1)$,其中

$$\delta_1=\min\{\delta_s,c_{s1}-f_{s1}\}=\min\{+\infty,5-2\}=3$$

检查v_1,弧(v_1,v_3)上,$f_{13}=c_{13}$;弧(v_2,v_1)上$f_{21}=0$,均不满足标号条件,故标号过程进行不下去,算法结束。这时的可行流(图13-16)即为最大流。最大流量为:

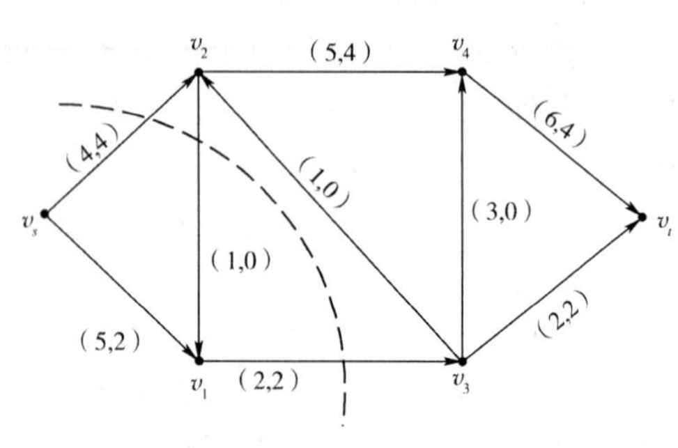

图 13-16

$$v(f)=f_{s1}+f_{s2}=f_{4t}+f_{3t}=6$$

与此同时找到了最小截集$(V_1,\overline{V}_1)$，其中V_1为已标了号的点的集合，$\overline{V}_1$为未标号点集合，即：

$$V_1=\{v_s,v_1\}$$

$$\overline{V}_1=\{v_2,v_3,v_4,v_t\}$$

$$(V_1,\overline{V}_1)=\{(v_s,v_2),(v_1,v_3)\}$$

$(V_1,\overline{V}_1)$为图 13-16 中与虚线相交的从V_1到$\overline{V}_1$的弧，截量

$$c(V_1,\overline{V}_1)=4+2=6$$

从这个例子的最小截集可见，它所含的弧(v_s,v_2)和(v_1,v_3)是关键弧，若要增大网络最大流，必须首先改造这些弧的运输状况，提高它们的容量。另一方面，如果最小截集中的弧的通过能力一旦降低，则会使总运输量减小。

最后指出一点，在各弧容量一定的网络流图中，最大流总流量是唯一的，但最大流f^*却不是唯一的。下面举应用实例。

例 13-12 某公司下属 A、B、C 三家工厂，生产能力分别为每天 30、20、10 个单位，每天产品通过图 13-17 所示运输网络运到 F、G、H 三个仓库。工厂车队作出调度，安排了每条运输道路上的一天运输量。问这样安排能否完成全部产品的进库任务？为了完成进库任务，应如何调整各运输道路上的运输量？

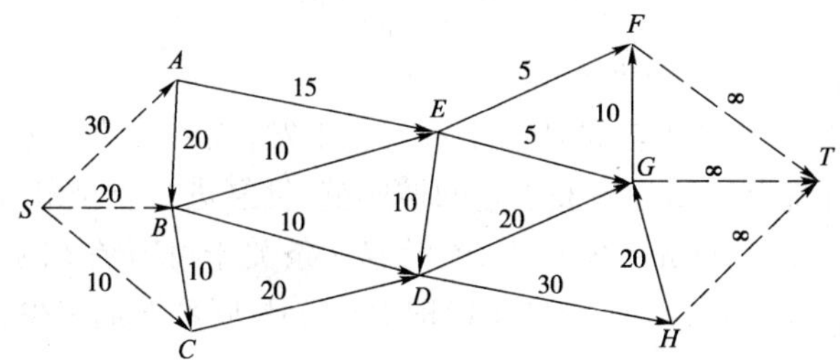

图 13-17

解 显然此问题是一个网络流图的最大流问题，为了使用最大流的标号法，对图 13-17 在工厂侧虚设发货点 S，发货量分别为 30、20、10，经 A、B、C 三个工厂，作为它们的生产量。并虚设一个总仓库 T，从仓库 F、G、H 至 T 的最大运输量为$+\infty$。

为了使给出的可行流尽量接近最大流，可按以下原则调整各弧的流量：

(1)沿起点 S 到终点 T 的路，给路上各弧同一流量值，使路上某些容量较小的弧成为饱和弧。

(2)沿网络中的回路或圈调整同一流量值，使正向弧达到饱和弧或某些反向弧成为零弧。

据上述原则及标号法得到一个可行流，如图 13-18 所示。再对此流进行标号。点 S 的标号为$(0,+\infty)$，A 为$(S,10)$，B 为$(A,10)$，E 为$(B,5)$，标号过程无法进行下去，故图 13-17 给出的可行流是此网络流图的最大流，且最小截集为图 13-18 中虚线交的前向弧。其中，$V_1=\{S,A,B,E\}$，$\overline{V}_1=\{C,D,G,F,H,T\}$ $(V_1,\overline{V}_1)=\{(E,F),(E,G),(E,D),(B,D),(B,C),(S,C)\}$ $c(V_1,\overline{V}_1)=5+5+10+10+10+10=50$。

由于每天的进库量要求是 60 单位，所以当前的运输量不足以完成产品的进库任务，还差 10 个单位的运输量。故调整方案：抽调弧$(A、B)$上的 5 个单位运输能力和弧$(B、E)$上的 5 个单位运

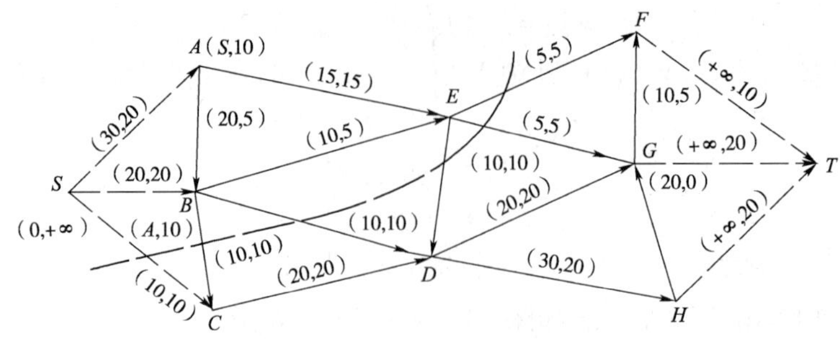

图 13-18

输能力去加强关键弧(B、D),使 $c_{BD}=20$,$c_{AB}=15$,$c_{BE}=5$,就能完成全部产品的入库任务。

第五节　最小费用最大流问题

前面讨论了寻求网络流图中的最大流问题,在实际问题中,我们不仅希望其流量达到最大,而且还希望所花费用最小。

给一个网络流图 $D=(V、A、C)$ 每一弧 $(v_i,v_j)\in A$ 上,除了已给容量 c_{ij} 外,还给了一个单位流量的费用 $b_{ij}\geqslant 0$,所谓最小费用最大流问题就是要求一个最大流 f,使流的总输送费用

$$b(f)=\sum_{(v_i,v_j)\in A} b_{ij}f_{ij}$$

取极小值。下面我们介绍解决这个问题的一种方法。

从上节可知,寻求最大流的方法是从某个可行流出发,找到关于这个流的一条增广链 μ 沿着 μ 调整 f,对新的可行流再试图寻求关于它的增广链,反复进行直至最大流。

要寻求最小费用最大流,首先考察一下,当沿着一条关于可行流 f 的增广链 μ,以 $\theta=1$ 调整 f,得到新的可行流 f'(显然 $v(f')=v(f)+1$)时,$b(f')$ 比 $b(f)$ 增加多少?

不难看出

$$\begin{aligned} b(f')-b(f) &= \sum_{\mu^-} b_{ij}\cdot(f'_{ij}-f_{ij})-\sum_{\mu} b_{ij}\cdot(f'_{ij}-f_{ij}) \\ &= \sum_{\mu^-} b_{ij}-\sum_{\mu} b_{ij} \end{aligned}$$

其中,μ^+ 为 μ 的前向弧集;μ^- 为 μ 的后向弧集。称 $\sum_{\mu^+} b_{ij}-\sum_{\mu^-} b_{ij}$ 为这条增广链 μ 的费用。

可以证明,若 f 是流量为 $v(f)$ 的所有可行流中费用最小者,而 μ 是关于 f 的所有增广链中费用最小的增广链,那么沿着 μ 去调整 f,得到的可行流 f',就是流量为 $v(f')$ 的所有可行流中的最小费用流。这样,当 f' 是最大流时,它就是所要求的最小费用最大流了。

因为 $b_{ij}\geqslant 0$,所以 $f=0$(即 $f_{ij}=0$)必是流量为零的最小费用流,故我们总可以从 $f=0$ 开始。

一般地,设已知 f 是流量为 $v(f)$ 的最小费用流,问题是,如何寻求关于 f 的最小费用增广链?

费用最小的增广链有两层含义:对费用 b_{ij} 网络来讲,它首先是费用最小的链,这可以通过求 b_{ij} 网络的最短路径法来获得;对容量网络 $\{c_{ij},f_{ij}\}$ 来讲,它必须是一条能增大流量的增广链。费用 b_{ij} 是一个标量,无方向性,因此 b_{ij} 网络是个无向网络,在图论中,可以把无向网络转化为有向网络来分析,在此采用的办法是把每条边用两条方向相反,权数符号也相反的弧来取代如图 13-19 所示。

显然，如果把 b_{ij} 无向网络的所有边全部转化，既费事，也无必要。因为我们需要的既是 b_{ij} 有向网络的最短路径（即最小费用），也同时是容量网络 $\{c_{ij},f_{ij}\}$ 的增广链，而 b_{ij} 有向网络中以下的弧是不能入链的，就可不必画出：

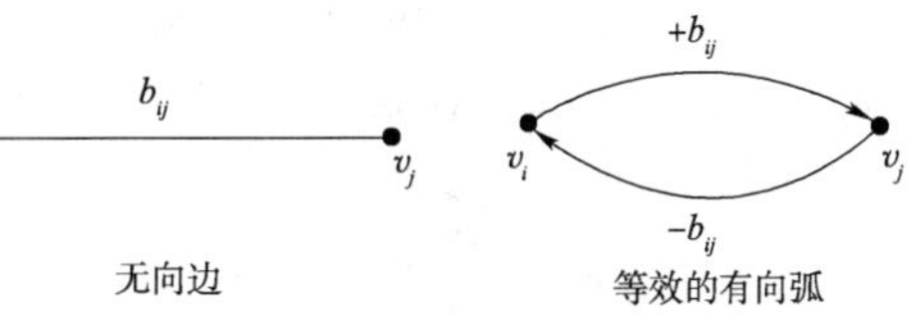

图 13-19

与 $\{c_{ij}\}$ 网络弧方向一致的正向饱和弧（$c_{ij}=f_{ij},b_{ij}$）；与 $\{c_{ij}\}$ 网络弧方向相反的反向零弧（$f_{ij}=0,b_{ij}$）。

除了上述弧不作出外，其余应转化的弧构成的图称之为赋权有向图 $w(f)$。因此构造赋权有向图 $w(f)$ 的规则是：其顶点为原网络流图 D 的顶点；把 D 中的每条弧 (v_i,v_j) 变成两个相反方向的弧 (v_i,v_j) 和 (v_i,v_j)；定义 $w(f)$ 中弧的权 w_{ij} 为：

与 D 同向的弧

$$w_{ij}=\begin{cases} b_{ij} & \text{若 } f_{ij}<c_{ij} \\ +\infty & \text{若 } f_{ij}=c_{ij}\text{（此弧不画出）} \end{cases}$$

与 D 反向的弧

$$w_{ij}=\begin{cases} -b_{ij} & \text{若 } f_{ij}<0 \\ +\infty & \text{若 } f_{ij}=0\text{（此弧不画出）} \end{cases}$$

权 $w_{ij}=+\infty$ 的弧可以从 $w(f)$ 中去掉。

于是在网络流图中寻求关于 f 的最小费用增广链就等价于在赋权有向图 $w(f)$ 中寻求从 v_s 到 v_t 的最短路。因此求最小费用最大流的一般步骤为：

开始取 $f^{(0)}=0$

一般地，若在第 $k-1$ 步，得到最小费用流 $f^{(k-1)}$；找在此流下的最小费用增广链，即构造赋权有向图 $w(f^{(k-1)})$，在 $w(f^{(k-1)})$ 中寻求从 v_s 到 v_t 的最短路，若不存在最短路（即从 v_s 到 v_t 没有路），则 $f^{(k-1)}$ 就是最小费用最大流；若存在最短路，则在网络流图 D 中得相应的增广链 μ 在增广链 μ 上对 $f^{(k-1)}$ 进行调整，调整量为：

$$\theta=\min\left[\min_{\mu^-}(c_{ij}-f_{ij}^{k-1}),\min_{\mu}(f_{ij}^{k-1})\right]$$

$$\text{令 } f_{ij}^{(k)}\begin{cases} f^{(k-1)}+\theta & (v_i,v_j)\in\mu^+ \\ f^{(k-1)}-\theta & (v_i,v_j)\in\mu^- \\ f^{(k-1)} & (v_i,v_j)\notin\mu \end{cases}$$

得到新的可行流 $f^{(k)}$。

再对 $f^{(k)}$ 重复上述步骤。

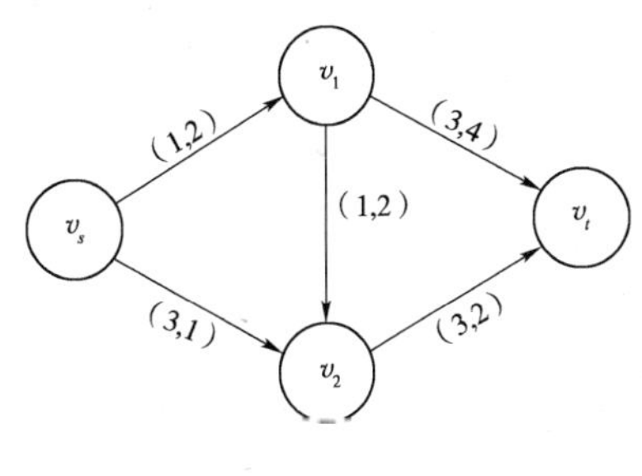

图 13-20

例 13-13 求图 13-20 所示网络流图的最小费用最大流，弧旁数字为 (b_{ij},c_{ij})。

解 （1）取 $f^{(0)}=0$ 为初始最小费用可行流。如图 13-21a）。

（2）找 $f^{(0)}$ 的最小费用增广链。

构造赋权有向图 $w(f^{(0)})$ 如图 13-21b）。因为 $f_{ij}=0<c_{ij}$，所以在 $w(f^{(0)})$ 中与原 D 同向的弧 $w_{ij}=b_{ij}$，反向的弧 $w_{ij}=+\infty$ 故省去。

求得 $w(f^{(0)})$ 的最短路径 $\mu=\{v_s,v_1,v_t\}$，它正是图 13-21a) 的增广链，$\theta=\min\{2-0,4-0\}=2$，在 μ_1 上调整流量，得到新的流 $f^{(1)}$，总流量 $v(f^{(1)})=2$，如图 13-21c) 所示。

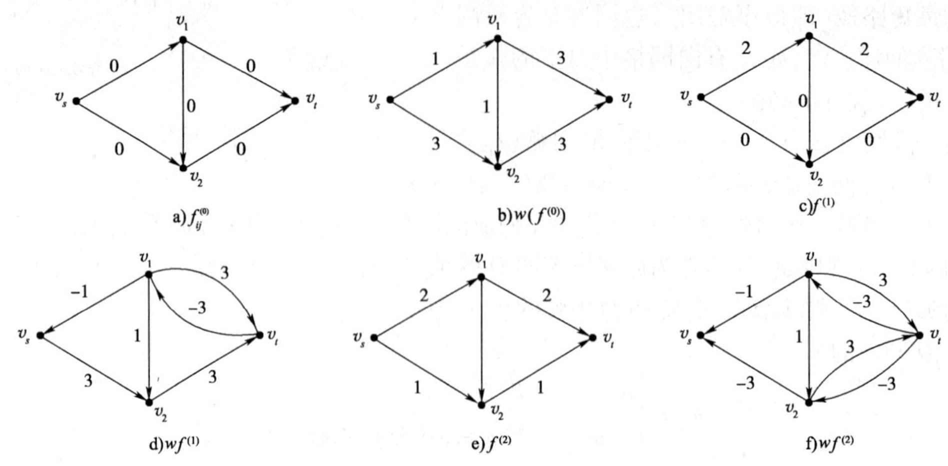

图 13-21

(3) 对新流 $f^{(1)}$，找最小费用增广链。

构造赋权有向图 $w(f^{1})$，如图 13-21d)，因为 $f_{s1}=2=c_{s1}>0$ 所以 $w_{1s}=-b_{1s}$　$w_{s1}=+\infty$ 省去；$f_{1t}=2<c_{1t}$，$w_{1t}=b_{1t}$　$w_{t1}=-b_{1t}$。其余的弧与 $w(f^{(0)})$ 相同。

对于 13-21d) 图，求费用 b_{ij} 最小的从 v_s 到 v_t 的最短路径为 $\mu_2=\{v_s,v_2,v_t\}$，它也正是 13-21c) 图的增广链，调整最小费用增广链 μ_2 上的流量，调整量：

$$\theta=\min\{c_{s2}-f_{s2},c_{2t}-f_{2t}\}=\min\{1-0,2-0\}=1$$

故对 13-12c) 图沿增广链 μ_2 上增加流量 1，得图 13-21e) 的 $f^{(2)}$，总流量 $v(f^{(2)})=3$

(4) 对 $f^{(2)}$ 构造赋权有向图 $w(f^{(2)})$，如图 13-21f) 所示。因为 $f_{s1}=2=c_{s1}$，则 $w_{s1}=+\infty$ 省去，$w_{s1}=-1$；$f_{1t}=2<c_{1t}$，则 $w_{1t}=b_{1t}=3$，$w_{t1}=-b_{1t}=-3$；$f_{s2}=1=c_{s2}$；则 $w_{s2}=+\infty$ 省去，$w_{2s}=-b_{s2}=-3$；$f_{2t}=1<c_{2t}$ 则 $w_{2t}=b_{2t}=3$，$w_{t2}=-b_{2t}=-3$，$0=f_{12}<c_{12}$，则 $w_{12}=b_{12}=1$，$w_{21}=\infty$ 省去。

从图 13-21f) 上就可以看出从 v_s 到 v_t 没有路，故流 $f^{(2)}$ 是最小费用最大流。

小结

本章介绍了网络的概念及图的矩阵表示方法，介绍了最短路问题、最大流问题及最小费用最大流问题的求解方法和步骤。

通过本章的学习，要求掌握网络优化问题的求解方法，如求最短路问题、最大流和最小费用最大流问题等。

思考题

1. 图论中的图与一般的几何图有何根本的区别？
2. 什么样的图是可以一笔画出的？
3. 试述树、部分树、最小部分树的概念，并举例说明它们在生产、生活中的应用。
4. 什么是边矩阵、关联矩阵，应如何建立这些矩阵？
5. 试述狄克斯特拉算法的基本思想和基本步骤，为何用这种方法能找出任意两点间的最短路？

6. 求最短路时，若存在权小于零，则用什么方法？试述该方法的基本思想和基本步骤，以及为何用这种方法能解决权数小于零的问题？

7. 试述最大流、增广链的概念，可行流 f^* 是最大流的充要条件是什么，并说出理由。

8. 什么是最小费用最大流？试述求最小费用最大流的基本思想和基本步骤。

习 题 五

1. 画出一个具有 5 个顶点的无向图，顶点的阶数分别为 2,3,4,5,6。

2. 用破圈法和避圈法找出题图 13-1 中一棵部分树。

3. 题图 13-2 中 A、B、C、D、E、F 分别代表岛和陆地，它们之间有桥相连。问一个人能否经过图中每座桥恰好一次既无重复也无遗漏？

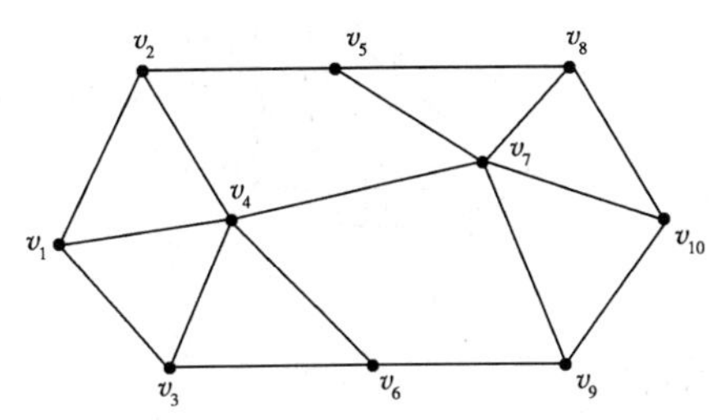

题图 13-1

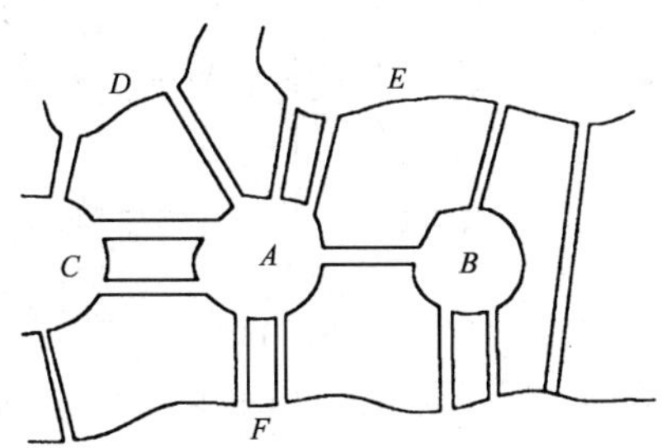

题图 13-2

4. 某城市有如题图 13-3 所示的主干道路，一邮递员从 v_0 点出发，要走遍所有主干道路，并返回 v_0 点，试为邮递员设计一条最佳的投递路线（图中数字为主干道的长度）。

5. 已知八口海上油井相互间距离如题表 13-1 所示，其网络图如题图 13-4 所示。已知一号油井离海岸最近，为 2.5km。问从海岸经 1 号井铺设油管将各油井连接起来，应如何铺设使输油管长度为最短（为便于计量和检修，油管只准在各井位处分叉）。

题表 13-1

到 / 从	2	3	4	5	6	7	8	到 / 从	2	3	4	5	6	7	8
1	1.3	2.1	0.9	0.7	1.8	2.0	1.5	5					0.9	1.1	0.8
2		0.9	1.8	1.2	2.6	2.3	1.1	6						0.6	1.0
3			2.6	1.7	2.5	1.9	1.0	7							0.5
4				0.7	1.6	1.5	0.9								

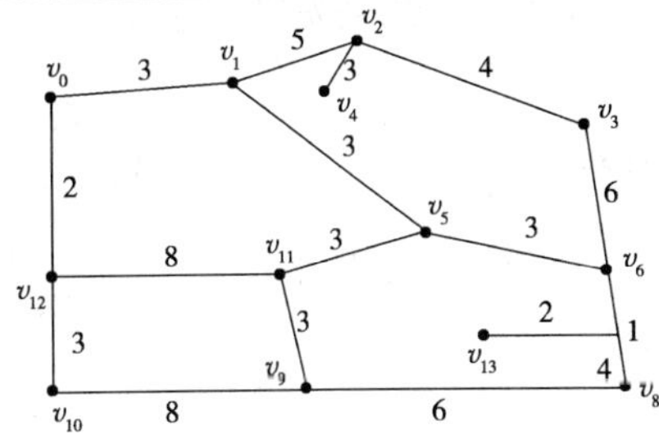

题图 13-3

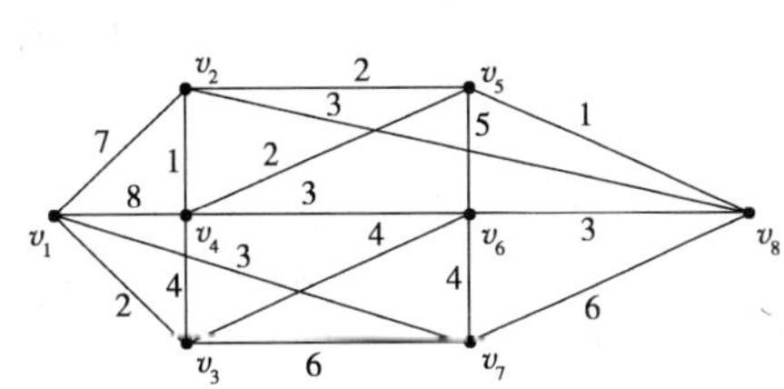

题图 13-4

6. 求题图 13-5 和题图 13-6 中的最小部分树。

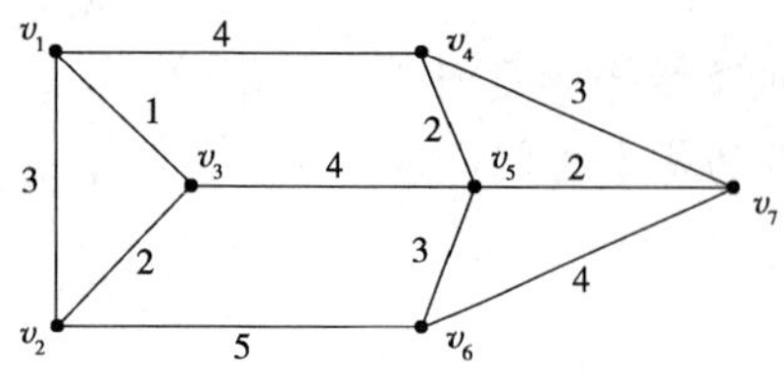

题图 13-5

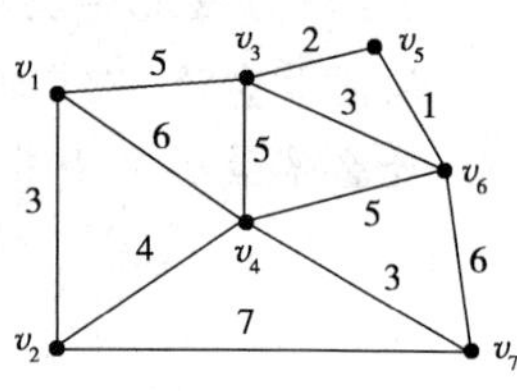

题图 13-6

7. 求题图 13-7 和题图 13-8 从 v_1 到各点的最短路权。

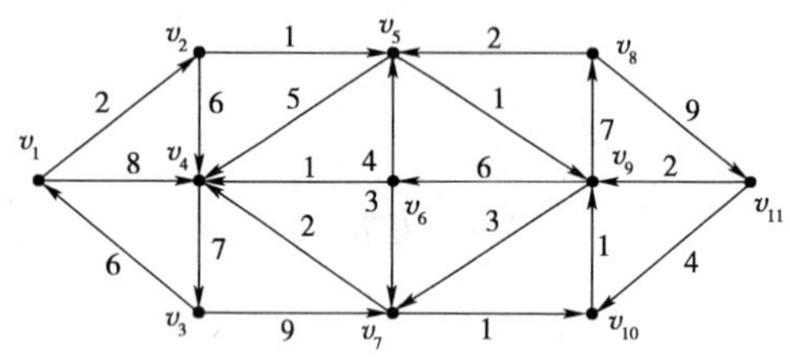

题图 13-7

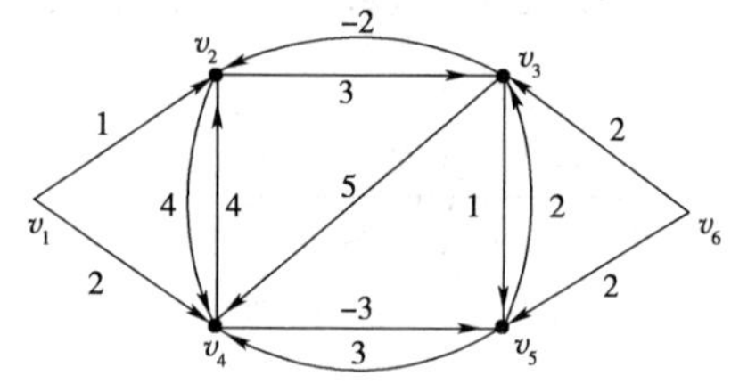

题图 13-8

8. 已知一网络流图(题图 13-9),弧上数字为该弧的容量,求:

(1)该网络的最大流。

(2)若要使该网络的最大流的流量增加 2 个单位,则应改善哪些弧的容量。

9. 两个工厂 x_1 和 x_2 生产同一种产品,产品通过题图 13-10 所示的网络送到市场 y_1、y_2、y_3。利用标号法确定从工厂到市场所能运送的最大总量。

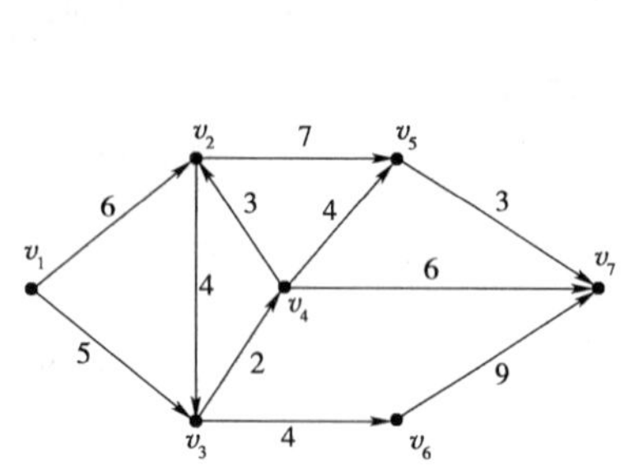

题图 13-9

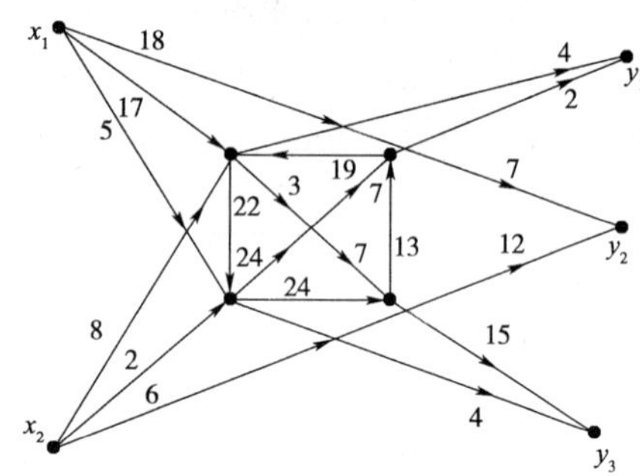

题图 13-10

10. 求下列网络流图的最小费用最大流(题图 13-11),图中弧旁数字为(b_{ij},c_{ij})。

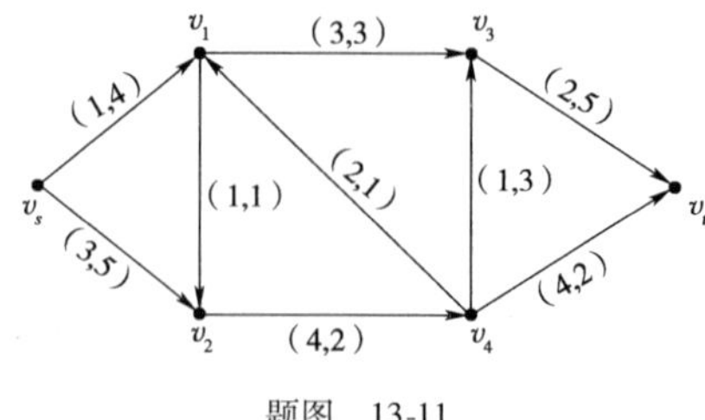

题图 13-11

第六部分　排　队　论

排队论是研究服务过程中拥挤现象(排队、等待)的数学理论。现实世界中排队现象比比皆是,如顾客到商店购买物品,乘客排队等候上车,汽车到加油站加油等。

不同的领域排队的形式有所不同:有的是有形的排队现象,即看得见的拥挤排队现象,如乘客排队等待上车,病人排队挂号、取药等;有些是无形的排队现象,如电话用户等候接通电话;有些是人排队,有些是物排队。

虽然排队内容有所不同,但排队过程都有共同的特征:

(1)有请求服务的人或物,我们统称它们为“顾客”。

(2)有为顾客服务的人或物,我们叫它们为“服务员”或“服务台”。服务系统是由顾客和服务员组成的。

(3)顾客在随机的时刻,一个(批)一个(批)地来到服务系统。每位顾客需要的服务时间不一定是确定的。服务过程的随机性造成某个阶段顾客排队长,而某些时候服务员又闲聊无事。

服务系统的服务能力取决于服务员的数目、能力,也取决于顾客流的性质。所以排队论的基本任务是建立顾客流、服务员能力、服务系统效益之间的合理关系。它研究的内容有 3 部分:

(1)性态问题:研究各种排队系统的概率规律性,主要是研究队长分布、等待时间分布和忙期分布等,包括瞬态和稳态两种情形。

(2)最优化问题:最优化又分静态最优和动态最优,前者指最优设计;后者指现有排队系统的最优运营。

(3)排队系统的统计推断:判断一个给定的排队系统符合于哪种模型,以便根据排队理论进行分析研究。

第十四章　排队论的基本知识

第一节　排队系统的组成

一般的排队系统有 3 个基本组成部分:输入过程、排队规则、服务机构。图 14-1 为排队过程的一般模型。下面分别说明各部分的特征:

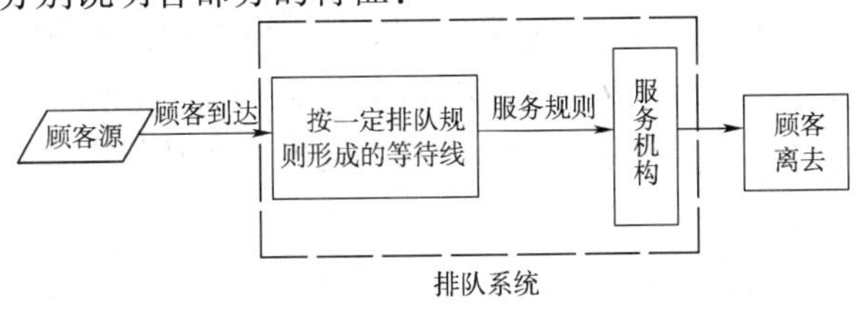

图 14-1　排队系统

一、输入过程

输入指各种类型的顾客按怎样的规律"来到"服务系统请求服务,输入过程包括5个方面的内容:

(1)顾客源的组成,可能是有限的,如工厂待修理的机器;可能是无限的,如某一商店的顾客源可以看成是无限的。

(2)顾客到达的方式,可能是单个到达,也可能是成批到达。例如,到餐厅就餐就有单个到达的顾客和受邀请来参加宴会的成批顾客。

(3)顾客相继到达的间隔时间 T 可以是确定的,即定长输入,每隔一段固定时间到达一个顾客,如商店自动包装机,每分钟包装一袋,定期运行的班车等,T 也可以是随机的,如一般到商店购物的顾客,到医院诊病的病人,通过路口的车辆等。在排队论中主要讨论的输入过程是随机型的。

(4)顾客到达可以是相互独立的,即在某一时刻以前顾客的到达情况不影响该时刻后顾客的到达,否则就是有关联的。

(5)输入过程可以是平稳的,或称对时间齐次的,它是指描述相继到达的间隔时间分布和所含参数(如期望值、方差等)都是与时间无关的,否则称为非平稳。对非平稳的过程数学处理很复杂。

二、排队规则

1. 服务系统的分类

服务系统一般分为损失制、等待制和混合制。

(1)损失制:顾客到达此服务系统时,若服务员都不空闲,则顾客离去,另求服务。例如,旅客到某旅馆住宿(旅客为顾客,旅馆的房间为服务台),若旅馆已客满即房间不空,旅客立即离去,另求服务,这时对服务机构来说是一个损失,故称损失制系统。

(2)等待制:顾客到达本系统时,服务员都在为先到的顾客服务(即不空),则顾客排队等待服务,一直等到有空的服务员为他服务为止。

(3)混合制:在现实生活中,很多服务系统介于损失制和等待制之间,称为混合制系统。即当顾客到达时,服务员不空,且排队位置满座,顾客离去,这是排队长度有限的服务系统;混合制的另一种情形,是顾客到达时,服务员不空,就排队等待服务,当顾客等了一段时间后,仍轮不到为他服务,就离开排队队列,另求服务,这叫排队时间有限的服务系统。

2. 服务规则

在等待制和混合制系统中,有服务规则问题,即为顾客进行服务的次序可以采用以下各种规则:

(1)先到先服务:按顾客到达先后给予服务,这是最普通的情况。

(2)后到先服务:如堆积的钢板,需使用时,先取上面的使用;在情报系统中,最后到达的信息往往是最有价值的,因而常采用后到先服务(指被采用)的规则。

(3)随机服务:当一个顾客接受服务完了以后,服务员就从排队的顾客中任取一个,给予服务。如电话交换台接通呼换的电话就是如此。

(4)有优先权的服务:给排队系统中的顾客以不同的优先权,具有较高优先权的顾客将先于具有较低优先权的顾客接受服务。如急症病人优先看病;加急电报优先于普通电报发送;载有重要物资的船只优先装卸等。

3. 队列的数目

队列数目可以是单队列,也可以是多队列。

三、服务机构

服务机构包含以下内容:

(1)服务员的个数及结构:服务机构可以没有服务员,也可以有一个或多个服务员(服务台、通道、窗口等)。例如,在敞架售书的书店,顾客选书时就没有服务员,但交款时可能有多个服务员,所以服务机构的结构大体可分为:

①单个服务台、单队列

这种模式如图 14-2 所示。

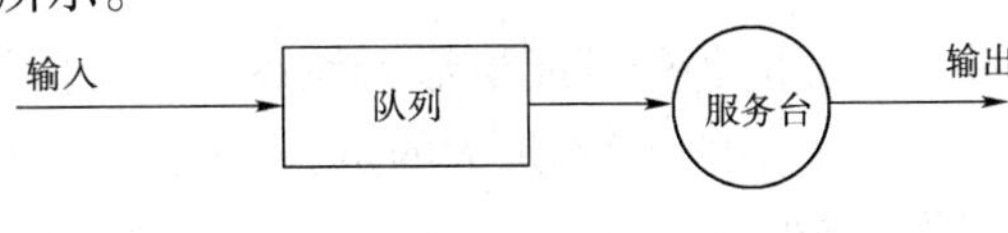

图 14-2

②多个服务台并列、单队列(多队列)

这种模式如图 14-3、图 14-4 所示。

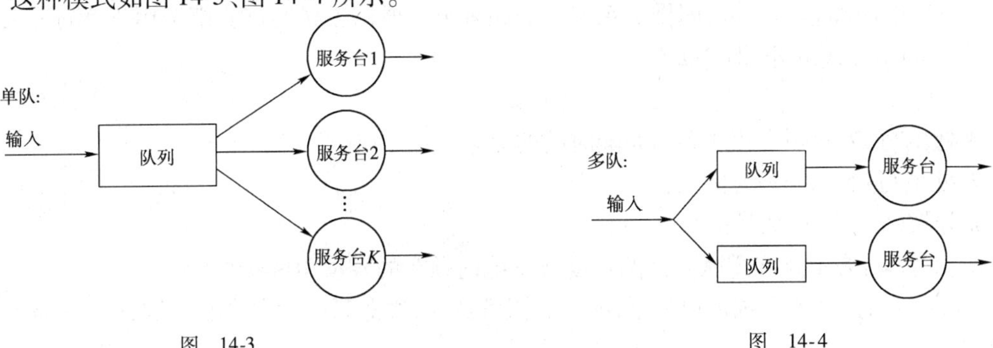

图 14-3　　图 14-4

③多服务台串列

这种模式如图 14-5 所示。

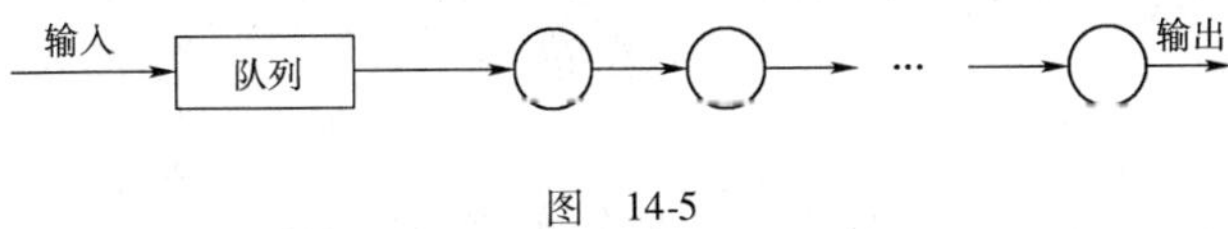

图 14-5

④多服务台混合

这种模式如图 14-6 所示。

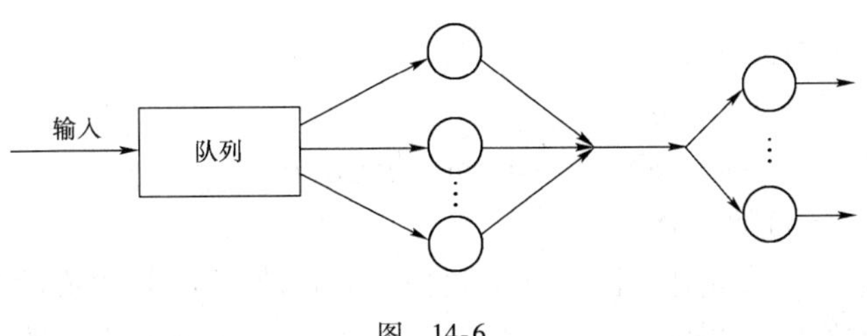

图 14-6

洗衣店先洗涤再烘干服务就是③或④模式的例子。

(2)服务方式:服务方式可以对单个顾客进行,也可以对成批顾客进行。公共汽车对在站台等候的顾客就成批进行服务。

(3)对顾客的服务时间:和输入过程一样,服务时间也分确定型的和随机型的。自动冲洗汽车的装置对每辆汽车冲洗(服务)的时间就是确定型的。但大多数情形的服务时间是随机型的。对于随机型服务时间,我们要知道它的经验分布或理论分布。

如果输入过程即相继到达的间隔时间,和服务时间二者都是确定型的,那么问题就很简单了,因此,在排队论中所讨论的是二者中至少有一个是随机型的情形。

注意这里我们总是假定:输入过程及服务时间的分布都是平稳的,即分布的期望值、方差等参数都不受时间的影响。

第二节 排队模型的符号表示

如果按照上述3个部分的特征的各种可能情形来描述一个排队模型的话,就显得太复杂了。上述各部分的各种特征中最主要的、影响最大的是:

(1)顾客相继到达的间隔时间的分布。

(2)服务时间的概率分布。

(3)服务台的个数。

(4)系统内顾客的容量,即排队系统内的顾客数。所以古典的排队模型用4个符号表示,在符号之间用竖线隔开,即 $A/B/n/m$。

其中,

A 处填写:表示顾客相继到达间隔时间的分布。

B 处填写:表示服务时间的概率分布。

n 处填写:表示服务员的数目。

m 处填写:表示顾客排队允许的长度或系统内顾客的容量,$0 \leqslant m \leqslant +\infty$。

当 $m=0$ 时,服务系统为损失制;m 为有限整数时,服务系统为混合制系数;$m=+\infty$ 时,服务系统为等待制系统。

D. G. Kendall 提出一个分类(即符号表示)方法,现在已比较广泛地被采用。这是只对并列的服务台(如果服务台是多于一个的话)的情形,其符号是:

$$A/B/n$$

即省了 m。

表示相继到达间隔时间和服务时间的各种分布的符号是:

M——负指数分布(M 是 Markov 的字头,因为负指数分布具有无记忆性,即 Markov 性)。

D——确定型(Deterministic)。

E_k——k 阶爱尔朗(Erlang)分布。

GI——一般相互独立(General Independent)的随机分布。

G——一般(General)随机分布。

例如,$M/M/1$ 表示顾客到达间隔时间为负指数分布,服务时间为负指数分布、单服务台模型。$E_k/G/C$ 表示顾客到达间隔时间为 k 阶爱尔朗分布,服务时间为一般随机分布,C 个服务台。至于这些符号所没有表示的特征如队长等,将在讨论各问题时具体提出。一般如没有特别说明,则顾客的总体数为无限的且 $m=+\infty$ 即等待制系统。

第三节　排队系统的运行指标

为了估计服务系统的服务质量，确定服务系统的最优参数，判断服务系统的结构是否合理，是否需要采取改进措施，需要提出服务系统的运行指标。

(1)单位时间内到达的顾客数的期望值，记作 λ，即为单位时间内的平均到达率。

(2)单位时间内服务的顾客数的期望值，记作 μ，即为单位时间内的平均服务率。

(3)系统内的顾客数叫队长，其期望值记作 L_s(Length System)，或叫平均队长。

(4)系统内排队等待的顾客数，叫队列长，它的期望值记作 L_q(Length Queue)或叫平均队列长。

(5)顾客在系统内逗留时间的期望值，记作 W_s，或称平均逗留时间。

(6)顾客在系统中排队等待时间的期望值，记作 W_q，或平均等待时间。

由此看到顾客的平均逗留时间等于平均等待时间加上平均服务时间，即

$$W_s = W_q + \text{平均服务时间}$$

L_s、L_q、W_s、W_q 是顾客所关心的数量指标，而最关心的是等待时间 W_q，希望不太长。

L_s、L_q 同时也为系统的设计者设计排队场地提供依据。

(7)忙期(Busy Period)：服务员在二次空闲之间连续工作的时间长度，它的期望值记作 $\overline{B}$(忙期的平均长度)。

(8)闲期(Idle Period)：服务员在二次工作之间连续空闲的时间长度，它的期望值记作 $\overline{I}$(闲期的平均长度)。

$\overline{B}$、$\overline{I}$ 是服务员关心的指标，它关系到服务员的工作强度，同时忙期及一个忙期中平均完成服务顾客数都是衡量服务机构效率的指标。

第四节　排队系统的常见分布

解决排队问题时，首先要研究它属于哪个模型，即要分析顾客到达间隔和服务时间的分布。我们可以根据原始资料作出顾客到达间隔和服务时间的经验分布，然后按照统计学的方法(例如，χ^2 检验法)以确定适合于哪种理论分布，并估计它的参数值。

一、泊松(Poisson)分布

在排队论中，研究较多，且能得到较好结果的排队系统，其顾客到达流就是泊松流。

泊松流又叫简单流，它具有如下性质：

1. 平稳性

在时间轴 Ot 上，任意给定一个时间 $t>0$，在 $(t+\Delta t)$ 时间内，到达 k 个顾客的概率与起始时刻 t 无关，而只与 Δt 和 k 的大小有关。并记此概率为：

$$P_k(\Delta t)$$

2. 无后效性

在时间轴 Ot 上，互不相交的时间区段 Δt_1，Δt_2 内，到达的顾客数是相互独立的。换句话说，每个顾客来到系统的时刻互不相关。例如，顾客到商店购买商品认为具有无后效性。因为顾客一般不会事先约好在某一时刻一起到商店去，而是各自独立去的。又如某台设备在上午

10 时发生故障与另一台设备是否在上午发生故障无关。

3. 普通性

即在充分小的间隔时间 Δt 内，有两个或两个以上顾客来到系统的概率 $\psi(\Delta t)$ 极小，以致可以忽略不计。即：

$$\lim_{\Delta t \to 0} \frac{\psi(\Delta t)}{\Delta t} = 0$$

普通性表示在单位时间内顾客是一个一个地到达，而不是成批到达。

$$P_1(\Delta t) = \lambda \Delta t + o(\Delta t)$$

$$P_0(\Delta t) = 1 - \lambda \Delta t + o(\Delta t)$$

4. 有限性

即在任意有限的时间区间内，到达有限个顾客的概率为 1。即：

$$\sum_{k=0}^{\infty} P_k(t) = 1$$

同时具有平稳性、无后效性、普通性和有限性的流，称做最简单流。

知道了泊松流（最简单流）的性质以后，就可以来讨论它的概率分布。最简单流的一维概率分布，是指可在时间长度 τ 内有 n 个顾客来到系统的概率 $P_n(\tau)$。

定理 若顾客达到形成参数为 λ 的泊松流，则：

$$P_n(\tau) = \frac{(\lambda \tau)^n}{n!} \cdot e^{-\lambda \tau}$$

证明 将长为 τ 的时间区间分成 m 等分，每分长度为 $\Delta t = \tau / m$，m 充分大，使得 Δt 充分小，以至在时间 Δt 内最多只有一个顾客到达发生（普通性）。在时间 Δt 内平均到达顾客的个数为 $\lambda \cdot \Delta t$，λ 为常数（平稳性）。由于间隔时间 Δt 内只有到达一个和没有顾客到达这两种可能事件发生，因而平均到达个数 $\lambda \cdot \Delta t$ 可以作为间隔 Δt 发生一个到达的概率。现在把到达过程假想成在做 m 次独立的试验，若在 Δt 内有一个到达发生，则试验成功；若无到达，则试验失败。那么每次试验成功的概率都是 $\lambda \cdot \Delta t$（无后效性）。于是在时间 τ 内，成功 $n(n < m)$ 的概率（即在 τ 时间内有 n 个顾客到达或经过时间 τ 系统有 n 个顾客的概率）为一二项公布

$$\begin{aligned}
P_n(\tau) &= \lim_{m \to \infty} \frac{m!}{n!\ (m-n)!} \times \left(\frac{\lambda \tau}{m}\right)^n \times \left(1 - \frac{\lambda \tau}{m}\right)^{m-n} \\
&= \lim_{m \to \infty} \frac{m(m-1)(m-2)\cdots(m-n+1)(m-n)(m-n-1)\cdots 1}{n!\ (m-n)(m-n-1)\cdots 1} \times \left(\frac{\lambda \tau}{m}\right)^n \times \left(1 - \frac{\lambda \tau}{m}\right)^{m-n} \\
&= \lim_{m \to \infty} \frac{m(m-1)(m-2)\cdots(m-n+1)}{n!\ m^n} \times (\lambda \tau)^n \times \left(1 - \frac{\lambda \tau}{m}\right)^{m-n} \\
&= \lim_{m \to \infty} \frac{(\lambda \tau)^n}{n!} \left(1 - \frac{\lambda \tau}{m}\right)^m \times \left(1 - \frac{\lambda \tau}{m}\right)^{-n} \\
&= \lim_{m \to \infty} \frac{(\lambda \tau)^n}{n!} \times \left(1 - \frac{\lambda \tau}{m}\right)^m = \frac{(\lambda \tau)^n}{n!} \lim_{m \to \infty} \left(1 - \frac{\lambda \tau}{m}\right)^m = \frac{(\lambda \tau)^n}{n!} \times e^{-\lambda \tau}
\end{aligned} \tag{14-1}$$

式（14-1）即为在长度为 τ 的时间内，有 n 个顾客来到系统的概率，或称作参数为 λ 的泊松公布。

当 $\tau = 1$ 时 $$P_n(1) = \frac{\lambda^n}{n!} \times e^{-\lambda}$$

参数 λ 的实际意义

在时间 τ 内到达

$$\text{顾客的平均数} = \sum_{n=0}^{\infty} n \cdot P_n(\tau) = \sum_{n=1}^{\infty} n \cdot \frac{(\lambda\tau)^n}{n!} \cdot e^{-\lambda\tau}$$

$$= \lambda\tau \cdot e^{-\lambda\tau} \cdot \sum_{n=1}^{\infty} \frac{(\lambda\tau)^{n-1}}{(n-1)!} = \lambda\tau \cdot e^{-\lambda\tau} \cdot e^{\lambda\tau} = \lambda\tau$$

所以,λ 为单位时间内到达顾客的平均数,又称平均到达率,$1/\lambda$ 为顾客相继到达的平均间隔时间。

显然,由概率的性质有

$$\sum_{n=0}^{\infty} P_n(\tau) = 1$$

例 14-1 某公共汽车站,统计来站的乘客流。规定每隔 20s 统计一次乘客来到情况,共统计 230 次,其结果如表 14-1 所示。问乘客流是否服从泊松流。

230 次统计数字表 表 14-1

来站乘客数(k)	0	1	2	3	≥4
次数 n_k	100	81	34	9	6

解 先计算统计概率,即计算间隔时间内(20s 内)平均来到的乘客数

$$\lambda = \frac{1}{230}(0 \times 100 + 1 \times 81 + 2 \times 34 + 3 \times 9 + 4 \times 6) = 0.8695$$

查泊松流表,当 $\lambda = 0.87$ 时,可得泊松流的理论概率如表 14-2 所示。

统计概率和理论概率表 表 14-2

来站乘客数(k)	0	1	2	3	≥4
次数 n_k	100	81	34	9	6
统计概率 $f_k = \frac{n_k}{n}$	0.43	0.35	0.15	0.04	0.03
统计概率 $P_k = \frac{\lambda^k}{k!}e^{-\lambda}$	0.42	0.36	0.16	0.05	0.01

由上表可知,统计概率与理论概率非常接近,所以说,乘客流是符合泊松流的。

例 14-2 设某种设备,故障的出现形成泊松流,平均每 1000h 出一次故障,求 500h 不出故障的概率及 500h 出一次故障的概率。

解 因为平均每 1000h 出一次故障,所以平均故障率 $\lambda = 1/1000 = 0.001$ 次/h。故

(1)500h 不出故障的概率

$$P_0(500) = \frac{(\lambda \times 500)^0}{0!} \cdot e^{-\lambda \times 500} = e^{-0.001 \times 500} = e^{-0.001 \times 500} = e^{-0.5} \approx 0.6065$$

(2)500h 出一次故障的概率

$$P_1(500) = \frac{(\lambda \times 500)^1}{1!} \cdot e^{-\lambda \times 500} = 0.5 \cdot e^{-0.5} \approx 0.3033$$

例 14-3 有易碎物品 500 件,由甲地运往乙地,根据以往统计资料,在运输过程中易碎物品按泊松流发生破碎,其概率为 0.002,求

(1)破碎物品少于 3 件和多于 3 件的概率;

(2)至少有一件破碎的概率。

解 由题意知,$\lambda = 500 \times 0.002 = 1$,所以

(1)破碎物品少于3件的概率为：

$$P(k \leqslant 2) = \sum_{k=0}^{2} \frac{\lambda^k}{k!} e^{-\lambda} = e^{-1}\left(1 + 1 + \frac{1}{2}\right) = 0.9197$$

即破碎物品少于3件的概率为91.97%。

破碎物品多于3件的概率为：

$$P(k > 3) = 1 - \sum_{k=0}^{3} \frac{\lambda^k}{k!} \cdot e^{-\lambda} = 1 - 0.98 = 0.02$$

即破碎物品多于3件的概率为2%。

(2)至少有一件破碎的概率为：

$$P(k \geqslant 1) = 1 - \sum_{k=0}^{0} \frac{1^k}{k!} \cdot e^{-\lambda} = 1 - P(k=0)$$

$$= 1 - \frac{1^0}{0!} e^{-\lambda} = 1 - \frac{1^0}{0!} e^{-1} = 0.632$$

即物品至少破碎一件的概率为63.2%。

二、负指数分布

1. 间隔时间的分布

当输入过程是泊松流时，我们先研究两顾客相继到达的间隔时间 T(也是随机变量)的概率分布。

定理 若顾客到达形成参数为 λ 的泊松流，则两顾客相继到达的间隔时间 T 服从参数为 λ 的负指数公布，即 T 的分布函数：

$$F_T(t) = 1 - e^{-\lambda t} \quad (t \geqslant 0)$$

分布密度

$$f_T(t) = \lambda e^{-\lambda t} \quad (t \geqslant 0)$$

证明 T 的分布函数为 $F_T(t)$，而

$$F_T(t) = P(T \leqslant t)$$

这个概率也是在$(0,t)$区间内至少有一个顾客到达的概率。所以：

$$F_T(t) = 1 - P_0(t)$$

由泊松流的概率分布知

$$P_0(t) = e^{-\lambda t}$$

所以

$$F_T(t) = 1 - e^{-\lambda t}$$

而对 $F_T(t)$ 微分即得概率密度(间隔 T 的分布密度)

$$f_T(t) = F'_T(t) = \lambda e^{-\lambda t}$$

由上面的证明过程看出，到达间隔时间 T 服从负指数分布是顾客到达是泊松流的必然结果。

T 的数学期望

$$E[T] = \int_0^{+\infty} t \cdot f(t)\,\mathrm{d}t = \lambda \int_0^{+\infty} t \cdot e^{-\lambda t}\,\mathrm{d}t = \frac{1}{\lambda}$$

T 的方差

$$D(T) = \int_0^{+\infty} t^2 f(t)\,\mathrm{d}t - [E(T)]^2$$

$$= \int_0^{+\infty} t^2 e^{-\lambda t} \mathrm{d}t - \frac{1}{\lambda^2} = \frac{1}{\lambda^2}$$

T 的均方差为

$$\sigma(T) = \sqrt{D(T)} = \frac{1}{\lambda}$$

所以负指数分布的数学期望等于均方差,它们都等于其参数 λ 的倒数即 $1/\lambda$。由于 λ 表示单位时间内平均到达的顾客数,故 $1/\lambda$ 就表示相继顾客到达的平均间隔时间,而这正与 $E[T]$ 的意义相吻合。

可以证明,相继到达间隔时间是独立的且为同负指数分布(密度函数为 $\lambda e^{-\lambda t}, t \geqslant 0$)与输入过程为泊松流(参数为 λ)是等价的。

2. 服务时间 v 的分布

对一个顾客的服务时间也就是在忙期中相继离开系统的两顾客的间隔时间。一般地,在观察系统的输出时,可以将输出看作输入(到达),若满足泊松流的 3 个条件,则输出形成参数为 μ 的负指数分布。所以 v 的分布函数为:

$$F_v(t) = 1 - e^{-\mu t}$$

概率密度为:

$$f_v(t) = \mu e^{-\mu t} \quad (t \geqslant 0)$$

其中,μ 表示单位时间能被服务完的顾客数(期望值),称为平均服务率。

$$E(v) = \int_0^{+\infty} t f_v(t) \mathrm{d}t = \int_0^{+\infty} t \mu e^{-\mu t} \mathrm{d}t = \frac{1}{\mu}$$

表示一个顾客的平均服务时间。

在排队论中,“平均”就指概率论中的期望值,这是一种习惯用法。

3. 服务强度 ρ

我们知道,λ 为平均到达率;μ 为平均服务率。

$\dfrac{\lambda}{\mu} = \rho$ 有着重要的意义:

ρ 是相同时间区间内顾客到达的平均数与能被服务的平均数之比;或表示相同顾客数服务时间之和的期望值与到达间隔时间之和的期望值之比。这个比值是刻划服务效率和服务机构利用程度的重要标志,所以称 ρ 为服务强度。

如果 $\rho > 1$,说明单位时间内顾客来到系统的平均数 λ,大于单位时间内顾客平均服务数 μ。这样,对等待制系统而言,排队等待服务的顾客数将随着时间延续而愈来愈多,所以,$\rho > 1$ 的等待制系统一般不属于讨论之列。如果 $\rho = 1$,即 $\lambda = \mu$,这时系统服务率为 100%;或者说,当一个顾客正在接受服务的时候,平均也只有一个顾客来到系统。这看起来似乎很理想,来一个顾客服务一个顾客;或者说一个顾客服务完毕离去,马上就来一个顾客接上。但事实上并非如此。因为只有当所有顾客都均衡来到,且为所有顾客服务时间都相等时,才会出现这样理想的现象。若输入输出稍有不均衡,即会导致系统出现空闲现象,从而失去了可用的服务时间。所以说,在顾客来到时间和为顾客服务时间均是随机的情况下,要使系统负荷率达到 100% 是不可能的。所以在等待制系统中我们讨论的有关运行指标主要是在 $\rho < 1$ 的情况。

三、爱尔朗分布

由于讨论什么情况下服务时间服从爱尔朗分布比讨论什么情况下顾客到达间隔时间服从

爱尔朗分布更易于理解，故我们先讨论什么情况下服务时间服从爱尔朗分布。

如果服务工作是由 k 个子工作所组成，而每个子工作花费的时间服从参数相同的指数分布，则服务时间服从 k 阶爱汞朗分布($k=1,2,3\cdots$)。如果每项工作平均完成时间是 $1/(k\mu)$，则 k 项子工作期望完成时间是 $k/(k\mu)=1/\mu$，这就是整个服务工作的期望完成时间。服从 k 阶爱尔朗分布的服务时间 v，其密度函数为：

$$f_v(t)=\frac{t^{k-1}e^{-k\mu t}}{(k-1)!}\quad(t>0)$$

均值

$$E(v)=k\cdot\frac{1}{k\mu}=\frac{1}{\mu}$$

方差

$$D(v)=k\cdot\frac{1}{(k\mu)^2}=\frac{1}{k\mu^2}$$

需要指出，当我们服务时间服从 k 阶爱尔朗分布时，并非实际服务工作一定可以分为 k 个子工作，只不过它的完成时间的概率分布与 k 个相同指数分布的子工作(如果服务时间为 $1/\mu$，则每个子工作的完成时间为 $1/(k\mu)$完成时间的概率分布相当而已。

例 14-4 如图 14-7 所示，某串列的 k 个服务台，每台服务时间 $v_i(i=1,2,\cdots k)$相互独立，服从相同的负指数分布 $M(k\mu)$，顾客在服务机构的服务时间为：

$$v=v_1+v_2+\cdots+v_k$$

则可证明一顾客走完这 k 个服务台总共需要服务时间服从上述的 k 阶爱尔朗分布，其分布密度为：

$$f_v(t)=\frac{t^{k-1}(k\mu)^k}{(k-1)!}e^{-k\mu t}\quad(t>0)$$

注意，μ 为整个服务机构的平均服务率，因为：

$$E(v)=\frac{1}{k\mu}$$

所以

$$E(v)=k\cdot\frac{1}{k\mu}=1/\mu$$

比如每个子服务台的平均服务率为 $k\mu=3$ 人/min，服务机构有 3 个服务台，如图 14-8 所示，则服务机构的平均服务率 $\mu=1$ 人/min。

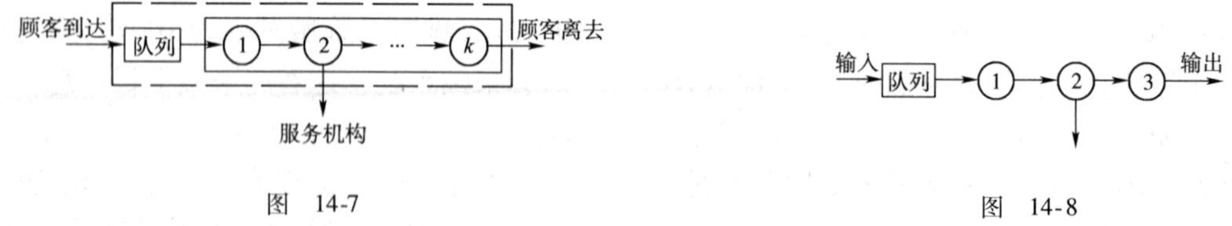

图 14-7　　　　图 14-8

下面给出爱尔朗分布的定义。

定义 设 $v_1,v_2\cdots,v_k$ 是 k 个相互独立的随机变量，服从相同参数 $k\mu$ 的负指分布，那么

$$T=v_1+v_2+\cdots+v_k$$

的概率密度是：

$$b_k(t)=\frac{\mu k(\mu kt)^{k-1}}{(k-1)!}e^{-\mu kt}(t>0)$$

爱尔朗分布有两个参数:k 和 μ。不同 k 和 μ 的组合,表示不同的分布(图 14-9)。这个分布族对于实际问题,具有比指数分布广泛得多的适应性。也就是说,许多实际的分布无论是服务时间分布或是到达间隔时间分布,都可以用某个爱尔朗分布表示。当 $k=1$ 时,即为负指数分布,方差为 $1/\mu^2$;当 k 增大时,其密度函数图形逐渐变为对称的;当 $k \geqslant 30$ 时爱尔朗分布近似于正态分布;当 $k \to +\infty$ 时,即为定长分布,方差为零。所以一般 k 阶爱尔朗分布可看成完全随机与完全确定的中间型。

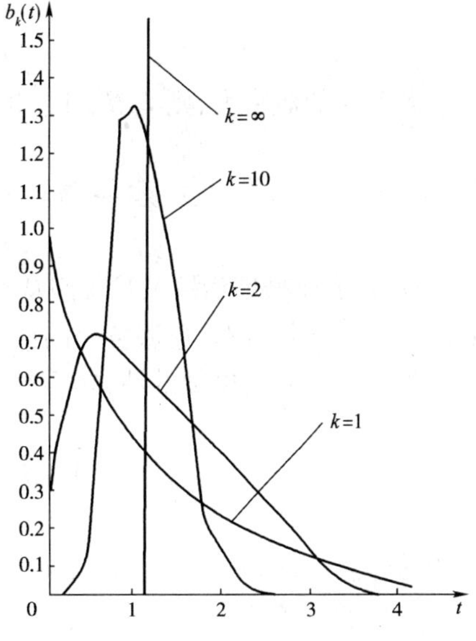

图 14-9 爱尔朗分布的密度函数图

小结

本章介绍了排队论的基本知识,包括排队系统的组成,排队模型的符号表示,排队系统的运行指标,排队系统的几种常见分布。

通过本章的学习,要求掌握排队模型的分类及其表示方法,理解服务系统的主要运行指标的意义,掌握在排队系统中常见的几种分布及其应用。

思考题

1. 为顾客服务可以采用哪几种规则?试分别举二、三个现实生活中的例子。

2. 试述排队模型的种类及各部分的特征。当 $A/B/n/m$ 表示排队模型时,请说明各个字母代表什么?

3. 试述 L_s、L_q、W_s、W_q、n、$P_n(t)$、$P_n(n=0,\cdots,\infty)$、λ、μ 的概念。

4. 试述泊松分布、负指数分布、爱尔朗分布的概率密度分布及其性质。

5. 试述队长和排队长、等待时间和逗留时间、忙期和闲期等概念及它们之间的联系与区别。

第十五章 排队系统的分析

对于随机型排队系统,在给定的输入和服务条件下,我们要研究的系统运行指标是:

(1)系统中的顾客数(即队长)的期望值 L_s。

(2)在系统内排队等待的顾客数(即队列长)的期望值 L_q。

(3)顾客在系统内逗留时间的期望值 W_s。

(4)顾客在系统内排队等待时间的期望值 W_q。

而计算上述数量指标的基础是系统的状态概率 $P_n(t)$ 即:

$$P_n(t)=P\{\text{任一时该 } t\text{,系统的状态}=n\}$$

所谓系统的状态即为系统中的顾客数。

显然,在单服务台的情形下:

状态 $n \geqslant 1$,即为繁忙。

状态 $n=0$,即为空闲。

若繁忙的概率大,则 L_s、L_q、W_s、W_q 一般较大,反之则较小。

第一节　单服务台的 M/M/1 模型

$M/M/1$ 模型即指输入过程服从泊松流,即顾客相继到达间隔时间服从负指数分布、服务时间服从负指数分布、单服务台的情况。

如果我们分类更细的话,$M/M/1$ 模型又可分为三类:

$$M/M/1\begin{cases}顾客源无限\begin{cases}队长无限\\队长有限\end{cases}\\顾客源有限(队长有限)\end{cases}$$

若用符号表示,则为:

$$M/M/1/\infty/\infty$$

$$M/M/1/\infty/N$$

$$M/M/1/m/N \quad (m \geqslant N)$$

其符号含义为:

$$M/M/1/顾客源顾客总数/最大队长$$

一、M/M/1/∞/∞ 模型

$M/M/1/\infty/\infty$,又称为标准的 $M/M/1$ 模型。它是符合下列条件的排队系统:

(1)输入过程:顾客源是无限的,顾客单个到来,相互独立,顾客相继到达的间隔时间服从参数为 λ 的负指数分布。

(2)排队规则:单队,且队长没有限制,先到先服务。

(3)服务机构:单服务台,各顾客的服务时间是相互独立的,服从相同的负指数分布。

在分析标准的 $M/M/1$ 模型,即求出主要运行指标时,首先要求出系统在任一时刻 t 的状态为 n(即系统中有 n 个顾客)的概率 $P_n(t)$。我们仅讨论 $P_n(t)$ 的稳态解(瞬态解不考虑)。

所谓稳态解,是指系统运行时间 t 充分大时所得到的解,此时,系统状态的概率分布已不随时间而变化,达到(统计)平衡。也就是说,在运行充分长时间以后,在任一时刻系统处于状态 n 的概率为常数。虽然在理论上,系统要经过无限长的时间才会进入稳态。但实际上,一般总是很快就达到稳态,因而计算系统在稳态下的一些运行指标是能够反映系统的正常情况的。下面所给出的都为稳态解。

1. 系统的状态概率

由概率论的知识求得(推导从略):

$$P_n=\left(\frac{\lambda}{\mu}\right)^n \cdot P_0=(1-\rho)\rho^n \quad (n \geqslant 1) \tag{15-1}$$

$$P_0=1-\rho \quad (\rho<1)$$

这就是标准 $M/M/1$ 模型的系统状态为 n 的概率。P_0 是系统空闲的概率,故服务台忙期的概率 $P_忙$ 为:

$$P_忙=1-P_0=1-(1-\rho)=\rho \tag{15-2}$$

即系统忙期的概率 $P_忙$ 就是系统的负荷率(服务强度)ρ。

由概率论的性质知：

$$\sum_{n=0}^{\infty} P_n = 1$$

2. 系统的主要运行指标

(1)系统中的平均顾客数(队长期望值)：

$$L_s = \sum_{n=0}^{\infty} n \cdot P_n = \sum_{n=0}^{\infty} n \cdot \rho^n (1-\rho) = \sum_{n=1}^{\infty} (n \cdot \rho^n - n \cdot \rho^{n+1})$$
$$= (\rho + 2\rho^2 + 3\rho^3 + \cdots) - (\rho^2 + 2\rho^3 + 3\rho^4 + \cdots)$$
$$= \rho + \rho^2 + \rho^3 + \cdots = \rho(1 + \rho + \rho^2 + \cdots) = \frac{\rho}{1-\rho} = \frac{\lambda}{\mu - \lambda}$$

(2)在队列中等待的平均顾客数(队列长期望值)：

$$L_q = \sum_{n=1}^{\infty} (n-1) \cdot P_n = \sum_{n=1}^{\infty} nP_n - \sum_{n=1}^{\infty} P_n$$
$$= L_s - (-P_0 + P_0 + \sum_{n=1}^{\infty} P_n) = L_s - (-P_0 + 1)$$
$$= L_s - \rho = \frac{\lambda}{\mu - \lambda} - \frac{\lambda}{\mu} = \frac{\lambda^2}{\mu(\mu - \lambda)}$$

(3)在系统中顾客逗留时间的平均值(逗留时间的期望值)：

$$W_s = \frac{1}{\lambda} \cdot L_s = \frac{1}{\lambda} \frac{\lambda}{\mu - \lambda} = \frac{1}{\mu - \lambda}$$

即 W_s 为顾客到达间隔平均时间与顾客平均逗留数之积。

可以证明(证明从略)顾客在系统中逗留时间(随机变量)，在 $M/M/1$ 情形下服从参数为 $\mu - \lambda$ 的负指数分布，即：

分布函数

$$F(\omega) = 1 - e^{-(\mu - \lambda)\omega}$$

概率密度

$$f(\omega) = (\mu - \lambda) e^{-(\mu - \lambda)\omega} \quad (\omega \geqslant 0)$$

(4)在系统中顾客的平均等待时间(等待时间的期望值)：

$$W_q - \frac{1}{\lambda} L_q = \frac{1}{\lambda} \frac{\lambda^2}{\mu(\mu - \lambda)} = \frac{\lambda}{\mu(\mu - \lambda)}$$

现将以上各式归纳如下：

$$L_s = \frac{\lambda}{\mu - \lambda} \qquad L_q = \frac{\lambda^2}{\mu(\mu - \lambda)}$$
$$W_s = \frac{1}{\mu - \lambda} \qquad W_q = \frac{\lambda}{\mu(\mu - \lambda)} \tag{15-3}$$

它们之间的关系如下：

$$L_s = \lambda W_s \qquad L_q = \lambda W_q$$
$$W_s = W_q + \frac{1}{\mu} \qquad L_s = L_q + \frac{\lambda}{\mu} \tag{15-4}$$

下面举例说明 $M/M/1$ 系统的应用。

例 15-1 某市铁路车票预售所，设有一个售票窗口，在一天的服务时间内，平均每小时到达 15 人，服从泊松分布；一个顾客的平均售票时间为 3min，服从负指数分布。现在计算这个排队系统的有关运行指标。

解 显然这是一个标准 $M/M/1$ 系统。由题意知：

平均到达率

$$\lambda=15(\text{人/h})$$

平均服务率

$$\mu=20(\text{人/h})$$

服务强度

$$\rho=\frac{\lambda}{\mu}=0.75$$

(1)平均队长：

$$L_s=\frac{\lambda}{\mu-\lambda}=\frac{15}{20-15}=\frac{15}{5}=3$$

(2)平均队列长：

$$L_q=\frac{\lambda^2}{\mu(\mu-\lambda)}=\frac{15^2}{20\times 5}=2.25$$

(3)顾客平均逗留时间：

$$W_s=\frac{L_s}{\lambda}=\frac{3}{15}=0.2(\text{h})$$

(4)顾客平均等待时间：

$$W_q=\frac{L_q}{\lambda}=\frac{2.25}{15}=0.15(\text{h})$$

(5)顾客不排队的概率：

$$P_0=1-\rho=1-0.75=0.25$$

(6)顾客不得不排队的概率：

$$\rho=0.75$$

(7)顾客到达后必须等待 k 个以上顾客的概率：

$$P(n>k)=\sum_{n-k-1}^{\infty}P_n=1-\sum_{n=0}^{k}P_n$$

例如，若 $k=3$，则：

$$P_0=1-\rho=0.25$$

$$P_1=\rho\cdot P_0=0.1875$$

$$P_2=\rho^2\cdot P_0=0.1406$$

$$P_3=\rho^3\cdot P_0=0.1055$$

$$P(n>3)=1-\sum_{n=0}^{3}P_n=1-0.6836=0.3164$$

对于本排队模型，求这个概率有更简明公式

$$P(n>k)=1-\sum_{n=0}^{k}P_n=1-[(1-\rho)+\rho(1-\rho)+\rho^2(1-\rho)+\cdots+\rho^k(1-\rho)]=\rho^{k+1}$$

所以，对于 $P(n>3)$ 有

$$P(n>3)=\rho^4=0.75^4=0.3164$$

例 15-2 某医院手术室根据病人来诊和完成手术时间的记录，任意抽查 100 个工作小时，每小时来就诊的病人数 n 的出现次数见表 15-1。又任意抽查了 100 个完成手术的病历，所用时间 v(小时)出现的次数见表 15-2。

表 15-1

到达的病人数(n)	出现次数$f(n)$	到达的病人数(n)	出现次数$f(n)$
0	10	4	10
1	28	5	6
2	29	6 以上	1
3	16	合计	100

表 15-2

为病人完成手术时间(v)	出现次数(f_v)	为病人完成手术时间(v)	出现次数(f_v)
0.0～0.2	38	0.8～1.0	6
0.2～0.4	25	1.0～1.2	5
0.4～0.6	17	1.2 以上	0
0.6～0.8	9	合计	100

(1)计算

$$每小时病人平均到达率=\frac{\sum nf_n}{100}=2.1(人/h)$$

$$每小时手术平均时间=\frac{\sum vf_v}{100}=0.4(h/人)$$

$$每小时完成手术人数(平均服务率)=\frac{1}{0.4}=2.5(人/h)$$

(2)取 $\lambda=2.1$,$\mu=2.5$,可以通过统计检验的方法认为病人到达服从参数为 2.1 的泊松分布。手术时间服从参数为 2.5 的负指数分布(检验方法可参阅概率论与数理统计方面的教材或文献)。

(3)$\rho=\frac{\lambda}{\mu}=\frac{2.1}{2.5}=0.84$，它说明服务机构(手术室)有 84% 的时间是繁忙(被利用)，有 16% 的时间是空闲的。

(4)依次代入式(15-3)，算出各数量指标。

①在病房中病人数(期望值)：

$$L_s=\frac{2.1}{2.5-2.1}=5.25(人)$$

②排队等待的病人数(期望值)：

$$L_q=L_s-\rho=5.25-0.84=4.41(人)$$

③病人在病房中逗留时间(期望值)：

$$W_s=\frac{1}{2.5-2.1}=2.5(h)$$

④病人排队等待时间(期望值)：

$$W_q=2.5-0.4=2.1(h)$$

例 15-3 今欲成立一车间修理组，从事故障设备的修理工作。现拟定两个修理方案 I 和 II 有关信息如表 15-3 所示。试计算该两方案的有关运行指标，并选择总费用为最小的方案。

表 15-3

方　案	μ(台/h)	λ(台/h)	修理费用(元/d)	停机损失(元/台·h)
I	6	3	350	40
II	4	3	180	40

解 先计算该两方案有关运行指标,如表 15-4 所示。

表 15-4

方　案	P_0	L_s	L_q	W_s	W_q
I	$\frac{1}{2}$	1	$\frac{1}{2}$	$\frac{1}{3}$	$\frac{1}{6}$
II	$\frac{1}{4}$	3	$\frac{9}{4}$	1	$\frac{3}{4}$

令一天工作 8h,则一天平均有 24 台故障设备需要修理。因此,修理费用及停机损失费用的总和为:

方案 I　　$350+24\times\frac{1}{3}\times40=670$(元/d)

方案 II　　$180+24\times1\times40=1140$(元/d)

由上述计算可知,采用方案 I 较方案 II 为优,一天可节约 470 元。

3. 系统的繁忙与空闲

系统是处在繁忙(Busy)状态(指有顾客等待或正被服务)还是处在空闲(Idle)状态(指系统中没有顾客)也是常被人们关心的。从顾客角度看,系统如处在繁忙状态,这就意味着必须等待而不能立即被服务;从服务机构角度来看,这关系到服务设备的利用率等问题。

(1)系统处在空闲状态的概率:

$$P_0=1-\rho$$

系统处在繁忙状态,即系统处于忙期的概率:

$$P(N>0)=1-P_0=\rho$$

(2)在繁忙状态条件下:

队列中顾客平均数

$$L_b=\frac{L_q}{P(N>0)}=\frac{\lambda}{\mu-\lambda}$$

顾客平均等待时间

$$W_b=\frac{W_q}{P(N>0)}=\frac{1}{\mu-\lambda}$$

忙期(Busy Period):指服务台由空闲状态因顾客到来而开始忙碌到再度空闲为止的时间长度;

闲期(Idle Period):指由原有的顾客都被服务完了的时刻开始到下一个顾客到来为止的时间长度。

研究忙期长度的概率分布是很麻烦的,我们只求忙期的平均长度(期望值)$\overline{B}$。因为忙期和闲期出现的概率分别是 ρ 和 $1-\rho$,所以在相当长的时期内,可以认为忙期和闲期总长之比也是 $\rho:(1-\rho)$,又因忙期和闲期总是交替出现的,所以当考虑充分长的时间,它们的期望个数总是相同的。于是各忙期的平均长度(期望值)$\overline{B}$ 与各闲期的平均长度(期望值)$\overline{I}$ 之比也是 $\rho:(1-\rho)$。但各闲期的平均长度(期望值)$\overline{I}$ 在到达间隔服从负指数分布的条件下是 $1/\lambda$,所以各忙期的平均长度为:

$$\overline{B}=\frac{\rho}{1-\rho}\cdot\frac{1}{\lambda}=\frac{1}{\mu-\lambda}$$

而一个忙期所服务的顾客平均数为:

$$\frac{1}{\mu-\lambda}\cdot\mu=\frac{1}{1-\rho}$$

只要到达间隔服从负指数分布，上述结论对任意服务时间分布都是正确的。

以例 15-1 为例，已知：

$$\lambda=15,\mu=20,\rho=\frac{\lambda}{\mu}=\frac{3}{4}=0.75$$

所以忙期的平均长度为：

$$\overline{B}=\frac{1}{20-15}=\frac{1}{5}=0.2(\mathrm{h})$$

而一个忙期被服务的顾客平均数则为：

$$\mu\cdot\overline{B}=20\times0.2=4(\text{人})$$

这些数据无疑对服务机构的管理人员是很重要的。

注意：不同的服务规则（先到先服务，后到先服务，随机服务）的不同点主要反映在等待时间的分布函数不同，而一些期望值是相同的。我们上面讨论的各种指标，因为都是期望值，所以这些指标的计算公式对三种服务规则都适用（但对有优先权的规则不适用）。

二、$M/M/1/\infty/N$ 模型

此模型即为系统的最大容量为 N，顾客源无限的 $M/M/1$ 系统。其输入过程、排队规则、服务机构都与标准 $M/M/1$ 相同。

由于系统中排队等待的顾客数最多为 $N-1$，在某一时刻一位顾客到达时，如果系统中已有 N 位顾客，那么这位顾客就被拒绝进入系统。

当 $N=1$ 时，为损失制系统，当 $N\to\infty$ 时，为等待制系统，即 $M/M/1/\infty/\infty$ 情形：当 $1<N<\infty$ 时，为混合制系统。这里讨论的是后一种情形，即 N 为有限数的情形。

1. 系统的状态概率

$$\begin{cases}P_0=\dfrac{1-\rho}{1-\rho^{N+1}} & (\rho\neq1)\\ P_n=\dfrac{1-\rho}{1-\rho^{N+1}}\rho^n & (n\leqslant N)\end{cases}\tag{15-5}$$

推导过程从略，注意，式（15-5）在此系统要改为：

$$\sum_{n=0}^{N}P_n=1$$

这里略去 $\rho=1$ 情形的讨论。

ρ 可取不等于 1 的任何正值，这里没有 $\rho<1$ 的限制，因为当 $\rho<1$ 即 $\lambda\leqslant\mu$ 时，不会使队长 $\to\infty$，不过当 $\rho>1$ 时，表示损失率的 P_N 是很大的。

2. 系统的主要运行指标

（1）系统中的平均顾客数：

$$\begin{aligned}L_s&=\sum_{n=1}^{N}nP_n=\sum_{n=1}^{N}n\cdot\frac{1-\rho}{1-\rho^{N+1}}\cdot\rho^n\\&=\frac{1-\rho}{1-\rho^{N+1}}\cdot\rho\cdot\sum_{n-1}^{N}n\cdot\rho^{n-1}=\frac{1-\rho}{1-\rho^{N+1}}\cdot\rho\cdot\left(\sum_{n=1}^{N}n\cdot\rho^n\right)\\&=\frac{\rho(1-\rho)}{1-\rho^{N+1}}\cdot\left[\frac{\rho(1-\rho^N)}{1-\rho}\right]=\frac{\rho}{1-\rho}-\frac{(N+1)\rho^{N+1}}{1-\rho^{N+1}}\quad(\rho\neq1)\end{aligned}$$

(2)在队列中等待的平均顾客数：

$$L_q = \sum_{n=1}^{N}(n-1)P_n = \sum_{n=1}^{N} n \cdot P_n - \sum_{n=1}^{N} P_n = L_s - (1-P_0)$$

其中

$$P_0 = \frac{1-\rho}{1-\rho^{N+1}}$$

(3)单位时间内损失顾客的平均数为 $\lambda \cdot P_N$，因为损失率为 P_N。

(4)有效到达率 λ：

因为平均到达率 λ 是指系统中顾客数不到 N(即系统有空)时的平均到达率，当系统已满即 $n = N$ 时，则到达率为0，故要求出有效到达率：

$$\lambda_e = \lambda - \lambda P_N = \lambda(1-P_N) \tag{15-6}$$

其实际意义为，平均单位时间进入排队系统的顾客数。

又因为服务台忙期的概率：

$$P_{忙} = 1 - P_0 = \frac{\lambda_e}{\mu} \tag{15-7}$$

所以

$$\lambda_e = \mu(1-P_0) \tag{15-8}$$

注意，当多个服务台时，$1-P_0$ 表示至少有一个服务台繁忙的概率，这时式(15-8)不成立。

(5)顾客逗留时间的期望值：

$$W_s = \frac{1}{\lambda_e} \cdot L_s = \frac{1}{\mu(1-P_0)} \cdot L_s = \frac{L_q}{\lambda(1-P_N)} + \frac{1}{\mu}$$

(6)顾客等待时间的期望值：

$$W_q = W_s - \frac{1}{\mu}$$

现将 L_s、L_q、W_s、W_q 归纳如下：

$$L_s = \frac{\rho}{1-\rho} - \frac{(N+1)\rho^{N+1}}{1-\rho^{N+1}} \qquad L_q = L_s - (1-P_0)$$

$$W_s = \frac{L_s}{\mu(1-P_0)} \qquad W_q = W_s - \frac{1}{\mu} \tag{15-9}$$

它们之间的关系是：

$$L_s = \lambda_e W_s \qquad L_q = \lambda_e W_q$$

$$W_s = W_q + \frac{1}{\mu} \qquad L_s = L_q + \frac{\lambda_e}{\mu} \tag{15-10}$$

下面举例说明 $M/M/1/\infty/N$ 混合制系统的应用。

例 15-4 某修理站只有一个修理工，在修理站内最多只能容纳4台待修的机器。若超过4台，后来的机器只能到别处另求修理，设待修机器按泊松流到达，平均每小时1台。修理时间服从负指数分布，平均每台修理时间为1.25h，试求系统的有关运行指标。

解 由题意知这是一个 $M/M/1/\infty/4$ 系统。平均到达率 $\lambda = 1$，平均服务率 $\mu = \frac{1}{1.25} = \frac{4}{5}$，所以：

$$\rho=\frac{\lambda}{\mu}=\frac{5}{4}=1.25$$

(1)平均队长：

$$L_s=\frac{\rho}{1-\rho}-\frac{(N+1)\rho^{N+1}}{1-\rho^{N+1}}=\frac{1.25}{1-1.25}-\frac{5\times(1.25)^5}{1-(1.25)^5}$$
$$=2.44(台)$$

(2)修理工空闲的概率：

$$P_0=\frac{1-\rho}{1-\rho^{N+1}}=\frac{1-1.25}{1-1.25^5}=0.12$$

修理工繁忙的概率(平均正在修理的机器台数)：

$$1-P_0=1-0.12=0.88$$

(3)平均队列长：

$$L_q=L_s-(1-P_0)=2.44-0.88=1.56(台)$$

(4)损失率：

$$P_4=\frac{1-\rho}{1-\rho^5}\rho^4=\frac{1-1.25}{1-1.25^5\times1.25^4}=0.297\approx0.30$$

(5)有效到达率：

$$\lambda_e=\lambda\cdot(1-P_4)=1\times(1-0.30)=0.70$$

(6)顾客平均逗留时间：

$$W_s=\frac{1}{\lambda_e}\cdot L_s=\frac{1}{0.70}\times2.44=3.49(\mathrm{h})$$

(7)顾客平均等待时间：

$$W_q=\frac{1}{\lambda_e}\cdot L_q=\frac{1}{0.70}\times1.56\approx2.23(\mathrm{h})$$

三、*M/M/1/m/N* 模型

此模型为顾客源有限、队长有限的 *M/M/*1 系统，其输入过程、排队规则、服务机构与标准 *M/M/*1 相同(实际上常取 $N=m$)。

我们用此系统的一个典型例子即机器因故障停机待修的问题来说明。

设共有 m 台机器(顾客源总体)，机器因故障停机表示“到达”，待修的机器形成队列，修理工人是服务员(此时仅讨论单服务员的情形)。顾客总体虽只有 m 个，但每个顾客到来并经过服务后，仍回到原来总体，所以仍然可以到来。在机器故障问题中，同一台机器出了故障(到来)并经修好(服务完了)仍可再出故障(图 15-1)。

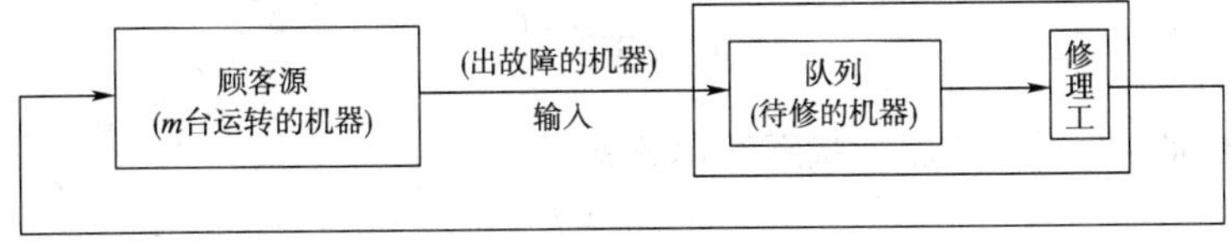

图 15-1

1 平均到达率参数 λ

在无限源和有限源的情形下，λ 的意义有所不同。在无限源的情况下，顾客的到来是按整个源即顾客的全体来考虑的，这时 λ 表示：平均单位时间来自顾客源的顾客数；在有限源的情况下，顾客的到来是按每个顾客来考虑的。故此处的 λ 是有限源中每个顾客在单位时间内来到系统的平均数。为简单起见，设每个顾客的到达率都是相同的 λ（这里 λ 的含义是每台机器单位运转时间内发生故障的平均次数），这时在系统外的顾客平均数为 $m-L_s$，对系统来说，其有效到达率为：

$$\lambda_e=\lambda(m-L_s)$$

2. 系统的状态概率

推导过程从略。

$$P_0=\frac{1}{\sum_{i=0}^{m}\frac{m!}{(m-i)!}\left(\frac{\lambda}{\mu}\right)^i}$$

$$P_n=\frac{m!}{(m-n)!}\left(\frac{\lambda}{\mu}\right)^n\cdot P_0(1\leqslant n\leqslant m)$$

3. 系统的主要运行指标

（1）系统中的平均顾客数 L_s：

因为正在被维修的机器平均数为：

$$1-P_0=\frac{\lambda_e}{\mu}$$

所以

$$\lambda_e=\mu(1-P_0)$$

又因为

$$\lambda_e=\lambda(m-L_s)$$

所以

$$\mu(1-P_0)=\lambda(m-L_s)$$

故

$$L_s=m-\frac{\mu}{\lambda}(1-P_0)$$

（2）在队列中等待的平均顾客数 L_q：

$$L_q=L_s-(1-P_0)$$

（3）顾客逗留时间的期望值 W_s：

$$W_s=\frac{1}{\lambda_e}L_s=\frac{m-\frac{\mu}{\lambda}(1-P_0)}{\mu(1-P_0)}=\frac{m}{\mu(1-P_0)}-\frac{1}{\lambda}$$

（4）顾客等待时间的期望值 W_q：

$$W_q=W_s-\frac{1}{\mu}$$

（5）设备（机器）处于正常运行状态的台数 k：

$$k=m-L_s$$

（6）设备（机器）的利用率 r：

$$r=\frac{m-L_s}{m}$$

现将 L_s、L_q、W_s、W_q 归纳如下：

$$L_s = m - \frac{\mu}{\lambda}(1 - P_0) \qquad L_q = L_s - (1 - P_0)$$

$$W_s = \frac{m}{\mu(1 - P_0)} - \frac{1}{\lambda} \qquad W_q = W_s - \frac{1}{\mu} \tag{15-11}$$

它们之间的关系同式(15-10)。

下面举例说明。

例 15-5 一个修理工看管 5 台机器,每台机器平均运转 15min 出一次故障,每台机器每次修理时间为 12min,运转时间和修理时间服从负指数分布,求:

(1)修理工空闲的概率;

(2)5 台机器都出故障的概率;

(3)出故障的平均台数;

(4)等待修理的平均台数;

(5)平均停工时间;

(6)平均等待修理时间;

(7)评价这些结果。

解 由题意知:

$\lambda = \frac{1}{15}, \mu = \frac{1}{12}, m = 5, N = 5, \rho = \frac{\lambda}{\mu} = 0.8$

(1) $P_0 = \frac{1}{\sum_{i=0}^{m} \frac{m!}{(m-i)!}\rho^i}$

$= \left[\frac{5!}{5!}(0.8)^0 + \frac{5!}{4!}(0.8)^1 + \frac{5!}{3!}(0.8)^2 + \frac{5!}{2!}(0.8)^3 + \frac{5!}{1!}(0.8)^4 + \frac{5!}{0!}(0.8)^5\right]^{-1}$

$= \frac{1}{136.8} = 0.0073$

(2) $P_5 = \frac{m!}{(m-n)!}\rho^n \cdot \rho_0 = \frac{5!}{0!}(0.8)^5 \cdot 0.0073 = 0.287$

(3) $L_s = m - \frac{\mu}{\lambda}(1 - P_0) = 5 - \frac{1}{0.8}(1 - 0.0073) = 3.76$(台)

(4) $L_q = L_s - (1 - P_0) = 3.76 - 0.993 = 2.77$(台)

(5) $W_s = \frac{m}{\mu(1 - P_0)} - \frac{1}{\lambda} = \frac{5}{\frac{1}{12}(1 - 0.0073)} - 15 = 46$(min)

(6) $W_q = W_s - \frac{1}{\mu} = 46 - 12 = 34$(min)

(7)机器平均每连续运转 15min,就要停工 46min,即停工时间过长或运转时间太短;修理工几乎没有空闲时间,应提高服务率减少修理时间或增加修理工人。

第二节 多服务台的 *M/M/C* 模型

M/M/C 模型即指输入过程服从泊松流,即顾客到达间隔时间服从负指数分布、服务时间服从负指数分布,多服务台并列、单队的情形。

我们仍将此模型分为三类来讨论:标准的 $M/M/C$ 模型、系统容量有限制、有限顾客源,即:

$$M/M/C/\infty/\infty$$
$$M/M/C/\infty/N$$
$$M/M/C/m/N \quad (m \geqslant N)$$

一、$M/M/C/\infty/\infty$ 模型

$M/M/C/\infty/\infty$ 又称为标准的 $M/M/C$ 模型,其输入过程、排队规则同标准的 $M/M/C/1$ 模型的规定,其服务机构为:有 c 个服务台(员),一个服务员为一个顾客服务。顾客到达后,若有服务员空闲,则立即接受服务,否则参加排队(一个队)。服务员服务结束后,若队列中有等待的顾客,即按先到先服务的原则为下一个顾客服务。每个服务员的工作是相互独立(不搞协作)且平均服务率相同 $\mu_1=\mu_2=\cdots=\mu_c=\mu$。即服从参数为 μ 的负指数分布。如图 15-2 所示。

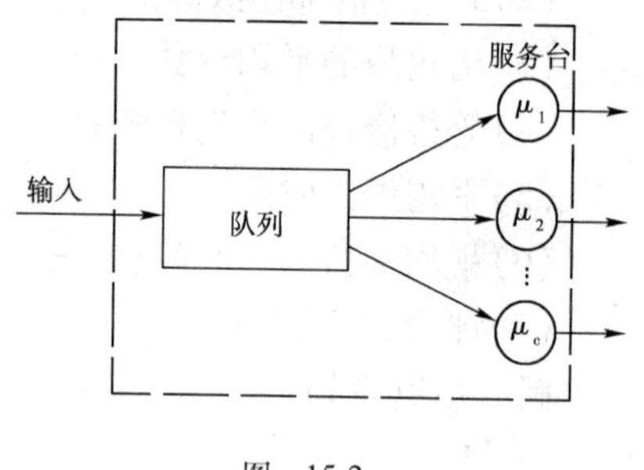

图 15-2

根据本模型的特点可知,整个服务机构的平均服务率为 $c\mu$,只有当 $\frac{\lambda}{c\mu}<1$ 时才不会排成无限的队列。令

$$\rho=\frac{\lambda}{c\mu}$$

称 ρ 为这个系统的服务强度或称服务台的平均利用率。

1. 系统的状态概率

推导过程从略。

$$\begin{cases} P_0=\left[\sum_{k=0}^{c-1}\frac{1}{k!}\left(\frac{\lambda}{\mu}\right)^k+\frac{1}{c!}\cdot\frac{1}{1-\rho}\cdot\left(\frac{\lambda}{\mu}\right)^c\right]^{-1} \\ P_n=\begin{cases}\frac{1}{n!}\left(\frac{\lambda}{\mu}\right)^n\cdot P_0 & (n\leqslant c)\\ \frac{1}{c!\ c^{n-c}}\left(\frac{\lambda}{\mu}\right)^n P_0 & (n>c)\end{cases}\end{cases} \tag{15-12}$$

2. 系统的主要运行指标

(1)平均队列长 L_q:

$$\begin{aligned} L_q &= \sum_{n=c+1}^{\infty}(n-c)P_n=\sum_{n=c+1}^{\infty}(n-c)\cdot\frac{1}{c!\ c^{n-c}}\left(\frac{\lambda}{\mu}\right)^n\cdot P_0 \\ &= \sum_{n=0}^{\infty}n\cdot\frac{1}{c!\ c^n}\cdot\left(\frac{\lambda}{\mu}\right)^{n+c}\cdot P_0=\frac{\lambda^c}{\mu^c c!}\cdot P_0\cdot\sum_{n=0}^{\infty}n\cdot\left(\frac{\lambda}{\mu}\right)^n\cdot\frac{1}{c^n} \\ &= \frac{\lambda^c\cdot P_0}{\mu^c c!}\sum_{n=0}^{\infty}n\cdot\rho^n=\frac{\lambda^c\cdot P_0}{\mu^c c!}\rho\sum_{n=0}^{\infty}n\cdot\rho^{n-1} \\ &= \frac{\lambda^c\cdot P_0}{\mu^c\cdot c!}\rho\sum_{n=0}^{\infty}\frac{\mathrm{d}}{\mathrm{d}\rho}\rho^n=\frac{\lambda^c\cdot P_0}{\mu^c\cdot c!}\rho\frac{\mathrm{d}}{\mathrm{d}\rho}\left(\frac{1}{1-\rho}\right) \\ &= \frac{\lambda^c\cdot P_0}{\mu^c\cdot c!}\cdot\rho\frac{1}{(1-\rho)^2}=\frac{\lambda^c\rho\cdot P_0}{\mu^c c!(1-\rho)^2}=\frac{(c\rho)^c\cdot\rho}{c!(1-\rho)^2}P_0 \end{aligned}$$

(2)平均队长 L_s：

$$L_s = L_q + c\rho$$

(3)平均等待时间 W_q：

$$W_q = \frac{L_q}{\lambda}$$

(4)平均逗留时间 W_s：

$$W_s = W_q + \frac{1}{\mu}$$

$$L_q = \frac{(c\rho)^c \cdot \rho}{c!(1-\rho)^2} \cdot P_0 \qquad L_s = L_q + c\rho \tag{15-13}$$

$$W_q = L_q/\lambda, W_s = W_q + \frac{1}{\mu}$$

例 15-6 仍考虑例 15-1 中铁路售票窗口问题。为了减少顾客排队等待的时间，增设了一个售票窗口(即增加了一个服务员，其平均服务时间仍为 3min，服从负指数分布)，求这个标准 $M/M/2$ 系统的运行指标。

解 由题意知：

$$\lambda = 15, \mu = 20, \rho = \frac{\lambda}{c\mu} = \frac{15}{2 \times 20} = 0.375$$

(1) $P_0 = \left[\sum_{n=0}^{c-1} \frac{\lambda^n}{\mu^n n!} + \frac{1}{c!}\left(\frac{\lambda}{\mu}\right)^c \left(\frac{1}{1-\rho}\right) \right]^{-1}$

$$= \left[\sum_{n=0}^{1} \frac{15^n}{20^n n!} + \frac{1}{2!}\left(\frac{15}{20}\right)^2 \left(\frac{1}{1-0.375}\right) \right]^{-1} = 0.4545$$

(2) $L_q = \frac{\lambda^c \rho P_0}{\mu^c c!(1-P)^2} = \frac{15 \times 0.375 \times 0.4545}{20^2 \times 2! \times (1-0.375)^2} = 0.123$

(3) $L_s = L_q + c\rho = 0.123 + 2 \times 0.375 = 0.873$

(4) $W_q = \frac{L_q}{\lambda} = \frac{0.123}{15} = 0.0082(\text{h}) = 0.49(\text{min})$

(5) $W_s = W_q + \frac{1}{\mu} = 0.0082 + \frac{1}{20} = 0.0582(\text{h}) = 3.49(\text{min})$

据式(15-12)，还可以计算系统各种状态的概率：

$$P_1 = \frac{\lambda}{\mu} \cdot \frac{1}{1!} P_0 = \frac{15}{20} \times 0.4545 = 0.341$$

$$P_2 = \frac{\lambda^2}{\mu^2 2!} \cdot P_0 = \frac{15^2}{20 \times 2} \times 0.4545 = 0.128$$

$$P_3 = \frac{\lambda^3}{\mu^3 3!\ 2} \cdot P_0 = \frac{15^3}{20^3 \times 3! \times 2} \times 0.4545 = 0.016$$

$$\vdots$$

据此，可以计算其他需要知道的概率，例如，顾客无需排队的概率：

$$P\{n \leqslant 1\} = P_0 + P_1 = 0.796$$

系统顾客数超过 3 个的概率：

$$P\{n > 3\} = 1 - (P_0 + P_1 + P_2 + P_3) = 0.06$$

3. $M/M/C$ 型系统与 c 个 $M/M/1$ 型系统的比较

我们以例 15-1 和例 15-6 的 $M/M/2$ 和 2 个 $M/M/1$ 型系统的比较为例说明。

如将例 15-6 除排队方式外其他条件不变。其排队方式变为,将两个窗口分设两个地点,顾客到达后在每个窗口前各排一队,且进入队列后坚持不换,这就形成了 2 个队列,并假设每个地点的到达强度为原到达强度的一半,即 7.5 人/h,仍服从泊松分布,在这种情况下,显然形成了 2 个 $M/M/1$ 系统,$\lambda=7.5$,$\mu=20$,故不难计算出。

$$L_s=\frac{\lambda}{\mu-\lambda}=\frac{7.5}{20-7.5}=0.6$$

$$L_q=L_s-\frac{\lambda}{\mu}=0.6-\frac{7.5}{20}=0.225$$

$$W_s=\frac{L_s}{\lambda}=\frac{0.6}{7.5}=0.08(\mathrm{h})=4.8(\mathrm{min})$$

$$W_q=W_s-\frac{1}{\mu}=0.08-\frac{1}{20}=0.03(\mathrm{h})=1.8(\mathrm{min})$$

将 $M/M/2$ 模型与 2 个 $M/M/1$ 模型的运行指标比较,如表 15-5 所示。

表 15-5

指标＼模型	$M/M/2$ 模型	$M/M/1$ 模型
平均队长 L_s	0.873	0.6(每个子系统) 3(整体)
平均队列长 L_q	0.123	0.225(每个子系统)
平均逗留时间 W_s	3.49min	4.8min
平均等待时间 W_q	0.49min	1.8min

从表中各指标的对比可以看出,$M/M/2$(单队)比 $M/M/1$(2 队)有显著的优越性。前者即 $M/M/2$ 系统的顾客平均停留时间短。可见,尽管都是设置两个服务员,但采用不同的排队方式,效果是不一样的,所以在考虑服务设施的布局与使用时,应该注意这个因素。

我们可以把($M/M/1$)模型作为($M/M/C$)模型的特例看待,此时 $C=1$。$M/M/C$ 模型的另一个特例是($M/M/\infty$)模型。如果服务员就是顾客本身,每个顾客都是随到随服务,系统始终不会出现排队现象,那么这就是一个典型的服务员为无穷多的系统。对于($M/M/\infty$)系统,利用($M/M/C$)模型的结果,不难得到以下公式:

$$P_0=e^{\lambda/\mu}$$

$$P_n=\frac{\left(\frac{\lambda}{\mu}\right)^n\cdot e^{-\lambda/\mu}}{n!} \tag{15-14}$$

$$L=\frac{\lambda}{\mu},W=\frac{1}{\mu}$$

二、$M/M/C/\infty/N$ 模型

此模型即为系统的最大容量为 N,顾客源无限的 $M/M/C$ 系统($N\geqslant c$),当系统中顾客数 n 已达到 N(即队列中顾客数为 $N-c$)时,再来的顾客即被拒绝,其他条件与标准的 $M/M/C$ 模型相同。

1. 系统的状态概率

$$\begin{cases} P_0 = \dfrac{1}{\sum\limits_{k=0}^{c} \dfrac{(c\rho)^k}{k!} + \dfrac{c^c}{c!} \cdot \dfrac{\rho(\rho^c - \rho^N)}{1-\rho}} \quad (\rho \neq 1) \\ P_n = \begin{cases} \dfrac{(c\rho)^n}{n!} P_0 \quad (0 \leqslant n \leqslant c) \\ \dfrac{c^c}{c!} \rho^n P_0 \quad (c \leqslant n \leqslant N) \end{cases} \end{cases} \tag{15-15}$$

其中，$\rho = \dfrac{\lambda}{c\mu}$。

2. 系统的有关运行指标

(1)平均队列长 L_q：

$$\begin{aligned} L_q &= \sum_{k=c+1}^{N} (k-c) \cdot P_k = \sum_{k-1}^{N-c} kP_{k+c} = \sum_{k=1}^{N-c} K \cdot \frac{c^c}{c!} \rho^{k+c} P_0 \\ &= \frac{(c\rho)^c}{c!} P_0 \sum_{k=1}^{N-c} k \cdot \rho^k = \frac{(c\rho)^c}{c!} P_0 \rho \left(\sum_{k=1}^{N-c} \rho^k \right)' \\ &= \frac{P_0 \rho (c\rho)^c}{c!\ (1-\rho)^2} [1 - \rho^{N-c} - (N-c)\rho^{N-c}(1-\rho)] \end{aligned}$$

(2)平均队长 L_s：

$$L_s = L_q + \frac{\lambda_e}{\mu} = L_q + \frac{\lambda}{\mu} \cdot (1 - P_N) = L_q + c\rho(1 - P_N)$$

因为此系统的服务强度为：$\rho = \dfrac{\lambda}{c\mu}$。

(3)平均等待时间 W_q：

$$W_q = \frac{L_q}{\lambda(1 - P_N)}$$

(4)平均逗留时间 W_s：

$$W_s = W_q + \frac{1}{\mu}$$

由于运行指标的公式复杂，现已有一些专门图表可供使用。

注意：当 $N = c$ 即为损失制的情形，例如，在街头的停车场就不允许排队等待空位，这时

$$P_0 = \frac{1}{\sum\limits_{k=0}^{c} \dfrac{(c\rho)^k}{k!}}$$

$$P_n = \frac{(c\rho)^n}{n!} P_0 \quad (0 \leqslant n \leqslant c)$$

这时

$$L_q = 0, W_q = 0, W_s = \frac{1}{\mu}$$

$$L_s = \sum_{n=1}^{c} nP_n = \frac{c\rho \sum\limits_{n=0}^{c-1} \dfrac{(c\rho)^{n-1}}{n!}}{\sum\limits_{n=0}^{c} \dfrac{(c\rho)^n}{n!}} = c\rho(1 - P_c)$$

L_s 又为使用的服务台数的期望值。

例 15-7 某电话交换台的呼叫强度平均每分钟 4 次泊松分布，最多有 6 条线同时通话，每次通话时间平均 0.5min，指数分布。呼叫不通时，呼叫自动消失，永不再来。求此系统的有关指标。

解 由题意知，这是一个 $M/M/6/\infty/6$ 模型系统，$c=N=6,\lambda=4,\mu=\frac{1}{0.5}=2$

$$\rho=\frac{\lambda}{c\mu}=\frac{4}{6\times 2}=\frac{1}{3}$$

(1)状态概率分布：

$$P_0=\left(\sum_{n=0}^{6}\frac{4^n}{n!\ 2^n}\right)^{-1}=0.136$$

$$P_1=\frac{4}{1!\times 2}\times P_0=0.272$$

$$\vdots$$

$$P_6=\frac{4^6}{2^6\times 6!}\times P_0=0.012$$

呼叫损失率

$$P_6=0.012$$

(2)平均有效呼叫强度：

$$\lambda_e=\lambda(1-P_6)=4(1-0.012)=3.95$$

(3)平均队长：

$$L_s=\frac{\lambda_e}{\mu}+L_q=\frac{\lambda_e}{\mu}=\frac{3.95}{2}=1.98$$

因为 $L_s=0,W_q=0$

(4)平均逗留时间：

$$W_s=\frac{1}{\mu}=\frac{1}{2}=0.5(\text{min})$$

三、*M/M/C/m/N* 模型

此系统为顾客源为有限数 m，且 $m>c$，与单服务台情形一样，顾客到达率 λ 是按每个顾客来考虑有，在机器管理问题中，就是共有 m 台机器，有 c 个修理工人，顾客到达就是机器出了故障，同样，机器出了故障“到来”，并经修好(服务完了)，仍回到原顾客源总体，仍可再出故障“到来”，如图 15-3 所示。

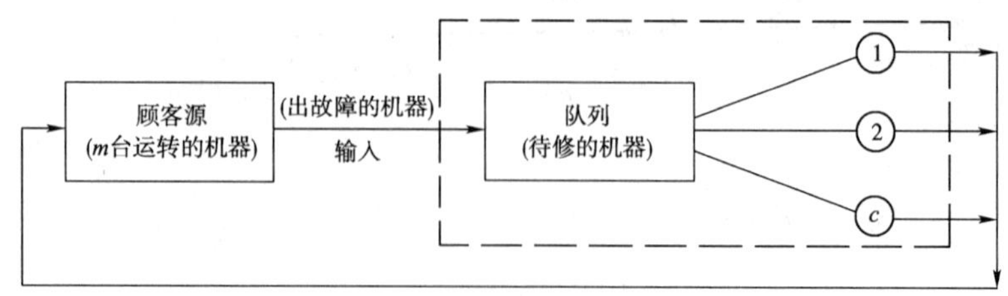

图 15-3

λ 的实际意义与 $M/M/1/m/N$ 的情况相同，是指每台机器每单位运转时间出故障的平均次数。

μ 为每个修理工人平均服务率,有效到达率 $\lambda_e=\lambda(m-L_s)$。

系统中顾客数 n 就是出故障的机器台数,当 $n\leqslant c$ 时,所有的故障机器都在被修理,有 $(c-n)$ 个维修工人在空闲;当 $c<n\leqslant m$ 时,有 $(n-c)$ 台机器在停机等待修理,而修理工都在繁忙状态。并设 c 个修理工技术相同,修理时间服从参数为 μ 的负指数分布,故障的修复时间和正在生产的机器是否发生故障是互相独立的。

1. 系统的状态概率

$$P_0=\frac{1}{m!}\cdot\left[\sum_{k=0}^{c}\frac{1}{k!\ (m-k)!}\left(\frac{\lambda}{\mu}\right)^k+\frac{c^c}{c!}\sum_{k=c+1}^{m}\frac{1}{(m-k)!}\left(\frac{\lambda}{c\mu}\right)^k\right]^{-1}$$

$$P_n=\begin{cases}\dfrac{m!}{(m-n)!n!}\left(\dfrac{\lambda}{\mu}\right)^n P_0 & (0\leqslant n\leqslant c)\\ \dfrac{m!}{(m-n)!c!c^{n-c}}\left(\dfrac{\lambda}{\mu}\right)^n P_0 & (c+1\leqslant n\leqslant m)\end{cases} \tag{15-16}$$

2. 系统的运行指标

(1) $L_s=\sum_{n=0}^{N}n\cdot P_n$

(2) $L_q=L_s-\dfrac{\lambda_e}{\mu}=L_s-\dfrac{\lambda}{\mu}(m-L_s)$

(3) $W_s=\dfrac{L_s}{\lambda_e}$

(4) $W_q=\dfrac{L_q}{\lambda_e}$

由于 P_0、P_n 计算公式过于复杂,有专书列成表格可供使用。

例 15-8 设有两个修理工人,负责 5 台机器的正常运行,机器故障按泊松流发生,且每天发生一次,两工人能以相同的平均修复率每天 4 次修好机器,修复时间服从负指数分布,求:

(1)等待修理的机器平均数;

(2)需要修理的机器平均数;

(3)有效故障率;

(4)等待修理时间;

(5)停工时间。

解 由题意知,这是一个 $M/M/C/m/N$ 系统,其中 $c=2,m=5=N,\lambda=1$ 次/天,$\mu=4$ 台/天,$\dfrac{\lambda}{\mu}=\dfrac{1}{4}$

$$P_0=\frac{1}{5!}\left[\frac{1}{5!}\left(\frac{1}{4}\right)^0+\frac{1}{4!}\left(\frac{1}{4}\right)^1+\frac{1}{2!\ 3!}\left(\frac{1}{4}\right)^2+\frac{2^2}{2!}\cdot\frac{1}{2!}\left(\frac{1}{8}\right)^3+\left(\frac{1}{8}\right)^4+\left(\frac{1}{8}\right)^5\right]^{-1}$$
$$=0.3149$$

$$P_1=0.394$$
$$P_2=0.197$$
$$P_3=0.074$$
$$P_4=0.018$$
$$P_5=0.002$$

(1) $L_q = \sum_{n=3}^{5} (n-2)P_n = P_3 + 2P_4 + 3P_5 = 0.118$

(2) $L_s = \sum_{n=1}^{5} n \cdot P_n = P_1 + 2P_2 + 3P_3 + 4P_4 + 5P_5$

$= 0.394 + 2 \times 0.197 + 3 \times 0.074 + 4 \times 0.018 + 5 \times 0.002 = 1.094$

(3) $\lambda_e = \lambda(m - L_s) = 1 \times (5 - 1.094) = 3.906$

(4) $W_q = \frac{L_q}{\lambda_e} = \frac{0.118}{3.906} = 0.03(\text{h})$

(5) $W_s = \frac{L_s}{\lambda_e} = \frac{1.094}{3.906} = 0.28(\text{h})$

对任意模型适用的公式：

$$L_s = L_q + \text{服务机构中顾客的平均数 } \bar{n}$$

$$W_s = W_q + \text{每个顾客的平均服务时间 } E(v)$$

在 $M/M/1$ 系统中，因为服务时间服从负指数分布，$E(v) = \frac{1}{\mu}$。

顾客源无限且队长无限时，

$$\text{服务强度 } \bar{n} = \frac{\lambda}{\mu}$$

顾客源有限且队长有限时，

$$\text{服务强度 } \bar{n} = \frac{\lambda_e}{\mu}$$

第三节　一般服务时间的 $M/G/1$ 模型

现在我们将服务时间的分布予以扩大，不作任何限制，即服从任何一种分布均可，也就是所谓一般分布，无论这种分布是否能写出分布函数的数学表达式，其服务时间的概率仍应满足不随时间变化这一要求。

显然，对任何情形，下面关系都是正确：

$$E[\text{在系统中逗留时间}] = E[\text{排队等候时间}] + E[\text{服务时间}]$$

其中，$E[\ ]$表示求期望值，用符号表示，即：

$$L_s = L_q + \bar{n}$$
$$W_s = W_q + E[v] \tag{15-17}$$

v 表示服务时间（随机变量），当 v 服从负指数分布时，$E[v] = \frac{1}{\mu}$，是我们讨论过的，又因为式(15-5)中的关系式：

$$L_s = \lambda W_s \qquad L_q = \lambda W_q$$

也是常被利用的。所以上面的 7 个数中只要知道三个就可求出其余，不过在有限源和队长有限制情形下，λ 要换成有效到达率 λ_e。

一、Pollaczek-Khintchine 公式

对于 $M/G/1$ 模型，顾客到达间隔时间服从负指数分布，服务时间 v 服从一般分布，$E(v)$ 和

$D(v)$都存在,其他条件和标准的 $M/M/1$ 相同。为了达到稳态,$\rho<1$ 这一条件是必要的,其中 $\rho=\lambda E[v]$

在上述条件下,有:

$$L_s=\rho+\frac{\rho^2+\lambda^2 D(v)}{2(1-\rho)} \tag{15-18}$$

这就是(P－K)公式。只要知道 λ,$E(v)$和 $D(v)$,不管 v 是什么分布,就可求出 L_s,然后通式(15-15)、式(15-4)可求出 L_q、W_q 和 W_s。

例 15-9 有一汽车冲洗台,来冲洗的汽车按平均每小时 18 辆的泊松分布到达。冲洗时间 v 根据过去的经验表明 $E(v)=0.05$h/辆,方差 $D(v)=0.01(\text{h/辆})^2$,求各运行指标并对服务机构进行评价。

解 由题意知:$\lambda=18,E(v)=0.05,D(v)=0.01$

所以

$\rho=\lambda E(v)=18\times 0.05=0.9$

(1)$L_s=\rho+\dfrac{\rho^2+\lambda^2 D(v)}{2(1-\rho)}=0.9+\dfrac{(0.9)^2+(18)^2(0.01)}{2(1-0.9)}=21.15$(辆)

(2)$W_s=\dfrac{L_s}{\lambda}=\dfrac{21.15}{18}=1.175$(h)

(3)$W_q=W_s-E(v)=1.175-0.05=1.125$(h)

(4)$L_q=\lambda W_q=18\times 1.125=20.25$(辆)

(5)顾客的时间损失系数:

$$R=\frac{W_q}{E(v)}=\frac{1.125}{0.05}=22.5$$

顾客的时间损失系数表明,平均等待时间是服务时间的 22.5 倍,所以这个服务机构很难令顾客满意。

二、定长服务时间 M/D/1 模型

所谓 $M/D/1$ 模型即服务时间是确定常数可看作 $M/G/1$ 模型的特例。例如自动作业线上完成一件工作的时间就应是常数,自动汽车冲洗台冲洗一辆汽车的时间也是常数,这时

$$\begin{cases} v=E(v)=\dfrac{1}{\mu}(\text{常量}) \qquad D(v)=0 \\ L_s=\rho+\dfrac{\rho^2}{2(1-\rho)} \end{cases} \tag{15-19}$$

由此能求出其他运行指标。

例 15-10 若将例 15-9 中的汽车冲洗台改为是一自动汽车冲洗台,则 $D(v)=0$,其他条件不变,求其运行指标。

解 因为 $\lambda=18,E(v)=0.05,D(v)=0,\rho=0.9$

(1)$L_s=\rho+\rho+\dfrac{\rho^2}{2(1-\rho)}=0.9+\dfrac{(0.9)^2}{2(1-0.9)}=4.95$

(2)$W_s=\dfrac{L_s}{\lambda}=\dfrac{4.95}{18}=0.275$

(3)$W_q=W_s-E(v)=0.275-0.05=0.225$

(4) $L_q = \lambda W_q = 18 \times 0.225 = 4.05$

(5)顾客的时间损失系数

$$R = \frac{W_q}{E(v)} = \frac{0.225}{0.05} = 4.5$$

将此例与例 15-9 比较,可得出这样的结论(可以证明):一般服务时间分布中的 L_q,W_q 中以定长服务时间为最小,从 R 的值也可看出顾客更满意定长分布的服务时间,这符合我们通俗的理解,服务时间越有规律,等候时间就越短。

三、爱尔朗服务时间 $M/E_k/1$

在第十四章第四节中我们在介绍服务时间为爱尔朗分布时,可以将服务工作分为 k 个相互独立的子工作,并服从相同的负指数分布(即 $v_i \sim M(k\mu)$),$E(v_i) = \frac{1}{k\mu}$,那么 $v = v_1 + v_2 + \cdots + v_k$ 服从 k 阶爱尔朗分布 $E(v) = \frac{1}{\mu}$　$D(v) = \frac{1}{k\mu^2}$。

对于 $M/E_k/1$ 模型(除服务时间外,其他条件与标准的 $M/M/1$ 型相同)是 $M/G/1$ 模型的一个特例,所以其运行指标为:

$$\left.\begin{aligned} L_s &= \rho + \frac{\rho^2 + \frac{\lambda^2}{k\mu^2}}{2(1-\rho)} = \rho + \frac{(k+1)\rho^2}{2k(1-\rho)} \\ L_q &= \frac{(k+1)\rho^2}{2k(1-\rho)} \\ W_s &= \frac{L_s}{\lambda} \\ W_q &= \frac{L_q}{\lambda} \end{aligned}\right\} \tag{15-20}$$

例 15-11　某单人裁缝店制做西服,每套需经过 4 道不同的工序,4 道工序完成后才开始做另一套。每一工序的时间服从负指数分布,期望值为 2h。顾客到来服从泊松分布,平均订货率为每周 5.5 套(设一周 6 天,每天 8h)。问一顾客为等到做好一套西服期望时间有多长?

解　由题意知:　$\lambda = 5.5$

平均每道工序所需时间　$\frac{1}{4\mu} = 2\text{h}$

所以

$$\mu = \frac{1}{8}(\text{套/h}) = 6(\text{套/周})$$

$$\rho = \frac{\lambda}{\mu} = \frac{5.5}{6}$$

设 v_i 为第 i 个工序所需时间,v 为做完一套西服所需时间

$$E(v_i) = 2 \quad D(v_i) = \frac{1}{(4 \times 6)^2}$$

$$E(v) = 8(\text{h}) \qquad D(v) = \frac{1}{4 \times 6^2}$$

$$\rho = \frac{5.5}{6}$$

$$L_s = \rho + \frac{(k+1)\rho^2}{2k(1-\rho)} = \frac{5.5}{6} + \frac{\left(\frac{5.5}{6}\right)^2 + (5.5)^2 \times \frac{1}{4 \times 6^2}}{2\left(1 - \frac{5.5}{6}\right)} = 7.2188$$

$$W_s = \frac{L_s}{\lambda} = \frac{7.2188}{5.5} = 1.3(\text{周})$$

故顾客为等到做好一套西服的期望时间为 1.3 周。

值得注意的是，$M/E_k/1$ 模型与有 k 个串联的服务台模型是有本质区别的。前者强调的是单服务台，即当一个顾客离开服务机构，随后一个顾客才能进入服务机构，而 k 个串联的服务台则没有此限制，仅是，前一服务台的输出即为后一服务台的输入。

小结

本章对单服务台的 $M/M/1$ 模型、多服务台的 $M/M/C$ 模型、一般服务时间的 $M/G/1$ 模型的各种情况，并对不同情况的状态概率进行了系统的分析。通过实际例子阐述了模型及其算法的应用。

通过本章的学习，学会判断实际的排队系统属于哪类模型，并能准确的计算其主要运行指标，根据这些运行指标对实际的排队系统进行分析和评价。

第十六章　排队系统的优化

前面我们介绍了几种排队模型，并进行了分析，求出了一些数量指标及其数学描述，但(作为一个管理决策人员)仅知道怎样描述排队系统，计算出它的有关运行指标是不够的。我们研究的目的是要在掌握排队模型的基础上，进一步利用它作为决策的工具。或者说，当我们遇到一个实际的排队系统，而又有可能改变这个系统的某些参数(例如服务员数、服务强度等)时，应当作出什么决策，使系统达到最优，即所谓排队系统的最优化问题。最优的标准，一般是指经济上获得最大效益。

一般而言，为了减少顾客在系统中的停留时间(从而减少停留费用)，需要提高服务水平和服务强度(缩短每个服务员的服务时间或增加服务员的数目都能达到这一目的)，但这将增加服务机构的成本。最优化的主要目标之一就在于使服务费用和顾客停留费用之和达到最小。如图 16-1 所示的即为一个排队系统的总费用图。另一个常用的目标是使纯收入或使利润(服务收入与服务成本之差)为最大。

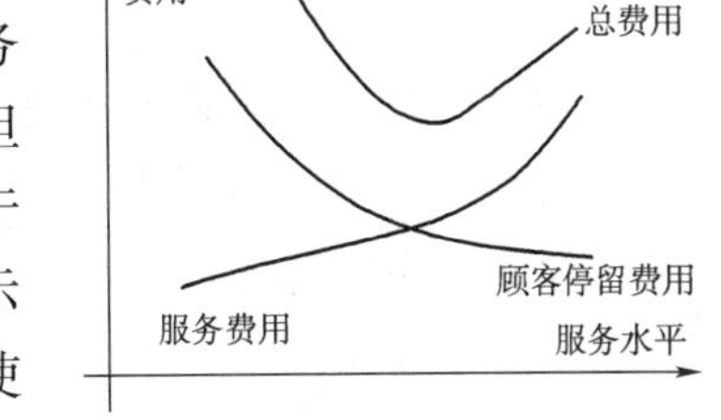

图　16-1

各种费用，在稳态情形下，都是按单位时间来考虑的。一般情形下，服务机构的服务费用(成本)是容易确定的，而顾客的停留费用则不一定能确切知道。例如，若顾客是等待修理的机器，一旦修好，即可生产，所以它的停留费用可以计算出来。再如等待卸货的车辆，减少因排队而产生的停留时间，就相当于增加了用于运输货物的时间，因而其停留费用比较容易确定。而对于一个企业的排队系统，如果排队的是企业内部的工人，那么可以根据工人的工资或工人因排队而耽误生产的损失来计算停留损失；如果顾客是企业外部的人，则不好估计其停留费用，再如像病人就诊的等待费用（由于拖延治疗使病情恶化所受的损失），或由于队列过长而失掉潜在顾客所造成的营业损失，这些就只能根据足够的统计资料来估计；有时候，就不得不对停留时间给出最大容许值来确定系统的有关参数。

服务水平也可以用不同的形式表示，主要的是平均服务率μ（代表服务机构的服务能力和经验等），其次是服务设备，如服务台的个数c，以及由队列所占空间大小所决定的最大队长N等。服务水平也可通过服务强度ρ来表示。

第一节　单服务台模型的最优服务率μ

仅介绍求$M/M/1/\infty/\infty$模型的最优服务率μ。因为$\rho=\lambda/\mu<1$，所以我们可以假定模型的服务强度μ可以在μ至∞的范围内连续变动。

设C_s为当$\mu=1$时服务机构单位时间的费用；C_w为每个顾客在系统中停留单位时间的费用。

系统的单位时间的平均总费用（期望值）

$$z=C_s\mu+C_wL_s \tag{16-1}$$

我们的目标是求μ^*使z取最小值。

将式(15-3)中，L_s之值代入上式，得：

$$z=C_s\mu+C_w\cdot\frac{\lambda}{\mu-\lambda}$$

由于μ为连续变量，求解时可用微分法。为了求极小，先求$\frac{dz}{d\mu}$，然后令其为零

$$\frac{dz}{d\mu}=C_s-C_w\lambda\frac{1}{(\mu-\lambda)^2}$$

$$C_s-C_w\lambda\frac{1}{(\mu-\lambda)^2}=0$$

解出最优的

$$\mu^*=\lambda+\sqrt{\frac{C_w}{C_s}\cdot\lambda} \tag{16-2}$$

例16-1　某汽车加油站，汽车按泊松流到达，平均每小时到达5辆，平均每小时给μ辆汽车加油，加油时间服从负指数分布，每辆汽车停留1h的费用为1元（即$C_w=1$），每辆汽车每小时的加油费用为2元（即$C_s=2$），求加油站的最优服务率μ^*。

解　由题意知：

$$\lambda=5,C_s=2,C_w=4$$

则

$$\mu^*=\lambda+\sqrt{\frac{C_w}{C_s}\cdot\lambda}=5+\sqrt{\frac{1}{2}\times 5}=5.68$$

故加油站的最优服务率为5.68辆/h

第二节　多服务台模型的最优服务台数

仅以$(M/M/C/\infty/\infty)$模型为例进行讨论，在多服务员模型中，服务员数目一般是一个可控因素。增加服务员会提高服务水平，但也会增加与它相联系的费用。假定这个费用是线性的，即与服务员数目成正比，设 C_h 是提供一个服务员每单位时间的费用，C_w 为每个顾客在系统停留单位时间的费用，所以单位时间全部费用的期望值：

$$z = C_h \cdot C + C_w \cdot L_s \tag{16-3}$$

因为 C_h、C_w 都是给定的，唯一可能变动的是服务员数目 c，所以 z 是 c 的函数 $z(c)$，现在是求最优解 c^*，使 $z(c^*)$为最小。

因为 c 只取整数值，(并且在任何情况下必须有 $\lambda/(c\mu)<1$，即 $c>(\lambda/\mu)z(c)$不是连续变量的函数，所以不能用经典的微分法。我们采用边际分析法(Marginal Analysis)，根据 $z(c^*)$是最小的特点，有：

$$\begin{cases} z(c^*) \leqslant z(c^*-1) \\ z(c^*) \leqslant z(c^*+1) \end{cases}$$

将(16-3)式中 z 代入，得：

$$C_h \cdot c^* + C_w \cdot L_s(c^*) \leqslant C_h(c^*-1) + C_w L_s(c^*-1)$$

$$C_h \cdot c^* + C_w \cdot L_s(c^*) \leqslant C_h(c^*+1) + C_w L_s(c^*+1)$$

(注意，因为 L_s 是随着 c 值的不同而不同，所以也是 c 的函数)上式化简后，得：

$$L_s(c^*) - L_s(c^*+1) \leqslant \frac{C_h}{C_w} \leqslant L_s(c^*-1) - L_s(c^*) \tag{16-4}$$

依次求 $c=1,2,3\cdots$时 L_s 的值，并作两相邻 L_s 值之差，因 C_h/C_w 是已知数，根据这个数落在哪个不等式的区间里就可定出 c^*。

例 16-2　某公司现要确定其试验室的最优试验设备套数。平均每天来做试验的人数为48，为泊松分布；每个试验人的停留损失为每天 12 元，试验时间服从负指数分布，平均服务强度为 25 人/天，提供一套试验设备的费用合每天 5 元。要求决定该公司的最优试验设备套数。

解　这是一个$(M/M/C/\infty/\infty)$系统，$\lambda=48,\mu=25,\rho=\lambda/c\mu=1.92/c$，为使$\rho<1$，应有$c>1$。

据式(15-12)，有

$$P_0 = \left[\sum_{k=0}^{c-1}\frac{48^k}{25^k k!} + \frac{1}{c!}\left(\frac{48}{25}\right)^c\left(\frac{1}{1-\rho}\right)\right]^{-1}$$

据式(15-13)有

$$L_s(c) = \frac{(\lambda/\mu)^c \cdot \rho}{c!\ (1-\rho)^2}\cdot P_0 + \frac{\lambda}{\mu} = \frac{48^c\rho \cdot P_0}{25^c c!\ (1-\rho)^2} + \frac{48}{25}$$

对不同的 c 值分别计算 $L_s(c)$，结果如表 16-1。

表 16-1

c	$L_s(c)$	$L_s(c)-L_s(c+1)$	$L_s(c-1)-L(c)$
2	23.490	21.845	∞
3	2.615	0.582	21.845
4	2.063	0.111	0.582
5	1.952		0.111

因为 $C_h/C_w = 5/12 = 0.417$，据式(16-4)和表 16-1，可决定最优设备套数 $c^* = 4$。

小结

本章主要介绍了排队系统优化的概念，并对单服务台的最优服务率和多服务台的最优服务台个数的计算公式进行了推导和应用举例。

通过本章的学习，应掌握排队系统优化的思想和方法，并能将其应用于实际的排队系统之中。

思考题

1. 为顾客进行服务可以采取哪几种规则？试分别举二三个现实生活中的例子。

2. 试述排队模型的主要特征。当用 A/B/n/m 表示排队模型时，请说明各个字母代表什么。

3. 试述 L_s、L_q、W_s、W_q、n、$P_n(t)$、$P_n(n=0,\cdots,\infty)$、λ、μ 的概念

4. 试分别叙述泊松分布、负指数分布、爱尔朗分布的概率密度分布及性质。

5. 试述符合 $M/M/1$ 排队模型的条件及主要运行指标。

6. 试述 $M/M/1/\infty/N$ 与 $M/M/1/m/N$ 模型的含义，解释在这两个模型中 λ_e 的含义及计算公式。

7. 试述排队系统中影响服务水平的主要因素，与费用的关系以及优化的目标。

习 题 六

1. 某汽车加油站，汽车到达服从泊松分布，平均每 5min 到达一辆。设加油站对每辆汽车的加油时间为 10min，问在这段时间内发生以下情况的概率：

(1)没有一辆汽车到达。

(2)有两辆汽车到达。

(3)不少于 5 辆汽车到达。

2. 某修理店只有一个修理工人，来修理的顾客到达次数服从泊松分布，平均每小时 4 人；修理时间服从负指数分布，平均需 6min。试求：

(1)修理店空闲时间的概率。

(2)店内有 3 个顾客的概率。

(3)店内至少有一个顾客的概率。

(4)在店内顾客平均数。

(5)在店内每名顾客平均逗留时间。

(6)等待服务的顾客平均数。

(7)每名顾客平均等待修理(服务)时间。

(8)顾客必须在店内消耗 15min 以上的概率。

3. 某公用电话站有一部电话机，来打电话的人按泊松流到达，平均每小时 24 人，假定每次电话的通话时间服从负指数分布，平均为 2min，求该系统各项指标。又若打电话人的到达情况与通话时间的概率分布均不变，而电话机增加到两部时，系统的各项指标又有什么变化？

4. 对 $M/M/1$ 的排队模型，根据等式右侧的表达式分别解释 ρ 的含义：

(1) $\rho = \dfrac{\lambda}{\mu}$　　(2) $\rho = \dfrac{\frac{1}{\mu}}{\frac{1}{\lambda}}$　　(3) $\rho = P\{n > 0\}$

(4)$\rho = L_s - L_q$　(5)$\rho = \frac{W_q}{W_s}$

5. 对于 $M/M/1$ 模型，λ、μ 分别是平均到达率和平均服务率，试证明顾客在系统中逗留时间 W 服从参数 $\mu - \lambda$ 的负指数分布。

6. 某医院有一台心电图机，要求做心电图的病人按泊松分布到达，平均每小时 5 人。每个病人做心电图时间服从负指数分布，平均每人 10min。设心电图室有 5 把等候的椅子，当病人到达无椅子时，将自动离去，去其他医院就诊，试分别计算 L_s、L_q、W_s、W_q 及由于无等候坐椅自动离去的病人占病人总数的比例。

7. 为开办一个小汽车冲洗站，必须决定提供等待汽车使用的场地大小。假设要冲洗的汽车到达服从泊松分布，平均每 4 分钟冲洗 1 辆。冲洗的时间服从负指数分布，每 3min 冲洗一辆。如果所提供的场地分别能容纳 1 辆、3 辆、5 辆汽车(包括正冲洗的一辆)，比较由于场地不足而转向其他冲洗站的汽车占要冲洗汽车的比例。

8. 某排队系统，顾客按泊松分布到达，平均每分钟到达 4 人，排成一队等待服务，该系统有 4 个服务员，每个服务员为一个顾客服务的时间服从负指数分布，平均服务时间为 1/2min，求该系统的 L_q、L_s、W_q、W_s。

9. 对于 $M/M/C$($C>1$ 整数)模型，分别就(1)系统容量有限制(N)，(2)顾客源有限(m)这两种情形，写出有效到达率 λ_e 的表达式。

10. 一个车间有 3 名修理工，送到修理车间修理的机器按泊松分布到达，平均每天 4 台，又每台机器需要修理的时间为负指数分布，平均每台需半天时间。假如每台机器均由一位修理工单独修理，机器一律按先送先处理的原则安排，要求：

(1)在稳态状态下，在该修理间积压 n 台机器(包括正修理的)的概率；

(2)计算这个系统的 L_s、L_q、W_s、W_q。

11. 某铁路局为经常油漆使用的车厢，考虑了两个方案：方案一，设置一个手工油漆工厂，年总开支费用为 20 万元，每节车厢油漆时间为均值是 6h 的负指数分布；方案二，建一个喷漆车间，年总开支费用为 45 万元，每节车厢油漆时间为均值 3h 的负指数分布。设要油漆的车厢按泊松流到达，平均每 8h 一节，油漆工厂昼夜常年开工(即每年工作时间为 365 × 24 = 8760h)，又每节车厢闲置时间的损失为每小时 15 元，该铁路局应采用哪一个方案比较经济合算?

第七部分　存　贮　论

第十七章　存　贮　论

第一节　概　　述

一、存贮现象及其定义

在人们的生产活动和日常生活中，存在着大量的存贮现象。例如，工业企业中的各个生产环节都有一定数量的原材料、半成品或外购件等储备，以保证生产的均衡性和连续性；各类商场一般也都设有商品库以存放待出售的商品，以便满足顾客的需要，保证市场的供应；此外，还有信息的储存、人才的储备、资金储备等等。

存贮现象的产生，是由于供应（生产）与需求（消费）之间的不均衡性造成的。比如，企业在生产活动中，物资的耗用是经常性的、小批量的，或者是零星分散的，有些还带有季节性、周期性，或者表现为高峰需求；而物资的供应一般则是分期的、大批量的进货，因此，就必须建立"存贮"这个环节，以解决物资供与需的配合和协调的问题。

从某种意义上来说，存贮可以说是储藏起来的生产能力。这是因为：一方面，是否有库存，直接关系到生产是否能够持续地进行；另一方面，库存量是否合理，又直接影响到企业的经济效益。当存贮量过小的时候，就不能保证资源（物资、资金、人员等）的及时供应，而造成生产的停顿；当存贮量过大的时候，则会造成资源的积压，过多地占用流动资金，也将造成经济上的损失。

存贮论是研究存贮问题的有关理论和方法的一门科学，是运筹学的一个重要分支。它用定量的方法描述存贮物资供求的动态过程和存贮状态，描述存贮状态和费用之间的关系，并确定经济上合理的存贮策略，从而为人们提供定量的决策依据和有价值的定性指导。

如果以存贮为中心，把资源的供应作为输入，需求作为输出，则构成了一个库存控制系统，如图17-1所示。

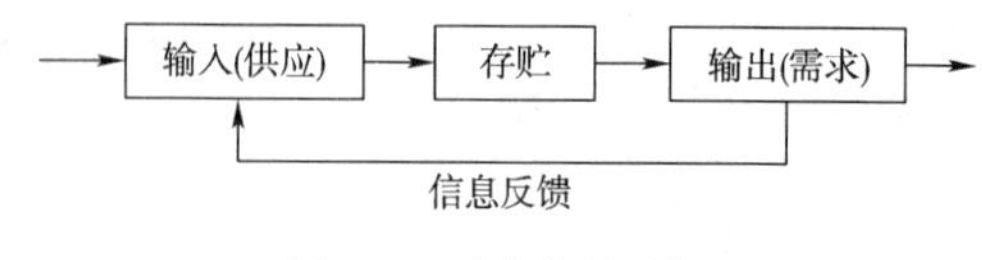

图17-1　库存控制系统

二、研究内容及其原则

库存控制系统要求管理者在满足需求的前提下，制定出合理的存贮策略，其研究的内容包括：分析和建立合理的库存水平；估计何时需要补充存贮；每次补充的量应为多少；存贮的周期应如何确定；存贮的费用应如何估算；是否允许缺货，如何估算缺货造成的损失等。

存贮论是以库存总费用最小为原则来研究存贮模型的，即注重经济效益。早在1915年，人们就开始了对存贮问题定量的分析与研究，最初是F. N. Harris提出了最佳订购批量的计算公式，以后由威尔逊付诸应用。从20世纪40年代开始，人们就更加重视库存问题，因为库存构成了企事业单位收支平衡中的很大一部分，一些公司由于缺乏对库存量的控制而导致经营上的失败，更促使了对存贮问题的研究，从而提出了各种存贮模型及其定量分析方法，逐步形成了库存理论，成为运筹学的一个新的分支。

在我国，已经开始由过去的集中计划生产和计划配给物资，向社会主义的市场经济和市场调节转变，如何有效地利用存贮手段来实现这种转变，就更具现实意义。

三、存贮论的基本概念

1. 需求

对存贮来讲，需求就是从存贮中取出一定的数量，使存贮减少，需求就是存贮的输出。有的需求是间断式的（图17-2），有的需求是连续均匀的（图17-3）；有的需求是已知的、确定性的，如造船厂按合同每年提供给客户一艘船；有的需求是不确定的、随机的，如某商场对某种商品的需求量这个月可能是8000件，下个月则可能是6000件。但是经过长期大量的统计以后，可能就会发现每月对该种商品需求量的统计规律，称之为有一定随机分布的需求。

图17-2和图17-3分别表示t时间内的输出量均为$S—W$，但两者的输出方式不同。图17-2是一种间断式输出，而图17-3则是一种连续式的输出。

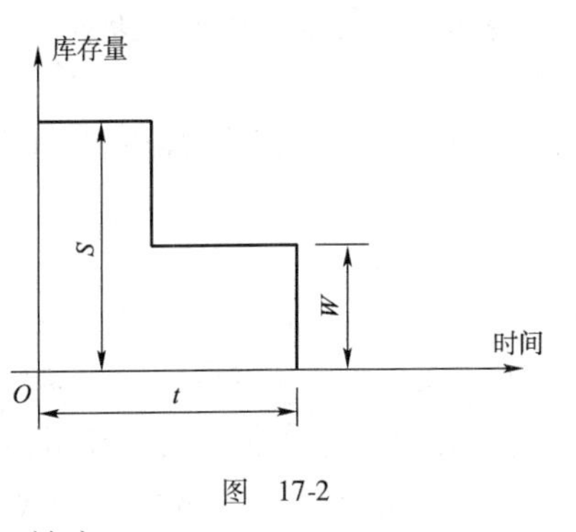

图 17-2

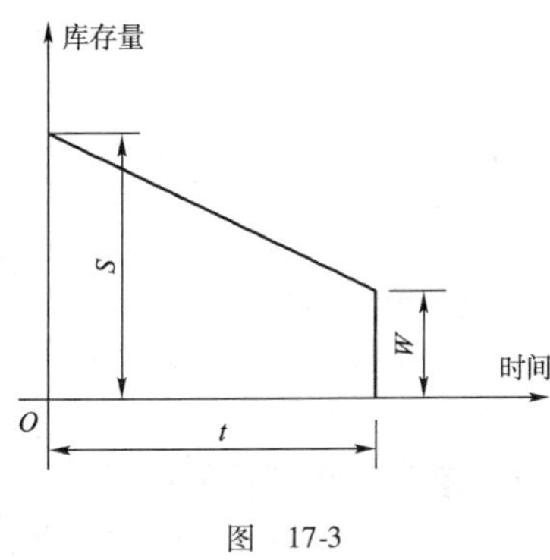

图 17-3

2. 补充

存贮由于需求而不断减少，必须加以补充，否则将无法满足需求，补充就是存贮的输入。补充一般是订货（购买）或生产，从订货到货物进入“存贮”往往需要一段时间，这段时间称为拖后时间。有时候，为了保证在某一时刻能够补充存贮，则需要提前订货，那么这段时间称为提前时间。拖后（提前）时间可能长，也可能短；可能是确定性的，也可能是随机性的。

3. 存贮策略

决定补充时间及补充数量的策略称为存贮策略。即决定多长时间补充一次，每次补充的数量是多少。

常用的存贮策略有3种类型：

（1）t循环策略：即每隔t时间补充存贮量Q（进货批量）。当需求量已知，需求速度固定不变，且补充时间为零时，可以采用这种存贮策略，即当存贮量下降到零时，正好补充下一批量。其存贮状态图如图17-4所示。

（2）补充策略：或称(s,S)策略，即每当存贮量$x>s$，不补充，当$x \leq s$时补充存贮，将存贮量

补充到 S。若记 Y_i 为存贮量，每次的补充量为 Q_i，则

$$Q_i = \begin{cases} S - Y_i & (Y_i \leqslant S) \\ 0 & (Y_i > S) \end{cases}$$

同时，这种存贮模型的需求速度是变化的，补充时间为零，其存贮状态图如图 17-5 所示。

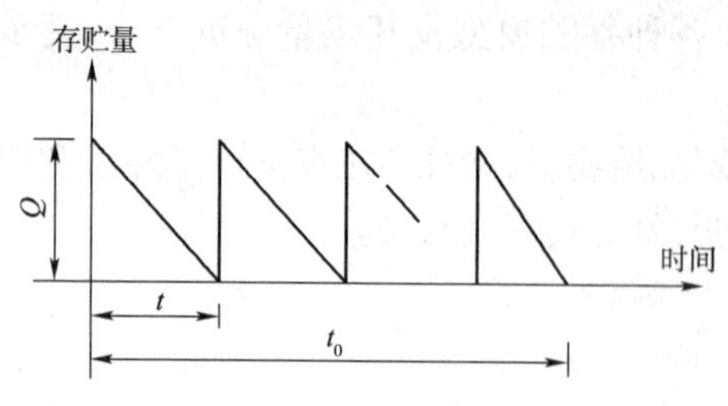

图 17-4　t 循环策略存贮状态图

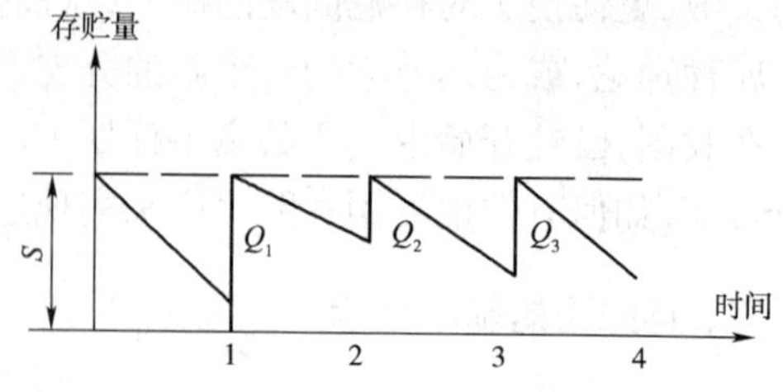

图 17-5　补充策略存贮状态图

（3）混合策略：或称 (t,s,S) 策略，即每经过 t 时间，检查存贮量 x，当 $x>s$ 时，不补充；当 $x\leqslant s$ 时，补充存贮量，使之达到 S。这种存贮模型的需求速度也是变化的，其存贮状态图如图 17-6 所示。

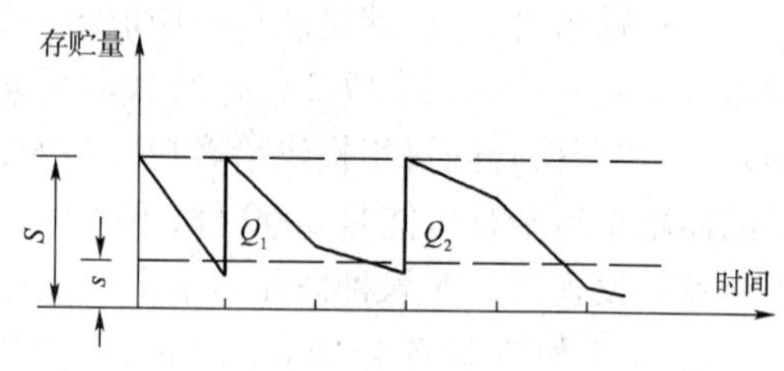

图 17-6　混合策略存贮状态图

上述常用的存贮策略虽然比较简便，但对库存量的限制，检查周期的确定等，往往是凭经验给出的，因而补充量 Q、补充次数 n 和周期 T 都不一定是最优的，所以也很难说是经济效益最好的策略。

应该如何衡量存贮策略的优与劣呢？最直接的衡量标准，就是计算该策略所耗用的费用是多少。

4. 费用函数

研究存贮模型的目的，是要找出使总费用最小的存贮策略。费用函数就是将存贮状态图中各个参数和费用之间的关系定量地表达出来。在库存系统中，主要包括以下一些费用：

（1）存贮费：指存货被使用或出售前与存贮有关的费用。包括仓库保管费、存贮设备的保养与维修费、保险费、物资占用资金应付的利息以及物资损坏变质等支出的费用等。这笔费用可以是某一时期内最大库存量的函数，或平均库存量的函数，或供应超过需求的累积余量的函数。

（2）订货费：包括两部分费用，一是订购费用（固定费用），如手续费、电信费、订货人员的差旅费等。订购费与订货次数有关，而与订购数量无关。一是物资的成本费（可变费用），如物资本身的价格、运费等。物资的成本费与订货的数量有关。如物资单价为 K 元，订购费为 C_2 元，订货数量为 Q，则订货费用为 C_2+KQ 元。

（3）生产费：补充存贮时，若不向外厂订货，而是自行生产，就要有一定的生产费用。生产费用一般也包括两部分：一是固定费用（装配费用或称准备、结束费用），如更换模具、夹具，或添置某些专用设备等所需要的费用。一是可变费用，如与生产有关的材料费、加工费等。

（4）缺货费：当存贮供不应求时造成损失所产生的费用。如失去销售机会的损失、停工待料的损失，以及不能履行合同而缴纳的罚款等。

在不允许缺货的情况下，对缺货费的处理方式是认为缺货费为无穷大。

上述费用是费用函数中的主要项目，在制定短期存贮策略时，只考虑这四项费用就可以

了。但在制定长期存贮策略时,还需要考虑折旧费和贴现率等因素。总之,一旦费用项目确定以后,就可以根据存贮状态图及有关的统计资料建立相应的费用函数。

四、存贮模型的分类

存贮论要解决的主要问题是,确定最佳的存贮策略。确定存贮策略时,首先是把实际问题抽象为数学模型,在形成模型的过程中,对一些复杂的条件尽量简化,突出主要问题,使模型能够反映问题的本质。然后对模型用数学的方法进行定量研究,得出数量结论。至于这个结论是否正确,还要拿到实践中加以检验。若结论与实际不符,则要对模型加以重新研究和修正。

根据各种不同的输入、输出条件,通常将存贮模型分为确定性存贮模型和随机性存贮模型两大类。下面,我们分别加以讨论。

第二节　确定性存贮模型

均匀需求的情况

这类模型讨论的是需求量是已知的,需求速度是均匀的,补充采取 t 循环策略的模型。我们首先讨论经典的经济批量模型,然后,在此基础上进一步展开讨论。

1. 模型一:经典的经济批量模型

1)模型特征

(1)不允许缺货。

(2)需求是连续均匀的,需求速度 R 为常数,且是已知的,则 t 时间的需求量为 Rt。

(3)当存贮降到零时,可以立即得到补充(即生产时间或拖后时间很短,可以近似地看作零)。

(4)每次的订货量不变,订购费不变。

(5)单位存贮费不变。

2)模型分析

该模型的存贮状态如图 17-7 所示。

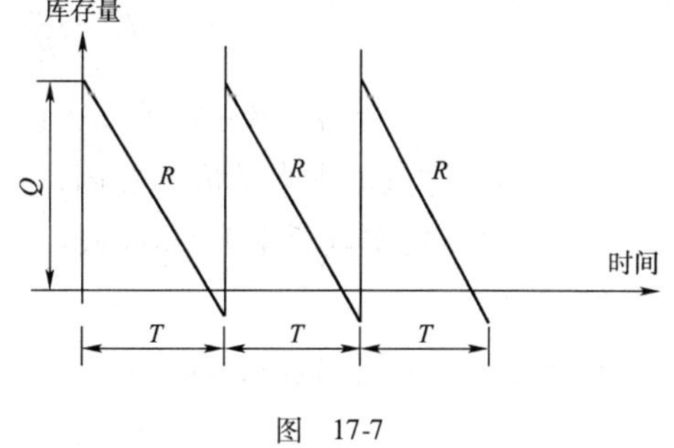

图　17-7

由上述特征可知,这是一个曲型的 t 循环策略,那么,应该如何才能找出费用最低的策略呢?

设:Q——进货批量;

R——需求速度;

T——订货周期;

C_1——单位库存费;

C_2——单位订货费。

则 $Q=RT$

因为需求速度是一定的,所以有些物资就得暂时贮存起来,其平均存贮量为图 17-7 中三角形面积除以 T。即在一个 T 循环周期内,每单位时间的平均库存量为:

$$\overline{Q}=\frac{1}{T}\int_0^T Rt\mathrm{d}t=\frac{RT}{2}=\frac{Q}{2}$$

所以,每个周期的库存总费用为:

$$C=\frac{1}{2}C_1RT^2+C_2$$

则单位时间内的平均总费用为：

$$E=\frac{C}{T}=\frac{1}{2}C_1RT+\frac{C_2}{T}$$

为取得最佳订货策略，对该目标函数 E 微分，并令其等于零，即：

$$\frac{\mathrm{d}E}{\mathrm{d}T}=\frac{1}{2}C_1R-\frac{C_2}{T^2}=0$$

因而有

(1)最佳订货周期

$$T_0=\sqrt{\frac{2C_2}{C_1R}} \tag{17-1}$$

(2)最佳订货批量

$$Q_0=RT_0=\sqrt{\frac{2C_2R}{C_1}} \tag{17-2}$$

式(17-2)就是存贮论中著名的经济订购批量(Economic Ordering Quantity)公式，简称 E. O. Q 公式，也称平方根公式，或经济批量公式。

(3)单位时间最小总费用

$$E_0=\frac{1}{2}C_1RT_0+\frac{C_2}{T_0}=\sqrt{2C_1C_2R} \tag{17-3}$$

例 17-1 某客运公司平均每月使用汽油6000kg。汽油价格为每公斤 1. 05 元，每次订购费为4000 元，存贮费是每月每公斤 0. 03 元。不允许缺货，试求经济批量和每月的最小库存总费用。

解 该问题符合模型一的条件。记 $K=1.05$，$C_1=0.03$，$C_2=4000$，由于不允许缺货，则 $R=6000$，代入 E. O. Q 公式得：

$$Q_0=\sqrt{\frac{2C_2R}{C_1}}=\sqrt{\frac{2\times4000\times6000}{0.03}}=40000(\text{kg})$$

$$T_0=\frac{Q_0}{R}=\frac{40000}{6000}=6.67(\text{月})$$

$$E_0=\sqrt{2C_1C_2R}+KR=\sqrt{2\times0.03\times4000\times6000}+1.05\times6000=7500(\text{元/月})$$

由于要考虑汽油本身的成本费用，所以在计算总费用时，要加上 KR 这一项。即每隔 6. 67 个月订货一次，每次订货量为 40000kg，最小库存总费用为 7500 元/月。

3)算法讨论

(1)也可以采用图解法，求出：

$$E=\frac{1}{2}C_1RT+\frac{C_2}{T}$$

的关系式。即将总费用分成两部分：$\frac{1}{2}C_1RT$ 和 $\frac{C_2}{T}$，分别画出图形，如图 17-8 所示。

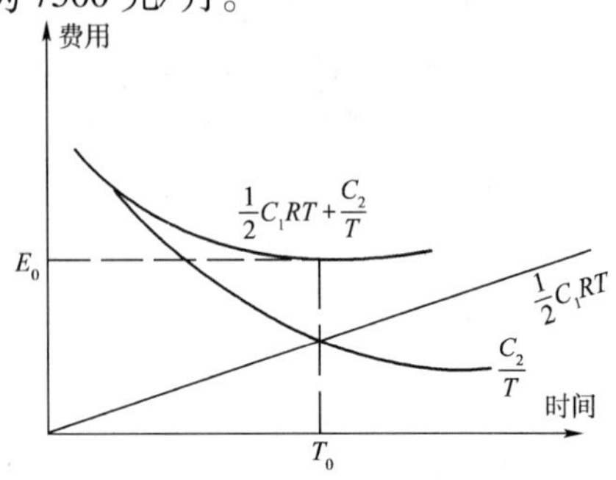

图 17-8

(2)如果全年需求量为 D，假定全年分 n 批进货，则每批的订货量为：

$$Q = D/n \qquad n = D/Q$$

那么,全年的存贮费为:

$$C' = \frac{1}{2}QC_1$$

全年的订货费为:

$$nC_2 = C_2\frac{D}{Q}$$

全年总费用为:

$$S = \frac{1}{2}C_1Q + C_2\frac{D}{Q}$$

令

$$\frac{\mathrm{d}S}{\mathrm{d}Q} = \frac{1}{2}C_1 - \frac{C_2D}{Q^2} = 0$$

则

①使全年总费用最小的每批最佳订货量为:

$$Q_0 = \sqrt{\frac{2C_2D}{C_1}}$$

②最佳订货次数为:

$$n_0 = \frac{D}{Q_0} = \sqrt{\frac{C_1D}{2C_2}}$$

③最佳订货周期为:

$$T_0 = \sqrt{\frac{2C_2}{C_1D}}$$

④全年最小总费用:

$$S_0 = \sqrt{2C_1C_2D}$$

这些公式与前面所求的公式是相对应的。采用图解法如图17-9所示。

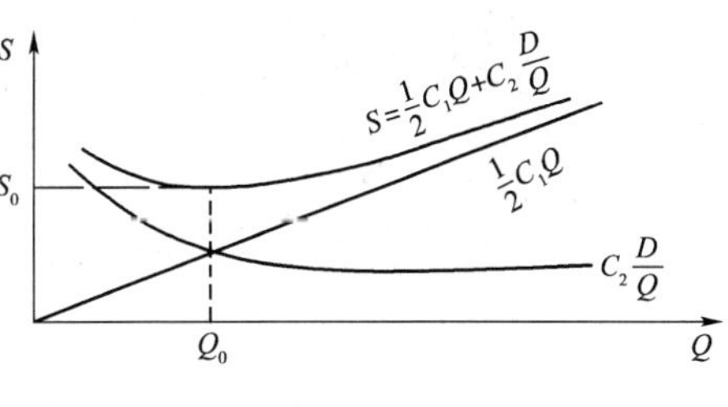

图 17-9

(3)上述公式在实际应用的时候,还会遇到如何取整的问题,因为 t_0(或 Q_0、n_0)不一定是整数。假定 $t_0 = 17.458$ 天,那么应该取17天还是取18天呢?显然,小数点后面的数字对实际订货间隔的时间是没有意义的,但为了精确起见,可以分别取17和18天;计算 $C(17)$ 和 $C(18)$ 的值,并进行比较,再决定是应该取17还是取18天。

利用数学分析方法可以证明,当 t 在 t_0 点有增量 Δt 时,总费用的增量 $\Delta C(t_0) \approx C_3/t_0^3\Delta(t)^2$,即当 $\Delta t \to 0$ 时,ΔC 是 Δt 的高阶无穷小量。这说明 t_0 的微小变化对 $C(t)$ 的影响不大。

例 17-2 某船厂每月生产某种标准件4000件,每件每月需存贮费8.5元,每次生产需调整机器设备等,共需装配费2000元。求最佳生产批次。

解 已知存贮费 $C_1 = 8.5$,装配费 $C_2 = 2000$,需求速度 $R = 4000$

(1)若该厂每月生产标准件一次,生产批量为4000件,则

每月所需总费用为:

$$8.5 \times 1/2 \times 4000 + 2000 = 19000(\text{元/月})$$

全年所需总费用为：

$$19000 \times 12 = 228000(\text{元/年})$$

（2）若由式（17-2）求得每次的生产批量为：

$$\begin{aligned} Q_0 &= \sqrt{2 \times C_2(\text{装配费}) \times R(\text{需求速度})/C_1(\text{存贮费})} \\ &= \sqrt{2 \times 2000 \times 4000/8.5} \approx 1372(\text{件}) \end{aligned}$$

则由 Q_0 可以计算出全年应生产的次数：

$$n_0 = 4000 \times 12/1372 \approx 35(\text{次})$$

两次生产相隔的时间为：

$$t_0 = 365/35 \approx 10.4(\text{天})$$

10.4 天的存贮费为：

$$10.4 \times 8.5/30 = 2.95(\text{元/件})$$

10.4 天的总费用为：

$$2.95 \times 1372 + 2000 \approx 6047.4(\text{元})$$

如果按全年生产 35 次计算，全年所需总费用为：

$$6047.4 \times 35 = 211659(\text{元})$$

$$228000 - 211659 = 16341(\text{元})$$

即：利用 E.O.Q 公式求出的经济生产批量进行生产的话，每年可节约资金 16341 元。故应选择每次生产 1372 件标准件，每年生产 35 次的策略，可使总费用为最低。

2. 模型二：连续补充的经济批量模型

在实际工作中，订货物资往往并不一定是一次送达而是一次订货分多次送达的，也就是边进货边消耗。此时，进货时间就不能不计，这是不同于前述模型的。

1）模型特征

（1）不允许缺货。

（2）需求是连续均匀的，需求速度 R 为常数，且是已知的，则 t 时间的需求量为 Rt。

（3）当存贮降到零时，需经过一段时间后才能得到补充（即生产需一定时间或有一定的拖后时间）。

（4）每次的订货量不变，订购费不变。

（5）单位存贮费不变。

2）模型分析

该模型除进货（生产）需一定时间外，其余特点均与模型一相同。

这里，假定 C_1、C_2、Q、T、D、R 的含义同前，并补充一些假定：

设 t——补充订货所需要的时间；

r——进货速率（边进货边出库）。

出货速度仍为 R，则存贮量的增长速度为 $r—R$，要求 $r > R$。

该种模型的存贮状态如图 17-10 所示。

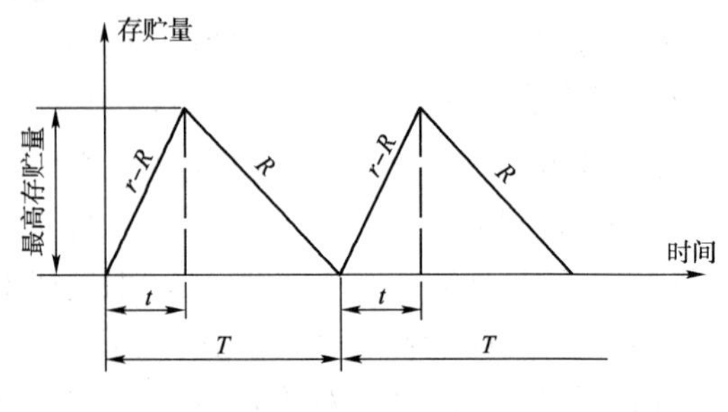

图 17-10

为了求得各项费用，可以先求在周期 T 时间内的平均库存量：

$$\overline{Q}=\frac{\frac{1}{2}(r-R)t\cdot t+\frac{1}{2}(r-R)t\cdot(T-t)}{T}=\frac{1}{2}(r-R)t$$

因为在 t 时间内的进货量应等于在 T 时间内的消耗量，所以有 $rt=RT$。由于 $t=\frac{RT}{r}$，有

$$\overline{Q}=\frac{1}{2}(r-R)\cdot\frac{RT}{r}$$

则单位时间所花总费用为：

$$E=\frac{1}{2}C_1(r-R)\cdot\frac{RT}{r}+\frac{C_2}{T}$$

对上式求微分，令：

$$\frac{\mathrm{d}E}{\mathrm{d}T}=\frac{1}{2}C_1(r-R)\frac{R}{r}-\frac{C_2}{T^2}=0$$

可得

（1）最佳订货周期

$$T_0=\sqrt{\frac{2C_2}{C_1R\left(1-\frac{R}{r}\right)}} \tag{17-4}$$

（2）最佳订货批量

$$Q_0=RT_0=\sqrt{\frac{2C_2R}{C_1\left(1-\frac{R}{r}\right)}} \tag{17-5}$$

（3）单位时间平均总费用

$$E_0=\sqrt{2C_1C_2R\left(1-\frac{R}{r}\right)} \tag{17-6}$$

（4）最佳进货（生产）时间

$$t_0=\frac{RT_0}{r}=\sqrt{\frac{2C_2R}{C_1r(r-R)}} \tag{17-7}$$

例 17-3 某船舶装配车间每月需某零件 200 件，该零件由厂内生产，每月的生产率为 800 件，每批装配费为 5 元，每月每件产品的存贮费为 0.4 元，试求经济批量和每月的最小库存总费用。

解 该问题符合模型二的条件。已知 $C_1=0.4$，$C_2=5$，$r=800$，$R=200$，代入公式（17-4）～（17-7）可得

（1）最佳订货周期

$$T_0=\sqrt{\frac{2C_2}{C_1R\left(1-\frac{R}{r}\right)}}=\sqrt{\frac{2\times5}{0.4\times200\times\left(1-\frac{200}{800}\right)}}=0.408（月）$$

（2）最佳订货批量

$$Q_0=RT_0=200\times0.408=81.6（件）$$

（3）单位时间平均总费用

$$E_0=\sqrt{2C_1C_2R\left(1-\frac{R}{r}\right)}=\sqrt{2\times0.4\times5\times200\times\left(1-\frac{200}{800}\right)}=24.495（元/月）$$

(4)最佳进货(生产)时间

$$t_0=\frac{RT_0}{r}=\frac{81.6}{800}=0.102(月)$$

即:每次的经济批量为81.6件,每月最小库存总费用为24.495元。

3)算法讨论

如果全年需求量为 D 时,应如何制定最佳库存策略呢?

由于进货率为 R,且 $r>R$,所以每批货全部送达所需时间为 Q/r,每批货全部用完所需时间为 Q/R。由于是边进货边消耗,所以每批订货的最高库存为:

$$Q-\frac{Q}{r}R=Q(1-\frac{R}{r})$$

则在周期 T 内的平均库存量为:

$$\frac{1}{2}\left(Q-\frac{Q}{r}R\right)=\frac{1}{2}Q\left(1-\frac{R}{r}\right)$$

全年的存贮费为:

$$\frac{1}{2}C_1Q\left(1-\frac{R}{r}\right)$$

全年的订货费为: $\frac{D}{Q}C_2$

全年总费用为:

$$S=\frac{1}{2}C_1Q\left(1-\frac{R}{r}\right)+\frac{D}{Q}C_2$$

令

$$\frac{\mathrm{d}S}{\mathrm{d}Q}=\frac{1}{2}C_1\left(1-\frac{R}{r}\right)-\frac{DC_2}{Q^2}=0$$

则有

$$Q^*=\sqrt{\frac{2C_2D}{C_1\left(1-\frac{R}{r}\right)}} \tag{17-8}$$

$$S^*=\sqrt{2C_1C_2D\left(1-\frac{R}{r}\right)} \tag{17-9}$$

例17-4 某物资局加工处,每年计划加工订购某种运输物资6000件,已知一次订购费为200元,存贮费为每月每件3.2元,每天进货量为50件。求在不影响供应的情况下的最佳订购批量和最小费用。

解 不影响供应也就是不允许缺货,并且物资是分次送达的,故属于连续补充的经济批量模型。

解法一:

已知 $C_1=3.2$(元/件月),$C_2=200$(元/次),$R=6000/12=500$(件/月),$r=50\times30$(天)$=1500$(件/月)

由公式(17-5)及式(17-6)可得:

$$Q^*=\sqrt{\frac{2rRC_2}{C_1(r-R)}}=\sqrt{\frac{2\times1500\times500\times200}{3.2\times(1500-500)}}=306.19$$

$$E^*=\sqrt{\frac{2C_1C_2R(r-R)}{r}}=\sqrt{\frac{2\times3.2\times200\times500\times(1500-500)}{1500}}=653.20(元/月)$$

$$S^* = 653.20 \times 12 = 7838.4(\text{元/年})$$

解法二：

已知 $D = 6000$（件），$C_1 = 3.2 \times 12$（月）$= 38.4$（元/件年），$C_2 = 200$（元/次），$R = 6000/(30 \times 12) = 16.67$（件/天），$r = 50$（件/天）

由公式（17-8）及（17-9）可得：

$$Q^* = \sqrt{\frac{2C_2 rD}{C_1(r-R)}} = \sqrt{\frac{2 \times 200 \times 50 \times 6000}{38.4 \times (50 - 16.67)}} = 306.20$$

$$S^* = \sqrt{2C_1 C_2 D\left(1 - \frac{R}{r}\right)}$$

$$= \sqrt{2 \times 38.4 \times 200 \times 6000 \times \left(1 - \frac{16.67}{50}\right)} = 7857.94(\text{元/年})$$

两种解法的结果是一致的。

3. 模型三：允许缺货（订货一次送达）的经济批量模型

前面两种模型是在不允许缺货的情况下推导出来的，在实际工作中，用货单位在一定的时间内允许缺货的情况还是存在的。这种模型具有如下的特征：

1）模型特征

（1）允许缺货。

（2）需求是连续均匀的，需求速度 R 为常数，且是已知的，则 t 时间的需求量为 Rt。

（3）当存贮降到零时，经缺货时间 t（时间很短）后再订货。

（4）每次的订货量不变，订购费不变。

（5）单位存贮费不变。

2）模型分析

该模型与模型一相比，除允许缺货且有较短的缺货时间外，其余特点均与模型一相同。由于允许缺货，所以企业可以在存贮量降至为零后，再等一段时间再订货，这样就可以减少订货的固定费用和库存费用。一般来说，若缺货不会造成用户（顾客）的损失或损失很小，且企业除了支付少量的缺货费外，也无其他损失的时候，采用这种存贮策略对企业还是有利的。

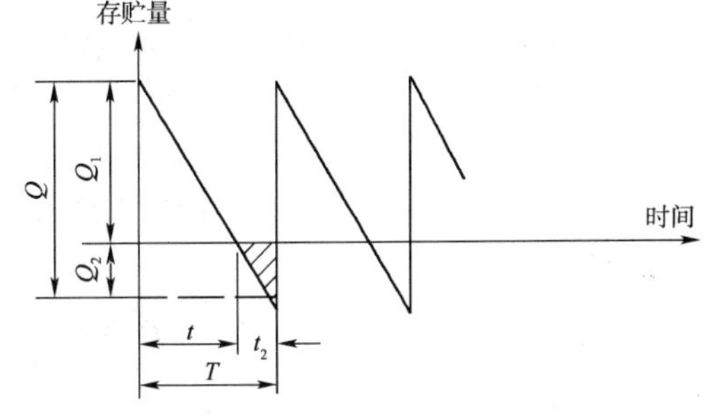

图 17-11　允许缺货（订货一次送达）的存贮状态图

该模型的存贮状态图如图 17-11 所示。

设 Q_1——按期入库量（即补充完缺货后所剩的数量）；

Q_2——缺货量；

Q——进货量，且 $Q = Q_1 + Q_2$；

t_1——进货后至用完所需时间；

t_2——用完货至再进货所需时间；

C_3——单位时间内的缺货损失费。

则由图 17-11 可知：

t_1 时间内的平均库存量为 $\frac{1}{2}Q_1$，一个周期内的存贮费为 $\frac{1}{2}Q_1 C_1 t_1$。

由三角形相似关系可得到：

$$\frac{t_1}{Q_1}=\frac{t_2}{Q_2}=\frac{T}{Q}$$

所以

$$t_1=\frac{Q_1 T}{Q} \quad t_2=\frac{Q-Q_1}{Q}T$$

又因为 t_2 时间内的平均缺货量为$\frac{Q_2}{2}$，所以在周期 T 内的缺货损失费为$\frac{1}{2}(Q-Q_1)C_3t_2$。

当订货量仍为 C_2 时，全年的总费用为：

$$S=\left[\frac{1}{2}C_1Q_1t_1+\frac{1}{2}(Q-Q_1)C_3t_2+C_2\right]\frac{D}{Q}$$

将 t_1、t_2 的值代入上式：

$$S=\left[\frac{C_1Q_1^2}{2Q}+\frac{C_3(Q-Q_1)^2}{2}\right]\frac{TD}{Q}+\frac{C_2D}{Q}$$

因为

$$\frac{TD}{Q}=1$$

所以

$$S=\frac{C_1Q_1^2}{2Q}+\frac{C_3(Q-Q_1)^2}{2Q}+\frac{C_2D}{Q}$$

令

$$\begin{cases}\dfrac{\partial S}{\partial Q_1}=\dfrac{C_1Q_1}{Q}-\dfrac{C_3(Q-Q_1)}{Q}=0\\ \dfrac{\partial S}{\partial Q}=-\dfrac{C_1Q_1^2}{2Q^2}+\dfrac{4Q(Q-Q_1)-2(Q-Q_1)^2}{4Q^2}C_3-\dfrac{C_2D}{Q^2}=0\end{cases}$$

解联立方程组可求得：

(1)最佳订货批量(缺货后到货时需要补充的最佳进货批量)

$$Q_0^*=\sqrt{\frac{2C_2D}{C_1}\left(\frac{C_1+C_3}{C_3}\right)} \tag{17-10}$$

(2)最佳进货批量(缺货后不需补充的最佳进货批量)

$$Q_1^*=\frac{C_3}{C_1+C_3}Q_0^*=\sqrt{\frac{2C_2D}{C_1}\left(\frac{C_3}{C_1+C_3}\right)} \tag{17-11}$$

(3)缺货量

$$Q_2^*=Q_0^*-Q_1^*=\sqrt{\frac{2C_2D}{C_3}\left(\frac{C_1}{C_1+C_3}\right)} \tag{17-12}$$

(4)最佳订货周期

$$T_0=\frac{Q_0}{D}=\sqrt{\frac{2C_2(C_1+C_3)}{C_1C_3D}} \tag{17-13}$$

(5)最小总费用

$$S_0=\sqrt{2C_1C_2D\left(\frac{C_3}{C_1+C_3}\right)} \tag{17-14}$$

例 17-5 已知某企业对某种零件的年需要量是 24000 件，订购费为 350 元，单位零件的年存贮费为 1.2 元，单位缺货损失费为 2.4 元，求最佳初始存贮量和最小费用。

解 已知 $C_1=1.2$，$C_2=350$，$C_3=2.4$，$D=24000$，求 Q_2^* 和 S_0。

由上述计算公式可得：

$$Q_0=\sqrt{\frac{2C_2D}{C_1}\left(\frac{C_1+C_3}{C_3}\right)}=\sqrt{\frac{2\times350\times24000}{1.2}\left(\frac{1.2+2.4}{2.4}\right)}=4583(\text{件})$$

$$Q_1^*=\sqrt{\left(\frac{2C_2D}{C_1}\right)\frac{C_3}{C_1+C_3}}=\sqrt{\frac{2\times350\times24000}{1.2}\left(\frac{2.4}{1.2+2.4}\right)}=3055(\text{件})$$

$$Q_2^*=\sqrt{\frac{2C_2D}{C_3}\left(\frac{C_1}{C_1+C_3}\right)}=\sqrt{\frac{2\times350\times24000}{1.2}\left(\frac{1.2}{1.2+2.4}\right)}=1528(\text{件})$$

$$T_0=\frac{Q_0}{D}=\frac{4583}{24000}=0.191(\text{年})$$

$$S_0=\sqrt{2C_1C_2D\left(\frac{C_3}{C_1+C_3}\right)}=\sqrt{2\times1.2\times350\times24000\times\left(\frac{2.4}{1.2+2.4}\right)}=3666(\text{元})$$

即最佳库存方案是在允许缺货1528件的情况下，每隔两个多月（$0.91\times12=2.292$）订货一次，每次订货4583件，补充完缺货后，还有库存3055件，这样能使总费用达到最小值3666元。如果不允许缺货，其总费用是4490元：

$$S_0=\sqrt{2C_1C_2D}=\sqrt{2\times1.2\times350\times24000}=4490(\text{元})$$

这说明在不影响需求的情况下，仓库在一段时间内有一定数量的缺货是有利的。

3）算法讨论

（1）与不允许缺货的模型相比，上述计算公式中多了一个因子$\frac{C_3}{C_1+C_3}$，当 C_3 很大（$C_3\to\infty$，即不允许缺货）时，$\frac{C_3}{C_1+C_3}\to1$，则

$$t^*\approx\sqrt{\frac{2C_2}{C_1R}}\qquad S^*\approx\sqrt{\frac{2RC_2}{C_1}}\qquad C^*\approx\sqrt{2C_1C_2R}$$

与公式（17-1）、（17-2）、（17-3）是相同的。

（2）该模型由于允许缺货的最佳周期 t^* 为不允许缺货周期 t 的$\sqrt{\frac{C_1+C_3}{C_3}}$倍，而$\frac{C_1+C_3}{C_3}>1$，所以，两次订货的间隔时间延长了。

（3）在不允许缺货的情况下，为了满足 t^* 时间内的需求，订货量为 $Q^*=Rt^*$，即：

$$Q^*=\sqrt{\frac{2RC_2}{C_1}\left(\frac{C_1+C_3}{C_3}\right)}\tag{17-15}$$

在允许缺货的情况下，存贮量只需达到 S^* 即可：

$$S^*=\sqrt{\frac{2RC_2}{C_1}\left(\frac{C_3}{C_1+C_3}\right)}$$

显然，$Q^*>S^*$，它们的差值

$$\begin{aligned}Q^*-S^*&=\sqrt{\frac{2RC_2}{C_1}\left(\frac{C_1+C_3}{C_3}\right)}-\sqrt{\frac{2RC_2}{C_1}\left(\frac{C_3}{C_1+C_3}\right)}\\&=\sqrt{\frac{2RC_2}{C_1}}\left(\sqrt{\frac{C_1+C_3}{C_3}}-\sqrt{\frac{C_3}{C_1+C_3}}\right)\end{aligned}$$

$$= \sqrt{\frac{2RC_1C_2}{C_3(C_1+C_3)}}$$

表示在 t^* 时间内的最大缺货量。

(4)在允许缺货的条件下,经过计算得出的存贮策略是每隔 t^* 时间定货一次,订货量为 Q^*,用 Q^* 中的一部分物资补足所缺物资,剩余部分 S^* 进入存贮。显然,在相同的时间区间里,允许缺货的订货次数比不允许缺货的订货次数要少。

4. 模型四:允许缺货(物资陆续送达)的经济批量模型

1)模型特征

(1)允许缺货。

(2)需求是连续均匀的,需求速度 R 为常数,且是已知的,则 t 时间的需求量为 Rt。

(3)当存贮降到零时,经缺货时间 t(需一定时间)后再订货。

(4)每次的订货量不变,订购费不变。

(5)单位存贮费不变。

2)模型分析

该模型与模型一相比,除允许缺货且有一定的缺货时间外,其余特点均与模型一相同。这时的存贮状态图如图 17-12 所示。

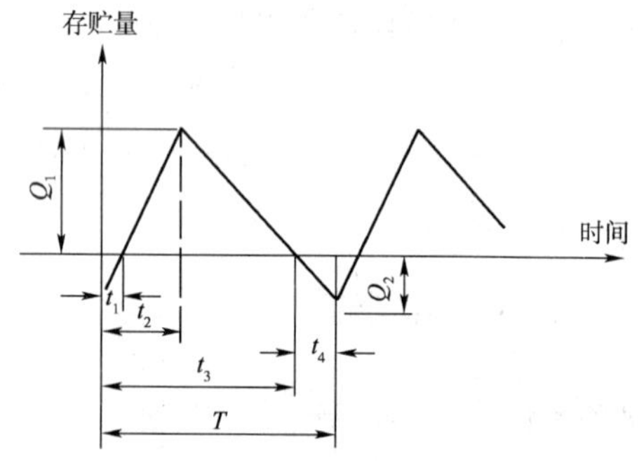

图 17-12 允许缺货(物资陆续送达)的存贮状态图

由图 17-12 可以看出:

t_2 为库存量达到最高时所需要的时间:$t_2 = \frac{Q}{r}$

T 为订购周期:

$$T = \frac{Q}{R}$$

t_1 为补充满足缺货所需的时间:$t_1 = \frac{Q_2}{r-R}$

t_3 为库存降到零时的时间:$t_3 = \frac{Q-Q_2}{R}$

t_4 为缺货期:$t_4 = T - t_3 = \frac{Q_2}{R}$

这时,Q 为进货量,且 $Q = Q_1 + Q_2 + Rt_2$

从而可求得:

最高存贮量为:

$$t_2(r-R) - Q_2 = \frac{Q}{r}(r-R) - Q_2$$

平均存贮量为:

$$\frac{1}{2r}(r-R)Q - Q_2\left(\frac{t_3-t_1}{T}\right) = \frac{1}{2r}(r-R)Q - Q_2 + \frac{rQ_2^2}{2Q(r-R)}$$

平均缺货量为:

$$\frac{Q_2}{2}\left(\frac{t_1+t_4}{T}\right) = \frac{Q_2^2}{2Q}\left(\frac{r}{r-R}\right)$$

全年所需总费用为:

总费用 = 订货费 + 存贮费 + 缺货损失费

即

$$S = C_2\frac{D}{Q} + C_1\left[\frac{1}{2r}(r-R)Q - Q_2 + \frac{rQ_2^2}{2Q(r-R)}\right] + C_3\frac{Q_2^2 r}{2Q(r-R)}$$

令

$$\begin{cases}\dfrac{\partial S}{\partial Q} = -\dfrac{C_2 D}{Q^2} + \dfrac{C_1}{2r}(r-R) - \dfrac{C_1 rQ_2^2}{2Q^2(r-R)} - \dfrac{C_3 Q_2^2 r}{2Q^2(r-R)} = 0\\ \dfrac{\partial S}{\partial Q_2} = -C_1 + \dfrac{C_1 rQ_2}{Q(r-R)} + \dfrac{C_3 Q_2 r}{Q(r-R)} = 0\end{cases}$$

解方程组可求得：

（1）最佳订货批量

$$Q^* = \sqrt{\frac{2C_2 D}{C_1\left(1-\frac{R}{r}\right)}\left(\frac{C_1+C_3}{C_3}\right)} \tag{17-16}$$

（2）最佳缺货量

$$Q_2^* = \sqrt{\frac{2C_2 D}{C_3\left(1-\frac{R}{r}\right)}\left(\frac{C_1}{C_1+C_3}\right)} \tag{17-17}$$

（3）最佳进货批量

$$Q_1^* = Q^*\left(1-\frac{R}{r}\right) - Q_2^* \tag{17-18}$$

（4）最小总费用

$$S^* = \sqrt{2C_1C_2D\left(1-\frac{R}{r}\right)\left(\frac{C_3}{C_1+C_3}\right)} \tag{17-19}$$

例 17-6 某修船厂每年需要某种船舶零件 6000 件，修理过程中每天平均消耗 30 件，加工单位每天可向该修船厂提供该零件 50 件，订购费每次 150 元，可以陆续送货，当供货不足时，每件年损失费为 4 元，存贮费为每件 2 元。试制定最佳库存方案。

解 已知 $C_1=2, C_2=150, C_3=4, D=6000, R=60, r=50$

由上述计算公式可得：

（1）$Q^* = \sqrt{\dfrac{2C_2 D}{C_1\left(1-\frac{R}{r}\right)}\left(\dfrac{C_1+C_3}{C_3}\right)} = \sqrt{\dfrac{2\times150\times6000\times(2+4)}{2\times\left(1-\frac{30}{50}\right)\times4}} = 1837$（件）

（2）$Q_2^* = \sqrt{\dfrac{2C_2 D}{C_3\left(1-\frac{R}{r}\right)}\left(\dfrac{C_1}{C_1+C_3}\right)} = \sqrt{\dfrac{2\times150\times6000\times2}{4\times\left(1-\frac{30}{50}\right)(2+4)}} = 612$（件）

（3）$S^* = \sqrt{\dfrac{2C_1C_2C_3(r-R)D}{r(C_1+C_3)}} = \sqrt{\dfrac{2\times2\times150\times4\times(50-30)\times6000}{50\times(2+4)}} = 979.79$（元）

该题目若不允许缺货，则 $Q^* = 1442.22$（件），$S^* = 1442.22$（元）。现在由于允许缺货，虽然要支付一定的缺货损失费，但总费用还是降低了 1442.22 − 1289.96 = 152.26（元），故对企业还是有利的。

3）算法讨论

上述模型是一般情况下的综合模型，它具有如下特点：

(1)当 r 很大，而 C_3 有限时，其简化结果与模型三近似。

(2)当 C_3 很大，而 r 有限时，其简化结果与模型二近似。

(3)当 r 很大，且 C_3 也很大时，其简化结果与模型一近似。

5. 模型五：有批发折扣的经济批量模型

前面我们所讨论的四种模型，物资的单价都是常数，因此，存贮策略都与物资的单价无关。而在实际的问题中，经常需要对物资单价随订购数量变化的存贮问题进行决策。比如，同一种物资，由于购买的批量不同，就有不同的物资单价，批量大就可享受较优惠的价格。这样，可以鼓励、吸引买方增加每次订货的数量。该种模型具有如下特征：

1)模型特征

(1)不允许缺货。

(2)需求是连续均匀的，需求速度 R 为常数，且是已知的，则 t 时间的需求量为 Rt。

(3)当存贮降到零时，可以立即得到补充(即生产时间或拖后时间很短，可以近似地看作零)。

(4)货物的单价随订货量的变化而变化，即每次的订货费与订货量的多少有关。

(5)单位存贮费不变或是存贮量的函数。

2)模型分析

该模型与模型一相比，除订货费及存贮费随订货量发生变化外，其余特点均与模型一相同。

从买方(库存系统)来看，为了享受较大的优惠，愿意考虑增大每次订货的数量，同时还可以减少订货的次数，降低订货的费用，这是有利的一面；但是，每次订货量大的话，又会导致物资占用流动资金过多，增加存贮费用等，这是不利的一面。因此，在有折扣的情况下，也要权衡利弊，寻求经济批量。那么，此时应如何制订相应的存贮策略呢？

设物资单价为 $P_j(Q)$，即物资单价是订货量 Q 的函数：

$$P(Q)=\begin{cases}P_1(0\leqslant Q\leqslant N_1)\\P_2(N_1\leqslant Q\leqslant N_2)\\\quad\vdots\\P_j(N_{j-1}\leqslant Q<N_j)\\\quad\vdots\\P_n(N_{n-1}\leqslant N_n)\end{cases}$$

且有，$N_n>N_{n-1}>\cdots>N_1>0$，$N_j\sim N_{j-1}$为批量档次；

$P_1>P_2>\cdots>P_n$ 为对应于各批量档次的物资单价。

若用单价 P_j 计算时的总费用为 $S_j(Q)$(包括订购费、存贮费、总价)，一定时期内总需求量为 D，物资单位存贮费为 C_1，一次订购费为 C_2，则：

$$S_j(Q)=C_1\frac{Q}{2}+C_2\frac{D}{Q}+DP_j$$

其中：DP_j 为物资本身的价格，随 P_j 而改变。

令

$$S'_j(Q)=\frac{1}{2}C_1-C_2\frac{D}{Q^2}=0$$

求得最佳批量

$$Q^*=\sqrt{\frac{2C_2D}{C_1}}$$

然而，在上式中，单位存贮费 C_1 也可能是变量，比如是 P_j 的函数，因此，决定最佳批量的计算步骤如下：

（1）计算

$$Q_j=\sqrt{\frac{2CD}{C_1(P_j)}}$$

并对 j 由大到小检查是否成立。

（2）如果 $N_{j-1}\leqslant Q<N_j$ 成立，则计算 $S_j(Q)$。

（3）如果 $N_{j-1}\leqslant Q<N_j$，不成立，由于 $S_j(Q)$ 只有一个极值，故在 $N_{j-1}\leqslant Q<N_j$ 中，$S_j(Q)$ 是增函数或减函数。计算：

$$S_j(Q_j)=\min\{S_j(N_{j-1}),S_{j+1}(N_j)\}$$

且令 $S_{n+1}(N_n)=\infty$。

（4）求出 $\min\{S_j(Q_j)\}$ 所对应的 Q^* 就是最佳批量。

例 17-7 某港机厂每天需某种零件 200 个，每次订购费为 50 元，且每个零件每年的单位存贮费为 1 元，不允许缺货。零件单价 K 随采购数量不同而不同：

$$K(Q)=\begin{cases}20 & (Q\leqslant 1000)\\ 19 & (1000<Q<2000)\\ 18 & (Q\leqslant 2000)\end{cases}$$

求经济订货批量和最小总费用。

解 $R=200\times 360, C_1=1, C_3=50$

利用 E. O. Q 公式计算

$$Q_0=\sqrt{\frac{2C_3R}{C_1}}=\sqrt{\frac{2\times 50\times 200\times 360}{1}}=\sqrt{720000}\approx 848(\text{个})$$

分别计算每次订购 $Q_0=848$ 个，$Q_1=1000$ 个和 $Q_2=2000$ 个零件平均单位零件所需的费用：

$$C(848)=\frac{1}{2}C_1\frac{Q_0}{R}+\frac{C_3}{Q_0}+K_1=\frac{1}{2}\times 1\times\frac{848}{200\times 360}+\frac{50}{848}+20=20.0649(\text{元})$$

$$C(1000)=\frac{1}{2}C_1\frac{Q_1}{R}+\frac{C_3}{Q_1}+K_2=\frac{1}{2}\times 1\times\frac{1000}{200\times 360}+\frac{50}{1000}+19=19.0569(\text{元})$$

$$C(2000)=\frac{1}{2}C_1\frac{Q_2}{R}+\frac{C_3}{Q_2}+K_3=\frac{1}{2}\times 1\times\frac{2000}{200\times 360}+\frac{50}{2000}+18=18.0389(\text{元})$$

由于 $\min\{20.0649,19.0569,18.0389\}=18.0389$，故最佳经济订购量为 2000 个零件，即该厂每次应订购 2000 个零件。

3）算法讨论

在以上的讨论中，由于订购批量不同，所以订货的周期长短就不同，因而上例是利用平均单位货物所需费用来比较订货策略的优劣的，当然也可以计算其全年所需总费用来比较优劣。

第三节 随机性存贮模型

随机性存贮模型的主要特点是需求量是随机的，其概率分布是已知的。如各种生产用备件、季节性物资等的供求关系，就往往非常复杂并带有随机性，因而难以确定。

随机性存贮模型可供选择的存贮策略主要是三种：

1．定期订货策略

该种订货策略，是根据上一个周期末剩下的物资数量来决定订货量。剩下的数量少，可以多订货；剩下的数量多，可以不订或少订货。

2．定点订货策略

该种订货策略，是当存贮量降到某一确定的数量时即订货，不再考虑间隔的时间，这一确定的数量值称为订货点，每次订货的数量不变。

3．定期与定点相结合的策略

这种订货策略，是每隔一定的时间检查一次库存，如果存贮量高于一个数值 S，则不订货，小于 S 时则订货补充存贮，订货量要使存贮量达到 S。

随机性存贮模型除了需求随机的特点外，还有一点与确定性模型不同，这就是不允许缺货的条件，只能从概率的意义方面理解，如不缺货的概率为 90% 等，而存贮策略的优劣，则是以赢利的期望值的大小作为衡量标准的。

随机性存贮模型可分为离散型和连续型两种。

一、离散型随机性存贮模型

为建立随机性存贮模型，设：

X——库存需求量的随机变量；

$P(X)$——需求库存量为 X 时的概率；

C_2——单位订货费用；

C_3——单位缺货费用。

这时，

(1)当供过于求时($X<Q$)，存贮费用的期望值为：

$$E(X)=C_1\sum_{X=0}^{Q}(Q-X)P(X)$$

(2)当供不应求时($X>Q$)，缺货费用的期望值为：

$$E(X)=C_3\sum_{X=Q+1}^{\infty}(X-Q)P(X)$$

(3)总费用的期望值为：

$$S(Q)=C_2+C_1\sum_{X=0}^{Q}(Q-X)P(X)+C_3\sum_{X=Q+1}^{\infty}(X-Q)P(X) \tag{17-20}$$

由于 X 不是连续取值，Q 的取值也会是不连续的，因而，就不能够通过求微分的方法来求极值。而应该用如下的方法处理：

(4)确定临界值 N：

先以($Q+1$)代入式(17-20)

$$\begin{aligned}S(Q+1)&=C_2+C_1\sum_{X=0}^{Q+1}[(Q+1)-X]P(x)+C_3\sum_{X=Q+2}^{\infty}[X-(Q+1)]P(x)\\&=C_2+C_1\sum_{X=0}^{Q}(Q-X+1)P(x)+C_1[(Q+1)-(Q+1)]P(Q+1)\\&\quad+C_3\sum_{X=Q+1}^{\infty}[X-(Q+1)]P(x)-C_3[(Q+1)-(Q+1)]P(Q+1)\end{aligned}$$

$$= C_2 + C_1 \sum_{X=0}^{Q} (Q - X)P(x) + C_1 \sum_{X=0}^{Q} P(x) + C_3 \sum_{X=Q+1}^{\infty} (X - Q)P(x) - C_3 \sum_{X=Q+1}^{\infty} P(x)$$

因为 $\sum_{X=0}^{\infty} P(x) = 1$

所以 $\sum_{X=Q+1}^{\infty} P(x) = 1 - \sum_{X=0}^{Q} P(x)$

则

$$S(Q+1) = S(Q) + C_1 \sum_{X=0}^{Q} P(X) - C_3 + C_3 \sum_{x=0}^{0} P(x)$$

$$= S(Q) + (C_1 + C_3) \sum_{X=0}^{Q} P(X) - C_3$$

同理可得

$$S(Q-1) = S(Q) - (C_1 + C_3) \sum_{X=0}^{Q} P(X) + C_3$$

当 $S(Q+1) = S(Q-1)$ 时

有

$$\sum_{X=0}^{Q} P(X) = \frac{C_3}{C_1 + C_3}$$

令

$$N = \frac{C_3}{C_1 + C_3} \text{（称 } N \text{ 为临界值）}$$

当 $N = 0$ 时，说明该种物资可以不存贮，比如有时出现缺货时，也可以临时购买补充，不会造成缺货损失；

当 $C_3 \to \infty$ 时，$N = 1$，说明不允许缺货，如果缺货将会造成极大的损失，这时应以 X 的最大值作为订货量。

在公式

$$\sum_{X=0}^{Q} P(X) = \frac{C_3}{C_1 + C_3} = N$$

中，因为 X 的取值是不连续的，所以在实际应用时不一定只是等式。因此，应选使不等式

$$\sum_{X \geqslant Q_i} P \geqslant N$$

成立的最小 Q 值作为订货量 Q_0。

例 17-8 某厂仓库对某种原料的需要量，据以往的数据统计，获得其概率分布如表 17-1 所示。该原料每吨每月的存贮费为 1 元，当缺货时则需外购，每吨要多花 2 元。试制定该种原料每月的经济库存量。

表 17-1

需要量 X	10	11	12	13	14	15
概率 $P(X)$	0.05	0.15	0.20	0.40	0.15	0.05

解： 显然，工厂对某种原料的需要量是随机的，而且是离散的，其概率分布直方图如图 17-13 所示。

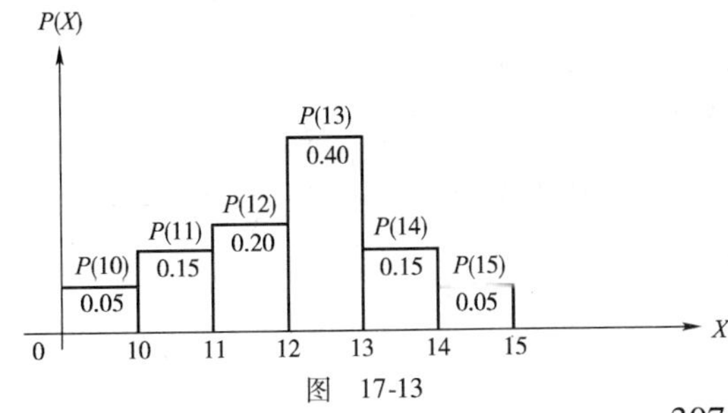

图 17-13

由 $C_1 = 1, C_3 = 2 + 1 = 3$，可算得临界值：

$$N = \frac{C_3}{C_1 + C_3} = \frac{3}{1 + 3} = 0.75$$

将原料需要量的概率累计计算，得表

17-2。

表 17-2

需要量 X	10	11	12	13	14	15
概率 $P(X)$	0.05	0.20	0.40	0.80	0.95	1.00

表中 $\sum P(X) \geqslant N$ 的最小值为 0.80，其累计概率为 $P(13)$，即

$$N = 0.75 < 0.80$$

故该原料最经济合理的库存量为 $Q_0 = 13\text{t}$。

二、连续型随机性存贮模型

由离散型存贮模型可以推广到连续型存贮模型。

若需求量 X 的概率密度函数为 $f(x)$，且 X 是连续的，则所需总费用的期望值为：

$$S(Q) = C_2 + C_1\int_0^Q (Q-X)f(x)\,\mathrm{d}x + C_3\int_Q^{\infty} (X-Q)f(x)\,\mathrm{d}x$$

$$= C_2 + C_1\int_0^Q (Q-X)f(x)\,\mathrm{d}x + C_3\left[\int_Q^0 (X-Q)f(x)\,\mathrm{d}x + \int_0^{\infty} (X-Q)f(x)\,\mathrm{d}x\right]$$

$$= C_2 + (C_1 + C_3)\int_0^Q (Q-X)f(x)\,\mathrm{d}x + C_3\int_0^{\infty} (X-Q)f(x)\,\mathrm{d}x$$

$$S'(Q) = (C_1 + C_3)\left[\int_0^Q f(x)\,\mathrm{d}x - Qf(0)\right] - C_3\int_0^{\infty} f(x)\,\mathrm{d}x$$

因为 $X \geqslant 0$，$f(x)$ 是 X 的密度函数，$f(0) = 0$

且

$$\int_0^{\infty} f(x)\,\mathrm{d}x = 1$$

所以

$$S'(Q) = (C_1 + C_3)\int_0^Q f(x)\,\mathrm{d}x - C_3$$

令

$$S'(Q) = 0$$

则

$$\int_0^Q f(x)\,\mathrm{d}x = \frac{C_3}{C_1 + C_3} = N$$

这时，费用 $S(Q)$ 为最小。至此，可在求得 N 之后，再根据上式求得 Q_0。

例 17-9 某汽运公司拟制定汽油库存方案。设需求量是连续随机的，且服从正态分布函数。均值 $a = 150$，$\sigma = 25$，$C_1 = 0.7$，$C_3 = 0.3$，

$$P(x) = \frac{1}{25\sqrt{2\pi}} e^{-\frac{(x-150)^2}{2\times 25^2}}$$

试制定合理的库存方案。

解

$$N = \frac{C_3}{C_1 + C_3} = \frac{0.3}{0.7 + 0.3} = 0.3$$

因为

$$\int_0^{Q_0} f(x)\,\mathrm{d}x = \int_0^{Q_0} \frac{1}{25\sqrt{2\pi}} e^{-\frac{(x-150)^2}{2\times 25^2}}\,\mathrm{d}x = 0.3$$

所以从正态分布表中可以查出：

当

$$\varphi(u) = \frac{1}{\sqrt{2\pi}}\int_{-\infty}^{U} e^{-\frac{x^2}{2}}\,\mathrm{d}x = 0.3$$

$$u = -0.52$$

又因为 $$u=\frac{x-a}{\sigma}$$

$$u\sigma = x-a \quad （此处 u 取 0.52）$$

所以 $$X=0.52\times 25+150=163$$

即：$Q_0=163\text{t}$ 为年最佳库存方案。

例 17-10 某航运公司对某种生产用物资的月需求量在[600,800]内分布：

$$f(X)=\begin{cases}1/200 & (600\leqslant x\leqslant 800)\\ 0 & (x>800 \text{ 或 } x<600)\end{cases}$$

且 $C_1=0.05, C_2=120, C_3=0.2$，试制定合理的库存方案。

解法一：

$$N=\frac{C_3}{C_1+C_3}=\frac{0.2}{0.05+0.2}=0.8$$

$$\int_0^{Q_0} f(x)\,\mathrm{d}x=N$$

且 $$\int_0^{Q_0} f(x)\,\mathrm{d}x=\int_0^{Q_1} f(x)\,\mathrm{d}x+\int_{Q_1}^{Q_0} f(x)\,\mathrm{d}x$$

$$\int_0^{Q_0} f(x)\,\mathrm{d}x=\int_0^{600} 0\,\mathrm{d}x+\int_{600}^{Q_0}\frac{1}{200}\mathrm{d}x$$

$$=\frac{1}{200}\int_{600}^{Q_0}\mathrm{d}x$$

$$=\frac{1}{200}(Q_0-600)=0.8$$

故 $$Q_0=0.8\times 200+600=760$$

即该种物资每月合理的库存量应为 760kg。

解法二：

$$S=C_2+C_1\int_0^{Q}(Q-x)f(x)\,\mathrm{d}x+C_3\int_Q^{\infty}(x-Q)f(x)\,\mathrm{d}x$$

$$=C_2+0.05\int_{600}^{Q}\frac{1}{200}(Q-x)\,\mathrm{d}x+0.2\int_Q^{800}\frac{1}{200}(x-Q)\,\mathrm{d}x$$

$$=C_2+\frac{0.05}{200\times 2}(Q-600)^2+\frac{0.2}{200}(800-Q)^2$$

$$\frac{\mathrm{d}S}{\mathrm{d}Q}=\frac{0.05}{200}(Q-600)-\frac{0.2}{200}(800-Q)$$

令 $$\frac{\mathrm{d}S}{\mathrm{d}Q}=0$$

即 $$\frac{0.05}{200}(Q-600)-\frac{0.2}{200}(800-Q)=0$$

则 $$Q_0=\frac{0.05\times 600+0.2\times 800}{0.25}=760$$

即该种物资每月合理的库存量应为 760kg。

因此两种求解方法的结果是一样的。

进一步可以求得最小总费用 S_0

$$
\begin{aligned}
S_0 &= C_1 \int_0^{Q_0} (Q_0 - x) f(x)\,dx + C_3 \int_{Q_0}^{\infty} (x - Q_0) f(x)\,dx + C_2 \\
&= \frac{0.05}{200}\int_{600}^{760} (760 - x)\,dx + \frac{0.2}{200}\int_{760}^{800} (x - 760)\,dx + 120 \\
&= \frac{0.05}{200}\left[-\frac{1}{2}(760 - x)^2\right]\Bigg|_{600}^{760} + \frac{0.2}{200}\left[\frac{1}{2}(x - 760)^2\right]\Bigg|_{760}^{800} + 120 \\
&= \frac{0.05}{200\times 2}(160)^2 + \frac{0.2}{200\times 2}(40)^2 + 120 \\
&= 4 + 120 \\
&= 124(\text{元})
\end{aligned}
$$

即按照每月库存760kg该种原料的方案,可使每月的总费用达到最小,为124元。

小结

本章介绍了存贮论的研究内容、基本概念及存储模型的分类,具体阐述了确定性存贮和随机性存贮的多种模型,并结合实便分析了各种模型的应用情况。

通过本章的学习,理解存贮论的相关概念,掌握各种存贮模型来解决实际中一些具体问题。

思考题

1. 举出在交通运输企业中存贮问题的例子,并说明研究存贮论对改进交通运输企业的经营管理的意义。

2. 分别说明下列概念的含义:

(1)存贮费;

(2)订货费;

(3)生产费;

(4)缺货费;

(5)t循环策略;

(6)补充策略;

(7)混合策略。

习 题 七

1. 某公路施工单位每天需要水泥300包,且不允许缺货。水泥单价为每包20元,存贮费为每包0.5元,每次订购费为50元。试求经济订购批量和最小总费用。

2. 某产品每月用量为8件,不允许缺货。每次生产时的装配费为80元,存贮费为每月每件10元。若生产速度为每月12件,求产品每次的最佳生产量和最小总费用。又若每月的生产速度比现在加快1/2,求产品每次的最佳生产量和最小总费用。

3. 某航运公司每月需要燃料200t,其单价为每吨120元,不允许缺货。该原料每月的存贮费为燃料价格的5%,每次订购费为5元。试求经济订购批量、每月的订购次数和最小总费用,并与每月一次购进200t所需费用进行比较,分析其结果。

4. 设某船厂对某种零件的需求量为每小时3件,而其生产速度为每小时18件,可以陆续供货。另外,单位零件每小时的存贮费为0.004元,生产准备费为每次50元。试作出最佳生产存贮决策。

5. 设某厂每天需要某物资 16 件，缺货时损失费为每天 0.75 元，订购费为每次 15 元，存贮费为每件每天 0.05 元，物资单价为 8 元。试求经济订购批量和最小总费用。

6. 某汽车修理厂每月需要某种机械零件 2000 件，每件成本 150 元，每年存贮费为成本的 16%，每次订货费为 100 元。试求经济订购批量和最小总费用。

7. 在上题中，若允许缺货，每月每件的缺货损失费为 5 元，求库存量及最大缺货量。

8. 某港机厂必须定期补充某种原料的库存量。假定该种物资每次的订货费为 25 元，其价格按照订购的批量不同而不同，如题表 17-1 所示。

题表 17-1

单价（元）	12.00	10.00	9.50	9.00
批量（kg）	1～9	10～49	50～99	100 以上

另外，工厂对该种原料的消耗率是每周 32kg，存贮费为每周每公斤 1 元。试求最佳订购批量和每周的最小总费用。

9. 某工厂每年需要某种原料 10000t，采购单价随采购数量不同而不同，如题表 17-2 所示。

题表 17-2

采购量（t）	0～1999	2000 以上
单价（元）	100	80

每次订货费为 2000 元，存贮费为采购费的 20%，则每次应采购多少吨原料？每年的最佳采购次数是多少？

10. 某厂仓库对该厂生产用某种原料的每月需要量，经长期统计获得概率分布如题表 17-3 所示。设该种原料每月每吨存贮费为 2 元，每月每吨损失费为 8 元。求每月经济合理的库存量。

题表 17-3

需要量（t）	11	12	13	14	15	16	17	18
概　　率	0	0.05	0.20	0.40	0.20	0.10	0.50	0

11. 已知某物资的需要量 X 的概率密度函数为 $f(x)=0.02-0.0001x$，单位存贮费为 115 元，单位缺货费为 10 元。试求最佳库存量 Q^*。

12. 某厂对某种原料的需求概率如题表 17-4 所示。

题表 17-4

需要量（t）	20	30	40	50	60
概　　率	0.1	0.2	0.3	0.3	0.1

每次订购费为 500 元，每吨价格为 400 元，每吨存贮费为 50 元，缺货费每吨为 600 元。该厂希望制定 (s,S) 型存贮策略，试求 s 及 S 的值。

13. 已知某产品所需三种配件的有关数据如题表 17-5 所示。

题表 17-5

配　件	年需求（件）	订货费（元）	单价（元）	年存贮费为单价的%
1	1000	50	20	20
2	500	75	100	20
3	2000	100	50	20

若订货提前期为零，不允许缺货，又限定这三种配件年订货费用的总和不超过 1500 元，试确定各自的最优订货批量。

第八部分　非线性规划

第十八章　非线性规划

前面我们讨论了线性规划、线性整数规划、线性目标规划，这些规划问题有一个共同点，就是其目标函数及约束条件都是决策变量的线性函数。在实际的工作中，还有很多问题，其目标函数和约束条件不能用线性函数来表达。如果一个规划问题的目标函数和(或)约束条件中含有非线性函数，就称这类规划问题为非线性规划问题。

非线性规划问题是运筹学一个很重要的分支，在许多领域都有很广泛的应用，如生产流程的安排、库存控制、系统控制、最优设计以及资金预算等。

一般来说，求解非线性规划问题要比求解线性规划问题困难得多。这是因为线性规划问题有统一的数学模型，有通用的求解方法——单纯形法。而非线性规划问题数学模型的表现形式是多种多样的，无法用通用的方法求解，每种求解方法都有其特定的适用范围，都有一定的局限性，到目前为止，仍然未能找到一种能够求解任何类型非线性规划问题的方法。在这方面，需要人们进行更深入的研究和探讨。

第一节　非线性规划的数学模型

一、数学模型

1. 投资问题

例 18-1　某投资公司欲将 5000 万元投资于两个项目。从历史资料来看，投资项目 1 和项目 2 预计年收益分别为投资额的 20% 和 16%。若用 0-1 变量表示投给项目 j 的资金数：

$$x_j = \begin{cases} 0 & \text{不投资项目 } j \\ 1 & \text{投资项目 } j \end{cases} \qquad (j=1,2)$$

投资的总风险损失由总收益的方差来衡量，由 $2x_1^2+x_2^2+(x_1+x_2)^2$ 给出，即风险随着总投资和单项投资的增加而增加。投资公司希望收益最大且风险损失最小。

解　显然，投资者所期望的两个目标不能同时满足。此时，可以将期望收益和风险损失合并在一个目标函数内，这样，其数学模型为：

$$\max f(x) = 20x_1 + 16x_2 - \theta[2x_1^2 + x_2^2 + (x_1+x_2)^2]$$

$$\begin{cases} g_1(x) = x_1 + x_2 \leqslant 5 \\ x_1, x_2 = 1 \text{ 或 } 0 \end{cases}$$

非负常数 θ 反映风险损失和收益之间的权衡。当 $\theta=0$，则模型为线性规划，此时是将资金全部投入到最大期望收益的项目。当 θ 很大时，期望回收的目标收益就变得可以忽略不计，投资者主要考虑的是使风险损失最小。

2. 生产计划问题

例 18-2 某厂生产 A、B 两种产品，需要在某种设备上加工。每件产品 A、B 的加工时数分别为 6、5h，每周可利用的设备台时数为 60h。每件产品 A、B 占用生产场地分别为 10、20 个体积单位，而生产场地允许的存放量只有 120 个体积单位。产品 A 生产 x_1 件的收益为 $(60-5x_1)x_1$ 元，产品 B 生产 x_2 件的收益为 $(80-4x_2)x_2$ 元。又由于收购部门的限制，产品 A 的生产量每周不能超过 8 件。试制订每周的最优生产计划，使总收益为最大。

解 (1)设决策变量

设产品 A、B 每周的产量分别为 x_1、x_2 件。

(2)目标函数

记总收益为 z，目标函数是使总收益为最大。

(3)约束条件

①两种产品每周的加工总时数不能超过每周可利用的设备台时数；

②两种产品占用的体积单位不能超过生产场地允许的体积单位；

③产品 A 的生产量每周不超过 8 件；

④生产量不能为负值。

故该问题的数学模型为：

$$\max z=(60-5x_1)x_1+(80-4x_2)x_2$$

$$\begin{cases} g_1(x)=6x_1+5x_2\leqslant 60 \\ g_2(x)=10x_1+20x_2\leqslant 120 \\ g_3(x)=x_1\leqslant 8 \\ x_1,x_2\geqslant 0 \end{cases}$$

3. 选址问题

例 18-3 设有 n 个市场，第 j 个市场的位置为 (a_j,b_j)，它对某货物的需要量为 q_j $(j=1,2,\cdots,n)$。现计划建立 m 个仓库，第 i 个仓库的存贮量为 $c_i(i=1,2,\cdots,m)$。试确定仓库的位置，使各仓库到各市场的运输量与路程乘积之和为最小。

解： (1)设决策变量

设第 i 个仓库的位置为 $(x_i,y_i)(i=1,2,\cdots,m)$，第 i 个仓库供给第 j 个市场的货物量为 W_{ij} $(i=1,2\cdots,m;j=1,2,\cdots,n)$，则第 i 个仓库到第 j 个市场的距离 d_{ij} 为：

$$d_{ij}=\sqrt{(x_i-a_j)^2+(y_i-b_j)^2}$$

(2)目标函数

目标函数 $f(x)$ 是使运输量与路程的乘积之和最小。

(3)约束条件

①每个仓库向各市场提供的货物量之和不能超过它的存贮量；

②每个市场从各仓库得到的货物量之和应等于它的需要量；

③运输量不能为负值。

故该问题的数学模型为：

$$\min\ f(X) = \sum_{i=1}^{m} \sum_{j=i}^{n} W_{ij} \sqrt{(x_i - a_j)^2 + (y_i - b_j)^2}$$

$$\begin{cases} \sum_{j=1}^{n} W_{ij} \leqslant c_i & (i = 1,2,\cdots,m) \\ \sum_{i=1}^{m} W_{ij} = q_j & (j = 1,2,\cdots,n) \\ W_{ij} \geqslant 0 & (i = 1,2,\cdots,m;\ j = 1,2,\cdots,n) \end{cases}$$

上述几个问题的数学模型中都含有非线性函数，因此都属于非线性规划问题。

非线性规划问题的一般数学模型为：

$$\min\ f(x)$$

$$\begin{cases} h_i(x) = 0 & (i = 1,2,\cdots,m) \\ g_j(x) \geqslant 0 & (j = 1,2,\cdots,n) \end{cases}$$

其中，$X = (x_1, x_2, \cdots, x_n)^{\mathrm{T}}$ 是 n 维欧氏空间 E^n 中的点。

二、模型特点

从几何的角度来看，非线性规划与线性规划有很大的不同，主要表现在：

(1)可行域不一定是凸集。

例 18-4 考察非线性规划问题的可行域：

$$\min f(x) = (x_1 - 1)^2 + (x_2 - 1)^2$$

$$\begin{cases} (x_1 - 1) \quad x_2 \leqslant 1 \\ x_1 + x_2 \geqslant 3.5 \\ x_1, x_2 \geqslant 0 \end{cases}$$

解 该问题的可行域如图 18-1 所示，包括 R_1 和 R_2 两个互不连通的部分，故其可行域不是凸集。

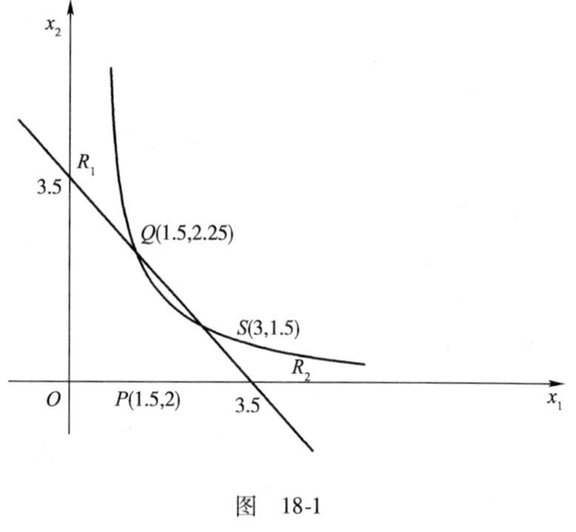

图 18-1

(2)局部最优解不一定是全局最优解。

例 18-5 考察例 18-4 的最优解的情况。

解 从局部来看，在可行域 R_1 内，最优解是点 $Q(1.5,2.25)$；在可行域 R_2 内，最优解是点 $S(3,1.5)$。但是，从全局来看，Q 和 S 都不是最优解，其最优解为点 $P(1.5,2)$，即目标函数与约束条件 $x_1 + x_2 \geqslant 3.5$ 的切点。

非线性规划问题的这个特点，是由于其可行域不一定是凸集造成的。

(3)非线性规划问题的最优解，不一定是可行域的顶点，也不一定在可行域的边界上。

例如，例 18-4 的最优解就不是可行域的顶点，是可行域的边界点。

例 18-6 考察非线性规划问题的最优解：

$$\min f(x) = 10(x_1 - 2)^2 + 20(x_2 - 3)^2$$

$$\begin{cases} x_1 + x_2 & \leqslant 6 \\ x_1 - x_2 & \leqslant 1 \\ 2x_1 + x_2 & \geqslant 6 \\ 1/2x_1 - x_2 & \geqslant -4 \\ x_1, x_2 \geqslant 0 \end{cases}$$

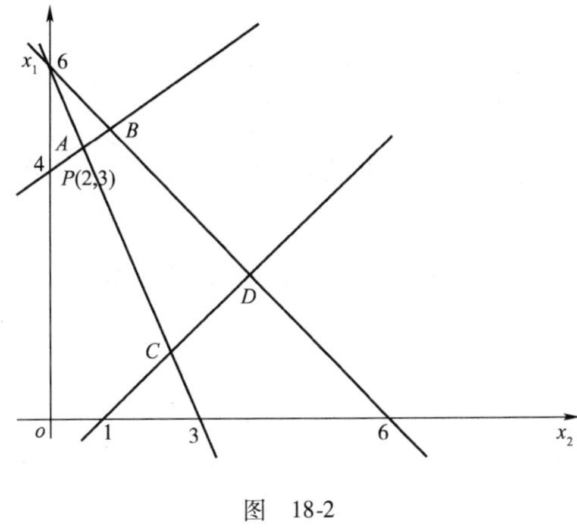

图 18-2

解 由图 18-2 可知，该问题的可行域为凸集 $ABCD$ 内及其边界上，最优解为点 $P(2,3)$，此时，目标函数达到最小。而点 P 既不在可行域的内部，又不在可行域的顶点或边界上。

由于非线性规划问题的上述三个特征，使得某些在可行域的顶点上（如单纯形法）寻找最优解的方法就失效了。

三、非线性规划问题解法分类

非线性规划问题按照变量的多少，可以分为单变量非线性规划问题和多变量非线性规划问题，又可以按照有无约束分为无约束非线性规划问题和有约束非线性规划问题。

对非线性规划问题的研究可以分为两个方面的内容：一是非线性规划问题的分析，如分析非线性规划最优解的特性，分析和研究最优解的必要条件和充分条件等；二是非线性规划问题求解方法的研究，主要是研究非线性规划的数值方法，如研究对特定的非线性规划问题如何构造寻求最优解的迭代点列，研究各种算法的收敛性和收敛速度快慢的估计等。非线性规划问题求解方法的研究是一个很重要的内容，而求解非线性规划问题的一个基本思路是：将有约束的问题化为无约束的问题求解，将高维的问题化为一维的问题求解。

非线性规划问题的求解方法有很多，大致可以这样来分类：

1. 解析法

解析法是一种经典的求解方法，它是利用微分学和变分法求解非线性规划问题的。因此，这种方法只适用于求解目标函数具有简单明确的解析表达式并具有连续的导数的非线性规划问题。而对于目标函数比较复杂或根本无明确的解析式的情况，解析法就无能为力了。所以解析法对于大型的、高度非线性的问题，其求解是不能令人满意的，甚至是根本不能求解的。

2. 数值法

数值法又称逐步逼近法、搜索法。这种方法是根据函数在某一局部区域的某种性质，利用已有的信息，通过搜索点的直接移动，逐步改善目标函数值而逼近到极值点或达到最优点。这种方法往往要借助于电子计算机作为计算工具。但用这种方法求出的解往往不是精确解，而是近似解，其精度满足一定的要求。

由于这种方法能够解决解析法所不能解决的非线性规划问题，所以实际工作中，常采用这种算法。

数值法主要包括消去法和爬山法两种。后面我们要讨论的黄金分割法就属于消去法。消去法对求解单变量的非线性规划问题是十分有效的，但对于多变量函数来说，就不是一个好的算法了。

对于多变量非线性规划问题,比较有效的是爬山法。所谓爬山法,顾名思义,就像人们爬山一样,将寻求函数极值的过程比喻为向山的顶峰攀登的过程,总是向高的方向前进,直到山顶。

当然,这里所说的“山顶”,可以是函数的极大值(山峰),也可以理解为函数的极小值(山谷)。前者称为“上升算法”,后者称为“下降算法”。这两种算法有一个共同的特点,就是每前进一步,都应该使目标函数值有所改善,同时,还要为下一步的移动方向提供有用的信息。这就是“爬山法”迭代过程的基本思想。但由于函数的极值点在哪里,事先并不知道,正如瞎子看不见“山峰”一样,只好靠手杖前后探索,沿着有利的路径朝着“山顶”迈进。因此,爬山法更形象的比喻是“瞎子爬山法”。

第二节　基本概念

一、局部极值与全局极值

对线性规划问题来说,其可行域是凸集,所以求出的最优解就是整个可行域的全局最优解。但对非线性规划问题来说,由于其可行域不一定是凸集,所以有时候求出的某个极值点只是某一部分可行域上的最优解,而不是整个可行域上的最优解。因此,对非线性规划问题来说,就有局部极值和全局极值的概念。

设$f(X)$为定义在n维欧氏空间E^n上的某一区域R上的n元实函数,其中$X=(x_1,x_2,\cdots,x_n)^{\mathrm{T}}$,对于$X^*\in R$:

(1)若存在某个$\varepsilon>0$,使所有与X^*的距离小于ε的$X\in R$(即$X\in R$,且$\|X-X^*\|<\varepsilon$)均满足不等式$f(X)\geqslant f(X^*)$,则称X^*为$f(X)$在R上的局部极小点,$f(X^*)$为局部极小值。若对于所有$X\neq X^*$,存在某个$\varepsilon>0$,使所有与X^*的距离小于ε的$X\in R$(即$X\in R$,且$\|X-X^*\|<\varepsilon$)均满足不等式$f(X)>f(X^*)$,则称X^*为$f(X)$在R上的严格局部极小点,$f(X^*)$为严格局部极小值。

(2)若对于所有的$X\in R$,都有$f(X)\geqslant f(X^*)$,则称X^*为$f(X)$在R上的全局极小点,$f(X^*)$为全局极小值。若对于所有$X\in R$且$X\neq X^*$,都有$f(X)>f(X^*)$,则称X^*为$f(X)$在R上的严格全局极小点,$f(X^*)$为严格全局极小值。

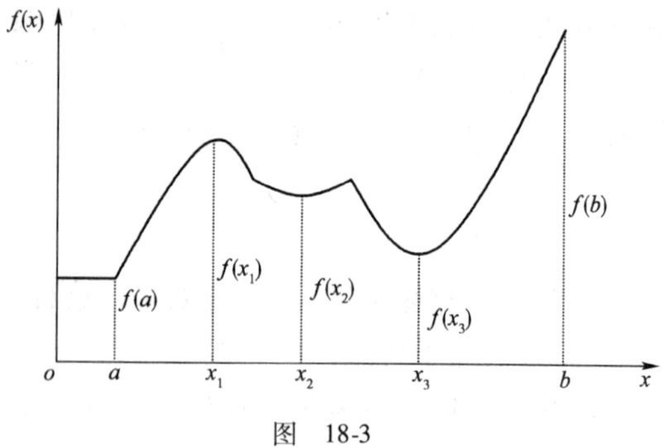

图　18-3

将上述定义中的不等式反向,即可得到相应的极大点和极大值的定义。

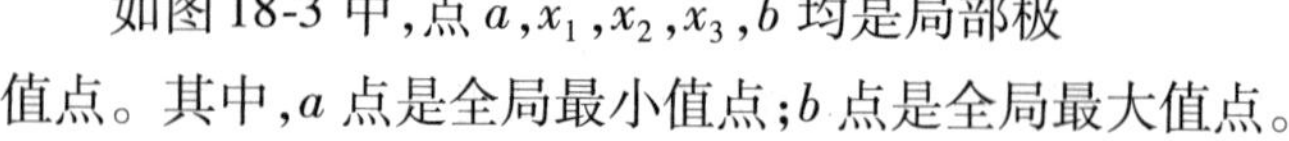
如图18-3中,点a,x_1,x_2,x_3,b均是局部极值点。其中,a点是全局最小值点;b点是全局最大值点。

二、梯度

可微函数$f(X)$的梯度记为$\nabla f(X)$,它是以$f(X)$对$x_i(i=1,2,\cdots,n)$的一阶偏导数为元素的n维向量,即

$$\nabla f(X)=\left(\frac{\partial f(X)}{\partial x_1},\frac{\partial f(X)}{\partial x_2},\cdots,\frac{\partial f(X)}{\partial x_n}\right)^{\mathrm{T}}$$

函数$f(X)$在某点$X^{(0)}$的梯度,表示为:

$$\nabla f(X^{(0)})=\left(\frac{\partial f(X^{(0)})}{\partial x_1},\frac{\partial f(X^{(0)})}{\partial x_2},\cdots,\frac{\partial f(X^{(0)})}{\partial x_n}\right)^{\mathrm{T}}$$

关于梯度,有如下的结论:

(1)函数$f(X)$在某点$X^{(0)}$的梯度$\nabla f(X^{(0)})$,必与函数过该点的等值面(其方程为$f(X)=f(X^{(0)})$)的切平面相垂直(假定$\nabla f(X^{(0)})\neq 0$)。

(2)函数的梯度方向是函数值增加最快的方向,即函数变化率最大的方向;而负梯度方向则是函数值减小最快的方向。

(3)函数$f(X)$在某一点$X^{(0)}$的梯度的模为:

$$\|\nabla f(X^{(0)})\|=\sqrt{\left(\frac{\partial f(X^{(0)})}{\partial x_1}\right)^2+\left(\frac{\partial f(X^{(0)})}{\partial x_2}\right)^2+\cdots+\left(\frac{\partial f(X^{(0)})}{\partial x_n}\right)^2}$$

三、海赛(Hesse)矩阵

假定函数$f(X)$二阶可微,则以其二阶偏导数为元素构成的下述$n\times n$矩阵为的$f(X)$海赛矩阵,记为$H(X)$或$\nabla^2 f(X)$:

$$\nabla^2 f(X)=\begin{bmatrix}\frac{\partial^2 f(X)}{\partial {x_1}^2} & \frac{\partial^2 f(X)}{\partial x_1\partial x_2} & \cdots & \frac{\partial^2 f(X)}{\partial x_1\partial x_n}\\ \frac{\partial^2 f(X)}{\partial x_2\partial x_1} & \frac{\partial^2 f(X)}{\partial {x_2}^2} & \cdots & \frac{\partial^2 f(X)}{\partial x_2\partial x_n}\\ \cdots & \cdots & \cdots & \cdots\\ \frac{\partial^2 f(X)}{\partial x_n\partial x_1} & \frac{\partial^2 f(X)}{\partial x_n\partial x_2} & \cdots & \frac{\partial^2 f(X)}{\partial {x_n}^2}\end{bmatrix}$$

其中,$\frac{\partial^2 f(X)}{\partial x_i x_j}=\frac{\partial^2 f(X)}{\partial x_j x_i}(i=1,2,\cdots,n;j=1,2,\cdots,n)$,即$\nabla^2 f(X)$是对称矩阵。

四、矩阵的正定与负定

设有二次型$X^{\mathrm{T}}AX$,且$X\neq 0$,

(1)若$X^{\mathrm{T}}AX>0$,则称A为正定矩阵,记作$A>0$;若$X^{\mathrm{T}}AX\geqslant 0$,则称$A$为半正定矩阵,记作$A\geqslant 0$。

(2)若$X^{\mathrm{T}}AX<0$,则称A为负定矩阵,记作$A<0$;若$X^{\mathrm{T}}AX\leqslant 0$,则称$A$为半负定矩阵,记作$A\leqslant 0$。

(3)若对某些$X\neq 0$,有$X^{\mathrm{T}}AX>0$;而对有些$X\neq 0$,有$X^{\mathrm{T}}AX<0$,则称A为不定矩阵。

一般来说,根据上述关于正定、负定的定义来判断一个矩阵是正定还是负定,是比较困难的。常用的判断方法是:

(1)若矩阵A的各阶主子式都大于零,则A是正定矩阵,即$A>0$;

(2)若矩阵A的各阶主子式负、正相间,则A是负定矩阵,即$A<0$。

例 18-7 判断矩阵A是正定的还是负定的。

$$A=\begin{bmatrix}4 & 0 & 2\\0 & 10 & 2\\2 & 2 & 2\end{bmatrix}$$

解 因为 A 的一阶主子式:$4>0$

二阶主子式:

$$\begin{vmatrix}4 & 0\\0 & 10\end{vmatrix}=40>0$$

三阶主子式:

$$\begin{vmatrix}4 & 0 & 2\\0 & 10 & 2\\2 & 2 & 2\end{vmatrix}=24>0$$

故 $A>0$,即 A 是正定矩阵。

例 18-8 判断矩阵 A 是正定的还是负定的。

$$A=\begin{bmatrix}-5 & 2 & 2\\2 & -6 & 0\\2 & 0 & 4\end{bmatrix}$$

解 因为 A 的一阶主子式:$-5<0$

二阶主子式:

$$\begin{vmatrix}-5 & 2\\2 & -6\end{vmatrix}=26>0$$

三阶主子式:

$$\begin{vmatrix}-5 & 2 & 2\\2 & -6 & 0\\2 & 0 & 4\end{vmatrix}=128>0$$

故 A 是不定矩阵。

表 18-1 给出了矩阵正定、负定的定义及进行判断的充分必要条件。

表 18-1

名 称	定 义	充分必要条件
正定矩阵	特征值都大于零的实对称矩阵	所有各阶主子式都大于零即:$A_i'>0(i=1,2,\cdots,n)$
半正定矩阵	特征值都不小于零的实对称矩阵	$\det A_i'=0 \quad A_i'\geqslant 0(i=1,2,\cdots,n-1)$
负定矩阵	特征值都小于零的实对称矩阵	奇数阶主子式都小于零,偶数阶主子式都大于零
半负定矩阵	特征值都不大于零的实对称矩阵	$\det A_i'=0 \quad A_i'\leqslant 0(i=1,2,\cdots,n-1)$
不定矩阵	特征值既有大于零的又有小于零的实对称矩阵	有两个奇数阶主子式,其中一个为正,另一个为负

五、凸函数与凸规划

1. 凸函数

1)凸函数的定义

设 $f(X)$ 是定义在 n 维欧氏空间 E^n 中某个凸集 R 上的函数,若对任意实数 $\alpha(0<\alpha<1)$ 以

及 R 中的任意两点 $X^{(1)}$和 $X^{(2)}$，恒有：

$$f(\alpha X^{(1)}+(1-\alpha)X^{(2)})\leqslant \alpha f(X^{(1)})+(1-\alpha)f(X^{(2)})$$

则称 $f(X)$ 为定义在 R 上的凸函数。

如果对任意互不相同的点 $X^{(1)}\in R, X^{(2)}\in R$，和任意实数 $\alpha(0<\alpha<1)$，恒有：

$$f(\alpha X^{(1)}+(1-\alpha)X^{(2)})<\alpha f(X^{(1)})+(1-\alpha)f(X^{(2)})$$

则称 $f(X)$ 为定义在 R 上的严格凸函数。

如果 $-f(X)$ 为定义在 R 上的凸函数，则称 $f(X)$ 为定义在 R 上的凹函数。

由图 18-4 可以看出凸函数的几何性质：若连接函数曲线上任意两点的连线处处都不在这个曲线的下方，它就是下凸的（图 18-4a））；凹函数则是下凹的（上凸的，见图 18-4b））；线性函数可以看作凸函数，也可以看作凹函数。

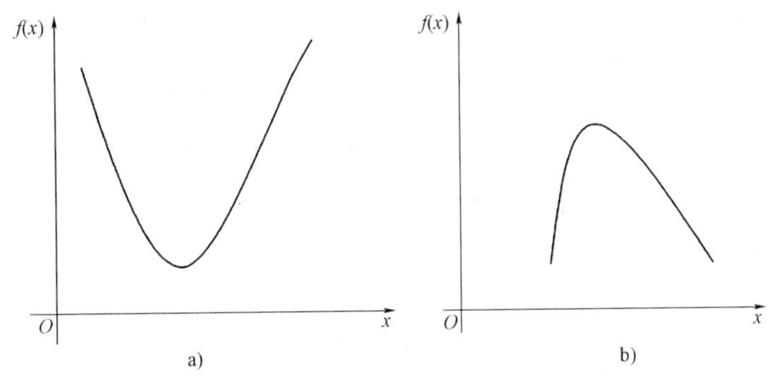

图 18-4

2）凸函数的性质

凸函数具有如下性质：

性质 1 设 $f(X)$ 是定义在凸集 R 上的凸函数，则对任意实数 $\beta\geqslant 0$，函数 $\beta f(X)$ 也是定义在 R 上的凸函数。

性质 2 设 $f_1(X)$ 和 $f_2(X)$ 是定义在凸集 R 上的两个凸函数，则其和 $f(X)=f_1(X)+f_2(X)$ 仍是定义在 R 上的凸函数。

性质 3 设 $f(X)$ 是定义在凸集 R 上的凸函数，则对任意实数 β，集合 $S_\beta=\{X|X\in R, f(X)\leqslant\beta\}$ 是凸集。

性质 4 设 $f(X)$ 是定义在凸集 R 上的凸函数，则 $f(X)$ 在 R 上的局部极小点就是全局极小点，且极小点的集合是凸集。

性质 4 是非线性规划问题的重要性质。对一般非线性规划问题来讲，求出了极值点后，还仅仅只是局部极值点，而对凸函数，则可以根据性质 4 判断其为全局极值点。

3）凸函数的判别

判断一个函数是否是凸函数，当然可以依据凸函数的定义，但有时计算比较复杂，使用起来不够方便。对于可微函数，可以利用下述两个定理来判别。

定理 1（一阶条件） 设 R 为 n 维欧氏空间 E^n 上的开凸集，$f(X)$ 在 R 上具有一阶连续偏导数，则 $f(X)$ 为 R 上的凸函数的充要条件是，对任意两个不同的点 $X^{(1)}$和 $X^{(2)}$，恒有：

$$f(X^{(2)})\geqslant f(X^{(1)})+\nabla f(X^{(1)})^{\mathrm{T}}(X^{(2)}-X^{(1)}) \tag{18-1}$$

若式(18-1)为严格不等式：

$$f(X^{(2)})>f(X^{(1)})+\nabla f(X^{(1)})^{\mathrm{T}}(X^{(2)}-X^{(1)})$$

则它就是严格凸函数的充要条件。

定理2(二阶条件) 设 R 为 n 维欧氏空间 E^n 上的开凸集,$f(X)$ 在 R 上具有二阶连续偏导数,则 $f(X)$ 为 R 上的凸函数的充要条件是 $f(X)$ 的海赛矩阵在 R 上处处半正定。

若对一切 $X \in R$,$f(X)$ 的海赛矩阵都是正定的,则 $f(X)$ 是 R 上的严格凸函数。

利用以上两个定理可以很容易地判断一个可微函数是否为凸函数,特别是对于二次函数,用上述定理判别非常方便。

例 18-9 判断二次函数是否凸函数:

$$f(X) = 2x_1^2 + 5x_2^2 + x_3^2 + 2x_1x_3 + 2x_2x_3 - 6x_2 + 3$$

解 $f(X)$ 的梯度为:

$$\nabla f(X) = \begin{bmatrix} \dfrac{\partial f}{\partial x_1} \\ \dfrac{\partial f}{\partial x_2} \\ \dfrac{\partial f}{\partial x_3} \end{bmatrix} = \begin{bmatrix} 4x_1 + 2x_3 \\ 10x_2 + 2x_3 - 6 \\ 2x_3 + 2x_1 + 2x_2 \end{bmatrix}$$

$f(X)$ 的海赛矩阵为:

$$H(X) = \begin{bmatrix} 4 & 0 & 2 \\ 0 & 10 & 2 \\ 2 & 2 & 2 \end{bmatrix}$$

由例 18-7 可知,$H(X)$ 的各阶主子式均大于 0,故海赛矩阵正定,$f(X)$ 是严格凸函数。

2. 凸规划

设有极小化问题如下:

$$\min f(X)$$
$$\begin{cases} h_i(X) = 0 & (i = 1,2,\cdots,m) \\ g_j(X) \geqslant 0 & (j = 1,2,\cdots,l) \end{cases}$$

其中,$f(X)$ 是凸函数,$g_j(X)(j=1,2,\cdots,l)$ 是凹函数,$h_i(X)(i=1,2,\cdots,m)$ 是线性函数。

由于 $-g_j(X)$ 是凸函数,故满足 $g_j(X) \geqslant 0$,即满足 $-g_j(X) \leqslant 0$ 的点的集合是凸集。线性函数 $h_i(X)$ 既是凸函数又是凹函数,故满足 $h_i(X) = 0$ 的点的集合也是凸集。上述问题的可行域 R 是 $m+n$ 个凸集的交集,因此也是凸集。这样,上述问题是求凸函数 $f(X)$ 在凸集 R 上的极小点,这类问题称为凸规划。

若 $h_i(X)$ 是非线性的凸函数,满足 $h_i(X) = 0$ 的点的集合不是凸集,则问题就不是凸规划。

凸规划是非线性规划中一类比较简单但又具有重要意义的特殊问题,它具有如下性质:

性质 1 凸规划的局部极小点就是全局极小点。

性质 2 凸规划的极小点组成的集合是凸集。

性质 3 若凸规划的目标函数是严格凸函数,且有极小点,则它的极小点是唯一的。

第三节 无约束问题的极值条件

设有非线性规划问题:

$$\min f(X) \qquad X \in E^n$$

其中,$f(X)$是定义在 n 维欧氏空间 E^n 上的实函数。上述求 $f(X)$ 在 E^n 上的极小值的问题,称为无约束极值问题。下面给出在无约束情况下,如何判断函数是否有极值,以及如何判断是极小值还是极大值的充分必要条件。

一、用梯度判断是否有驻点

满足梯度 $\nabla f(X^*)=0$ 的点 X^* 称为驻点。在区域 E^n 内部,极值点必为驻点,而驻点不一定是极值点。

二、用海赛矩阵判断驻点的性质

已知函数的驻点为 X^*,则可以利用海赛矩阵 $\nabla^2 f(X^*)$来判断驻点的性质:

(1)若 $\nabla^2 f(X^*)$是正定的,则驻点 X^* 是极小点。

(2)若 $\nabla^2 f(X^*)$是负定的,则驻点 X^* 是极大点。

(3)若 $\nabla^2 f(X^*)$是不定的,则驻点 X^* 不是极值点。

(4)若 $\nabla^2 f(X^*)$是半定的,则驻点 X^* 可能是极值点,也可能不是极值点,必须视其高阶导数的性质而定。

三、极值点的充分必要条件

定理 3(一阶必要条件) 设函数 $f(X)$在点 X^* 处可微,若 X^* 是局部极小点,则在 X^* 处的梯度 $\nabla f(X^*)=0$。

定理 4(二阶必要条件) 设函数 $f(X)$在点 X^* 处二次可微,若 X^* 是局部极小点,则在 X^* 处的梯度 $\nabla f(X^*)=0$,且海赛矩阵 $\nabla^2 f(X^*)$是半正定的。

定理 5(二阶充分条件) 设函数 $f(X)$在点 X^* 处二次可微,若在 X^* 处的梯度 $\nabla f(X^*)=0$,且海赛矩阵 $\nabla^2 f(X^*)$是正定的,则 X^* 是局部极小点。

定理 6(充要条件) 设 $f(X)$是定义在 n 维欧氏空间 E^n 上的可微凸函数,$X^* \in E^n$,则 X^* 为全局极小点的充要条件是 $\nabla f(X^*)=0$。

以上介绍的几个定理,是针对极小化问题给出的,对于极大化问题可以给出类似的定理。

四、计算举例

例 18-10 利用极值条件求解下面函数的极值:

$$f(X)=2x_1^2+2x_2^2-2x_1x_2-4x_1-6x_2$$

解 函数 $f(X)$的梯度为:

$$\nabla f(X)=\left(\frac{\partial f}{\partial x_1},\frac{\partial f}{\partial x_2}\right)^{\mathrm{T}}=\begin{bmatrix}4x_1-2x_2-4\\-2x_1+4x_2-6\end{bmatrix}$$

令 $\nabla f(X)=0$,即:

$$\begin{cases}4x_1-2x_2-4=0\\-2x_1+4x_2-6=0\end{cases}$$

可求得$f(X)$的驻点为：$x_1=\dfrac{7}{3}, x_2=\dfrac{8}{3}$

计算$f(X)$的海赛矩阵：

$$H(X)=\begin{bmatrix}\dfrac{\partial^2 f}{\partial^2 x_1} & \dfrac{\partial^2 f}{\partial x_1 x_2}\\ \dfrac{\partial^2 f}{\partial x_2 x_1} & \dfrac{\partial^2 f}{\partial^2 x_2}\end{bmatrix}=\begin{bmatrix}4 & -2\\ -2 & 4\end{bmatrix}$$

易判断，$\begin{vmatrix}4 & -2\\ -2 & 4\end{vmatrix}=12>0$，即$H(X)$是正定矩阵，故驻点$x_1=\dfrac{7}{3}, x_2=\dfrac{8}{3}$是$f(X)$的局部极小点。又由上述定理2可知，该点就是函数$f(X)$的全局极小点。

例 18-11 利用极值条件求解下面函数的极值：

$$f(X)=1/3x_1^3+1/3x_2^3-2x_2^2-4x_1$$

解 函数$f(X)$的梯度为：

$$\nabla f(X)=\left(\frac{\partial f}{\partial x_1},\frac{\partial f}{\partial x_2}\right)^{\mathrm{T}}=\begin{bmatrix}x_1^2-4\\ x_2^2-4x_2\end{bmatrix}$$

令$\nabla f(X)=0$，即：

$$\begin{cases}x_1^2-4=0\\ x_2^2-4x_2=0\end{cases}$$

可求得$f(X)$的驻点为：

$$X^{[1]}=\begin{bmatrix}2\\0\end{bmatrix}, X^{[2]}=\begin{bmatrix}2\\4\end{bmatrix}, X^{[3]}=\begin{bmatrix}-2\\0\end{bmatrix}, X^{[4]}=\begin{bmatrix}-2\\4\end{bmatrix}$$

计算$f(X)$的海赛矩阵：

$$H(X)=\begin{bmatrix}\dfrac{\partial^2 f}{\partial^2 x_1} & \dfrac{\partial^2 f}{\partial x_1 x_2}\\ \dfrac{\partial^2 f}{\partial x_2 x_1} & \dfrac{\partial^2 f}{\partial^2 x_2}\end{bmatrix}=\begin{bmatrix}2x_1 & 0\\ 0 & 2x_2-4\end{bmatrix}$$

则：$H(X^{(1)})=\begin{bmatrix}4 & 0\\ 0 & -4\end{bmatrix}$，$4>0$，$\begin{vmatrix}4 & 0\\ 0 & -4\end{vmatrix}<0$，故$H(X^{(1)})$不定；

$H(X^{(2)})=\begin{bmatrix}4 & 0\\ 0 & 4\end{bmatrix}$，$4>0$，$\begin{vmatrix}4 & 0\\ 0 & 4\end{vmatrix}>0$，故$H(X^{(2)})$正定；

$H(X^{(3)})=\begin{bmatrix}-4 & 0\\ 0 & -4\end{bmatrix}$，$-4<0$，$\begin{vmatrix}-4 & 0\\ 0 & -4\end{vmatrix}>0$，故$H(X^{(3)})$负定；

$H(X^{(4)})=\begin{bmatrix}-4 & 0\\ 0 & 4\end{bmatrix}$，$-4<0$，$\begin{vmatrix}-4 & 0\\ 0 & 4\end{vmatrix}<0$，故$H(X^{(4)})$不定。

故，$X^{(1)}$、$X^{(3)}$不是极值点；$X^{(2)}$是局部极小值点，其极小值为$f(X^{(2)})=16$；$X^{(4)}$是局部极大值点，其极大值为$f(X^{(4)})=-16/3$。

之所以有$f(X^{(4)})<f(X^{(2)})$，是因为$X^{(2)}$与$X^{(4)}$都只是“局部”极值点，并非全局极值点。对全局来讲，应是极大值点为$X^{(2)}$，极小值点为$X^{(4)}$。

第四节　下降迭代算法

前面我们讨论了无约束问题的极值条件，从理论上来说，可以利用这些条件求非线性规划问题的最优解。但在实际应用的时候，却会遇到如下的问题：

(1)很多实际问题往往很难求出或者根本就求不出目标函数对各自变量的偏导数，从而无法利用一阶必要条件。

(2)对一般的 n 元函数来说，即使求出了目标函数关于各自变量的一阶偏导数，但是得到的往往是一个同样不容易求解的非线性方程组，仍然无法求出函数的驻点。

因此，求解非线性规划问题一般采用数值计算方法，其基本思路是一种下降迭代算法。

一、下降迭代算法的概念

对于迭代这个概念，我们并不陌生。求解线性规划问题的单纯形法就是一种迭代算法。

所谓迭代，就是从某个已知点(或很容易确定的某个点) $X^{(k)}$ 出发，按照某种规则(即算法)，求出后继点 $X^{(k+1)}$)，用后继点 $X^{(k+1)}$ 代替 $X^{(k)}$，重复以上过程，就产生了一个点列 $\{X^{(k)}\}$。

所谓下降，就是对于某个函数，在每次迭代中后继点处的函数值都比前一个点的函数值有所减小。在一定的条件下，下降迭代算法产生的点列收敛于问题的解。

迭代算法也是整个最优化问题的求解思路。为了求得最优解，根据问题目标要求的不同，有上升迭代算法(求极大值)，也有下降迭代算法(求极小值)。在以下的讨论中，我们针对求极小值的问题展开讨论。

二、下降迭代算法的步骤

下降迭代算法所要解决的主要问题是：

(1)搜索方向。

(2)搜索步长。

即沿什么样的方向来寻找极值点？方向确定了以后，下一步应该搜索到哪一点？通俗地讲，就是要解决往哪里走，走多远的问题。

因此，下降迭代算法的一般步骤是：

(1)选取某一初始点 $X^{(k)}$，令 $k=1$。

(2)确定一个有利的搜索方向 $d^{(k)}$。

所谓有利的搜索方向，就是沿此方向进一步搜索的话，可以使目标函数值有所减小。即若当前点是 $X^{(k)}$，则沿方向 $d^{(k)}$ 继续搜索到点 $X^{(k+1)}$ 时，$X^{(k+1)}$ 的函数值一定小于等于 $X^{(k)}$ 的函数值：$f(X^{(k+1)})\leqslant f(X^{(k)})$。对于有约束条件的极值问题来说，还要求 $d^{(k)}$ 是一个可行方向，即从 $X^{(k)}$ 出发，沿方向 $d^{(k)}$ 搜索到 $X^{(k+1)}$ 时，$X^{(k+1)}$ 仍然是一个可行解。

(3)确定最优步长(或称最优因子) λ_k。

确定步长有三种常用的方法：

方法一：令步长 λ_k 为一常数。如令 $\lambda_k=1$；

方法二：任意选取步长 λ_k，只要能保证目标函数值下降；

方法三:确定最优步长。

确定最优步长有以下几种常用的方法:

①用一维搜索的方法确定最优步长:

即求$f(X^{(k+1)})=f(X^{(k)}+\lambda_k d^{(k)})=\min f(X^{(k)}+\lambda d^{(k)})$

②用微分法确定最优步长:

记:$\Phi(\lambda)=f(X^{(k)}+\lambda d^{(k)})$,求$\Phi'(\lambda)$,并令:$\Phi'(\lambda)=0$,以求出最优步长$\lambda_k$的值。

③用泰勒展开式确定最优步长:

一般情况下,可根据单变量函数的泰勒展开式,并取其前三项,作为$f(X)$的近似表达式:

$$f(a+h)\approx f(a)+f'(a)h+\frac{1}{2}f''(a)h^2$$

上式是$f(X)$在点a的邻域内h的展开式。

因为$f(X^{(k)}+\lambda d^{(k)})$是步长$\lambda$的一元函数,根据上述展开式,在点$X^{(k)}$的邻域$\lambda d^{(k)}$内可展开为:

$$\begin{aligned}f(X^{(k)}+\lambda d^{(k)})\approx & f(X^{(k)})+\nabla f(X^{(k)})^{\mathrm{T}}\lambda\nabla f(X^{(k)})\\ &+\frac{1}{2}\nabla f(X^{(k)})^{\mathrm{T}}H(X^{(k)})\nabla f(X^{(k)})\lambda^2=\Phi(\lambda)\end{aligned}$$

令:$\Phi'(\lambda)=0$,即可求出最优步长λ_k。

(4)迭代到下一点$X^{(k+1)}$:

$$X^{(k+1)}=X^{(k)}+\lambda d^{(k)}$$

(5)检验新点$X^{(k+1)}$是否为极小点:若是极小点,则停止迭代;否则,令$k=k+1$,返回步骤(2),继续迭代。

在上述算法步骤中,关键的一步是确定搜索方向,非线性规划有很多种不同的算法,其主要的区别就在于搜索方向的不同。

上述确定搜索步长的过程称为一维搜索或线搜索。一维搜索有一个十分重要的性质:

定理7 设目标函数具有连续的一阶偏导数,若$X^{(k+1)}$按以下规则产生:

$$f(X^{(k)}+\lambda_k d^{(k)})=\min f(X^{(k)}+\lambda d^{(k)})$$

$$X^{(k+1)}=X^{(k)}+\lambda d^{(k)}$$

则有

$$\nabla f(X^{(k+1)})^{\mathrm{T}}\cdot d^{(k)}=0$$

成立。

上述定理说明,在搜索方向$d^{(k)}$上所得出的最优点处的梯度$\nabla f(X^{(k+1)})$与该搜索方向$d^{(k)}$正交。

三、终止计算的一般原则

任何一种迭代算法,都有一个迭代到何时结束的问题,这也是最优化理论中一个值得研究的问题。结束得太早,影响精度和可靠性;结束得太迟,耗费机时太多,累积误差增大。所以迭代要恰到好处。因此就提出了算法终止的判别准则的问题。

下降迭代算法中,常用的终止计算的准则有以下几种:

(1)当相继两次迭代的绝对误差

$$\|X^{(k+1)}-X^{(k)}\|<\delta_1$$

$$|f(X^{(k+1)})-f(X^{(k)})|<\delta_2$$

时,停止计算。

(2)当相继两次迭代的相对误差

$$\frac{\|X^{(k+1)}-X^{(k)}\|}{\|X^{(k)}\|}<\delta_3$$

$$\frac{|f(X^{(k+1)})-f(X^{(k)})|}{f(X^{(k)})}<\delta_4$$

时,停止计算。

(3)当目标函数梯度的模

$$\|\nabla f(X^{(k)})\|<\delta_5$$

时,停止计算。

其中 $\delta_1,\cdots,\delta_5$ 是事先给定的足够小的正数。

在具体应用过程中,为了使一种计算有一定的精确性和稳定性,有时要同时使用两个或两个以上的计算终止准则。

小结

本章介绍了非线性规划问题的数学模型及一些基本概念,如局部极值和全局极值、梯度、海赛矩阵、凸函数与凸规划,并着重介绍了无约束问题的极值条件和求解无约束非线性规划问题的下降迭代算法。

通过本章的学习,应该理解非线性规划模型的基本特征及相关概念,掌握无约束问题的极值条件的下降迭代算法。

第十九章　一维搜索

在上一章我们讲到,求解非线性规划问题的一个基本思路是:将有约束的问题化为无约束的问题求解,将高维的问题化为一维的问题求解。因此,一维搜索或线性搜索方法,是非线性规划算法的重要组成部分,是最基础的算法,所有非线性规划问题最终都是通过一系列的线性搜索来求解的。

一维搜索的方法有很多,归纳起来大体上可以分为两类:

一类是试探法或消去法:这种方法是用通过一系列试探点,使原区间不断缩小的方法来寻求极小点的,如黄金分割法、斐波那契法等;另一类是函数逼近法或称插值法:这种方法是用某种较简单的曲线来逼近原来的曲线,通过求逼近曲线函数的极小点来求原曲线的极小点,如牛顿法、抛物线法、三次插值法、有理插值法等。

第一节　黄金分割法

黄金分割法适用于单峰函数。为阐述黄金分割法的原理,首先需引入单峰函数的概念。

一、单峰函数

1. 定义

若单变量函数$f(x)$在区间$[a_1,b_1]$上有唯一的极小点x^*，且在点x^*的左侧严格下降，在点x^*的右侧严格上升，则称$f(x)$是区间$[a_1,b_1]$上的下单峰函数。仿照此定义，也可以定义上单峰函数。

2. 性质

单峰函数具有如下的性质：

若在区间$[a_1,b_1]$内任取两点a和b，且$a<b$，计算这两点的函数值$f(a)$和$f(b)$，则只可能出现下面两种情况：

(1)$f(a)<f(b)$，如图 19-1a)所示。这时，$f(x)$的极小点x^*必在区间$[a_1,b]$内。

(2)$f(a)>f(b)$，如图 19-1b)所示。这时，$f(x)$的极小点x^*必在区间$[a,b_1]$内。

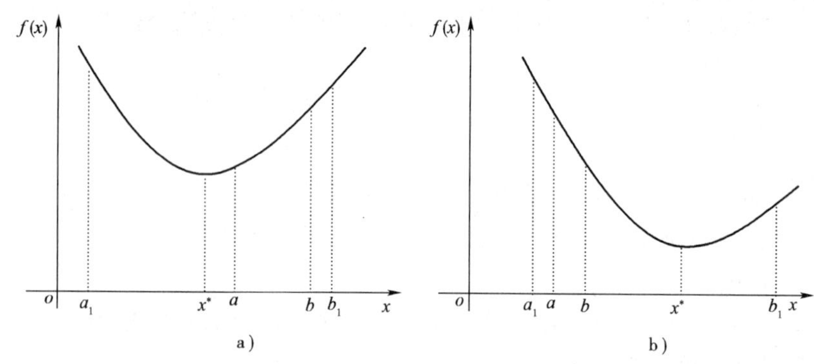

图 19-1

二、基本原理和步骤

现在的问题是：

已知函数$f(x)$是区间$[a_1,b_1]$上的一个下单峰函数，且在此区间内有唯一的极小点，如何才能够求出满足一定精度要求的近似极小点和极小值。

由单峰函数的以上两个特点，可以得到启发：我们可以通过计算区间$[a_1,b_1]$上相异的两个点的函数值的办法，来确定极小值点所在的区间，并逐步将原有区间缩小，以求出近似的极小点。黄金分割法就是这样一种算法。

那么，黄金分割法是如何确定这两个相异点的呢？

步骤 1：在区间$[a_1,b_1]$上选择第一个试探点x_1，并计算$f(x_1)$。

第一个试探点x_1选在什么位置呢？设试点x_1将总长度为l的区间$[a_1,b_1]$分成两部分，这两部分不一定被等分。记长的那部分为z，短的那部分为$l-z$，如图 19-2 所示。

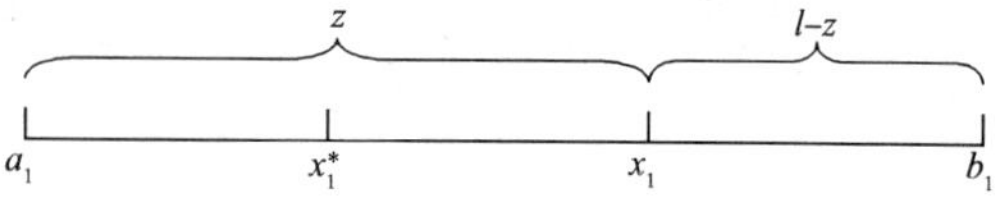

z　　l–z

a_1　x_1^*　x_1　b_1

图 19-2

要求第一个试探点必须满足：

$$\frac{l-z}{z}=\frac{z}{l}$$

即

$$z^2+zl-l^2=0$$

或写成：

$$\left(\frac{z}{l}\right)^2+\left(\frac{z}{l}\right)-1=0$$

解上述方程，并舍去负根，可得：

$$\frac{z}{l}=\frac{-1+\sqrt{5}}{2}=0.618$$

$$z=0.618l$$

即第一个试探点 x_1 的位置为：

$$x_1=a_1+0.618(b_1-a_1)$$

求出 x_1 后，并计算出 $f(x_1)$。

步骤 2：选择 x_1 的对称点 x_1^* 为第二个试探点，并计算 $f(x_1^*)$。

如何才能选择到 x_1 的对称点 x_1^* 呢？设 x_1^* 是 x_1 的对称点，则

$$\begin{aligned}x_1^* &= a_1+(l-z)\\ &= a_1+l-0.618l\\ &= a_1+0.382l\\ &= a_1+0.382(b_1-a_1)\end{aligned}$$

求出 x_1^* 后，并计算出 $f(x_1^*)$。

步骤 3：比较 $f(x_k)$ 和 $f(x_k^*)$。

假设在区间 $[a_k,b_k]$ 上的黄金分割点为 x_k，其对称点为 x_k^*，因为 $f(x)$ 是单峰函数，所以在比较 $f(x_k)$ 和 $f(x_k^*)$ 时，就可能有两种情况：

1. $f(x_k)<f(x_k^*)$

由于 $f(x)$ 是单峰函数，则 $f(x)$ 的极小点 x^* 不可能在区间 $[x_k^*,b_k]$ 上，必在区间 $[a_k,x_k^*]$ 内，如图 19-3 所示。

(1)进行区间端点的置换。

令新的区间端点为 $a_{k+1}=a_k,b_{k+1}=x_k^*$。

(2)进行精度判断。

若有 $\dfrac{b_{k+1}-a_{k+1}}{b_1-a_1}<\delta$（$\delta$ 为事先规定的精确值），则取 $x^*=\dfrac{1}{2}(a_{k+1}+b_{k+1})$ 为近似极小点，$f(x^*)$ 为近似极小值。否则，转下一步：

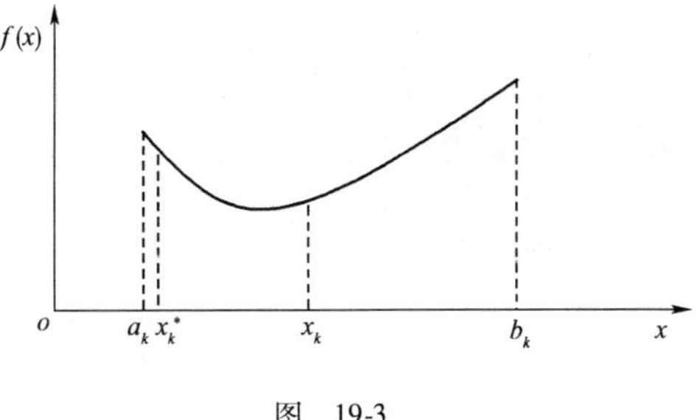

图 19-3

(3)进行保留试点的坐标变换。

在新的区间 $[a_{k+1},b_{k+1}]$ 上，原试探点 x_k 为保留试点，且成为黄金分割点。故有

$$x_{k+1}^*=x_k\quad f(x_{k+1}^*)=f(x_k)$$

(4)找保留试点的对称点 x_{k+1}，并计算 $f(x_{k+1})$。

$$x_{k+1}=a_{k+1}+0.618(b_{k+1}-a_{k+1})$$

再计算出 $f(x_{k+1})$。

(5)令 $k=k+1$，返回步骤(3)。

2. $f(x_k)\geqslant f(x_k^*)$

由于 $f(x)$ 是单峰函数，则 $f(x)$ 的极小点 x^* 不可能在区间 $[a_k,x_k]$ 上，必在区间 $[x_k,b_k]$ 内，

如图 19-4 所示。

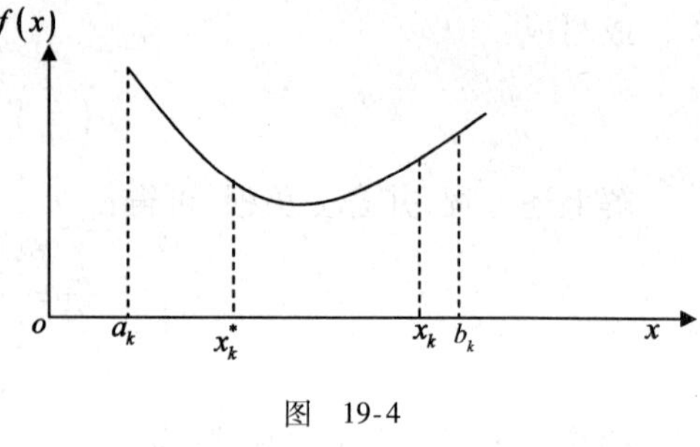

图 19-4

(1)进行区间端点的置换。

令新的区间端点为 $a_{k+1}=x_k, b_{k+1}=b_k$。

(2)进行精度判断。

若有 $\frac{b_{k+1}-a_{k+1}}{b_1-a_1}<\delta$($\delta$ 为事先规定的精确值)

则取 $x^*=\frac{1}{2}(a_{k+1}+b_{k+1})$ 为近似极小点，$f(x^*)$为近似极小值。否则,转下一步:

(3)进行保留试点的坐标变换。

在新的区间$[a_{k+1},b_{k+1}]$上,原试探点 x_k^* 为保留试点,且成为黄金分割点。故有:

$$x_{k+1}=x_k^* f(x_{k+1})=f(x_k^*)$$

(4)找保留试点的对称点 x_{k+1}^*,并计算$f(x_{k+1}^*)$。

$$x_{k+1}^*=a_{k+1}+0.382(b_{k+1}-a_{k+1})$$

再计算出$f(x_{k+1}^*)$。

(5)令 $k=k+1$,返回步骤(3)。

说明:

以上介绍了黄金分割法的基本原理和步骤,由上述讨论可知:

①黄金分割法是一种“等速对称消去区间法”。采用黄金分割法时,计算 n 个试探点的函数值可以把原初始区间$[a_1,b_1]$连续缩短 $n-1$ 次,且每次区间的缩短率均为 0.618,故最后所剩的区间长度为:

$$b_n-a_n=0.618^{n-1}(b_1-a_1)$$

②黄金分割法原理简单,计算容易,而且效果也相当好,所以在实际工作中得到了广泛的应用。

③当然,在应用中还要注意的一点是,黄金分割法只适用于单峰函数。因此,必须先确定目标函数的单峰区间,再用黄金分割法进行计算。

三、算法举例

例 19-1 用黄金分割法求以下函数的极小点和极小值,给定初始区间为$[-1,3]$,要求缩短后的区间与原初始区间之比小于 5%。

$$\min f(x)=x^2-x$$

解 (1)$a_1=-1, b_1=3$

$x_1=a_1+0.618(b_1-a_1)=1.472$ $f(x_1)=0.695$

$x_1'=a_1+0.382(b_1-a_1)=0.528$ $f(x_1')=-0.249$

因为 $f(x_1')<f(x_1)$

所以 应保留点 x_1',故将区间$[-1,3]$缩短为$[a_1,x_1]=[-1,1.472]$。

(2)$a_2=-1, b_2=1.472$

$x_2=x'_1=0.528$ $f(x_2)=f(x_1')=-0.249$

$x_2'=a_2+0.382(b_2-a_2)=-0.056$ $f(x_2')=-0.053$

因为　$f(x_2)<f(x_2')$

所以　应保留点 x_2，故将区间 $[-1,1.472]$ 缩短为 $[x_2',b_2]=[-0.056,1.472]$。

(3) $a_3=-0.056, b_3=1.472$

$x_3'=x_2=0.528$　　　　$f(x_3')=f(x_2)=-0.294$

$x_3=a_3+0.618(b_3-a_3)=0.888$　　　　$f(x_3)=-0.099$

因为　$f(x_3')<f(x_3)$

所以　应保留点 x_3'，故将区间 $[-0.056,1.472]$ 缩短为 $[a_3,x_3]=[-0.056,0.888]$。

(4) $a_4=-0.056, b_4=0.888$

$x_4=x_3'=0.528$　　　　$f(x_4)=f(x_3')=-0.294$

$x_4'=a_4+0.382(b_4-a_4)=0.305$　　　　$f(x_4')=-0.212$

因为　$f(x_4)<f(x_4')$

所以　应保留点 x_4，故将区间 $[-0.056,0.888]$ 缩短为 $[x_4',b_4]=[0.305,0.888]$。

(5) $a_5=0.305, b_5=0.888$

$x_5'=x_4=0.528$　　　　$f(x_5')=f(x_4)=-0.294$

$x_5=a_5+0.618(b_5-a_5)=0.665$　　　　$f(x_5)=-0.223$

因为　$f(x_5')<f(x_5)$

所以　应保留点 x_5'，故将区间 $[0.305,0.888]$ 缩短为 $[a_5,x_5]=[0.305,0.665]$。

(6) $a_6=0.305, b_6=0.665$

$x_6=x_5'=0.528$　　　　$f(x_6)=f(x_5')=-0.294$

$x_6'=a_6+0.382(b_6-a_6)$　　　　$f(x_6')=-0.247$

因为　$f(x_6)<f(x_6')$

所以　应保留点 x_6，故将区间 $[0.305,0.665]$ 缩短为 $[x_6',b_6]=[0.443,0.665]$。

(7) $a_7=0.443, b_7=0.665$

$x_7'=x_6=0.528$　　　　$f(x_7')=f(x_6)=-0.294$

$x_7=a_7+0.618(b_7-a_7)=0.580$　　　　$f(x_7)=-0.244$

因为　$f(x_7')<f(x_7)$

所以　应保留点 x_7'，故将区间 $[0.443,0.665]$ 缩短为 $[a_7,x_7]=[0.443,0.580]$。

因为　$$\frac{b_7-a_7}{b_1-a_1}=\frac{0.580-0.443}{3-(-1)}=0.034<0.05$$

所以 已达到精度要求。

故　近似极小点为：$x^*=(0.443+0.580)/2\approx0.512$

近似极小值为：$f(x^*)=-0.250$

说明：

①以上我们是用黄金分割法求解极小值的非线性规划问题，同样，也可以用这种方法求解极大值的问题，只不过在缩短区间的时候，就要注意保留使目标函数值大的点所在的区间。

②上述方法虽然简单，但是，在应用的时候非常容易出错。除了计算上的错误外，很重要的一个原因是最后保留的区间里，根本就没有要保留的点。所以，每做一步，都应该检查一下，

所保留的区间里面,是否包含了你所要保留的点。

第二节 斐波那契法

斐波那契法的求解原理与黄金分割法类似,也是只适用于单峰函数的求极值问题。只不过黄金分割法是一种等速对称缩短区间的搜索方法,其每次搜索时区间的缩短率均为 0.618,而斐波那契法是一种非等速对称缩短区间的搜索方法。

一、基本原理

我们仍然考虑图 19-1 中单变量单峰函数 $f(x)$ 所在的区间 $[a_1, b_1]$,由上一节的讨论我们知道,只要在搜索区间 $[a_1, b_1]$ 内取两个不同的点,分别计算它们的函数值,并进行比较,保留函数值小的点所在的区间,就可以逐步使原区间缩小,逐步接近最优解。当然,区间缩得越小,所要计算的次数就越多。这说明,区间的缩短率与函数值的计算次数有关。问题是:经过 n 次计算以后,能够把原区间缩小到什么程度? 或者说,计算 n 次函数值能把至多多大的原区间缩小为一个单位区间呢?

若用 F_n 表示计算 n 次函数值能将其缩短为单位区间的最大原区间长度,显然有:

$$F_0 = F_1 = 1$$

这是因为,只有当原区间长度本来就等于一个单位时,才不必计算函数值。此外,只计算一次函数值无法将区间缩短,故只有区间长度本来就是一个单位才行。

现在考虑 F_2,在区间 $[a_1, b_1]$ 内取两个不同的点 a 和 b,计算其函数值以缩短区间,缩短后的区间为 $[a_1, b]$ 或 $[a, b_1]$。显然,这两个区间的长度之和必大于 $[a_1, b_1]$ 的长度,也就是说,计算两次函数值一般无法把长度大于二个单位的区间缩成单位区间。但是,对于长度等于二个单位的区间,可以将计算函数值的点(试点)选得尽量靠近区间 $[a_1, b_1]$ 的中点(图 19-5),缩短后的区间长度等于 $1+\varepsilon$,由于 ε 为任意小的正数,故缩短后的区间长度接近于一个单位长度,由此可得 $F_2 = 2$。

通过类似的分析,可得(图 19-6):

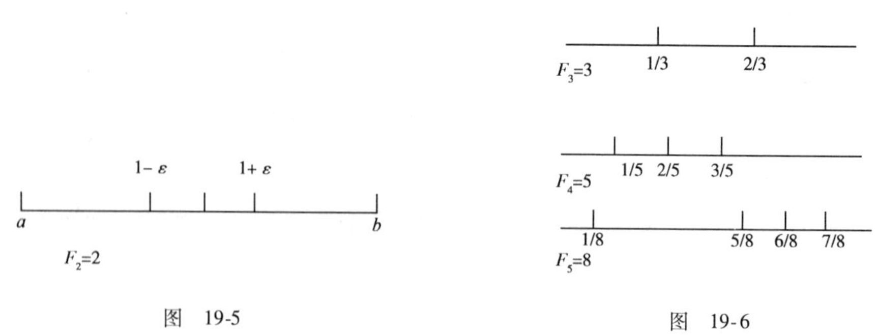

图 19-5　　图 19-6

$$F_3 = 3, F_4 = 5, F_5 = 8, \cdots$$

由此可推得序列 $\{F_n\}$ 的一般递推公式:

$$F_n = F_{n-1} + F_{n-2} \qquad (n \geq 2) \tag{19-1}$$

利用上述公式,可计算出 F_n 的值(称作斐波那契数),如表 19-1 所示。

表 19-1

n	0	1	2	3	4	5	6	7	8	9	10	11	12
F_n	1	1	2	3	5	8	13	21	34	55	89	144	233

由上述讨论可知，计算 n 次函数值所能获得的区间的最大缩短率为$1/F_n$。要想把区间$[a_1,b_1]$的长度缩短为原区间长度的$\delta(\delta<1)$或更小，即缩短后的区间长度：

$$b_{n-1}-a_{n-1}\leqslant(b_1-a_1)\delta$$

只要 n 足够大，能使式

$$F_n\geqslant 1/\delta \tag{19-2}$$

成立即可。

此处δ为区间缩短的相对精度。有时给出区间缩短的绝对精度η，即要求

$$b_{n-1}-a_{n-1}\leqslant\eta$$

显然，δ 和 η 之间有如下关系：

$$\eta=(b_1-a_1)\delta$$

二、算法步骤

步骤 1：确定试点的个数 n。

根据缩短率，即可由式(19-2)算出 F_n，然后由表 19-1 确定最小的试点个数 n。

步骤 2：确定前两个试点的位置。

由递推公式(19-1)，可画出如图 19-7 所示的区间缩短示意图。由此可得出第一次缩短时两个试点位置的计算公式如下：

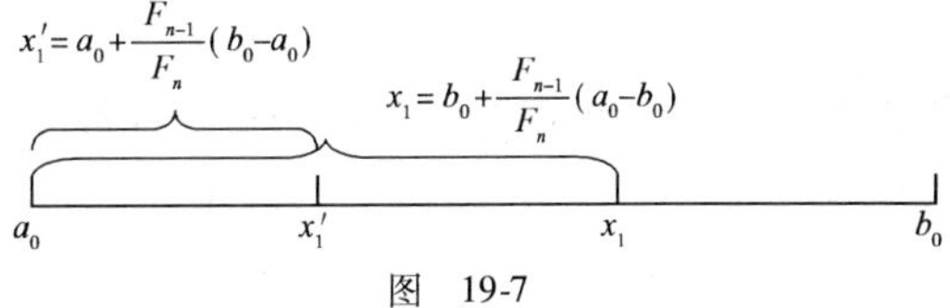

图 19-7

$$\begin{cases}x_1=b_0+\dfrac{F_{n-1}}{F_n}(a_0-b_0)\\x_1'=a_0+\dfrac{F_{n-1}}{F_n}(b_0-a_0)\end{cases} \tag{19-3}$$

这两个点在区间$[a_0,b_0]$内的位置是对称的。

步骤 3：计算函数值$f(x_1)$和$f(x_1')$，并比较它们的大小。

若$f(x_1)<f(x_1')$，则缩短后的区间为$[a_1,x_1']$，即取

$$a_1=a_0,b_1=x_1'$$

并令新的试点为

$$x_2'=x_1$$

$$x_2=b_1+\frac{F_{n-2}}{F_{n-1}}(a_1-b_1)$$

若$f(x_1)<f(x_1')$，则缩短后的区间为$[x_1,b_0]$，即取

$$a_1=x_1,b_1=b_0$$

并令新的试点为

$$x_2=x_1'$$

$$x_2'=a_1+\frac{F_{n-2}}{F_{n-1}}(b_1-a_1)$$

步骤 4：计算第 k 对试点。

其一般计算公式为：

$$\begin{cases} x_k = b_{k-1} + \dfrac{F_{n-k}}{F_{n-k+1}}(a_{k-1} - b_{k-1}) \\ x_k{}' = a_{k-1} + \dfrac{F_{n-k}}{F_{n-k+1}}(b_{k-1} - a_{k-1}) \end{cases} \tag{19-4}$$

其中:$k = 1, 2, \cdots, n-1$。

步骤5:确定最终区间并求出近似极值点和极小值。

当进行到 $k = n-1$ 时,有 $x_{n-1} = x_{n-1}{}' = \dfrac{a_{n-2} + b_{n-2}}{2}$

此时已无法借比较$f(x_{n-1})$和$f(x'_{n-1})$的大小来确定最终区间,为此,取

$$\begin{cases} x_{n-1} = \dfrac{a_{n-2} + b_{n-2}}{2} \\ x_{n-1}{}' = a_{n-2} + \left(\dfrac{1}{2} + \varepsilon\right)(b_{n-2} - a_{n-2}) \end{cases} \tag{19-5}$$

其中,ε 为任意小的数。在 x_{n-1}和 x'_{n-1}这两点中,以函数值较小者为近似极小值点,相应的函数值为近似极小值,并得最终区间为$[a_{n-2}, x'_{n-1}]$或$[x_{n-1}, b_{n-2}]$。

说明:

由上述讨论可知,当用斐波那契法以 n 个试点来缩短某一区间时,区间长度的第一次缩短率为F_{n-1}/F_n,其后各次的缩短率分别为:

$$\frac{F_{n-2}}{F_{n-1}}, \frac{F_{n-3}}{F_{n-2}}, \cdots, \frac{F_1}{F_2}$$

若将以上数列分为奇数项F_{2k-1}/F_{2k}和偶数项F_{2k}/F_{2k+1},可以证明,这两个数列收敛于同一个极限值。

设当$k \to +\infty$时

$$\frac{F_{2k-1}}{F_{2k}} \to \lambda, \frac{F_{2k}}{F_{2k+1}} \to \mu$$

由于

$$\frac{F_{2k-1}}{F_{2k}} = \frac{F_{2k-1}}{F_{2k-1} + F_{2k-2}} = \frac{1}{1 + \dfrac{F_{2k-2}}{F_{2k-1}}}$$

故当$k \to +\infty$ 时

$$\lim \frac{F_{2k-1}}{F_{2k}} = \frac{1}{1+\mu} = \lambda \tag{19-6}$$

同理可证

$$\mu = \frac{1}{1+\lambda} \tag{19-7}$$

将式(19-6)代入式(19-7)得

$$\mu = \frac{1+\mu}{2+\mu}$$

即

$$\mu^2 + \mu - 1 = 0$$

从而可得

$$\mu = \frac{\sqrt{5}-1}{2}$$

若把(19-7)式代入式(19-6),则得

$$\lambda^2+\lambda-1=0$$

故有
$$\lambda=\mu=\frac{\sqrt{5}-1}{2}=0.618033987418948$$

这说明，黄金分割法是斐波那契法的特殊情况，用不变的区间缩短率0.618来代替斐波那契法每次迭代的不同缩短率，就得到了黄金分割法。由于黄金分割法实现起来较为容易，效果也相当好，因而更易于被人们所接受。

三、算法举例

例 19-2 用斐波那契法求解例19-1。

解 已知$[a_0,b_0]=[-1,3]$，$\delta=0.05$。则由式(19-2)

$$F_n\geqslant 1/\delta=1/0.05=20$$

查表19-1，得$n=7$。即若要达到$\delta=0.05$的精度要求，就要迭代7次。

(1) $a_0=-1, b_0=3$

$$x_1=b_0+\frac{F_6}{F_7}(a_0-b_0)=3+\frac{13}{21}(-1-3)=0.524$$

$$x_1'=a_0+\frac{F_6}{F_7}(b_0-a_0)=-1+\frac{13}{21}(3-(-1))=1.476$$

$$f(x_1)=-0.249, f(x_1')=0.703$$

因为 $f(x_1)<f(x_1')$

所以应保留点x_1，故将区间$[-1,3]$缩短为$[a_1,x_1']=[-1,1.476]$。

(2) $a_1=-1, b_1=1.476$

$$x_2'=0.524$$

$$x_2=b_1+\frac{F_5}{F_6}(a_1-b_1)=1.476+\frac{8}{13}(-1-1.476)=-0.048$$

$$f(x_2)=-0.046, f(x_2')=-0.249$$

因为 $f(x_2')<f(x_2)$

所以应保留点x_2'，故将区间$[-1,1.476]$缩短为$[x_2,b_1]=[-0.048,1.476]$。

(3) $a_2=-0.048, b_2=1.476$

$$x_3=0.524$$

$$x_3'=a_2+\frac{F_4}{F_5}(b_2-a_2)=-0.048+\frac{5}{8}(1.476-(-0.048))=0.905$$

$$f(x_3)=-0.249, f(x_3')=-0.086$$

因为 $f(x_3)<f(x_3')$

所以应保留点x_3，故将区间$[-0.048,1.476]$缩短为$[a_2,x_3']=[-0.048,0.905]$。

(4) $a_3=-0.048, b_3=0.905$

$$x_4'=0.524$$

$$x_4=b_3+\frac{F_3}{F_4}(a_3-b_3)=0.905+\frac{3}{5}(-0.048-0.905)=0.333$$

$$f(x_4)=-0.222, f(x_4')=-0.249$$

因为 $f(x_4') < f(x_4)$

所以应保留点 x_4'，故将区间$[-0.048, 0.905]$缩短为$[x_4, b_3] = [0.333, 0.905]$。

(5) $a_4 = 0.333, b_4 = 0.905$

$$x_5 = 0.524$$

$$x_5' = a_4 + \frac{F_2}{F_3}(b_4 - a_4) = 0.333 + \frac{2}{3}(0.905 - 0.333) = 0.715$$

$$f(x_5) = -0.249, f(x_5') = -0.204$$

因为 $f(x_5) < f(x_5')$

所以应保留点 x_5，故将区间$[0.333, 0.945]$缩短为$[a_4, x_5'] = [0.333, 0.715]$。

(6) $a_5 = 0.333, b_5 = 0.715$，令 $\varepsilon = 0.01$

$$x_6' = 0.524$$

$$x_6 = b_5 + \frac{F_1}{F_2}(a_5 - b_5) = 0.715 + \left(\frac{1}{2} + 0.01\right)(0.333 - 0.715) = 0.520$$

$$f(x_6) = -0.250, f(x_6') = -0.249$$

因为 $f(x_6) < f(x_6')$

所以应保留点 x_6，故将区间$[0.333, 0.715]$缩短为$[a_5, x_6'] = [0.333, 0.524]$。

故　取近似极小点为 $x^* = 0.520$，近似极小值为 $f(x^*) = -0.250$。

缩短后的区间长度为 $0.524 - 0.333 = 0.191$，而 $0.191/4 = 0.048 < 0.05$，达到了规定的精度要求。整个计算过程如图 19-8 所示。

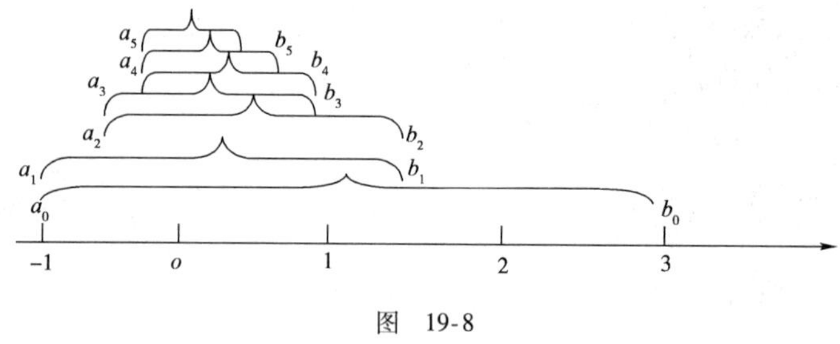

图 19-8

第三节　抛物线逼近法

前面两节所讨论的求解方法都是用缩短区间的手段来逼近极小点的，而抛物线逼近法则是用近似函数逼近目标函数，从而求得近似极小点的。

一、基本原理

在极小点附近，用二次三项式 $\Phi(X)$ 逼近目标函数 $f(x)$，$\Phi(x)$ 与 $f(x)$ 在 x_1, x_2, x_3 三点处的函数值分别相等（假设 $f(x_1) > f(x_2), f(x_2) < f(x_3)$），并构造出一个点列 $\{x_k\}$，在一定的条件下，该点列收敛于 $f(x)$ 的极小点。

二、算法步骤

(1) 用 $f(x)$ 上三个点 x_1, x_2, x_3 的函数值拟合抛物线 $\Phi(x)$。

已知：x_1, x_2, x_3 及其函数值 $f(x_1), f(x_2), f(x_3)$，

令 $$\Phi(x)=a_0+a_1x+a_2x^2$$

其中：a_0,a_1,a_2 是待定的系数，由解下列方程组得到：

$$\begin{cases}\Phi(x_1)=a_0+a_1x_1+a_2x_1^2=f(x_1)\\ \Phi(x_2)=a_0+a_1x_2+a_2x_2^2=f(x_2)\\ \Phi(x_3)=a_0+a_1x_3+a_2x_3^2=f(x_3)\end{cases}\tag{19-8}$$

(2)用抛物线 $\Phi(x)$ 的极小点来近似 $f(x)$ 的极小点。

令 $$\Phi'(x)=a_1+2a_2x=0$$

得 $$x=-a_1/2a_2\quad(\Phi(x)\text{的驻点})$$

由式(19-8)中消去 a_0，得：

$$a_1=\frac{({x_2}^2-{x_3}^2)f(x_1)+({x_3}^2-{x_1}^2)f(x_2)+({x_1}^2-{x_2}^2)f(x_3)}{(x_1-x_2)(x_2-x_3)(x_3-x_1)}$$

$$a_2=-\frac{(x_2-x_3)f(x_1)+(x_3-x_1)f(x_2)+(x_1-x_2)f(x_3)}{(x_1-x_2)(x_2-x_3)(x_3-x_1)}\tag{19-9}$$

$$x=\frac{1}{2}\ \frac{({x_2}^2-{x_3}^2)f(x_1)+({x_3}^2-{x_1}^2)f(x_2)+({x_1}^2-{x_2}^2)f(x_3)}{(x_2-x_3)f(x_1)+(x_3-x_1)f(x_2)+(x_1-x_2)f(x_3)}=x_k$$

把 $\Phi(x)$ 的驻点 x 记作 x_k，以 x_k 为 $f(x)$ 的一个估计近似极小点。

(3)利用式(19-9)反复迭代，直到求出 $f(x)$ 的满足精度要求的极小点。

求出 x_k 后，从 x_1,x_2,x_3,x_k 中选择目标函数值最小的点及其左、右两个相邻点，令其中目标函数值最小的点为 x_2，其左、右相邻点分别为 x_1 和 x_3，然后再代入式(19-9)，求出新的估计近似点 $x_{k-1},\cdots$，依次类推，产生一个点列 $\{x_k\}$，在一定的条件下，这个点列 $\{x_k\}$ 收敛于问题的解 x^*。

说明：

①三个初始点必须满足 $x_1<x_2<x_3$，且有：

$$f(x_1)>f(x_2),f(x_2)<f(x_3)$$

这样才能够保证 $\Phi(x)$ 的二次项系数 $a_2>0$，且 $\Phi(x)$ 的极小点在区间 $[x_1,x_3]$ 内。可利用外推内插法来求满足上述条件的三个初始点。

②外推内插法可以寻找单变量函数的极值点存在的区间，并给出三个初始点 x_1,x_2,x_3，且满足：

$$x_1<x_2<x_3$$
$$f(x_1)>f(x_2),f(x_2)<f(x_3)$$

外推内插法的基本步骤如下：

(1)给定初始区间，初始点 x_1 及初始步长 $h_0>0$。

(2)用加倍步长的外推法迅速缩短初始区间。

由初始点 x_1 向前迈一步，步长为 h_0，得：$x_2=x_1+h_0$，计算 $f(x_1)$ 和 $f(x_2)$，并比较：

①若 $f(x_2)<f(x_1)$：

则步长加倍，得 $x_3=x_2+2h_0$；

若仍有$f(x_3)<f(x_1)$，则步长再加倍，得$x_4=x_3+4h_0$，…，直到x_k点的函数值刚刚变为增加为止。

这样，就得到了三个点$x_{k-2}<x_{k-1}<x_k$，其函数值则是两头大、中间小，即有：

$$f(x_{k-2})>f(x_{k-1}),f(x_{k-1})<f(x_k)$$

故极小点一定在区间$[x_{k-1},x_k]$上，可舍弃初始区间的其他部分。

②若$f(x_2)>f(x_1)$：

说明由初始点迈步的方向错了，则退回到x_1，改向相反的方向迈一步，得到$x_3=x_1-h_0$；

若有$f(x_3)<f(x_1)$，则步长加倍，得$x_4=x_3-2h_0$。

若仍有$f(x_4)<f(x_3)$，则步长再加倍，得$x_5=x_4-4h_0$，…，直到x_k点的函数值刚刚变为增加为止。

这样，就得到了三个点：$x_k<x_{k-1}<x_{k-2}$，其函数值则是两头大、中间小，即有：

$$f(x_k)>f(x_{k-1}),f(x_{k-1})<f(x_{k-2})$$

故极小点一定在区间$[x_k,x_{k-2}]$上，可舍弃初始区间的其他部分。

(3)在x_{k-1},x_k之间内插入一个点，再一次缩短并最后确定极值点存在的区间。

在上述三个点x_{k-2},x_{k-1},x_k之间，因为步长是逐次加倍的，故有

$$x_k-x_{k-1}=2(x_{k-1}-x_{k-2})$$

现于x_{k-1},x_k之间内插一点x_{k+1}，令

$$x_{k+1}=\frac{1}{2}(x_{k-1}+x_k)$$

这样，就得到了等间距的4个点$x_{k-2},x_{k-1},x_{k+1},x_k$。

比较上述4个点的函数值，令其中函数值最小的点为x_2，其左、右相邻点分别为x_1和x_3，至此得到了尽可能小的极值点存在的区间$[x_1,x_3]$，且x_1,x_2,x_3三点符合

$$x_1<x_2<x_3$$

$$f(x_1)>f(x_2),f(x_2)<f(x_3)$$

三、算法举例

例19-3 用抛物线逼近法求解$\min f(x)=x^2-5x+2$，定初始点$x_1=1.0$，初始步长$h_0=0.1$，初始区间[0,10]。

解 $x_1=1.0$ $f(x_1)=x_1^2-5x_1+2=-2$

$x_2=x_1+h_0=1.0+0.1=1.1$ $f(x_2)=-2.29<-2$（方向正确）

$x_3=x_2+2h_0=1.1+2\times0.1=1.3$ $f(x_3)=-2.81<-2.29$（方向正确）

$x_4=x_3+4h_0=1.3+4\times0.1=1.7$ $f(x_4)=-3.61<-2.81$（方向正确）

$x_5=x_4+8h_0=1.7+8\times0.1=2.5$ $f(x_5)=-4.25<-3.61$（方向正确）

$x_6=x_5+16h_0=2.5+16\times0.1=4.1$ $f(x_6)=-1.69>-4.25$（停止计算）

这样，就得到了三个点

$$x_4<x_5<x_6(1.7<2.5<4.1)$$

其函数值满足

$$f(x_4)>f(x_5),f(x_5)<f(x_6)$$

故极小值点一定在区间$[x_4,x_6]=[1.7,4.1]$上，舍去初始区间[0,10]的其他部分。

(1)在点x_5和x_6之间插入一点，令

$$x_7=1/2(x_5+x_6)=1/2(2.5+4.1)=3.3$$

则$f(x_7)=-3.61>-4.25$

(2)比较x_4,x_5,x_7,x_6四个点的函数值，令函数值最小的x_5为x_2，其左、右相邻点x_4和x_7分别为x_1、x_3由此得到了尽可能小的极小点存在的区间$[x_4,x_7]=[1.7,3.3]$，且x_1、x_2和x_3满足$x_1<x_2<x_3$

其函数值满足

$$f(x_1)>f(x_2),f(x_2)<f(x_3)$$

即

$$x_1=x_4=1.7 \qquad f(x_1)=f(x_4)=-3.61$$

$$x_2=x_5=2.5 \qquad f(x_2)=f(x_5)=-4.25$$

$$x_3=x_7=3.3 \qquad f(x_3)=f(x_7)=-3.61$$

根据公式(19-7)可得近似极小点$x_k=2.5$，近似极小值$f(x_k)=-4.25$。

(3)比较x_1,x_2,x_3,x_k四个点的函数值$x_2=x_k$，故已得到近似极小值点及近似极小值：$x^*=2.5,f(x^*)=-4.25$

第四节　牛　顿　法

一、基本原理

牛顿法又称切线法，其基本原理是：在极小值点附近用二阶泰勒多项式近似目标函数，进而求出近似极小值点和近似极小值。

(1)用二阶泰勒多项式$\Phi(x)$来近似$f(x)$。

将$f(x)$在点x_k处展开成泰勒级数，并取其前三项，即得到$\Phi(x)$：

$$\Phi(x)=f(x_k)+f'(x_k)(x-x_k)+1/2f''(x_k)(x-x_k)^2\approx f(x)$$

上述$\Phi(x)$在点x_k处的$\Phi(x_k)$、$\Phi'(x_k)$、$\Phi''(x_k)$分别与在点x_k处的$f(x_k)$、$f'(x_k)$、$f''(x_k)$相等。

(2)用$\Phi(x)$的极小点来近似$f(x)$的极小点。

令
$$\Phi'(x)=f'(x_k)+f''(x_k)(x-x_k)=0$$

得$\Phi(x)$的驻点为x_{k+1}：

$$x_{k+1}=x_k-\frac{f'(x_k)}{f''(x_k)} \tag{19-10}$$

因为在点x_k附近，$f(x)\approx\Phi(x)$

所以可用$\Phi(x)$的极小点作为$f(x)$的极小点的估计值。如果x_k是$f(x)$的极小点的一个估计值，利用式(19-10)，就可以得到极小点的一个进一步的估计值x_{k+1}。

(3)精度判断。

若x_{k+1}满足允许的精度要求，则停止计算；否则，在点x_{k+1}处再用式(19-10)计算出x_{k+2}，…，如此迭代下去，就可以得到一个点列$\{x_k\}$，可以证明，在一定的条件下，这个点列收敛于$f(x)$的极小点。

二、算法步骤

(1)给定初始 x_1,给定允许精度 $\varepsilon>0$,令 $k=1$;

(2)计算 $f'(x_k)$ 与 $f''(x_k)$;

(3)若 $|f'(x_k)|<\varepsilon$,则停止计算,得近似极小点 x_k,否则,转下步;

(4)计算 $x_{k+1}=x_k-\dfrac{f'(x_k)}{f''(x_k)}$;

(5)令 $k=k+1$,返回步骤(2)。

说明:

①牛顿法的几何意义:

从式(19-10)可知,$f(x)$ 的近似极小点与 $f'(x_k)$ 和 $f''(x_k)$ 有关,而与 $f(x_k)$ 无关。

假设我们能画出曲线 $f'(x)$,则曲线 $f'(x)$ 与 x 轴交点的横坐标就是精确的极小点 $x_{\min}$,如图 19-9 所示。

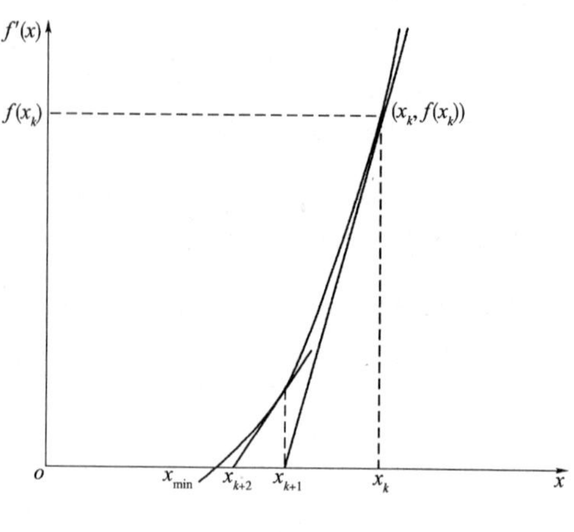

图 19-9

为了说明牛顿法的几何意义,我们过点 $(x_k,f'(x_k))$ 作曲线 $f'(x)$ 的切线,该切线与 x 轴的交点就是 $(x_{k+1},0)$,该点的斜率显然是 $f''(x_k)$。由上图可知

$$f''(x_k)=\frac{f'(x_k)}{x_k-x_{k+1}}$$

即

$$x_{k+1}=x_k-\frac{f'(x_k)}{f''(x_k)}$$

这正是在前面推导的式(19-10)。也就是说,上述切线就是 $\Phi'(x_k)$。因此,牛顿法是用切线 $\Phi'(x_k)$ 来近似曲线 $f'(x)$,用切线 $\Phi'(x_k)$ 与 x 轴的交点来近似曲线 $f'(x)$ 与 x 轴的交点。

若 x_{k+1} 不能满足所给的精度,则过点 $(x_{k+1},f'(x_{k+1}))$,再作曲线 $f'(x)$ 的切线与 x 轴交于点 $(x_{k+2},0)$,用一系列切线与 x 轴的交点去逼近极小点 $x_{\min}$。了解了牛顿法的几何意义以后,就不难理解为什么牛顿法又叫作“切线法”了。

②牛顿法是很有名的一种方法,它的收敛速度相当快。但是,它要求计算函数一系列迭代点上的一阶导数和二阶导数,这就使其应用受到了一定的限制。因为在很多情况下,函数并不存在连续的一阶、二阶导数。另外,在应用牛顿法时,要选择好初始点,否则就不能很快地收敛于极小点。

三、算法举例

例 19-4 用牛顿法求 $\min f(x)=x^2-x$,给定初始点 $x_1=1$,初始区间[0,1]。

解 因为 $f'(x)=2x-1$, $f''(x)=2$,

$f'(x_1)=1$, $f''(x_1)=2$

则根据公式 $$x_{k+1}=x_k-\frac{f'(x_k)}{f''(x_k)}$$

有 $$x_2=x_1-\frac{f'(x_1)}{f''(x_1)}=1-\frac{1}{2}=\frac{1}{2}$$

且有:$f(x_2)=-1/4$。

继续迭代:在点 x_2 处,有 $f'(x_2)=0$,$f''(x_2)=2$,故 $x_3=x_2=1/2$。

例 19-5 用牛顿法求 $\min f(x)=e^x-5x$,给定初始点 $x_1=1$,初始区间[1,2],相邻两点函数值的绝对值之差不超过 0.001。

解 $f'(x)=e^x-5$, $f''(x)=e^x$

$f'(x_1)=-2.282$, $f''(x_1)=2.718$

(1)则根据公式 $$x_{k+1}=x'_k-\frac{f'(x_k)}{f''(x_k)}$$

有 $$x_2=x_1-\frac{f'(x_1)}{f''(x_1)}=1-\frac{-2.282}{2.718}=1.840$$

且有 $f(x_2)=-2.903$。

(2)继续迭代:在点 x_2 处,有 $f'(x_2)=1.297$,$f''(x_2)=6.297$,

故 $$x_3=x_2-\frac{f'(x_2)}{f''(x_2)}=1.840-\frac{1.297}{6.297}=1.634$$

且有 $f(x_3)=-3.046$。

(3)继续迭代:在点 x_3 处,有 $f'(x_3)=0.124$,$f''(x_3)=5.124$,

故 $$x_4=x_3-\frac{f'(x_3)}{f''(x_3)}=1.634-\frac{0.124}{5.124}=1.610$$

且有 $f(x_4)=-3.047$。

由于 $$|f(x_4)-f(x_3)|=|(-3.047)-(-3.046)|=0.001\leqslant 0.001$$

故已达到精度要求,迭代停止。得近似最优解:$x^*=(1.634+1.610)/2=1.622$,近似最优值为 $f(x^*)=-3.047$。

小结

本章介绍了求解单变量函数极值问题的几种常用方法,如黄金分割法、斐波那契法、抛物线逼近法、牛顿法。

通过本章的学习,应该理解各种方法的基本原理及其优缺点,学会运用它们来求解单变量函数极值问题。

第二十章　多变量无约束极值问题

多变量无约束极值问题的一般形式是:

$$\min f(X) \quad (X\in E^n)$$

有关“无约束极值问题的极值条件”以及“下降迭代算法”,我们在第十八章里已经讨论过了。

下降迭代算法的基本原理是求解无约束极值问题的一般原理，按照这个原理，人们提出了许多具体的求解方法。这些方法大致可以分为两类：一类称为解析法，在计算过程中要用到目标函数$f(X)$的导数，即要求$f(X)$有连续的偏导数，且收敛速度一般比较快；另一类是直接法，在计算过程中不必计算函数$f(X)$的导数，只用到目标函数值，但这种方法的收敛速度较慢。

不管是哪一类的求解方法，其基本思路都是一致的，都是通过求解一系列的一维搜索问题，来求得多变量无约束问题的极值。求解多变量无约束问题要解决的核心问题，是确定搜索方向，而各种求解方法的根本区别，就在于选择的搜索方向的不同。下面介绍几种常用的求解方法。

第一节　最速下降法

最速下降法又称梯度法。在求解无约束极值问题的解析算法中，梯度法是最为古老，但又是最为基本的一种算法。它还是导出其他解析算法的理论基础，其他算法的收敛速度也常常要与梯度法作比较，从而来评价一种算法的优劣。

人们在处理无约束极值问题的时候，总希望能够选择一个使目标函数值下降得最快的方向，以便尽快达到极小点。正是基于这样一种愿望，早在1847年，法国著名数学家Cauchy就提出了最速下降法。后来，Curry等人又作了进一步的研究。这种方法一直到20世纪50年代中期，都是最流行、使用最普遍的一种算法。

一、基本原理

考虑无约束极值问题：

$$\min f(X) \quad (X \in E^n)$$

其中：$f(X)$有连续的一阶偏导数，E^n是n维欧氏空间。

由微积分理论可知，函数$f(X)$的负梯度方向是函数值减少得最快的方向。最速下降法正是基于这种思路，以函数的负梯度方向作为极值点的搜索方向，即：每次都沿着函数的负梯度方向进行搜索来寻求极值点。因此，最速下降法又被称作是一阶梯度法。

二、算法步骤

(1)给定初始点$X^{(1)} \in E^n$，允许误差$\varepsilon > 0$，令$k=1$。

(2)确定负梯度方向为点$X^{(k)}$的有利的搜索方向，即$d^{(k)} = -\nabla f(X^{(k)})$。

(3)精度检验：

若$\|d^{(k)}\| < \varepsilon$，则停止计算；否则，转步骤(4)

其中：模$\|d^{(k)}\| = \|\nabla f(X^{(k)})\|$

$$= \sqrt{\left(\frac{\partial f(x^{(k)})}{\partial x_1}\right)^2 + \left(\frac{\partial f(x^{(k)})}{\partial x_2}\right)^2 + \cdots + \left(\frac{\partial f(x^{(k)})}{\partial x_n}\right)^2}$$

(4)在方向$d^{(k)}$上，确定最优步长λ_k；

记在点$X^{(k)}$的邻域$\lambda d^{(k)}$内的展开式为：

$$\phi(\lambda) = f(X^{(k)} + \lambda d^{(k)}) = f(X^{(k)} - \nabla f(X^{(k)}))$$

$$\approx f(X^{(k)}) - \nabla f(X^{(k)})^{\mathrm{T}} \nabla f(X^{(k)})\lambda + \frac{1}{2}\nabla f(X^{(k)})^{\mathrm{T}} H(X^{(k)}) \nabla f(X^{(k)})\lambda^2$$

令 $$\phi'(\lambda) = 0$$

即 $$-\nabla f(X^{(k)})^{\mathrm{T}} \nabla f(X^{(k)}) + \nabla f(X^{(k)})^{\mathrm{T}} H(X^{(k)}) \nabla f(X^{(k)})\lambda = 0$$

则　可得出最优步长 λ_k 的计算公式如下：

$$\lambda_k = \frac{\nabla f(x^{(k)})^{\mathrm{T}} \nabla f(X^{(k)})}{\nabla f(X^{(k)})^{\mathrm{T}} H(X^{(k)}) \nabla f(X^{(k)})}$$

由上述公式可以看出，最优步长 λ_k 不仅与点 $X^{(k)}$ 的梯度 $\nabla f(X^{(k)})$ 有关，还与这一点的海赛矩阵 $H(X^{(k)})$ 有关。

(5)求出新点　$X^{(k+1)} = X^{(k)} - \lambda_k \nabla f(X^{(k)})$

令 $k=k+1$，返回步骤(2)。

三、算法举例

例 20-1　用最速下降法求解：

$$\min f(X) = x_1^2 + x_2^2 - 6x_1 + 4x_2 + 13$$

给定初始点 $X^{(1)} = (0,0)^{\mathrm{T}}$，允许误差 $\varepsilon = 0.3$。

解　(1)计算目标函数 $f(X)$ 的梯度：

$$\nabla f(X) = \left(\frac{\partial f}{\partial x_1}, \frac{\partial f}{\partial x_2}\right)^{\mathrm{T}} = \begin{pmatrix} 2x_1 - 6 \\ 2x_2 + 4 \end{pmatrix}$$

则 $$\nabla f(X^{(1)}) = (-6, 4)^{\mathrm{T}}$$

(2)令 $$d^{(1)} = -\nabla f(X^{(1)}) = (6, -4)^{\mathrm{T}}$$

(3)从 $X^{(1)}$ 出发，沿方向 $d^{(1)}$ 作一维搜索：

令步长为 λ，则有

$$X^{(1)} + \lambda d^{(1)} = (0,0)^{\mathrm{T}} + (6, -4)^{\mathrm{T}} = (6\lambda, -4\lambda)^{\mathrm{T}}$$

$$\phi(\lambda) = f(X^{(1)} + \lambda d^{(1)}) = 36\lambda^2 + 16\lambda^2 - 36\lambda - 16\lambda + 13$$

令 $$\phi'(\lambda) = 104\lambda - 52\lambda = 0$$

得最优步长 $$\lambda = 1/2$$

故得新点 $$X^{(2)} = X^{(1)} + \lambda d^{(1)} = (3, -2)^{\mathrm{T}}$$

(4)计算点 $X^{(2)}$ 的梯度：

$$\nabla f(X^{(2)}) = (0,0)^{\mathrm{T}}$$

故搜索方向 $d^{(2)} = -\nabla f(X^{(2)}) = (0,0)^{\mathrm{T}}$，且 $\| d^{(2)} \| = \| \nabla f(X^{(2)}) \| = 0 < 0.3$，搜索停止。

得近似极小点： $$X^{(*)} = (3, -2)^{\mathrm{T}}$$

近似极小值： $$f(X^{(*)}) = 0$$

例 20-2　用最速下降法求解：

$$\min f(X) = 2x_1^2 + x_2^2 + x_1 - x_2 + 2x_1 x_2$$

给定初始点 $X^{(1)} = (0,0)^{\mathrm{T}}$，允许误差 $\varepsilon = 0.3$。

解　(1)计算目标函数 $f(X)$ 的梯度：

$$\nabla f(X)=\left(\frac{\partial f}{\partial x_1},\frac{\partial f}{\partial x_2}\right)^{\mathrm{T}}=\begin{pmatrix}4x_1+2x_2+1\\2x_1+2x_2-1\end{pmatrix}$$

则

$$\nabla f(X^{(1)})=(1,-1)^{\mathrm{T}}$$

(2)令

$$d^{(1)}=-\nabla f(X^{(1)})=(-1,1)^{\mathrm{T}}$$

(3)从 $X^{(1)}$ 出发,沿方向 $d^{(1)}$ 作一维搜索:

令步长为 λ

则有

$$X^{(1)}+\lambda d^{(1)}=(0,0)^{\mathrm{T}}+\lambda(-1,1)^{\mathrm{T}}$$
$$\phi(\lambda)=f(X^{(1)}+\lambda d^{(1)})$$
$$=\lambda^2-2\lambda$$

令

$$\phi'(\lambda)=2\lambda-2=0$$

得最优步长

$$\lambda_1=1$$

故得新点

$$X^{(2)}=X^{(1)}+\lambda_1 d^{(1)}=(-1,1)^{\mathrm{T}}$$

(1)计算点 $X^{(2)}$ 的梯度:

$$\nabla f(X^{(2)})=(-1,-1)^{\mathrm{T}}$$

故搜索方向

$$d^{(2)}=-\nabla f(X^{(2)})=(1,1)^{\mathrm{T}}$$
$$X^{(2)}+\lambda d^{(2)}=(-1,1)^{\mathrm{T}}+\lambda(1,1)^{\mathrm{T}}$$
$$=(\lambda-1,\lambda+1)^{\mathrm{T}}$$
$$\phi(\lambda)=f(X^{(1)}+\lambda d^{(1)})$$
$$=5\lambda^2-2\lambda-1$$

令

$$\phi'(\lambda)=10\lambda-2=0$$

得最优步长

$$\lambda_2=1/5$$

故得新点

$$X^{(3)}=X^{(2)}+\lambda_2 d^{(2)}=(-4/5,6/5)^{\mathrm{T}}$$

(2)计算点 $X^{(3)}$ 的梯度:

$$\nabla f(X^{(3)})=(1/5,-1/5)^{\mathrm{T}}$$

(3)检验:

$$\|d^{(3)}\|=\|\nabla f(X^{(3)})\|\approx 0.2828<0.3=\varepsilon$$

搜索停止。

得近似极小点 $X^*=(-4/5,6/5)^{\mathrm{T}}$

近似极小值 $f(X^*)=-2/5$

本题的精确最优解为 $X^*=(-1,3/2)^{\mathrm{T}}$,最优值为 $f(X^*)=7/4$。

说明：

从本题的计算过程可以看出，最速下降法的收敛速度是比较慢的，这似乎与“最速”相矛盾，其实不然。因为，所谓最速下降方向 $-\nabla f(X^{(k)})$ 仅仅反映了函数 $f(X)$ 在点 $X^{(k)}$ 的局部性质。从局部来看，最速下降方向确实是函数值下降得最快的方向，选择这样的方向进行搜索是有利的。但是从全局来看，就不一定是最速下降方向。另一方面，在相继两次迭代中，最速下降方向是相互正交的。于是，最速下降法逼近极值点的路线是锯齿状的（图 20-1），并且越靠近极值点，步子就越小。

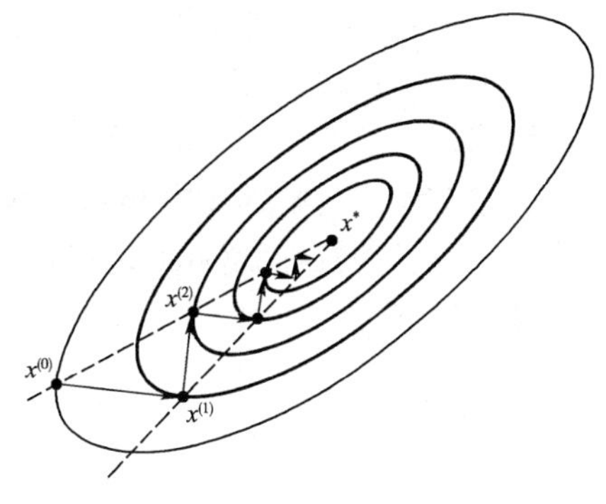

图 20-1

因此，最速下降法适用于求极值过程的前期迭代或作为间插步骤，当接近极小点的时候，宜选用别的收敛快的算法。

第二节　变量轮换法

一、基本原理

变量轮换法是多变量无约束极值问题中最简单的一种求解方法。这种方法认为，求函数极值的最有利的搜索方向，是各坐标轴的方向。因此，它轮流按各坐标轴的方向进行搜索，来寻求函数的极值点。其原理是，从某一给定点出发，按第 i 个坐标轴 e_i 的方向搜索。此时，在 n 维变量中，只有变量 x_i 在变化，其他 $(n-1)$ 维变量均保持原来的状态不变，这样，就把多变量函数的极值问题化成了一系列的单变量函数的极值问题。

二、算法步骤

(1) 给定初始点 $X^{(1)}$，记各坐标轴的方向为 $e_i=(0,\cdots,0,1,0,\cdots,0)^{\mathrm{T}}, i=1,2,\cdots,n$。

(2) 从 $X^{(1)}$ 出发，先沿第一个坐标轴的方向 $e_1=(1,0,\cdots,0)^{\mathrm{T}}$ 进行一维搜索，并求出最优步长 λ_1，得到下一个点 $X^{(2)}$，即：

$$\begin{cases} f(X^{(2)})=f(X^{(1)}+\lambda_1 e_1)=\min f(X^{(1)}+\lambda e_1) \\ X^{(2)}=X^{(1)}+\lambda_1 e_1 \end{cases}$$

其中，$f(X^{(1)}+\lambda e_1)$ 是步长 λ 的一维函数；$f(X^{(1)}+\lambda e_1)$ 的极小点就是方向 e_1 上的最优步长 λ_1。新点 $X^{(2)}$ 与初始点 $X^{(1)}$ 相比，只有 X_1 的坐标值不同。

类似地，以 $X^{(2)}$ 为出发点，再沿第二个坐标轴的方向 $e_2=(0,1,0,\cdots,0)^{\mathrm{T}}$ 进行一维搜索，并求出最优步长 λ_2，得到点 $X^{(3)}$，…，依次下去，直到 n 个坐标轴全部搜索完毕，得到点 $X^{(n+1)}$，即：

$$\begin{cases} f(X^{(n+1)})=f(X^{(n)}+\lambda_n e_n)=\min f(X^{(n)}+\lambda e_n) \\ X^{(n+1)}=X^{(n)}+\lambda_n e_n \end{cases}$$

其中，$f(X^{(n)}+\lambda e_n)$ 是步长 λ 的一维函数；$f(X^{(n)}+\lambda e_n)$ 的极小点就是方向 e_n 上的最优步长 λ_n。新点 $X^{(n+1)}$ 与前一点 $X^{(n)}$ 相比，只有 X_n 的坐标值不同。

从初始点开始，经上述 n 次一维搜索，得到点 $X^{(n+1)}$ 后，即完成了变量轮换的一次迭代。

(3)令 $X^{(1)}=X^{(n+1)}$,返回步骤(2),继续迭代。

重复以上步骤,直到所得新点满足给定的精度要求为止。

说明:

变量轮换法的解题步骤非常简单,它适用于各变量之间本质上无联系或沿各坐标轴方向搜索比较容易的特殊结构的多变量函数的极值问题,而对一般目标函数,它的收敛速度较慢,搜索效率较低。

三、算法举例

例 20-3 用变量轮换法求解:

$$\min f(X)=x_1^2+x_2^2-6x_1+4x_2+13$$

给定初始点 $X^{(1)}=(0,0)^T$。

解 令两个坐标轴的方向为:$e_1=(1,0)^T, e_2=(0,1)^T$。

(1)从初始点 $X^{(1)}$ 出发,先沿第一个坐标轴的方向 $e_1=(1,0)^T$ 进行一维搜索:

$$X^{(1)}+\lambda e_1=(0,0)^T+\lambda(1,0)^T=(\lambda,0)^T$$

$$f(X^{(1)}+\lambda e_1)=\lambda^2-6\lambda+13$$

令
$$\frac{\partial f}{\partial \lambda}=2\lambda-6=0$$

得最优步长
$$\lambda_1=3$$

故下一个点

$$X^{(2)}=X^{(1)}+\lambda_1 e_1=(3,0)^T$$

(2)再从点 $X^{(2)}$ 出发,沿第二个坐标轴的方向 $e_2=(0,1)^T$ 进行一维搜索:

$$X^{(2)}+\lambda e_2=(3,0)^T+\lambda(0,1)^T=(3,\lambda)^T$$

$$f(X^{(2)}+\lambda e_2)=\lambda^2+4\lambda+4$$

令
$$\frac{\partial f}{\partial \lambda}=2\lambda+4=0$$

得最优步长:$\lambda_2=-2$

故下一个点 $X^{(3)}=X^{(2)}+\lambda_2 e_2=(3,-2)^T$

至此,第一次迭代结束。

(3)再从点 $X^{(3)}$ 出发,沿第一个坐标轴的方向 $e_1=(1,0)^T$ 进行一维搜索:

$$X^{(3)}+\lambda e_1=(3,-2)^T+\lambda(1,0)^T=(\lambda+3,-2)^T$$

$$f(X^{(3)}+\lambda e_1)=\lambda^2$$

令
$$\frac{\partial f}{\partial \lambda}=2\lambda=0$$

得最优步长
$$\lambda_3=0$$

故点
$$X^{(4)}=X^{(3)}=(3,-2)^T$$

所以,已得到最优点,即:$X^*=(3,-2)^T$,最优值为 $f(X^*)=0$

第三节 单纯形搜索法

单纯形搜索法又称可变多面体搜索法。所谓单纯形,指的是 n 维欧氏空间 E^n 中具有 $n+1$

个顶点的凸多面体。例如，一维空间中的线段；二维空间中的三角形；三维空间中的四面体等均为相应空间中的单纯形。

无约束极值问题的单纯形法首先是 Spendley、Hext 和 Hirmsworth 提出来的，叫作正规单纯形法。所谓正规单纯形法指的是：在 n 维欧氏空间 E^n 中，若 $n+1$ 个顶点中任意两点的距离都相等，则称这 $n+1$ 个点组成的图形为正规单纯形。例如，E^2 中的正三角形；E^3 中的正四面体。

采用正规单纯形法求解时，首先要构造初始正规单纯形，而且，以后各阶段也要构造正规单纯形，且这种算法的收敛速度很慢，所以，不大受人们的欢迎。Nelder 和 Mead 提出了一种改进的方法，即采用“灵活多面体”代替正规单纯形，而且，两者构造单纯形的方式不同，这就是 N-M 单纯形法，又称多面体搜索法。

一、基本原理

给定 n 维欧氏空间 E^n 中的一个单纯形，并求出该单纯形的 $n+1$ 个顶点上的函数值，确定这些函数值中的最大值、次大值和最小值，然后，通过反射、扩张、内缩、缩边等方法（几种方法不一定同时使用），求出一个较好的点，用这个点取代最大值点，以构成新的单纯形，通过多次迭代，逼近极小点。

二、算法步骤

(1)给定平面上不共线的三点 $X^{(1)}$、$X^{(2)}$、$X^{(3)}$，构成初始单纯形，如图 20-2 所示。

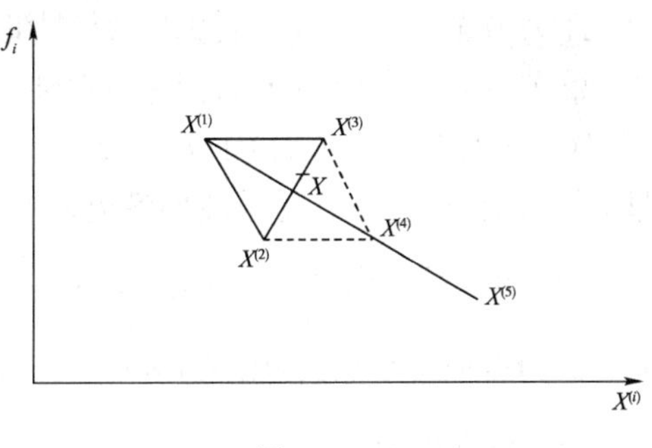

图 20-2

取反射系数 $\alpha>0$，扩张系数 $\gamma>1$，内缩系数 $\beta\in(0,1)$，允许误差 $\varepsilon>0$。计算每个顶点的函数值 $f_i=f(X^{(i)})(i=1,2,3)$，置 $k=1$。

(2)求出各顶点的函数值中的最大值 f_H，次大值 f_G，最小值 f_L。

$$f_H=f(X^{(H)})=\max\{f_1,f_2,\cdots,f_{n+1}\}$$

$$f_G=f(X^{(G)})=\max_{1\leqslant i\leqslant n+1}\{f(X^{(i)})\mid X^{(i)}\neq X^{(H)}\}$$

$$f_L=f(X^{(L)})=\min\{f_1,f_2,\cdots,f_{n+1}\}$$

上述 f_H f_G f_L 可做为搜索时的比较参照标准。

(3)确定有利的搜索方向。

单纯形搜索法认为：极小点在最大点与其余点的形心的连线上可能性较大，故该法力图在上述方向上找一个较好点。

(4)进行发射。

①计算除了 $X^{(H)}$ 之外其余各点的形心 $\bar{X}$，$X^{(G)}$，$X^{(L)}$ 的形心即二者连线的中点，有：$\bar{X}=1/2(X^{(G)}+X^{(L)})$

②将 $X^{(H)}$ 经过 $\bar{X}$ 进行反射，得反射点 $X^{(n+2)}$，于是

$$X^{(n+2)}=\bar{X}+\alpha(\bar{X}-X^{(H)})$$

一般情况下取 $\alpha=1$，即反射点是最大点关于形心的对称点。

③计算 $f(X^{(n+2)})$ 及 $f(\bar{X})$。

(5)若 $f(X^{(n+2)})<f_L$，则将 $X^{(n+2)}$ 继续扩张到 $X^{(n+3)}$：

$f(X^{(n+2)}) < f_L$ 说明搜索方向正确进一步加大步长，即扩张得到 $X^{(n+3)}$，有

$$X^{(n+3)} = \overline{X} + \gamma(X^{(n+2)} - \overline{X}) \qquad (\gamma > 1)$$

计算 $f(X^{(n+3)})$，一般情况下取 $\gamma = 2$（扩张系数）。

①若 $f(X^{(n+3)}) < f(X^{(n+2)})$，此时扩张后的点 $X^{(n+3)}$ 更好，因而用 $X^{(n+3)}$ 取代 $X^{(H)}$，用 $f(X^{(n+3)})$ 取代 $f(X^{(H)})$，转步骤(8)。

② $f(X^{(n+3)}) \geq f(X^{(n+2)})$，此时用 $X^{(n+2)}$ 取代 $X^{(H)}$，用 $f(X^{(n+2)})$ 取代 $f(X^{(H)})$，转步骤(8)。

(6)若 $f_L \leq f(X^{(n+2)}) \leq f_G$，此时用 $X^{(n+2)}$ 取代 $X^{(H)}$，用 $f(X^{(n+2)})$ 取代 $f(X^{(H)})$，转步骤(8)。

(7)若 $f(X^{(n+2)}) > f_G$，可能步长过大，需内缩，得到点 $X^{(n+4)}$，令 $f(X') = \min\{f(X^{(H)}), f(X^{(n+2)})\}$，

其中：$X' \in \{X^{(H)}, X^{(n+2)}\}$

又令

$$X^{(n+4)} = \overline{X} + \beta(X' - \overline{X})$$

即 $X^{(n+4)}$ 位于 $\overline{X}$ 和 X' 之间，一般情况下取 $\beta = 0.5$，计算 $f(X^{(n+4)})$。

①若 $f(X^{(n+4)}) \leq f(X')$，则用 $X^{(n+4)}$ 取代 $X^{(H)}$，用 $f(X^{(n+4)})$ 取代 $f(X^{(H)})$，转步骤(8)；

②若 $f(X^{(n+4)}) > f(X')$，则进行单纯形缩边，有：

$X^{(i)} = 1/2(X^{(i)} + X^{(L)})(i = 1, 2, \cdots, n+1)$

即 保留最小点 $X^{(L)}$，将单纯形各边缩短为原来的一半。

(8)检验是否满足收敛标准，若 $\left\{\frac{1}{n+1}\sum_{i=1}^{n+1}[f(X^{(i)}) - f(\overline{X})]^2\right\}^{1/2} < \varepsilon$，则停止计算，现行最好点为近似极小点；否则置 $k = k+1$，返回步骤(2)。

三、算法举例

例 20-4 用单纯形搜索法求解：

$$\min f(X) = x_1^2 + x_2^2 - 6x_1 + 4x_2 + 13$$

给定初始单纯形顶点：

$$X^{(1)} = (0,0)^{\mathrm{T}}, X^{(2)} = (1,0)^{\mathrm{T}}, X^{(3)} = (3/2, -2)^{\mathrm{T}}$$

并取反射系数 $\alpha = 1$，内缩系数 $\beta = 0.5$，扩张系数 $\gamma = 2$，允许误差 $\varepsilon = 1$。

解 (1)计算各顶点的函数值：

$$f(X^{(1)}) = 13, f(X^{(2)}) = 8, f(X^{(3)}) = 9/4$$

由于 $X^{(1)}$ 的函数值最大，而 $X^{(3)}$ 的函数值最小，所以有：

$$X^{(H)} = X^{(1)}, X^{(G)} = X^{(2)}, X^{(L)} = X^{(3)}$$

$$f(X^{(H)}) = f(X^{(1)}) = 13, f(X^{(G)}) = f(X^{(2)}) = 8, f(X^{(L)}) = f(X^{(3)}) = 9/4$$

(2)进行反射，求 $X^{(1)}$ 关于 $X^{(2)}$ 和 $X^{(3)}$ 的形心的反射点。

①先求形心：

$$\overline{X} = \frac{1}{2}(X^{(2)} + X^{(3)}) = \frac{1}{2}[(1,0)^{\mathrm{T}} + (3/2, -2)^{\mathrm{T}}] = (5/4, -1)^{\mathrm{T}}$$

$$f(X) = 65/16$$

②进行反射：

$$X^{(4)}=X+\alpha(X-X^{(1)})$$
$$=(5/4,-1)^T+[(5/4,-1)^T-(0,0)^T]=(5/2,-2)^T$$
$$f(X^{(4)})=1/4$$

(3)判断：

因为$f(X^{(4)})<f(X^{(L)})$，说明搜索方向正确，所以继续扩张。

由题目所给的扩张系数$\gamma=2$，

得新点
$$X^{(5)}=X+\gamma(X^{(4)}-X)$$
$$=X+2(X^{(4)}-X)$$
$$=2X^{(4)}-X$$
$$=2(5/2,-2)^T-(5/4,-1)^T=(15/4,-3)^T$$
$$f(X^{(5)})=25/16$$

又因为
$$f(X^{(5)})>f(X^{(4)})$$

所以用$X^{(4)}$取代$X^{(1)}$（即：最大点$X^{(H)}$），得新的单纯形，其顶点及相应的函数值如下：
$$X^{(1)}=(5/2,-2)^T,X^{(2)}=(1,0)^T,X^{(3)}=(3/2,-2)^T$$
$$f(X^{(1)})=1/4,f(X^{(2)})=8,f(X^{(3)})=9/4$$

(4)检验：
$$\left\{\frac{1}{3}\sum_{i=1}^{3}[f(X^{(i)})-f(\bar{X})]^2\right\}^{\frac{1}{2}}$$
$$=\left\{\frac{1}{3}\left[\left(\frac{1}{4}-\frac{65}{16}\right)^2+\left(8-\frac{65}{16}\right)^2+\left(\frac{9}{4}-\frac{65}{16}\right)^2\right]\right\}^{\frac{1}{2}}$$
$$=3.33>\varepsilon$$

故继续迭代。

以下步骤重复步骤(2)。

(5)已知：$X^{(L)}=X^{(1)},X^{(H)}=X^{(2)},X^{(G)}=X^{(3)}$

求$X^{(2)}$关于$X^{(1)}$和$X^{(3)}$的反射点。

①求形心：
$$X=\frac{1}{2}(X^{(1)}+X^{(3)})=\frac{1}{2}[(5/2,-2)^T+(3/2,-2)^T]=(2,-2)^T$$
$$f(X)=1$$

②进行反射：

由反射系数　$\alpha=1$，

有反射点：
$$X^{(4)}=X+\alpha(X-X^{(2)})$$
$$=2(2,-2)^T-(1,0)^T=(3,-4)^T$$
$$f(X^{(4)})=4$$

③判断：

因为　$f(X^{(4)})>f(X^{(3)})$，说明搜索方向错误，所以需要内缩。

由题目所给的内缩系数$\beta=0.5$有
$$X^{(6)}=X+\beta(X^{(4)}-X)$$
$$=\frac{1}{2}X+\frac{1}{2}X^{(4)}$$

$$= \frac{1}{2}(2, -2)^T + \frac{1}{2}(3, -4)^T = (5/2, -3)^T$$

$$f(X^{(5)}) = 5/4$$

又因为 $$f(X^{(6)}) < f(X^{(4)})$$

所以用 $X^{(6)}$ 取代 $X^{(2)}$，得新的单纯形，其顶点及相应的函数值如下：

$$X^{(1)} = (5/2, -2)^T, X^{(2)} = (5/2, -3)^T, X^{(3)} = (3/2, -2)^T$$

$$f(X^{(1)}) = 1/4, f(X^{(2)}) = 5/4, f(X^{(3)}) = 9/4$$

④检验：

因为

$$\left\{\frac{1}{3}\sum_{i=1}^{3}[f(X^{(i)}) - f(\bar{X})]^2\right\}^{\frac{1}{2}}$$

$$= \left\{\frac{1}{3}\left[\left(\frac{1}{4}-1\right)^2 + \left(\frac{5}{4}-1\right)^2 + \left(\frac{9}{4}-1\right)^2\right]\right\}^{\frac{1}{2}}$$

$$= 0.85 < \varepsilon$$

故已经满足精度要求，得近似极小点：$X^* = X^{(1)} = (5/2, -2)^T$

实际上，我们已经用变量轮换法求出其极小点为 $X^* = (3, -2)^T$。

说明：

关于单纯形搜索法的使用效果，有人在许多问题上进行了试验，并取得了成功。但也有人认为，对于变量较多的情况，比如当 $n > 10$ 时，该种方法无效。

第四节 牛 顿 法

本节介绍的牛顿法是单变量函数牛顿法的推广。

一、基本原理

(1)将 $f(X)$ 在点 $X^{(k)}$ 处展开成泰勒级数，并取二阶近似：

设 $f(X)$ 二次可微（$X \in E^n$），$X^{(k)}$ 是 $f(X)$ 极小点的一个估计值，根据泰勒展开式，有

$$\phi(X) = f(X) \approx f(X^{(k)}) + \nabla f(X^{(k)})^T(X - X^{(k)}) + 1/2(X - X^{(k)})^T H(X^{(k)})(X - X^{(k)})$$

其中：$\nabla f(X^{(k)})$ 是 $f(X)$ 在点 $X^{(k)}$ 处的梯度；$H(X^{(k)})$ 是 $f(X)$ 在点 $X^{(k)}$ 处的海赛矩阵。

(2)求 $\phi(X)$ 的近似极小点：

令 $$\nabla \phi(X) = 0$$

即 $$\nabla f(X^{(k)}) + H(X^{(k)})(X - X^{(k)}) = 0$$

设 $H(X^{(k)})$ 可逆

则可得出牛顿法的迭代公式如下：

$$X^{(k+1)} = X^{(k)} - (H(X^{(k)}))^{-1}\nabla f(X^{(k)}) \tag{20-1}$$

其中：$(H(X^{(k)}))^{-1}$ 是海赛矩阵 $(H(X^{(k)}))$ 的逆阵。由上述迭代公式，即可求出 $f(X)$ 的近似极小点。

说明：

①将式(20-1)与单变量函数求极值的牛顿法进行比较，可以看出，此时的搜索方向为 $-(H(X^{(k)}))^{-1}\nabla f(X^{(k)})$，称为牛顿方向，而搜索步长为 1。

②若按照式(20-1)进行搜索，在函数的极值点附近时，能够保证收敛且收敛速度较快；但在远离函数的极值点的时候，收敛速度较慢或根本就不收敛，所以，有必要对牛顿法进行修正。

修正的牛顿法，增加了沿牛顿方向的一维搜索，以确定最优步长 λ_k。修正后的牛顿法的算法步骤如下。

二、算法步骤

(1)给定初始点 $X^{(1)}\in E^n$，允许误差 $\varepsilon>0$，令 $k=1$；

(2)确定牛顿方向为点 $X^{(k)}$ 的有利的搜索方向，即：

$$d^{(k)}=-(H(X^{(k)}))^{-1}\nabla f(X^{(k)})$$

(3)精度检验：

若 $\|d^{(k)}\|<\varepsilon$，则停止计算；否则，转步骤(4)；

其中：模 $\|d^{(k)}\|=\|\nabla f(X^{(k)})\|$

$$=\sqrt{\left(\frac{\partial f(X^{(k)})}{\partial x_1}\right)^2+\left(\frac{\partial f(X^{(k)})}{\partial x_2}\right)^2+\cdots+\left(\frac{\partial f(X^{(k)})}{\partial x_n}\right)^2}$$

(4)在方向 $d^{(k)}$ 上，确定最优步长 λ_k；

$$f(X^{(k)}+\lambda_k d^{(k)})=\min f(X^{(k)}+\lambda d^{(k)})$$

(5)求出新点 $X^{(k+1)}=X^{(k)}+\lambda_k d^{(k)}$

$$=X^{(k)}-\lambda_k(H(X^{(k)}))^{-1}\nabla f(X^{(k)})$$

令 $k=k+1$，返回步骤(2)。

三、算法举例

例 20-5 用牛顿法求解例 20-4：

$$\min f(X)=2x_1^2+x_2^2+x_1-x_2+2x_1x_2$$

给定初始点 $X^{(1)}=(0,0)^{\mathrm{T}}$，允许误差 $\varepsilon=0.3$。

解 (1)计算目标函数 $f(X)$ 在点 $X^{(1)}$ 处的梯度和海赛矩阵：

$$\nabla f(X)=\left(\frac{\partial f}{\partial x_1},\frac{\partial f}{\partial x_2}\right)^{\mathrm{T}}=\begin{pmatrix}4x_1+2x_2+1\\2x_1+2x_2-1\end{pmatrix}$$

$$\nabla f(X^{(1)})=(1,-1)^{\mathrm{T}}$$

$$H(X^{(1)})=\begin{bmatrix}4&2\\2&2\end{bmatrix},\ (H(X^{(1)}))^{-1}=\begin{bmatrix}1/2&-1/2\\-1/2&1\end{bmatrix}$$

(2)令 $d^{(1)}=-(H(X^{(1)}))^{-1}\nabla f(X^{(1)})=(-1,3/2)^{\mathrm{T}}$

(3)从 $X^{(1)}$ 出发，沿方向 $d^{(1)}$ 作一维搜索：

令步长为 λ，则有：

$$X^{(1)}+\lambda d^{(1)}=(0,0)^{\mathrm{T}}+\lambda(-1,3/2)^{\mathrm{T}}=(-\lambda,3/2\lambda)^{\mathrm{T}}$$

$$\phi(\lambda)=f(X^{(1)}+\lambda d^{(1)})$$

$$=5/4\lambda^2-5/2\lambda$$

令 $$\phi'(\lambda)=5/2\lambda-5/2=0$$

得最优步长 $\lambda_1=1$，故得新点

$$X^{(2)}=X^{(1)}+\lambda_1 d^{(1)}=(-1,3/2)^{\mathrm{T}}$$

(4)计算目标函数$f(X)$在点$X^{(2)}$处的梯度和海赛矩阵：

$$\nabla f(X^{(2)})=(0,0)^{\mathrm{T}}$$

则
$$d^{(2)}=-(H(X^{(2)}))^{-1}\nabla f(X^{(2)})=(0,0)^{\mathrm{T}}$$

故$X^{(2)}=(-1,3/2)^{\mathrm{T}}$就是极小点，极小值为$f(X^*)=f(X^{(3)})=7/4$。

说明：

①与例20-4比较可知，用牛顿法求解该题时，其收敛速度比用最速下降法要快。这说明，牛顿法在极小点附近收敛得较好。但牛顿法有一个明显的缺点是要计算目标函数的海赛矩阵及其逆矩阵，这往往非常困难甚至有时是不可能的。

②另外，在假定目标函数二次可微的条件下，要保证牛顿法收敛，还必须满足目标函数海赛矩阵的逆阵正定。这样，就使得牛顿法求解的条件过于苛刻，从而限制了这种方法的应用。

③在目标函数的极小点附近，牛顿法的收敛速度很快，而在远离极小点的时候，最速下降法的收敛速度要比牛顿法好。所以，可以将此两种方法结合起来使用，以达到快速收敛的目的。

第五节　共轭梯度法

求解无约束多变量函数的极值问题，其核心是选择搜索方向。这一节我们讨论一种基于共轭方向的算法：共轭梯度法。这是由Fletcher—Reeves提出来的一种算法，简称FR法。

一、基本概念

1. 正交

设X和Y是n维欧氏空间E^n中的两个向量，若有：$X^{\mathrm{T}}Y=0$，就称向量X和Y正交。

2. 共轭方向

设A是$n\times n$对称正定矩阵，若n维欧氏空间E^n中的两个向量X和Y满足：

$$X^{\mathrm{T}}AY=0$$

即：X和AY正交。则称向量X和Y关于矩阵A共轭，或称它们关于A正交。

一般而言，设A是$n\times n$对称正定矩阵，若n维欧氏空间E^n中的非零向量组$d^{(1)}$，$d^{(2)},\cdots,d^{(n)}$两两关于A共轭，即满足：

$$(d^{(i)})^{\mathrm{T}}Ad^{(j)}=0\quad(i\neq j,i=1,2,\cdots,n,j=1,2,\cdots,n)$$

则称这个向量组关于矩阵A共轭，或称它们为A的n个共轭方向。

很显然，如果A为单位矩阵，则两个方向关于A共轭就等价于两个方向正交。因此，共轭方向是正交概念的推广。

3. 基本定理

定理1　设A是$n\times n$对称正定矩阵，$d^{(1)},d^{(2)},\cdots,d^{(n)}$是关于$A$共轭的非零向量组，则这组向量线性无关。

证明：

设存在数$a_1,a_2,\cdots,a_n$，使得

$$a_1d^{(1)}+a_2d^{(2)}+\cdots+a_nd^{(n)}=0$$

对于$i=1,2,\cdots,n$，用$(d^{(i)})^{\mathrm{T}}$左乘上式两端，根据定理的假设，向量组关于A共轭，则左乘后，等式左侧仅剩下一项，

即有 $$a_i(d^{(i)})^{\mathrm{T}}Ad^{(i)}=0$$

由于 A 是正定矩阵,$d^{(i)}$ 是非零向量,

所以有 $$(d^{(i)})^{\mathrm{T}}Ad^{(i)}>0$$

故有 $a_i=0\ (i=1,2,\cdots,n)$

即 $d^{(1)},d^{(2)},\cdots,d^{(n)}$ 线性无关。

由于定理 1 的结论,共轭方向有时也称为“线性无关方向”。

定理 2 设有二次函数:

$$f(X)=\frac{1}{2}X^{\mathrm{T}}AX+B^{\mathrm{T}}X+C$$

其中:A 是 $n\times n$ 对称正定矩阵,$d^{(1)},d^{(2)},\cdots,d^{(n)}$ 是关于 A 共轭的非零向量组,则从任一点出发,相继以 $d^{(1)},d^{(2)},\cdots,d^{(n)}$ 为搜索方向的下述算法:

$$f(X^{(k)}+\lambda_k d^{(k)})=\min f(X^{(k)}+\lambda d^{(k)})$$
$$X^{(k+1)}=X^{(k)}+\lambda_k d^{(k)}$$

经 n 次一维搜索,收敛于 $f(X)$ 的极小点。

说明:

①定理 2 表明,对于正定二次函数,若沿一组共轭方向(非零向量)搜索,经有限次迭代,必达到最小点。这是一种极好的性质,被称为“二次终止性”。

②根据泰勒级数展开式的近似可知,一般函数在极小点附近的性态近似于二次函数,因此,一个算法若对二次函数比较有效,则有可能对一般函数(至少在极小点附近)也有较好的效果。

下面,我们就重点讨论二次函数的极小化问题,它在整个最优化问题中占有重要的地位。

二、正定二次函数的共轭梯度法的基本原理

正定二次函数的共轭梯度法的主要依据是前面介绍的定理 2。给定正定二次函数的极小化问题:

$$f(X)=\frac{1}{2}X^{\mathrm{T}}AX+B^{\mathrm{T}}X+C$$

其中:A 是 $n\times n$ 对称正定矩阵;X 是 n 维变量;B 是 n 维向量;C 是常数。

1. 搜索方向的选择

用共轭梯度法求解上述问题时,其核心问题就是构造一组非零的共轭方向,并沿这组共轭方向进行搜索。

算法的第一步与最速下降法相同。首先任意给定一个初始点 $X^{(1)}$,选择在点 $X^{(1)}$ 的负梯度方向 $-\nabla f(X^{(1)})$ 为第一个搜索方向 $d^{(1)}$,并在方向 $d^{(1)}$ 上进行一维搜索,以确定最优步长 λ_1,从而得到点 $X^{(2)}$:

$$X^{(2)}=X^{(1)}+\lambda_1 d^{(1)}$$

那么,接下来应该如何寻找与方向 $d^{(1)}$ 共轭的方向呢?假设已经经过了若干次迭代,得到了点 $X^{(k)}$,我们采用当前点 $X^{(k)}$ 的负梯度方向 $-\nabla f(X^{(k)})$ 和上一点 $X^{(k-1)}$ 的搜索方向 $d^{(k-1)}$ 的线性组合作为当前点的搜索方向,即

$$d^{(k)}=-\nabla f(X^{(k)})^{\mathrm{T}}+\beta_{k-1}d^{(k-1)} \tag{20-2}$$

其中:β_{k-1} 是线性组合系数。

为保证 $d^{(k)}$ 与 $d^{(k-1)}$ 关于 A 共轭,关键就在组合系数 β_{k-1} 的选择上。那么,β_{k-1} 应该如何选择呢?

用 $(d^{(k-1)})^{\mathrm{T}}A$ 左乘式(20-2),可得

$$(d^{(k-1)})^{\mathrm{T}}Ad^{(k)} = -(d^{(k-1)})^{\mathrm{T}}A\nabla f(X^{(k)}) + \beta_{k-1}(d^{(k-1)})^{\mathrm{T}}Ad^{(k-1)}$$

要使得 $d^{(k)}$ 与 $d^{(k-1)}$ 关于 A 共轭,就要有:

$$(d^{(k1)})^{\mathrm{T}}Ad^{(k)} = 0$$

即

$$-(d^{(k-1)})^{\mathrm{T}}A\nabla f(X^{(k)}) + \beta_{k-1}d^{(k-1)\mathrm{T}}Ad^{(k-1)} = 0$$

故有

$$\beta_{k-1} = \frac{(d^{(k-1)})^{\mathrm{T}}A\nabla f(X^{(k)})}{(d^{(k-1)})^{\mathrm{T}}Ad^{(k-1)})}$$

$$= \frac{(\nabla f(X^{(k)}))^{\mathrm{T}}\nabla f(X^{(k)})}{(\nabla f(X^{(k-1)})^{\mathrm{T}}\nabla f(X^{(k-1)})} = \frac{\|\nabla f(X^{(k)})\|^2}{\|\nabla f(X^{(k-1)})\|^2} \tag{20-3}$$

也就是说,按照式(20-3)确定组合系数 β_{k-1} 的值,就能够保证当前的搜索方向 $d^{(k)}$ 与上一点的搜索方向 $d^{(k-1)}$ 关于 A 共轭。

2. 最优步长的确定

选择好搜索方向以后,接下来的问题就是要确定最优步长了。

对于正定二次函数:

$$f(X) = \frac{1}{2}X^{\mathrm{T}}AX + B^{\mathrm{T}}X + C$$

有

$$\nabla f(X) = AX + B$$

又由

$$\nabla f(X^{(k+1)})^{\mathrm{T}}d^{(k)} = 0$$

故有

$$(AX^{(k+1)} + B)^{\mathrm{T}}d^{(k)} = 0$$

因为

$$X^{(k+1)} = X^{(k)} + \lambda_k d^{(k)}$$

故

$$[A(X^{(k)} + \lambda_k d^{(k)}) + B]^{\mathrm{T}}d^{(k)} = 0$$

$$[(AX^{(k)} + B) + \lambda_k Ad^{(k)})]^{\mathrm{T}}d^{(k)} = 0$$

$$[\nabla f(X^{(k)}) + \lambda_k Ad^{(k)})]^{\mathrm{T}}d^{(k)} = 0$$

即

$$\lambda_k = -\frac{\nabla f(X^{(k)})^{\mathrm{T}}d^{(k)}}{(d^{(k)})^{\mathrm{T}}Ad^{(k)}} \tag{20-4}$$

由此可得共轭梯度法的一组计算公式如下:

$$\begin{cases} X^{(k+1)} = X^{(k)} + \lambda_k d^{(k)} \\ \lambda_k = -\dfrac{\nabla f(X^{(k)})d^{(k)}}{(d^{(k)})^{\mathrm{T}}Ad^{(k)}} \\ d^{(k+1)} = -\nabla f(X^{(k+1)}) + \beta_k d^{(k)} \\ \beta_{k-1} = \dfrac{(d^{(k-1)})^{\mathrm{T}}A\nabla f(X^{(k)})}{(d^{(k-1)})^{\mathrm{T}}Ad^{(k-1)}} = \dfrac{\|\nabla f(X)\|^2}{\|\nabla f(X^{(k-1)})\|^2} \end{cases}$$

三、算法步骤

对于给定的正定二次 n 维函数,共轭梯度法的求解步骤如下:

(1)给定初始点 $X^{(1)} \in E^n$,允许误差 $\varepsilon > 0$,令 $k=1$。

(2)确定负梯度方向为点 $X^{(k)}$ 的有利的搜索方向,即 $d^{(k)} = -\nabla f(X^{(k)})$。

(3)精度检验:

若 $\| d^{(k)} \| < \varepsilon$，则停止计算；否则，转步骤(4)；

(4)构造搜索方向：

令
$$d^{(k)} = -\nabla f(X^{(k)}) + \beta_{k-1} d^{(k-1)}$$

其中：当 $k=1$ 时，$\beta_{k-1}=0$；当 $k>1$ 时。β_{k-1} 的计算公式如式(20-3)。

(5)确定最优步长 λ_k；

$$\lambda_k = -\frac{\nabla f(X^{(k)})^{\mathrm{T}} d^{(k)}}{(d^{(k)})^{\mathrm{T}} A d^{(k)}}$$

(6)求出新点 $X^{(k+1)} = X^{(k)} + \lambda_k d^{(k)}$

(7)若 $k=n$，则停止迭代，得近似极小点 $X^* = X^{(n+1)}$；否则，令 $k=k+1$，返回步骤(2)。

四、算法举例

例 20-6 用共轭梯度法求解例 20-4：

$$\min f(X) = 2x_1^2 + x_2^2 + x_1 - x_2 + 2x_1 x_2$$

给定初始 $X^{(1)} = (0,0)^{\mathrm{T}}$，允许误差 $\varepsilon = 0.3$。

解 (1)计算目标函数 $f(X)$ 在点 $X^{(1)}$ 处的梯度：

$$\nabla f(X) = \left(\frac{\partial f}{\partial x_1}, \frac{\partial f}{\partial x_2}\right)^{\mathrm{T}} = \begin{bmatrix} 4x_1 + 2x_2 + 1 \\ 2x_1 + 2x_2 - 1 \end{bmatrix}$$

则
$$\nabla f(X^{(1)}) = (1, -1)^{\mathrm{T}}$$

(2)令 $d^{(1)} = -\nabla f(X^{(1)}) = (-1,1)^{\mathrm{T}}$

(3)从 $X^{(1)}$ 出发，沿方向 $d^{(1)}$ 作一维搜索：

由例 20-4 的计算可知

$$X^{(2)} = X^{(1)} + \lambda_1 d^{(1)} = (-1,1)^{\mathrm{T}}$$

且 $f(X)$ 在点 $X^{(2)}$ 处的梯度

$$\nabla f(X^{(2)}) = (-1, -1)^{\mathrm{T}}$$

(4)构造搜索方向：

令
$$d^{(2)} = -\nabla f(X^{(2)}) + \beta_1 d^{(1)}$$

先计算 β_1：
$$\beta_1 = \frac{(-1\ -1)(-1\ -1)^{\mathrm{T}}}{(1, -1)(1, -1)^{\mathrm{T}}} = 1$$

则
$$\begin{aligned} d^{(2)} &= -\nabla f(X^{(2)}) + \beta_1 d^{(1)} \\ &= -(-1, -1)^{\mathrm{T}} + (-1,1)^{\mathrm{T}} \\ &= (0,2)^{\mathrm{T}} \end{aligned}$$

(5)确定最优步长 λ_2：

为此，先求出 $f(X)$ 的正定矩阵 A：

$$A = \begin{bmatrix} 4 & 2 \\ 2 & 2 \end{bmatrix}$$

则
$$\lambda^2 = -\frac{(-1\ -1)\begin{bmatrix} 0 \\ 2 \end{bmatrix}}{(0,2)\begin{bmatrix} 4 & 2 \\ 2 & 2 \end{bmatrix}\begin{bmatrix} 0 \\ 2 \end{bmatrix}} = \frac{1}{4}$$

(6)求出新点：

$$X^{(3)} = X^{(2)} + \lambda_2 d^{(2)}$$

$$= \begin{bmatrix} -1 \\ 1 \end{bmatrix} + \frac{1}{4}\begin{bmatrix} 0 \\ 2 \end{bmatrix} = \begin{bmatrix} -1 \\ 3/2 \end{bmatrix}$$

由

$$d^{(3)} = -\nabla f(X^{(3)}) + \beta_2 d^{(2)}$$

$$= \begin{bmatrix} 0 \\ 0 \end{bmatrix}$$

可知，搜索方向为零，故 $X^{(3)}$ 就是极小点，极小值为 $f(X^*) = f(X^{(3)}) = 7/4$。

说明：

①利用共轭梯度法求解正定二次函数时，初始搜索方向必须是目标函数 $f(X)$ 的负梯度方向，这一点十分重要。只有这样，才能够保证利用公式(20-2)构造出来的方向为共轭方向。

②按照共轭梯度法的步骤求解正定二次函数时，其计算具有二次终止性。例 20-6 也验证了这一点。

③由于共轭梯度法不需要计算海赛矩阵的逆阵，所以，在用计算机进行计算时，所需存贮量比较小。因此，在求解大型的非线性规划问题时，常采用这种算法，而且其收敛速度通常要优于最速下降法。

五、一般函数的共轭梯度法

1. 与正定二次函数的区别

对于极小化任意 n 维函数，其共轭梯度法与正定二次函数的共轭梯度法的区别，主要有以下几点：

(1)步长不能用式(20-4)来确定，而要用一般的一维搜索的方法确定。

(2)凡是要用到矩阵 A 的地方，就用当前点的海赛矩阵来代替。

(3)用共轭梯度法求解二次函数时，具有二次终止性，但在求解任意函数时，一般来讲，不具有二次终止性，而且，往往不能够在有限步内达到最优解。为了尽快求得最优解，常用以下方法来处理：

方法 1：不断地用式(20-2)构造共轭方向，继续搜索；

方法 2：每搜索 n 次作为一轮，然后取一次最速下降方向，开始下一轮的搜索。这种方法又称为传统的共轭梯度法。

2. 算法步骤

一般函数的共轭梯度法的算法步骤如下：

(1)给定初始点 $X^{(1)} \in E^n$，允许误差 $\varepsilon > 0$，令 $Y^{(1)} = X^{(1)}$。

(2)确定负梯度方向为点 $x^{(k)}$ 的有利的搜索方向，即：$d^{(1)} = -\nabla f(X^{(1)})$，令 $k=1$；

(3)精度检验：

若 $\|\nabla f(X^{(k)})\| < \varepsilon$，则停止计算，得近似极小点，$X^* = X^{(k)}$；否则，转步骤(4)；

(4)进行一维寻优：

$$f(X^{(k)} + \lambda_k d^{(k)}) = \min f(X^{(k)} + \lambda d^{(k)})$$

$$X^{(k+1)} = X^{(k)} + \lambda_k d^{(k)}$$

(5)若 $k < n$，则转入步骤(6)；否则，转入步骤(7)。

(6)构造搜索方向：

$$d^{(k+1)} = -\nabla f(X^{(k+1)}) + \frac{\| \nabla f(X^{(k+1)}) \|^2}{\| \nabla f(X^{(k)}) \|^2} d^{(k)}$$

令 $k=k+1$，返回步骤(3)。

令

$$Y^{(i+1)} = X^{(n+1)}$$

$$X^{(1)} = Y^{(i+1)}$$

$$d^{(1)} = -\nabla f(X^{(1)})$$

$$k=1$$

$$i=i+1$$

返回步骤(2)。

对于一般函数，共轭梯度法在一定的条件下也是收敛的，且收敛速度通常优于最速下降法。又由于共轭梯度法在求解的过程中不需要计算逆矩阵，所以在利用计算机进行计算时，所需内存比较小。因此，求解变量多的大规模非线性规划问题时可以采用共轭梯度法。

第六节 变尺度法

变尺度法又称为拟牛顿法，是在牛顿法的基础上经过某种改进而得到的一种算法。这是由于，牛顿法的收敛速度虽然较快，但是在运用牛顿法的时候，需要计算目标函数的二次导数矩阵(海赛矩阵)，并且要求其逆矩阵，使得计算比较复杂，而且求出的目标函数的海赛矩阵可能非正定。变尺度法就是为了克服牛顿法的缺点而提出来的。

一、基本原理

拟牛顿法的关键点在于，构造海赛矩阵逆阵的近似矩阵，并用它来取代牛顿法中的海赛矩阵的逆阵。

前面已经给出了牛顿法的迭代公式：

$$X^{(k+1)} = X^{(k)} + \lambda_k d^{(k)}$$

$$\begin{aligned} d^{(k)} &= -[H(X^{(k)})]^{-1} \nabla f(X^{(k)}) \\ &= -[\nabla^2 f(X^{(k)})]^{-1} \nabla f(X^{(k)}) \end{aligned}$$

其中：$d^{(k)}$ 是点 $X^{(k)}$ 处的牛顿方向；λ_k 是从 $X^{(k)}$ 出发沿牛顿方向搜索的最优步长。

为构造$[H(X^{(k)})]^{-1}$的近似矩阵，我们先来分析一下$[H(X^{(k)})]^{-1}$与目标函数一阶导数的关系。

设在第 k 次迭代后，得到点 $X^{(k+1)}$，我们将目标函数$f(X)$在 $X^{(k+1)}$ 点处展开成泰勒级数，并取二阶近似，得

$$f(X) \approx f(X^{(k+1)}) + \nabla f(X^{(k+1)})^{\mathrm{T}}(X - X^{(k+1)}) + 1/2(X - X^{(k+1)})^{\mathrm{T}} \nabla^2 f(X^{(k+1)})(X - X^{(k+1)})$$

由上式看出，在点 $X^{(k+1)}$ 附近，

有
$$\nabla f(X) \approx \nabla f(X^{(k+1)}) + \nabla^2 f(X^{(k+1)})(X - X^{(k+1)})$$

令
$$X = X^{(k)}$$

则
$$\nabla f(X^{(k)}) \approx \nabla f(X^{(k+1)}) + \nabla^2 f(X^{(k+1)})(X^{(k)} - X^{(k+1)})$$

记
$$p^{(k)} = X^{(k+1)} - X^{(k)}$$

$$q^{(k)} = \nabla f(X^{(k+1)}) - \nabla f(X^{(k)})$$

则有 $$\nabla f(X^{(k+1)}) - \nabla f(X^{(k)}) \approx \nabla^2 f(X^{(k+1)})(X^{(k)} - X^{(k+1)})$$

即 $$q^{(k)} \approx \nabla^2 f(X^{(k+1)})(X^{(k)} - X^{(k+1)})$$
$$\approx \nabla^2 f(X^{(k+1)}) p^{(k)}$$

又设海赛矩阵 $\nabla^2 f(X^{(k+1)})$ 可逆,则

$$p^{(k)} \approx \nabla^2 f(X^{(k+1)})^{-1} q^{(k)}$$

这样,计算出 $p^{(k)}$ 和 $q^{(k)}$ 后,就可以根据上式估计在点 $X^{(k+1)}$ 处的海赛矩阵的逆阵了。即:用 $X^{(k+1)}$ 点与 $X^{(k)}$ 的差以及这两点梯度的差之比值,来近似在点 $X^{(k+1)}$ 处海赛矩阵的逆阵。

为了用不含二阶导数的矩阵 H_{k+1} 取代牛顿法中海赛矩阵 $\nabla^2 f(X^{(k+1)})$ 的逆阵,令 H_{k+1} 满足

$$p^{(k)} = H_{k+1} q^{(k)} \tag{20-5}$$

式(20-5)称为拟牛顿条件。

那么,问题是怎样才能确定满足上述条件的矩阵 H_{k+1} 呢?

当 $\nabla^2 f(X^{(k+1)})^{-1}$ 是 n 阶对称正定矩阵时,满足拟牛顿条件的矩阵 H_{k+1} 也应该是 n 阶对称正定矩阵。因此,我们可以采取这样的策略来构造海赛矩阵逆阵的近似矩阵:

任意给定一个 n 阶对称正定矩阵为初始矩阵 H_1(通常选择 H_1 为 n 阶单位矩阵 I_n),然后根据公式(20-6)不断迭代,通过校正矩阵 H_k,给出矩阵 H_{k+1},

$$H_{k+1} = H_k + \Delta H_k \tag{20-6}$$

其中:ΔH_k 称为校正矩阵;H_{k+1} 称为尺度矩阵。变尺度法也就是由此而来的。

二、算法步骤

下面我们介绍比较著名的 DFP 拟牛顿法的算法步骤。DFP 是三个人名字的第一个字母:这种方法先是由 Davidon 首先提出,后来又被 Fletcher 和 Powell 进行了改进,形成了现在的算法,所以被人们称为 DFP 法。

在这种算法中,定义校正矩阵为

$$\Delta H_k = \frac{p^{(k)}(p^{(k)})^{\mathrm{T}}}{(P^{(k)})^{\mathrm{T}} q^{(k)}} - \frac{H_k q^{(k)}(q^{(k)})^{\mathrm{T}} H_k}{(q^{(k)})^{\mathrm{T}} H_k q^{(k)}}$$

由 $H_{k+1} = H_k + \Delta H_k$ 有

$$H_{k+1} = H_k + \frac{p^{(k)}(p^{(k)})^{\mathrm{T}}}{(p^{(k)})^{\mathrm{T}} q^{(k)}} - \frac{H_k q^{(k)}(q^{(k)})^{\mathrm{T}} H_k}{(q^{(k)})^{\mathrm{T}} H_k \mathrm{q}^{(k)}}$$

将上式两端右乘 $q^{(k)}$,经整理后得到

$$H_{k+1} q^{(k)} = p^{(k)} \tag{20-7}$$

即 H_{k+1} 满足拟牛顿条件。式(20-7)称为 DFP 公式。

DFP 法的计算步骤如下:

(1)给定初始点 $X^{(1)}$,允许误差 $\varepsilon > 0$。

(2)计算 $X^{(1)}$ 的梯度 g_1,并令 $H_1 = I_n, k = 1, g_1 = \nabla f(X^{(1)})$。

(3)计算 $d^{(k)} = -H_k g^{(k)}$。

(4)从 $X^{(k)}$ 出发,沿方向 $d^{(k)}$ 作一维搜索(步长为 λ),以求出最优步长 λ_k,进而得到新点 $X^{(k+1)}$。λ_k 及 $X^{(k+1)}$ 的计算公式如下:

$$f(X^{(k)} + \lambda_k d^{(k)}) = \min f(X^{(k)} + \lambda d^{(k)})$$

$$X^{(k+1)}=X^{(k)}+\lambda_k d^{(k)}$$

(5)精度判断:若$\|\nabla f(X^{(k)})\|<\varepsilon$,则停止迭代,得近似极小点$X^*=X^{(k+1)}$;否则,转步骤6。

(6)若$k=n$,则令$X^{(1)}=X^{(k+1)}$,返回步骤(2);否则,转步骤(7)。

(7)计算:

$$g_{k+1}=\nabla f(X^{(k+1)})$$
$$p^{(k)}=X^{(k+1)}-X^{(k)}$$
$$q^{(k)}=g_{k+1}-g_k$$

以及H_{k+1},并令:$k=k+1$,返回步骤(3)。

三、算法举例

例 20-7 用变尺度法求解例 20-4:

$$\min f(X)=2x_1^2+x_2^2+x_1-x_2+2x_1x_2$$

给定初始点$X^{(1)}=(0,0)^{\mathrm{T}}$,初始矩阵$H_1=\begin{bmatrix}1&0\\0&1\end{bmatrix}$,允许误差$\varepsilon=0.3$。

解 计算目标函数$f(X)$的梯度:

$$\nabla f(X)=\left(\frac{\partial f}{\partial x_1},\frac{\partial f}{\partial x_2}\right)^{\mathrm{T}}=\begin{bmatrix}1+4x_1+2x_2\\-1+2x_1+2x_2\end{bmatrix}$$

由例 20-6 可得以下结果:

$$g_1=\nabla f(X^{(1)})=(1,-1)^{\mathrm{T}},d^{(1)}=(-1,1)^{\mathrm{T}},\lambda_1=1,X^{(1)}=(-1,1)^{\mathrm{T}}$$

计算:

$$g_2=\nabla f(X^{(2)})=(-1,-1)^{\mathrm{T}}$$
$$p^{(1)}=X^{(2)}-X^{(1)}=\lambda_1 d^{(1)}=(-1,1)^{\mathrm{T}}$$
$$q^{(2)}=g_2-g_1=(-1,-1)^{\mathrm{T}}-(1,-1)^{\mathrm{T}}=(-2,0)^{\mathrm{T}}$$

计算矩阵H_2:

$$\begin{aligned}H_2&=H_1+\frac{p^{(1)}(p^{(1)})^{\mathrm{T}}}{(p^{(1)})^{\mathrm{T}}q^{(1)}}-\frac{H_1q^{(1)}(q^{(1)})^{\mathrm{T}}H_1}{(q^{(1)})^{\mathrm{T}}H_1q^{(1)}}\\&=\begin{bmatrix}1&0\\0&1\end{bmatrix}+\frac{\begin{bmatrix}-1\\1\end{bmatrix}(-1,\ 1)}{(-1,\ 1)\begin{bmatrix}-2\\0\end{bmatrix}}-\frac{\begin{bmatrix}1&0\\0&1\end{bmatrix}\begin{bmatrix}-2\\0\end{bmatrix}(-2,\ 0)\begin{bmatrix}1&0\\0&1\end{bmatrix}}{(-2,\ 0)\begin{bmatrix}1&0\\0&1\end{bmatrix}\begin{bmatrix}-2\\0\end{bmatrix}}\\&=\begin{bmatrix}1&0\\0&1\end{bmatrix}+\frac{1}{2}\begin{bmatrix}1&-1\\-1&1\end{bmatrix}-\frac{1}{4}\begin{bmatrix}4&0\\0&0\end{bmatrix}\\&=\begin{bmatrix}1/2&-1/2\\-1/2&3/2\end{bmatrix}\end{aligned}$$

计算$d^{(2)}$:

$$\begin{aligned}d^{(2)}&=-H_2g_2\\&=-\begin{bmatrix}1/2&-1/2\\-1/2&3/2\end{bmatrix}\begin{bmatrix}-1\\-1\end{bmatrix}=\begin{bmatrix}0\\1\end{bmatrix}\end{aligned}$$

从 $X^{(2)}$ 出发,沿方向 $d^{(2)}$ 作一维搜索,设步长为 λ,最优步长为 λ_2,

则有
$$f(X^{(2)}+\lambda_2 d^{(2)})=\min f(X^{(2)}+\lambda d^{(2)})$$
令
$$\phi_2(\lambda)=f(X^{(2)}+\lambda d^{(2)})$$
因为
$$X^{(2)}+\lambda d^{(2)}=(-1,1)^{\mathrm{T}}+\lambda(0,1)^{\mathrm{T}}$$
$$=(-1,1+\lambda)^{\mathrm{T}}$$
故
$$\phi_2(\lambda)=\lambda^2-\lambda-1$$
令
$$\phi_2(\lambda)=2\lambda-1=0$$
得
$$\lambda_2=1/2$$
故得新点
$$X^{(3)}=X^{(2)}+\lambda_2 d^{(2)}$$
$$=(-1,1)^{\mathrm{T}}+1/2(0,1)^{\mathrm{T}}$$
$$=(-1,3/2)^{\mathrm{T}}$$
因为
$$g_3=\nabla f(X^{(3)})=(0,0)^{\mathrm{T}}$$
故 $X^*=X^{(3)}$ 是极小点,极小值为 $f(X^*)=f(X^{(3)})=7/4$。

说明:

①变尺度法主要是用目标函数一阶导数的数据来近似牛顿法中海赛矩阵的逆阵的,由于构造近似矩阵的方法不同,就形成了不同的变尺度法。这里介绍的只是其中的一种。

②由于变尺度法既体现了牛顿法收敛速度较快的特点,又避免了牛顿法中要计算海赛矩阵的逆阵,所以,变尺度法已经成为一类公认的比较有效的计算方法。

第七节 模矢搜索法

模矢搜索法(Pattern Search)又称 Hooke-Jeeves 方法,1961 年由 Hooke 和 Jeeves 提出,是一种直接法。

一、基本原理

模矢搜索法的基本原理,从几何意义上讲,就是寻找具有较小函数值的"山谷",并力图沿谷线进行搜索,移向最优点。

该算法是任选一初始基点 $X^{(1)}$ 为出发点进行搜索。搜索的方式有两种,即探测搜索和模矢搜索。探测搜索依次沿 n 个坐标轴的方向进行,用以确定新的基点和有利于函数值下降的方向;模矢搜索沿相邻两个基点的连线方向进行,试图顺着"山谷" 搜索,以使函数值减小得更快。两种搜索交替进行的具体情况如图 20-3 所示。

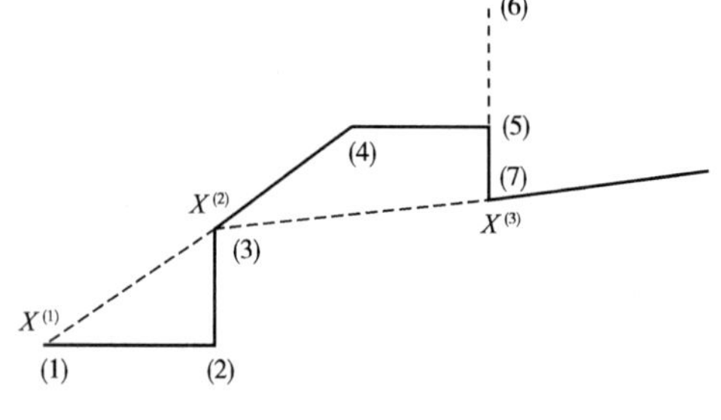

图 20-3

设目标函数为 $f(X)$,各坐标轴的方向为,
$$e_i=(0,\cdots,0,1,0,\cdots,0)^{\mathrm{T}}\qquad(i=1,2,\cdots,n)$$
并给定初始步长 δ,加速因子 α。任取初始点 $X^{(1)}$,作为第一个基点。

首先,以 $Y^{(1)}=X^{(1)}$ 为出发点,进行探测搜索。先沿方向 e_1 探测。

如果 $f(Y^{(1)}+\delta e_1)<f(Y^{(1)})$,则探测方向正确,

令 $$Y^{(2)}=Y^{(1)}+\delta e_1$$
并从 $Y^{(2)}$ 出发,沿方向 e_2 进行探索。

否则,沿 e_1 方向的探测失败,再改向相反的 $-e_1$ 方向探测。

如果 $f(Y^{(1)}-\delta e_1)<f(Y^{(1)})$,则沿 $-e_1$ 方向探测正确,

令 $$Y^{(2)}=Y^{(1)}-\delta e_1$$
并从 $Y^{(2)}$ 出发,沿方向 e_2 进行探索。

如果 $f(Y^{(1)}-\delta e_1)\geqslant f(Y^{(1)})$,则沿 $-e_1$ 方向探测失败,

令 $$Y^{(2)}=Y^{(1)}$$
再从 $Y^{(2)}$ 出发,沿方向 e_2 进行探索,方法同上,得到的点记作 $Y^{(3)}$。按照此方式作下去,直至沿 n 个坐标轴的方向全部探测完毕,得到点 $Y^{(n+1)}$。

如果 $f(Y^{(n+1)})<f(X^{(1)})$,则以 $Y^{(n+1)}$ 为新的基点,记作:
$$X^{(2)}=Y^{(n+1)}$$
这时,方向 $d=X^{(2)}-X^{(1)}$ 可认为是有利于目标函数值减小的方向。

接下来,沿方向 $X^{(2)}-X^{(1)}$ 进行模矢搜索。令新的 $Y^{(1)}$ 为:
$$Y^{(1)}=X^{(2)}+\alpha(X^{(2)}-X^{(1)})$$

模矢搜索后,以 $Y^{(1)}$ 为出发点,再进行探测搜索。这一轮的探测仍然沿坐标轴的方向进行。探测完毕,得到的新点仍记作 $Y^{(n+1)}$。

如果 $f(Y^{(n+1)})<f(X^{(2)})$,则表明此次的模矢搜索正确,于是取新的基点:
$$X^{(3)}=Y^{(n+1)}$$
再沿方向进行模矢搜索。

如果 $f(Y^{(n+1)})\geqslant f(X^{(2)})$,则表明模矢搜索及此次模矢搜索之后的探测搜索均无效。于是,退回到基点 $X^{(2)}$,减小步长 δ,再从点 $X^{(2)}$ 出发,依次沿各坐标轴方向进行探测搜索。如此继续下去,直到求出的点满足精度要求为止。

二、算法步骤

(1)给定初始点 $X^{(1)}$,n 个坐标轴方向:
$$e_i=(0,\cdots,0,1,0,\cdots,0)^{\mathrm{T}}\qquad(i=1,2,\cdots,n)$$
初始步长 δ;加速因子 $\alpha=1$;缩减率 $\beta\in(0,1)$;允许误差 $\varepsilon>0$。

置 $$Y^{(1)}=X^{(1)},k=1,j=1。$$

(2)如果 $f(Y^{(1)}+\delta e_1)<f(Y^{(1)})$,

则令
$$Y^{(j+1)}=Y^{(1)}+\delta e_1$$
转步骤(4);否则转步骤(3)。

(3)如果 $f(Y^{(1)}-\delta e_1)<f(Y^{(1)})$,

则令 $$Y^{(j+1)}=Y^{(1)}-\delta e_1$$
转步骤(4)否则

令 $$Y^{(j+1)}=Y^{(1)}$$
转步骤(4)。

(4)如果 $j<n$,则令 $j_i=j+1$,转步骤(2);否则,转步骤(5);

(5)如果$f(Y^{(n+1)})<f(X^{(k)})$,则转步骤(6);否则,转步骤(7);

(6)置$X^{(k+1)}=Y^{(n+1)}$,

令 $$Y^{(1)}=X^{(k+1)}+\alpha(X^{(k+1)}-X^{(k)})$$

置$k_i=k+1,j=1$,转步骤(2);

(7)如果$\delta\leqslant\varepsilon$,则停止迭代,得点$X^{(k)}$;否则,

令 $$\delta_i=\beta\delta,Y^{(1)}=X^{(k)},X^{(k+1)}=X^{(k)}$$

置 $k_i=k+1,j=1$,转步骤(2)。

三、算法举例

例 20-8 用模矢搜索法求解:

$$\min f(X)=(1-x_1)^2+5(X_2-x_1^2)^2$$

探测方向$e_1=(1,0)^{\mathrm{T}},e_2=(0,1)^{\mathrm{T}}$;初始点$X^{(1)}=(2,0)^{\mathrm{T}}$:初始步长$\delta=1/2$;加速因子$\alpha=1$;缩减率$\beta=1/2$。

解 (1)第一轮搜索:

①首先以$X^{(1)}$为出发点作探测搜索:

令 $$Y^{(1)}=X^{(1)}=(2,0)^{\mathrm{T}},f(Y^{(1)})=81$$

先沿方向e_1进行探测:

$$Y^{(1)}+\delta e_1=(2,0)^{\mathrm{T}}+1/2(1,0)^{\mathrm{T}}=(5/2,0)^{\mathrm{T}}$$

$$f(Y^{(1)}+\delta e_1)=3161/16>f(Y^{(1)})=81$$

$$Y^{(1)}-\delta e_1=(2,0)^{\mathrm{T}}-1/2(1,0)^{\mathrm{T}}=(3/2,0)^{\mathrm{T}}$$

$$f(Y^{(1)}-\delta e_1)=409/16<f(Y^{(1)})=81$$

因此,令 $$Y^{(2)}=Y^{(1)}-\delta e_1=(3/2,0)^{\mathrm{T}}$$

再以$Y^{(2)}$为出发点,沿方向e_2进行探测:

$$Y^{(2)}+\delta e_2=(3/2,0)^{\mathrm{T}}+1/2(0,1)^{\mathrm{T}}=(3/2,1/2)^{\mathrm{T}}$$

$$f(Y^{(2)}+\delta e_2)=249/16<f(Y^{(2)})=409/16$$

因此,令:$Y^{(3)}=Y^{(2)}+\delta e_2=(3/2,1/2)^{\mathrm{T}}$

至此,第一轮的探测搜索完毕。由于$f(Y^{(3)})<f(X^{(1)})$,因此得到第二个基点:

$$Y^{(3)}=X^{(2)}=(3/2,1/2)^{\mathrm{T}}$$

②其次,进行模矢搜索。

令 $$\begin{aligned}Y^{(1)}&=X^{(2)}+\alpha(X^{(2)}-X^{(1)})\\&=2X^{(2)}-X^{(1)}\\&=2(3/2,1/2)^{\mathrm{T}}-(2,0)^{\mathrm{T}}=(1,1)^{\mathrm{T}}\end{aligned}$$

(2)第二轮搜索:

①首先仍然是作探测搜索,以$Y^{(1)}$为出发点:

先沿方向e_1进行探测,这时

有 $$f(Y^{(1)})=0$$

$$Y^{(1)}+\delta e_1=(1,1)^{\mathrm{T}}+1/2(0,1)^{\mathrm{T}}=(3/2,1)^{\mathrm{T}}$$

$$f(Y^{(1)}+\delta e_1)=129/16>f(Y^{(1)})=0$$

$$Y^{(1)}-\delta e_1=(1,1)^{\mathrm{T}}-1/2(0,1)^{\mathrm{T}}=(1/2,1)^{\mathrm{T}}$$

$$f(Y^{(1)}-\delta e_1)=49/16>f(Y^{(1)})=0$$

沿 e_1 方向的搜索均失败,因此,令 $Y^{(2)}=Y^{(1)}=(1,1)^T$

再以 $Y^{(2)}$ 为出发点,沿方向 e_2 进行探测:

$$Y^{(2)}+\delta e_2=(1,1)^T+1/2(0,1)^T=(1,3/2)^T$$

$$f(Y^{(2)}+\delta e_2)=4/5>f(Y^{(2)})=0$$

$$Y^{(1)}-\delta e_1=(1,1)^T-1/2(0,1)^T=(1,1/2)^T$$

$$f(Y^{(1)}-\delta e_1)=5/4>f(Y^{(2)})=0$$

沿 e_2 方向的搜索也失败,因此,令 $Y^{(3)}=Y^{(2)}=(1,1)^T$

比较在点 $Y^{(3)}$ 和基点 $X^{(2)}$ 处的函数值,

有 $$f(Y^{(3)})=0<f(X^{(2)})=249/16$$

上式表明,探测搜索是正确的。因此得新基点

$$X^{(3)}=Y^{(2)}=(1,1)^T$$

②从 $X^{(3)}$ 出发,沿方向 $X^{(3)}-X^{(2)}$进行模矢搜索。作下去就会发现,此次模矢搜索失败,因此退回到基点 $X^{(3)}$。减小步长,令

$$\delta_i=\beta\delta=1/4\delta$$

再从 $Y^{(1)}=X^{(3)}$ 开始,依次沿方向 e_1 和方向 e_2 探测,会发现在 $X^{(3)}$ 周围的探测搜索也是失败的,必须继续缩减步长。继续下去,必会得出结论,$X^{(3)}$ 是局部最优解。事实上,用解析法求解,容易验证,$X^{(3)}$ 确是此问题的最优解。

说明:

①在上述求解过程中,探测搜索时沿各坐标轴方向的步长都是相同的,实际上,不同的坐标方向可以有不同的步长。有人就对 Hooke—Jeeves 做了步长修正,这里不再作介绍。

②模矢搜索方向可以近似地看作是最速下降方向,因此,模矢搜索法可以看作是最速下降法的近似。由此也可以想到,其收敛速度是比较慢的。不过,编写计算机程序比较简单,对变量个数比较少的问题,可以使用该种方法,而且是一种比较可靠的算法。

小结

本章介绍了求解多变量无约束极值问题的几种常用算法,如最速下降法、变量轮换法、单纯形搜索法、牛顿法、共轭梯度法、变尺度法。

通过本章的学习,应该理解各种算法的基本原理及其优缺点,通过掌握这些方法来理解各种方法的区别,至于哪类问题应该用哪种方法,这依赖于使用者的经验积累及理论上进一步的探索。

第二十一章　多变量有约束极值问题

在上一章里,我们讨论了多变量无约束问题的求极值问题。但在许多实际问题中,变量的取值往往有一定的限制和约束,所以更常见的是多变量有约束的极值问题。

多变量有约束极值问题的求解,比多变量无约束极值问题的求解要复杂得多。这是因为,

对一个极小化问题来说，在求极值的过程中，除了要考虑目标函数值在每次的迭代过程中要有所下降以外，还要时刻考虑解的可行性的问题（某些算法除外），这就给求解带来了很大的困难。

长期以来，人们对多变量约束极值问题的研究一直都比较多，探讨的各种求解方法也不少。但尽管如此，至今还没有一种十分有效的、通用的方法可供选择，而只能根据目标函数和约束条件的特点来选择合适的求解方法，以使求解的效果更好一些。

虽然多变量约束极值问题的求解方法众多，但就其基本思想来说，大致可以分为以下三类：

（1）将约束合并到目标函数中，间接地加以处理。即将一个有约束的问题变为一系列等价的无约束的问题。例如：罚函数法、拉格朗日乘子法及增广函数法就属于此类方法。

（2）利用适当调整搜索方向和搜索步长的方法，把无约束极值问题的求解方法推广到约束极值问题中。即以直接的方法处理约束极值问题。例如，可行方向法就属于此类方法。

（3）利用线性函数逼近的方法，将非线性规划问题近似成线性规划问题。即将求解非线性规划的问题，归结为一系列的线性规划问题。例如近似规划法就属于此类方法。

在这一章里，我们首先讨论多变量约束极值问题的最优性条件，然后再讨论几种常用的求极值的方法。

第一节　约束极值问题的最优性条件

约束条件下求极值的非线性规划问题的一般形式如下：

$$\min f(X)$$
$$\begin{cases} h_i(X)=0 & (i=1,2,\cdots,m) \\ g_j(X)\geqslant 0 & (j=1,2,\cdots,l) \end{cases} \tag{21-1}$$

一、基本概念

1. 起作用约束

设 $X^{(0)}$ 是非线性规划问题（21-1）的一个可行点，即 $X^{(0)}$ 满足所有的约束条件。$X^{(0)}$ 满足的不等式约束 $g_1(X)\geqslant 0$ 又可以分为两类：在 $X^{(0)}$ 处起作用的约束和不起作用的约束。

所谓不起作用约束，是将这个可行点 $X^{(0)}$ 代入该不等式约束后，有 $g_1(X^{(0)})>0$，即在 $X^{(0)}$ 处，$g_1(X)$ 是严格的不等式约束。这说明，点 $X^{(0)}$ 不处于由这一约束条件形成的可行域的边界上。因此，不论沿什么样的方向稍微离开 $X^{(0)}$ 时，都不会违背这一约束条件，即它对 $X^{(0)}$ 的微小摄动不起约束作用。

所谓起作用约束，是将这个点代入该不等式约束后，有 $g_1(X^{(0)})=0$，即该约束是严格的等式约束。这说明，点 $X^{(0)}$ 处于该约束形成的可行域的边界上，约束条件 $g_1(X)$ 对 $X^{(0)}$ 点的摄动起到了某种限制作用。即当点沿某些方向稍微离开 $X^{(0)}$ 时，可能仍然满足该约束；而当点沿另一些方向离开 $X^{(0)}$ 时，不论步长多么小，都将违背该约束。

显然，等式约束对所有的可行点来说，都是起作用约束。

2. 正则点

对于非线性规划问题（21-1），如果在可行点 $X^{(0)}$ 处，各起作用约束的梯度线性无关，则

$X^{(0)}$是约束条件的一个正则点。

例 21-1 判断 $X^{(0)}=(3,1)^{\mathrm{T}}$ 是否是下列规划问题的正则点：

$$\min f(X)=(x_1-7)^2+(x_2-3)^2$$

$$\begin{cases} g_1(X)=10-x_1^2-x_2^2\geqslant 0 \\ g_2(X)=4-x_1-x_2\geqslant 0 \\ g_3(X)=x_2\geqslant 0 \end{cases}$$

解 将点 $X^{(0)}$ 代入各约束条件，知 $X^{(0)}$ 满足所有的约束条件，且在 $X^{(0)}$ 处 $g_1(X)$ 与 $g_2(X)$ 是起作用约束。

计算 $g_1(X)$ 与 $g_2(X)$ 在点 $X^{(0)}$ 处的梯度：

$$\nabla g_1(X)=(-2x_1,-2x_2)^{\mathrm{T}},\nabla g_2(X)=(-1,-1)^{\mathrm{T}}$$

$$\nabla g_1(X^{(0)})=(-6,-2)^{\mathrm{T}},\nabla g_2(X^{(0)})=(-1,-1)^{\mathrm{T}}$$

假设存在 α_1、α_2，使得：

$$\alpha_1\nabla g_1(X^{(0)})+\alpha_2\nabla g_2(X^{(0)})=0$$

即 $$\alpha_1(-6,-2)^{\mathrm{T}}+\alpha_2(-1,-1)^{\mathrm{T}}=0$$

可推得 $$\alpha_1=\alpha_2=0$$

故 $\nabla g_1(X^{(0)})$ 与 $\nabla g_2(X^{(0)})$ 线性无关。即 $X^{(0)}$ 是约束条件的一个正则点。

3. 可行方向

记非线性规划问题(21-1)所有约束条件形成的可行域为 R，设 $X^{(0)}$ 是非线性规划问题(21-1)的一个可行点。对于某个方向 D 来说，若存在实数 $\lambda_0>0$，使对任意的 $\lambda(0\leqslant\lambda\leqslant\lambda_0)$ 都有

$$X^{(0)}+\lambda D\in R$$

则称方向 D 是点 $X^{(0)}$ 处的一个可行方向。

$$\left.\frac{\mathrm{d}g_j(X^{(0)}+\lambda D)}{\mathrm{d}\lambda}\right|_{\lambda\to 0}=\nabla g_j(X^{(0)})^{\mathrm{T}}D>0$$

$$g_j(X^{(0)}+\lambda D)=g_j(X^{(0)})+\nabla g_j(X^{(0)})^{\mathrm{T}}D+O(\lambda)$$

我们来分析一下可行方向必须满足什么样的条件。

令 J 为点 $X^{(0)}$ 处所有起作用约束的下标集合，即

$$J=\{j\mid g_j(X^{(0)})=0,\ 1\leqslant j\leqslant l\}$$

若 D 是可行点 $X^{(0)}$ 处的任一可行方向，则存在实数 $\lambda_0>0$，使对任意的 $\lambda(0\leqslant\lambda\leqslant\lambda_0)$ 都有 $X^{(0)}+\lambda D\in R$

即 $$g_j(X^{(0)}+\lambda D)\geqslant 0$$

亦即 $$g_j(X^{(0)}+\lambda D)\geqslant g_1(X^{(0)})=0$$

因此有 $$\left.\frac{\mathrm{d}g_j(X^{(0)}+\lambda D)}{d\lambda}\right|_{\lambda\to 0}=\nabla g_j(X^{(0)})^{\mathrm{T}}D\geqslant 0\quad(j\in J)$$

也就是说，如果 D 是可行点 $X^{(0)}$ 处的可行方向，那么一定有 $\nabla g_j(X^{(0)})^{\mathrm{T}}D\geqslant 0(j\in J)$。

另一方面，若 D 是可行点 $X^{(0)}$ 处的某一方向，由泰勒级数展开式有：

$$g_j(X^{(0)}+\lambda D)=g_j(X^{(0)})+\nabla g_j(X^{(0)})^{\mathrm{T}}D+O(\lambda)$$

考虑点 $X^{(0)}$ 处所有起作用约束，因为 $g_j(X^{(0)})=0$，故当 $\lambda>0$ 足够小的时候，由上式可知，只要有：

$$\nabla g_j(X^{(0)})^{\mathrm{T}} D > 0 \quad (j \in J)$$

就有：

$$g_j(X^{(0)} + \lambda D) \geqslant 0$$

即：$X^{(0)} + \lambda D \in R$，$D$ 是可行方向。

再考虑点 $X^{(0)}$ 处不起作用的约束，因为 $g_1(X^{(0)}) > 0$，故当 $\lambda > 0$ 足够小的时候，即在方向 D 上，点稍稍离开 $X^{(0)}$ 时，根据函数 $g_1(X)$ 的连续性，必然有：

$$g_1(X^{(0)} + \lambda D) \geqslant 0$$

即：$X^{(0)} + \lambda D \in R$，$D$ 是可行方向。

综上所述，只要方向 D 满足：

$$\nabla g_j(X^{(0)})^{\mathrm{T}} D > 0 \quad (j \in J) \tag{21-2}$$

就可以保证方向 D 是点 $X^{(0)}$ 处的可行方向。

4. 下降方向

考虑问题(21-1)的某一可行点 $X^{(0)}$，对该点的任一方向 D 来说，若存在实数 $\lambda_0 > 0$，使对任意的 $\lambda(0 \leqslant \lambda \leqslant \lambda_0)$ 都有：

$$f(X^{(0)} + \lambda D) < f(X^{(0)})$$

则称方向 D 是点的一个下降方向。

我们来分析一下下降方向必须满足什么样的条件。

若 D 是可行点处的某一方向，由泰勒级数展开式有：

$$f(X^{(0)} + \lambda D) = f(X^{(0)}) + \lambda \nabla f(X^{(0)})^{\mathrm{T}} D + O(\lambda)$$

由上式可知，当 λ 足够小时，只要

$$\nabla f(X^{(0)})^{\mathrm{T}} D < 0 \tag{21-3}$$

就有 $f(X^{(0)} + \lambda D) < f(X^{(0)})$。也就是说，只要方向 D 满足式(21-3)，即可保证方向 D 是点 $X^{(0)}$ 处的下降方向。

前面我们讲到，求解多变量约束极值问题时，除了要考虑目标函数值在每次的迭代中要有所下降以外，还要时刻考虑解的可行性的问题。也就是说，求极值的搜索方向，必须满足两点：一是可行方向；一是下降方向。也就是说，要寻找的必须是一个可行下降方向。

5. 可行下降方向

考虑问题(21-1)的某一可行点 $X^{(0)}$，对该点的某一方向 D 来说，满足：

$$\begin{cases} \nabla g_j(X^{(0)})^{\mathrm{T}} D > 0 \quad (j \in J) \\ \nabla f(X^{(0)})^{\mathrm{T}} D < 0 \end{cases} \tag{21-4}$$

则称方向 D 是点 $X^{(0)}$ 处的一个可行下降方向。

说明：

若要求问题(21-1)的极小点，就要沿着可行下降方向去搜索。如果点 $X^{(0)}$ 不是极小点，则在这一点处一定存在可行下降方向；若 $X^{(0)}$ 是极小点，则该点一定不存在可行下降方向。

可行下降方向的几何意义非常明显。满足该条件的方向 D，与点 $X^{(0)}$ 处目标函数负梯度方向的夹角为锐角，与点 $X^{(0)}$ 处起作用约束的梯度方向的夹角也成锐角。

二、一阶必要条件

多变量无约束极值问题极值的一阶必要条件，又称为库恩—塔克(Kuhn—Tucker)条件，是非线性规划领域中最重要的理论成果之一，简称 K—T 条件。K—T 条件是确定某点是最优

点的一阶必要条件,一般来说,并不是充分条件。因而满足这个条件的点不一定是最优点。

1. K—T 条件

对非线性规划问题而言,

$$\min f(X)$$
$$\begin{cases} h_i(X)=0 & (i=1,2,\cdots,m) \\ g_j(X)\geqslant 0 & (j=1,2,\cdots,l) \end{cases}$$

若 X^* 是局部(或全局)极小点,且为上述约束条件的正则点,则一定存在向量 $\Lambda^*=(\lambda_1^*,\lambda_2^*,\cdots,\lambda_m^*)^{\mathrm{T}}$ 及 $\Gamma^*=(\gamma_1^*,\gamma_2^*,\cdots,\gamma_l^*)^{\mathrm{T}}$,使得下述条件成立:

$$\begin{cases} \nabla f(X^*)-\sum_{i=1}^{m}\lambda_i^*\nabla h_i(X^*)-\sum_{j=1}^{l}\gamma_j^*\nabla g_j(X^*)=0 & (21\text{-}5) \\ \gamma_j^* g_j(X)=0 \quad (j=1,2,\cdots l) & (21\text{-}6) \\ \gamma_j^*\geqslant 0 \quad (j=1,2,\cdots l) & (21\text{-}7) \end{cases}$$

说明:

①由上述 K—T 条件可知,当不等式约束 $g_j(X)\geqslant 0$ 在点 X^* 处为不起作用约束时 γ_j^*,必为零。

② 常称函数 $\left(f(X)-\sum_{i=1}^{m}\lambda_i h_i(X)-\sum_{j=1}^{l}\gamma_j g_j(X)\right)$ 为问题(21-1)的广义拉格朗日函数;乘子 $\lambda_1^*,\lambda_2^*,\cdots,\lambda_m^*$ 和 $\gamma_1^*,\gamma_2^*,\cdots,\gamma_l^*$ 为广义拉格朗日乘子。

③称满足 K—T(库恩—塔克)条件的点称为 K—T(库恩—塔克)点。

2. 求 K—T 点

例 21-2 求非线性规划问题的 K—T 点:

$$\min f(X)=2x_1^2+2x_1x_2+x_2^2-10x_1-x_2$$
$$\begin{cases} g_1(X)=5-x_1^2-x_2^2\geqslant 0 \\ g_2(X)=6-3x-x\geqslant 0 \end{cases}$$

解 设 K—T 点为 $X^*=(x_1,x_2)^{\mathrm{T}}$

因为

$$\nabla f(X^*)=\left(\frac{\partial f}{\partial x_1},\frac{\partial f}{\partial x_2}\right)^{\mathrm{T}}=\begin{bmatrix}4x_1+2x_2-10 \\ 2x_2+2x_1-10\end{bmatrix}$$

$$\nabla g_1(X^*)=\begin{bmatrix}-2x_1 \\ -2x_2\end{bmatrix},\ \nabla g_2(X^*)=\begin{bmatrix}-3 \\ -1\end{bmatrix}$$

所以根据 K—T 条件有:

$$\begin{cases} 4x_1+2x_2-10+2\gamma_1x_1+3\gamma_2=0 \\ 2x_1+2x_2-10+2\gamma_1x_2+\gamma_2=0 \\ \gamma_1(5-x_1^2-x_2^2)=0 \\ \gamma_1(6-3x_1-x_2)=0 \\ \gamma_1\geqslant 0 \\ \gamma_2\geqslant 0 \end{cases}$$

由于本题的约束中只有不等式约束,故在上述式子中只有广义拉格朗日乘子 $\gamma_i(i=1,2)$

项。若原问题含有等式约束,还要把各等式约束都考虑进去。联立求解上述方程组,即可求出满足 K—T 条件的点。

接下来的问题是,要确定在点 X^* 处,两个约束中哪个是起作用约束,哪个是不起作用约束,以便得出相应的拉格朗日乘子。

下面,我们分 4 种不同的情况来讨论。

(1)假设在点 X^* 处两个约束均不起作用,即:$g_1(X^*)>0, g_2(X^*)>0$,由式(21-6)可知,必有

$$\gamma_1=\gamma_2=0$$

故有

$$\begin{cases}4x_1+2x_2-10=0\\2x_1+2x_2-10=0\end{cases}$$

从而有

$$x_1=0, x_2=5$$

将上述解代入原问题的约束中,不满足约束 $g_2(X)$,即求出的解是不可行解,说明原假设错误。

(2)假设在点 X^* 处第一个约束是起作用约束,第二个约束是不起作用约束,即:$g_1(X^*)=0, g_2(X^*)>0$,由式(21-6)可知,有 $\gamma_2=0$,

$$\begin{cases}4x_1+2x_2-10+2\gamma_1x_1=0\\2x_1+2x_2-10+2\gamma_1x_2=0\\\gamma_1(5-x_1^2-x_2^2)=0\\\gamma_1\geqslant0\end{cases}$$

从而有:$x_1=0, x_2=5, \gamma_1=1, \gamma_2=0$

将上述解代入原问题的约束中,满足约束,即求出的解是可行解,且满足关于约束条件的假设。还可进一步的判断出,该点处起作用约束的梯度线性无关,因而 X^* 还是一个正则点。

(3)假设在点 X^* 处第一个约束是不起作用约束,第二个约束是起作用约束,即:$g_1(X^*)>0, g_2(X^*)=0$,由式(21-6)可知,有 $\gamma_1=0$,

$$\begin{cases}4x_1+2x_2-10+3\gamma_2=0\\2x_1+2x_2-10+\ \gamma_2=0\\\gamma_1(6-3x_1-x_2)=0\\\gamma_2\geqslant0\end{cases}$$

从而有 $\gamma_2=-\dfrac{2}{5}$及 $\gamma_2=0$,舍去负根(不满足条件),得 $\gamma_2=0$。即此时有 $\gamma_1=\gamma_2=0$。这又与第一种假设得出的结果一样,求得的是不可行解,说明假设也是错误的。

(4)假设在点 X^* 处两个约束均不起作用,即 $g_1(X^*)=g_2(X^*)=0$,这时,$\gamma_1>0, \gamma_2>0$,由式(21-6)可知,有

$$\begin{cases}4x_1+2x_2-10+2\gamma_1x_1+3\gamma_2=0\\2x_1+2x_2-10+2\gamma_1x_2+\ \gamma_2=0\\5-x_1^2-x_2^2=0\\6-3x_1-x_2=0\end{cases}$$

求解上述方程,得出的解不满足 $\gamma_1\geqslant0$ 及 $\gamma_2\geqslant0$,故舍去。

综上所述,满足 K—T 条件的点是 $X^*=(1,2)^{\mathrm{T}}$。

三、二阶充分条件

1. 二阶充分条件

对非线性规划问题而言，

$$\min f(X)$$
$$\begin{cases} h_i(X)=0 & (i=1,2,\cdots,m) \\ g_j(X)\geqslant 0 & (j=1,2,\cdots,l) \end{cases}$$

若$f(X)$,$h_i(X)=0$ ($i=1,2,\cdots,m$)及$g_j(X)\geqslant 0$($j=1,2,\cdots,l$)二次连续可微,X^*是可行点。又存在向量$\Lambda^*=(\lambda_1^*,\lambda_2^*,\cdots,\lambda_n^*)^{\mathrm{T}}$和$\Gamma^*=(\gamma_1^*,\gamma_2^*,\cdots,\gamma_l^*)^{\mathrm{T}}$,使K—T条件成立,且满足下述条件的任意非零向量$Z$有式(21-11)成立,则$X^*$是该问题的严格局部极小点。

$$\begin{cases} Z^{\mathrm{T}}\nabla g_j(X^*)=0 & (j\in J\text{且}\gamma_j^*>0) & (21\text{-}8) \\ Z^{\mathrm{T}}\nabla g_j(X^*)\geqslant 0 & (j\in J\text{且}\gamma_j^*=0) & (21\text{-}9) \\ Z^{\mathrm{T}}\nabla h_i(X^*)=0 & (i=1,2,\cdots,m) & (21\text{-}10) \\ Z^{\mathrm{T}}\left[\nabla^2 f(X^*)-\sum_{i=1}^{m}\lambda_i^*\nabla^2 h_i(X^*)-\sum_{j=1}^{l}\gamma_i^*\nabla^2 g_j(X^*)\right]Z>0 & & (21\text{-}11) \end{cases}$$

其中:J是点X^*处起作用的不等式约束的下标j的集合。

说明:

显然,式(21-11)中的

$$\nabla^2 f(X^*)-\sum_{i=1}^{m}\lambda_i^*\nabla^2 h_i(X^*)-\sum_{j=1}^{l}\gamma_j^*\nabla^2 g_j(X^*)$$

就是广义拉格朗日函数在点X^*处的海赛矩阵。

若令满足式(21-8)、式(21-9)和式(21-10)三个条件的非零向量Z构成的子空间为M,则式(21-11)表明,广义拉格朗日函数在点X^*处的海赛矩阵在子空间M上是正定的。

2. 利用K—T条件和二阶充分条件求极值点

第一种情况:

若能用其他方法(如几何作图或通过求解约束方程组得约束条件的交点等)先求出一个点X^*,这个点是极小点的可能性就很大,不妨先假设其为极小点,再逐一验证以下条件是否成立:

(1)证明X^*是可行点(即满足所有的约束);

(2)证明X^*是正则点(即在X^*处起作用约束的梯度线性无关);

(3)把X^*代入到K—T条件中,应能求出符合条件的向量Λ^*和Γ^*;

(4)证明广义拉格朗日函数在点X^*处的海赛矩阵是正定的(在子空间M上);若能证明上述四点,则X^*就是一个严格局部极小点。

第二种情况:

若不能先求出一个可能的极小点的具体值,就先求出满足K—T条件的点X^*,再证明X^*满足上述的条件(4),则X^*就是一个严格局部极小点。

例21-3 利用K—T条件和二阶充分条件求例21-2的极小点。

解 在例21-2中,已经求出了所给问题的一个K—T点$X^*=(1,2)^{\mathrm{T}}$,且$\gamma_1=1$, $\gamma_2=0$。以下我们只需验证该问题的广义拉格朗日函数在点X^*处的海赛矩阵是否是正定的(在子空间M上);若能证明这一点,则X^*就是一个严格局部极小点。

由例 21-2 有

$$\nabla^2 f(X^*)=\begin{bmatrix}4 & 2\\2 & 2\end{bmatrix}\quad \nabla^2 g_1(X^*)=\begin{bmatrix}-2 & 0\\0 & -2\end{bmatrix}\quad \nabla^2 g_2(X^*)=\begin{bmatrix}0 & 0\\0 & 0\end{bmatrix}$$

$$\nabla^2 f(X^*)-\sum_{i=1}^{m}\lambda_i^{\ *}\nabla^2 h_i(X^*)-\sum_{j=1}^{l}\gamma_j^{\ *}\nabla^2 g_j(X^*)$$

$$=\nabla^2 f(X^*)-\sum_{j=1}^{2}\gamma_j^{\ *}\nabla^2 g_j(X^*)$$

$$=\begin{bmatrix}4 & 2\\2 & 2\end{bmatrix}-\begin{bmatrix}-2 & 0\\0 & -2\end{bmatrix}$$

$$=\begin{bmatrix}6 & 2\\2 & 4\end{bmatrix}$$

由上式可以看出，不管 $Z=(z_1,z_2)^{\mathrm{T}}\neq 0$ 取什么实数值，上式均 >0。即在点 X^* 处，广义拉格朗日函数的海赛矩阵正定。故 X^* 是一个严格局部极小点。

四、关于凸规划的全局最优解定理

定理：对非线性规划问题而言，

$$\min f(X)$$

$$\begin{cases}h_i(X)=0\ (i=1,2,\cdots,m)\\g_j(X)\geqslant 0\ (j=1,2,\cdots,l)\end{cases}$$

若 $f(X)$ 是凸函数，$g_j(X)\ (j=1,2,\cdots,l)$ 是凹函数，$h_i(X)\ (i=1,2,\cdots,m)$ 是线性函数。可行域为 R，$X^*\in R$，且在点 X^* 处有 K—T 条件成立，则 X^* 是全局最优解。

显然，上述定理中的可行域 R 为凸集，目标函数 $f(X)$ 是凸函数，故问题属于凸规划。一般规划问题的极值点可能只是局部极小点，但是，由上述定理可知，对于凸规划而言，若在点 X^* 处有 K—T 条件成立，则 X^* 就是该凸规划问题的全局极小点。即 K—T 条件既是凸规划局部极小点的一阶必要条件，又是充分条件，而且其局部极小点就是全局极小点。

例 21-4 利用 K—T 条件求极小点。

$$\min f(x)=(x-3)^2$$

$$0\leqslant x\leqslant 5$$

解 将问题写成如下形式：

$$\min f(x)=(x-3)^2$$

$$\begin{cases}g_1(X)=x\geqslant 0\\g_2(X)=5-x\geqslant 0\end{cases}$$

显然，该问题是一个凸规划。目标函数及约束条件的梯度为：

$$\nabla f(x)=2(x-3),\ \nabla g_1(X)=1,\ \nabla g_2(X)=-1$$

由 K—T 条件

有

$$\begin{cases}2(x-3)-\gamma_1+\gamma_2=0\\\gamma_1 x=0\\\gamma_2(5-x)=0\\\gamma_1\geqslant 0\\\gamma_2\geqslant 0\end{cases}$$

分别考虑以下几种情况，求方程组的解：

(1)令 $\gamma_1\neq0,\gamma_2\neq0$，则方程组无解。

(2)令 $\gamma_1\neq0,\gamma_2=0$，得 $x^*=0,\gamma_1{}^*=-6$，不满足约束，故 x^* 不是 K—T 点。

(3)令 $\gamma_1=0,\gamma_2\neq0$，得 $x^*=5,\gamma_2{}^*=-4$，不满足约束，故 x^* 不是 K—T 点。

(4)令 $\gamma_1=0,\gamma_2=0$，得 $x^*=3$，满足约束，故 x^* 是 K—T 点。

由于该问题是凸规划，故 $x^*=3$ 是全局极小点，极小值为 $f(x^*)=0$。

第二节　二次规划

一、二次规划

若对于非线性规划问题，其目标函数 $f(x)$ 是变量 X 的二次函数，约束条件 $h_i(X)=0$ $(i=1,2,\cdots,m)$ 及 $g_j(X)\geqslant0$ $(j=1,2,\cdots,n)$ 都是线性的，则该规划问题称为二次规划。

二次规划的数学模型可写成：

$$\min f(X)=\sum_{j=1}^{n}c_jx_j+\frac{1}{2}\sum_{j=1}^{n}\sum_{k=1}^{n}c_{jk}x_jx_k$$

$$\begin{cases} c_{jk}=c_{kj} & (k=1,2,\cdots,n) & (21\text{-}12)\\ \sum_{j=1}^{n}a_{ij}x_j+b_i\geqslant0 & (i=1,2,\cdots,m) & (21\text{-}13)\\ x_j\geqslant0 & (j=1,2,\cdots,n) & (21\text{-}14)\end{cases}$$

式(21-12)右端的第二项为二次型。

说明：

如果该二次型正定(或半正定)，则目标函数为严格凸函数(或凸函数)；

二次规划的可行域为凸集，因而，上述规划问题属于凸规划。前面已经指出过，凸规划的局部极值就是全局极值。因此，对二次规划来说，K—T 条件不但是极值点存在的必要条件，而且也是充分条件。

二、二次规划的求解

将 K—T 条件中的第一个条件应用于二次规划式(21-12)～式(21-14)，y 代替 K—T 条件中的 γ，即可得到：

$$-\sum_{k=1}^{n}c_{jk}x_k+\sum_{i=1}^{m}a_{ij}y_{n+i}+y_j=c_j\qquad(j=1,2,\cdots,n)\qquad(21\text{-}15)$$

在式(21-14)中引入松弛变量 x_{n+1}，式(21-14)即变为(假定 $b_i\geqslant0$)：

$$\sum_{i=1}^{n}a_{ij}x_j-x_{n+i}+b_i=0\qquad(i=1,2,\cdots,m)\qquad(21\text{-}16)$$

再将 K—T 条件中的第二个条件应用于上述二次规划，并考虑到式(21-16)，就得到

$$x_jy_j=0\qquad(j=1,2,\cdots,n+m)\qquad(21\text{-}17)$$

此外，还有

$$x_j\geqslant0,y_i\geqslant0\qquad(j=1,2,\cdots,n+m)\qquad(21\text{-}18)$$

联立求解式(21-15)和式(21-16)，如果得到的解也满足式(21-17)和式(21-18)，则这个解

就是原二次规划问题的解。但是,在式(21-15)中,c_j 可能为正,也可能为负,为了便于求解,先引入人工变量 z_j($z_j \geqslant 0$,其前面的符号可以取正或负,以便得出可行解)。这样,式(21-15)就变成

$$\sum_{i=1}^{m} a_{ij} y_{n+i} + y_j - \sum_{k=1}^{n} c_{jk} + \text{sgn}(c_j) z_j = c_j \qquad (j = 1,2,\cdots,n) \tag{21-19}$$

其中:sgn(c_j)为符号函数:

$$\begin{cases} \text{sgn}(c_j) = 1, \text{当 } c_j \geqslant 0 \text{ 时} \\ \text{sgn}(c_j) = -1, \text{当 } c_j < 0 \text{ 时} \end{cases}$$

这样一来,可得到初始基本可行解如下:

$$\begin{cases} z_j = \text{sgn}(c_j) & (j = 1,2,\cdots,n) \\ x_{n+1} = b_i & (i = 1,2,\cdots,m) \\ x_j = 0 & (j = 1,2,\cdots,n) \\ y_j = 0 & (j = 1,2,\cdots,n+m) \end{cases}$$

但是,只有当 $z_j = 0$ 时,才能够得到原来问题的解,故必须对上述问题进行修正,从而得到如下的线性规划问题:

$$\begin{cases} \min \varphi(Z) = \sum_{j=1}^{n} z_j \\ \sum_{i=1}^{m} a_{ij} y_{n+i} + y_j - \sum_{k=1}^{n} c_{jk} x_k + \text{sgn}(c_j) z_j = c_j & (j = 1,2,\cdots,n) \\ \sum_{j=1}^{n} a_{ij} x_j - x_{n+i} + b_i = 0 & (i = 1,2,\cdots,m) \\ x_j \geqslant 0 & (j = 1,2,\cdots,n+m) \\ y_j \geqslant 0 & (j = 1,2,\cdots,n+m) \\ z_j \geqslant 0 & (j = 1,2,\cdots,n) \end{cases} \tag{21-20}$$

该线性规划问题还应满足式(21-17)。也就是说,不能使 x_j 和 y_j(对每一个 j)同时为基变量。解线性规划问题(21-20),若得到最优解($x_1{}^*, x_2{}^*, \cdots, x_{n+m}{}^*, y_1{}^*, y_2{}^*, \cdots, y_{n+m}{}^*, z_1 = 0, z_2 = 0, \cdots, z_n = 0$),则($x_1{}^*, x_2{}^*, \cdots, x_n{}^*$)就是原二次规划问题的最优解。

例 21-5 求解二次规划问题:

$$\max f(X) = 8x_1 + 10x_2 - x_1^2 - x_2^2$$

$$\begin{cases} 3x_1 + 2x_2 \leqslant 6 \\ x_1 \geqslant 0, x_2 \geqslant 0 \end{cases}$$

解 将上述二次函数改写成:

$$\min f(X) = x_1^2 + x_2^2 - 8x_1 - 10x_2 = \frac{1}{2}(2x_1^2 + 2x_2^2)\ 8x_1 - 10x_2$$

$$\begin{cases} 6 - 3x_1 - 2x_2 \geqslant 0 \\ x_1 \geqslant 0, x_2 \geqslant 0 \end{cases}$$

该问题为二次规划,且目标函数是严格凸函数。此外,

$$c_1 = -8, c_2 = 10, c_{11} = 2, c_{22} = 2,$$

$$c_{12}=c_{21}=0, b_1=6, a_{11}=-3, a_{12}=-2$$

由于 c_1 和 c_2 小于零，故引入的人工变量 z_1 和 z_2 前面取负号，这样就得到了线性规划问题

$$\begin{cases} -3y_3+y_1-2x_1-z_1=-8 \\ -2y_3+y_2-2x_2-z_2=-10 \\ -3x_1-2x_2-x_3+6=0 \\ x_1,x_2,x_3,y_1,y_2,y_3,z_1,z_2\geqslant 0 \end{cases}$$

上述线性规划问题还应该满足

$$x_jy_j=0 \qquad (j=1,2,3)$$

用单纯形法可求得该问题的最优解如下：

$$x_1=\frac{4}{13}, x_2=\frac{33}{13}, x_3=0, y_1=0, y_2=0, y_3=\frac{32}{13}, z_1=0, z_2=0$$

由此得原二次规划问题的最优解

$$x_1=\frac{4}{13},\ x_2=\frac{33}{13}$$

最优值为 $f(X^*)=21.3$。

第三节　近似规划法

一、基本思想

近似规划法又称小步梯度法，是一种线性化的方法。其基本思想是将问题中的目标函数和约束条件近似为线性函数，并对变量的取值范围加以限制，从而得到一个近似的线性规划问题。求近似线性规划问题的解，每得到一个解后，都从这个解出发，重复以上步骤。这样，通过求解一系列的线性规划问题，产生一个由线性规划问题的解组成的序列，在一般情况下，这个序列收敛于非线性规划问题的解。

二、算法步骤

给定初始点 $X^{(1)}$，步长限制 $\delta_j(j=1,2,\cdots n)$，步长缩小系数 $\beta\in(0,1)$，允许误差 $\varepsilon>0$，令 $k=1$。

(1)构造线性近似规划问题。

在点 $X^{(k)}$ 处，将 $f(X)$，$h_i(X)$，$g_j(X)$ 按泰勒级数展开，并取一阶近似，得到近似线性规划问题：

$$\min f(X)=f(X^{(k)})+\nabla f(X^{(k)})^{\mathrm{T}}(X-X^{(k)})$$

$$\begin{cases} h_i(X)\approx h_i(X^{(k)})+\nabla h_i(X^{(k)})^{\mathrm{T}}(X-X^{(k)}) & (i=1,2,\cdots m) \\ g_j(X)\approx g_j(X^{(k)})+\nabla g_j(X^{(k)})^{\mathrm{T}}(X-X^{(k)}) & (j=1,2,\cdots l) \end{cases}$$

因为上述线性近似，只有在展开点的附近时，其近似程度才比较高。所以，要对变量的取值作一定的限制。

(2)增加步长限制并求解。

在上述近似线性规划问题中，增加一组步长限制：

$$|X_1 - X_1^k| \leqslant \delta_j^k \qquad (j = 1,2,\cdots,n)$$

求解该线性规划问题,得最优解 $X^{(k+1)}$。

(3)检验点 $X^{(k+1)}$ 是否满足原问题的约束条件(即是否可行)。

若 $X^{(k+1)}$ 是原始问题的可行解,则转步骤(4);否则,缩小步长限制,令 $\delta_j^k = \beta\delta_j^k$,返回步骤(2),重新求解当前的线性规划问题。

(4)精度判断。

若 $|\delta_j^k| < \varepsilon(j = 1,2,\cdots,n)$,则点 $X^{(k+1)}$ 是近似最优解;否则,令 $\delta_j^{k+1} = \delta_j^k(j = 1,2,\cdots,n)$,置 $k = k+1$,返回步骤(2)。

说明:

用近似规划法求解非线性规划问题时,步长限制向量 δ_j^k 的选取对求解的影响很大。取值过小,则收敛很慢;取值太大,则可能会超出原可行域,又得重新缩小 δ_j^k,重解当前问题,因而增加计算量。δ_j^k 的选取,要结合初始点、约束条件的性态等具体情况来定。

三、算法举例

例 21-6 用近似规划法求解下列问题:

$$\min f(X) = x_1^2 + x_2^2 - 16x_1 - 10x_2$$

$$\begin{cases} g_1(X) = 11 - x_1^2 + 6x_1 - 4x_2 \\ g_2(X) = x_1x_2 - 3x_2 - e^{x_1 - 3} + 1 \\ g_3(X) = x_1 \geqslant 0 \\ g_3(X) = x_2 \geqslant 0 \end{cases}$$

给定初始点 $X^{(1)} = (4,3)^{\mathrm{T}}, \delta^{(1)} = (1,1)^{\mathrm{T}}, \beta = 0.5$。

解 第一次迭代:

在点 $X^{(1)}$ 处,将 $f(X)$、$g_1(X)$ 和 $g_2(X)$ 线性化,为此,先求出

$$\nabla f(X) = \begin{bmatrix} 2x_1 - 16 \\ 2x_2 - 10 \end{bmatrix}, \ \nabla g_1(X) = \begin{bmatrix} -2x_1 + 6 \\ -4 \end{bmatrix}, \ \nabla g_2(X) = \begin{bmatrix} x_2 - e^{x1 - 3} \\ x_1 - 3 \end{bmatrix}$$

$$\nabla f(X^{(1)}) = \begin{bmatrix} -8 \\ -4 \end{bmatrix}, \ \nabla g_1(X^{(1)}) = \begin{bmatrix} -2 \\ -4 \end{bmatrix}, \ \nabla g_2(X^{(1)}) = \begin{bmatrix} 0.3 \\ 1 \end{bmatrix}$$

$$\min f(X) \approx f(X^{(1)}) + \nabla f(X^{(1)})^{\mathrm{T}}(X - X^{(1)})$$

$$= -69 + (-8, -4)\begin{bmatrix} x_1 - 4 \\ x_2 - 3 \end{bmatrix}$$

$$g_1(X^{(1)}) \approx g_1(X^{(1)}) + \nabla g_1(X^{(1)})^{\mathrm{T}}(X - X^{(1)})$$

$$= 7 + (-2, -4)\begin{bmatrix} x_1 - 4 \\ x_2 - 3 \end{bmatrix} \geqslant 0$$

$$g_2(X^{(1)}) \approx g_2(X^{(1)}) + \nabla g_2(X^{(1)})^{\mathrm{T}}(X - X^{(1)})$$

$$= 1.3 + (0.3, 1)\begin{bmatrix} x_1 - 4 \\ x_2 - 3 \end{bmatrix} \geqslant 0$$

并增加步长限制

$$|x_1 - 4| \leqslant 1, |x_2 - 3| \leqslant 1$$

得近似线性规划问题如下：

$$\min f(X) = -8x_1 - 4x_2 - 25$$

$$\begin{cases} -2x_1 - 4x_2 + 27 \geqslant 0 \\ 0.28x_1 + x_2 - 2.84 \geqslant 0 \\ -1 \leqslant x_1 - 4 \leqslant 1 \\ -1 \leqslant x_2 - 3 \leqslant 1 \end{cases}$$

用单纯形法(或图解法)可得出近似线性规划问题的最优解为 $X^{(2)} = (13.5, 0)^{\mathrm{T}}$。

将 $X^{(2)}$ 代入原问题的约束条件：

$$g_1(X^{(2)}) < 0 \qquad g_2(X^{(2)}) < 0$$

即 $X^{(2)}$ 不是原问题的可行解。

第二次迭代：

取 $\beta = 0.5$，减小步长限制为 $\delta^{(2)} = (0.5, 0.5)^{\mathrm{T}}$，返回去修改上述近似线性规划问题中的步长约束，

$$|x_1 - 4| \leqslant 0.5, \ |x_2 - 3| \leqslant 0.5$$

得新的近似线性规划问题，并得出新的最优解为：$X^{(3)} = (4.5, 3.5)^{\mathrm{T}}$。将点 $X^{(3)}$ 代入原问题的约束条件中检验，可知 $X^{(3)}$ 满足原问题的约束条件，故点 $X^{(3)}$ 是原问题的可行点。且目标函数值比原来有所减小：

$$f(X^{(3)}) = -70.65 < f(X^{(1)}) = -69$$

说明：

虽然可以用近似线性化的方法来求解非线性规划问题，但是，一般来说，这种方法逼近最优解的速度非常缓慢，而且每次迭代都要求解一个新的线性规划问题，已有的旧数据在新的计算中不起作用，因而效率很低。

在有些情况下，如果求出来的近似线性规划问题的最优解不是原来问题的可行解，即使一再地缩小步长限制，也仍然不能使得近似规划的最优解成为原来问题的可行解，可见近似规划法的收敛性不能得到保证。下面的例题就可以说明这种情况。

例 21-7 用近似规划法求解下列问题：

$$\min f(X) = -(x_1 - 1)^2 - x_2^2$$

$$\begin{cases} g_1(X) = -x_1^2 - 6x_2 + 36 \geqslant 0 \\ g_2(X) = -x_2^2 - 4x_1 + 2x_2 \geqslant 0 \\ g_3(X) = x_1 \geqslant 0 \\ g_4(X) = x_2 \geqslant 0 \end{cases}$$

给定初始点 $X^{(1)} = (0, 2)^{\mathrm{T}}$，$\delta^{(1)} = (1, 1)^{\mathrm{T}}$，$\beta = 0.5$。

解 将目标函数与约束条件线性化后得近似线性规划问题：

$$\min f(X) = 3 + 2x_1 - 4x_2$$

$$\begin{cases} 36 - 6x_2 \geqslant 0 \\ 4 + 4x_1 - 2x_2 \geqslant 0 \\ -1 \leqslant x_1 \leqslant 1 \\ -1 \leqslant x_2 - 2 \leqslant -1 \end{cases}$$

用单纯形法(或图解法)可得出近似线性规划问题的最优解为 $X^{(2)}=(0.5,3)^{\mathrm{T}}$。

将 $X^{(2)}$ 代入原问题的约束条件,不满足原问题的第二个约束。将步长限制缩小一半,但即使将步长缩小到

$$\delta^{(m)}=\left(\frac{1}{2^m},\frac{1}{2^m}\right)^{\mathrm{T}}$$

所得到的点

$$X^{(m)}=\left(\frac{1}{2^{m+1}},2+\frac{1}{2^m}\right)^{\mathrm{T}}$$

仍不能满足第二个约束条件。这说明,对于该问题来说,无法采用近似规划方法求解。

第四节　可行方向法

一、基本思想

可行方向法可以看作是无约束下降迭代算法的自然推广,其基本思想是:从可行点出发,沿着可行下降方向进行搜索,求出使目标函数值下降的新的可行点,直到求出满足精度要求的最优解。可行方向法的关键步骤是选择搜索方向和确定搜索步长,采用不同的搜索方向,就形成了不同的可行方向法,如 Zoutendijk 可行方向法、Rosen 梯度投影法、Frank—Wolfe 法等。下面,我们介绍 Zoutendijk 在 1960 年提出的可行方向法。

可行方向法的关键步骤是构造可行下降方向。Zoutendijk 可行方向法构造可行方向的方法如下:

设在点 $X^{(k)}$ 处起作用的约束非空,为求点 $X^{(k)}$ 处的可行下降方向,由式(21-4)有

$$\begin{cases}\nabla f(X^{(k)})^{\mathrm{T}}D<0\\ \nabla g_j(X^{(k)})^{\mathrm{T}}D>0 \qquad (j\in J)\end{cases}$$

这等价于由下面的不等式组求向量 D 和实数 η:

$$\begin{cases}\nabla f(X^{(k)})^{\mathrm{T}}D\leqslant\eta\\ -\nabla g_j(X^{(k)})^{\mathrm{T}}D\leqslant\eta \quad (j\in J)\\ \eta<0\end{cases}$$

由于满足上述不等式组的可行下降方向 D 和 η 一般有多个,而我们所希望的是选出使目标函数值下降得最快的可行下降方向,故将问题转化为求解如下的线性规划问题:

$$\min\ \eta$$

$$\begin{cases}\nabla f(X^{(k)})^{\mathrm{T}}D\leqslant\eta\\ -\nabla g_j(X^{(k)})^{\mathrm{T}}D\leqslant\eta \quad (j\in J)\\ -1\leqslant d_i\leqslant 1 \quad (i=1,2,\cdots,n)\end{cases} \tag{21-21}$$

式中的 $d_i(i=1,2,\cdots,n)$ 为向量 D 的分量。

求可行下降方向 D,也就等价于求上述线性规划问题(21-21)的最优解 (D_k,η_k)。而式(21-21)中的最后一个约束条件,是为了使该线性规划问题有有限的最优解(即不会出现最优解无界的情况)。增加这个约束条件,并不会影响寻找向量 D。

Zoutendijk 可行方向法的算法步骤如下:

二、算法步骤

(1)给定初始点 $X^{(k)} \in R$,允许误差 $\varepsilon_1 > 0, \varepsilon_2 > 0$,令 $k=1$。

(2)确定在点 $X^{(k)}$ 起作用约束的下标集合为 J:

$$J = \{j \mid g_j(X^{(k)}) = 0, 1 \leqslant j \leqslant l\}$$

①若 $J=\phi$(空集),而且 $\|\nabla f(X^{(k)})\|^2 < \varepsilon_1$,则停止迭代,得近似极小点 $X^{(k)}$;

②若 $J=\phi$(空集),但 $\|\nabla f(X^{(k)})\|^2 \geqslant \varepsilon_1$,则取搜索方向 $D^{(k)} = -\nabla f(X^{(k)})$,转步骤(5);

这种情况即是点 $X^{(k)}$ 在可行域 R 的内部,任一方向都是可行方向,类似于无约束的情况,可按最速下降法找到下一个可行点。但是,要注意的是,此时并不是真正意义上的无约束,要确定合适的步长,以保证下一个点仍然是可行点。

③若 $J \neq \phi$,则转步骤(3);

这种情况即是点 $X^{(k)}$ 在可行域边界上。这时,关键的问题是要找到一个可行下降方向作为搜索方向。

(3)按照可行下降方向构造线性规划问题(21-21),并求最优解(D_k, η_k)。

(4)精度判断:

若满足 $|\eta_k| < \varepsilon_2$,则停止迭代,得到近似最优解 $X^{(k)}$;否则,以 $D^{(k)}$为搜索方向,转步骤(5)。

(5)在搜索方向 $D^{(k)}$上,确定可行的最优步长 λ_k:

最优步长 λ_k 的选择既要保证下一个点的可行性,又要使目标函数值尽可能地减小,即相当于求解下述一维极值问题:

$$f(X^{(k)} + \lambda_k d^{(k)}) = \min f(X^{(k)} + \lambda d^{(k)})$$

其中:$\bar{\lambda} = \max\{X^{(k)} + \lambda d^{(k)} \in R\}$,即$\bar{\lambda}$是满足下一个点的可行性的步长 λ 的上限。

(6)令 $X^{(k+1)} = X^{(k)} + \lambda d^{(k)}, k = k+1$,返回步骤(2)。

三、算法举例

例 21-8 用可行方向法求解下述问题:

$$\min f(X) = 2x_1^2 + 2x_2^2 - 2x_1x_2 - 4x_1 - 6x_2$$

$$\begin{cases} g_1(X) = -x_1 - x_2 + 2 \geqslant 0 \\ g_2(X) = -x_1 - 5x_2 + 5 \geqslant 0 \\ g_3(X) = x_1 \geqslant 0 \\ g_3(X) = x_2 \geqslant 0 \end{cases}$$

给定初始点 $X^{(0)} = (0,0)^{\mathrm{T}}$。

解

$$\nabla f(X) = \left(\frac{\partial f}{\partial x_1}, \frac{\partial f}{\partial x_2}\right)^{\mathrm{T}} = \begin{bmatrix} 4x_1 - 2x_2 - 4 \\ 4x_2 - 2x_1 - 6 \end{bmatrix}$$

$$f(X^{(0)}) = 0,\ \nabla f(X^{(0)}) = (-4, -6)^{\mathrm{T}}$$

$$d^{(0)} g_j(X^{(1)}) \geqslant 0,\ g_4(X^{(0)}) = 0$$

$$X^{(0)} = (0,0)^{\mathrm{T}}, J = \{3,4\}$$

第一次迭代:

$$X^{(1)} = X^{(0)} + \lambda d^{(0)}$$
$$= (0,0)^{\mathrm{T}} + \lambda(1,1)^{\mathrm{T}},\ (j = 1,2,3,4)$$

$$d^{(0)}=(1,1)^T$$

(1)首先确定搜索方向 $d^{(0)}$。

在点 $X^{(0)}=(0,0)^T$ 处,$g_1(X^{(0)})=2>0, g_2(X^{(0)})=5>0$

$$g_3(X^{(0)})=0,\ g_4(X^{(0)})=0$$

故,在点 $X^{(0)}=(0,0)^T$ 处,起作用约束的下标集合为 $J=\{3,4\}$。

且有:
$$\nabla g_3(X^{(0)})=\begin{bmatrix}1\\0\end{bmatrix}\qquad \nabla g_4(X^{(0)})=\begin{bmatrix}0\\1\end{bmatrix}$$

解子问题:

$$\min \eta$$
$$\begin{cases}\nabla f(X^{(0)})^T D\leqslant\eta\\ -\nabla g_1(X^{(0)})^T D\leqslant\eta & (j\in J=\{3,4\})\\ -1\leqslant d_i\leqslant 1 & (i=1,2)\end{cases}$$

即求解:
$$\min \eta$$
$$\begin{cases}(-4,-6)\begin{bmatrix}d_1\\d_2\end{bmatrix}\leqslant\eta\\ -(1,0)\begin{bmatrix}d_1\\d_2\end{bmatrix}\leqslant\eta\\ -(0,1)\begin{bmatrix}d_1\\d_2\end{bmatrix}\leqslant\eta\\ -1\leqslant d_1\leqslant 1\\ -1\leqslant d_2\leqslant 1\end{cases}$$

$$\min \eta$$
$$\begin{cases}-4d_1-6d_2\leqslant\eta\\ -d_1\leqslant\eta\\ -d_2\leqslant\eta\\ -1\leqslant d_i\leqslant 1 & (i=1,2)\end{cases}$$

为便于用单纯形法求解,

令
$$y_1=d_1+1$$
$$y_2=d_2+1$$
$$y_3=-\eta$$

从而得

$$\min\ -y_3$$
$$\begin{cases}4y_1+6y_2+y_3\geqslant 10\\ y_1-y_3\geqslant 1\\ y_2-y_3\geqslant 1\\ y_1\leqslant 2\\ y_2\leqslant 2\\ y_i\geqslant 0 & (i=1,2,3)\end{cases}$$

用单纯形法可求得最优解为

$$y_1=2,\ y_2=2,\ y_3=0$$

从而有

$$d_1=2,\ d_2=2,\ \eta=0$$

得搜索方向为： $d^{(0)}=(1,1)^{\mathrm{T}}$

设：

$$\begin{aligned}X^{(1)}&=X^{(0)}+\lambda d^{(0)}\\&=(0,0)^{\mathrm{T}}+\lambda(1,1)^{\mathrm{T}}\\&=(\lambda,\lambda)^{\mathrm{T}}\end{aligned}$$

(2)接下来确定搜索步长。

为保证 $X^{(1)}$是可行点,应有 $g_j(X^{(1)})\geqslant 0(j=1,2,3,4)$。

即

$$\begin{cases}g_1(X^{(1)})=-2\lambda+2\geqslant 0\\g_2(X^{(1)})=-6\lambda+5\geqslant 0\\g_3(X^{(1)})=\lambda\geqslant 0\\g_4(X^{(1)})=\lambda\geqslant 0\end{cases}$$

从而有 $\lambda_{\min}=\dfrac{5}{6}$

另一方面,将 $X^{(1)}$代入目标函数

有 $f(X^{(1)})=2\lambda^2-10\lambda$

令 $\dfrac{\mathrm{d}f(X^{(1)})}{\mathrm{d}\lambda}=4\lambda-10=0$

得步长 $\lambda_0^*=\dfrac{5}{2}$

由于 $\lambda_0^*>\lambda_{\min}$,故舍去 λ_0^*,取最优步长为 $\lambda_0=\min\left\{\dfrac{5}{6},\dfrac{5}{2}\right\}=\dfrac{5}{6}$

则有 $X^{(1)}=\left(\dfrac{5}{6},\dfrac{5}{6}\right)^{\mathrm{T}}$

第二次迭代:

在点 $X^{(1)}=\left(\dfrac{5}{6},\dfrac{5}{6}\right)^{\mathrm{T}}$ 处, $\nabla f(X^{(1)})=\left(-\dfrac{7}{3},-\dfrac{13}{3}\right)^{\mathrm{T}}$,

且有 $g_1(X^{(1)})=\dfrac{1}{3}>0,\ g_2(X^{(1)})=0,\ g_3(X^{(1)})>0,\ g_4(X^{(1)})>0$

故,在点 $X^{(1)}=\left(\dfrac{5}{6},\dfrac{5}{6}\right)^{\mathrm{T}}$ 处,起作用约束的下标集合为 $J=\{2\}$,$g_2(X)$在该点的梯度为 $\nabla g_2(X^{(1)})=(-1,-5)^{\mathrm{T}}$。

(1)确定搜索方向。

为此,求解子问题

$$\min\ \eta$$
$$\begin{cases}\nabla f(X^{(1)})^{\mathrm{T}}D\leqslant\eta\\-\nabla g_1(X^{(1)})^{\mathrm{T}}D\leqslant\eta & (j\in J=\{2\})\\-1\leqslant d_i\leqslant 1 & (i=1,2)\end{cases}$$

即求解

$$\min \eta$$

$$\begin{cases} \left(-\frac{7}{3}, -\frac{13}{3}\right)\begin{bmatrix} d_1 \\ d_2 \end{bmatrix} \leqslant \eta \\ (-1, -5)\begin{bmatrix} d_1 \\ d_2 \end{bmatrix} \leqslant \eta \\ -1 \leqslant d_i \leqslant 1 \quad (i=1,2) \end{cases}$$

$$\min \eta$$

$$\begin{cases} -\frac{7}{3}d_1 - \frac{13}{3}d_2 \leqslant \eta \\ -d_1 - 5d_2 \leqslant \eta \\ -1 \leqslant d_i \leqslant 1 \quad (i=1,2) \end{cases}$$

经代换,并用单纯形法求解,可求得:

$$d_1 = 1,\ d_2 = -\frac{1}{5}$$

得搜索方向为:$d^{(1)} = \left(1, -\frac{1}{5}\right)^{\mathrm{T}}$

设

$$\begin{aligned} X^{(2)} &= X^{(1)} + \lambda d^{(1)} \\ &= \left(\frac{5}{6}, \frac{5}{6}\right)^{\mathrm{T}} + \lambda\left(1, -\frac{1}{5}\right)^{\mathrm{T}} \\ &= \left(\frac{5}{6} + \lambda, \frac{5}{6} - \frac{1}{5}\lambda\right)^{\mathrm{T}} \end{aligned}$$

(2)确定第二次的搜索步长。

为保证 $X^{(2)}$是可行点,应有 $g_i(X^{(2)}) \geqslant 0 (j=1,2,3,4)$。即:

$$\begin{cases} g_1(X^{(2)}) = -\left(\frac{5}{6} + \lambda\right) - \left(\frac{5}{6} - \frac{1}{5}\lambda\right) + 2 \geqslant 0 \\ g_2(X^{(2)}) = -\left(\frac{5}{6} + \lambda\right) - 5\left(\frac{5}{6} - \frac{1}{5}\lambda\right) + 5 \geqslant 0 \\ g_3(X^{(2)}) = \left(\frac{5}{6} + \lambda\right) \geqslant 0 \\ g_4(X^{(2)}) = \left(\frac{5}{6} - \frac{1}{5}\lambda\right) \geqslant 0 \end{cases}$$

从而有

$$\lambda_{\min} = \frac{5}{12}$$

另一方面,将 $X^{(2)}$ 代入目标函数,

有

$$f(X^{(2)}) = \frac{62}{25}\lambda^2 - \frac{25}{15}\lambda - \frac{125}{18}$$

令

$$\frac{\mathrm{d}f(X^{(2)})}{\mathrm{d}\lambda} = 0$$

得步长

$$\lambda_1^* = \frac{55}{186}$$

由于 $\lambda_1^* < \lambda_{\min}$,故舍去 $\lambda_{\min}$,取最优步长 $\lambda_1 = \min\left\{\frac{55}{186}, \frac{5}{12}\right\} = \frac{55}{186}$。

则有 $$X^{(2)}=\left(\frac{35}{31},\frac{24}{31}\right)^{\mathrm{T}}$$

第三次迭代：

求搜索方向：在点 $X^{(2)}=\left(\frac{35}{31},\frac{24}{31}\right)^{\mathrm{T}}$ 处，$\nabla f(X^{(2)})=\left(-\frac{32}{31},-\frac{160}{31}\right)^{\mathrm{T}}$，且起作用约束的下标集合为 $J=\{2\}$，构造子问题如下：

$$\min \eta$$
$$\begin{cases}-\dfrac{32}{31}d_1-\dfrac{160}{31}d_2\leqslant\eta\\ -d_1-5d_2\leqslant\eta\\ -1\leqslant d_1\leqslant 1 \quad (i=1,2)\end{cases}$$

可解得

$$d_1=1,\ d_2=-\frac{1}{5}$$

得搜索方向 $$d^{(2)}=d^{(1)}=\left(1,-\frac{1}{5}\right)^{\mathrm{T}}$$

故局部最优解为：$X^*=\left(\frac{35}{31},\frac{24}{31}\right)^{\mathrm{T}}$。由于 $f(X)$ 是凸函数，故 X^* 是全局最优解。

第五节　罚函数法

一、基本思想

考虑非线性规划问题

$$\min f(X)$$
$$\begin{cases}h_i(X)=0 \quad (i=1,2,\cdots,m)\\ g_j(X)\geqslant 0 \quad (j=1,2,\cdots,l)\\ X\in R\subset E^n\end{cases}$$

其中：$f(X)$、$h_i(X)(i=1,2,\cdots,m)$、$g_j(X)(j=1,2,\cdots,l)$ 是 E^n 上的连续函数，R 是可行域。

罚函数法是通过构造罚函数，把上述约束极值问题转化为一系列的无约束极值问题，从而用无约束最优化的方法求解。因此，这种方法又被称为序列无约束最小化方法(SUMT)。

根据构造罚函数的方法不同，罚函数法又可以分为内点法、外点法和混合法。下面我们分别加以介绍。

1. 外点法

(1)基本思想

外点法是构造一个惩罚函数，使有约束极值问题转化为无约束极值问题。通过求解序列无约束极值问题，从可行域的外部来逼近原问题的最优解。

惩罚函数的一般形式为：

$$p(X,M)=f(X)+M\left\{\sum_{i=1}^{m}[h_i(X)]^2+\sum_{j=1}^{l}[\min(0,g_j(X))]^2\right\} \tag{21-22}$$

其中：$M(M\gg 0)$ 是惩罚因子，而$\left\{\sum_{i=1}^{m}[h_i(X)]^2+\sum_{j=1}^{l}[\min(0,g_j(X))]^2\right\}$ 称为惩罚项。

说明：

①所谓惩罚，是对不满足约束条件的点实行惩罚：

对于只有等式约束的极值问题，其惩罚函数的形式为：

$$p(X,M)=f(X)+M\sum_{i=1}^{m}[h_i(X)]^2 \tag{21-23}$$

当 $X\in R$ 时，满足 $h_i(X)=0(i=1,2,\cdots,m)$，故罚项等于零，不受惩罚；当 $X\notin R$ 时，必有 $h_i(X)\neq 0$，故罚项大于零，对于极小化罚函数的问题而言，要受惩罚。

对于只有不等式约束的极值问题，其惩罚函数的形式为：

$$p(X,M)=f(X)+M\sum_{j=1}^{l}[\min(0,g_j(X))]^2 \tag{21-24}$$

当 $X\in R$ 时，满足 $g_j(X)\geqslant 0\ (j=1,2,\cdots,l)$，故罚项等于零，不受惩罚；当 $X\notin R$ 时，必有 $g_j(X)<0$，故罚项大于零，对于极小化罚函数的问题而言，要受惩罚。

②实际计算的时候，罚因子 M_k 的值要选得适当。一般来讲，是从某个值 M_1 开始，并逐渐加大 M_k 的值，构造一个趋于无穷大的严格递增正数列$\{M_k\}$，对每个 M_k 的值，求解惩罚函数的无约束极小点 $X^{(k)}$。随着 M_k 值的增加，惩罚函数中的罚项所起的作用就越来越大，即：对脱离可行域 R 的点的惩罚越来越重。这就迫使惩罚函数的极小点 $X^{(k)}$ 与可行域 R 的"距离"越来越近。当 M_k 趋于无穷大时，点列$\{X^{(k)}\}$就从可行域 R 的外部趋于原问题的极小点。外点法也就是由此而得名的。

③显然，由于外点法是从可行域 R 的外部趋于原问题的极小点的，所以，初始点可以任意给定。外点法的这个特点，给计算带来了极大的方便。

(2)算法步骤

①给定初始点 $X^{(0)}$，初始罚因子 M_1，放大系数 $C>1$，允许误差 $\varepsilon>0$，令 $k=1$；

②求解惩罚函数 $p(X,M_k)$ 的无约束极小问题，即求解

$$\min p(X,M_k)$$

得 $p(X,M_k)$ 的极小点 $X^{(k)}$；

③精度判断：

在点 $X^{(k)}$，若罚项 $<\varepsilon$，则停止计算，得原问题的近似极小点 $X^{(k)}$；否则，令 $M_{k+1}=CM_k$，$k=k+1$，返回步骤②。

说明：

一般取初始罚因子 $M_1=1$，放大系数 $C=5$ 或 10。

(3)算法举例

例 21-9 用外点法求解下述问题：

$$\min f(x)=(x-1)^2$$
$$x-2\geqslant 0$$

解 构造罚函数

$$\begin{aligned}p(X,M)&=f(X)+M_k\sum_{j=1}^{l}[\min(0,g_j(X))]^2\\&=(x-1)^2+M_k[\min(0,x-2)]^2\end{aligned}$$

则
$$p(x)=\begin{cases}(x-1)^2 & \text{当 } x\geqslant 2 \text{ 时}\\ (x-1)^2+M_k[(x-2)]^2 & \text{当 } x<2 \text{ 时}\end{cases}$$

$$\frac{\mathrm{d}f}{\mathrm{d}x}=\begin{cases}2(x-1) & \text{当 } x\geqslant 2 \text{ 时}\\ 2(x-1)+2M_k(x-2) & \text{当 } x<2 \text{ 时}\end{cases}$$

令
$$\frac{\mathrm{d}f}{\mathrm{d}x}=0$$

得

$$x=\frac{1+2M_k}{1+M_k}$$

将 M_k 取不同值时的计算结果列表于表 21-1 中。

表 21-1

M_k	0	1	10	100	1000	$M_k\to\infty$
x	1	1.500	1.909	1.990	1.999	2

由表 21-1 可知，在 $M_k\to\infty$ 的过程中，罚函数的一系列无约束极小点是从可行域的外部（不可行解）趋向最优解的。本题的最终计算结果是：

$$X^*=2,\ f(X^*)=1$$

2. 内点法

（1）基本思想

内点法是通过构造一个障碍函数，使约束极值问题转化为无约束极值问题；通过求解序列无约束极值问题，从可行域的内部来逼近原问题的最优解。

障碍函数的一般形式为

$$p(X,r_k)=f(X)+r_k\sum_{j=1}^{l}\frac{1}{g_j(X)} \tag{21-25}$$

或

$$p(X,r_k)=f(X)-r_k\sum_{j=1}^{l}\lg(g_j(X)) \tag{21-26}$$

其中：r_k 是很小的正数，称为障碍因子；$\sum_{j=1}^{l}\frac{1}{g_j(X)}$ 或 $\sum_{j=1}^{l}\lg(g_j(X))$ 称为障碍项。

说明：

①内点法与外点法不同，它要求整个求解过程始终在可行域的内部进行。首先，初始点必须是严格的内点；其次，在可行域的边界上构造一道"障碍"，以阻止搜索点到可行域的外部去。因此，内点法适用于只含等式约束的非线性规划问题。

②实际计算的时候，障碍因子 r_k 的值也要选得适当。显然，r_k 取值越小，障碍函数的无约束极小点越接近原问题的极小点。但是，若 r_k 取值过小，将给障碍函数的极小化计算带来很大的困难。一般来讲，是从障碍因子的某个值 r_1 开始，并逐渐减小 r_k 的值，构造一个趋于零的严格递减正数列 $\{r_k\}$，对每个 r_k 的值，求解障碍函数的无约束极小点 $X^{(k)}$。随着 r_k 值的减小，障碍函数中的障碍项所起的作用就越来越小。若原问题的极小点在可行域的边界上，则随着 r_k 的减小，障碍项障碍作用越来越低，这就迫使障碍函数的极小点 $X^{(k)}$ 不断地靠近可行域 R 的边界。当 r_k 趋于零时，点列 $\{X^{(k)}\}$ 就从可行域 R 的内部趋于原问题的极小点。内点法也就是由此而得名的。

③显然，选择严格的初始内点，并保证每次求解的序列无约束极小化问题的解都是可行域

的内点，是内点法的实施关键。那么，怎样才能找到满足要求的初始点呢？

对于简单的问题，很容易找到初始点。但当约束条件较多且又很复杂的时候，要找到一个可行点是很费力的。常用的寻找内点初始点的方法有搜索初始点法和随机选择初始点的方法。

①搜索初始点的方法

这种方法是先估计一个初始点，然后检查它是否满足约束条件，进而使不满足约束变为满足约束。

设点 $X^{(0)}$ 已满足 s 个不等式约束条件，即余下的 $(m-s)$ 个约束条件不满足。处理这 $(m-s)$ 个不满足约束条件的问题，有两种方法：

方法 1：采用 1967 年美国 SUMT 的计算机编码方案中，在余下的不满足的约束中，取一个 $g_k(x)$ $(k = s+1, s+2, \cdots, m)$ 作为一个临时的目标函数，求在满足 s 个约束下下述问题的最优解：

$$\min\ (-g_k(X))$$

$$g_j(x) \geqslant 0 \qquad (j = 1, 2, \cdots, l)$$

这样，便可求出 $g_k(x) \geqslant 0$，再把它归入下一个临时目标函数的约束类中。这样，不满足约束的个数就少了一个。继续按以上方法，求第 $k+1$ 个不满足约束的临时目标函数的极值。

重复上述过程，直到满足所有的约束为止，即得到了一个新的初始点。一般来说，这样选择初始点并不困难，而且结果也是比较满意的，但有一大缺点，就是迭代的循环次数较多。

方法 2：采用 1970 年美国的 SUMT 编码方案中，求解下述极值问题：

$$\min\left[-\sum_{k=s+1}^{m} g_k(X)\right]$$

$$g_j(x) \geqslant 0\ (j = 1, 2, \cdots, s)$$

这样，就得到了一个内点，它满足全部的不等式约束。显然，这种方法比前一种方法有所改进。

②随机选择初始点的方法

这是利用计算机产生随机数的方法。首先要根据经验或科学的估计，确定变量估计值的上、下限：

$$a_i \leqslant x_i \leqslant b_i (i = 1, 2, \cdots, n)$$

这样，初始点的各分量为

$$x_i^{(0)} = a_i + r_i(b_i - a_i) \qquad (i = 1, 2, \cdots, n)$$

上式中的 r_i 是在区间 $[0, 1]$ 内服从均匀分布的伪随机数。

这样产生的初始点虽然能够满足变量的边界条件，但不一定满足所有的约束条件。因此，还要经过可行性检验。只要满足可行性，就可以作为一个可行的初始点。尽管如此，由于有时选出的初始点离约束边界太近，甚至就在边界上，故仍然会影响计算过程的正常进行。

所以，上述方法虽然在程序设计方面比较简单，易于实现，但它的优越性还是不如搜索初始点的方法。

(2)算法步骤

①给定严格内点 $X^{(0)}$ 为初始点，初始障碍因子 $r_1 > 0$，缩小系数 $\beta \in (0, 1)$，允许误差 $\varepsilon > 0$，令 $k=1$；

②求解障碍函数 $p(X, r_k)$ 的无约束极小问题，即求解

$$\min p(X, r_k) \quad (X \in R)$$

其中:R 是可行域中所有严格内点的集合,得 $p(X, r_k)$ 的极小点 $X^{(k)}$;

③精度判断:

在点 $X^{(k)}$,若障碍项 $<\varepsilon$,则停止计算,得原问题的近似极小点 $X^{(k)}$;否则,令 $r_{k+1}=\beta r_k$,$k=k+1$,返回步骤②。

说明:

与外点法相同,障碍因子要选得适当。在实际计算中,一般取初始障碍因子 $r_1=1$,而缩小系数在 0.1 ~0.5 之间。值得指出的是,r_1 与 β 值的大小,与外点法中的 M_1 与 C 一样,对问题的求解不会产生影响,但是会影响计算的过程和收敛的速度。

由于内点法要求整个求解过程都在可行域内进行,所以,要控制每次搜索的步长。

(3)算法举例

例 21-10 用内点法求解下述问题:

$$\min f(X)=5x_1+4x_2^2$$

$$\begin{cases} g_1(X)=x_1-1\geqslant 0 \\ g_2(X)=x_2\geqslant 0 \end{cases}$$

解 构造障碍函数

$$\begin{aligned} p(X,r_k) &= f(X)-r_k\sum_{j=1}^{l}\ln(g_j(X)) \\ &= (5x_1+4x_2^2)-r_k[\ln(x_1-1)+\ln(x_2)] \end{aligned}$$

令

$$\begin{cases} \dfrac{\partial f}{\partial x_1}=5-\dfrac{r_k}{x_1-1}=0 \\ \dfrac{\partial f}{\partial x_2}=8x_2-\dfrac{r_k}{x_2}=0 \end{cases}$$

得

$$x_1=1+\frac{r_k}{5}\quad x_2=\sqrt{\frac{r_k}{8}}\ (\text{负根舍去})$$

将 r_k 取不同值时的计算结果列表于表 21-2 中。

表 21-2

r_k	1	0.1	0.01	0.001	0.0001	$r_k\to 0$
x_k	1.2000	1.020	1.0020	1.0002	1.0000	1
X_2	0.3535	0.1119	0.0353	0.0112	0.0035	0

由表 21-2 可知,在 $r_k\to 0$ 的过程中,障碍函数的一系列无约束极小点是从可行域的内部(可行解)趋向最优解的。本题的最终计算结果是:

$$X^*=(1,0)^{\mathrm{T}},\ f(X^*)=5$$

3. 混合法

(1)基本思想

所谓混合法,就是外点法和内点法结合起来使用,即在混合法的罚函数中,兼有惩罚函数和障碍函数的特征。

对于一个同时具有不等式约束和等式约束的非线性规划问题:

$$\min f(X)$$

$$\begin{cases} h_i(X) = 0 & (i = 1,2,\cdots,m) \\ g_j(X) \geqslant 0 & (j = 1,2,\cdots,l) \end{cases}$$

在构造罚函数(或称增广函数)时,就将同时包括惩罚函数和障碍函数,并统一用罚因子 r_k。

按照美国 1967 年的 SUMT 编码方案,增广函数取为

$$p(X,r_k) = f(X) + \frac{1}{\sqrt{r_k}}\sum_{i=1}^{m}[h_i(X)]^2 + r_k\sum_{j=1}^{l}\frac{1}{g_j(X)} \tag{21-27}$$

其中:$r^{(0)} > r^{(1)} > r^{(2)} >, \cdots, > \lim r^{(k)} = 0$。

按照美国 1970 年的 SUMT 编码方案,增广函数还可以取为:

$$p(X,r_k) = f(X) + \frac{1}{\sqrt{r_k}}\sum_{i=1}^{m}[h_i(X)]^2 - r_k\sum_{j=1}^{l}\ln g_j(X) \tag{21-28}$$

(2)算法步骤

①给定严格内点 $X^{(0)}$ 为初始点,初始罚因子 M_1,放大系数 $C > 1$,初始障碍因子 $r_1 > 0$,缩小系数 $\beta \in (0,1)$,允许误差 $\varepsilon > 0$,令 $k = 1$;

②求解障碍函数 $p(X, r_k)$ 的无约束极小问题,即:求解

$$\min p(X,r_k) \quad (X \in R)$$

R 是可行域中所有严格内点的集合,得 $p(X, r_k)$ 的极小点 $X^{(k)}$;

③精度判断:

在点 $X^{(k)}$,若障碍项 $< \varepsilon$,则停止计算,得原问题的近似极小点 $X^{(k)}$;否则,令:$r_{k+1} = \beta r_k$,$k = k + 1$,返回步骤②。

(3)算法举例

例 21-11 用混合法求解下述问题:

$$\min f(X) = 4x_1 - x_2^2 - 12$$

$$\begin{cases} h_1(X) = 25 - x_1^2 - x_2^2 = 0 \\ g_2(X) = 10x_1 - x_1^2 + 10x_2 - x_2^2 - 34 \geqslant 0 \\ g_3(X) = x_1 \geqslant 0 \\ g_4(X) = x_2 \geqslant 0 \end{cases}$$

给定初始点 $X^{(0)} = (1,1)^{\mathrm{T}}$。

解 这是一个同时含有等式约束与不等式约束的非线性规划问题,故采用 SUMT 混合法求解。

在点 $X^{(0)}$ 处 $\quad f(X^{(0)}) = -9$

且有 $\quad g_2(X^{(0)}) = -16 < 0,\ g_3(X^{(0)}) > 0, g_4(X^{(0)}) > 0$

即 $X^{(0)}$ 不满足约束 $g_2(X)$,是 $g_2(X)$ 的一个外点,而且是 $h_1(X)$ 的不可行点。因此,要先求出一个内部点 X,方法是求 $g_2(X)$ 的负值在约束 $g_2(X)$ 和 $g_4(X)$ 下的极小值。

即求解

$$\min[-g_2(X)] = -10x_1 + x_1^2 - 10x_2 + x_2^2 + 34$$

$$\begin{cases} g_3(X) = x_1 \geqslant 0 \\ g_4(X) = x_2 \geqslant 0 \end{cases}$$

构造障碍函数如下:

$$p'(X,r_k) = -g_2(X) + r_k\sum_{j=3}^{4}\frac{1}{g_j(X)}$$

$$= (-10x_1 + x_1^2 - 10x_2 + x_2^2 + 34) + r_k\left(\frac{1}{x_1} + \frac{1}{x_2}\right)$$

取 $r_k = 1$,用牛顿法求上式的极小值,即用公式

$$X^{(k+1)} = X^{(k)} - H^{-1}\nabla f(X^{(k)})$$

计算迭代点。

对上式求偏导

$$\begin{cases} \dfrac{\partial p'}{\partial x_1} = -10 + 2x_1 - \dfrac{1}{{x_1}^2} \\ \dfrac{\partial p'}{\partial x_2} = -10 + 2x_2 - \dfrac{1}{{x_2}^2} \\ \dfrac{\partial^2 p'}{\partial {x_1}^2} = 2 + \dfrac{2}{{x_1}^3} \\ \dfrac{\partial p'}{\partial {x_2}^2} = 2 + \dfrac{2}{{x_2}^3} \\ \dfrac{\partial p'}{\partial x_1 \partial x_2} = 0 \end{cases}$$

按照 $d^{(k)} = -H^{-1}(X^{(k)})\nabla p'$,得搜索方向

$$d^{(0)} = -H^{-1}(X^{(0)})\nabla P' = -\begin{bmatrix} 4 & 0 \\ 0 & 4 \end{bmatrix}^{-1}\begin{bmatrix} -9 \\ -9 \end{bmatrix} = \begin{bmatrix} 2.25 \\ 2.25 \end{bmatrix}$$

取步长为 $\lambda = 1$,得点

$$X^{(1)} = x^{(0)} + \lambda d^{(0)} = \begin{bmatrix} 1 \\ 1 \end{bmatrix} + \begin{bmatrix} 2.25 \\ 2.25 \end{bmatrix} = \begin{bmatrix} 3.25 \\ 3.25 \end{bmatrix}$$

检查 $X^{(1)}$ 满足约束条件的情况可知,$X^{(1)}$ 满足所有的约束条件,所以 $X^{(1)}$ 是一个内点,且有 $f(X^{(1)}) = -9.56$。

下面以 $X^{(1)}$ 为初始点,构造增广函数如下:

$$p(X,r_k) = f(X) + \frac{1}{\sqrt{r_k}}[h_1(X)]^2 + r_k\sum_{j=2}^{4}\frac{1}{g_j(X)}$$

$$= (4x_1 - {x_2}^2 - 12) + \frac{1}{\sqrt{r_k}}(25 - {x_1}^2 - {x_2}^2)^2 + r_k\left[\frac{1}{10x_1 - {x_1}^2 + 10x_2 - {x_2}^2 - 34} + \frac{1}{x_1} + \frac{1}{x_2}\right]$$

求 $p(X,r_k)$ 在点 $X^{(1)}$ 处的偏导数如下:

$$\frac{\partial p}{\partial x_1} = -46.505, \frac{\partial p}{\partial x_2} = -57.006, \frac{\partial^2 p}{\partial {x_1}^2} = 69.084, \frac{\partial^2 p}{\partial {x_2}^2} = 69.084$$

$$\frac{\partial^2 p}{\partial x_1 \partial x_2} = \frac{\partial^2 p}{\partial x_2 \partial x_1} = 84.525$$

由于海赛矩阵的行列式

$$|H(X)| = \begin{vmatrix} 69.084 & 84.525 \\ 84.525 & 69.084 \end{vmatrix} < 0$$

即,在点 $X^{(1)}$ 处海赛矩阵不是正定的。所以搜索的分方向是沿函数 $p(X,r_k)$ 的负梯度方向,得新点 $X'^{(1)}$

$$\begin{aligned} X^{(1)\prime} &= X^{(1)} + \Delta X^{(0)} \\ &= \begin{bmatrix} 3.25 \\ 3.25 \end{bmatrix} + \begin{bmatrix} 46.505 \\ 57.006 \end{bmatrix} \\ &= \begin{bmatrix} 49.755 \\ 60.256 \end{bmatrix} \end{aligned}$$

在区间[$X^{(1)}$, $X^{(1)\prime}$]上,用斐波那契法搜索,求函数 $p(X,r_k)$ 的极小值,直到点 $X^{(2)} = (3.516, 3.577)^{\mathrm{T}}$ 达到精度为止。此时

$$f(X^{(2)}) = -10.73, p(X^{(2)},1) = -10.06$$

都比在点 $X^{(1)}$ 处有所减小,说明搜索方向正确。

再计算点 $X^{(2)}$ 处的偏导数

$$\frac{\partial p}{\partial x_1} = 6.119, \frac{\partial p}{\partial x_1} = 2.106, \frac{\partial^2 p}{\partial {x_1}^2} = 99.613, \frac{\partial^2 p}{\partial {x_2}^2} = 101.024$$

$$\frac{\partial^2 p}{\partial x_1 \partial x_2} = \frac{\partial^2 p}{\partial x_2 \partial x_1} = 100.628$$

且因为 $$|H(X^{(2)})| = \begin{vmatrix} 99.613 & 100.628 \\ 100.628 & 101.024 \end{vmatrix} < 0$$

即,在点 $X^{(2)}$ 处海赛矩阵不是正定的。所以沿 $X^{(2)}$ 点的负梯度方向 $d^{(2)} = -\nabla f(X^{(2)})$,又一次用斐波那契法搜索:

$$\begin{aligned} X'^{(2)} &= X^{(2)} + \Delta X^{(1)} \\ &= \begin{bmatrix} 3.516 \\ 3.577 \end{bmatrix} + \begin{bmatrix} 46.505 \\ 46.505 \end{bmatrix} \\ &= \begin{bmatrix} 50.021 \\ 50.082 \end{bmatrix} \end{aligned}$$

直到 $X^{(3)} = (2.137, 4.702)^{\mathrm{T}}$ 为止。

此时,$f(X^{(3)}) = -25.56, p(X^{(3)},1) = -16.4$。

当海赛矩阵为正定矩阵时,在点 $X^{(k)}$ 处才使用牛顿法中的迭代公式

$$d^{(k)} = -H(X^{(k)})^{-1}[X^{(k)}, r_k]\nabla p(X^{(k)}, r_k)$$

该问题的精确最优解为

$$X^* = (1.002, 4.899)^{\mathrm{T}}, f(X^*) \approx -32$$

第六节 乘 子 法

一、基本思想

上一节介绍的外点法、内点法和混合法,都是序列无约束极小化方法,计算方法简单,使用

方便,因此,在实际中,得到了广泛的应用。但是,上述方法有一个致命的弱点,这就是,当惩罚因子或障碍因子趋于无限的时候,罚函数的性质会发生极大的改变。为了克服这一弱点,Powell 和 Hestenes 于 1969 年相继提出了乘子法。

乘子法是罚函数法的一种改进,是在罚函数法的基础上,增加了拉格朗日乘子项,从而成为拉格朗日函数。在乘子法中,罚因子不必趋于无穷大,只要足够的大,就可以通过极小化拉格朗日乘子函数,求得原问题的局部最优解。实践表明,乘子法优于罚函数法,受到广大使用者的普遍欢迎。

下面,我们就不同约束形式的非线性规划问题,分别讨论乘子法的解题思路和算法步骤。

1. 只有等式约束的问题

(1)基本原理

对于只有等式约束的非线性规划问题:

$$\min f(X)$$
$$\begin{cases} h_i(X) = 0 & (i=1,2,\cdots m) \\ X \in R \subset E^n \end{cases}$$

构造乘子罚函数

$$\varphi(X,\lambda,M) = f(X) - \sum_{I=1}^{M} \lambda_i h_i(X) + \frac{M}{2}\sum_{I=1}^{M} [h_i(X)]^2 \qquad (M>0) \qquad (21\text{-}29)$$

其中:$\Lambda = (\lambda_1,\lambda_2,\cdots,\lambda_m)^{\mathrm{T}}$ 是等式约束 $h_i(X)$ $(i = 1,2,\cdots,m)$ 的拉格朗日乘子向量。

$\Phi(X,\Lambda,M)$ 与拉格朗日函数的区别是,增加了罚项:$\frac{M}{2}[h_i(X)]^2$;而与罚 函数的区别是增加了乘子项 $[-\sum_{i=1}^{m}\lambda_i h_i(X)]$。

如果知道最优拉格朗日乘子向量 $\Lambda^* = (\lambda_1^*,\lambda_2^*,\cdots,\lambda_m^*)^{\mathrm{T}}$,再给定一个足够大的罚因子 M(不必趋于无穷),就可以通过极小化,得到问题的局部最优解。

但是,实际上,事先并不知道 Λ^*,故采取先给定一个足够大的 M 和一个初始估计 $\Lambda^{(1)}$,然后,在迭代过程中,不断地修正,使它逐渐趋于 Λ^*。假设在第 k 次迭代中,拉格朗日乘子向量的估计为 $\Lambda^{(k)}$,罚因子为 M,得到 $\Phi(X,\Lambda^{(k)},M)$ 的极小点 $X^{(k)}$,此时,修正拉格朗日乘子向量的计算公式为

$$\lambda_i^{(k+1)} = \lambda_i^{(k)} - Mh_i(X^{(k)}) \qquad (i = 1,2,\cdots,m)$$

然后,再进行第 $k+1$ 次迭代,求 $\Phi(X,\Lambda^{(k+1)},M)$ 的无约束极小点。这样继续做下去,可望向量 $\Lambda^{(k)}$ 趋于 Λ^*,从而 $X^{(k)}$ 趋于 X^*。如果$\{\Lambda^{(k)}\}$不收敛或收敛很慢,可增大罚因子 M,再进行迭代。

衡量收敛快慢的一般标准是:

$$\frac{\|h(X^{(k)})\|}{\|h(X^{(k-1)})\|}$$

其中:

$$h(X^{(k)}) = \begin{bmatrix} h_1(X^{(k)}) \\ h_2(X^{(k)}) \\ \vdots \\ h_m(X^{(k)}) \end{bmatrix}$$

(2)算法步骤

①给定初始点 $X^{(0)}$,拉格朗日乘子向量的初始估计 $\Lambda^{(1)}$,初始罚因子 M,常数 $\alpha>1$,$\beta\in(0,1)$,允许误差 $\varepsilon>0$,令 $k=1$;

②以 $X^{(k-1)}$ 为初始点,求解无约束问题:

$$\min \Phi(X,\Lambda^{(k)},M)$$

得到点 $X^{(k)}$;

③若 $\|h_i(X^{(k)})\|<\varepsilon$,则停止计算,得到点 $X^{(k)}$ 为近似最优解;否则,转步骤④;

④若

$$\frac{\|h(X^{(k)})\|}{\|h(X^{(k-1)})\|}\geqslant\beta$$

则　令 $M=\alpha M$,转步骤⑤;否则,转步骤③。

⑤用 $\lambda_i^{(k+1)}=\lambda_i^{(k)}-Mh_i(X^{(k)})\ (i=1,2,\cdots,m)$ 计算,令 $k=k+1$,返回步骤②。

(3)算法举例

例 21-12　用乘子法求解下列问题:

$$\min f(X)=2x_1^2-x_1x_2+x_2^2$$
$$h_1(X)=x_1+x_2-2=0$$

给定初始罚因子 $M=2$,拉格朗日乘子向量的初始估计值为:$\Lambda^{(1)}=\lambda_1^{(1)}=1$。

解　①构造乘子罚函数:

$$\begin{aligned}\Phi(X,\Lambda,M)&=(2x_1^2-x_1x_2+x_2^2)-\lambda_1^{(1)}(x_1+x_2-2)+\frac{M}{2}(x_1+x_2-2)^2\\&=(2x_1^2-x_1x_2+x_2^2)-(x_1+x_2-2)+(x_1+x_2-2)^2\end{aligned}$$

②用解析法求解 $\Phi(X,\Lambda,M)$ 的无约束极小点:

令
$$\begin{cases}\dfrac{\partial\varphi}{\partial x_1}=6x_1+x_2-5=0\\[2ex]\dfrac{\partial\varphi}{\partial x_2}=x_1+4x_2-5=0\end{cases}$$

得
$$X^{(1)}=\left(\frac{15}{23},\frac{25}{23}\right)^{\mathrm T}$$

一般而言,假设第 k 次迭代时,取罚因子 $M=2$,拉格朗日乘子向量为,$\Lambda^{(k)}=\lambda_i^{(k)}$,则乘子罚函数为

$$\Phi(X,\Lambda^{(k)},M)=(2x_1^2-x_1x_2+x_2^2)-\lambda_1^{(k)}(x_1+x_2-2)+(x_1+x_2-2)^2$$

仍然用上述解析方法求得 $\Phi(X,\Lambda^{(k)},M)$ 的无约束极小点(把 $\lambda_1^{(k)}$ 当作常数),

即有:

$$X^{(k)}=(x_1^{(1)},x_2^{(1)})^{\mathrm T}=\left(\frac{3\lambda_1{}^{(k)}+12}{23},\frac{5\lambda_1{}^{(k)}+20}{23}\right)^{\mathrm T}$$

$$\begin{aligned}\lambda_1^{(k+1)}&=\lambda_1^{(k)}-M\,h_1(X^{(k)})\\&=\lambda_1^{(k)}-2(x_1^{(1)}+x_2^{(1)}-2)\\&=\frac{7}{23}\lambda_1^{(k)}+\frac{28}{23}=\Lambda^{(k+1)}\end{aligned}$$

将 $\lambda_1^{(1)}=1$ 代入上式,可求得 $\lambda_1^{(2)}$,如此反复计算,

可得
$$\Lambda^{(1)}=\lambda_1^{(2)}\approx1.522$$

$$\Lambda^{(3)}=\lambda_1^{(3)}\approx 1.681$$
$$\Lambda^{(4)}=\lambda_1^{(4)}\approx 1.729$$
$$\Lambda^{(5)}=\lambda_1^{(5)}\approx 1.744$$
$$\Lambda^{(6)}=\lambda_1^{(6)}\approx 1.748$$
$$\Lambda^{(7)}=\lambda_1^{(7)}\approx 1.749$$
$$\cdots$$
$$\Lambda^{(10)}=\lambda_1^{(10)}\approx 1.75$$

故序列$\{\Lambda^{(k)}\}$收敛。得到最优拉格朗日乘子

$$\Lambda^{(*)}=\lambda_1^*=1.75$$

将$\Lambda^{(*)}$代入$X^{(k)}$的计算公式,可得原问题的最优结果为

$$X^*=(x_1^*,x_2^*)^{\mathrm T}=\left(\frac{3}{4},\frac{5}{4}\right)^{\mathrm T}$$

$$f(X^*)=\frac{7}{4}$$

由此例可以看出,罚因子M确实不必趋于无穷,就能够得到原问题的局部最优解。

2. 只有不等式约束的问题

(1)基本原理

对于只有不等式约束的问题:

$$\min f(X)$$
$$\begin{cases} g_j(X)>0 & (j=1,2,\cdots l)\\ X\in R\subset E^n \end{cases}$$

引入变量y_j,将上述问题化为只有等式约束的问题:

$$\min f(X)$$
$$g_j(X)-y_j^2=0\qquad (j=1,2,\cdots,l)$$

由前面的讨论可知,上述问题的乘子罚函数为:

$$\Phi(X,Y,\Gamma,M)=f(X)-\sum_{j=1}^{l}\gamma_j[g_j(X)-y_j^2]+\frac{M}{2}\sum_{j=1}^{l}[g_j(X)-y_j^2]^2\ (M>0)$$

其中:$\Gamma=(\gamma_1,\gamma_2,\cdots,\gamma_l)$是不等式约束$g_j(X)$的拉格朗日乘子向量。

这样问题就转化为求解:

$$\min \Phi_1(X,Y,\Gamma,M)$$

将$\Phi_1(X,Y,\Gamma,M)$改写为

$$\begin{aligned}\Phi_1(X,Y,\Gamma,M)&=f(X)+\sum_{j=1}^{l}\left\{-\gamma_j(g_j(X)-y_j^2)+\frac{M}{2}[g_j(X)-y_j^2]^2\right\}\\&=f(X)+\sum_{j=1}^{l}\left\{\frac{M}{2}y_j^2-\frac{1}{M}[Mg_j(X)-\gamma_j]^2-\frac{\gamma_j^2}{2M}\right\}\end{aligned}$$

令 $$\frac{\partial\varphi_1}{\partial y_j}=2My_j\left\{y_j^2-\frac{1}{M}[Mg_j(X)-\gamma_j]\right\}=0\quad(j=1,2,\cdots,l)$$

则$\Phi_1(X,Y,\Gamma,M)$对于y_j取极小时,y_j的取值如下:

当$Mg_j(X)-\gamma_j\geqslant 0$时,$y_j^2=\frac{1}{M}(Mg_j(X)-\gamma_j)$

当 $Mg_j(X)-\gamma_j<0$ 时，$y_j^2=0$

将上述两种情况统一为一个表达式，

即有
$$y_j^2=\frac{1}{M}\max(0,Mg_j(X)-\gamma_j)$$

将上述结果代入 $\Phi_1(X,Y,\Gamma,M)$ 的改写形式中去，得到的不等式约束问题的乘子罚函数为

$$\Phi(X,\Gamma,M)=f(X)+\frac{1}{2M}\sum_{j=1}^{l}\left\{\max(0,\gamma_j-Mg_j(X))]^2-\gamma_j^2\right\}$$

因此，原问题就转化为求上述乘子罚函数的无约束极小问题：

$$\min\ \Phi(X,\Gamma,M)$$

在迭代的过程中，与只有等式约束的问题类似，也是给定足够大的罚因子 M，并给定不等式约束的拉格朗日乘子向量的初始估计值 $\Gamma^{(1)}$，然后通过修正第 k 次迭代中的 $\Gamma^{(k)}$，得到第 $k+1$ 次迭代的 $\Gamma^{(k+1)}$。

修正公式如下：

$$\gamma_j^{(k+1)}=\max(\ 0,\gamma_j^{(k)}-Mg_j(X^{(k)}))\qquad(j=1,2,\cdots,l)$$

只有不等式约束问题的算法步骤与只有等式约束问题的算法步骤相同。下面举例说明。

(2)算法举例

例 21-13 用乘子法求解下列问题：

$$\min f(X)=2x_1^2-x_1x_2+x_2{}^2$$
$$g_1(X)=x_1+x_2-2\geqslant 0$$

给定初始罚因子 $M=2$，拉格朗日乘子向量的初始估计值为 $\Gamma^{(1)}=\gamma_1^{(1)}=1$。

解 (1)构造乘子罚函数：

$$\Phi(X,\Gamma,M)=f(X)+\frac{1}{2M}\left\{[\max(0,\gamma_j-Mg_j(X))]^2-\gamma_j^2\right\}$$
$$=2x_1^2-x_1x_2+x_2^2+\frac{1}{2M}\left\{[\max(0,\gamma_j-M(x_1+x_2-2))]^2-\gamma_j^2\right\}$$

(2)以下分两种情况，用解析法求 $\Phi(X,\Gamma,M)$ 的极值点。

①当 $x_1+x_2-2\leqslant\frac{\gamma_1}{M}$ 时，

$$\Phi(X,\Gamma,M)=2x_1^2-x_1x_2+x_2^2+\frac{1}{2M}\left\{[\gamma_1-M(x_1+x_2-2)]^2-\gamma_1^2\right\}$$
$$\frac{\partial\Phi}{\partial x_1}=4x_1-x_2-\gamma_1+M(x_1+x_2-2)$$
$$\frac{\partial\Phi}{\partial x_2}=-x_1+2x_2-\gamma_1+M(x_1+x_2-2)$$

令
$$\frac{\partial\Phi}{\partial x_1}=\frac{\partial\Phi}{\partial x_2}=0$$

得
$$\begin{cases}4x_1-x_2-\gamma_1+M(x_1+x_2-2)=0\\-x_1+2x_2-\gamma_1+M(x_1+x_2-2)=0\end{cases}$$

解得 $\Phi(X,\Gamma,M)$ 的无约束极小点

$$x_1=\frac{6M+3\gamma_1}{8M+7},x_2=\frac{10M+5\gamma_1}{8M+7} \tag{21-30}$$

②当 $x_1+x_2-2>\frac{\gamma_1}{M}$时

$$\Phi(X,\Gamma,M)=2x_1^2-x_1x_2+x_2^2-\frac{\gamma_1^2}{2M}$$

令 $\begin{cases}\frac{\partial\Phi}{\partial x_1}=4x_1-x_2=0\\ \frac{\partial\Phi}{\partial x_2}=-x_1+2x_2=0\end{cases}$ $\Rightarrow x_1=x_2=0\Rightarrow$不满足原约束 $g_1(x)\geqslant 0$ 故舍去。

假设给定罚因子 $M=2$,不等式约束的拉格朗日乘子向量的初始估计 $\Gamma^{(1)}=\gamma_1^{(1)}=1$,则:由式(21-30)求出的 x_1,x_2 可得 $\Phi(X,\Gamma^{(1)},M)$的无约束极小点

$$x^{(1)}=(x_1^{(1)},x_2^{(1)})^{\mathrm{T}}=\left(\frac{6M+3\gamma_1}{8M+7},\frac{10M+5\gamma_1}{8M+7}\right)^{\mathrm{T}}$$

$$=\left(\frac{6\times2+3\times1}{8\times2+7},\frac{10\times2+5\times1}{8\times2+7}\right)^{\mathrm{T}}=\left(\frac{15}{23},\frac{25}{23}\right)^{\mathrm{T}}$$

由修正公式修正 $\gamma_1^{(k)}$,得 $\gamma_1^{(k+1)}$ 如下:

$$\gamma_1^{(k+1)}=\max[0,\gamma_1^{(k)}-2(x_1^{(k)}+x_2^{(k)}-2)]$$

将已知的 $\gamma_1^{(1)}=1,x^{(1)}=\left(\frac{15}{23},\frac{25}{23}\right)^{\mathrm{T}}$ 代入上式,可求出 $\gamma_1^{(2)}$,

$$\gamma_1^{(2)}=\max[0,\gamma_1^{(1)}-2(x_1^{(1)}+x_2^{(1)}-2)]$$

$$=\max\left[0,1-2\left(\frac{15}{23}+\frac{25}{23}-2\right)\right]\approx1.522$$

再将 $\gamma_1^{(2)}$ 带入式(21-30)可得 $\Phi(X,\Gamma^{(2)},M)$的无约束极小点 $x^{(2)}$:

$$x^{(2)}=(x_1^{(2)},x_2^{(2)})^{\mathrm{T}}\approx(0.720,1.200)^{\mathrm{T}}$$

类似地可以求出 $\gamma_1^{(3)}\approx1.682$,及 $\Phi(X,\Gamma^{(3)},M)$的无约束极小点 $x^{(3)}$:

$$x^{(3)}=(x_1^{(3)},x_2^{(3)})^{\mathrm{T}}\approx(0.741,1.235)^{\mathrm{T}}$$

如此继续下去,当 $k\to\infty$ 时,序列$\{\Gamma^{(k)}\}$收敛,得到原问题的最优解为:

$$\Gamma^*=\gamma^*=1.75 \qquad x^*=(3/4,5/4)^{\mathrm{T}} \qquad f(x^*)-7/4$$

3. 同时含有等式约束和不等式约束的问题

对于既有等式约束又有不等式约束的问题

$$\min f(X)$$

$$\begin{cases}h_i(X)=0 & (i=1,2,\cdots,m)\\ g_i(X)\geqslant 0 & (j=1,2,\cdots,l)\end{cases}$$

其乘子罚函数为

$$\Phi(X,\Lambda,\Gamma,M)=f(x)-\sum_{i=1}^{m}\lambda_ih_i(x)+\frac{M}{2}\sum_{i=1}^{m}h_i^2(x)$$

$$+\frac{1}{2M}\sum_{j=1}^{l}\left\{[\max(0,\gamma_j-Mg_j(x))]^2-\gamma_j^2\right\}$$

即上述两种情形乘子罚函数的综合。

其迭代的思路及步骤与前面相同，故不再详细讨论。

小结

本章首先介绍了多变量有约束极值问题的最优性条件；然后介绍了几种常用的求解方法，如近似规划法、可行方向法、罚函数法、乘子法。

通过本章的学习，应该理解各种方法的基本原理及其优缺点。和无约束极值问题一样，哪类问题应该用哪种算法，这依赖于使用者的经验积累及理论上进一步的探索。

思考题

1. 试述非线性规划数学模型的一般形式及其与线性规划模型的主要区别。

2. 分别说明在什么条件下，称 X^* 为 $f(X)$ 在 R 上：

(1)局部极小点；

(2)严格局部极小点；

(3)全局极小点；

(4)严格全局极小点。

3. 试比较黄金分割法与斐波那契法的搜索效果。

4. 试述黄金分割法、牛顿法的适用范围，基本原理及基本步骤。

5. 试述变量轮换法、最速下降法、共轭梯度法、变尺度法的基本原理和基本步骤，并分析它们的异同及各自的优缺点。

6. 试解释下列名词的概念：起作用约束、不起作用约束、正则点、可行方向、下降方向、可行下降方向。

7. 什么是库恩—塔克点？试述如何求库恩—塔克点。

8. 如何将一个二次规划问题转化为线性规划问题，试述该方法的基本思想和基本步骤。

9. 为什么说求解约束极值问题比求解无约束极值问题要困难得多？对约束极值问题有几种序列无约束最优化方法？并说明这些方法的基本思想和基本步骤。

10. 试述可行方向法的基本思想和基本步骤。

11. 试述惩罚函数、障碍函数的概念，如何构造这些函数？

习 题 八

1. 在什么区间上函数 $f(X)=x^5$ 是凸的？什么区间上是凹的？

2. 在什么区间上函数 $f(X)=-12x+x^5$ 是凸的？什么区间上是凹的？

3. 下列函数中哪些是凸的？哪些是凹的？

(1) $f(X)=|x|$；

(2) $f(X)=1/x$ 在区间 $x>0$ 上；

(3) $f(X)=e^x$；

(4) $f(X)=\lg x$ 在区间 $x>0$ 上。

4. 对于非线性规划问题

$$\min f(X)=5-x_1-x_2^2$$

$$\begin{cases} g_1(X)=x_1^2+x_2^2-1\leqslant 0 \\ g_2(X)=-x_1\leqslant 0 \\ g_3(X)=-x_2\leqslant 0 \end{cases}$$

考察点 $X=(1,0)^T$ 是否是它的 K—T 点，是否为极小点。

5. 非线性规划问题

$$\min f(X)=x_1^3+2x_1x_2+2x_2^2$$
$$g(X)=x_1-1\geqslant 0$$

是否为凸规划？是否有最优解？

6. 某厂每年都要根据合同要求以及该厂的生产能力、库存能力制订下一年度的月份生产计划。已知该厂的月生产能力为 a，库存能力为 b；按照合同要求，该厂于第 i 月要交付的产品数量为 d_i。若以 x_i 和 y_i 分别表示该厂第 i 月的生产量和存储量，其生产费用和存储费用分别是 f_i 和 g_i。假定本年度结束时的产品存储量为零，试确定使下一年度的总费用（包括生产费用和存储费用）最低的生产计划。建立该问题的数学模型。

7. 某厂生产一种由原料 A 和原料 B 组成的混合物，估计生产量是 $(3.2x_1-0.8x_1^2+1.6x_2-0.4x_2^2)$，其中 x_1 和 x_2 分别是原料 A 和 B 的使用量(t)。该厂拥有资金 5 万元，A 种原料每吨单价为 1 万元，B 种原料每吨单价为 5 千元，试求使生产量为最大的原料购置计划。建立该问题的数学模型。

8. 试用斐波那契法求解：

$$\min f(X)=x^2-2x+1$$

给定初始区间为 $[-1,3]$，要求缩短后的区间长度不大于初始区间长度的 0.08 倍。

9. 试用黄金分割法求解：

$$\min f(X)=x^3+2x^2+1$$

给定初始区间为 $[0,10]$，要求缩短后的区间长度不大于初始区间长度的 0.05 倍。

10. 试用牛顿法求解

$$\min f(X)=x^2-6x+2$$

给定初始点 $x=1$，只迭代两次。

11. 试用牛顿法求解

$$\min f(X)=x^4-4x^3-6x^2-16x+4$$

分别取初始点 $x=2.5$ 和 $x=3$，只迭代一次。

12. 试用抛物线逼近法求解

$$\min f(X)=e^{-x}+x^2$$

给定初始区间为 $[0,10]$，给定初始点 $x=1$，初始步长 $h_0=0.1$，只迭代一次。

13. 试用变量轮换法求解

$$\min f(X)=2x_1^2+2x_1x_2+x_2^2+3x_1-4x_2$$

给定初始点 $X^{(0)}=(3,4)^T$。

14. 对于非线性规划问题 $\min f(X)=x_1^2+2x_2^2$，选取初始单纯形的三个顶点为：

$$X^{(1)}=(2,1)^T, X^{(2)}=(2,1)^T, X^{(3)}=(2,1)^T$$

试采用参数 $\alpha=1,\gamma=2,\beta=0.5,\varepsilon=0.5$，用单纯形搜索法求解，直到单纯形的三个初始点全被取代为止。

15. 试用最速下降法求解

$$\min f(X)=x_1^2+2x_2^2$$

给定初始点 $X^{(0)}=(4,4)^T$，只迭代两次，并验证相邻两次迭代的搜索方向是正交的。

16. 试用最速下降法求解

$$\min f(X)=4x_1^2+2x_2^2-x_1^2x_2$$

给定初始点 $X^{(0)}=(1,1)^T$，只迭代两次，并验证相邻两次迭代的搜索方向是正交的。

17. 用共轭梯度法求解

$$\min f(X)=2x_1^2+x_2^2+x_1-x_2+2x_1x_2$$

给定初始点 $X^{(1)}=(0,0)^T$，允许误差 $\varepsilon=0.3$。

18. 用变尺度法求解

$$\min f(X)=x_1^2+3x_2^2$$

给定初始点 $X^{(1)}=(1,-1)^T$，初始矩阵 $H_1=\begin{bmatrix}2 & 1\\ 1 & 1\end{bmatrix}$。

19. 用模矢搜索法求解

$$\min f(X)=x_1^2+2x_2^2-4x_1-2x_1x_2$$

给定探测方向 $e_1=(1,0)^T$，$e_2=(0,1)^T$；初始点 $X^{(0)}=(1,1)^T$，初始步长 $\delta=1/2$，加速因子 $\alpha=1$，缩减率 $\beta=1/2$。

20. 试用近似规划法求解以下非线性规划问题：

（1）$\min f(X)=(x_1-2)^2+(x_2-1)^2$

$$\begin{cases}g_1(X)=x_1^2-x_2\leqslant 0\\ g_2(X)=x_1+x_2-2\leqslant 0\\ g_3(X)=-x_1\leqslant 0\\ g_4(X)=-x_2\leqslant 0\end{cases}$$

初始点 $X^{(0)}=(1.01,1.01)^T$

（2）$\min f(X)=x_1^2+x_2^2-20x_1+100$

$$\begin{cases}g_1(X)=x_1-x_2-4\leqslant 0\\ g_2(X)=x_1+x_2-8\leqslant 0\\ g_3(X)=-x_1\leqslant 0\\ g_4(X)=-x_2\leqslant 0\end{cases}$$

初始点 $X^{(0)}=(0,0)^T$

21. 考虑下列问题

$$\min f(X)=x_1^2+x_1x_2+2x_2^2-6x_1-2x_2-12x_3\begin{cases}h(X)=x_1+x_2+x_3-2=0\\ g_1(X)=x_1-2x_2+3\geqslant 0\\ g_2(X)=x_1\geqslant 0\\ g_3(X)=x_2\geqslant 0\\ g_4(X)=x_3\geqslant 0\end{cases}$$

求在点 $X=(1,1,1)^T$ 处的一个可行下降方向。

22. 用可行方向法求解下列问题：

$$\min f(X)=x_1^2+4x_2^2-34x_1-32x_2$$

$$\begin{cases}g_1(X)=-2x_1-2x_2+6\geqslant 0\\ g_2(X)=-x_2+2\geqslant 0\\ g_3(X)=x_1\geqslant 0\\ g_4(X)=x_2\geqslant 0\end{cases}$$

给定初始点 $X^{(0)}=(1,2)^T$。

23. 试用外点法求解：

（1）$\min f(X)=x_1^2+x_2^2$

$h(X)=x_2^2-(x_1-1)^3=0$

（2）$\min f(X)=x$

$g(X)=x-1\geqslant 0$

24. 试用内点法求解：

(1) $\min f(X)=(x_1-2)^4+(x_1-2x_2)^2x_1^2+x_2^2$

$g(X)=x_2-x_1^2\geqslant 0$

(2) $\min f(X)=x_1+x_2$

$g_1(X)=x_2-x_1^2\geqslant 0$

$g_2(X)=x_1\geqslant 0$

25. 试用乘子法求解下列问题：

(1) $\min f(X)=x_1^2+x_2^2$

$g(X)=x_1-1\geqslant 0$

(2) $\min f(X)=x_1+1/3(x_2+1)^2\geqslant 0$

$g_1(X)=x_1\geqslant 0$

$g_2(X)=x_2-1\geqslant 0$